U0342708

张鉴教授

张鉴和夫人

1984 年 11 月 21 日在加拿大多伦多大学交流访问

1986 年 11 月 24 日在长城钢厂召开的全国特殊钢冶炼学术会上作
“轴承钢的精炼工艺”报告

率電炉与炉外精煉工藝計算機應用
率電炉与炉外精煉工藝优化研究
鋼質量信息 反饋网計算機應用
技术鉴定會

1987 年袁伟霞硕士论文答辩后与答辩老师合影

1987 年 7 月赵沛博士论文答辩委员会及有关老师合影

1991 年 6 月 14 日王平博士论文答辩后留影

1993 年 2 月 27 日成国光、王力军两博士答辩后留影

1996 年 1 月 9 日朱荣博士论文答辩后留影

1993 年 9 月 10 日教师节与本校老师和校友合影

1997 年 5 月 1 日冶 62 校友返校与老师合影

张鉴文集

本书编委会　编

北　京
冶 金 工 业 出 版 社
2017

内 容 提 要

本书收录了北京科技大学张鉴教授科研团队撰写的学术论文55篇。文章分为共存理论和炉外精炼及特殊钢两部分。其中，共存理论部分比较系统地反映了该理论的提出、研究进展和应用的全貌；炉外精炼及特殊钢部分既包含对共存理论的工业验证，也反映了根据理论创新开发的单嘴精炼炉设备与一些特殊钢质量控制。

本书可供冶金领域科研、教学、管理人员学习参考。

图书在版编目(CIP)数据

张鉴文集/《张鉴文集》编委会编.—北京：冶金工业出版社，2017.10

ISBN 978-7-5024-7607-6

Ⅰ.①张…　Ⅱ.①张…　Ⅲ.①冶金—文集　Ⅳ.①TF-53

中国版本图书馆CIP数据核字（2017）第240537号

出 版 人　谭学余

地　　址　北京市东城区嵩祝院北巷39号　邮编　100009　电话　(010)64027926

网　　址　www.cnmip.com.cn　电子信箱　yjcbs@cnmip.com.cn

责任编辑　刘小峰　美术编辑　彭子赫　版式设计　孙跃红

责任校对　李　娜　责任印制　李玉山

ISBN 978-7-5024-7607-6

冶金工业出版社出版发行；各地新华书店经销；三河市双峰印刷装订有限公司印刷

2017年10月第1版，2017年10月第1次印刷

787mm×1092mm　1/16；31.5印张；4彩页；777千字；496页

199.00元

冶金工业出版社　投稿电话　(010)64027932　投稿信箱　tougao@cnmip.com.cn

冶金工业出版社营销中心　电话　(010)64044283　传真　(010)64027893

冶金书店　地址　北京市东四西大街46号(100010)　电话　(010)65289081(兼传真)

冶金工业出版社天猫旗舰店　yjgycbs.tmall.com

（本书如有印装质量问题，本社营销中心负责退换）

本书编委会

编 者 的 话

张鉴先生是我国著名的冶金专家。他从事冶金教学及科学研究66年，解决了冶金熔体和溶液的活度计算问题，被冶金物理化学界称为丘依考-张理论。他主持研发的单嘴真空精炼炉，是我国钢铁冶金领域具有自主知识产权的重要技术创新。

张鉴先生生于1927年2月，陕西岐山人。1951年毕业于西北工学院（现西北工业大学）矿冶系，留校任助教。1952年调至北京钢铁学院（现北京科技大学）任教，先后任助教、讲师、副教授、教授、博士生导师。1957~1959年在前苏联第聂伯彼得洛夫斯克冶金学院电冶金教研室进修。1991年被评为北京市优秀教师，同年享受国务院政府特殊津贴。还曾担任中国金属学会特钢冶炼学术委员会特邀委员、太原钢铁公司顾问等学术兼职。

张鉴先生的主要研究领域包括冶金熔体的共存理论、电炉炼钢、炉外精炼等。他的名字与“共存理论”联系在一起，他系统地提出了炉渣结构的共存理论和含化合物金属熔体结构的共存理论，先后在冶金工业出版社出版了《冶金熔体的计算热力学》和《冶金熔体及溶液的计算热力学》专著。他突破了传统的活度计算方法，对前苏联丘依考教授提出的考虑未分解化合物的炉渣离子理论进行了充分论证，并将其命名为炉渣结构的（分子和离子）共存理论。该理论不仅解决了二元、三元渣系各结构单元的作用浓度的计算问题，而且已应用于多元（六元到八元）渣系的化学热、炉渣氧化、脱硫、脱磷能力的计算等。由于其“共存理论”与实际吻合较好，故在国内外得到认可，并被冶金工作者广泛应用。其著作被评为“十一五”国家重点图书，获得“国家科学技术学术著作出版基金”资助出版，入选新闻出版总署“三个一百”原创图书出版工程，2002年获冶金科技进步三等奖。

张鉴先生主持研发我国首套VOD真空精炼炉技术，在实际生产中得到成功应用，1985年获冶金部科技进步壹等奖。他领导的团队还发明了“单嘴精炼炉技术”，解决了RH装置的快速脱气、上升管及下降管的低寿命问题，获多项国家专利，并在实际生产中得到成功的应用。在我国钢铁冶金界提及“单嘴精炼炉”，大家便会想到它的发明人张鉴教授。

回想起来，我认识张鉴先生已有37年。1980年，我有幸成为张鉴先生的研究生，从事炉外精炼的硅热法研究。张先生对学生要求严格是出了名的。由于我已有数年钢厂实际工作经验，所以实验工作开展得比较顺利，张先生也比较满意。但在撰写论文阶段张先生两次退稿给我，我追问何故，他笑而不答，让我学习《实践论》，再修改论文。后来我恍然大悟，原来有一小部分的理论分析未放在实验结果之后。张先生做学问之严谨由此可见一斑。

我的研究工作需要在钢厂进行炉外精炼工业试验，张鉴先生领着我这个年轻的研究生一趟趟找到大连钢厂有关技术负责人，反复讨论技术思想及试验方案，从而取得了厂方的支持。这些负责人多数都是他过去的学生，但张先生对他们甚为诚恳和谦卑。他做事的认真和执著在我脑海里留下深刻的印象。

张鉴先生长期为本科生及研究生授课，讲授过“电炉炼钢学”“电炉构造学”“电冶金学”“炉外精炼”“炉渣的化学性质”“冶金熔体计算热力学”等多门课程。培养硕士、博士研究生20余名。他授课与他做研究一样地一丝不苟。我每次到图书馆，都会发现他在那里认真查阅科技文献。他和理化系的韩其勇教授几乎天天泡在图书馆，而且常常最后离馆，其认真程度使我想起高尔基的一句话：扑在书籍上就像饥饿的人扑在面包上。张先生的口才不是特别好，讲课算不上幽默风趣，但仔细品味，他授课的内容相当丰富且反映出学科发展的前沿。

张鉴先生从青年时期就申请加入中国共产党，但由于家庭出身问题，多年未能如愿。他从不埋怨，从不放弃，不但以共产党员的标准要求自己，而且也要求学生们积极争取思想进步。改革开放后，随着党的知识分子政策的落实，张先生于1994年加入中国共产党，实现了平生的夙愿。

今年恰逢张鉴先生90华诞，不幸的是他患重病住院，正在与病魔抗争，生死难卜。此时编辑出版《张鉴文集》，除了学术意义之外，也寄托着学生们对张先生的深深敬意和衷心祝愿。

文集选择张先生及指导的研究生在不同时期的55篇代表性论文，包括共存理论计算方法、炼钢和精炼理论及工艺等诸多方面，集中体现出66年来张先生的科研思想及工程实践。文章的编排按照张先生的研究领域分为共存理论和炉外精炼及特殊钢两个部分。共存理论部分按照论文发表年代排序，便于读者了解共存理论逐步形成和完善的脉络；炉外精炼及特殊钢部分按照钢铁冶金流程排序，反映出在炼钢工艺和冶金质量方面的创新性成果。《张鉴文集》的出版将对我国冶金科技及教育工作者有所裨益和启发。

根据冶金工业出版社建议和编者们的推举，我便以《编者的话》为题，代表大家，向读者介绍张鉴先生和文集。

朱荣、王存等为文集做了大量工作，各位编委积极配合，我由衷感谢他们的付出。

赵沛

2017年10月1日

目　录

共存理论

炉外精炼及特殊钢

附录

共存理论

炉渣脱硫的定量计算理论*

摘 要：本文是在1962年《全国第一届冶金过程物理化学学术交流会论文集》同名文章的基础上，重新处理更多数据后改编而成，在处理数据过程中，由于采用了不同温度下各渣系的热力学数据，所以求得了比较满意的脱硫平衡常数与温度的关系式。

1 本文的任务

许多年来，冶金工作者为降低钢铁中的含硫量做了许多工作，由此积累了许多实验数据，并阐明了不少问题。但过去的工作大多偏重于对脱硫过程的定性解释。由于新技术对钢的质量提出了更高的要求，以及发展冶金过程的机械化与自动化的需要，仅定性地说明问题就显得十分不够了，因此有必要更多地沿定量的方向研究冶金问题。文献上[1~5]已有一些建立定量脱硫理论的工作，但所求公式均只能在碱性氧化渣下适用，而且有些公式由于不能符合热力学关于平衡的概念，不得不采用经验的校正系数。所以脱硫定量计算理论的研究还未取得应有的成效。

在Чуико一系列著作中[6~9]，所提出的分子与离子共存的炉渣理论，为制定脱硫的计算理论提供了新的可能。此理论对炉渣结构的看法是：

（1）碱金属和碱土金属氧化物中金属与氧之间为离子键结合，在熔融炉渣中，它们就以阳离子（Na^{+}、Ca^{2+}、Mg^{2+}、Mn^{2+}、Fe^{2+}）和氧离子（O^{2-}）的形式存在；

（2）酸性氧化物SiO_2、P_2O_5、Al_2O_3等中，硅、磷和铝与氧之间具有优势的共价键；

（3）复杂的化合物，如硅酸盐、磷酸盐等中具有混合键。

因此，实际炉渣系由简单的离子Me^{2+}（Ca^{2+}、Mg^{2+}、Fe^{2+}、Mn^{2+}）和O^{2-}及未分解的化合物（硅酸盐、磷酸盐、SiO_2等）所组成。

根据以上的炉渣结构模型来推导，得出计算炉渣中各成分作用浓度的基本公式为：

$$\left.\begin{aligned} N_{MeO} &= \frac{n_{Me^{2+}} + n_{O^{2-}}}{\sum n_{+} + \sum n_{-} + \alpha} = \frac{n_{MeO}}{\sum n_{+} + 0.5\alpha} \\ N_{Me_xA_y} &= \frac{n_{Me_xA_y}}{\sum n_{+} + \sum n_{-} + \alpha} = \frac{n_{Me_xA_y}}{\sum n} \end{aligned}\right\} \tag{1}$$

式中 n_{MeO}——自由碱性氧化物的摩尔数；

$\sum n_{+}$，$\sum n_{-}$——分别为阳离子和阴离子的总摩尔数；

α——酸性氧化物总摩尔数；

$\sum n$——100g炉渣中的总质点数；

* 原文首次刊登在《全国第一届冶金过程物理化学学术报告会论文集》，1962：390~403；后正式发表于《北京钢铁学院学报》，1984（2）：24~38。

$n_{Me_xA_y}$——未分解化合物的摩尔数。

Чуико 运用这种炉渣结构理论，处理了氧和磷在钢液与炉渣间的分配问题均得到极为良好的结果，而且在炉渣成分中一直未采用任何校正系数。因此从分子与离子共存理论出发，制定计算脱硫平衡常数和硫的分配系数的方法，并且根据制定的计算方法研究炼钢过程的脱硫就具有重大的实践和理论的价值，这就是本文的主要任务。

2 脱硫计算理论的制定

由于脱硫主要依靠炉渣中的自由碱性氧化物或自由氧离子，要制定脱硫计算理论。首先，必须解决自由氧离子浓度的计算问题。其次，为了找到炉渣和钢液成分及温度变化对脱硫的影响的内在联系，需要确定脱硫平衡常数和硫的分配系数的计算方案。最后，由于平衡条件与生产条件不同，还需要解决计算理论在生产上的应用问题。下面分别对这些问题予以说明。

2.1 炉渣中自由氧离子浓度的计算

2.1.1 $CaO-SiO_2$、$MgO-SiO_2$、$MnO-SiO_2$ 和 $FeO-SiO_2$ 渣系结合碱度的计算

要计算炉渣中自由氧离子浓度，首先应求结合的碱性氧化物的浓度，即硅酸盐、磷酸盐等中的碱性氧化物摩尔数。为了解决这个问题，Чуико 提出了利用 $MeO-SiO_2$ 渣系的热力学数据计算碱性氧化物的结合碱度 $B^0_{MeO}=\dfrac{n^0_{MeO}}{\sum n_{SiO_2}}$ 的办法[6~9]，这样，从总碱度中减去结合碱度则可得出未结合的碱性氧化物的碱度，即：

$$B_{MeO}-B^0_{MeO}=\frac{\sum n_{MeO}-n_{MeO}}{\sum n_{SiO_2}}=\frac{n_{MeO}}{\sum n_{SiO_2}}$$

由此得出自由碱性氧化物的摩尔数为：

$$n_{MeO}=(B_{MeO}-B^0_{MeO})\sum n_{SiO_2}$$

采用此法就可以消除计算自由碱性氧化物时从假设出发所造成的误差，同时也为热力学在炉渣问题上的广泛应用提供了便利条件。关于结合碱度的详细计算方法，文献［10］中已有说明，下面仅简述各渣系的结合碱度计算步骤。

在 $CaO-SiO_2$ 渣系中由于 Ca_2SiO_4 和 $CaSiO_3$ 均能在液体炉渣中存在，计算中需要考虑 Ca_2SiO_4 和 $CaSiO_3$ 同时存在的问题。这样根据下述反应式和文献［11，12］的热力学数据：

$$2(Ca^{2+}+O^{2-})+SiO_2 = Ca_2SiO_4\quad \Delta F^{\ominus}=-RT\ln K=-24120-5.74T\pm1000\text{cal}$$ ❶

$$(Ca^{2+}+O^{2-})+SiO_2 = CaSiO_3\quad \Delta F^{\ominus}=-RT\ln K_1=-19900-0.82T\pm3000\text{cal}$$ ❷

$$(Ca^{2+}+O^{2-})+CaSiO_3 = Ca_2SiO_4\quad \Delta F^{\ominus}=-RT\ln K_2=-3220-4.92T$$

推导得出计算 $CaO-SiO_2$ 渣系自由 CaO 摩尔数 n_{CaO} 的公式为：

$$Ax^3+Bx^2+Cx-D=0 \tag{2}$$

❶ 在实际计算中，考虑误差范围为±1000cal，采用了−25120。

❷ 在实际计算中，考虑误差范围为±3000cal，采用了−21900。

其中：

$$A = K_1 + K_1K_2 + 1$$
$$B = a(1.5K_1 + 2K_1K_2 + 1) - b(K_1 + K_1K_2 + 1)$$
$$C = 0.5a^2(K_1 + 0.5) - ab(0.5K_1 + 1)$$
$$D = 0.25a^2b$$
$$a = \sum n_{SiO_2},\ b = \sum n_{CaO},\ x = n_{CaO}$$

在 MgO-SiO_2、MnO-SiO_2 和 FeO-SiO_2 三个渣系中，仅正硅酸盐 Me_2SiO_4 可以稳定地存在于液体炉渣中，因此仅需考虑 Me_2SiO_4 就行，这样根据下列反应式和热力学数据[13]：

$$2(Mg^{2+} + O^{2-}) + SiO_2 = Mg_2SiO_4 \qquad \Delta F^{\ominus} = -RT\ln K = -15100 + 0.45T$$
$$2(Mn^{2+} + O^{2-}) + SiO_2 = Mn_2SiO_4 \qquad \Delta F^{\ominus} = -RT\ln K = -11300 + 0.6T$$
$$2(Fe^{2+} + O^{2-}) + SiO_2 = Fe_2SiO_4$$

$$\Delta F^{\ominus} = -RT\ln K = \begin{cases} -6740 + 0.6T & (1644 \sim 1808\text{K}) \\ -6830 + 0.8T & (1808 \sim 1986\text{K}) \\ -8930 + 1.86T & (-1986\text{K}) \end{cases}$$

推导得出计算以上三渣系自由碱性氧化物摩尔数 n_{MeO} 的公式为：

$$(K + 1)x^3 + [a(2K + 1) - b(K + 1)]x^2 + (0.25a^2 - ab)x - 0.25a^2b = 0 \qquad (3)$$

式中

$$a = \sum n_{SiO_2},\ b = \sum n_{MeO},\ x = n_{MeO}$$

这样利用基本公式（1），并将相应的热力学数据及不同的 a 和 b 值代入式（2）和式（3），则可得不同碱度下自由碱性氧化物的摩尔数 $x=n_{MeO}$，将此值代入下式，

$$B_{MeO}^{O} = \frac{\sum n_{MeO} - n_{MeO}}{\sum n_{SiO_2}} = \frac{b - x}{a}$$

则可得不同碱度下的结合碱度 B_{MeO}^{O}。图 1 即为 1600℃下各渣系结合碱度的计算结果（不同温度下各渣系结合碱度的计算结果，见附表）。由图 1 可以看出：

（1）当 $0 < B_{MeO} < 2$ 时，对所有碱性氧化物来说均有 $B_{MeO}^{O} < B_{MeO}$ 的关系，即在这种情况下，炉渣中尚残留有不少的自由氧离子 O^{2-}。这就是酸性渣还具有一定脱硫能力的根本原因。

（2）对不同的碱性氧化物来说，当碱度不变时，它们的结合碱度也是彼此不相等的，因而就要求作计算时分别对待不同的碱性氧化物，而不是将它们笼统地加起来。

（3）结合碱度 B_{MeO}^{O} 是随着碱度的增加而增加的，但其值最大不会超过 2。这是因为硅酸盐中 $\sum n_{MeO}/\sum n_{SiO_2}$ 最高者为正硅酸盐，其比值并未超过 2。

2.1.2 自由氧离子浓度 $\sum n_{O}^{2-}$ 的计算

既然结合碱度的最大值不能超过 2，则当各碱性氧化物共存时，何者优先与 SiO_2结合，就是需要回答的问题，为了解决这个问题，首先需要说明一下各硅酸盐之间的关系，按每摩尔碱性氧化物 MeO 为衡量标准，根据前述热力学数据，可将硅酸盐的稳定度由大到小地排成下列次序：$CaSiO_3 \rightarrow Ca_2SiO_4 \rightarrow Mg_2SiO_4 \rightarrow Mn_2SiO_4 \rightarrow Fe_2SiO_4$；这说明在 CaO-MgO-

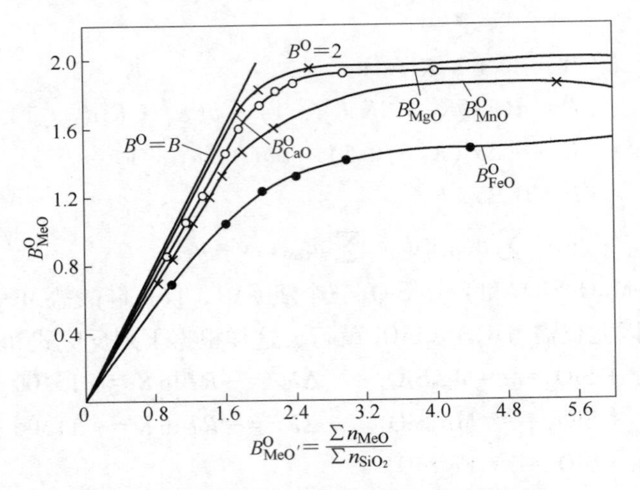

图 1　1600℃下各渣系结合碱度的计算结果

MnO-FeO-SiO_2 渣系中，当各氧化物互相起作用时，SiO_2 首先消耗于形成 $CaSiO_3$，其次消耗于形成 Ca_2SiO_4 等，直到形成 Fe_2SiO_4 为止。这就是各硅酸盐间的相互关系，下面就以实际炉渣为例，说明利用图 1 中的结合碱度曲线计算复杂硅酸盐系统中的自由氧离子浓度的步骤。炉渣成分如下：

	CaO	MgO	$\sum$ FeO	SiO_2	(S)
质量分数/%	29. 63	9. 19	38. 50	22. 96	0. 04
摩尔数	0. 5284	0. 2279	0. 5354	0. 3821	—

（1）碱度的计算：

$$B_{CaO}=\frac{\sum n_{CaO}}{\sum n_{SiO_2}}=\frac{0.5284}{0.3821}=1.3829$$

$$B_{MgO}=\frac{\sum n_{MgO}}{\sum n_{SiO_2}}=\frac{0.2279}{0.3821}=0.5964$$

$$B_{\sum FeO}=\frac{\sum n_{FeO}}{\sum n_{SiO_2}}=\frac{0.5354}{0.3821}=1.4012$$

$$B=B_{CaO}+B_{MgO}+B_{\sum FeO}=3.3805$$

（2）自由氧离子浓度的计算。由图 1 查得，当 $B_{CaO}=B=3.3805$ 时，其相应的结合碱度为 $B^{OB}_{CaO}=1.950$。这是炉渣中其他碱性氧化物（MgO、$\sum$ FeO 等）全部为 CaO 所代替后的最大结合碱度，但真正用 CaO 计算的碱度 $B_{CaO}=1.3829$，在此条件下 CaO 的结合碱度 $B^O_{CaO}=1.36$，由此得剩余结合碱度：

$$\Delta B^O_{CaO}=B^{OB}_{CaO}-B^O_{CaO}=1.950-1.36=0.590$$

这就是说，当形成 $CaSiO_3$ 和 Ca_2SiO_4 以后，还剩余一部分 SiO_2 与 MgO 结合成 Mg_2SiO_4。然而由于在同样碱度下 Mg_2SiO_4 的稳定度较 $CaSiO_3$ 和 Ca_2SiO_4 要差一些，MgO 不

能完全利用剩余结合碱度 ΔB_{CaO}^{0} 与 ΔB_{CaO}^{0} 相对应的 MgO 的结合碱度 $B_{MgO}^{\Delta B_{CaO}^{0}}$ 可用下法求得：先在曲线 B_{CaO}^{0} 上找出与 ΔB_{CaO}^{0} 值相应的点，由此点向下画垂线，其与曲线 B_{MgO}^{0} 的交点即为 $B_{MgO}^{\Delta B_{CaO}^{0}} = 0.550$。

但是即使有这部分结合碱度 $B_{MgO}^{\Delta B_{CaO}^{0}}$，MgO 也不能全部利用，因为当 $B_{MgO} = 0.5964$ 时，$B_{MgO}^{0} = 0.540$，所以在形成 Mg_2SiO_4 后，还会剩余部分结合碱度 ΔB_{MgO} 与 $\sum FeO$ 结合而成 Fe_2SiO_4（本例渣中无 MnO），即：

$$\Delta B_{MgO}^{0} = B_{MgO}^{\Delta B_{CaO}^{0}} - B_{MgO}^{0} = 0.550 - 0.540 = 0.010$$

最后从剩余结合碱度 ΔB_{MgO}^{0} 中，$\sum FeO$ 仅利用与铁橄榄石 Fe_2SiO_4 稳定度相应的一部分，即：

$$B_{\sum FeO}^{\Delta B_{MgO}^{0}} \approx 0.010$$

这样，我们可以将计算结合碱度的方法简括地写为：

当 $B_{CaO} = B = 3.3805$ 时	$B_{CaO}^{OB} = 1.950$
当 $B_{CaO} = 1.38$ 时	$B_{CaO}^{0} = 1.36(-)$
	$\Delta B_{CaO}^{0} = 0.590$
当 $B_{CaO}^{0} = \Delta B_{CaO}^{0} = 0.590$ 时	$B_{MgO}^{\Delta B_{CaO}} = 0.550$
当 $B_{MgO} = 0.5964$ 时	$B_{MgO} = 0.540(-)$
	$\Delta B_{MgO}^{0} = 0.010$
当 $B_{MgO}^{0} = \Delta B_{MgO}^{0} = 0.010$ 时	$B_{\sum MgO}^{\Delta B_{MgO}} \approx 0.010$

由此即可用下式求自由碱性氧化物或自由氧离子的浓度：

$$\sum n_{O^{2-}} = \sum n'_{MeO} = (B - B_{CaO}^{0} - B_{MgO}^{0} - B_{MnO}^{0} - B_{\sum FeO}^{\Delta B_{MgO}}) \sum n_{SiO_2} - 3\sum n_{P_2O_5} - \sum n_{Al_2O_3}$$

或

$$\sum n_{O^{2-}} = \sum n'_{MeO} = \left(B - \sum_{n=1}^{n-1} B_{MeO}^{0} - B_{(MeO)_n}^{\Delta B^0(MeO)_{n-1}}\right) \sum n_{SiO_2} - 3\sum n_{P_2O_5} - \sum n_{Al_2O_3}$$

将所求结合碱度代入上式则得：

$$\sum n_{O^{2-}} = \sum n'_{MeO} = (3.3805 - 1.36 - 0.540 - 0.010) \times 0.3821 = 0.5619$$

由此得 100g 炉渣的总质点数：

$$\sum n = 2\sum n_{O^{2-}} + \alpha = 2 \times 0.5619 + 0.3821 = 1.5059$$

而 CaO 、MgO 和 FeO 的作用浓度分别为：

$$N_{CaO} = \frac{2(B_{CaO} - B_{CaO}^{0})\sum n_{SiO_2}}{\sum n} = \frac{2(1.3829 - 1.36) \times 0.3821}{1.5059} = 0.0116$$

$$N_{MgO} = \frac{2(B_{MgO} - B_{MgO}^{0})\sum n_{SiO_2}}{\sum n} = \frac{2(0.5964 - 0.540) \times 0.3821}{1.5059} = 0.0286$$

$$N_{FeO} = \frac{2(B_{\sum FeO} - B_{\sum FeO}^{\Delta B_{MgO}^{0}})\sum n_{SiO_2}}{\sum n} = \frac{2(1.4012 - 0.01) \times 0.3821}{1.5059} = 0.7060$$

以上所述就是自由氧离子浓度的计算方法。

2.2 脱硫平衡常数和硫的分配系数计算公式的确定

计算公式主要是综合了文献上的分歧观点经过分析、比较而后予以确定的。

文献上关于脱硫反应和炉渣成分对脱硫的影响等方面的分歧观点，可以简括为以下几点：

(1) 就脱硫反应式而言：

按分子观点： $[FeS] + (MeO) \rightleftharpoons (MeS) + (FeO)$

按离子观点： $[S] + (O^{2-}) \rightleftharpoons (S^{2-}) + [O]$

(2) 就碱性氧化物对脱硫的影响而言有：

1) 炉渣中起脱硫作用者主要为 CaO、MgO 和 MnO 的脱硫能力可以忽略不计；

2) MgO 和 MnO 的脱硫能力与 CaO 相当；

3) FeO 的脱硫能力与 CaO、MgO 和 MnO 相当。

(3) 就炉渣氧化能力的计算而言有：

1) 认为 Fe_2O_3 是酸性氧化物，它起着消耗碱性氧化物的作用，炉渣氧化能力仅应以 $\sum n'_{FeO}$ 计算；

2) 认为炉渣的氧化能力应根据总的氧化铁含量计算，即：

$$\sum n_{FeO} = \sum n'_{FeO} + 3\sum n_{Fe_2O_3}$$

按以上分歧观点组成方案，并选用 Fetters 和 Chipman[14] 实验数据中炉渣成分波动较大的 11 个炉号进行比较，其结果如表 1 所示，由表中可以看出：当以分子反应式表示脱硫、认为炉渣中起脱硫作用者主要为自由 CaO 时，$K_{S最大}/K_{S最小}$ 之比为 1796.3，当考虑自由 CaO 和 MgO 的脱硫作用而忽略自由 FeO 的脱硫作用时，$K_{S最大}/K_{S最小}$ 波动于-2.92 到 16.58 之间；最后当认为自由 FeO 与自由 CaO、MgO 和 MnO 具有同等的脱硫能力时 K_S 的波动范围仅为 2.09~2.66，由此看来认为全部自由碱性氧化物具有同等脱硫能力的观点是符合实际情况的，而仅认为 CaO 或 CaO 和 MgO 具有脱硫能力的观点是不合乎脱硫实际的。

但由于用离子式和分子式表示脱硫反应时所得结果差别较小（$K_{S最大}/K_{S最小}$ 的比值，前者为 2.09~2.22，后者为 2.48~2.66），这种差别有可能是偶然性的因素引起的。为了查清离子式和分子式何者更能客观地反映实际，我们再度地处理了更多的平衡数据[14]。根据质量作用定律，如果分子脱硫反应式是正确的话，则脱硫的平衡常数应写为：

$$K_S = \frac{N_{FeO}(\%S) \times 1.7905}{(n_{CaO} + n_{MgO} + n_{FeO})[\%S]}$$

而硫的分配系数应为：

$$L_S = \frac{(\%S)}{[\%S]} = K_S \frac{n_{CaO} + n_{MgO} + n_{FeO}}{1.7905 N_{FeO}}$$

即当 K_S 为常数时，L_S 与 $(n_{CaO} + n_{MgO} + n_{FeO})/N_{FeO}$ 比值之间应有直线关系。

表 1　用不同方案计算脱硫平衡常数后所得结果的比较

反应式	$[FeS]+(MeO)\rightleftharpoons(MeS)+(FeO)$					$[S]+(O^{2-})\rightleftharpoons(S^{2-})+[O]$			
Fe_2O_3 的作用	$\sum n_{FeO}=\sum n'_{FeO}+3\sum n_{Fe_2O_3}$			$\sum n_{FeO}=\sum n'_{FeO}$		$\sum n_{FeO}=\sum n'_{FeO}+3\sum n_{Fe_2O_3}$		$\sum n_{FeO}=\sum n'_{FeO}$	
平衡常数 K_S 的表示法	$\frac{N_{FeO}(\%S)\times1.7905}{n_{CaO}[\%S]}$	$\frac{N_{FeO}(\%S)\times1.7905}{(n_{CaO}+n_{MgO})[\%S]}$	$\frac{N_{FeO}(\%S)\times1.7905}{(n_{CaO}+n_{MgO}+n_{FeO})[\%S]}$	$\frac{N_{FeO}(\%S)\times1.7905}{(n_{CaO}+n_{MgO})[\%S]}$	$\frac{N_{FeO}(\%S)\times1.7905}{(n_{CaO}+n_{MgO}+n_{FeO})[\%S]}$	$\frac{[\%O](\%S)}{32(n_{CaO}+n_{MgO})[\%S]}$	$\frac{[\%O](\%S)}{32(n_{CaO}+n_{MgO}+n_{FeO})[\%S]}$	$\frac{[\%O](\%S)}{32(n_{CaO}+n_{MgO})[\%S]}$	$\frac{[\%O](\%S)}{32(n_{CaO}+n_{MgO}+n_{FeO})[\%S]}$
E-31	395.9	20.82	2.79	29.61	3.29	0.113	0.0152	0.161	0.0178
E-55	100.63	28.71	4.22	49.32	6.05	0.134	0.0197	0.198	0.0243
E-62	45.03	9.24	3.03	9.36	3.22	0.0322	0.0106	0.037	0.0127
E-103	132.2	75.29	2.98	-191.4	3.76	0.287	0.0114	-0.736	0.0144
E-114	103.99	43.97	3.81	101.01	4.57	0.144	0.0125	0.346	0.0157
E-121	17.01	13.51	6.09	13.62	6.96	0.0435	0.0169	0.0499	0.0255
E-1514	21.43	16.72	6.43	18.03	7.59	0.0576	0.0222	0.0669	0.0282
E-162	45.42	35.54	6.91	45.27	8.55	0.102	0.0204	0.132	0.0250
E-182	30556.3	119.21	4.91	1513.79	5.75	0.534	0.0220	6.525	0.0248
E-206	301.98	88.08	3.20	-517.85	3.92	0.436	0.0158	-2.519	0.0191
E-2216	57.83	15.73	3.47	17.91	3.83	0.0765	0.0169	0.0955	0.0204
$\frac{K_{S最大}}{K_{S最小}}$	1796.3	12.9	2.48	-2.92	2.66	16.58	2.09	-2.59	2.22

注：$\sum n'_{FeO}$ 为直接由化学分析所得（% FeO）计算而来。

相反的，当离子脱硫反应式是正确的话，则脱硫平衡常数应写为：

$$K_S = \frac{[\%O](\%S)}{32(n_{CaO} + n_{MgO} + n_{FeO})[\%S]} = \frac{[\%O](\%S)}{32\sum n_{O^{2-}}[\%B]}$$

而硫的分配系数应为：

$$L_S = 32K_S \frac{n_{CaO} + n_{MgO} + n_{FeO}}{[\%O]} = 32K_S \frac{\sum n_{O^{2-}}}{[\%O]}$$

而且，同样的，当 K_S 为常数时，L_S 与 $\frac{\sum n_{O^{2-}}}{[\%O]}$ 比值之间应有直线关系。

根据处理结果作曲线后得图 2 和图 3 的关系。由图中可以看出：用离子式表示脱硫时，L_S 与 $\frac{\sum n_{O^{2-}}}{[\%O]}$ 之间确实有直线关系，这个直线方程式的斜率 K_S 当温度变化不大时，的确保持恒定的数值；相反的，用分子式表示脱硫时，L_S 与 $(n_{CaO} + n_{MgO} + n_{FeO})/N_{FeO}$ 之间是曲线关系，其斜率 K_S 随炉渣成分的改变，时刻在改变着，因而在一个温度下，所得到的，不是一个平衡常数，而是很多的平衡常数，由此证明离子式比分子式更能符合实际情况，因而脱硫平衡常数应该写作（对纯铁液与炉渣的平衡而言）：

$$K_S = \frac{[\%O](\%S)}{32\sum n_{O^{2-}} \times [\%S]}$$

而不应写作：

$$K_S = \frac{N_{FeO}(\%S) \times 1.7905}{(n_{CaO} + n_{MgO} + n_{FeO})[\%S]}$$

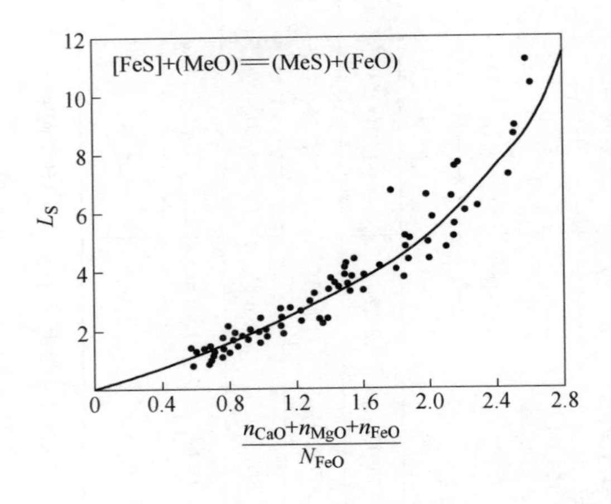

图 2 硫的分配系数 L_S 与比值 $\frac{n_{CaO} + n_{MgO} + n_{FeO}}{N_{FeO}}$ 的关系

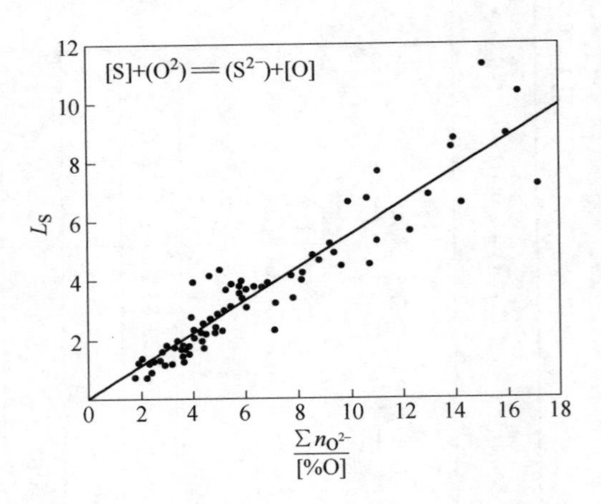

图 3 硫的分配系数 L_S 与比值 $\frac{\sum n_{O^{2-}}}{[\%O]}$ 的关系

至于炉渣氧化能力问题，由于在所有方案比较中，当采用 $\sum n_{FeO} = \sum n'_{FeO} + 3\sum n_{Fe_2O_3}$ 时所得结果均比采用 $\sum n_{FeO} = \sum n'_{FeO}$ 计算时好得多。由此确定当计算炉渣对钢液的氧化能力时，应以总氧化铁含量为依据，而不应仅以低价氧化铁含量为依据。

这里应该指出，虽然就脱硫反应式的写法而言，本文完全同意离子式[1, 3]，但就炉渣中自由氧子浓度 $\sum n_{O^{2-}}$ 和各成分作用浓度的计算方法而言，如前所述，由于炉渣结构模型不同，则与文献［1，3］有着原则性的差别。

从以上讨论中所得结论是：采用离子脱硫反应式；考虑所有碱性氧化物的脱硫作用；以及以总氧化铁含量为计算炉渣氧化能力的依据，这三项结合的方案最能符合脱硫的实际情况。

但是，在采用上述方案计算脱硫平衡常数的条件下，$K_{S最大}/K_{S最小}$ 还达到 2.09 倍，对于这一点我们推测可能有以下两方面的原因：（1）用上法所求的脱硫平衡常数不是真正地符合热力学概念的平衡常数，它们还与炉渣成分有关；（2）这种波动是由于实验温度变化所引起的。为了检查究竟属于哪一方面的原因，根据更多的数据处理结果进一步研究了炉渣成分和钢液含氧量［%O］（此处所用金属为工业纯铁）以及温度对脱硫平衡常数 K_S 的影响，结果如图 4 和图 5 所示。

由图 4 可以看出：碱度 B_{CaO} 和 B、（%SiO_2）、N_{FeO} 及［%O］对 K_S 均没有定向的影响，各点都相当均匀地分布于平衡常数的平均值 $K_S = 0.01705$ 的水平线上下。各图中有三点特别高，其原因，是该三点的取样温度过高（1701 ~ 1757℃）；在（% SiO_2）与 K_S 的关系图中，当（%SiO_2）超过 20%时，K_S 值下降，其原因系渣中 SiO_2 增高时，硫由钢液向炉渣过渡的速度减小所致，由于文献［14］中的实验保持时间一般都在 30 分钟左右，所以，因炉渣中 SiO_2 含量不同而脱硫反应达到平衡的程度也不同的情况是必然会发生的，根据（%SiO_2）超过 30%并延长保持时间到 65~66 分钟时 K_S 又高于平均值（K_S = 0.1705）的这一事实可以证明。因此（%SiO_2）大于 20%时 K_S减小的事实，并不表示平衡常数 K_S与 SiO_2 含量有关，而仅表明这些炉号脱硫反应还未充分达到平衡。

最后由图 5 可以看出：随着温度的增加，平衡常数会沿着一定方向增加。由此得出结论 $K_{S最大}/K_{S最小}$ 仍达 2.09 倍的主要原因是温度，而不是炉渣和钢液成分的改变，因而在炉渣中 CaO 为 0.2% ~ 42%；FeO 为 12% ~ 90.5%；Fe_2O_3 为 1.76% ~ 13.48%；MgO 为 2.44% ~ 19.20% 和 SiO_2 为 0.64% ~ 32% 之间时，所求平衡常数是基本上符合热力学概念的平衡常数，而不是需要加校正系数的平衡常数。

经对 128 组平衡数据进行回归分析后得脱硫平衡常数 K_S与温度的关系如下：

$$\lg K_S = \lg \frac{[\%O](\%S)}{32\sum n_{O^{2-}}[\%S]} = \frac{-3938.81}{T} + 0.3326\ (r = -0.368)$$

由此得：

$$[S] + (O^{2-}) = (S^{2-}) + [O] \qquad \Delta F^{\ominus} = 18020 - 1.522T$$

$$L_S = 32K_S\sum n_{O^{2-}}/[\%O] \qquad K_S = 10^{\frac{-3938.81}{T}+0.3326}$$

将利用最后一式所计算的，$L_{S计算}$ 与实验所得的 $L_{S实验}$ 比较后得图 6。由图 6 可以看出：$L_{S计算}$ 和 $L_{S实验}$ 的一致情况是相当满意的。这就再一次证明上述的平衡常数是符合脱硫的实际情况的。

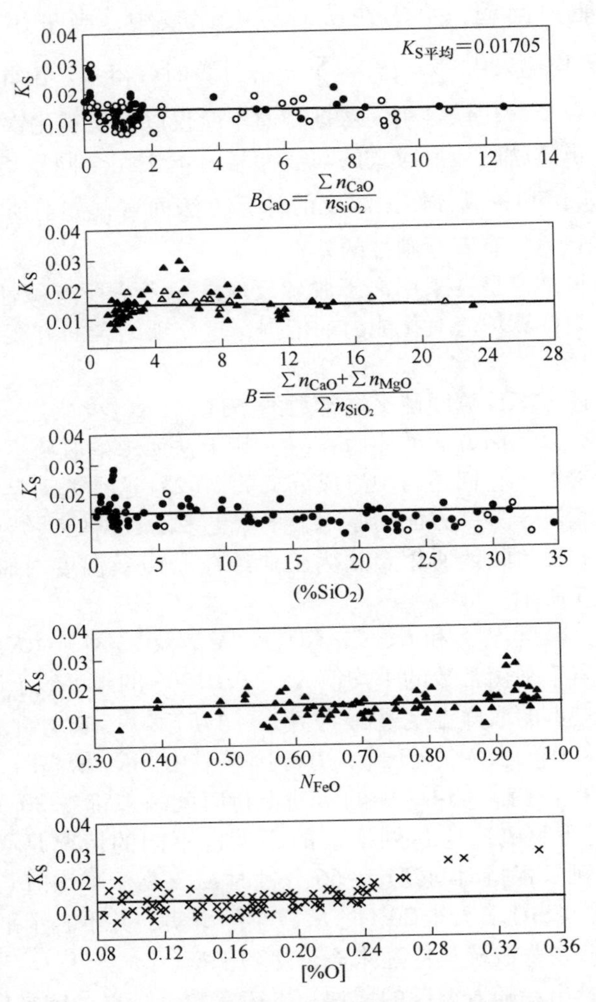

图 4 炉渣和钢液成分对脱硫平衡常数 K_S 的影响

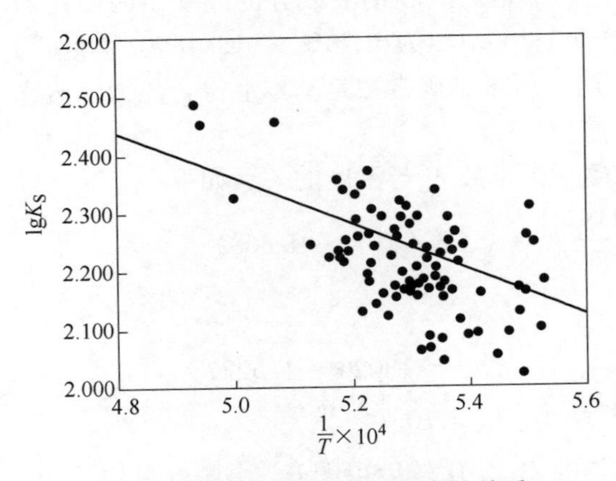

图 5 脱硫平衡常数 K_S 与温度的关系

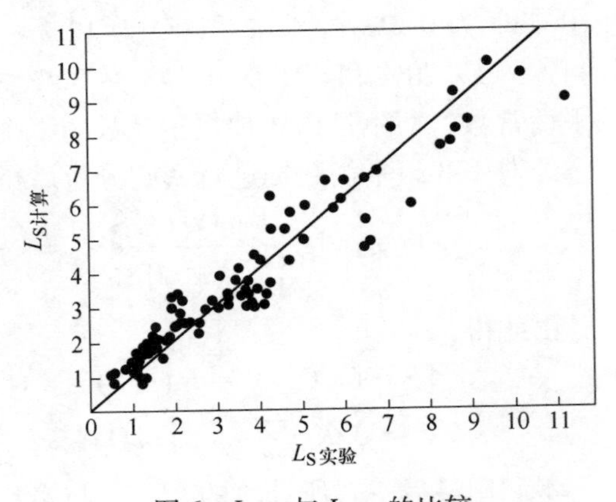

图 6 $L_{S计算}$ 与 $L_{S实验}$ 的比较

以上就是纯铁与炉渣平衡时的脱硫平衡常数与硫的分配系数的表示方法。但在实际生产中钢液中经常会含一些合金元素。考虑到合金元素对脱硫的影响后，可将平衡常数K_S与L_S写为：

$$K_S = \frac{[\%O]f_O(\%S)}{32\sum n_{O^{2-}}[\%S]f_S}$$

和

$$L_S = 32K_S\frac{\sum n_O - f_S}{[\%O]f_O} = 32\times 10^{\frac{-3938.81}{T}+0.3326}\times\frac{\sum n_{O^{2-}}f_S}{[\%O]f_O}$$

而

$$f_S = \text{antilog}(-0.028[\%S] + 0.11[\%C] + 0.063[\%Si] + 0.035[\%Al] + 0.029[\%P] - 0.026[\%Mn] - 0.0084[\%Cu])$$

$$f_O = \text{antilog}(-0.45[\%C] - 0.131[\%Si] - 3.9[\%Al] + 0.07[\%P] - 0.040[\%Cr] - 0.3[\%V] + 0.006[\%Ni])$$

以上讨论完了K_S和L_S计算公式的确定问题。但上述公式仅适用于平衡条件下，就脱硫而言，平衡是脱硫剂充分起到脱硫作用的理想情况，因而也是生产中希望达到的目标。但生产条件毕竟不是平衡条件，为了使上述公式能在生产中获得应用，还必须讨论下面提出的一些问题。

2.3 理论公式在生产上的应用

2.3.1 脱硫效率和脱硫潜力

长期以来冶金工作者对生产条件下的脱硫过程有着不同的看法：一种人认为脱硫反应是达到平衡或接近平衡的，根据这种看法，进一步强化脱硫过程的办法应该着重在加脱氧剂、加强有力的脱硫剂和加大渣量等；另一种人认为脱硫是未达到平衡的，根据这种看法，要强化脱硫过程，就应多从加速脱硫过程的本身着手；或者当两种情况均存在时，则两种方法可以同时并举。因而就有必要提出衡量脱硫反应是否达到平衡的尺度。脱硫效率和潜力就是为了满足这种需要而提出的。

2.3.1.1 脱硫效率

炉渣中实际含硫量（%S）与炉渣中平衡含硫量$(\%S)_P$之比即为脱硫效率：

$$\eta_S = \frac{(\%S)}{(\%S)_P}\times 100\%$$

由于平衡与不平衡条件下，炉气中的含硫量是没有什么差别的，因而可以不加考虑。这样作平衡与非平衡条件下100kg钢液和Gkg炉渣中硫的物料平衡后得：

$$\eta_S = \frac{(\%S)}{(\%S)_P}\times 100\% = \frac{\frac{100}{L_S}+G}{\frac{100}{L'_S}+G}\times 100\%$$

式中 L_S，L'_S——分别为平衡及不平衡条件下硫的分配系数；

G——渣量占钢液量的百分数。

由上式可以看出，在温度不变的条件下，提高脱硫效率的唯一途径，是增大不平衡条件下的硫分配系数 L'_S。

2.3.1.2　脱硫潜力

脱硫潜力包括炉渣脱硫潜力和从钢液中去硫的潜力。

炉渣脱硫潜力：炉渣中平衡含硫量和实际含硫量之差 $[(\%S)_P - (\%S)]$ 与炉渣中平衡含硫量之比，即为炉渣脱硫潜力，同样作物料平衡后得：

$$P_{渣} = \frac{(\%S)_P - (\%S)}{(\%S)_P} \times 100\% = \frac{100(L_S - L'_S)}{L_S(100 + GL'_S)} \times 100\% = 100 - \eta_S$$

由式中可以看出：(1) 脱硫潜力 $P_{渣}$ 因 L'_S 增大而减小，即加强脱硫过程本身就可利用脱硫的潜力；(2) η_S 愈高，则 $P_{渣}$ 愈小，这说明当脱硫反应已达平衡时，为了进一步降低钢中含硫量，就应改善脱硫的热力学条件，即加入更强的脱硫剂和脱氧剂。炉渣脱硫潜力公式适用于钢中含硫量较高的情况。

从钢液中脱硫的潜力：钢中实际含硫量和平衡含硫量之差 $[\%S] - [\%S]_P$ 与平衡含硫量 $[\%S]_P$ 之比，即称为从钢液中脱硫的潜力，作相应的推导后得：

$$P_{钢} = \frac{[\%S] - [\%S]_P}{[\%S]_P} \times 100\% = \frac{L_S - L'_S}{\frac{100}{G} + L'_S} \times 100\%$$

$P_{钢}$ 适用于钢中含硫量极低，而用 $P_{渣}$ 不易显示的情况。

有了脱硫效率和潜力公式就可以从数量上表示所用脱硫措施的成效和进一步脱硫的方向——加强脱硫剂还是加速脱硫反应。

2.3.2　脱硫所需渣量的计算

在实际生产中往往需要增大渣量以进一步降低钢中含硫量，为了适应这种需要，下面讨论一下渣量的计算问题。设 $[\%S]_1$ 为原来钢液含硫量，$[\%S]_2$ 为需要达到的钢液含硫量，ΔG 为需要增加的渣量，而 L_S^0 为平衡或不平衡条件下硫的分配系数，这样当渣料本身的成分波动不大时，经作物料平衡后推导得需要增加的渣量计算公式为：

$$\Delta G = \left(\frac{[\%S]_1}{[\%S]_2} - 1\right)\left(\frac{100}{L_S^0} + G\right)$$

此式系指造渣材料中含硫量极小以至可以忽略不计的情况。当渣料含硫量为 $(\%S)_3$ 而不等于零时，需要增加的渣量可用下式计算：

$$\Delta G = \frac{([\%S]_1 - [\%S]_2)(100 + GL_S^0)}{L_S^0[\%S]_2 - (\%S)_3}$$

至此我们讨论完了脱硫定量计算方面的理论问题。虽然用上述公式计算的结果，不论对酸性或碱性的氧化性炉渣来说，都是与实际相符的，但由于我们仅在1500℃、1550℃、1600℃、1650℃、1700℃和1750℃六个温度下计算了结合碱度，而不是在每个温度下进行计算，所以计算中还会有一定的误差，其次在还原渣下，上述公式是否适用，还有待进一步证明。

3　简结

根据分子与离子共存的炉渣理论：

（1）计算了 $CaO-SiO_2$、$MgO-SiO_2$、$MnO-SiO_2$ 和 $FeO-SiO_2$ 渣系的结合碱度（t = 1500℃、1550℃、1600℃、1650℃、1700℃和1750℃六个温度）；

（2）制定了计算自由氧离子（O^{2-}）浓度的方法：

$$\sum n_{O^{2-}} = \sum n'_{MeO} = \left(B - \sum_{n=1}^{n-1} B^0_{MeO} - B^{\Delta B(MeO)_{n-1}}_{(MeO)_n}\right) \sum n_{SiO_2} - 3\sum n_{P_2O_5} - \sum n_{Al_2O_3}$$

（3）求得脱硫平衡常数与温度的关系式为：

$$\lg K_S = \lg \frac{[\%O](\%S)}{32\sum n_{O^{2-}} \times [\%S]} = -\frac{3938.81}{T} + 0.3326$$

$$[S] + (O^{2-}) = (S^{2-}) + [O] \qquad \Delta F^{\ominus} = 18020 - 1.522T$$

（4）确定了脱硫平衡常数和硫的分配系数的计算公式：

$$K_S = \frac{[\%O]f_O(\%S)}{32\sum n_{O^{2-}}[\%S]f_S}$$

$$L_S = \frac{(\%S)}{[\%S]} = 32K_S\frac{\sum n_{O^{2-}}f_S}{[\%O]f_O} = 32 \times 10^{\frac{-3938.81}{T}+0.3326} \times \frac{\sum n_{O^{2-}}f_S}{[\%O]f_O}$$

（5）推导了计算脱硫效率和脱硫潜力的公式：

$$\eta_S = \frac{(\%S)}{(\%S)_P} \times 100\% = \frac{\frac{100}{L_S} + G}{\frac{100}{L'_S} + G} \times 100\%$$

$$P_{渣} = \frac{(\%S)_P - (\%S)}{(\%S)_P} \times 100\% = \frac{100(L_S - L'_S)}{L_S(100 + GL'_S)} \times 100\% = 100 - \eta_S$$

$$P_{钢} = \frac{[\%S] - [\%S]_P}{[\%S]_P} \times 100\% = \frac{L_S - L'_S}{\frac{100}{G} + L'_S} \times 100\%$$

（6）推导了脱硫所需渣量的计算公式：

当渣中含硫量可以忽略时 $\quad \Delta G = \left(\frac{[\%S]_1}{[\%S]_2} - 1\right)\left(\frac{100}{L^0_S} + G\right)$

当渣中含硫量为 $(\%S)_3$ 时 $\quad \Delta G = \frac{([\%S]_1 - [\%S]_2)(100 + GL^0_S)}{L^0_S[\%S]_2 - (\%S)_3}$

附表 不同温度和碱度下各渣系结合碱度的计算结果

温度/℃ \ 碱度	0.5	0.75	1.0	1.5	2	2.5	3	5	9
$CaO-SiO_2$									
1500	0.50	0.7499	0.9967	1.4819	1.8605	1.9396	1.9524	1.9621	1.9651
1550	0.50	0.7497	0.9963	1.4812	1.8586	1.9382	1.9512	1.9612	1.9642
1600	0.50	0.7495	0.9960	1.4804	1.8567	1.9368	1.9501	1.9602	1.9633
1650	0.50	0.7493	0.9956	1.4797	1.8549	1.9354	1.9490	1.9593	1.9625
1700	0.50	0.7490	0.9952	1.4789	1.8531	1.9341	1.9479	1.9585	1.9517
1750	0.50	0.7488	0.9948	1.4782	1.8513	1.9328	1.9469	1.9576	1.9509

续附表

温度/℃ \ 碱度	0.5	0.75	1.0	1.5	2	2.5	3	5	9
				$MgO-SiO_2$①					
1500	0.4626	0.6981	0.9302	1.3784	1.7382	1.8911	1.9284	1.9543	1.9612
1550	0.4603	0.6947	0.9257	1.3706	1.7256	1.8804	1.9200	1.9485	1.9560
1600	0.4579	0.6914	0.9213	1.3628	1.7130	1.8691	1.9116	1.9425	1.9510
1650	0.4555	0.6880	0.9166	1.3547	1.7004	1.8577	1.9032	1.9359	1.9450
1700	0.4530	0.6846	0.9121	1.3469	1.6880	1.8462	1.8932	1.9304	1.9400
1750	0.4506	0.6811	0.9076	1.3389	1.6760	1.8346	1.8840	1.9233	1.9340
				$MnO-SiO_2$①					
1500	0.4316	0.6539	0.8708	1.2751	1.5795	1.7382	1.8020	1.8629	1.8821
1550	0.4284	0.6493	0.8645	1.2643	1.5636	1.7216	1.7871	1.8513	1.8719
1600	0.4152	0.6447	0.8582	1.2535	1.5479	1.7052	1.7721	1.8396	1.8616
1650	0.4221	0.6402	0.8520	1.2428	1.5325	1.6889	1.7572	1.8277	1.8511
1700	0.4190	0.6357	0.8459	1.2323	1.5174	1.6728	1.7422	1.8157	1.8404
1750	0.4159	0.6312	0.8398	1.2219	1.5025	1.6568	1.7273	1.8036	1.8296
				$FeO-SiO_2$①					
1500	0.3671	0.5587	0.7398	1.0539	1.2723	1.4043	1.4789	1.5841	1.6292
1550	0.3584	0.5455	0.7215	1.0239	1.2327	1.3603	1.4340	1.5416	1.5893
1600	0.3548	0.5400	0.7139	1.0115	1.2164	1.3421	1.4154	1.5238	1.5725
1650	0.3512	0.5346	0.7064	0.9994	1.2005	1.3244	1.3972	1.5063	1.5559
1700	0.3480	0.5297	0.6996	0.9884	1.1862	1.3085	1.3808	1.4903	1.5408
1750	0.3440	0.5235	0.6911	0.9746	1.1682	1.2885	1.3602	1.4702	1.5216

① 为研究生王潮同志协助计算，在此表示感谢。

参考文献

[1] Самарин А М, Щвардман Л А, Темкин Н М. Журичл физицеской хцмцц, 1946, 20.

[2] Темкин М. Журичл физицеской хцмцц, 1916, 20.

[3] Самарин А М, Щвардман Л А. Мзбестмця. All СССР. ОТН. 1948 (9).

[4] Моросов А Н, Агановн В Ф, Лугауов Д К. Смаль, 1952 (3).

[5] Моросов А Н, Агановн В Ф, Лугауов Д К. Смаль, 1953 (1).

[6] Чуико Н М идр. АН СССР. ОТН. 1958 (11).

[7] Чуико Н М идр. АН СССР. ОТН. Мем. ц. Топлцво. 1959 (1).

[8] Чуико Н М идр. Вузов, Ч. М. 1959 (5).

[9] Чуико Н М идр. АН СССР. ОТН. Мем. ц. Топлцво. 1960 (2).

[10] 张鉴. 关于炉渣结构方面某些问题的探讨. 北京钢铁学院论文集, 1962.

[11] Richardson F D, Jeffes J H E, Withers G. J. Iron & Steel Inst., 1950, 166: 3.

[12] Sharma R A, Richardson F D. J. Iron & Steel Inst., 1962, 200.

[13] Kubaschewski O, Evans E. Metallurgical Thermochemistry, London, 1951.

[14] Fetters K L, Chipman J. Trans. AIME, 1941, 145: 95~107.

On the Quantitative Theory of Desulphurization by Slag

Zhang Jian

(Beijing University of Iron and Steel Technology)

Abstract: This article is rewritten through retreating even more equilibrium data of desulphurization on the basis of the same title paper published in the proceedings of The First Chinese Conference on Physical Chemistry of Process Metallurgy in 1962. As a result of using thermodynamic data for different binary (MeO-SiO_2) slags at various temperatures, a satisfactory relationship between the constants of desulphurization and temperatures has been obtained.

关于炉渣结构的共存理论*

摘　要：丘依考教授在发展共存理论方面的贡献；以前论证共存理论上不完善的地方；进一步论证这种理论的基本事实（结晶化学的事实，炉渣导电的差异性，$MeO-SiO_2$ 二元渣系的分层现象，相图中的奇异点，$CaSiO_3-CaF_2$ 渣系的黏度，不同渣系的热力学数据与作用浓度的关系）；共存理论对炉渣结构的看法；应用举例（$FeO-Fe_2O_3-SiO_2$ 渣系与 H_2O+H_2 平衡，$CaO-SiO_2$ 渣系，$CaO-MgO-FeO-Fe_2O_3-SiO_2-S$ 渣系和铁水间硫的分配）。

共存理论原名考虑未分解化合物的炉渣离子理论，系丘依考教授所提出[1~4]，他在制定这种炉渣理论的计算模型，从理论和实践角度进行论证，以及运用这种理论解决渣钢间磷的分配等问题方面均作出了巨大的贡献。但他在论证这种理论方面还存在着不完善的地方：

（1）认为碱性氧化物在炉渣中进行着离解和缔合反应，从而导致等渗系数 j（j-изотонический козффициецт）的引入。这不仅与结晶化学的事实不一致，与他自己提出的模型相矛盾，而且计算起来也极不方便。

（2）认为各渣系的热力学数据（$\Delta F^{\ominus}$ 等）与分子理论的反应式相对应，而在用共存理论进行计算时，还要对其平衡常数加一个校正系数。如就下述反应而言：

$$2FeO + SiO_2 = Fe_2SiO_4 \qquad \Delta F^{\ominus} = -6830 + 0.8T$$

$$K_{共存} = K_{分子}\left(\frac{\sum n}{\sum n'}\right)^2$$

式中，$\sum n$，$\sum n'$ 分别为共存和分子理论的炉渣总质点数。

这是极其明显的漏洞，因为本着理论与实践相一致的原则，热力学数据应当与正确地反应炉渣结构的模型相对应，而不应该是相反的。

（3）虽然提出了 $a_{MeO} = \dfrac{2n_{MeO}}{2\sum n_{MeO} + a} = \dfrac{n_{Me^{2+}} + n_{O^{2-}}}{\sum n_{Me^{2+}} + \sum n_{O^{2-}} + a}$ 模型，但对它的论证还非常不够。

鉴于以上原因，有必要对这种理论作进一步的论证，同时从分子与离子同时存在于熔渣中的现实出发，有必要将这种理论起名为共存理论。共存理论所依据的基本事实是：

（1）结晶化学的事实：CaO、MgO、MnO、FeO 等在固体状态下具有 NaCl 状的面心立方离子晶格（见图 1），因而这些氧化物在固体状态下，就已经以 Ca^{2+}、Mg^{2+}、Mn^{2+}、

* 原文发表于《北京钢铁学院学报》，1984（1）：21～29；并收入《全国第五届冶金过程物理化学年会论文集（上册）》，1984：311～319。

Fe^{2+} 和 O^{2-} 的离子状态存在，所以和大多数物质时熔化过程为物理过程，化学反应不起主导作用一样，这些氧化物在熔化过程中的离解反应不起主导作用，即反应 $MeO \rightarrow Me^{2+} + O^{2-}$ 不会有明显的发展。离子理论认为碱性氧化物熔化过程中进行离解的看法显然是不正确的。

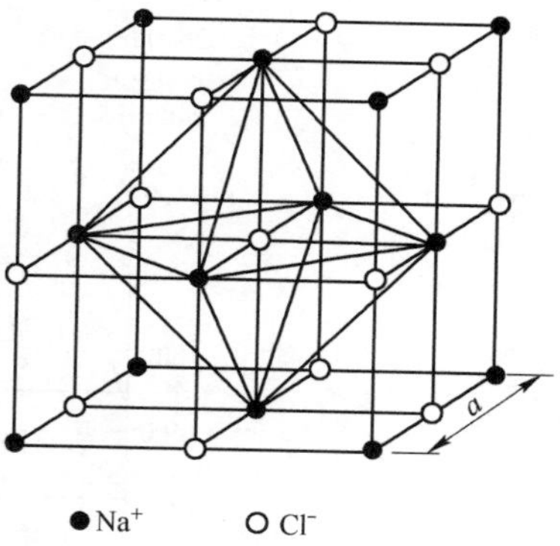

(2) 炉渣导电的差异性：不同熔渣的电导率如下[5]：

熔盐 $x = 2 \sim 7\Omega^{-1} \cdot cm^{-1}$

熔渣 $x = 0.1 \sim 0.9\Omega^{-1} \cdot cm^{-1}$

高 FeO-MnO 渣 $x = 16\Omega^{-1} \cdot cm^{-1}$

SiO_2（含3% Al_2O_3），2000K 时 $x = 0.0007\Omega^{-1} \cdot cm^{-1}$

Al_2O_3（8%）-SiO_2，2000K 时 $x = 0.004\Omega^{-1} \cdot cm^{-1}$

● Na^+ ○ Cl^-

图1 NaCl 结构

即碱金属和碱土金属氧化物的熔体能很好地导电；相反的 SiO_2 或 Al_2O_3 的熔体实际上并不导电；此外 SiO_2-Al_2O_3 系熔体的电导率也非常低，这些事实表明不是所有的炉渣都可作电解质。

(3) CaO-SiO_2、MgO-SiO_2、MnO-SiO_2、FeO-SiO_2 等渣系中靠近 SiO_2 一边当熔化时会出现两层液体，其中一层成分与纯 SiO_2 相近，情况见表1。

表1 与由硅石相平衡的温度下共存两液体相的成分[6]

渣 系	T/℃	相Ⅰ		相Ⅱ	
		$N_{Me^{2+}}$	$N_{Si^{4+}}$	$N_{Me^{2+}}$	$N_{Si^{4+}}$
FeO-SiO_2	1962	0.36	0.64	0.025	0.975
MnO-SiO_2	1923	0.44	0.56	0.017	0.983
CaO-SiO_2	1971	0.29	0.71	0.007	0.993
MgO-SiO_2	1968	0.40	0.60	0.012	0.988

根据质量互变规律，这说明在熔渣中 SiO_2 可以单独存在。

(4) 各种渣系的相图中表明有分子存在的事实：如在 CaO-SiO_2 渣系的相图中在 $B = \frac{\sum n_{CaO}}{\sum n_{SiO_2}} = 1$ 和 $B = 2$ 的地方有尖峰（见图2），就表明此渣系在液态下存在有 $CaSiO_3$ 和 Ca_2SiO_4 等。

(5) 否定熔渣中有 SiO_3^{2-} 和 $Si_3O_9^{6-}$ 复杂离子的事实，有个名叫巴克（T. Baak）的冶金工作者研究了 CaF_2 对 $CaSiO_3$ 黏度的影响[7]，结果得图3中左边实线的形状（按重量百分数作图）。作者假设上述渣系中存在有 CaF_2 分子和 $Ca_3Si_3O_9$ 聚合分子（即离子理论认为的 $Si_3O_9^{6-}$）并用摩尔数表示其浓度后得图中右边的直线关系。巴克由此得出结论，熔渣中存在有三聚合分子 $Ca_3Si_3O_9$。持离子观点的冶金工作者根据这个事实证明熔渣中存在有复杂离子 $Si_3O_9^{6-}$。实际情况是 CaF_2 在晶体状态下就是典型的离子晶体（见图4），电渣重熔的实践证明纯 CaF_2 渣的导电性非常良好，这说明 CaF_2 不论在固体或液体状态下都是以离

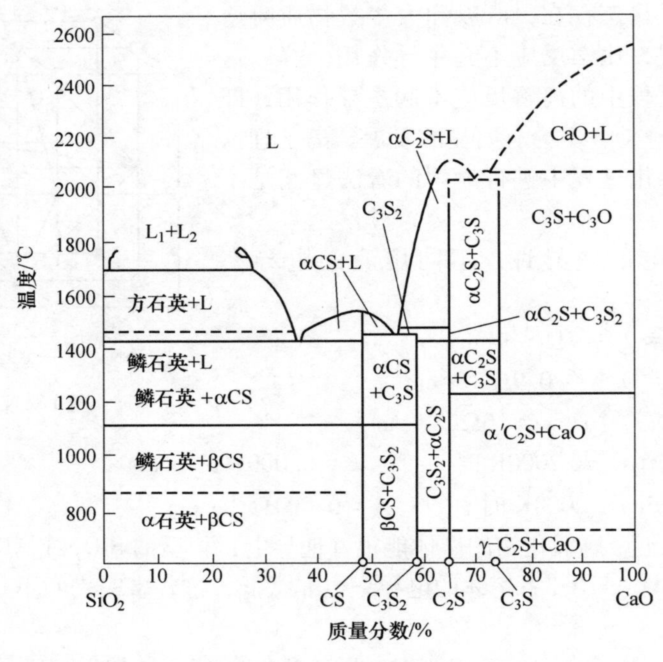

图 2　CaO- SiO_2 相图

子（Ca^{2+} + $2F^-$）的状态存在的。这样将 CaF_2 看作三个离子（Ca^{2+} + $2F^-$），而将 $CaSiO_3$ 看作一个分子，用质点（分子和离子）摩尔分数重新处理图 3 左边的曲线后同样可以得到图右边的直线关系。现将两种处理方法对比如下：

三聚合分子模型　$$N_{CaF_2} = \frac{\frac{40}{78}}{\frac{40}{78} + \frac{1}{3} \times \frac{60}{116}} = 0.75$$

共存模型　$$N_{CaF_2} = \frac{3 \times \frac{40}{78}}{3 \times \frac{40}{78} + \frac{60}{116}} = 0.75$$

既然如此，三聚合分子 $Ca_3Si_3O_9$ 或复杂离子 $Si_3O_9^{6-}$ 在熔渣中能否存在就是不言自明的事情了。同时这也说明 $CaSiO_3$ 是以一个分子的状态存在的，而不是离解为 Ca^{2+} 和 SiO_3^{2-}，因而 SiO_3^{2-} 的存在也是站不住脚的。因此，在应用固体硅酸盐研究结果来解释熔渣结构时一定要持慎重的态度，否则是会谬误百出的。

（6）不同渣系的热力学数据标志着不同炉渣成分的规律性内在联系。因此热力学数据可以而且应该作为核算炉渣结构模型的可靠依据。

根据以上基本事实可将共存理论对熔渣的看法概述为：

（1）熔渣由简单离子（Na^+、Ca^{2+}、Mg^{2+}、Mn^{2+}、Fe^{2+} 等，O^{2-}、S^{2-}、F^- 等）和 SiO_2、硅酸盐、磷酸盐、铝酸盐等分子组成。

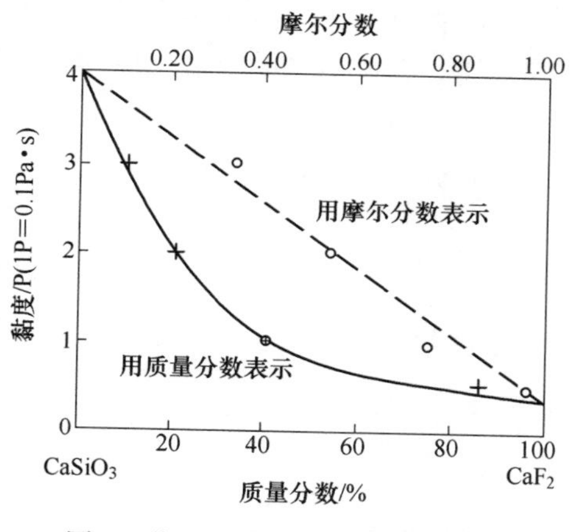

图 3 萤石对偏硅酸钙黏度的影响

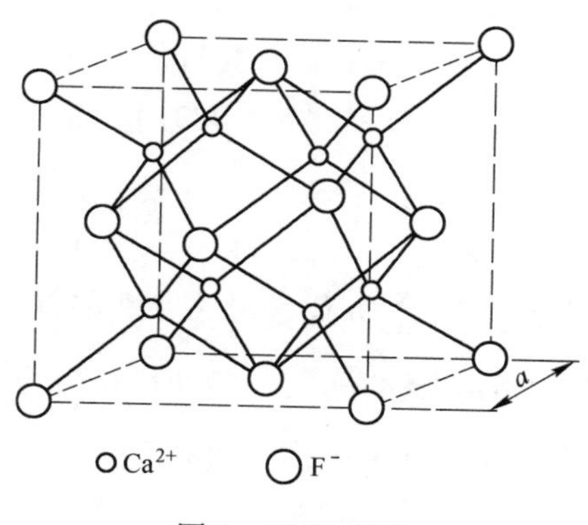

图 4 CaF_2 结构

（2）简单离子与分子之间进行着动平衡反应，如对硅酸盐来说有：

$$2(Me^{2+}+O^{2-})+(SiO_2)=\!=\!=(Me_2SiO_4)$$

$$(Me^{2+}+O^{2-})+(SiO_2)=\!=\!=(MeSiO_3)$$

将 Me^{2+} 和 O^{2-} 同置于括号内并加起来的原因是 CaO 、MgO 、MnO 和 FeO 在固态下即以类似 NaCl 的面心立方离子晶格存在，它们由固态变液态时的离子化过程不起主导作用，即下述反应很少进行：

$$MeO \rightleftharpoons Me^{2+}+O^{2-}$$

这就表明不论在固态或液态下，自由的 Me^{2+} 和 O^{2-} 均能保持独立而不结合成 MeO 分子，因而表示 MeO 浓度时就不能采用离子理论的形式，即：

$$a_{MeO}=N_{MeO}=N_{MeO^{2+}}N_{O^{2-}}$$

而应采用以下形式：

$$N_{MeO}=N_{Me^{2+}}+N_{O^{2-}}$$

正负离子的这种性质即称为它们的独立性。

其次，由于形成 Me_2SiO_4 或 $MeSiO_3$ 时需要 Me^{2+} 和 O^{2-} 协同参加，因为单独增加 Me^{2+} 或 O^{2-} 的任何一个不论到多大的浓度均不能促使形成更多的硅酸盐。这就是 Me^{2+} 和 O^{2-} 在成盐时的协同性。

（3）熔渣内部的化学反应服从质量作用定律。

下面以 FeO- SiO_2 渣系为例说明一下利用共存理论求炉渣氧化还原能力的问题。

例：在 1590K 下使 FeO- Fe_2O_3- SiO_2 渣系与 H_2O+H_2 的混合气体平衡后测得如下数据[7]：

	（FeO）	（Fe_2O_3）	（SiO_2）	a_{FeO}（实验测得）
%	68.90	1.1	30	0.560
$\sum n$	0.957	0.0068	0.500	

求炉渣的氧化还原能力以与实验测得的 a_{FeO} 比较。

已知：①根据 $FeO\text{-}SiO_2$ 渣系的相图，此渣系仅有 Fe_2SiO_4 一种硅酸盐可以存在于熔渣中；②且知当与气相平衡时 Fe_2O_3 会与 FeO 结合成 Fe_3O_4；③此渣系的成盐反应为：

$$2(Fe^{2+} + O^{2-}) + (SiO_2) = (Fe_2SiO_4)$$

$$\Delta F^{\ominus} = 8310 - 8.3T \qquad \text{（适用于 1478 ～ 1644K）}$$

$$K = \frac{N_{Fe_2SiO_4}}{N_{Fe_2}N_{SiO_2}} = 5 \qquad (1590K) \tag{1}$$

解法：以 $\sum n$ 代表总质点摩尔数，n 代表自由质点摩尔数，并设 $b = \sum n_{FeO} - \sum n_{Fe_2O_3}$（取英语 base 碱的第一个字母），$a_1 = \sum n_{SiO_2}$，$a_2 = \sum n_{Fe_2O_3}$，$a = a_1 + a_2$（取英语 acid 酸的第一个字母），$x = n_{FeO}$，$y = n_{SiO_2}$，$z = n_{Fe_2SiO_4}$。

根据物质不灭定律得物料平衡式：

$$\left.\begin{aligned} \sum n'_{FeO} = n_{FeO} + 2n_{FeO_2\cdot SiO_4} \quad &\text{或} \quad b = x + 2z \\ \sum n_{SiO_2} = n_{SiO_2} + n_{Fe_2SiO_4} \quad &\text{或} \quad a_1 = y + z \end{aligned}\right\} \tag{2}$$

由式（2）得：

$$z = \frac{b - x}{2};\ y = \frac{2a_1 - b + x}{2} \tag{3}$$

炉渣中总质点数：

$$\begin{aligned} \sum n &= n_{Fe^{2+}} + n_{O^{2-}} + n_{SiO_2} + n_{Fe_2SiO_4} + \sum n_{Fe_2O_3} \\ &= 2n_{FeO} + y + z + a_2 = 2x + a \end{aligned}$$

由此得表示反应物与生成物作用浓度（即符合质量作用定律的浓度）的公式为：

$$\left.\begin{aligned} N_{FeO} &= \frac{n_{Fe^{2+}} + n_{O^{2-}}}{2x + a} = \frac{2x}{2x + a} = \frac{x}{x + 0.5a} \\ N_{SiO_2} &= \frac{n_{SiO_2}}{2x + a} = \frac{y}{2x + a} = \frac{2a_1 - b + x}{2(2x + a)} \\ N_{Fe_2SiO_4} &= \frac{n_{Fe_2SiO_4}}{2x + a} = \frac{z}{2x + a} = \frac{b - x}{2(2x + a)} \end{aligned}\right\} \tag{4}$$

将式（4）中各作用浓度代入式（1）整理后得：

$$(K + 1)x^3 + [(2a_1K + a) - b(K + 1)]x^2 + (0.25a^2 - 2b)x - 0.25a^2b = 0 \tag{5}$$

这就是当渣系 $FeO\text{-}Fe_2O_3\text{-}SiO_2$ 与气相平衡时计算熔渣中自由 FeO 摩尔数的普遍公式。将例题中具体数据代入这个公式后得：

$$6x^3 - 0.1944x^2 - 0.4173x - 0.061 = 0$$

解之得：

$$x = 0.333$$

熔渣的氧化还原能力：

$$N_{FeO} = \frac{x}{x + 0.5a} = \frac{0.333}{0.333 + 0.2534} = 0.563$$

此值与实验测得的（FeO）活度 $a_{FeO} = 0.560$ 几乎完全一致，这说明用这个方法计算炉渣氧化还原能力是相当精确的。

将 x 值代入式（4）则得 SiO_2 和 Fe_2SiO_4 的作用浓度分别为：

$$N_{SiO_2}=\frac{2a_1-b+x}{2(2x+a)}=\frac{1-0.9502+0.333}{2(0.666+0.5063)}=0.165$$

$$N_{Fe_2SiO_4}=\frac{b-x}{2(2x+a)}=\frac{0.9502-0.333}{2.3456}=0.265$$

$$N_{Fe_3O_4}=\frac{0.0068}{2(0.333+0.2534)}=0.0058$$

按照同样方法计算得不同碱度 $B_{FeO}=\frac{\sum n_{FeO}}{\sum n_{SiO_2}}$ 下熔渣中（FeO）的作用浓度 N_{FeO} 与实验测得 a_{FeO} 的结果如表 2 所示。表中数据说明不论碱度怎样变化，计算的作用浓度 N_{FeO} 与实测的（FeO）活度 a_{FeO} 都是基本上一致的，因而这就进一步说明上述方法是相当可靠的。

表 2　不同碱度下熔渣中（FeO）的作用浓度 N_{FeO} 与实验测得 a_{FeO} 的结果

B_{FeO}	3.46	2.36	2.05	1.83	1.76	1.48
N_{FeO}（计算）	0.794	0.659	0.600	0.545	0.528	0.474
a_{FeO}（实测）	0.796	0.652	0.598	0.544	0.509	0.433

用以上方法计算得 1590K 下 FeO-SiO_2 渣系 N_{FeO}、N_{SiO_2} 和 $N_{Fe_2SiO_4}$ 各作用浓度以及总质点数 $\sum n$ 随碱度 B 而变化的情况如图 5 所示。

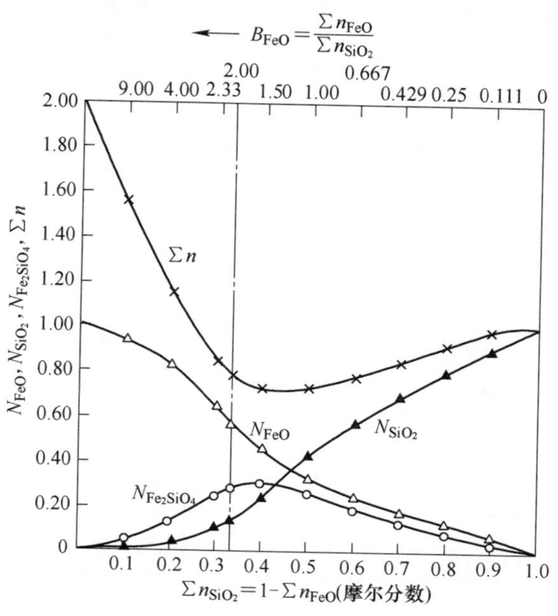

图 5　1590K 下 FeO-SiO_2 渣系各作用浓度和总质点数 $\sum n$ 随碱度（或 $\sum n_{SiO_2}$）而变化的情况

根据类似的方法，采用以下的热力学数据和化学反应式：

$$\left.\begin{aligned}&2(Ca^{2+}+O^{2-})+(SiO_2)═══(Ca_2SiO_4)\quad \Delta F^{\ominus}=-RT\ln K=-24100-5.74T\pm 1000\text{cal}\\&(Ca^{2+}+O^{2-})+(SiO_2)═══(CaSiO_3)\quad \Delta F^{\ominus}=-RT\ln K_1=-19900-0.84T\pm 3000\text{cal}\\&(Ca^{2+}+O^{2-})+(CaSiO_3)═══(Ca_2SiO_4)\quad \Delta F^{\ominus}=-RT\ln K_2=-3220-4.92T\end{aligned}\right\} \tag{6}$$

及方程（7）和（8）：

$$\left.\begin{aligned}&Ax^3+Bx^2+Cx-D=0\\&A=K_1+K_1K_2+1\\&B=a(1.5K_1+2K_1K_2+1)-b(K_1+K_1K_2+1)\\&C=0.5a^2(K_1+0.5)-ab(0.5K_1+1)\\&D=0.25a^2b\end{aligned}\right\} \tag{7}$$

式中，$x=n_{CaO}$；$b=\sum n_{CaO}$；$a=\sum n_{SiO_2}$。

$$\left.\begin{aligned}&z=n_{CaSiO_3}=\frac{K_1(2a-b+x)x}{2(x+0.5a)+K_1x}\\&N_{CaO}=\frac{x}{x+0.5a};\qquad N_{SiO_2}=\frac{2a-b+x-z}{2(2x+a)}\\&N_{CaSiO_3}=\frac{z}{2x+a};\qquad N_{Ca_2SiO_4}=\frac{b-x-z}{2(2x+a)}\end{aligned}\right\} \tag{8}$$

计算得1500℃和1600℃下CaO的作用浓度N_{CaO}和实验结果a_{CaO}对照如表3所示。表中数据表明计算结果与实验数值是相当一致的，从而证明共存理论的计算方法对CaO-SiO_2渣系也是完全适用的。

表3　计算作用浓度N_{CaO}实验a_{CaO}的对比[9, 10]

温度/℃	a	b	N_{CaO}（计算）	a_{CaO}（实验）	温度/℃	a	b	N_{CaO}（计算）	a_{CaO}（实验）
1500	0.423	0.577	0.0225	0.024	1600	0.42	0.58	0.026	0.039
	0.45	0.55	0.0141	0.012		0.44	0.56	0.0186	0.018
	0.48	0.52	0.0088	0.0074		0.46	0.54	0.0137	0.012
	0.50	0.50	0.00659	0.0055		0.48	0.52	0.0104	0.009
	0.54	0.46	0.0039	0.0033		0.51	0.49	0.00704	0.0064
	0.58	0.42	0.00255	0.0024		0.54	0.46	0.00499	0.0044
	0.59	0.41	0.0023	0.0022		0.57	0.43	0.00368	0.0033
	0.634	0.366	0.00156	0.0017		0.61	0.39	0.00255	0.0025
						0.66	0.34	0.0017	0.0018

按上述方法计算得1600℃下CaO-SiO_2渣系N_{CaO}、N_{SiO_2}、N_{CaSiO_3}和$N_{Ca_2SiO_4}$各作用浓度以及总质点数$\sum n$随碱度B而变化的情况如图6所示。

我们不打算再举脱硫的例子，只是顺便指出，在对渣钢间脱硫反应过程的理解上共存

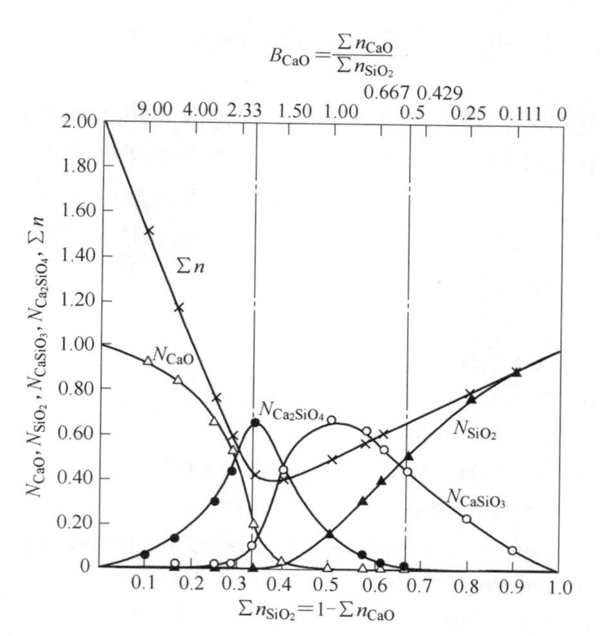

图 6　1600℃下 $CaO-SiO_2$ 渣系各作用浓度和总质点数 $\sum n$ 随碱度（$\sum n_{SiO_2}$）而变化的情况

理论与离子理论没有原则分歧，即同样认为脱硫总反应为：

$$[S]+(O^{2-})=\!=\!=(S^{2-})+[O]$$

而平衡常数为：

$$K_S=\frac{N_{S^{2-}}\times[\%O]}{N_{O^{2-}}\times[\%S]}=\frac{n_{S^{2-}}[\%O]}{n_{O^{2-}}[\%S]}$$

但在对自由氧离子浓度 $\sum n_{O^{2-}}$ 的计算上，两者是存在巨大差别的，因而用两种方法计算的平衡常数也是有本质的差别的。表 4 列举了共存理论的简化计算方法和完全离子溶液理论所求不同 SiO_2 含量下的脱硫平衡常数 $K_{S共存}$ 和 $K_{S离子}$。从表中数据可以看出，用完全离子溶液理论所求平衡常数最大值与最小值之比可达 5.8 倍（0.132/0.0228），而用共存理论计算者，则没有这种异常现象，也没有 K_S 值随 SiO_2 含量变化而系统地变化的现象，唯一可以看到的是 $K_{S共存}$ 值因温度降低而变小的情况。而最后的情况正好符合生产实践中高温有利于脱硫，低温不利于脱硫的规律。

表 4　用共存理论和完全离子溶液理论所求 K_S 的比较

炉　号	E12-20	E15-10	E22-28	E22-16	E22-20
温度/℃	1590	1624	1604	1605	1586
SiO_2/%	2.78	13.84	21.66	31.46	34.86
$K_{S共存}$	0.0178	0.0187	0.0178	0.0172	0.0131
$K_{S离子}$	0.0228	0.0234	0.0261	0.0286	0.132

“实践的观点是辩证唯物论的认识论之第一的和基本的观点。”既然用共存理论计算的

结果与实测数据基本一致，而且所求平衡常数比较守常，那么这种理论就应更精确地反映炉渣的实际。

但应指出，由于这种理论还处于发展初期，对许多问题尚未研究，在前进道路上无疑还会碰到许多困难，诸如实验数据不够、热力学数据短缺和不准以及计算工作量较大等，也不能预料，在今后使用这种理论的过程中，就不会发现某些缺点或漏洞，但这种理论所开始的方向——“同时考虑分子和离子存在”的正确性却是不容置疑的。

参考文献

[1] Чуико Н М идр. АН СССР. ОТН, 1958 (11).
[2] Чуико Н М идр. АН СССР. ОТН. Мем. ц. Топлцво, 1959 (1).
[3] Чуико Н М идр. Вузов, Ч. М, 1959 (5).
[4] Чуико Н М идр. АН СССР. ОТН. Мем. ц. Топлцво, 1960 (2).
[5] Никитин Б М, Чуико Н М идр. Вузов, Ч. М, 1963 (8).
[6] Кожеуров В А. Темодинамика металлургическиж шлаков, Металлургиздат, 1955, стр 135.
[7] BaaK T. The Physical Chemistry of Steelmaking, 1958: 84~86.
[8] Bodsworth C. J. Iron and Steel Institute, 1959, September: 13~24.
[9] Sharma R A, Richardson F D. Journal of the Iron and Steel Institute, 1962, 200 (May) Part 5: 373~379.
[10] 沢村企好. 鉄と鋼, 1961, 第14号: 1873~1878.

On the Coexistence Theory of Slag Structure

Zhang Jian

(Beijing University of Iron and Steel Technology)

Abstract: Contribution of N. M. Chuiko to the development of the coexistence theory of slag structure. The insufficiency of the previous demonstration for this theory. Further fundamental facts confirming the coexistence theory of slag structure (the facts of crystal chemistry, the difference in electric conductivity of various slags, the liquid miscibility gaps of $MeO-SiO_2$ binnary slags, the peaks on the temperature composition diagram of $MeO-SiO_2$ binarg slags, the viscosity-composition diagram of $CaSiO_3-CaF_2$ system, the relation between standard free energy of formafion of silicates and mass action concentrations). Some examples about the use of the above mentioned theory (eqnilibrum between $FeO-Fe_2O_3-SiO_2$ and H_2O+H_2, $CaO-SiO_2$, distribution of sulfur between $CaO-MgO-FeO-Fe_2O_3-SiO_2-S$ and liquid iron).

$FeO-Fe_2O_3-SiO_2$ 渣系的作用浓度计算模型*

摘　要：根据共存理论的基本观点，从FeO_n-SiO_2渣系的相图和黏度数据及$FeO_n-Fe_2O_3$相图确定了本渣系的结构单元为Fe^{2+}、O^{2-}简单离子和SiO_2、Fe_2O_3、Fe_3O_4及Fe_2SiO_4分子。在此基础上利用Fe_2SiO_4和Fe_3O_4的标准生成自由能。数据推导了计算$FeO-Fe_2O_3-SiO_2$渣系各组元作用浓度的模型。

计算的N_{Fe_tO}与实测的a_{Fe_tO}符合，且N_{Fe_tO}、N_{SiO_2}、$N_{Fe_2SiO_4}$和炉渣总质点数$\sum n$随$B_1=\frac{\sum n_{FeO}}{\sum n_{SiO_2}}$而改变，而$N_{Fe_2O_3}$和$N_{Fe_3O_4}$随$B_2=\frac{\sum n_{FeO}}{\sum n_{Fe_2O_3}}$而改变，表明$Fe_2SiO_4$和$Fe_3O_4$的混合是理想的，两者间的相互影响是不大的

关键词：共存理论；作用浓度；结构单元；炉渣的氧化能力

1 引言

文献上关于$FeO-Fe_2O_3-SiO_2$渣系的a_{Fe_tO}测定，已经有了一些[1~3]。测定结果彼此符合甚好，但理论与实际一致的a_{Fe_tO}计算模型却为数不多。在前文[4]中曾对$FeO-Fe_2O_3-SiO_2$渣系的作用浓度N_{FeO}进行了计算，虽然结果与实测a_{Fe_tO}符合，但由于假设Fe_2O_3全部与FeO结合成Fe_3O_4，在理论上是不够严密的。本文目的在于将$FeO-Fe_2O_3-SiO_2$渣系的作用浓度计算建立在更严格的理论基础上，以便把共存理论推广到多元渣系的作用浓度计算。

2 $FeO-Fe_2O_3-SiO_2$ 系熔渣的结构单元

前文[4]已对熔渣的结构进行了详尽论证。

按照这些观点来考察FeO_n-SiO_2渣系相图（见图1）[5]，可以看出$FeO-Fe_2O_3-SiO_2$熔渣中会生成正硅酸铁分子（Fe_2SiO_4）。这点在$FeO-SiO_2$渣系黏度测量结果中也得到了证明[6]。另外，由于在$FeO-SiO_2$熔渣中不可避免地存在Fe_2O_3，根据$FeO-Fe_2O_3$相图[5]，有Fe_3O_4（或$FeO\cdot Fe_2O_3$）生成。因此，该三元系熔渣的结构单元是：Fe^{2+}、O^{2-}简单离子和SiO_2、Fe_2O_3、Fe_3O_4、Fe_2SiO_4分子。

3 $FeO-Fe_2O_3-SiO_2$ 熔渣作用浓度的计算模型

按照上面的结构单元及表1的热力学数据[7,8]，并令：

$$b=\sum n_{FeO},\quad a_1=\sum n_{SiO_2},\quad a_2=\sum n_{Fe_2O_3},\quad x=n_{FeO},$$
$$y_1=n_{SiO_2},\quad y_2=n_{Fe_2O_3},\quad z=n_{Fe_3O_4},\quad w=n_{Fe_2SiO_4}$$

* 原文发表于《北京钢铁学院学报》，1988，10（1）：1~6。

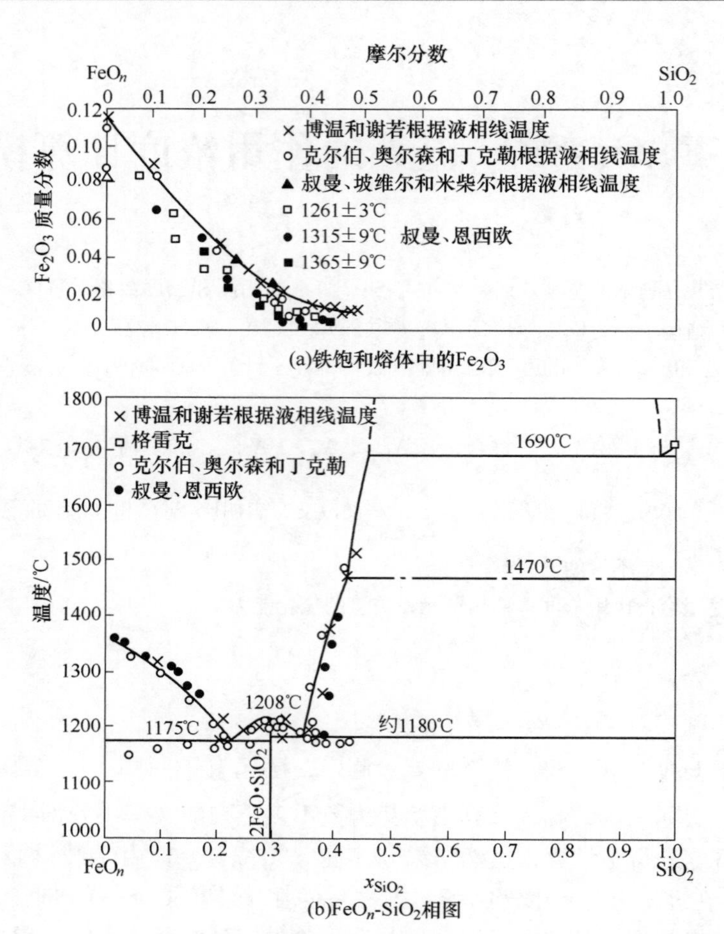

图 1 FeO_n-SiO_2 渣系相图

Fig. 1 Phase diagram of FeO_n-SiO_2

本渣系内的化学反应为：

$$2(Fe^{2+}+O^{2-})+SiO_{2(s)}=\!=\!=Fe_2SiO_4 \quad (1371\sim1535℃) \tag{1}$$

$$K_1=\frac{N_{Fe_2SiO_4}}{(N_{FeO})^2N_{SiO_2}},\ \Delta G^{\ominus}=-6470+0.6T$$

$$(Fe^{2+}+O^{2-})+Fe_2O_{3(s)}=\!=\!=Fe_3O_{4(s)} \quad (1371\sim1597℃) \tag{2}$$

$$K_2=\frac{N_{Fe_3O_4}}{N_{FeO}N_{Fe_2O_3}},\ \Delta G^{\ominus}=-10950+2.5T$$

表 1 反应的标准自由能

Table1 Standard free energies of the reactions

反　应	自由能变化/J	温度范围/℃
$Fe_{(s)}=Fe_{(l)}$	$\Delta G^{\ominus}=-13860-7.64T$	1536（m. p）
$Fe_{(l)}+\frac{1}{2}O_2=FeO_{(l)}$	$\Delta G^{\ominus}=-257040+53.89T$	1371~2000

续表 1

反　　应	自由能变化/J	温度范围/℃
$Fe_{(s)}+\frac{1}{2}O_2 = FeO_{(l)}$	$\Delta G^{\ominus} = -243188 + 46.2T$	1371～1536（m. p）
$2Fe_{(s)}+\frac{3}{2}O_2 = Fe_2O_{3(s)}$	$\Delta G^{\ominus} = -817236 + 251.62T$	25～1500
$3Fe_{(s)}+2O_2 = Fe_3O_{4(s)}$	$\Delta G^{\ominus} = -1106406 + 308.53T$	25～1597（m. p）
$FeO_{(l)}+Fe_2O_{3(s)} = Fe_3O_{4(s)}$	$\Delta G^{\ominus} = -45990 + 10.67T$	1371～1597（m. p）
$2FeO_{(l)}+SiO_{(s)} = Fe_2SiO_{4(l)}$	$\Delta G^{\ominus} = -27174 + 2.52T$	1371～1535

物料平衡为：

$$\left.\begin{aligned} &\sum n_{FeO} = n_{FeO} + n_{Fe_3O_4} + 2n_{Fe_2SiO_4}, && b = x + z + 2w \\ &\sum n_{SiO_2} = n_{SiO_2} + n_{Fe_2SiO_4}, && a_1 = y_1 + w \\ &\sum n_{Fe_2O_3} = n_{Fe_2O_3} + n_{Fe_3O_4}, && a_2 = y_2 + z \\ &\text{总质点数} \sum n = 2x + z + w + y_1 + y_2 = 2x + a, && a = a_1 + a_2 \end{aligned}\right\} \tag{3}$$

各组元的作用浓度为：

$$\left.\begin{aligned} &N_1 = N_{FeO} = \frac{2x}{x+0.5a};\ N_2 = N_{SiO_2} = \frac{y_1}{2x+a};\ N_3 = N_{Fe_2O_3} = \frac{y_2}{2x+a} \\ &N_4 = N_{Fe_3O_4} = \frac{z}{2x+a};\ N_5 = N_{Fe_2SiO_4} = \frac{w}{2x+a} \end{aligned}\right\} \tag{4}$$

将式（4）代入式（1）和式（2）得：

$$w = \frac{K_1x^2}{(x+0.5a)^2}y_1;\ z = \frac{K_2}{x+0.5a}y_2 \tag{5}$$

将式（5）代入式（3）得：

$$\left.\begin{aligned} &b - x = \frac{K_2x}{x+0.5a}y_2 + \frac{2K_1x^2}{(x+0.5a)^2}y_1 && \text{(a)} \\ &y_1 = \frac{a_1(x+0.5a)^2}{K_1x^2 + (x+0.5a)^2} && \text{(b)} \\ &y_2 = \frac{a_2(x+0.5a)}{K_2x + (x+0.5a)} && \text{(c)} \end{aligned}\right\} \tag{6}$$

将式（6b）和式（6c）代入式（6a）并展开得：

$$\begin{aligned} &K_1(2a_1 - b + x)(x+0.5a)x^2 + K_2(a_2 - b + x)(x+0.5a)^2x + \\ &K_1K_2(2a_1 + a_2 - b + x)x^3 - (b - x)(x+0.5a)^3 = 0 \end{aligned} \tag{7}$$

以上就是 $FeO-Fe_2O_3-SiO_2$ 系熔渣各组元作用浓度的计算模型。

考虑到有铁存在时，本渣系中会发生下列反应：

$$Fe + Fe_2O_3 = 3(Fe^{2+} + O^{2-}) \tag{8}$$

即自由的 FeO 和 Fe_2O_3 均具有氧化能力，所以可将炉渣的氧化能力表示为：

$$N_{Fe_tO} = N_{FeO} + 6N_{Fe_2O_3} \tag{9}$$

如果计算模型与实际相符，则计算的 N_{Fe_tO} 应与实测 a_{Fe_tO} 一致。

4 计算结果

利用以上模型在 LSI-11/23 小型计算机上处理文献［1～3］中的数据后所得结果如图 2 所示。由图中计算 N_{Fe_tO} 与实测 a_{Fe_tO} 的比较可以看出，虽然实测数据来源不同，但两者的符合程度都是相当满意的，说明用上述模型计算炉渣的氧化能力是可行的。

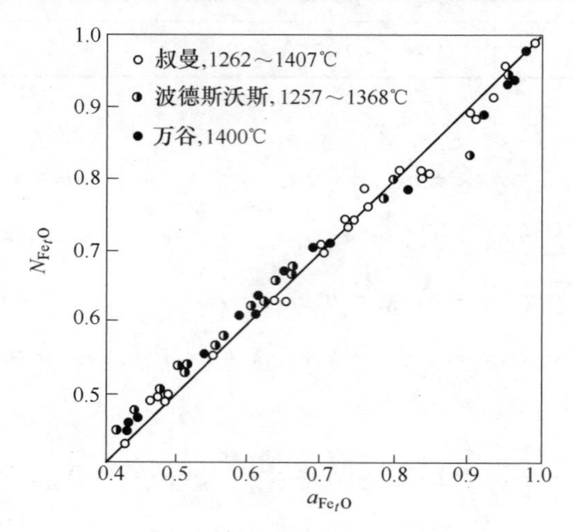

图 2　计算 N_{Fe_tO} 与实测 a_{Fe_tO} 的比较

Fig. 2　Comparison of calculated N_{Fe_tO} with measured a_{Fe_tO}

图 3 是 FeO-Fe_2O_3-SiO_2 熔渣的氧化能力 N_{Fe_tO}，各组元作用浓度和总质点数 $\sum n$ 随碱度 $B_1\left(=\dfrac{\sum n_{FeO}}{\sum n_{SiO_2}}\right)$ 或 $B_2\left(=\dfrac{\sum n_{FeO}}{\sum n_{Fe_2O_3}}\right)$ 而变化的情况。从图中看出，N_{Fe_tO}、N_{SiO_2}、$N_{Fe_2SiO_4}$ 和总质点数 $\sum n$ 均随 B_1 而变化；而 $N_{Fe_2O_3}$ 和 $N_{Fe_3O_4}$ 则随 B_2 而变化，而且具有很强的依存关系。说明 FeO-Fe_2O_3-SiO_2 熔渣各组元的作用浓度主要决定于标志其化合关系的碱度，而与其化合关系甚少的碱度则影响不大。这就表明 Fe_2SiO_4 和 Fe_3O_4 的混合是理想的，两者间的相互影响是不大的。而 $\sum n$ 随 B_1 而改变的主要原因是本渣系中占主导作用的酸性氧化物为 SiO_2、Fe_2O_3 与之相比含量甚少所致。

5 结论

（1）根据炉渣结构的共存理论推导了 FeO-Fe_2O_3-SiO_2 熔渣各组元作用浓度的计算模型。

（2）用 $N_{Fe_tO} = N_{FeO} + 6N_{Fe_2O_3}$ 计算的熔渣氧化能力与实测 a_{Fe_tO} 相符。

（3）熔渣 FeO-Fe_2O_3-SiO_2 各组元的作用浓度随标志其化合关系的碱度而变化，而与其化合关系甚少的碱度对其影响不大。

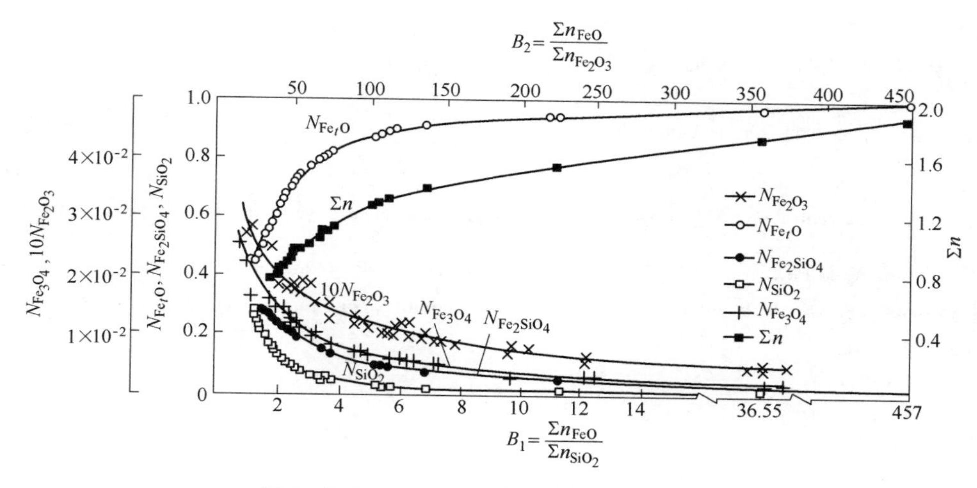

图 3 FeO-Fe_2O_3-SiO_2 熔渣的氧化能力 N_{Fe_tO}、各组元作用浓度和总质点数 $\sum n$ 随碱度 B_1（或 B_2）的变化

Fig. 3 Change of N_{Fe_tO} mass action concentrations and $\sum n$ in relation to basicity B_1 (or B_2) in melts of FeO-Fe_2O_3-SiO_2

参考文献

[1] Schuhman R, Ensio P J. J. of Metals, 1951 (5): 401.

[2] Bodsworth C. J. Iron and Steel Institute, 1959, (9): 13.

[3] 万谷志郎等. 鉄と鋼, 1980 (10): 1984.

[4] 张鉴. 北京钢铁学院学报, 1984 (1): 21.

[5] Verlag Stahleison M B H. Schlackenatlas. Dusseldorf, 1981: 45, 42.

[6] 溶铁、溶滓の物性值便览. 溶钢、溶滓部会报告, 1972.

[7] Turkdogan E T. Physical Chemistry of High Temperature Technology. Academic Press, New York, 1980.

[8] Richardson F D, Jeffes J H E. J. Iron and Steel Institute, 1950, 166: 3.

The Calculating Model of Mass Action Concentrations for the Slag System FeO-Fe_2O_3-SiO_2

Zhang Jian

(Beijing University of Iron and Steel Technology)

Abstract: In accordance with the coexistence theory of slag structure, the structural units of FeO-Fe_2O_3-SiO_2 melts have been determined as simple ions Fe^{2+}, O^{2-} and molecules SiO_2, Fe_2O_3, Fe_3O_4, Fe_2SiO_4 as well from the phase diagram and viscosity data of FeO_n-SiO_2 system and phase diagram of FeO_n-Fe_2O_3. On the basis of these structural units and using the standard free energies of Fe_2SiO_4 and Fe_3O_4 formation, calculating model of mass action concentrations for FeO-Fe_2O_3-SiO_2 melts has been deduced.

The calculated N_{Fe_tO} are identical with the measured a_{Fe_tO}. The mass action concentrations of N_{Fe_tO}, N_{SiO_2}, $N_{Fe_2SiO_4}$ and the sum of moles $\sum n$ change with respect to the basicity $B_1 = \frac{\sum n_{FeO}}{\sum n_{SiO_2}}$, but the mass action concentrations $N_{Fe_2O_3}$ and $N_{Fe_3O_4}$ change with respect to the basicity $B_2 = \frac{\sum n_{FeO}}{\sum n_{Fe_2O_3}}$, showing that the mixing of Fe_2SiO_4 and Fe_3O_4 is ideal and their mutual effects are small.

Keywords: coexistence theory of slag structure; mass action concentrations; structural units; oxidizing capability of slags

$CaO\text{-}SiO_2$ 渣系作用浓度的计算模型*

摘 要：根据炉渣结构的共存理论和 $CaO\text{-}SiO_2$ 渣系相图制定了不同温度区间的作用浓度计算模型。在炼钢温度下计算结果表明，考虑 2 个硅酸盐（$CaSiO_3$ 和 Ca_2SiO_4）或 3 个硅酸盐（$CaSiO_3$、Ca_2SiO_4 和 Ca_3SiO_5）的计算模型都是合用的。比较不同计算方案结果证明，用本文回归所得的热力学数据比用文献数据更能符合实际，所以对文献数据应进一步研究。硅酸盐作用浓度的最大值与相图中固液相同成分熔点的位置一致，说明硅酸盐对本渣系的熔点具有极为重要的影响。炉渣总质点数随碱度而变化中出现最小值的原因是炉渣中进行了多个结构质点结合成一个分子的反应。

关键词：炉渣；活度；回归分析；共存理论；作用浓度；结构单元

1 引言

$CaO\text{-}SiO_2$ 渣系是冶金上最基本的渣系，它影响着冶金过程中的氧化、还原、脱硫、脱磷等多种反应的进行，也影响着炉渣的物理性能。因此，人们对其研究比较广泛，就相图而言[1, 2]，已达到相当成熟的程度。对本渣系的活度测量也做了不少工作[3~7]，其中有些研究结果彼此符合甚好，因而是可以信赖的。但具有普遍意义的计算模型还不多见。作者曾在另文[8]中谈到过 $CaO\text{-}SiO_2$ 渣系作用浓度的计算模型，但限于当时的认识，内容很不系统，也不全面。所以，为了将炉渣结构的共存理论运用于多元渣系，有必要系统地对本渣系作用浓度的计算模型进行讨论。

2 $CaO\text{-}SiO_2$ 渣系的结构单元和计算模型

从 $CaO\text{-}SiO_2$ 相图[1, 2]，因温度不同 $CaO\text{-}SiO_2$ 渣系的结构单元可分 4 种情况：

（1）在 1800℃以上，结构单元为 Ca^{2+}、O^{2-}、SiO_2、$CaSiO_3$ 和 Ca_2SiO_4。

（2）在 1464 ~ 1800℃之间，结构单元为 Ca^{2+}、O^{2-}、SiO_2、$CaSiO_3$、Ca_2SiO_4 和 Ca_3SiO_5。

（3）在 1250 ~ 1464℃之间，结构单元为 Ca^{2+}、O^{2-}、SiO_2、$CaSiO_3$、$3CaO \cdot 2SiO_2$、Ca_2SiO_4 和 Ca_3SiO_5。

（4）在 1250℃以下，结构单元为 Ca^{2+}、O^{2-}、SiO_2、$CaSiO_3$、$3CaO \cdot 2SiO_2$ 和 Ca_2SiO_4。

因此，令 $b = \sum n_{CaO}$，$a = \sum n_{SiO_2}$，$x = n_{CaO}$，$y = n_{SiO_2}$，$z = n_{CaSiO_3}$，$v = n_{3CaO \cdot 2SiO_2}$，$w = n_{Ca_2SiO_4}$，$u = n_{Ca_3SiO_5}$，则：

（1）在 1800℃以上化学平衡式为：

$$(Ca^{2+} + O^{2-}) + (SiO_2) = (CaSiO_3) \tag{1}$$

* 原文发表于《北京钢铁学院学报》，1988，10（4）：412~421。

$$K_1 = \frac{N_{CaSiO_3}}{N_{CaO}N_{SiO_2}} \qquad \Delta G^{\ominus} = -92528 + 2.512T(25 \sim 1540℃), \text{J/mol}$$

$$2(Ca^{2+} + O^{2-}) + (SiO_2) = (Ca_2SiO_4) \tag{2}$$

$$K_2 = \frac{N_{Ca_2SiO_4}}{N_{CaO}^2 N_{SiO_2}} \qquad \Delta G^{\ominus} = -118905 - 11.304T(25 \sim 2130℃), \text{J/mol}$$

物料平衡为：

$$b = x + z + 2w \tag{3}$$

$$a = y + z + w \tag{4}$$

由式（1）到式（4）得作用浓度的计算模型为：

$$K_2(2a - b + x)x^2 + K_1(a - b + x)(x + 0.5a)x - (b - x)(x + 0.5a)^2 = 0 \tag{5}$$

$$y = \frac{(b - x)(x + 0.5a)^2}{K_1(x + 0.5a)x^2 + 2K_2x^2};\ z = \frac{K_1 x}{x + 0.5a}y;\ w = \frac{K_2x^2}{(x + 0.5a)^2}y \tag{6}$$

各组元的作用浓度为：

$$N_{CaO} = \frac{x}{x + 0.5a};\ N_{SiO_2} = \frac{y}{2x + a};\ N_{CaSiO_3} = \frac{z}{2x + a};\ N_{Ca_2SiO_4} = \frac{w}{2x + a} \tag{7}$$

（2）在 1464~1800℃之间化学平衡式为：

$$(Ca^{2+}+O^{2-}) + (SiO_2) = (CaSiO_3) \tag{8}$$

$$K_1 = \frac{N_{CaSiO_3}}{N_{CaO}N_{SiO_2}} \qquad \Delta G^{\ominus} = -22476 - 38.52T, \text{J/mol}$$

$$2(Ca^{2+} + O^{2-}) + (SiO_2) = (Ca_2SiO_4) \tag{9}$$

$$K_2 = \frac{N_{Ca_2SiO_4}}{N_{CaO}^2 N_{SiO_2}} \qquad \Delta G^{\ominus} = -100986 - 24.03T, \text{J/mol}$$

$$3(Ca^{2+} + O^{2-}) + (SiO_2) = (Ca_3SiO_5) \tag{10}$$

$$K_4 = \frac{N_{Ca_3SiO_5}}{N_{CaO}^3 N_{SiO_2}} \qquad \Delta G^{\ominus} = -93366 - 23.03T, \text{J/mol}$$

物料平衡为：

$$b = x + z + 2w + 3u \tag{11}$$

$$a = y + z + w + u \tag{12}$$

由式（8）到式（12）得作用浓度的计算模型为：

$$K_3(3a - b + x)x^3 + K_2(2a - b + x)(x + 0.5a)x^2 + K_1(a - b + x)(x + 0.5a)^2x - (b - x)(x + 0.5a)^3 = 0 \tag{13}$$

$$y = \frac{(b - x)(x + 0.5a)^3}{K_1(x + 0.5a)^2x + 2K_2(x + 0.5a)x^2 + 3K_3x^3}$$

$$w = \frac{K_2x^2}{(x + 0.5a)^2}y;\ u = \frac{K_3x^3}{(x + 0.5a)^3}y \tag{14}$$

各组元的作用浓度为：

$$N_{CaO} = \frac{x}{x + 0.5a};\ N_{SiO_2} = \frac{y}{2x + a};\ N_{CaSiO_3} = \frac{z}{2x + a}$$

$$N_{Ca_2SiO_4} = \frac{w}{2x + a};\ N_{Ca_3SiO_5} = \frac{u}{2x + a} \tag{15}$$

（3）在 1250 ~ 1464℃之间化学平衡式为：

$$(Ca^{2+} + O^{2-})_{(s)} + SiO_{2(s)} = CaSiO_{3(s)} \tag{16}$$

$$K_1 = \frac{N_{CaSiO_3}}{N_{CaO}N_{SiO_2}} \qquad \Delta G^{\ominus} = -92528 + 2.512T(25 \sim 1540℃),\ J/mol$$

$$3(Ca^{2+} + O^{2-})_{(s)} + 2SiO_{2(s)} = 3CaO \cdot 2SiO_{2(s)} \tag{17}$$

$$K_2 = \frac{N_{3CaO \cdot 2SiO_2}}{N_{CaO}^3 N_{SiO_2}^2} \qquad \Delta G^{\ominus} = -236973 + 9.63T(25 \sim 1500℃),\ J/mol$$

$$2(Ca^{2+} + O^{2-})_{(s)} + SiO_{2(s)} = Ca_2SiO_{4(s)} \tag{18}$$

$$K_3 = \frac{N_{Ca_2SiO_4}}{N_{CaO}^2 N_{SiO_2}} \qquad \Delta G^{\ominus} = -118905 - 11.304T(25 \sim 2130℃),\ J/mol$$

$$3(Ca^{2+} + O^{2-})_{(s)} + SiO_{2(s)} = Ca_3SiO_{5(s)} \qquad K_4 = \frac{N_{Ca_3SiO_5}}{N_{CaO}^3 N_{SiO_2}} \tag{19}$$

物料平衡为：

$$b = x + z + 3v + 2w + 3u \tag{20}$$

$$a = y + z + 2v + w + u \tag{21}$$

由式（16）到式（21）得作用浓度的计算模型为：

$$\sum n = \frac{(b + 5x + 2z) + \sqrt{(b + 5x + 2z)^2 + \frac{24K_3 \times z}{K_1} \times \left(1 - \frac{z}{2K_1 x}\right)}}{6\left(1 - \frac{z}{2K_1 x}\right)} \tag{22}$$

$$\frac{6K_2 x}{K_1^2 \sum n^2} z^2 + \left(1 + \frac{4K_3 x}{K_1 \sum n} + \frac{12K_4 x^2}{K_1 \sum n^2}\right) z + x - b = 0 \tag{23}$$

$$\frac{4K_2 x}{K_1^2 \sum n^2} z^2 + \left(1 + \frac{\sum n}{2K_1 x} + \frac{2K_3 x}{K_1 \sum n} + \frac{4K_4 x^2}{K_1 \sum n^2}\right) z - a = 0 \tag{24}$$

$$y = \frac{\sum n}{2K_1 x} z;\ v = \frac{2K_2 x z^2}{K_1^2 \sum n^2};\ w = \frac{2K_3 x}{K_1 \sum n} z;\ u = \frac{4K_4 x^2}{K_1 \sum n^2} z \tag{25}$$

各组元的作用浓度为：

$$N_{CaO} = \frac{2x}{\sum n};\ N_{SiO_2} = \frac{y}{\sum n};\ N_{CaSiO_3} = \frac{z}{\sum n};\ N_{3CaO \cdot 2SiO_2} = \frac{v}{\sum n}$$

$$N_{Ca_2SiO_4} = \frac{w}{\sum u};\ N_{Ca_3SiO_5} = \frac{u}{\sum n} \tag{26}$$

（4）在 1250℃以下化学平衡式为：

$$(Ca^{2+} + O^{2-})_{(s)} + SiO_{2(s)} = CaSiO_{3(s)} \tag{27}$$

$$K_1 = \frac{N_{CaSiO_3}}{N_{CaO}N_{SiO_2}} \qquad \Delta G^{\ominus} = -92528 + 2.512T(25 \sim 1540℃),\ J/mol$$

$$3\,(Ca^{2+} + O^{2-})_{(s)} + 2SiO_{2(s)} = 3CaO \cdot 2SiO_{2(s)} \tag{28}$$

$$K_2 = \frac{N^3_{CaO\cdot 2SiO_2}}{N^3_{CaO}N^2_{SiO_2}} \qquad \Delta G^{\ominus} = -236973 + 9.63T(25 \sim 1540℃),\ J/mol$$

$$2\,(Ca^{2+} + O^{2-})_{(s)} + SiO_{2(s)} = Ca_2SiO_{4(s)} \tag{29}$$

$$K_3 = \frac{N^2_{Ca_2SiO_4}}{N^2_{CaO}N_{SiO_2}} \qquad \Delta G^{\ominus} = -118905 - 11.304T(25 \sim 2130℃),\ J/mol$$

物料平衡为:

$$b = x + z + 3v + 2w \tag{30}$$

$$a = y + z + 2v + w \tag{31}$$

由式（27）到式（31）得作用浓度的计算模型为:

$$\sum n = \frac{(-a + b + x + 2y) + \sqrt{(-a + b + x + 2y)^2 + 8K_1xy}}{2} \tag{32}$$

$$2\left(K_1x + \frac{12K_2x^3}{\sum n^3}y + \frac{4K_3x^2}{\sum n}\right)\frac{y}{\sum n} + x - b = 0 \tag{33}$$

$$\left[2\left(K_1x + \frac{8K_2x^3}{\sum n^3}y + \frac{2K_3x^2}{\sum n}\right)\frac{1}{\sum n} + 1\right]y - a = 0 \tag{34}$$

$$z = \frac{2K_1x}{\sum n}y;\ v = \frac{8K_2x^3}{\sum n^4}y^2;\ w = \frac{4K_3x^2}{\sum n^2}y \tag{35}$$

各组元的作用浓度为:

$$N_{CaO} = \frac{2x}{\sum n};\ N_{SiO_2} = \frac{y}{\sum n};\ N_{CaSiO_3} = \frac{z}{\sum n};\ N_{3CaO\cdot 2SiO_2} = \frac{v}{\sum n};\ N_{Ca_2SiO_4} = \frac{2}{\sum n} \tag{36}$$

以上就是按不同温度范围所制定的 $CaO\text{-}SiO_2$ 渣系作用浓度的计算模型。如果模型符合实际，则计算的作用浓度应与实测活度一致。

3　计算结果及讨论

由于1800℃以上、1250 ~ 1464℃之间和1250℃以下3个温度范围的 $CaO\text{-}SiO_2$ 渣系活度实验结果，还未见报道，计算结果无法与实际进行比较。列出以上3个温度范围的计算模型是为了给制定多元渣系的计算模型提供依据。所以下面仅就1464 ~ 1800℃之间的计算模型进行讨论。在这个区间内虽然从 $CaO\text{-}SiO_2$ 相图看，应生成3个硅酸盐 $CaSiO_3$、Ca_2SiO_4 和 Ca_3SiO_5，但因 Ca_3SiO_5 没有固液相同成分熔点，在液相中是否生成，还是一个需要确定的问题。这样将前边的式（13）改写为:

$$\frac{(b - x)(x + 0.5a)}{(a - b + x)x} = K_1 + K_2\frac{(2a - b + x)x}{(a - b + x)(x + 0.5a)} + K_3\frac{(3a - b + x)x^2}{(a - b + x)(x + 0.5a)^2} \tag{13'}$$

令 $\hat{Y}=\frac{(b-x)(x+0.5a)}{(a-b+x)x}$；$A=K_1$；$B_1=K_2$；$X_1=\frac{(2a-b+x)x}{(a-b+x)(x+0.5a)}$

$$B_2=K_3；X_2=\frac{(3a-b+x)x^2}{(a-b+x)(x+0.5a)^2}$$

则式（13′）变为：

$$\hat{Y}=A+B_1X_1+B_2X_2 \tag{13a′}$$

式（13a′）为典型的二元回归方程式，利用实测的 a_{CaO} [5, 6]和下式求 $x(=n_{CaO})$ 后，

$$x=\frac{0.5a\times a_{CaO}}{1-a_{CaO}}\ (由\ a_{CO}=\frac{x}{x+0.5a}\ 得来) \tag{37}$$

即可用式（13′）进行二元回归以确定 K_1、K_2 和 K_3，从而确定 Ca_3SiO_5 是否存在于熔渣中。回归结果见表 1。K_1 和 K_2 为正值，说明 $CaSiO_3$ 和 Ca_2SiO_4 在炼钢温度下的确是存在的，而 K_3 为负值，这在热力学上是不可能的，说明在上述条件下 Ca_3SiO_5 是不存在的。为此，再假定 CaO- SiO_2 渣系在本温度范围的结构单元为 Ca^{2+} 、O^{2-} 、SiO_2、$CaSiO_2$ 和 Ca_2SiO_4，并用一元回归方程[9]。

表 1　对 CaO-SiO_2 渣系进行二元回归的结果

Table 1　Results of linear regession of two independent variables for CaO-SiO_2 slag system

1500℃				1600℃			
a	b	a_{CaO}	z	a	b	a_{CaO}	z
0.634	0.366	0.0017	0.000539818	0.61	0.39	0.0025	0.000764411
0.59	0.41	0.0022	0.000650431	0.57	0.43	0.0033	0.000943614
0.58	0.42	0.0024	0.000697674	0.54	0.46	0.0044	0.001193250
0.54	0.46	0.0033	0.000893950	0.51	0.49	0.0064	0.001642512
0.50	0.50	0.0055	0.001382604	0.48	0.52	0.0090	0.002179617
0.48	0.52	0.0074	0.001789240	0.46	0.54	0.012	0.002793522
0.45	0.55	0.0120	0.002732794	0.44	0.56	0.018	0.00403258
0.423	0.577	0.024	0.005200820	0.42	0.58	0.039	0.008522373
回归结果							
K_1	K_2	K_3	R	K_1	K_2	K_3	R
747.364	35255.3	-250924	0.999993	519.144	21099.8	-121357	0.999316

$$\frac{(b-x)(x+0.5a)}{(a-b+x)x}=K_1+K_2\frac{(2a-b+x)x}{(a-b+x)(x+0.5a)} \tag{38}$$

同样回归表 1 的数据后得：

当 1500℃时　　$K_1=877.286$，$K_2=32428.17$，$r=0.99996$

当 1600℃时　　$K_1=649.927$，$K_2=18237.066$，$r=0.988695$

由以上两个温度下的平衡常数得：

$$\lg K_1 = \frac{4326.3}{T} + 0.50306 \qquad \Delta G^{\ominus}_{CaSiO_3} = -82868 - 9.636T \text{ , J/mol} \tag{39}$$

$$\lg K_2 = \frac{8301}{T} - 0.1709685 \qquad \Delta G^{\ominus}_{Ca_2SiO_4} = -159002 + 3.275T \text{ , J/mol} \tag{40}$$

式（39）和式（40）是认为渣系仅生成 $CaSiO_3$ 和 Ca_2SiO_4 两种硅酸盐的有关热力学数据。但由于表1中炉渣的碱度 $B\left(=\dfrac{\sum N_{CaO}}{\sum N_{SiO_2}}\right)$ 较小，最高在1.364～1.381之间。高碱度的情况没有包括进去。所以我们又假定在上述渣系中生成 Ca_3SiO_5，并在 K_3 已知的条件下将式（13′）改为：

$$\frac{(b-x)(x+0.5a)}{(a-b+x)x} - K_3\frac{(3a-b+x)x^2}{(a-b+x)(x+0.5a)^2} = K_1 + K_2\frac{(2a-b+x)x}{(a-b+x)(x+0.5a)} \tag{13b′}$$

式中：
$$K_3 = 10^{-[(-93366-23.03T)/4.1868/4.575T]}$$ [10]

用式（13b′）回归表1的数据后得：

当1500℃时，$K_1 = 881.915$，$K_2 = 32327.434$，$K_3 = 8940.824$，$r = 0.99996$

当1600℃时，$K_1 = 656.80$，$K_2 = 18086.642$，$K_3 = 6376.72$，$r = 0.98737$

由以上2个温度下的平衡常数得：

$$\lg K_1 = \frac{4250.4655}{T} + 0.5481 \qquad \Delta G^{\ominus}_{CaSiO_3} = -81416 - 10.498T \text{ , J/mol} \tag{41}$$

$$\lg K_2 = \frac{8375.5721}{T} - 0.2144 \qquad \Delta G^{\ominus}_{Ca_2SiO_4} = -160431 + 4.106T \text{ , J/mol} \tag{42}$$

式（41）和式（42）为在 K_3（即认为本渣系生成 Ca_3SiO_5）给定的条件下回归得的 $CaSiO_3$ 和 Ca_2SiO_4 的生成热力学数据。

这样对于1464～1800℃之间的作用浓度计算结果可以进行以下4种方案的比较：

（1）采用结构单元 Ca^{2+}、O^{2-}、SiO_2、$CaSiO_3$ 和 Ca_2SiO_4 并利用文献［6］的下述热力学数据进行计算：

$$(Ca^{2+} + O^{2-}) + (SiO_2) = (CaSiO_3) \qquad \Delta G^{\ominus} = -22476 - 38.52T\text{, J/mol}$$

$$2(Ca^{2+} + O^{2-}) + (SiO_2) = (Ca_2SiO_4) \qquad \Delta G^{\ominus} = -100986 - 24.03T\text{, J/mol}$$

（2）采用结构单元 Ca^{2+}、O^{2-}、SiO_2、$CaSiO_3$、Ca_2SiO_4 和 Ca_3SiO_5 并利用上述热力学数据和文献［10］的下述热力学数据进行计算：

$$3(Ca^{2+} + O^{2-}) + (SiO_2) = (Ca_3SiO_5) \qquad \Delta G^{\ominus} = -93366 - 23.03T\text{ , J/mol}$$

（3）采用结构单元 Ca^{2+}、O^{2-}、SiO_2、$CaSiO_3$ 和 Ca_2SiO_4 并用式（39）和式（40）中回归所得的热力学数据进行计算。

（4）采用结构单元 Ca^{2+}、O^{2-}、SiO_2、$CaSiO_3$、Ca_2SiO_4 和 Ca_3SiO_5 并用式（41）和式（42）中回归所得结果和文献［10］的热力学数据进行计算。

计算结果如表2所示。从这些比较中可以看出：

（1）在上述温度范围内，考虑 Ca_3SiO_5 存在或者不加考虑对计算 N_{CaO} 影响不大，在目前尚无更确凿的事实证明其中一种方案具有显明的优越性前，暂时认为可以让两种方案并存。

表 2 不同方案所得 N_{CaO} 与实测 a_{CaO} 的比较

Table 2 Comparison of calculated N_{CaO} by different variants with a_{CaO} measured

序号	炉渣组成（摩尔分数）		a_{CaO} 实验	不同方案计算的 N_{CaO}			
	a	*b*		(1)	(2)	(3)	(4)
				1500℃			
1	0.634	0.366	0.0017	0.00226732	0.00226651	0.001331977	0.00132715
2	0.59	0.41	0.0022	0.00321756	0.00321518	0.001971343	0.00196580
3	0.58	0.42	0.0024	0.00350110	0.00349802	0.002171948	0.00216637
4	0.54	0.46	0.0033	0.00503072	0.00502165	0.003327483	0.00332298
5	0.50	0.50	0.0055	0.00760708	0.00757738	0.005500616	0.0055064
6	0.48	0.52	0.0074	0.00958808	0.00953184	0.007298260	0.00730078
7	0.45	0.55	0.0120	0.0141117	0.0139552	0.011596608	0.0115901
8	0.423	0.577	0.024	0.0210759	0.0206433	0.018390352	0.0183085
				1600℃			
1	0.61	0.39	0.0025	0.0030881	0.00308638	0.002202277	0.00218894
2	0.57	0.43	0.0033	0.00438122	0.00437616	0.003218516	0.00320561
3	0.54	0.46	0.0044	0.00586383	0.00585166	0.004447318	0.00443906
4	0.51	0.49	0.0064	0.00810592	0.00807468	0.006408587	0.00641279
5	0.48	0.52	0.0090	0.0116485	0.011563	0.009669852	0.00969521
6	0.46	0.54	0.012	0.0152082	0.0150384	0.013050222	0.0130851
7	0.44	0.56	0.018	0.0203272	0.0199635	0.017985769	0.0179978
8	0.42	0.58	0.039	0.0279728	0.0271757	0.02541296	0.00252917

（2）利用回归所得热力学数据计算得的 N_{CaO} 远比用文献［6，10］中的热力学数据计算者更符合实际。所以建议在上述温度范围内使用式（39）~式（42）中回归所得的热力学数据来进行作用浓度的计算，并对原有热力学数据作进一步的研究。用方案（3）和方案（4）计算得的本渣系在1600℃下各作用浓度随碱度（$\sum n_{SiO_2}$）而变化的情况如图1和图2所示。

从图1和图2看出（3）和（4）两种方案除图3中有微量的 Ca_3SiO_5 和 Ca_2SiO_4 的顶点位置有差别外，其余均十分相似。而且虽然方案（4）考虑了 Ca_3SiO_5 的存在，但由于其量甚微，不会对本渣系的作用浓度计算引起大的改变。这就是（3）和（4）两种方案计算结果差别不大的根本原因。

从两图也可看出在硅酸盐固液相同成分熔点的地方，正好相应硅酸盐的作用浓度具有最高点，这说明硅酸盐对炉渣的熔点具有十分重要的影响。

同时还可看出，总质点数 $\sum n$ 在 N_{CaSiO_3} 和 $N_{Ca_2SiO_4}$ 的顶点之间有一最小值。产生这种现象的原因是熔渣中进行了多个质点结合成一个硅酸盐分子的反应，即：

$$(Ca^{2+}+O^{2-})+(SiO_2)=\!=\!=(CaSiO_3) \text{——3 个质点结合成 1 个分子}$$

$$2(Ca^{2+}+O^{2-})+(SiO_2)=\!=\!=(Ca_2SiO_4) \text{——5 个质点结合成 1 个分子}$$

$$3(Ca^{2+}+O^{2-})+(SiO_2)=\!=\!=(Ca_3SiO_5) \text{——7 个质点结合成 1 个分子}$$

结果使炉渣中总质点数变小所致。

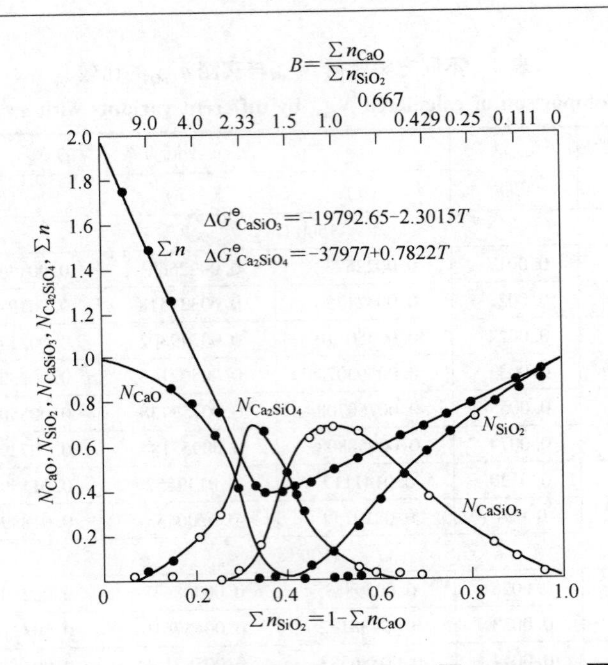

图 1 1600℃下 CaO-SiO_2 渣系各作用浓度和总质点数 $\sum n$ 随碱度（$\sum n_{SiO_2}$）而变化

Fig. 1 Change of mass action concentrations and sum of moles $\sum n$ with basicity ($\sum n_{SiO_2}$) in slag system CaO-SiO_2 at 1600℃

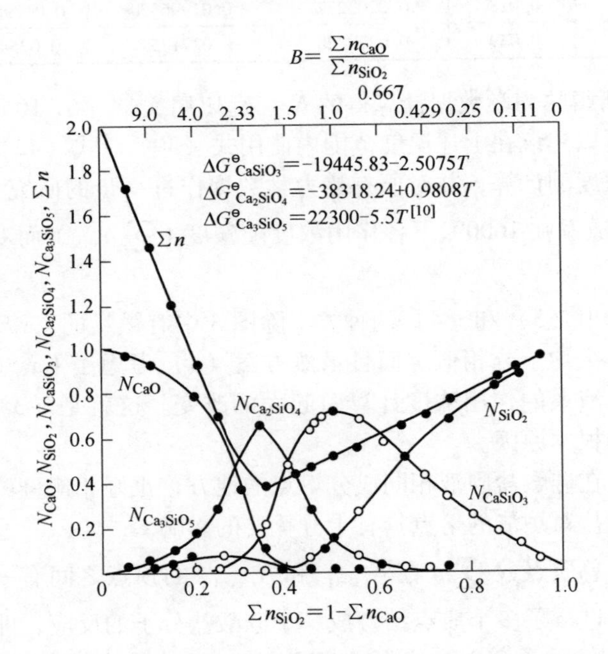

图 2 1600℃下 CaO-SiO_2 渣系各作用浓度和总质点数 $\sum n$ 随碱度（$\sum n_{SiO_2}$）而变化的情况

Fig. 2 Changes of mass action concentrations and sum of moles with basicity ($\sum n_{SiO_2}$) in slag system CaO-SiO_2 at 1600℃

综上所述，在炼钢温度下用2种硅酸盐（$CaSiO_3$和Ca_2SiO_4）或3种硅酸盐（$CaSiO_3$、Ca_2SiO_4和Ca_3SiO_5）的作用浓度计算模型都可得到与实际相符的计算结果，所以两种模型都是合用的，而热力学数据则以使用回归所得者为佳。

4 结论

（1）根据炉渣结构的共存理论和$CaO-SiO_2$渣系的相图制定了本渣系不同温度区间的作用浓度计算模型。

（2）在炼钢温度下，考虑2个硅酸盐（$CaSiO_3$和Ca_2SiO_4）或3个硅酸盐（$CaSiO_3$、Ca_2SiO_4和Ca_3SiO_5）的作用浓度计算模型均可计算出符合实际的结果，因而两种模型都是合用的。

（3）利用回归所得热力学数据的计算结果比用文献上的更符合实际，所以建议对文献上的热力学数据作进一步研究。

（4）各硅酸盐作用浓度的最大值与相图中固液相同成分熔点的位置一致，说明硅酸盐对炉渣的熔点具有十分重要的影响。

（5）炉渣总质点数随碱度而变化中出现最小值的原因是炉渣中进行了多个结构质点结合成一个分子的反应。

参考文献

[1] Glasser F P. Journal Amer. Ceram. Soc., 1962, 45 (5): 242.
[2] Verlag Stahleisen M B H. Schlackenatlas. Dusserdorf, 1981: 39.
[3] Carter P T, Macfarlane T G. J. Iron and Steel Inst., 1957, (1): 54~66.
[4] 大森康男，三本木贡治．日本金属学会志，1961，25（2）：136~139.
[5] 沢村企好．鉄と鋼，1961，(14)：1873~1878.
[6] Sharma R A, Richardson F D. Journal Irom and Steel Institute, 1962, 200 (5) Part5: 373~379.
[7] 张子青，周继程，田彦文等．全国第五届冶金过程物理化学年会论文集（上册），1984：254~263.
[8] 张鉴．北京钢铁学院学报，1984，(1)：21~29.
[9] 张鉴．北京钢铁学院学报，1986，(4)：1~6.
[10] Sims Clarence E. Electric Furnace Steelmaking, Vol. I. NY: Interscience, 1962.

Calculating Models of Mass Action Concentrations for the Slag System $CaO-SiO_2$

Zhang Jian

(University of Science and Technology Beijing)

Abstract: In accordance with the coexistence theory of slag structure and the phase diagram, mass action concentration calculating models corresponding to various temperature ranges for $CaO-SiO_2$ slag system are formulated. Calculated results at steelmaking temperatures show that both calculating models, considering two silicates ($CaSiO_3$ and Ca_2SiO_4) and considering three silicates ($CaSiO_3$, Ca_2SiO_4

and Ca_3SiO_5), are applicable for mass action concentration calculation. Comparison of different calculating variants has proved that using thermodynamic data obtained by the regression analysis in this paper gives better agreement between calculated N_{CaO} and measured a_{CaO} than using the data from references does, so the later should be investigated in detail in the future. The correspondence of maximum mass action concentrations of silicates with their congruent melting points in phase diagram tells us that silicates play very important roles in the melting temperature of the givem system. The appearance of minimum $\sum n$ in the course of its variation with basicity can be explained by the fact that several structural units can combine to form one silicate molecule.

Keywords: slag; activity; regression analysis; coexistence theory of slag structure; mass action concentration; structural units

熔渣和铁液间硫的分配*

摘　要：在炉渣结构的共存理论和相图的基础上确定了 $MgO\text{-}FeO\text{-}Fe_2O_3$ 和 $CaO\text{-}MgO\text{-}FeO\text{-}Fe_2O_3\text{-}SiO_2$ 渣系的结构单元。据此推导了该两渣系作用浓度的计算模型。依据所求作用浓度揭示出不同碱性氧化物脱硫能力的巨大差别。证明把它们的脱硫能力等同看待是错误的。进而推导了上述三元和五元渣与铁液间硫的分配系数的表达式。计算 L_{SC} 与实测 L_{SP} 符合甚好。最后按照同样规律提出了多元渣系和钢液间硫分配系数的表达式。

关键词：共存理论；硫的分配系数；直接脱硫能力；间接脱硫能力

1　引言

以前对脱硫问题，作者曾写过两篇文章[1, 2]，使脱硫平衡常数，不论在碱性或酸性渣下均能基本保持守常，且对温度的影响作了适当考虑。但文中曾假定 CaO、MgO、MnO 和 FeO 的脱硫能力是等同的，这点不仅与实际生产矛盾，因为生产中主要靠 CaO 脱硫，而且与脱硫热力学数据也是不符的[3]。

为了克服以上的不协调现象，我们将炉渣结构的共存理论[4]推广于多元硅酸盐渣系进行了尝试，结果证明以上几种碱性氧化物的脱疏能力的确是不同的，本文的目的即在介绍这方面的进展。

2　计算模型

2.1　$MgO\text{-}FeO\text{-}Fe_2O_3$ 渣系和铁液间硫的分配

根据文献［5］和文献［6］，在炼钢温度下，在 $MgO\text{-}Fe_2O_3$ 渣系中会生成 $MgFe_2O_4$，在 $FeO\text{-}Fe_2O_3$ 渣系中有 Fe_3O_4 生成。因此可以得到 $MgO\text{-}FeO\text{-}Fe_2O_3$ 渣系的结构单元为 Mg^{2+}、Fe^{2+}、O^{2-} 离子和 Fe_2O_3、$MgFe_2O_4$、Fe_3O_4 分子。

这样令 $b_1=\sum n_{MgO}$，$b_2=\sum n_{FeO}$，$a=\sum n_{Fe_2O_3}$，$x_1=n_{MgO}$，$x_2=n_{FeO}$，$y=n_{Fe_2O_3}$，$z_1=n_{MgFe_2O_4}$，$z_2=n_{Fe_3O_4}$。

根据炉渣结构的共存理论，化学平衡：

$$(Mg^{2+}+O^{2-})_{(s)}+Fe_2O_{3\,(s)}=\!=\!=MgFe_2O_{4(s)}\qquad K_1=\frac{N_{MgFe_2O_4}}{N_{MgO}N_{Fe_2O_3}}\tag{1}$$

$$\Delta G^{\ominus}=-19259-2.0934T^{[8]}\qquad (J/mol)(700\sim1400℃)$$

$$(Fe^{2+}+O^{2-})_{(s)}+Fe_2O_{3\,(s)}=\!=\!=Fe_3O_{4(s)}\qquad K_2=\frac{N_{Fe_3O_4}}{N_{FeO}N_{Fe_2O_3}}\tag{2}$$

* 本文合作者：北京科技大学王潮、佟福生；原文发表于《化工冶金》，1990，11（2）：100~108。

$$\Delta G^{\ominus} = -45845.46 + 10.634T^{[8]} \qquad (\text{J/mol})(25 \sim 1597℃)$$

和物料平衡：

$$\left.\begin{aligned} \sum n_{MgO} &= n_{MgO} + n_{MgFe_2O_4} & b_1 &= x_1 + z_1 \\ \sum n_{FeO} &= n_{FeO} + n_{Fe_3O_4} & b_2 &= x_2 + z_2 \\ \sum n_{Fe_2O_3} &= n_{Fe_2O_3} + n_{MgFe_2O_4} + n_{Fe_3O_4} & a &= y + z_1 + z_2 \end{aligned}\right\} \tag{3}$$

得本渣系的作用浓度计算模型为：

$$\left.\begin{aligned} K_1(a - b_1 - b_2 + x_1 + x_2)x_1 - (b_1 - x_1)(x_1 + x_2 + 0.5a) = 0 \\ K_2(a - b_1 - b_2 + x_1 + x_2)x_2 - (b_2 - x_2)(x_1 + x_2 + 0.5a) = 0 \end{aligned}\right\} \tag{4}$$

各组元的作用浓度为：

$$\left.\begin{aligned} N_{MgO} &= \frac{x_1}{x_1 + x_2 + 0.5a} & N_{FeO} &= \frac{x_2}{x_1 + x_2 + 0.5a} \\ N_{Fe_2O_3} &= \frac{a - b_1 - b_2 + x_1 + x_2}{2(x_1 + x_2) + a} & N_{MgFe_2O_4} &= \frac{b_1 - x_1}{2(x_1 + x_2) + a} \\ N_{Fe_3O_4} &= \frac{b_2 - x_2}{2(x_1 + x_2) + a} \end{aligned}\right\} \tag{5}$$

在本渣系下进行着如下的脱硫反应：

$$\left.\begin{aligned} &(Mg^{2+} + O^{2-}) + [S] = (Mg^{2+} + S^{2-}) + [O] \\ &K_{MgS} = \frac{N_{MgS}N_{[O]}}{N_{MgO}N_{[S]}} = \frac{(\%S)_{MgS}[\%O]}{8N_{MgO}[\%S]\sum n} \\ &L_{MgS} = \frac{(\%S)_{MgS}}{[\%S]} = 8K_{MgS}N_{MgO}\sum n/[\%O] \end{aligned}\right\} \tag{6}$$

同理

$$\left.\begin{aligned} &(Fe^{2+} + O^{2-}) + [S] = (Fe^{2+} + S^{2-}) + [O] \\ &K_{FeS} = \frac{N_{FeS}N_{[O]}}{N_{FeO}N_{[S]}} = \frac{(\%S)_{FeS}[\%O]}{8N_{FeO}[\%S]\sum n} \\ &L_{FeS} = \frac{(\%S)_{FeS}}{[\%S]} = 8K_{FeS}N_{FeO}\sum n/[\%O] \end{aligned}\right\} \tag{7}$$

因此本渣系下渣和铁液间硫的分配系数可表示为：

$$L_S = \frac{(\%S)_{MgS} + (\%S)_{FeS}}{[\%S]} = 8(K_{MgS}N_{MgO} + K_{FeS}N_{FeO})\sum n/[\%O] \tag{8}$$

如果模型正确，则其计算结果应与渣和铁液间硫的实际分配系数一致。

2.2 CaO-MgO-FeO-Fe_2O_3-SiO_2 渣系和铁液间硫的分配

在炼钢温度下，CaO-MgO- SiO_2 渣系中存在有以下二元和三元分子型化合物：$CaSiO_3$、Ca_2SiO_4、Ca_3SiO_5、$MgSiO_3$、$MgSiO_4$、CaO · MgO · 2 SiO_2、$CaMgSiO_4$、2CaO · MgO · 2SiO_2 和 3CaO · MgO · 2SiO_2；在 CaO- Fe_2O_3 渣系中存在有 $Ca_2Fe_2O_5$ 和 $CaFe_2O_4$ 两个二元化合物[5]。

在文献［6］中也曾证明过 FeO- Fe_2O_3- SiO_3 渣系中存在有 Fe_2SiO_4 和 Fe_3O_4 两个二元

化合物。再考虑 MgO- Fe_2O_3 渣系则可将 CaO-MgO-FeO- Fe_2O_3- SiO_2 渣系的结构单元归结为：Ca^{2+}、Mg^{2+}、Fe^{2+} 和 O^{2-} 等简单离子及 SiO_2、Fe_2O_3、Fe_3O_4、$CaSiO_3$、$MgSiO_3$、$CaFe_2O_4$、$MgFe_2O_4$、Ca_2SiO_4、Mg_2SiO_4、Fe_2SiO_4、$CaMgSiO_4$、$Ca_2Fe_2O_5$、Ca_3SiO_5、$CaO \cdot MgO \cdot 2SiO_2$、$2CaO \cdot MgO \cdot 2SiO_2$ 和 $3CaO \cdot MgO \cdot 2SiO_2$ 等分子。

根据炉渣结构的共存理论，按照 2.1 节中同样的计算方法，可列出渣系中存在的各种化合物的生成反应式及相应的平衡常数和物料平衡表达式，而后得出本渣系作用浓度的计算模型如下：

$$\left.\begin{aligned}
&\sum n^2 - \left[2(x_1 + x_3) + 3x_2 + a - b_2 + \frac{K_2x_2}{K_1x_1}z_1 + \frac{K_4x_2}{K_1x_1}z_3\right]\sum n - \frac{2}{K_1}\left(\frac{2K_7x_2^2}{x_1} + K_9x_2\right)z_1 = 0\\
&\text{令 } G = -\left[2(x_1 + x_3) + 3x_2 + a - b_2 + \frac{K_2x_2}{K_1x_1}z_1 + \frac{K_4x_2}{K_1x_1}z_3\right]\\
&F = -\frac{2}{K_1}\left(\frac{2K_7x_2^2}{x_1} + K_9x_2\right)z_1\\
&\text{炉渣总质点数} \sum n = \frac{-G + \sqrt{G^2 - 4F}}{2}
\end{aligned}\right\} \tag{9}$$

$$x_1 + z_1 + z_3 + 2\left(2K_6x_1 + K_9x_2 + \frac{6K_{11}x_1^2}{\sum n}\right)\frac{z_1}{K_1\sum n} + \left(\frac{K_{12}\sum n}{x_{11}} + 4K_{13} + \frac{12K_{14}x_1}{\sum n}\right)\frac{x_2z_1^2}{K_1^2\sum n^2} + \frac{4K_{10}x_1}{K_3\sum n}z_3 - b_1 = 0 \tag{10}$$

$$x_2 + \left(\frac{K_2z_1}{K_1} + \frac{K_4z_3}{K_3}\right)\frac{x_2}{x_1} + 2\left(\frac{2K_7x_2}{x_1} + K_9\right)\frac{x_2z_1}{K_1\sum n} + \left(\frac{K_{12}\sum n}{x_1} + 2K_{13} + \frac{4K_{14}x_1}{\sum n}\right)\frac{x_2z_1^2}{K_1^2\sum n^2} - b_2 = 0 \tag{11}$$

$$x_3 + \left(\frac{K_5z_3}{K_3} + \frac{2K_8x_3z_1}{K_1\sum n}\right)\frac{x_3}{x_1} - b_3 = 0 \tag{12}$$

$$z_1 + \left(\frac{\sum n}{2} + K_2x_2\right)\frac{z_1}{K_1x_1} + 2\left(K_6x_1 + K_9x_2 + \frac{K_7x_2^2 + K_8x_3^2}{x_1} + \frac{2K_{11}x_1^2}{\sum n}\right)\frac{z_1}{K_1\sum n} + 2\left(\frac{K_{12}\sum n}{x_1} + 2K_{13} + \frac{4K_{14}x_1}{\sum n}\right)\frac{x_2z_1^2}{K_1^2\sum n^2} - a_1 = 0 \tag{13}$$

$$\left\{1 + \frac{1}{K_3}\left[\frac{1}{x_1}\left(\frac{\sum n}{2} + K_4x_2 + K_5x_3\right) + \frac{2K_{10}x_1}{\sum n}\right]\right\}z_3 - a_2 = 0 \tag{14}$$

式中，$b_1 = \sum n_{CaO}$，$b_2 = \sum n_{MgO}$，$b_3 = \sum n_{FeO}$，$a_1 = \sum n_{SiO_2}$，$a_2 = \sum n_{Fe_2O_3}$，$x_1 = n_{CaO}$，$x_2 = n_{MgO}$，$x_3 = n_{FeO}$，$z_1 = n_{CaSiO_3}$，$z_3 = n_{CaFe_2O_4}$，$K_1 = K_{CaSiO_3}$，$K_2 = K_{MgSiO_3}$，$K_3 = K_{CaFe_2O_4}$，$K_4 = K_{MgFe_2O_4}$，$K_5 =$

$K_{Fe_3O_4}$，$K_6 = K_{Ca_2SiO_4}$，$K_7 = K_{Mg_2SiO_4}$，$K_8 = K_{Fe_2SiO_4}$，$K_9 = K_{CaMgSiO_4}$，$K_{10} = K_{Ca_2Fe_2O_5}$，$K_{11} = K_{Ca_3SiO_5}$，$K_{12} = K_{CaO \cdot MgO \cdot 2SiO_2}$，$K_{13} = K_{2CaO \cdot MgO \cdot 2SiO_2}$，$K_{14} = K_{3CaO \cdot MgO \cdot 2SiO_2}$。

根据以上模型求得 x_1、x_2 和 x_3 后，可将碱性氧化物的作用浓度（即实测的活度）表示为：

$$N_{CaO} = \frac{2x_1}{\sum n}, N_{MgO} = \frac{2x_2}{\sum n}, N_{FeO} = \frac{2x_3}{\sum n}$$

在本渣系下进行着如下的脱硫反应：

$$\left.\begin{aligned} &(Ca^{2+} + O^{2-}) + [S] = (Ca^{2+} + S^{2-}) + [O] \\ &K_{CaS} = \frac{N_{CaS}N[O]}{N_{CaS}N[S]} = \frac{(\%S)_{CaS}[\%O]}{8N_{CaO}[\%S]\sum n} \\ &L_{CaS} = \frac{(\%S)_{CaS}}{(\%S)} = 5K_{CaS}N_{CaO}\sum n/[\%O] \end{aligned}\right\} \quad (15)$$

$$\left.\begin{aligned} &(Mg^{2+} + O^{2-}) + [S] = (Mg^{2+} + S^{2-}) + [O] \\ &K_{MgS} = \frac{N_{MgS}N[O]}{N_{MgS}N[S]} = \frac{(\%S)_{MgS}[\%O]}{8N_{MgO}[\%S]\sum n} \\ &L_{MgS} = \frac{(\%S)_{MgS}}{(\%S)} = 8K_{MgS}N_{MgO}\sum n/[\%O] \end{aligned}\right\} \quad (16)$$

$$\left.\begin{aligned} &(Fe^{2+} + O^{2-}) + [S] = (Fe^{2+} + S^{2-}) + [O] \\ &K_{FeS} = \frac{N_{FeS}N[O]}{N_{FeS}N[S]} = \frac{(\%S)_{FeS}[\%O]}{8N_{FeO}[\%S]\sum n} \\ &L_{MgS} = \frac{(\%S)_{MgS}}{(\%S)} = 8K_{MgS}N_{MgO}\sum n/[\%O] \end{aligned}\right\} \quad (17)$$

由此得本渣系下炉渣和铁液间硫的分配系数为：

$$\begin{aligned} L_S &= \frac{(\%S)_{CaS} + (\%S)_{MgS} + (\%S)_{FeS}}{(\%S)} \\ &= 8(K_{CaS}N_{CaO} + K_{MgS}N_{MgO} + K_{FeS}N_{FeO})\sum n/[\%O] \end{aligned} \quad (18)$$

同样，如果模型正确，则其计算结果应与渣铁间硫的实际分配系数一致。

3　计算结果和讨论

3.1　$MgO-FeO-Fe_2O_3$ 渣系和铁液间硫的分配

根据式（1）~式（5）求得 N_{MgO}、N_{FeO} 和总质点数 $\sum n$ 后，为了鉴别 K_{MgS} 和 K_{FeS} 是否有区别，我们采用了以下的热力学数据：

$MgO_{(s)} + [S] + Fe_{(l)} = MgS_{(s)} + FeO_{(l)}$　　$\Delta G^{\ominus} = 78754 + 20.85T$[7]（J/mol）

$FeO_{(s)} = [O] + Fe_{(l)}$　　$\Delta G^{\ominus} = 120999 - 52.377T$[7]（J/mol）

$$MgO_{(s)} + [S] \!=\!=\!= MgS_{(s)} + [O] \qquad \Delta G^{\ominus} = 199752 - 31.527T^{[7]}\ (J/mol)$$

$$K_{MgS} = 10^{(-199752+31.527T)/4.1868/4.575T} \tag{19}$$

并将式（8）改变成下列形式：

$$K_{FeS} = \left(\frac{L_S[\%O]}{8\sum n} - K_{MgS}N_{MgO}\right)\bigg/ N_{FeO}$$

$$= \left\{\frac{(\%S)\ [\%O]}{8[\%S]\ \sum n} - K_{MgS}N_{MgO}\right\}\bigg/ N_{FeO} \tag{20}$$

进而利用文献［8］的数据进行处理后得表 1 的结果。

表 1　$MgO\text{-}FeO\text{-}Fe_2O_3$ 和铁液间 K_{MgS} 和 K_{FeS} 的计算值

Table 1　Calculated K_{MgS} and K_{FeS} between melts $MgO\text{-}FeO\text{-}Fe_2O_3$ and liquid iron

t/℃	a	b_1	b_2	N_{MgO}	N_{FeO}	$\sum n$	K_{MgO}	K_{FeS}
1533	0.0308015	0.166498	0.802701	0.169866	0.814066	1.91696	7.44×10^{-5}	0.0403796
1537	0.0350712	0.143512	0.821417	0.146824	0.83477	1.90548	7.66×10^{-5}	0.0402588
1540	0.0338931	0.159989	0.800118	0.164157	0.814764	1.8926	7.83×10^{-5}	0.0381436
1560	0.0423596	0.150754	0.806887	0.154849	0.822694	1.88029	9.05×10^{-5}	0.0423292
1562	0.0328092	0.187012	0.780179	0.190907	0.791933	1.99197	9.18×10^{-5}	0.0498062
1573	0.0372344	0.155399	0.807367	0.159059	0.821346	1.90022	9.92×10^{-5}	0.0431902
1580	0.0414332	0.181924	0.776643	0.186626	0.791442	1.88917	1.04×10^{-5}	0.48216
1596	0.0299506	0.215193	0.754856	0.219128	0.765274	1.91007	1.165×10^{-5}	0.48129
1600	0.0323335	0.18003	0.787636	0.183596	0.799508	1.91372	1.197×10^{-4}	0.0416069
1620	0.0346887	0.190022	0.775289	0.193971	0.787846	1.90773	1.371×10^{-4}	0.0403778
1633	0.0284073	0.208477	0.763116	0.211971	0.773269	1.92458	1.495×10^{-4}	0.05857144
1658	0.0288576	0.215206	0.755937	0.218778	0.76622	1.92367	1.759×10^{-4}	0.0613996

由表中数据看出，K_{MgS} 和 K_{FeS} 的确是有巨大差别的，从 1658℃到 1533℃间 K_{FeS}/K_{MgS} 竟达 350~540 倍之多。所以将 MgO 和 FeO 的脱硫能力等同看待是不对的。从表中也可看出，K_{FeS} 是有规律地随温度上升而增加的，对二者间的关系进行同归后得：

$$\log K_{FeS} = \frac{-3828.58}{T} + 0.722\ (r = -0.70445)$$

$$\Delta G^{\ominus} = 73335 - 13.829T\ (J/mol) \tag{21}$$

用式（19）和式（21）的热力学数据，代入式（8）计算 L_S 后得结果如表 2 所示。

表 2　计算的 L_{SC} 和实测 L_{SP} 的对比

Table 2　Comparison of calculated L_{SC} with L_{SP} measured

L_{SC}	2.92	3.03	3.07	2.85	2.77	2.94	2.50	2.54	2.75	2.69	2.55	2.42
L_{SP}	2.95	3.15	2.87	2.81	3.10	2.85	2.66	2.507	2.40	2.17	2.75	2.70

表中计算值 L_{SC} 和实测值 L_{SP} 符合的情况说明 $L_S = 8(K_{MgS}N_{MgO} + K_{FeS}N_{FeO})\sum n/[\%O]$ 是反映 $MgO\text{-}FeO\text{-}Fe_2O_3$ 渣系和铁液间硫分配的实际情况的。

3.2 CaO-MgO-FeO-Fe$_2$O$_3$-SiO$_2$ 渣系和铁液间硫的分配

同样地，根据各有关反应式的热力学数据，按照同样的计算方法可求得 N_{CaO}、N_{MgO}、N_{FeO} 和总质点数 $\sum n$。为了鉴别在本渣系下 K_{CaS}、K_{MgS} 和 K_{FeS} 有无区别，利用式（19）求得 K_{CaS}，并将式（18）改造成下列形式：

$$\left.\begin{aligned}\left(\frac{L_S[\%O]}{8\sum n} - K_{MgS}N_{MgO}\right)\Big/ N_{FeS} = K_{FeS} + K_{CaS}\frac{N_{CaO}}{N_{FeO}} \\ \left(\frac{L_S[\%O]}{8\sum n} - K_{MgS}N_{MgO}\right)\Big/ N_{CaO} = K_{CaS} + K_{FeS}\frac{N_{FeO}}{N_{CaO}}\end{aligned}\right\} \tag{22}$$

令
$$\hat{Y} = \left(\frac{L_S[\%O]}{8\sum n} - K_{MgS}N_{MgO}\right)\Big/ N_{FeO}$$

或
$$\hat{Y} = \left(\frac{L_S[\%O]}{8\sum n} - K_{MgS}N_{MgO}\right)\Big/ N_{CaO}$$

$$A = K_{FeS} \text{ 或 } K_{CaS} \qquad X = \frac{N_{CaO}}{N_{FeO}} \text{ 或 } \frac{N_{FeO}}{N_{CaO}}$$

则式（22）变为：

$$\hat{Y} = A + BX \tag{22a}$$

式（22a）为典型的一元回归方程式，因而用它可以确定 K_{CaS} 和 K_{FeS} 的大小。

对文献的数据，忽略温度影响，利用前述方法进行处理后得：

$$\left.\begin{aligned}\hat{Y} = 0.058514 + 0.11252X(r = 0.83785) \\ K_{FeS} = 0.058514, K_{CaS} = 0.11252\end{aligned}\right\} \tag{23}$$

式中

将 K_{CaS}、K_{FeS} 和前面求得的 K_{MgS} 代入式（18）中处理上述文献中 85 炉数据后得计算 L_{SC} 和实测 L_{SP} 的比较如图 1 所示。图中事实表明计算值与实测值是相当符合的。

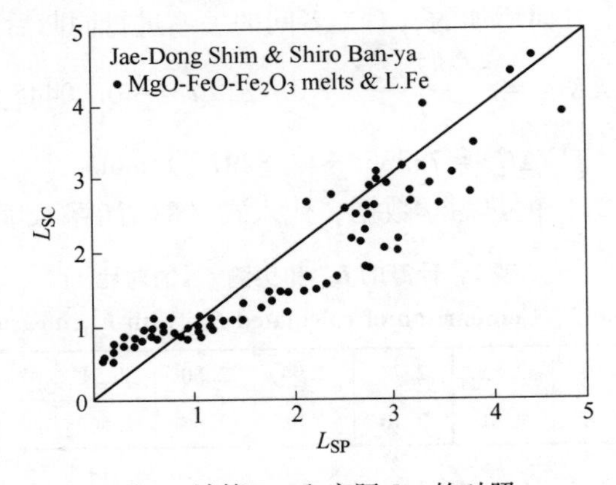

图 1 计算 L_{SC} 和实际 L_{SP} 的对照

Fig. 1 Comparison of calculated L_{SC} with L_{SP} measured

按同样办法处理文献［9］中71炉数据后，在1600℃下得：

$$Y = 0.14835 + 0.02827X\ (r = 0.96999) \tag{24}$$

式中

$$K_{CaS} = 0.14835,\ K_{FeS} = 0.02827$$

将 K_{CaS}、K_{FeS} 和前面求得的 K_{MgS} 代入式（18）处理后得计算 L_{SC} 和实测 L_{SP} 的比较如图2所示。同样可以看出，两者的符合程度是满意的。

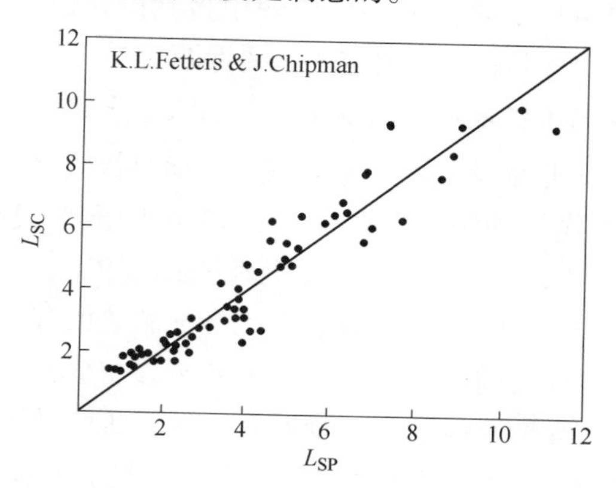

图2 计算 L_{SC} 和实测 L_{SP} 的比较

Fig. 2 Comparison of calculated L_{SC} with L_{SP} measured

通过以上两例，进一步证明 K_{CaS}、K_{MgS} 和 K_{FeS} 三者间确存在着巨大的差别，K_{CaS}/K_{FeS} 波动于1.92 ~ 5.25之间，所以不仅 K_{FeS} 与 K_{MgS} 之间的差别不能忽略，K_{CaS} 与 K_{FeS} 之间的差别也是不能无视的。因此，以前把CaO、MgO、MnO和FeO的脱硫能力等同看待的观点无疑是错误的，应予纠正。

以上两例中计算 L_{SC} 和实测 L_{SP} 符合的事实也证明：

$$L_S = 8(K_{CaS}N_{CaO} + K_{MgS}N_{MgO} + K_{FeS}N_{FeO}) \sum n/[\%O]$$

是反映 CaO-MgO-FeO-Fe_2O_3-SiO_2 渣系和铁液间硫分配的实际情况的。

3.3 对计算结果的讨论

3.3.1 L_S 式的推广

既然在三元和五元渣系下得到了区别CaO、MgO和FeO脱硫能力的分配公式，而且与实际情况符合。以此类推，多元渣系与铁液间硫的分配也应服从这个规律。设多元系炉渣为 Na_2O-BaO-CaO-FeO-MnO-MgO-SiO_2 系炉渣，则可将多元渣系与铁液间硫的分配系数表示为：

$$L_S = 8(K_{Na_2S}N_{Na_2O} + K_{BaS}N_{BaO} + K_{CaS}N_{CaO} + K_{FeS}N_{FeO} + K_{MnS}N_{MnO} + K_{MgS}N_{MgO}) \sum n/[\%O] \tag{25}$$

对渣钢间硫的分配而言，还应考虑合金元素等对脱硫的影响，由此可将式（25）改为：

$$L_S = 8(K_{Na_2S}N_{Na_2O} + K_{BaS}N_{BaO} + K_{CaS}N_{CaO} + K_{FeS}N_{FeO} + K_{MnS}N_{MnO} + K_{MgS}N_{MgO}) \sum nf_S/[\%O]f_O \tag{26}$$

3.3.2 回归 K_{CaS} 和 K_{FeS} 本身不一致的原因

从前面的结果看出，实验数据来源不同，据此求出的 K_{CaS} 及 K_{FeS} 也不同。利用文献［8］时，所得的 $K_{CaS}=0.14835$，$K_{FeS}=0.02827$；而利用文献［9］时，$K_{CaS}=0.11252$，$K_{FeS}=0.058514$。虽然数量级相同，但其间的差别也是显而易见的，原因可能是两者的实验条件不同；前者是在用石墨电极加热炉渣的感应炉中得到的，而后者则是在电阻炉中得到的。如何解决这个问题，应该是进一步研究的重要课题。

3.3.3 在同等看待各氧化物脱硫能力的条件下何以 K_S 守常？

其原因可能是：（1）碱性氧化物不仅有与硫化合而直接脱硫的能力，而且还有与酸性氧化物化合而抵消其有害作用的间接脱硫能力，如 MgO 虽然脱硫能力极弱，但却能与 SiO_2 结合而消除后者的有害作用，因而仍能间接地起脱硫作用；（2）脱硫能力较强的碱性氧化物往往与酸性氧化物结合的能力也较强，因而参加脱硫的有效浓度往往较低；（3）以前研究硫在渣钢间分配的渣系多属氧化性，在强脱硫剂参与成盐反应后，所剩有效浓度不大的条件下，FeO 变成了主导的脱硫剂。K_S 接近 K_{FeS} 的事实就是明显的证明。由于以上三方面的因素起作用，就使 K_S 表面上基本守常，但实际却起了掩盖事物本质的作用。

最后还应指出，由于热力学数据短缺，在计算中，我们不得不使用某些指定温度范围以外的数据，这点肯定也会引起一定的误差，这也是在进一步研究中需要加以解决的重要问题。

4 结论

（1）根据炉渣结构的共存理论和相图确定了 $MgO\text{-}FeO\text{-}Fe_2O_3$ 和 $CaO\text{-}MgO\text{-}FeO\text{-}Fe_2O_3\text{-}SiO_2$ 两渣系的结构单元，并以此为基础推导了该两渣系作用浓度的计算模型。

（2）利用所求作用浓度揭示出不同碱性氧化物脱硫能力的巨大差别，证明以前把它们的脱硫能力等同看待是错误的。

（3）推导了上述三元渣和五元渣与铁液间硫分配系数的表达式。计算 L_{SC} 与实测 L_{SP} 符合的事实，证明该表达式能反映有关渣系下实际的脱硫情况。

（4）根据同样规律提出了多元渣系和钢液间硫分配系数的表达式。

参 考 文 献

［1］张鉴．全国第一届冶金过程物理化学学术报告会论文集，1982：390~403.
［2］张鉴．北京钢铁学院学报，1984，(2)：24~38.
［3］Bodsworth C，Bell H B. Physical Chemistry of Iron and Steel Manufacture. 1972：444.
［4］张鉴．北京钢铁学院学报，1984，(1)：21~29.
［5］Schlackenatlas. Verlag Stahleisen M B H. Dusserdorf，1981：43，71，37.
［6］张鉴．第六届冶金过程物理化学学术会议论文集（下册），271.
［7］И. С. Копиков. Десулъфурация Чугуна Москва，1962 СТР. 141.
［8］沈载东，万谷志郎．鉄と鋼，1981，(10)：1735.
［9］Fetters K L，Chipman J. Trans. AIME，1941，145：95~107.

Sulfer Distribution between Molten Slags and Liquid Iron

Zhang Jian Wang Chao Tong Fusheng

(University of Science and Technology Beijing)

Abstract: Based on the coexistence theory of slag structure and phase diagrams, the structural units of MgO-FeO, Fe_2O_3 and CaO-MgO-FeO-Fe_2O_3-SiO_2 slag systems have been determined and the calculating model for both systems deduced. By means of calculated mass action concentrations the difference of desulfurization ability between basic oxides has been distinguished, which shows that taking desulfurization abilities of various basic oxides as the same is wrong. Furthermore, expressions of sulfur distribution coefficients between molten slags mentioned above and liquid iron have been derived. The agreement between the calculated L_S (L_{SC}) and the measured one (L_{SP}) is quite good. Finally, an expression of sulfur dis-tribution coefficient between multicomponent slag melts and steel has been suggested according to the same principle.

Keywords: coexistence theory; sulfur distribution; coefficient; ability of direct desulfurization; ability of indirect desulfurization

关于含化合物金属熔体结构的共存理论*

摘　要：从含化合物金属熔体的原子本性和分子本性（活度的负偏差、混合 ΔG 和 ΔH 显示最小值、过剩稳定性的突然升高、电阻率显示最大值和相图等）出发，提出了反映本熔体实际的原子和分子共存理论。根据此理论制定了不同金属熔体作用浓度（即实测的活度）的计算模型。计算结果与实际符合的事实证明共存理论恰当地反映了含化合物金属熔体的结构本质。

关键词：活度；作用浓度；共存理论

1　引言

目前在讨论与金属熔体有关的冶金反应问题时，多采用相互作用系数来处理浓度与平衡的关系。这种方法虽然简单易行，而且已广泛为冶金工作者所采用。但其缺点是并未揭示出金属熔体的结构本质，从而影响了对冶金反应的深入研究。作者从事炉渣结构共存理论研究的实践证明：只要查明熔渣的结构单元，承认熔渣中有分子和离子同时存在，并严格遵守质量作用定律，则有关炉渣的问题一般地是可以找到满意的解决办法的[1, 2]。从这些原则出发，根据金属熔体中存在有正离子、电子和化合物（分子）的事实，即原子和分子共存的事实，作者近期内又对 20 余年来一直渴望，但由于无便利的计算工具而搁置的含化合物金属熔体结构问题进行了一些研究，结果十分满意。本文介绍这方面的研究结果。

2　含化合物金属熔体结构的共存理论

证明金属熔体中同时存在原子和分子的事实有：

（1）原子本性：众所周知[3]，金属系由自由电子气与沉浸在其中的正离子组成。金属熔体的导电性、导热性与金属光泽等是与自由电子的存在分不开的。

（2）分子本性：

1）活度值显示较大的负偏差。如图 1[4] 所示，由于 Fe-Si 熔体中生成了多种硅化铁分子而使 a_{Si} 产生了负偏差。

2）混合自由能 ΔG 和焓 ΔH 表现最小值[5]。如图 2 所示，由于 Fe-Si 熔体中生成多种硅化铁，也使混合自由能 ΔG 和焓 ΔH 表现最小值。

3）过剩稳定性表现突然的升高。如图 3 所示[6]，在 Mg-Si 熔体中由于生成 Mg_2Si，过剩稳定性 $=\dfrac{1}{1-N_2}\dfrac{dG^{XS}}{dN_2}$ 在相应的成分处表现了突然的升高（式中，dG^{XS} 为过剩自由能变化，N_2 为 Si 的摩尔分数）。

4）电阻率显示最大值。如图 4 和图 5 所示[7]，由于在碱 -Tl 和碱 -In 合金中生成了多

* 原文发表于《北京科技大学学报》，1990，12（3）：201~211。

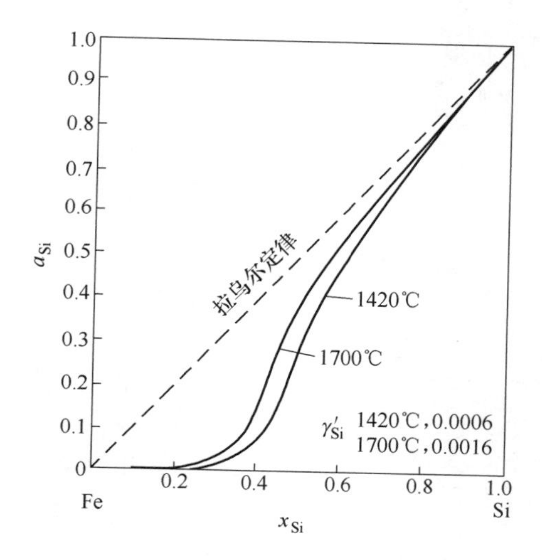

图 1 不同温度下 Fe-Si 熔体中的硅活度 a_{Si}

Fig. 1 The activities of silicon a_{Si} in Fe-Si melts at different temperatures

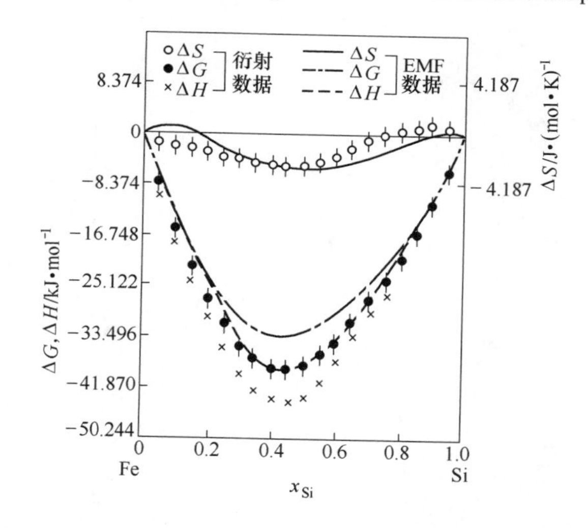

图 2 Fe-Si 熔体中混合自由能 ΔG、熵 ΔS 和焓 ΔH 的比较

Fig. 2 Comparison of Gibbs free energy ΔG, entropy ΔS and enthalpy ΔH of mixing for Fe-Si melts

种化合物（对 Na-Tl 系有 Na_8Tl、Na_2Tl、NaTl 和 $NaTl_2$；对 K-Tl 系有 KTl；对 Cs-Tl 系有 Cs_5Tl_7、Cs_4Tl_7 和 $CsTl_3$。而对 Li-In 系有 InLi；对 Na-In 系有 In_8Na_5；对 K-In 系有 In_3K 和 In_8K_5）[8]，使金属熔体中自由电子大量地减少，从而导致电阻率显示出最大值。在生成一个化合物的条件下，电阻率的最大值恰好与该化合物的成分相对应（如 KTl、InLi 和 In_8Na_3），就更充分地说明了问题的本质。

5）相图中指明生成分子的事实[8]。以 Fe-Si 相图为例，本二元系中半成的化合物（分子）有 β-Fe_2Si、η-Fe_5Si_3、ε-FeSi 和 ζ-$FeSi_2$。其中，β、ε 和 ζ 具有固液相同成分熔点，因而表明是存在于 Fe-Si 熔体中的。但如在有关炉渣结构[9, 10]的文章中所指出的，具有固液相异成分熔点的 η 化合物，也是有可能存在于熔体中的。

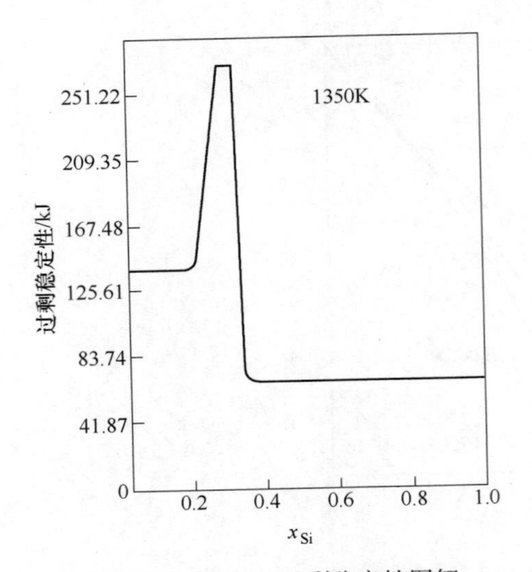

图 3　Mg-Si 系的过剩稳定性图解

Fig. 3　Excess stability plot for the Mg-Si system

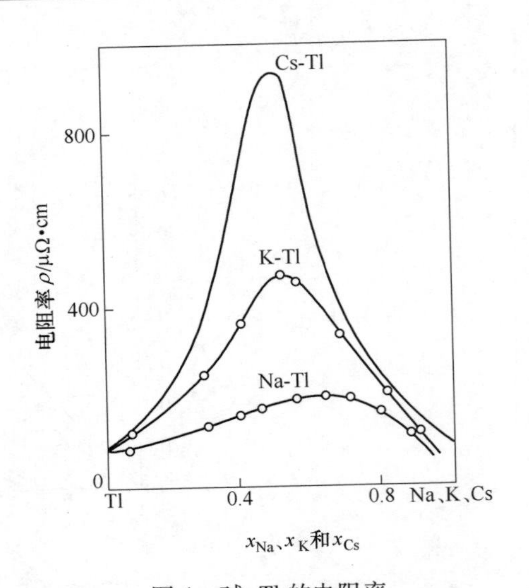

图 4　碱 -Tl 的电阻率

Fig. 4　Resistivities of alkali-Tl alloy

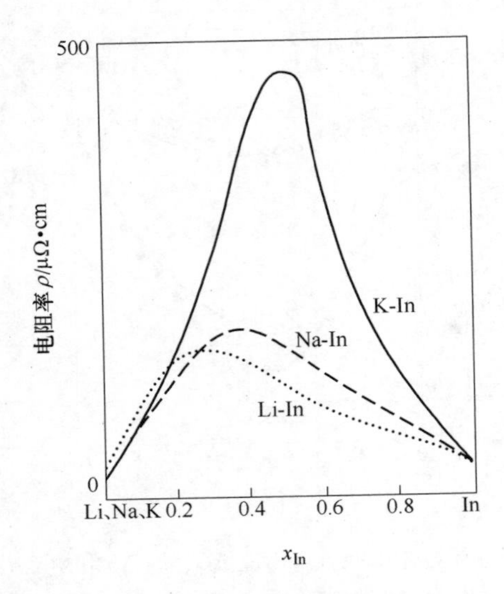

图 5　碱 -In 合金的电阻率

Fig. 5　Resistivities of alkali-In alloy

（3）金属熔体的热力学数据和实测活度值：由于金属熔体的热力学性质和实测活度值是其结构本质的直接反映，所以可以通过金属熔体的热力学数据计算其作用浓度，并与实测活度值相对照以检验所确定的结构单元是否正确；或者根据实测活度值计算该熔体的热力学参数，并与实际数据相对照以达到检验的同样目的。这些在本文后边的实例中都有详尽的说明。因此认为熔体的热力学性质与其结构无关的观点是无根据的。

根据以上几方面的事实可将共存理论对含化合物金属熔体的看法概括为：

1）含化合物金属熔体由不同金属正离子、电子和化合物（分子）组成。由于金属正离子和电子处于电中性状态，所以也可以说含化合物金属熔体由原子和分子组成。

2）原子和分子之间进行着动平衡反应，如：

$$xA+yB \xlongequal{} A_xB_y \tag{1}$$

3）金属熔体内部的化学反应服从质量作用定律。

3 在不同金属熔体上的应用

3.1 Pb-Bi 和 Ti-Bi 熔体

3.1.1 Pb-Bi 熔体

根据相图[11]本合金系在 125℃下有共晶体形成，但用质谱仪所测本合金系在 1223K 下的活度值如表 1 所示[12]，显示负偏差，而且具有对称性。因此，与具有正偏差的共晶体合金活度值特点显然不同。这可能与测活度时合金温度高出共晶点太多，使合金结构改变所致。从活度的负偏差和对称性估计熔体中进行了生成 PbBi 化合物的反应，因此，设 $b=\sum n_{Pb}$，$a=\sum n_{Bi}$，$x=n_{Pb}$，$y=n_{Bi}$，$z=n_{PbBi}$；$N_1=N_{Pb}$，$N_2=N_{Bi}$，$N_3=N_{PbBi}$，则有

表 1 1223K 下 Pb-Bi 系活度值和计算的平衡常数 K

Table 1 The activities and calculate K for Pb-Bi melts at 1223K

$\sum n_{Bi}$	a_{Pb}	a_{Bi}	K
0.1	0.2961	0.0615	0.669454
0.2	0.7808	0.1108	0.793184
0.3	0.6636	0.2277	0.761187
0.4	0.5160	0.3284	0.726689
0.5	0.1315	0.4120	0.690792
0.6	0.3224	0.5658	0.660951
0.7	0.2256	0.6790	0.658319
0.8	0.1358	0.7920	0.662697
0.9	0.0648	0.8982	0.653838
平衡常数平均值 $\overline{K}$			0.695234

化学平衡：

$$Pb_{(l)}+Bi_{(l)} \xlongequal{} PbBi_{(l)} \qquad K=\frac{N_3}{N_1N_2}, N_3=KN_1N_2 \tag{2}$$

物料平衡：

$$N_1+N_2+KN_1N_2-1=0, N_2=\frac{1-N_1}{1+KN_1} \tag{3}$$

$$b=x+z=\sum n(N_1+KN_1N_2), \sum n=\frac{b}{N_1+KN_1N_2} \tag{4}$$

$$a=y+z=\sum n(N_2+KN_1N_2), \sum n=\frac{a}{N_2+KN_1N_2} \tag{5}$$

由式（3）、式（4）和式（5）得：

$$aN_1-bN_2+(a-b)KN_1N_2=0$$

或

$$bK_1^2 + [a + b + (a - b)K]N_1 - b = 0 \tag{6}$$

由式（3）和式（6）得：

$$K = \frac{1 - (a + 1)N_1 - (1 - b)N_2}{(a - b + 1)N_1 N_2} \tag{7}$$

这样既可以在平衡常数 K 已知的条件下利用式（3）和式（6）求作用浓度，又可在已知活度值的情况下，利用式（7）求平衡常数 K 和热力学参数。由于本例 K 未知，所以只有令 $N_1=a_{Pb}$，$N_2=a_{Bi}$ 后，将表 1 中的实测活度值代入式（7）求式（2）的平衡常数。从表 1 的计算结果看，K 值的守常情况是相当满意的，取其平均值 $K=0.695234$ 再代入式（3）和式（6）求解后得图 6 的结果。从图中看出计算的作用浓度 N_{Pb} 和 N_{Bi} 与实测的 a_{Pb} 和 a_{Bi} 符合甚好。从而证明本熔体中的确进行了形成 PbBi 的反应。活度值产生负偏差和具有对称性的原因正在于此。生成 PbBi 的标准自由能 $\Delta G^{\ominus}_{1223K}=-RT\ln K=3698.25$J/mol。

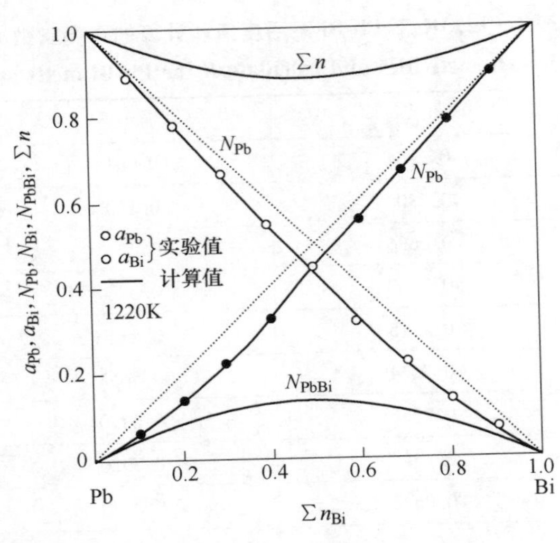

图 6 计算的作用浓度 N_{Pb} 和 N_{Bi} 与实测 a_{Pb} 和 a_{Bi} 的对照

Fig. 6 Comparison of calculated N_{Pb} and N_{Bi} with measured a_{Pb} and a_{Bi}

3.1.2 Tl-Bi 熔体

根据相图[11]本合金系有 $TlBi_2$ 化合物生成，其固液相同成分熔点为 213℃。但用质谱仪在 1198K 下测本合金系的活度值如表 2 所示[12]，不仅显示负偏差，而且同样具有对称性。这与生成 $TlBi_2$ 化合物而引起的活度值不对称性负偏差表现是不同的。同样，这可能与测活度时合金温度高出 $TlBi_2$ 熔点太多，使其分解所致。根据活度的负偏差和对称性推断熔体中进行了生成 TlBi 的反应。所以采用与前例处理 Pb-Bi 系合金相同的方法处理了本合金系。从表 2 看出所得平衡常数也是相当守常的，由其平均值得生成 TlBi 的标准自由能变化为 $\Delta G^{\ominus}_{1198K}=-RT\ln K=-12204$J/mol，如图 7 所示。从图 7 看出，计算的作用浓度 N_{Tl} 和 N_{Bi} 与实测的 a_{Tl} 和 a_{Bi} 也是相当符合的。从而揭示出本熔体在 1198K 下活度值产生对称性负偏差的原因就是生成 TlBi 化合物。

表 2 1198K 下 Tl-Bi 系活度值和计算的平衡常数 K

Table 2 The activities and calculated K for Tl-Bi melts at 1198K

$\sum n_{Bi}$	a_{Tl}	a_{Bi}	K
0.1	0.890	0.023	4.56766
0.2	0.758	0.064	3.99901
0.3	0.610	0.128	3.59887
0.4	0.459	0.215	3.43771
0.5	0.319	0.334	3.32720
0.6	0.204	0.486	3.21082
0.7	0.122	0.665	2.87986
0.8	0.070	0.778	2.88744
0.9	0.031	0.895	2.71520
平衡常数平均值 $\overline{K}$			3.40264

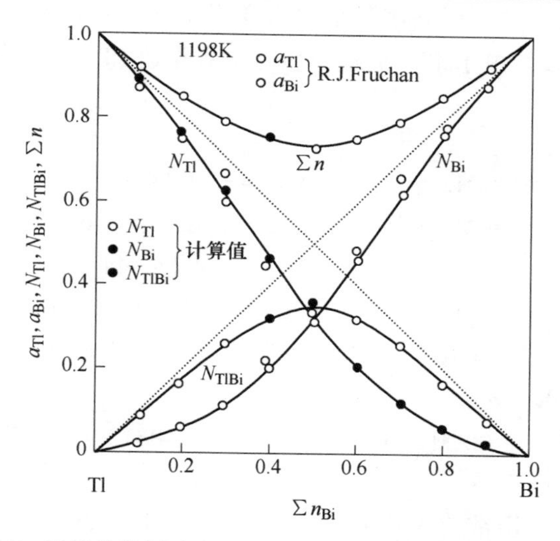

图 7 计算的作用浓度 N_{Tl} 和 N_{Bi} 与实测的 a_{Tl} 和 a_{Bi} 的对照

Fig. 7 Comparison of calculated N_{Bi} and N_{Tl} with measured a_{Tl} and a_{Bi}

3.2 Mg-Si 熔体

根据相图[8]在本合金系中有固液相同成分熔点化合物 Mg_2Si 生成，因此本熔体的结构单元为 Mg、Si 原子和 Mg_2Si 分子。

设 $b = \sum n_{Mg}$，$a = \sum n_{Si}$，$x = n_{Mg}$，$y = n_S$，$z = n_{Mg_2Si}$；$N_1 = N_{Mg}$，$N_2 = N_{Si}$，$N_3 = N_{Mg_2Si}$，则有

化学平衡：

$$2Mg_{(1)} + Si_{(1)} = Mg_2Si_{(1)} \qquad K = \frac{N_3}{N_1^2 N_2},\ N_3 = KN_1^2 N_2 \tag{8}$$

物料平衡：

$$N_1 + N_2 + KN_1^2N_2 - 1 = 0\ ,\ N_2 = \frac{1 - N_1}{1 + KN_1^2} \tag{9}$$

$$b = x + 2z = \sum n(N_1 + 2KN_1^2N_2),\ \sum n = \frac{b}{N_1 + 2KN_1^2N_2} \tag{10}$$

$$a = y + z = \sum n(N_2 + KN_1^2N_2),\ \sum n = \frac{a}{N_2 + KN_1^2N_2} \tag{11}$$

由式（10）和式（11）得：

$$aN_1 - bN_2 + (2a - b)KN_1^2N_2 = 0 \tag{12}$$

从式（9）和式（12）得：

$$K[(a - b)N_1 - (2a - b)]N_1^2 - (a + b)N_1 + b = 0 \tag{13}$$

或
$$K = \frac{1 - (a + 1)N_1 - (1 - b)N_2}{(2a - b + 1)N_1^2N_2} = \frac{(a + b)N_1 - b}{[(a - b)N_1 - (2a - b)]N_1^2} \tag{14}$$

和前例一样，既可以在平衡常数 K 已知的条件下，利用式（9）和式（13）求本合金系的作用浓度 N_{Mg} 和 N_{Si}，又可以利用测定的活度值 $a_{Mg}(=N_1)$ 和 $a_{Si}(=N_2)$ 代入式（14）求式（8）中的平衡常数。由于本合金系的热力学数据已知[6, 13]，所以本例中采用前一种办法。

从文献［13］得：

$$2\,Mg_{(l)} + Si_{(s)} = Mg_2Si_{(s)} \qquad \Delta G^{\ominus} = -100483.2 + 39.3559T\ (649 \sim 1090℃)$$

$$Mg_2Si_{(s)} = Mg_2Si_{(l)} \qquad \Delta G^{\ominus} = 85829.4 - 62.5089T\ (1100℃)$$

$$Si_{(s)} = Si_{(l)} \qquad \Delta G^{\ominus} = 50576.544 - 30.0194T\ (1412℃)$$

$$2Mg_{(l)} + Si_{(l)} = Mg_2Si_{(l)} \qquad \Delta G^{\ominus} = -65230.34 + 6.867T,\ \text{J/mol} \tag{15}$$

$$K_{1350K} = 10^{(65230.34-6.867/1350)/4.1868/4.575/1350} = 145.9$$

另外由文献［6］得：

$$2Mg_{(l)} + Si_{(l)} = Mg_2Si_{(l)} \qquad \Delta G^{\ominus} = -48813.9 + 0.754T,\ \text{J/mol} \tag{16}$$

从而得 $K_{1350K} = 70.53$。

将以上两种来源的平衡常数 K 代入式（9）和式（13）求 1350K 和不同成分下的作用浓度并与实验数据对照如图 8 所示[6, 14, 15]。

从图中看出，计算的 N_{Mg} 与实测的 a_{Mg} 比较接近，但 N_{Si} 与 a_{Si} 则相差较远，而且相比之下利用 $K_{1350K} = 70.53$（点划线）比利用 $K_{1350K} = 145.9$（实线）计算者更接近实际。理论值与实际值有一定差别的原因，既有实验数据彼此相差较大的因素，又有热力学数据不准和相互不一致的因素，所以应该从两方面进行改进。但不论如何用上述结果解释活度值负偏差的不对称性是充分的，即在 Mg_2Si 化合物中结合了双倍于 Si 的 Mg 原子是根本原因。

3.3 Cu-Sb 熔体

从相图知本合金系中有 Cu_3Sb 和 Cu_2Sb 两种化合物生成[11]，因此，本熔体的结构单元是 Cu、Sb 原子与 Cu_3Sb 和 Cu_2Sb 分子。

设 $b = \sum n_{Cu}$，$a = \sum n_{Sb}$，$x = n_{Cu}$，$y = n_{Sb}$，$z = n_{Cu_3Sb}$，$w = n_{Cu_2Sb}$；$N_1 = N_{Cu}$，$N_2 = N_{Sb}$，$N_3 = N_{Cu_3Sb}$，$N_4 = N_{Cu_2Pb}$，则有

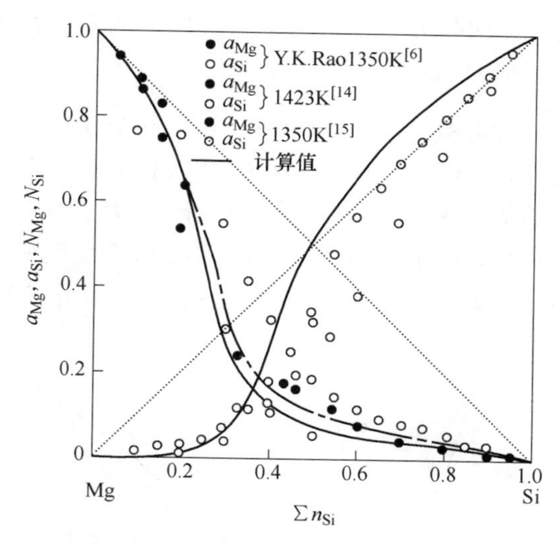

图 8 计算的作用浓度 N_{Mg} 和 N_{Si} 与实测 a_{Mg} 和 a_{Si} 的对照

Fig. 8 Comparison of calculated N_{Mg} and N_{Si} with measured a_{Mg} and a_{Si}

化学平衡：

$$3Cu_{(l)} + Sb_{(l)} = Cu_3Sb_{(l)} \qquad K_1 = \frac{N_3}{N_1^3 N_2},\ N_3 = K_1 N_1^3 N_2 \tag{17}$$

$$2Cu_{(l)} + Sb_{(l)} = Cu_2Sb_{(l)} \qquad K_2 = \frac{N_4}{N_1^2 N_2},\ N_4 = K_2 N_1^2 N_2 \tag{18}$$

物料平衡：

$$N_1 + N_2 + K_1 N_1^3 N_2 + K_2 N_1^2 N_2 - 1 = 0 \tag{19}$$

$$b = x + 3z + 2w = \sum n(N_1 + 3K_1 N_1^3 N_2 + 2K_2 N_1^2 N_2)$$

$$\sum n = \frac{b}{N_1 + 3K_1 N_1^3 N_2 + 2K_2 N_1^2 N_2} \tag{20}$$

$$a = y + z + w = \sum n(N_2 + K_1 N_1^3 N_2 + K_2 N_1^2 N_2)$$

$$\sum n = \frac{a}{N_2 + K_1 N_1^3 N_2 + K_2 N_1^2 N_2} \tag{21}$$

由式（20）和式（21）得：

$$aN_1 - bN_2 + (3a - b)K_1 N_1^3 N_2 + (2a - b)K_2 N_1^2 N_2 = 0 \tag{22}$$

由式（19）和式（22）得：

$$1 - (a + 1)N_1 - (1 - b)N_2 = (3a - b + 1)K_1 N_1^3 N_2 + (2a - b + 1)K_2 N_1^2 N_2$$

或
$$\frac{1 - (a + 1)N_1 - (1 - b)N_2}{(2a - b + 1)N_1^2 N_2} = K_2 + K_1 \frac{(3a - b + 1)N_1}{2a - b + 1} \tag{23}$$

令 $\hat{Y} = \dfrac{1 - (a + 1)N_1 - (1 - b)N_2}{(2a - b + 1)N_1^2 N_2}$；$A = K_2$；$B = K_1$；$X = \dfrac{(3a - b + 1)N_1}{2a - b + 1}$

则式（23）变为：

$$\hat{Y} = A + BX \tag{23'}$$

式（23′）为典型的一元回归方程，利用文献［16］的实测活度数据，并令 $N_1=a_{Cu}$，$N_2=a_{Sb}$代入式（23）进行回归后得：

$$\hat{Y} = 28.816 + 43.003X \qquad (r = 0.750067)$$

由此得 $K_1=43.003$，$K_2=28.816$。将 K_1 和 K_2 代入式（19）和式（22）求解后得计算的作用浓度 N_{Cu}和 N_{Sb}与实测 a_{Cu}和 a_{Sb}，比较如图 9 所示。从图中看出，两者基本上也是符合的，从而证明本合金系中 a_{Cu}产生负偏差，而 a_{Sb}较多地产生正偏差的原因是其中生成的化合物中 Cu 原子 2~3 倍于 Sb 原子。此外，图中还表示了各化合物作用浓度随合金成分而变化的情况。

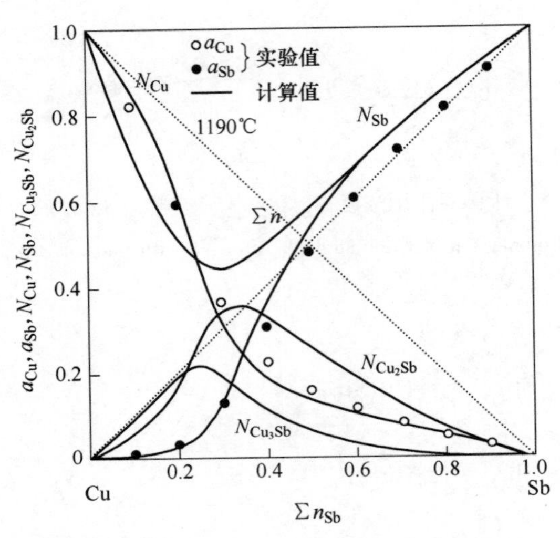

图 9　计算的作用浓度 N_{Cu}和 N_{Sb}与实测的 a_{Cu}和 a_{Sb}的比较

Fig. 9　Comparison of calculated N_{Cu} and N_{Sb} with measured a_{Cu} and a_{Sb}

3.4　Fe-Ge 熔体

根据文献［18］本合金系有 Fe_3Ge、Fe_4Ge_3 和 $FeGe_2$ 三个化合物存在于熔体中，因此，本熔体的结构单元为 Fe、Ge 原子与 Fe_3Ge、Fe_4Ge_3 和 $FeGe_2$ 分子。

这样假设 $b=\sum n_{Fe}$，$a=\sum n_{Ge}$，$x=n_{Fe}$，$y=n_{Ge}$，$z=n_{Fe_3Ge}$，$w=n_{Fe_4Ge_3}$，$u=n_{FeGe_2}$；$N_1=N_{Fe}$，$N_2=N_{Ge}$，$N_3=N_{Fe_3Ge}$，$N_4=N_{Fe_4Ge_3}$，$N_5=N_{FeGe_2}$，则有

化学平衡为：

$$3Fe_{(l)} + Ge_{(l)} \Longleftrightarrow Fe_3Ge_{(l)} \qquad K_1=\frac{N_3}{N_1^3N_2},\ N_3=K_1N_1^3N_2 \tag{24}$$

$$4Fe_{(l)} + 3Ge_{(l)} \Longleftrightarrow Fe_4Ge_{3(l)} \qquad K_2=\frac{N_4}{N_1^4N_2^3},\ N_4=K_2N_1^4N_2^3 \tag{25}$$

$$Fe_{(l)} + 2Ge_{(l)} \Longleftrightarrow FeGe_{2(l)} \qquad K_3=\frac{N_5}{N_1N_2^2},\ N_5=K_3N_1N_2^2 \tag{26}$$

物料平衡为：

$$N_1 + N_2 + K_1N_1^3N_2 + K_2N_1^4N_2^3 + K_3N_1N_2^2 - 1 = 0 \tag{27}$$

$$\left.\begin{aligned} b &= x + 3z + 4w + u = \sum n(N_1 + 3K_1N_1^3N_2 + 4K_2N_1^4N_2^3 + K_3N_1N_2^2) \\ \sum n &= \frac{b}{N_1 + 3K_1N_1^3N_2 + 4K_2N_1^4N_2^3 + K_3N_1N_2^2} \end{aligned}\right\} \tag{28}$$

$$\left.\begin{aligned} a &= y + z + 3w + 2u = \sum n(N_2 + K_1N_1^3N_2 + 3K_2N_1^4N_2^3 + 2K_3N_1N_2^2) \\ \sum n &= \frac{a}{N_2 + K_1N_1^3N_2 + 3K_2N_1^4N_2^3 + 2K_3N_1N_2^2} \end{aligned}\right\} \tag{29}$$

由式（28）和式（29）得：

$$aN_1 - bN_2 + (3a - b)K_1N_1^3N_2 + (4a - 3b)K_2N_1^4N_2^3 + (a - 2b)K_3N_1N_2^2 = 0 \tag{30}$$

由式（27）和式（30）得：

$$\begin{aligned} 1 - (a + 1)N_1 - (1 - b)N_2 = K_1(3a - b + 1)N_1^3N_2 + \\ K_2(4a - 3b + 1)N_1^4N_2^3 + K_3(a - 2b + 1)N_1N_2^2 \end{aligned}$$

$$\begin{aligned} &\frac{1 - (a + 1)N_1 - (1 - b)N_2}{(3a - b + 1)N_1^3N_2} \\ &= K_1 + K_2\frac{(4a - 3b + 1)N_1N_2^2}{3a - b + 1} + K_3\frac{(a - 2b + 1)N_2}{(3a - b + 1)N_1^2} \end{aligned} \tag{31}$$

令 $\hat{Y} = \frac{1 - (a + 1)N_1 - (1 - b)N_2}{(3a - b + 1)N_1^3N_2}$，$A = K_1$，$B_1 = K_2$，$X_1 = \frac{(4a - 3b + 1)N_1N_2^2}{3a - b + 1}$，$B_2 = K_3$，$X_2 = \frac{(a - 2b + 1)N_2}{(3a - b + 1)N_1^2}$，则式（31）变为：

$$\hat{Y} = A + B_1X_1 + B_2X_2 \tag{32}$$

将文献［17］中用质谱仪测定的 a_{Fe}（$=N_1$）和 a_{Ge}（$=N_2$）代入式（31）进行二元回归后得：

$$\hat{Y} = 51.7701 + 10764.2X_1 + 5.1255X_2 \qquad (R = 0.999934)$$

由此得： $K_1 = 51.7701$，$K_2 = 10764.2$，$K_3 = 5.1255$

1550℃下各化合物的标准生成自由能为：$\Delta G^{\ominus}_{Fe_3Ge} = -59853.67\text{J/mol}$，$\Delta G^{\ominus}_{Fe_4Ge_3} = -140792.2\text{J/mol}$，$\Delta G^{\ominus}_{FeGe_2} = -24783.2\text{J/mol}$。

将 K_1、K_2 和 K_3 代入式（27）和式（30），并联立二式求1550℃和不同成分下的作用浓度并与实测结果对照如图10所示。图中曲线表明计算值与实测值的符合程度是极为良好的。图中同时还表示了各化合物作用浓度随合金成分而变化的情况，说明本文所用方法不仅可以计算两个组元的作用浓度，而且可以计算金属熔体中每个结构单元的作用浓度。

4 结论

（1）含化合物金属熔体由原子和分子组成。原子和分子间的化学反应严格遵守质量作用定律。

（2）从原子和分子共存的结构理论出发制定的含化合物金属熔体作用浓度计算模型，

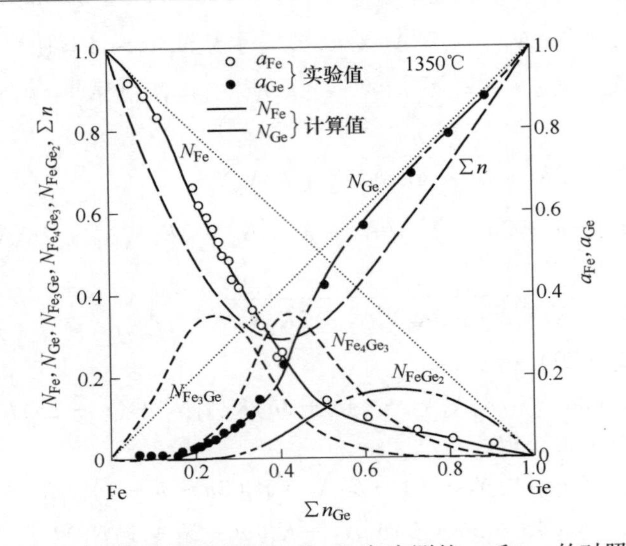

图 10　计算的作用浓度 N_{Fe} 和 N_{Ge} 与实测的 a_{Fe} 和 a_{Ge} 的对照

Fig. 10　Comparison of calculated N_{Fe} and N_{Ge} with measured a_{Fe} and a_{Ge}

可以恰当地反映本熔体的结果本质，其计算结果符合实际，不仅可以求出两个组元的作用浓度，而且可以求出每个结构单元的作用浓度。

（3）热力学数据和活度值是金属熔体结构本质的直接反映，因此，不仅可以通过可靠的热力学数据求活度，或从活度反求热力学参数，而且，可以用可靠的热力学数据和活度值检验所确定的熔体结构单元正确与否。所以那种认为热力学数据和活度值与熔体结构无关的观点是无根据的。

（4）含化合物金属熔体活度产生不同形式负偏差的原因是熔体内部生成了不同类型的化合物。

参考文献

[1] 张鉴．关于炉渣结构的共存理论．北京钢铁学院学报，1984，6（1）：21~29.

[2] Zhang Jian. International Ferrous Metallurgy Professor Seminar Proceedings，1986：5-1~5-15.

[3] 唐有祺．结晶化学．北京，人民教育出版社，1957：116~120.

[4] Elliot J F，Gleiser M，Ramakrishna. Thermochemistry for Steelmaking. Addison-Wesley Publishing Co，Reading，Mass.，1963：520.

[5] 早稻田嘉夫．鉄と鋼，1982，（7）：711~719.

[6] Rao Y K，Belton G R. Chemical Metallurgy-A Tribute to Carl Wagner，1981：75~96.

[7] van der Lugt W，Meijer J A. Amorphous and Liquid Materials，1985：105~117.

[8] Massalski T B，et al. Binary Alloy Phase Diagrams. 1986，1~2：907~1545.

[9] 张鉴．北京钢铁学院学报，1986，8（4）：1~6.

[10] 张鉴，王潮．全国特殊钢冶炼学术会议论文集，1986：1~6.

[11] 长崎诚三．金属データブヅク，1974：419~420，444.

[12] Fruehan R J. Met. Trans.，1971，（2）：1213.

[13] Turkdogan E T. Physical Chemistry of High Temperature Technology. 1980：18.

[14] Sryvalin I T et al. Russ. J. Phys. Chem.，1964，38（5）：637~641.

[15] Eldridge J M et al. Tran. Met. Soc. AIME, 1967, 239: 775~781.
[16] Hultgren R et al. Selected Values of Thermodynamic Proporties of Binary Alloys, 1973: 790.
[17] Shin-Ya Nunoue et al. Met. Trans., 1988, 19B: 511~512.
[18] 张鉴. Fe-Ge 熔体的作用浓度计算模型，待发表.

On the Coexistence Theory of Metallic Melts Structure Involving Compound Formation

Zhang Jian

(University of Science and Technology Beijing)

Abstract: Based on the atomicity and molecularity (negative deviation of activities from Raoultian behavior, minimum ΔG and ΔH of mixing at certain composition, abrupt go up of excess stability as well as maximum resistivity at compound formation composition and phase diagrams) the coexistence theory of metallic melts structure involving compound formation has been suggested. According to this theory, calculating models of mass action concentrations for different molten alloys have been deduced. The fact that calculated N_i and N_j with these models are in good agreement with measured a_i, and a_j confirms that the coexistence theory of mentioned melts appropriately reflects the structural reality of these melts.

Keywords: activity; mass action concentrations; the coexistence theory

Fe-Si 熔体的作用浓度计算模型*

摘 要：根据 Fe-Si 相图确定本熔体的结构单元为 Fe、Si 原子与 Fe_2Si、Fe_5Si_3、FeSi 和 $FeSi_2$ 分子。在此基础上按照含化合物金属熔体结构的共存理论，推导出计算该合金系作用浓度的模型。计算结果与实测值符合甚好，从而证明共存理论可反映 Fe-Si 熔体的结构本质。用上述模型能系统地求出该合金系化合物的全部吉布斯标准生成自由能。

关键词：活度；共存理论；作用浓度

1 引言

硅铁是炼钢过程中常用的脱氧剂和合金剂，也是铁合金工业的重要产品，所以研究 Fe-Si 熔体的热力学性质不仅对脱氧、合金化有指导作用，而且可为硅铁生产提供理论依据。前人对 Fe-Si 系已进行了多方面的研究，如对相图的研究已经取得了统一的意见[2]；对活度的研究也做了较充分的工作[3~5]，其中 J. Chipman 的测量结果更可靠，为理论工作提供了牢固的实践基础。本文目的是将含化合物金属熔体结构的共存理论应用于 Fe-Si 熔体，以制定其作用浓度的计算模型。由于本合金系缺乏各硅化铁的吉布斯标准生成自由能数据，而且还有含固液相异成分熔点的 η-Fe_5Si_3 化合物，对于这些问题的正确解决也有特殊的理论意义。

2 Fe-Si 熔体的结构单元和计算模型

2.1 结构单元

根据图 1[2] 本合金系生成的化合物有 β-Fe_2Si，η-Fe_5Si_3、ε-FeSi 和 ξ-$FeSi_2$。其中 β、ε 和 ξ 具有固液相同成分熔点，因而表明是可以存在于 Fe-Si 熔体中的，正如有关炉渣结构[6, 7]的文章中指出，具有固液相异成分熔点的 η-Fe_5Si_3化合物，也有可能存在于熔体中。为了验证此化合物存在，先假定其存在，然后制定模型进行检验，如得出肯定结论，则证明假定是正确的；否则可对模型修改后再进行检验，以此类推。这样，可得出 Fe-Si 熔体是由 Fe、Si 原子与 Fe_2Si、Fe_5Si_3、FeSi 和 $FeSi_2$ 分子组成的依据。

2.2 计算模型

设 $b = \sum n_{Fe}$，$a = \sum n_{Si}$，$x = n_{Fe}$，$y = n_{Si}$，$z = n_{Fe_2Si}$，$w = n_{Fe_5Si_3}$，$u = n_{FeSi}$，$v = n_{FeSi_2}$，$N_1 = N_{Fe}$，$N_2 = N_{Si}$，$N_3 = N_{Fe_2Si}$，$N_4 = N_{Fe_5Si_3}$，$N_5 = N_{FeSi}$，$N_6 = N_{FeSi_2}$，则化学平衡为：

$$2Fe_{(1)} + Si_{(1)} = Fe_2Si_{(1)} \qquad K_1 = \frac{N_3}{N_1^2 N_2},\ N_3 = K_1 N_1^2 N_2 \tag{1}$$

* 原文发表于《钢铁研究学报》，1991，3（2）：7~12。

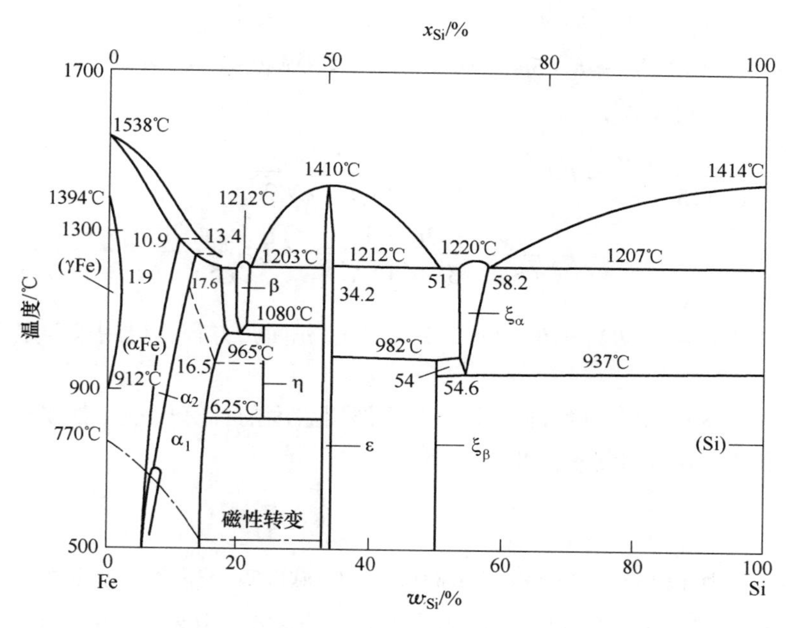

图 1 Fe-Si 相图

Fig. 1 Constitution diagram of Fe-Si

$$5Fe_{(l)} + 3Si_{(l)} \xlongequal{} Fe_5Si_{3(l)} \qquad K_2 = \frac{N_4}{N_1^5 N_2^3},\ N_4 = K_2 N_1^5 N_2^3 \tag{2}$$

$$Fe_{(l)} + Si_{(l)} \xlongequal{} FeSi_{(l)} \qquad K_3 = \frac{N_5}{N_1 N_2},\ N_5 = K_3 N_1 N_2 \tag{3}$$

$$Fe_{(l)} + 2Si_{(l)} \xlongequal{} FeSi_{2(l)} \qquad K_4 = \frac{N_6}{N_1 N_2^2},\ N_6 = K_4 N_1 N_2^2 \tag{4}$$

质量平衡为:

$$N_1 + N_2 + K_1 N_1^2 N_2 + K_2 N_1^5 N_2^3 + K_3 N_1 N_2 + K_4 N_1 N_2^2 - 1 = 0 \tag{5}$$

$$b = x + 2z + 5w + u + v$$

$$= \sum n(N_1 + 2K_1 N_1^2 N_2 + 5K_2 N_1^5 N_2^3 + K_5 N_1 N_2 + K_4 N_1 N_2^2)$$

$$\sum n = \frac{b}{N_1 + 2K_1 N_1^2 N_2 + 5K_2 N_1^5 N_2^3 + K_3 N_1 N_2 + K_4 N_1 N_2^2} \tag{6}$$

$$a = y + z + 3w + u + 2v$$

$$= \sum n(N_2 + K_1 N_1^2 N_2 + 3K_2 N_1^5 N_2^3 + K_3 N_1 N_2 + 2K_4 N_1 N_2^2)$$

$$\sum n = \frac{a}{N_2 + K_1 N_1^2 N_2 + 3K_2 N_1^5 N_2^3 + K_3 N_1 N_2 + 2K_4 N_1 N_2^2} \tag{7}$$

由式(6)和式(7)得:

$$aN_1 - bN_2 + (2a - b)K_1 N_1^2 N_2 + (5a - 3b)K_2 N_1^5 N_2^3 + (a - b)K_3 N_1 N_2 + (a - 2b)K_4 N_1 N_2^2 = 0 \tag{8}$$

由式(5)和式(8)得:

$$1-(a+1)N_1-(1-b)N_2$$
$$=K_1(2a-b+1)N_1^2N_2+K_2(5a-3b+1)N_1^5N_2^3+K_3(a-b+1)N_1N_2+K_4(a-2b+1)N_1N_2^2$$

$$\frac{1-(a+1)N_1-(1-b)N_2}{(5a-3b+1)N_1^5N_2^3}=K_2+K_3\frac{a-b+1}{(5a-3b+1)N_1^4N_2^3}+K_4\frac{a-2b+1}{(5a-3b+1)N_1^4N_2}+K_1\frac{2a-b+1}{(5a-3b+1)N_1^3N_2^2} \quad (9)$$

式（9）即为 $\hat{Y}=A+BX_1+B_2X_2+B_3X_3$ 型的三元回归方程，可用来确定 K_1、K_2、K_3 和 K_4 的大小。

式（5）、式（8）、式（9）即为本合金系作用浓度的计算模型。如果模型符合实际，则计算的 N_{Fe} 和 N_{Si} 应与实测 a_{Fe} 和 a_{Si} 一致。

3 计算结果

将文献［4］中 1420℃、1500℃、1600℃和 1700℃四个温度下实测的 a_{Fe}（$=N_1$）和 a_{Si}（$=N_2$）值代入式（9）进行回归后得出结果列于表 1。由表中的数据回归得出各平衡常数与温度的关系式和相应的多种硅化铁标准生成自由能，即：

表 1 式（9）的回归结果

Table 1 Results of regression for Equation (9)

t/℃	K_1	K_2	K_3	K_4	r
1420	328.3470	34900500	18.9144	29.0335	1
1500	328.5380	13224900	9.1519	25.6282	1
1600	145.5410	3614000	6.3589	15.6085	1
1700	102.8550	1935950	-3.0837	19.7540	0.999998

$$\lg K_1=\frac{6141.12}{T}-1.1033 \quad (r=0.998270)$$

$$\Delta G^{\ominus}_{Fe_2Si}=-117630.84+21.1333T \quad J/mol(t=1420\sim1700℃) \quad (10)$$

$$\lg K_2=\frac{15416.57}{T}-1.5839 \quad (r=0.993820)$$

$$\Delta G^{\ominus}_{Fe_5Si_3}=-295298.39+30.3390T \quad J/mol(t=1420\sim1700℃) \quad (11)$$

$$\lg K_3=\frac{8273.36}{T}-3.6429 \quad (r=0.974890)$$

$$\Delta G^{\ominus}_{FeSi}=-158472.98+69.7783T \quad J/mol(t=1420\sim1700℃) \quad (12)$$

$$\lg K_4=\frac{1992.37}{T}+0.2856 \quad (r=0.999980)$$

$$\Delta G^{\ominus}_{FeSi_2}=-38163.07-5.4706T \quad J/mol(t=1420\sim1700℃) \quad (13)$$

相关系数等于 1 或接近 1 说明了用上述方法所求平衡常数和吉布斯标准生成自由能的可靠性，同时证明前面所假定的本合金系结构单元是正确的，换句话说，η-Fe_5Si_3 虽然没有固液相同成分熔点，但仍然可以存在于 Fe-Si 熔体中，K_2 为正值且数值很大的事实进一步证明了此判断。

将上述平衡常数和温度的关系式（10）~式（13）代入式（5）和式（8），并用电子计算机求解，即可得不同温度和不同成分下本熔体各结构单元的作用浓度。图 2 绘制出不同温度下计算值和实测值的对照情况。从图 2 看出，在各个温度下计算的 N_{Fe} 和 N_{Si} 与实测的 a_{Fe} 和 a_{Si} 都符合一致，从而证明以上的计算模型反映了本金属熔体的结构本质。为了全面了解本合金系各结构单元作用浓度随成分变化情况，图 3 绘制出 1600℃ 下的此种变化。从图中看出，本合金系活度产生非对称性负偏差的原因可认为是含 Fe 较多的一边生成了 Fe_2Si 和 Fe_5Si_3 两种消耗 Fe 较多的化合物，从而使 a_{Fe} 降低较多；而在含 Si 多的一边仅生成一种消耗 Si 较少的 $FeSi_2$，因而 a_{Si} 负偏差较小。

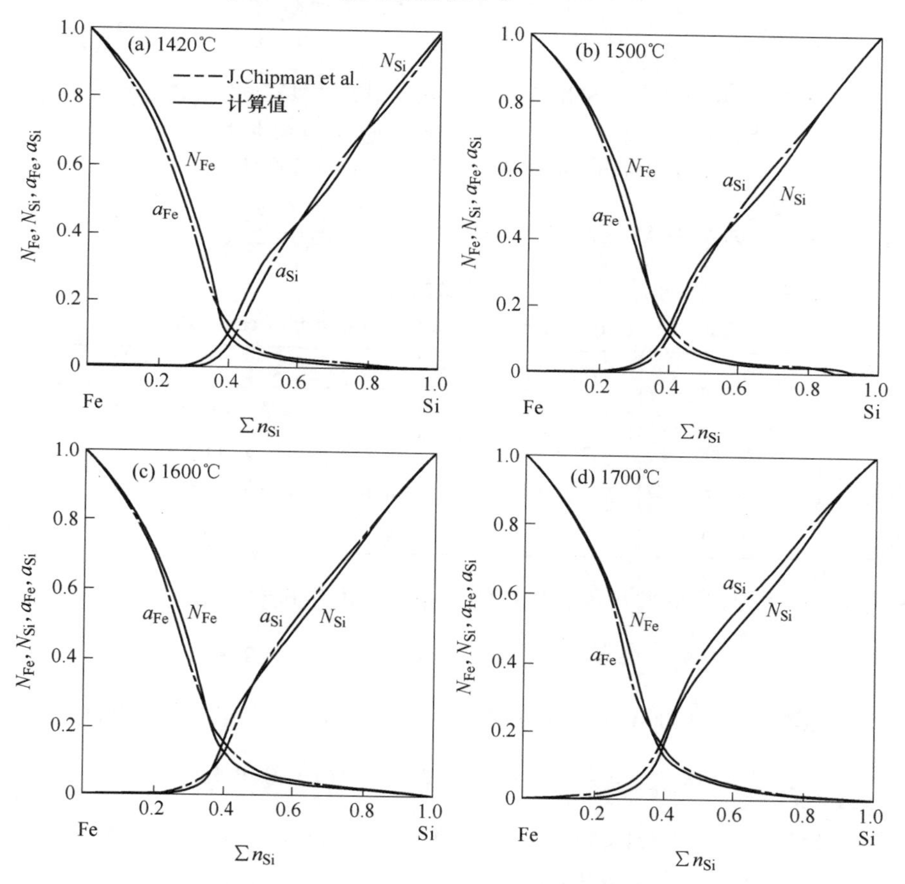

图 2 不同温度下计算作用浓度 N_{Fe} 和 N_{Si} 与实测活度 a_{Fe} 和 a_{Si} 的对照

Fig. 2 Comparison of calculated N_{Fe} and N_{Si} with measured a_{Fe} and a_{Si} at different temperatures

应指出，文献［8］中曾指明 Fe-Si 系中生成的化合物有 Fe_3Si、Fe_5Si_3、FeSi 和 $FeSi_2$。从此出发，其结构单元应为 Fe、Si 原子与 Fe_3Si、Fe_5Si_3、FeSi 和 $FeSi_2$ 分子。为比较起见，作者也推导了相应的作用浓度计算模型，并同样用文献［4］实测数据 a_{Fe} 和 a_{Si} 进行

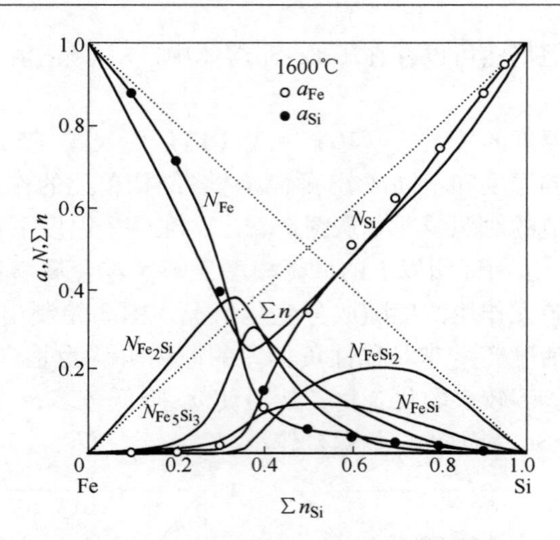

图 3 1600℃下 Fe-Si 熔体中各结构单元作用浓度随成分变化情况

Fig. 3 Change in mass action concentrations of each structural unit with composition in Fe-Si melts at 1600℃

类似的回归，结果（列于表 2）虽不如前述计算模型，但也令人满意。

表 2 平衡常数的回归结果

Table 2 Results of regression for equilibrium constants

t/℃	K_{Fe_3Si}	$K_{Fe_5Si_3}$	K_{FeSi}	K_{FeSi_2}	r
1420	309. 521	58883300	30. 9269	16. 2653	1
1500	224. 290	21667200	20. 9404	13. 1370	0. 999999
1600	135. 979	6033500	16. 1072	5. 4355	0. 999999
1700	94. 511	2794460	6. 0952	10. 2219	0. 999999

平衡常数与温度的关系式和各硅化铁的吉布斯标准生成自由能为：

$$\lg K_{Fe_3Si} = \frac{6269.06}{T} - 1.2032 \qquad (r = 0.99833)$$

$$\Delta G^{\ominus}_{Fe_3Si} = -120081.4 + 23.0468T \quad \text{J/mol}(t = 1420 \sim 1700℃) \tag{14}$$

$$\lg K_{Fe_5Si_3} = \frac{16090.98}{T} - 1.7485 \qquad (r = 0.99726)$$

$$\Delta G^{\ominus}_{Fe_5Si_3} = -308216.45 + 33.4918T \quad \text{J/mol}(t = 1420 \sim 1700℃) \tag{15}$$

$$\lg K_{FeSi} = \frac{7891.74}{T} - 3.1306 \qquad (r = 0.95441)$$

$$\Delta G^{\ominus}_{FeSi} = -151163.20 + 59.9654T \quad \text{J/mol}(t = 1420 \sim 1700℃) \tag{16}$$

$$\lg K_{FeSi_2} = \frac{2327.17}{T} - 0.1758 \qquad (r = 0.98709)$$

$$\Delta G^{\ominus}_{FeSi_2} = -44576.03 + 3.3674T \quad \text{J/mol}(t = 1420 \sim 1700℃) \tag{17}$$

把式（14）~式（17）代入相应的作用浓制计算模型中所得结果与实际数值符合很好。所以，上述热力学参数也值得参考。

4 结论

（1） Fe-Si 熔体的结构单元为 Fe、Si 原子与 Fe_2Si、Fe_5Si_3、FeSi 和 $FeSi_2$ 分子。

（2） 根据已知结构单元和含化合物金属熔体结构的共存理论推导了本合金系作用浓度的计算模型。计算结果与实验值符合很好，证明模型能反映本熔体的结构本质。

（3） 用所得计算模型系统地求出了本合金系各硅化铁的吉布斯标准生成自由能。

（4） 本合金系活度产生非对称性负偏差的原因可认为是含 Fe 较多的一侧生成了 Fe_2Si 和 Fe_5Si_3 两种消耗 Fe 较多的化合物，从而使 a_{Fe} 降低较多；而在含 Si 较多的一侧仅生成一种消耗 Si 较少的 $FeSi_2$，因而 a_{Si} 的负偏差较小。

参考文献

[1] 张鉴．关于含化合物金属熔体结构的共存理论．北京科技大学学报，1990，12（3）：201~211.
[2] Massalski T B，Murray J L，Bennett L H，Baker H. Binary Alloy Phase Diagrams，1986：1108.
[3] Korber F，Oelsen W，Mitt. K. Wilhelm Inst.，Eisen Forsch，1936，18：109.
[4] Chipman J，Fulton J C，Gokcen N，Gaskcy G R. Acta Met.，1954，2：439~450.
[5] Сюй Цзж-цзи идр. Изв Буз. Чер. Мет.，1961，1：12.
[6] 张鉴．MnO-SiO_2渣系作用浓度的计算模型．北京钢铁学院学报，1986，8（4）：1~6.
[7] 张鉴，王潮．CaO-Al_2O_3渣系各组元作用浓度的计算模型．全国特殊钢冶炼学术会议论文集，1986：1~6.
[8] 长崎诚三．金属データブック，1974：447.

Calculating Model of Mass Action Concentrations for Fe-Si Melts

Zhang Jian

(University of Science and Technology Beijing)

Abstract: According to the Fe-Si phase diagram, the structural units of this system are Fe and Si atoms as well as Fe_2Si, Fe_5Si_3, FeSi, and $FeSi_2$ molecules. Based on these structural units and the coexistence theory of metal-lic melt structure involving compound formation a calculating model of mass action conentrations has been derived. Good agreement between results of calculating and experiment shows that the above mentioned model reflects the structural characteristics of Fe-Si melts exactly. By means of this model, systematic data of Gibbs standard free energy of formation for a series of iron silicide have been obtained.

Keywords: activity; the coexistence theory of metallic melt structure involving compound formation; mass action concentrations

Fe-V 和 Fe-Ti 熔体的作用浓度计算模型*

摘　要：根据相图和含化合物金属熔体结构的共存理论推导了 Fe-V 和 Fe-Ti 熔体作用浓度的计算模型。计算结果与实测活度值相符，从而证明所制定的模型反映了 Fe-V 和 Fe-Ti 熔体结构的本质。与此同时还求得了生成 FeV、Fe_2Ti、FeTi 和 $FeTi_2$ 四个化合物在 1600℃下的标准生成自由能。

关键词：活度；共存理论；作用浓度

1　引言

钒、钛是炼钢工业的重要金属元素，也是钒、钛磁铁矿综合利用的主要对象，因此，对 Fe-V 和 Fe-Ti 系的研究引起冶金工作者的极大兴趣：对 Fe-V 相图的研究结果已取得一致意见[1~3]；对 Fe-Ti 相图的研究虽然仍有不同意见[2, 3]，但已可作为制定计算模型的初步依据；对 Fe-V 系活度的研究也取得了肯定的结果[4, 5]；由于采用质谱仪测量活度，在 Fe-Ti 熔体热力学性质研究上取得了极为精确的结果[6]。这些均为进行理论研究提供了比较可靠的基础。本文的目的就是依据上述条件和含化合物金属熔体结构的共存理论[7]制定 Fe-V 和 Fe-Ti 熔体的作用浓度计算模型。

2　结构单元和模型

2.1　Fe-V 系

根据 Fe-V 系 a_{Fe}和 a_V 对拉乌尔定律的对称性负偏差[5]和 Fe-V 系相图中低温下生成 σ-FeV 化合物的事实[3]（图 1 和图 2），可以推断在 1600℃下本合金熔体中生成有 FeV 化合物。因此，本熔体的结构单元为 Fe、V 原子和 FeV 分子。

这样令 $b=\sum N_{Fe}$，$a=\sum N_V$，$x=N_{Fe}$，$y=N_V$，$z=N_{FeV}$，$N_1=N_{Fe}$，$N_2=N_V$，$N_3=N_{FeV}$，$\sum n$=总质点数，则有：

化学平衡：

$$Fe_{(l)} + V_{(l)} = FeV_{(l)} \qquad K=\frac{N_3}{N_1N_2}, N_3 = KN_1N_2 \tag{1}$$

物料平衡：

$$N_1 + N_2 + KN_1N_2 - 1 = 0\ ,\ N_2 = \frac{1-N_1}{1+KN_1} \tag{2}$$

$$b = x + z = \sum n(N_1 + KN_1N_2)\ ,\ \sum n = \frac{b}{N_1 + KN_1N_2} \tag{3}$$

---

* 原文发表于《化工冶金》，1991，12（2）：173~179。

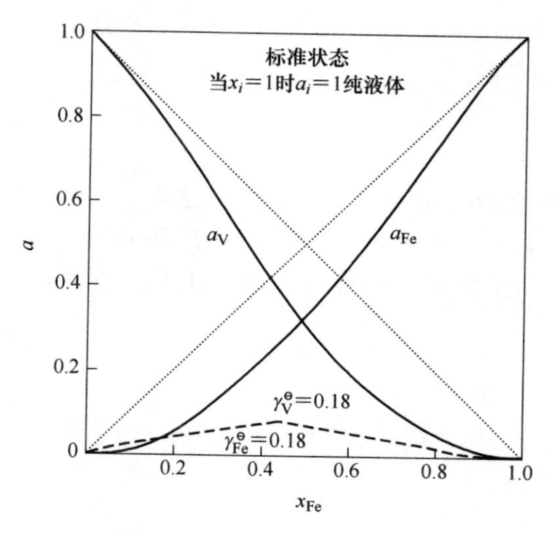

图 1 Fe-V 系液体合金的活度

Fig. 1 Activities of liquid Fe-V allogs

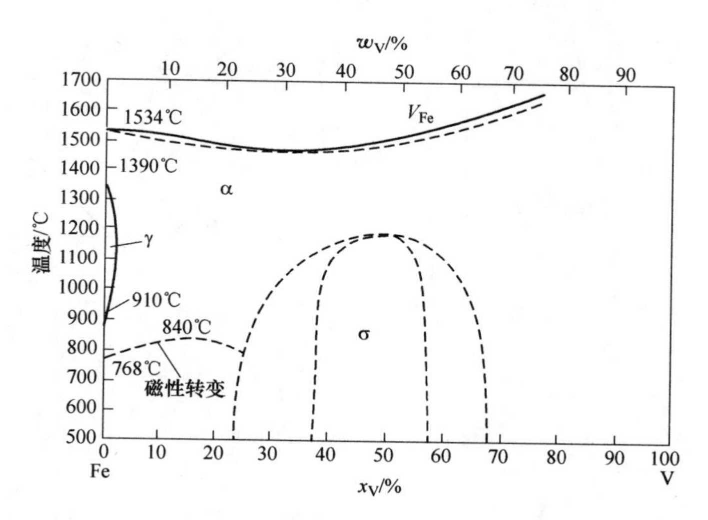

图 2 Fe-V 相图

Fig. 2 Fe-V phase diagram

$$a = y + z = \sum n(N_2 + KN_1N_2), \sum n = \frac{a}{N_2 + KN_1N_2} \tag{4}$$

由式（3）和式（4）得：

$$aN_1 - bN_2 + (a - b)KN_1N_2 = 0 \tag{5}$$

由式（2）和式（5）得：

$$K = \frac{1 - (a + 1)N_1 - (1 - b)N_2}{(a - b + 1)N_1N_2}$$

$$aN_1(1 + KN_1) + [(a - b)KN_1 - b](1 - N_1) = 0 \tag{6}$$

以上推导的式（2）、式（5）和式（6）即为求本合金系作用浓度的计算模型。如果模型符合实际，则计算得的作用浓度 N_{Fe} 和 N_V 应分别与实测 a_{Fe} 和 a_V 一致或相近，而且所求平衡常数应基本上是守常的。

2.2 Fe-Ti 系

文献上关于 Fe-Ti 系合金的相图[2, 3]，有两种意见：一种认为本合金系中生成的化合物有 Fe_2Ti 和 FeTi 两种[2]；另一种除认为有 Fe_2Ti 和 FeTi 生成外，还认为有可能生成 $FeTi_2$[3]，如图 3 所示。为了判断这两种方案何种正确，有必要列出两种计算方案进行比较。

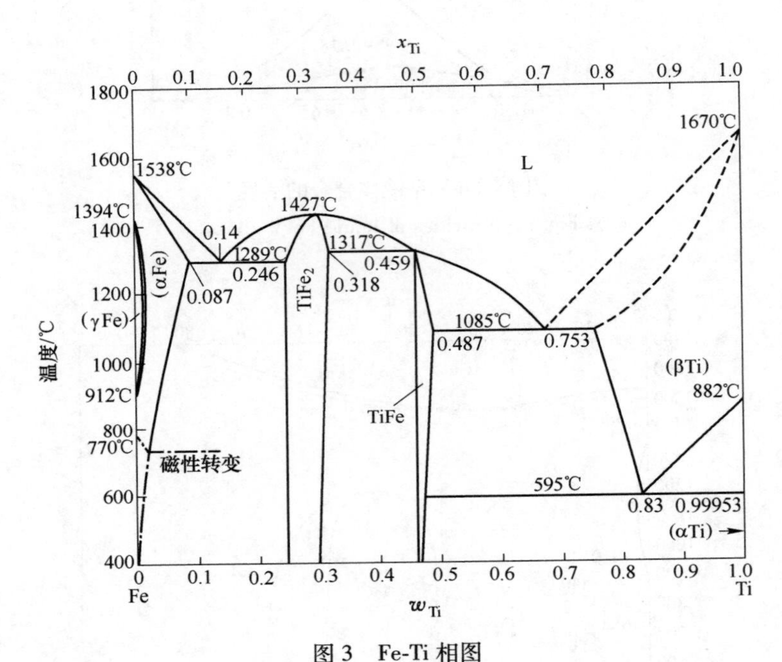

图 3　Fe-Ti 相图

Fig. 3　Fe-Ti phase diagram

这样设 $b = \sum n_{Fe}$，$a = \sum n_{Ti}$，$x = n_{Fe}$，$y = n_{Ti}$，$z = n_{FeTi}$，$w = n_{Fe_2Ti}$，$v = n_{FeTi_2}$，$N_1 = N_{Fe}$，$N_2 = N_{Ti}$，$N_3 = N_{FeTi}$，$N_4 = N_{Fe_2Ti}$，$N_5 = N_{FeTi_2}$，$\sum n =$ 总质点数。则对生成三种化合物的情况可写出：

化学平衡：

$$Fe_{(l)} + Ti_{(l)} = FeTi_{(l)} \qquad K_1 = \frac{N_3}{N_1 N_2},\ N_3 = K_1 N_1 N_2 \tag{7}$$

$$2Fe_{(l)} + Ti_{(l)} = Fe_2Ti_{(l)} \qquad K_2 = \frac{N_4}{N_1^2 N_2},\ N_4 = K_2 N_1^2 N_2 \tag{8}$$

$$Fe_{(l)} + 2\,Ti_{(l)} = FeTi_{2(l)} \qquad K_3 = \frac{N_5}{N_1 N_2^2},\ N_5 = K_3 N_1 N_2^2 \tag{9}$$

物料平衡：

$$N_1 + N_2 + K_1N_1N_2 + K_2N_1^2N_2 + K_3N_1N_2^2 - 1 = 0 \tag{10}$$

$$b = x + z + 2w + v = \sum n(N_1 + K_1N_1N_2 + 2K_2N_1^2N_2 + K_3N_1N_2^2)$$

$$\sum n = \frac{b}{N_1 + K_1N_1N_2 + 2K_2N_1^2N_2 + K_3N_1N_2^2} \tag{11}$$

$$a = y + z + w + 2v = \sum n(N_2 + K_1N_1N_2 + K_2N_1^2N_2 + 2K_3N_1N_2^2)$$

$$\sum n = \frac{a}{N_2 + K_1N_1N_2 + K_2N_1^2N_2 + K_3N_1N_2^2} \tag{12}$$

由式（11）和式（12）得：

$$aN_1 - bN_2 + (a - b)K_1N_1N_2 + (2a - b)K_2N_1^2N_2 + (a - 2b)K_3N_1N_2^2 = 0 \tag{13}$$

由式（10）和式（13）得：

$$1 - (a + 1)N_1 - (1 - b)N_2 = (a - b + 1)K_1N_1N_2 + (2a - b + 1)K_2N_1^2N_2 + (a - 2b + 1)K_3N_1N_2^2 = 0$$

$$\frac{1 - (a + 1)N_1 - (1 - b)N_2}{(2a - b + 1)N_1^2N_2} = K_2 + K_3\frac{(a - 2b + 1)N_2}{(2a - b + 1)N_1} + K_1\frac{a - b + 1}{(2a - b + 1)N_1} \tag{14}$$

以上推导的式（10）、式（13）和式（14）即为考虑生成三种化合物的本合金系作用浓度计算模型。

对于生成两种化合物的情况，为了节省篇幅起见，以式（10）、式（13）和式（14）中删去含 $K_3N_1N_2^2$ 的项即可写出本方案下作用浓度的计算模型：

$$N_1 + N_2 + K_1N_1N_2 + K_2N_1^2N_2 - 1 = 0 \tag{10'}$$

$$aN_1 - bN_2 + (a - b)K_1N_1N_2 + (2a - b)K_2N_1^2N_2 = 0 \tag{13'}$$

$$1 - (a + 1)N_1 - (1 - b)N_2 = (a - b + 1)K_1N_1N_2 + (2a - b + 1)K_2N_1^2N_2 = 0$$

$$\frac{1 - (a + 1)N_1 - (1 - b)N_2}{(2a - b + 1)N_1^2N_2} = K_2 + K_1\frac{a - b + 1}{(2a - b + 1)N_1} \tag{14'}$$

同样的，符合实际的方案应该具备以下特征：

（1）全部平衡常数均为正值，而且相关系数也较大。

（2）计算得的作用浓度 N_{Fe}和 N_{Ti}应分别与实测的活度 a_{Fe}和 a_{Ti}一致或相近。

3 计算结果

3.1 Fe-V 系

将图 1 放大后实际测绘所得的 a_{Fe}（$=N_1$）和 a_V（$=N_2$）代入式（6）求 K 后所得结果如表 1 所示。从表中数据可以看出，K 值是相当守常的，以其平均值代入式（2）和式（5）求作用浓度 N_{Fe}和 N_V 并与实际活度值 a_{Fe}和 a_V 对照如图 4 所示。从图中看出计算值与实际值的符合程度是相当好的。以上两方面的事实都说明 Fe-V 熔体中的确进行了生成 FeV 的反应，同时也说明前面的计算模型是反映本熔体的结构本质的；本熔体中实测活度

a_{Fe}和a_{Ti}对拉乌尔定律产生对称性负偏差的原因正是由于生成了 FeV 分子所致：FeV 在1600℃下的标准生成自由能 $\Delta G^{\ominus}=-133809\text{J/mol}$。

表 1　1600℃下 Fe-V 系活度值和计算的平衡常数 K

Table 1　The activities and calculated K for Fe-V melts at 1600℃

$\sum n_V$	a_{Fe}	a_V	K
0.9	0.024	0.8911	3.959
0.8	0.056	0.7525	4.408
0.7	0.1287	0.5941	3.413
0.6	0.2228	0.4653	2.929
0.5	0.3337	0.3337	2.987
0.4	0.4624	0.2248	3.159
0.3	0.6010	0.1238	4.067
0.2	0.7495	0.0624	4.710
0.1	0.8911	0.0247	3.935
平衡常数平均值 $\overline{K}$			3.7297

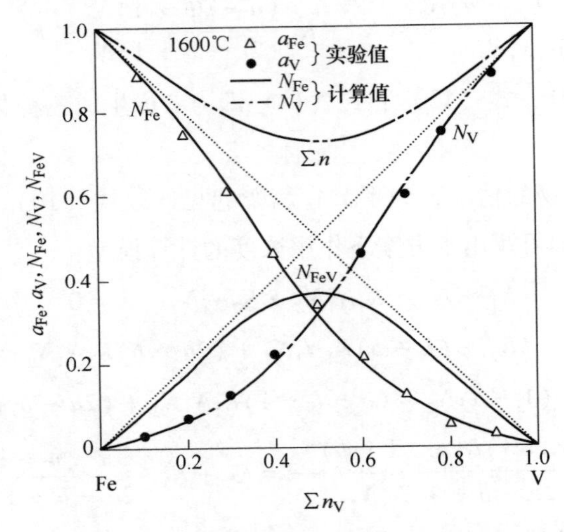

图 4　1600℃下计算的 N_{Fe}和 N_V 与实际 a_{Fe}和 a_V 的对照

Fig. 4　Comparison of calculated N_{Fe} and N_V with experimental a_{Fe} and a_V at 1600℃

3.2　Fe-Ti 系

在 1600℃下用式（14）和式（14′）回归平衡常数的结果见表 2。从表中结果看出两种方案均可满足平衡常数为正值的条件，但生成三种化合物的条件下相关系数则较大，从而表明生成三种化合物的方案比生成两种化合物者更为可信；进而将生成两种化合物的条件下计算的作用浓度 N_{Fe}和 N_{Ti}与实测活度值 a_{Fe}和 a_{Ti}对照见表 3。表中数据说明这种条件下计算结果与实测值间的差别是比较大的；而将生成三种化合物的条件下用式（10）和式（13）计算的 N_{Fe}和 N_{Ti}各与实测的 a_{Fe}和 a_{Ti}比较时，如图 5 所示，两者的符合程度则是相当令人满意的。

表 2 在1600℃下用式（14）和式（14′）回归平衡常数的结果

Table 2 Results of regression for equilibrium constants at 1600℃ by Eqs.（14）and（14′）

方案	K_1	K_2	K_3	R
三种化合物	2.1347	37.1471	21.7354	0.99992
两种化合物	10.4431	31.7026		0.84586

表 3 1600℃下用式（10′）和式（13′）计算的 N_{Fe} 和 N_{Ti} 与实测 a_{Fe} 和 a_{Ti} 的比较

Table 3 Comparison of calculated N_{Fe} and N_{Ti} by Eqs.（10′）and（13′）with measured a_{Fe} and a_{Ti} at 1600℃

$\sum n_{Ti}$	N_{Fe}	a_{Fe}	N_{Ti}	a_{Ti}	$\sum n_{Ti}$	N_{Fe}	a_{Fe}	N_{Ti}	a_{Ti}
0.1	0.8798	0.856	0.00346	0.005	0.6	0.07566	0.108	0.4688	0.348
0.2	0.7049	0.668	0.01224	0.021	0.7	0.04396	0.047	0.6288	0.544
0.3	0.4658	0.493	0.04192	0.051	0.8	0.02390	0.020	0.7699	0.723
0.4	0.2477	0.318	0.1360	0.117	0.9	0.01009	0.006	0.8929	0.881
0.5	0.1321	0.191	0.2959	0.217					

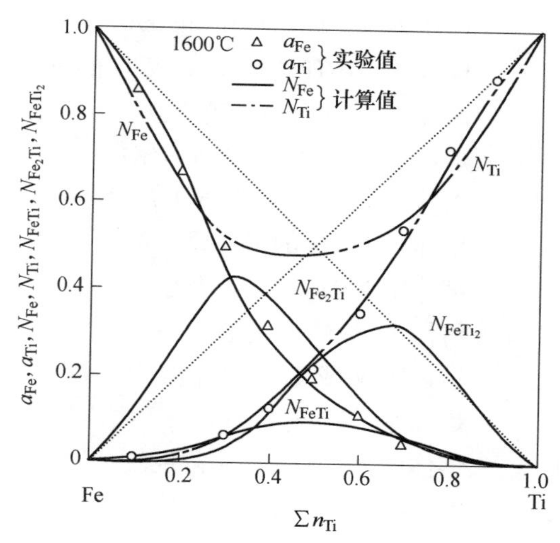

图 5 1600℃下用式（10）和式（13）计算的 N_{Fe} 和 N_{Ti} 与实际 a_{Fe} 和 a_{Ti} 的比较

Fig. 5 Comparison of calculated N_{Fe} and N_{Ti} by Eqs.（10）and（13）with measured a_{Fe} and a_{Ti} at 1600℃

以上三方面的事实都证明考虑生成三种化合物的计算结果比考虑生成两种化合物者更符合实际，从而证明以 Fe、Ti 原子与 FeTi、Fe_2Ti 和 $FeTi_2$ 分子为结构单元的计算模型式（10）、式（13）和式（14）的确是确切地反映 Fe-Ti 熔体的结构本质的。而活度 a_{Fe} 和 a_{Ti} 对拉乌尔定律的负偏差稍显不对称性的原因是由于 K_2 大于 K_3 所致，换句话说是由于 Fe_2Ti 和 $FeTi_2$ 更稳定所造成。

从以上计算结果也可看出，关于 Fe-Ti 相图中是否应有化合物 $FeTi_2$ 以及相图中存在的化合物与金属熔体中存在的化合物间有什么关系的问题，的确是值得进一步研究的。

FeTi、Fe_2Ti 和 $FeTi_2$ 三种化合物在 1600℃ 下的标准生成自由能分别为 $\Delta G^{\ominus}_{FeTi}=-76587J/mol$、$\Delta G^{\ominus}_{Fe_2Ti}=-1332711J/mol$、$\Delta G^{\ominus}_{FeTi_2}=-779792J/mol$。图 5 中同时表示了 N_{FeTi}、N_{Fe_2Ti} 和 N_{FeTi_2} 的变化，说明本模型不仅可以计算 N_{Fe} 和 N_{Ti}，而且可以求所有结构单元的作用浓度。

4 结论

（1）Fe-V 熔体的结构单元为 Fe、V 原子和 FeV 分子；Fe-Ti 熔体的结构单元为 Fe、Ti 原子与 FeTi、Fe_2Ti 和 $FeTi_2$ 分子。

（2）根据上述结构单元分别制定了 Fe-V 和 Fe-Ti 熔体的作用浓度计算模型；计算结果符合实际的事实证明所制定的计算模型是反映相应熔体的结构本质的。

（3）在 1600℃ 下求得不同化合物的标准生成自由能为：$\Delta G^{\ominus}_{FeV}=-133809J/mol$，$\Delta G^{\ominus}_{FeTi}=-76587J/mol$，$\Delta G^{\ominus}_{Fe_2Ti}=-1332711J/mol$，$\Delta G^{\ominus}_{FeTi_2}=-779792J/mol$。

（4）关于 Fe-Ti 相图中是否存在 $FeTi_2$ 化合物的问题应作进一步研究。

符号说明

$b=\sum n_{Fe}$	Fe-V 或 Fe-Ti 熔体中 Fe 的总摩尔数
$a=\sum n_V$ 或 $\sum n_{Ti}$	Fe-V 或 Fe-Ti 熔体中 V 或 Ti 的总摩尔数
$x=n_{Fe}$	熔体中 Fe 的平衡摩尔数
$y=n_V$ 或 n_{Ti}	熔体中 V 或 Ti 的平衡摩尔数
$z=n_{FeV}$ 或 n_{FeTi}	熔体中 FeV 或 FeTi 的平衡摩尔数
$w=n_{Fe_2Ti}$	熔体中 Fe_2Ti 的平衡摩尔数
$v=n_{FeTi_2}$	熔体中 $FeTi_2$ 的平衡摩尔数
$N_1=N_{Fe}$	熔体中 Fe 的作用浓度
$N_2=N_V$ 或 N_{Ti}	熔体中 V 或 Ti 的作用浓度
$N_3=N_{FeV}$ 或 N_{FeTi}	熔体中 FeV 或 FeTi 的作用浓度
$N_4=N_{Fe_2Ti}$	熔体中 Fe_2Ti 的作用浓度
$N_5=N_{FeTi_2}$	熔体中 $FeTi_2$ 的作用浓度

$\sum n$=熔体中的总质点数

参考文献

[1] Hansen M, Anderko S. Constitution of Binary Alloys, 2. Aufl., New York, Toronto, London: McGraw-Hill, 1958.

[2] Elliot P R. Constitution of Binary Alloys, First supplement, New York, Toronto, London: McGraw-Hill, 1965.

[3] 桥口隆吉，长崎诚三．金属データブック，1974，448：447.

[4] Hultgren K, Desai P D et al. Selected Values of the Thermodynamic Properties of Binary Alloys, 1973: 900.

[5] Elliot P R. Thermochemistry for Steelmaking Vol. Ⅱ, 1963: 527.

[6] 古训武等．鉄と鋼，1975，(15)：3060~3068.

[7] 张鉴．关于含化合物金属熔体结构的共存理论．北京科技大学学报，1990，(3)：201~211.

Models for Calculating Mass Action Concentrations for Fe-V and Fe-Ti Melts

Zhang Jian

(University of Science and Technology Beijing)

Abstract: According to the coexistence theory of metallic melt structure involved in compound formation, the symmetric negative deviation of activeties of Fe-V melts and the Fe-V phase diagram, the structural units of these melts are determined as Fe, V atoms and FeV molecule. Thus a model for calculating mass action concentrations for Fe-V melts is deduced as

$$N_1 + N_2 + KN_1N_2 - 1 = 0,\ N_2 = (1 - N_1)/(1 + KN_1)$$

$$aN_1 - bN_2 + (a - b)KN_1N_2 = 0$$

$$K = \frac{1 - (a + 1)N_1 - (1 - b)N_2}{(a - b + 1)N_1N_2}$$

$$aN_1(1 + KN_1) + [(a - b)KN_1 - b](1 - N) = 0$$

Similarly, the structural units of Fe-Ti melts are identified as Fe, Ti atoms and FeTi, Fe_2Ti, Fe Ti_2 molecules as well. The model for mass action concentrations for Fe-Ti melts consists of

$$N_1 + N_2 + K_1N_1N_2 + K_2N_1^2N_2 + K_3N_1N_2^2 - 1 = 0$$

$$aN_1 - bN_2 + (a - b)K_1N_1N_2 + (2a - b)K_2N_1^2N_2 + (a - 2b)K_3N_1N_2^2 = 0$$

$$1 - (a + 1)N_1 - (1 - b)N_2 = (a - b + 1)K_1N_1N_2 + (2a - b + 1)K_2N_1^2N_2 + (a - 2b + 1)K_3N_1N_2^2 = 0$$

$$\frac{1 - (a + 1)N_1 - (1 - b)N_2}{(2a - b + 1)N_1^2N_2} = K_2 + K_3\frac{(a - 2b + 1)N_2}{(2a - b + 1)N_1} + K_1\frac{a - b + 1}{(2a - b + 1)N_1}$$

Results of calculation agree well with measured activities, showing that the deduced models reflect the structural characteristics of Fe-V and Fe-Ti melts respectively. The standard free energies of formation of FeV, FeTi, Fe_2Ti and Fe Ti_2 at 1600℃ ave determined respectively: $\Delta G^{\ominus}_{FeV} = -133809$ J/mol, $\Delta G^{\ominus}_{FeTi} = -76587$ J/mol, $\Delta G^{\ominus}_{Fe_2Ti} = -1332711$ J/mol, $\Delta G^{\ominus}_{FeTi_2} = -779792$ J/mol.

Keywords: activity; coexistence theory of metallic melt structure involving compound formation; mass action concentrations

CaO-FeO-SiO_2渣系的作用浓度计算模型*

摘　要：根据炉渣结构的共存理论、CaO-SiO_2 和 CaO-FeO-SiO_2 渣系相图及有关的热力学数据，推导了1600℃下 CaO-FeO-SiO_2 渣系作用浓度的计算模型。用此模型计算得的等 N_{FeO} 曲线族与实测等 a_{FeO} 线甚为符合。等 N_{FeO} 线的顶点位于碱度 $B=1.703\sim1.778$ 之间，因此，脱碳和沉淀脱氧时，应当尽可能保持此碱度，而扩散脱氧时则应避开此碱度。硅酸盐的等作用浓度曲线族与相应炉渣区间的等温线相似的事实，说明硅酸盐是影响本渣系熔点的重要因素。

关键词：共存理论；作用浓度；CaO-FeO-SiO_2 渣系

1　引言

CaO-FeO-SiO_2 渣系是炼钢过程的基本渣系，它影响着炼钢工艺中的氧化、脱氧、脱磷、脱硫以及炉渣的物理性能。对于本渣系 a_{FeO} 的测定已有一些报道[1,2]，根据这些报道Oeters[3]进一步将实验结果整理入 CaO-FeO-SiO_2 相图，从而使其具有明显的规律性。但是如何从理论上计算本渣系各组元的作用浓度，特别是炉渣的氧化能力 N_{FeO}，文献上还未见报道。本文的目的即在根据炉渣结构的共存理论[4]建立 CaO-FeO-SiO_2 渣系各组元作用浓度的计算模型。

2　CaO-FeO-SiO_2 渣系的结构单元

CaO-SiO_2 渣系的相图[5]表明在1600℃的炼钢温度下，有可能存在于熔渣中的硅酸盐有：$CaSiO_3$、Ca_2SiO_4 和 Ca_3SiO_5。由此可认为炼钢温度 CaO-SiO_2 渣系的结构单元为 Ca^{2+}、O^{2-}、SiO_2、$CaSiO_3$、Ca_2SiO_4 和 Ca_3SiO_5。

令 $b=\sum n_{CaO}$，$a=\sum n_{SiO_2}$，$x=n_{CaO}$，$y=n_{SiO_2}$，$z=n_{CaSiO_3}$，$w=n_{Ca_2SiO_4}$，$q=n_{Ca_3SiO_5}$。

根据反应式：

$$(Ca^{2+}+O^{2-})+(SiO_2)=\!=\!=(CaSiO_3)\qquad K_1=\frac{N_{CaSiO_3}}{N_{CaO}N_{SiO_2}}\tag{1}$$

$$2(Ca^{2+}+O^{2-})+(SiO_2)=\!=\!=(Ca_2SiO_4)\qquad K_2=\frac{N_{Ca_2SiO_4}}{N_{CaO}^2N_{SiO_2}}\tag{2}$$

$$3(Ca^{2+}+O^{2-})+(SiO_2)=\!=\!=(Ca_3SiO_5)\qquad K_3=\frac{N_{Ca_3SiO_3}}{N_{CaO}^3N_{SiO_2}}\tag{3}$$

再经过一系列推导可得 CaO- SiO_2 渣系作用浓度的计算模型为：

$$\frac{(b-x)(x+0.5a)}{(a-b+x)x}=K_1+\frac{(2a-b+x)x}{(a-b+x)(x+0.5a)}K_2+\frac{(3a-b+x)x^2}{(a-b+x)(x+0.5a)^2}K_3\tag{4}$$

---

* 本文合作者：北京科技大学王潮；原文发表于《北京科技大学学报》，1991，13（3）：214~221。

这就是典型的二元回归方程：

$$Y = A + B_1X_1 + B_2X_2$$

其中 A 、B_1、B_2 各对应于式（4）的 K_1、K_2 和 K_3；而 Y 、X_1、X_2 各对应于 $\frac{(b-x)(x+0.5a)}{(a-b+x)x}$、$\frac{(2a-b+x)x}{(a-b+x)(x+0.5a)}$ 和 $\frac{(3a-b+x)x^2}{(a-b+x)(x+0.5a)^2}$。只要 CaO- SiO_2 渣系在一定温度和成分下的 a_{CaO} 已经测得，则可用下式求 $x(=n_{CaO})$：

$$x = \frac{0.5a_{CaO} \times a}{1-a_{CaO}} \text{（由 } a_{CaO} = \frac{x}{x+0.5a} \text{ 得来）} \quad (5)$$

由此即可用（4）和二元回归的统计方法确定 K_1、K_2 和 K_3 值，从而确定 $CaSiO_3$、Ca_2SiO_4 和 Ca_3SiO_5 在炼钢温度下是否存在于 CaO- SiO_2 渣系中。

利用式（5）处理文献［6］的数据后得表 1。进而利用式（4）进行二元回归后得：

$$K_1 = 519\ ;\ K_2 = 21100\ ;\ K_3 = -121359$$

复相关系数 $R = 0.999315$，证明回归相当可靠。

表 1　在 1600℃时 CaO-SiO_2 熔体的 a_{CaO} 和 x 值

Table 1　a_{CaO} and x values of CaO-SiO_2 melts at 1600℃

序号	炉渣成分			$a_{CaO}\times10^{-2}$	$x\times10^{-3}$
	%CaO	$\sum n_{CaO}$	$\sum n_{SiO_2}$		
1	36.5	0.39	0.61	0.25	0.764411
2	40.2	0.43	0.57	0.33	0.943614
3	43.4	0.46	0.54	0.44	1.193250
4	47.8	0.49	0.51	0.64	1.642512
5	50.0	0.52	0.48	0.90	2.179617
6	53.1	0.54	0.46	1.20	2.793522
7	54.3	0.56	0.44	1.80	4.032587
8	56.0	0.58	0.42	3.90	8.5522373

K_1 和 K_2 为正值，说明 $CaSiO_3$ 和 Ca_2SiO_4 在炼钢温度下（1600℃）的确是存在于 CaO-SiO_2 渣系中，而 K_3 为负值，这在热力学上是不可能的，说明在上述条件下它是不存在的。

为了验证以上结论的可靠性，再假定 CaO-SiO_2 渣系在 1600℃下的结构单元为 Ca^{2+}、O^{2-}、SiO_2、$CaSiO_3$ 和 Ca_2SiO_4，并用一元回归方程[7]：

$$\frac{(b-x)(x+0.5a)}{(a-b+x)x} = K_1 + \frac{(2a-b+x)x}{(a-b+x)(x+0.5a)}K_2 \quad (6)$$

同样回归表 1 的数据后得：

$$K_1 = 650\ ,\ K_2 = 18237\ ,\ r = 0.988695$$

结果再次证明上述的结论是正确的。

在 FeO-SiO_2 渣系中，以前已经证明[4]，只有 Fe_2SiO_4 一个硅酸盐可以存在于其中。

最后在 CaO-FeO-SiO_2 三元相图中[5]，还有一个问题需要澄清，即钙铁橄榄石 $CaFeSiO_4$ 在炼钢温度下是否存在的问题。从 Ca_2SiO_4-Fe_2SiO_4 相图可看出 $CaFeSiO_4$ 在

1230℃以下是存在的，但高于此温度，即不复存在，所以不予考虑。

由此可将 $CaO\text{-}FeO\text{-}SiO_2$ 渣系在 1600℃下的结构单元归结为：Ca^{2+}、Fe^{2+}、O^{2-}、SiO_2、$CaSiO_3$、Ca_2SiO_4 和 Fe_2SiO_4。

3 CaO-FeO-SiO₂ 渣系作用浓度的计算模型

根据以上得出的结构单元，令：$b_1=\sum n_{FeO}$，$b_2=\sum n_{CaO}$，$a=\sum n_{SiO_2}$，$x_1=n_{FeO}$，$x_2=n_{CaO}$，$y=n_{SiO_2}$，$z=n_{CaSiO_3}$，$w_1=n_{Fe_2SiO_4}$，$w_2=n_{Ca_2SiO_4}$。根据炉渣结构的共存理论[4]，则化学平衡为：

$$2(Fe^{2+}+O^{2-})+(SiO_2)=\!=\!=(Fe_2SiO_4) \tag{7}$$

$$K_1=\frac{N_{Fe_2SiO_4}}{N_{FeO}^2N_{SiO_2}} \qquad \Delta G^{\ominus}=-28595.8+3.349T \quad \text{J/mol}^{[8]}$$

$$(Ca^{2+}+O^{2-})+(SiO_2)=\!=\!=(CaSiO_3) \tag{8}$$

$$K_2=\frac{N_{CaSiO_3}}{N_{CaO}N_{SiO_2}} \qquad \Delta G^{\ominus}=-22476.4-38.519T \quad \text{J/mol}^{[9]}$$

$$2(Ca^{2+}+O^{2-})+(SiO_2)=\!=\!=(Ca_2SiO_4) \tag{9}$$

$$K_3=\frac{N_{Ca_2SiO_4}}{N_{CaO}^2N_{SiO_2}} \qquad \Delta G^{\ominus}=-100985.6-24.032T \quad \text{J/mol}^{[9]}$$

物料平衡为：

$$b_1=x_1+2w_1 \tag{10}$$

$$b_2=x_2+z+2w_2 \tag{11}$$

$$a=y+z+w_1+w_2 \tag{12}$$

$$\sum n=2(x_1+x_2)+y+z+w_1+w_2=2(x_1+x_2)+a \tag{13}$$

根据式（7）~式（13）推导得本渣系作用浓度计算模型为：

$$(b_1-x_1)[K_2(x_1+x_2+0.5a)x_2+2K_3x_2^2]-2K_1(b_2-x_2)x_1^2=0 \tag{14}$$

$$(b_1-x_1)[(x_1+x_2+0.5a)^2+K_2(x_1+x_2+0.5a)x_2+K_1x_1^2+K_3x_2^2]-2aK_1x_1^2=0 \tag{15}$$

$$y=\frac{(b_1-x_1)(x_1+x_2+0.5a)^2}{2K_1x_1^2};\ w_1=\frac{K_1x_1^2}{(x_1+x_2+0.5a)^2}y$$

$$z=\frac{K_2x_2}{x_1+x_2+0.5a}y;\ w_2=\frac{K_3x_2^2}{(x_1+x_2+0.5a)^2}y \tag{16}$$

各组元的作用浓度为：

$$N_{FeO}=\frac{x_1}{x_1+x_2+0.5a};\ N_{CaO}=\frac{x_2}{x_1+x_2+0.5a};\ N_{CaSiO_3}=\frac{z}{2(x_1+x_2)+a}$$

$$N_{Fe_2SiO_4}=\frac{w_1}{2(x_1+x_2)+a};\ N_{SiO_2}=\frac{y}{2(x_1+x_2)+a};N_{Ca_2SiO_4}=\frac{w_2}{2(x_1+x_2)+a} \tag{17}$$

如果计算模型符合实际，则计算的作用浓度应与实测的活度一致。

4　计算结果与讨论——炉渣的氧化能力 N_{FeO}

Oeters 根据实验结果所作 CaO-FeO-SiO_2 渣系在 1600℃ 下的等 a_{FeO} 线如图 1 所示[3]。Timocin 实测 CaO-FeO-SiO_2 渣系在 1550℃ 下的等 a_{FeO} 线见文献［9］。而用以上模型在 LSI-11/23 型计算机上计算的 1600℃ 下 CaO-FeO-SiO_2 渣系的等作用浓度 N_{FeO} 线如图 2 所示。从以上比较中可以看出计算的等 N_{FeO} 线与实测的等 a_{FeO} 线是相当一致的，说明以上模型是符合 CaO-FeO-SiO_2 渣系的实际情况的。唯一区别是实测 a_{FeO} 由于受实验条件的限制，覆盖的范围较小，而计算模型则不受任何限制，可以在 CaO-FeO-SiO_2 渣系全部成分范围中发挥作用。

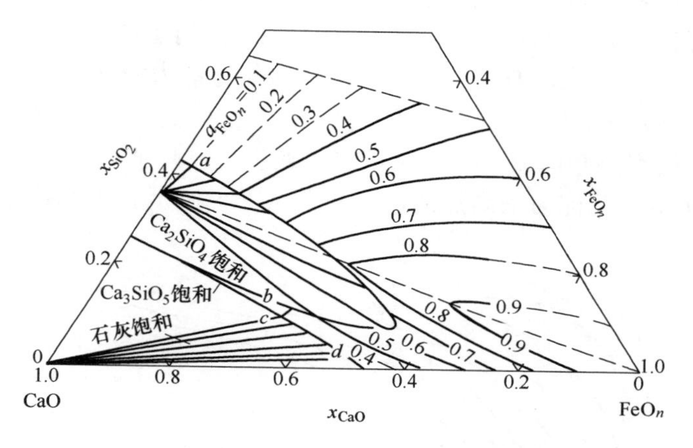

图 1　1600℃ 下 CaO-FeO-SiO_2 渣系的等 a_{FeO} 线

Fig. 1　Iso-activity contours of a_{FeO} for CaO-FeO-SiO_2 slag system at 1600℃

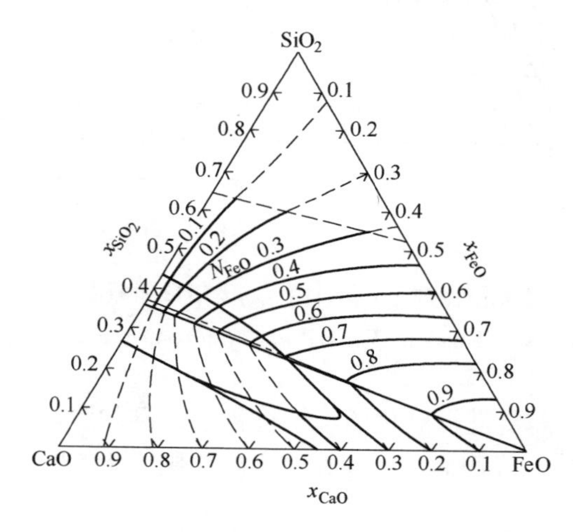

图 2　1600℃ 下计算的 CaO-FeO-SiO_2 渣系等 N_{FeO} 线

Fig. 2　Iso-mass action concentration contours of N_{FeO} for CaO-FeO-SiO_2 slag system at 1600℃

根据计算结果当$\sum n_{FeO}<0.25$时，等N_{FeO}线顶点处的碱度$B=\frac{\sum n_{CaO}}{\sum n_{SiO_2}}=\frac{0.64}{0.36}=1.778$；而当$\sum n_{FeO}>0.25$时$B=\frac{0.63}{0.37}=1.703$。在此种特定的碱度下，当炉渣中FeO含量不变时，炉渣的氧化能力最强。

之所以有此种现象，一方面是由于在上述碱度下，炉渣中进行了前边讲过的式（8）和式（9）两个反应：前者由（$Ca^{2+}+O^{2-}$）和SiO_2三个质点反应后生成一个$CaSiO_3$质点；后者由2（$Ca^{2+}+O^{2-}$）和$SiO_2$5个质点反应后生成一个Ca_2SiO_4质点，结果使熔渣中的总质点数$\sum n$大为降低，根据$N_{FeO}=\frac{2n_{FeO}}{\sum n}$，应使炉渣氧化能力升高；而当碱度大于以上范围时，又会有（$Ca^{2+}+O^{2-}$）剩余下来，且碱度愈高，剩余的（$Ca^{2+}+O^{2-}$）愈多，结果又使$\sum n$增大，从而使N_{FeO}降低。另一方面，在这种炉渣中同时还进行着的前面讲过的式（7）反应，使一部分FeO消耗于形成Fe_2SiO_4，这样会造成炉渣氧化能力的降低。由于这两种相反因素的影响，再加炉渣中不仅生成Ca_2SiO_4（它使N_{FeO}最高点趋向$B=2$）而且还生成$SaSiO_3$（它使N_{FeO}最高点趋向$B=1$），在一定的碱度下，炉渣的氧化能力必然会趋向一个极值，这就是炉渣氧化能力最高点的形成原因。$\sum n$和n_{FeO}因碱度而变化的情况如图3所示。

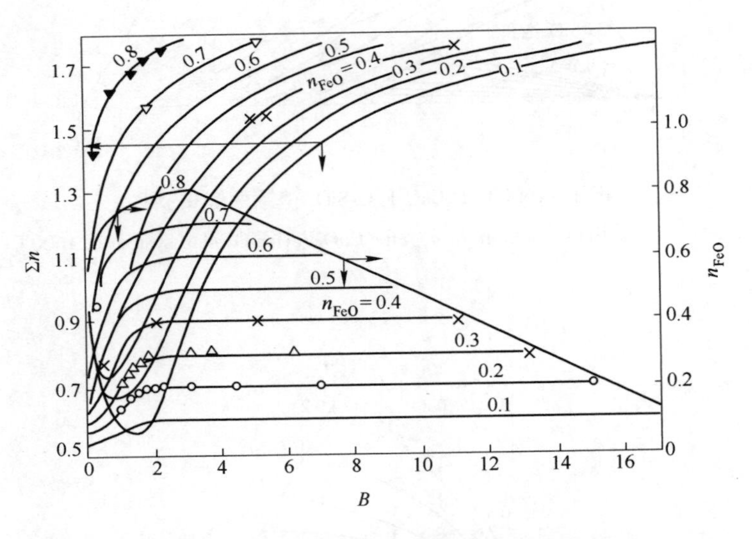

图3 炉渣总质点数$\sum n$和自由n_{FeO}摩尔数随碱度而变的情况

Fig. 3 Change of $\sum n$ and n_{FeO} with respect to basicify

明白了以上规律，在需要进行氧化的炼钢过程中，例如脱碳，就应尽可能使炉渣碱度保持在1.703~1.778之间，或用质量%计算碱度时，则为1.589~1.659之间，以使炉渣具有最大的氧化能力。

在需要用炉渣进行扩散脱氧的条件下，为了降低炉渣的氧化能力，应尽可能地避开上述碱度，或用较高的碱度，或用较低的碱度，但一般情况下，应用较高的碱度，至于采用什么碱度，还应考虑炉渣的流动性好坏。

而在用强脱氧剂对钢水进行沉淀脱氧的条件下，由于脱氧过程是直接在钢水中进行，为了尽可能多和快地脱掉氧，应设法尽可能多的将氧集中于钢水中，为此，应当将炉渣碱度保持在 1.703~1.778 之间。

此外，还计算了 N_{CaSiO_3}、$N_{Ca_2SiO_4}$和 $N_{Fe_2SiO_4}$，得到这 3 种硅酸盐的等作用浓度线与相图中相应区间的等温线轮廓极为相似，说明各硅酸盐在影响相应区间炉渣的熔点上起着重要的作用。

5 结论

（1）根据 $CaO\text{-}SiO_2$ 和 $CaO\text{-}FeO\text{-}SiO_2$ 相图及有关的热力学数据推导了 1600℃下 $CaO\text{-}FeO\text{-}SiO_2$ 渣系作用浓度的计算模型。

（2）计算得的等 N_{FeO} 曲线族与实测结果甚为符合。

（3）等 N_{FeO} 曲线的顶点位于碱度 $B = 1.703 \sim 1.778$ 之间，因此，脱碳和用强脱氧剂进行沉淀脱氧时应尽可能使炉渣碱度位于此范围内，而扩散脱氧时，则应避开此碱度。

（4）等 N_{CaSiO_3}、$N_{Ca_2SiO_4}$和 $N_{Fe_2SiO_4}$曲线族与 $CaO\text{-}FeO\text{-}SiO_2$ 相图各区间的等温线相似的事实说明硅酸盐是影响本渣系熔点的重要因素。

参考文献

[1] Taylor C R, Chipman J. Trans. Amer. Inst. Min. Metallurg. Engrs. , 1943: 228~247.
[2] Chipman J, Fetters K L. Trans. Amer. Soc. Metals, 1941, 29: 957~967.
[3] Oeters F. Physikalische Chemie der Eisen-und Stahler-Zeugung. Dusseldorf, 1964: 159.
[4] 张鉴. 关于炉渣结构的共存理论. 北京钢铁学院学报, 1984, 6 (1): 21~29.
[5] Verlag Stanhleisen M B H. Schlackenatlas. Dusserdorf, 1981: 39, 68.
[6] 沢村企好. 鉄と鋼, 1961, (14): 1873.
[7] 张鉴. $MnO\text{-}SiO_2$渣系作用浓度的计算模型. 北京钢铁学院学报, 1986, (4): 1~6.
[8] Richardson F D, Jeffes J H E, Withers G. J. Iron and Steel Institute, 1950, 166: 3.
[9] Timocin M A, Morris E. Metallurg. Trans. , 1970, (1): 3193.

Calculating Model of Mass Action Concentrations for the Slag System $CaO\text{-}FeO\text{-}SiO_2$

Zhang Jian Wang Chao

(University of Science and Technology Beijing)

Abstract: In accordance with the coexistence theory of slag structure, $CaO\text{-}SiO_2$ and $CaO\text{-}FeO\text{-}SiO_2$ phase diagrams and corresponding thermodynamic data, a calculating model of mass action concentrations for $CaO\text{-}FeO\text{-}SiO_2$ melts at 1600℃ has been deduced. The calculated contours of iso-mass action concentration N_{FeO} are fairly identical with the contours of iso-activity a_{FeO} measured. The apices of iso-

N_{FeO} contours are located at the range of slag basicity 1. 703 to 1. 778, so for the decarburization and precipitation deoxidation the slag basicity had better be kept in that range, and on the contrary for diffusion deoxidation the slag basicity had better be kept off that range. Similarity of isosilicates mass action concentration contours to the corresponding iso-thermal contours of CaO-FeO-SiO_2 phase diagram shows that silicates play an important role in the melting temperatures of slag system mentioned.

Keywords: the coexistence theory of slag structure; mass action concentration; CaO-FeO-SiO_2 slag system

Fe-Al 系金属熔体作用浓度的计算模型*

摘 要：根据含化合物金属熔体的共存理论和 Fe-Al 系相图，用回归分析法确定了 Fe-Al 系金属熔体在 1315℃和 1600℃时的结构单元，进而推导了各组元的作用浓度模型。将计算的 N_{Fe}、N_{Al}和实测的活度值 a_{Fe}、a_{Al}相比较，得到了比较满意的结果。

关键词：Fe-Al 金属熔体；共存理论；作用浓度；回归分析

1 引言

在炼钢过程中，铝作为强脱氧剂已得到了广泛的应用。对 Fe-Al 熔体的活度研究已有了些报道[1~6]。但是，对 Fe-Al 系金属熔体的结构单元还缺乏深入的研究，因而还未推导出熔体作用浓度的计算模型，这样就影响了铝脱氧过程研究的进一步深入。本文的目的，就是在实测活度的基础上，根据含化合物金属熔体的共存理论[7]，确定 Fe-Al 熔体的结构单元，推导各组元的作用浓度计算模型，求出生成各化合物的平衡常数，以便为铝脱氧的深入研究打下基础。

2 Fe-Al 系金属熔体的结构单元和计算模型

由 Fe-Al 相图[8]可看出，在不同的温度下存在着下列化合物：Fe_3Al、FeAl（a_2）、$FeAl_2$、$FeAl_3$ 和 Fe_2Al_5，但是在 1600℃和 1315℃下，是否这些化合物均存在于熔体中，还需进一步确定。通过用含化合物金属熔体的原子、分子共存理论制定不同的计算方案，进行对比计算后，才能确定在各温度下，熔体中化合物的存在情况。通过计算和分析，在 1600℃下，只有在 Fe_3Al、FeAl 和 $FeAl_2$ 3 种化合物存在的情况下，才能求得符合实际能结果。因此，在此温度下，Fe-Al 熔体的结构单元为 Al、Fe 原子和 Fe_3Al、FeAl、$FeAl_2$ 3 种化合物。下面描述其计算模型。

令 $b=\sum n_{Fe}$，$a=\sum n_{Al}$，$x=n_{Fe}$，$y=n_{Al}$，$z=n_{Fe_3Al}$，$w=n_{FeAl}$，$u=n_{FeAl_2}$，$N_1=N_{Fe}$，$N_2=N_{Al}$，$N_3=N_{Fe_3Al}$，$N_4=N_{FeAl}$，$N_5=N_{FeAl_2}$。

根据化学平衡：

$$3Fe_{(1)}+Al_{(1)}=\!=\!=Fe_3Al_{(1)} \qquad K_1=\frac{N_3}{N_1^3N_2},\ N_3=K_1N_1^3N_2 \tag{1}$$

$$Fe_{(1)}+Al_{(1)}=\!=\!=FeAl_{(1)} \qquad K_2=\frac{N_4}{N_1N_2},\ N_4=K_2N_1N_2 \tag{2}$$

$$Fe_{(1)}+2Al_{(1)}=\!=\!=FeAl_{2(1)} \qquad K_3=\frac{N_5}{N_1N_2^2},\ N_5=K_3N_1N_2^2 \tag{3}$$

* 本文合作者：北京科技大学成国光，原文发表于《北京科技大学学报》，1991，13（6）：514~518。

物料平衡：

$$N_1 + N_2 + N_3 + N_4 + N_5 - 1 = 0 \tag{4}$$

进一步得到：

$$N_1 + N_2 + K_1N_1^3N_2 + K_2N_1N_2 + K_3N_1N_2^2 - 1 = 0 \tag{5}$$

$$\begin{aligned} b = x + 3z + w + u &= \sum n(N_1 + 3N_3 + N_4 + N_5) \\ &= \sum n(N_1 + 3K_1N_1^3N_2 + K_2N_1N_2 + K_3N_1N_2^2) \end{aligned} \tag{6}$$

$$\begin{aligned} a = y + z + w + 2u &= \sum n(N_2 + N_3 + N_4 + 2N_5) \\ &= \sum n(N_2 + K_1N_1^3N_2 + K_2N_1N_2 + 2K_3N_1N_2^2) \end{aligned} \tag{7}$$

由式（6）、式（7）整理得到：

$$aN_1 - bN_2 + (3a - b)K_1N_1^3N_2 + (a - b)K_2N_1N_2 + (a - 2b)K_3N_1N_2^2 = 0 \tag{8}$$

由式（5）、式（8）得到：

$$1 - (a + 1)N_1 - (1 - b)N_2 = (3a - b + 1)K_1N_1^3N_2 + (a - b + 1)K_2N_1N_2 + (a - 2b + 1)K_3N_1N_2^2 \tag{9}$$

式（5）、式（8）、式（9）就是Fe-Al系金属熔体的计算模型。

令：$A = 1 - (a + 1)N_1 - (1 - b)N_2$　　$B = (3a - b + 1)N_1^3N_2$

$C = (a - b - 1)N_1N_2$　　$D = (a - 2b + 1)N_1N_2^2$

$$\hat{Y} = \frac{A}{B} \qquad X_1 = \frac{C}{B} \qquad X_2 = \frac{D}{B}$$

则得：

$$\hat{Y} = K_1 + K_2X_1 + K_3X_2 \tag{10}$$

如果此模型正确，那么计算的 N_1、N_2 应该与实测的活度值 a_{Fe}、a_{Al} 相符合。

3　计算结果与比较

从文献［5］中，查得在1600℃和不同的摩尔分数下，Fe、Al的活度如下：

$\sum n_{Al}$	0.9	0.8	0.7	0.6	0.5	0.4	0.3	0.2	0.1
$\sum n_{Fe}$	0.1	0.2	0.3	0.4	0.5	0.6	0.7	0.8	0.9
a_{Fe}	0.013	0.037	0.075	0.136	0.220	0.328	0.445	0.654	0.862
a_{Al}	0.885	0.730	0.572	0.419	0.286	0.178	0.095	0.030	0.006

根据此实测的活度值，对式（10）进行回归，得到：

$\hat{Y} = 23.912 + 6.10564X_1 + 3.01512X_2 (r = 1.2)$，因此，平衡常数 $K_1 = 23.912$、$K_2 = 6.10564$、$K_3 = 3.01512$。将 K_1、K_2、K_3 代入式（5）、式（8）两式联立求解，得到 N_1、N_2，其计算结果见图1。从图1中可以清楚地看出，理论计算值和实测活度值符合甚好，证明上述模型是符合实际的。同时证明了1600℃下Fe-Al熔体中有 Fe_3Al、FeAl和 $FeAl_2$ 3种化合物生成，它们各自的标准生成自由能为：$\Delta G^{\ominus}_{Fe_3Al} = -49460$J/mol、$\Delta G^{\ominus}_{FeAl} = -28189$J/mol、$\Delta G^{\ominus}_{FeAl_2} = -17196$J/mol。

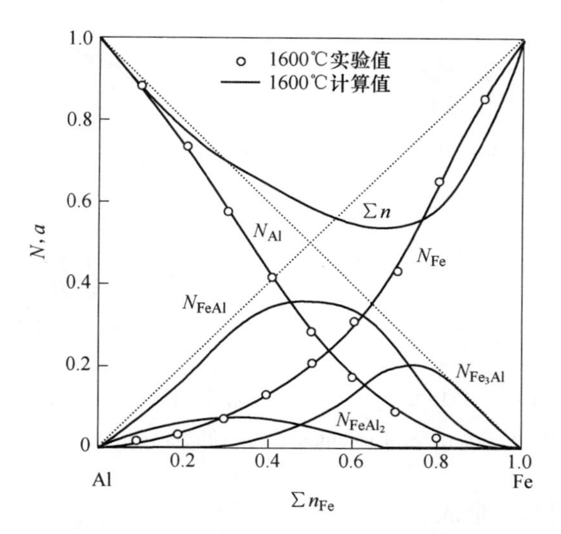

图 1　1600℃下，计算的 N_{Fe}、N_{Al}与实测的 a_{Fe}、a_{Al}的比较

Fig. 1　Comparison of calculated N_{Fe}, N_{Al} with measured a_{Fe}, a_{Al} at 1600℃

除 1600℃外，在高温液态下，仅从文献［6］中查得在 1315℃时的实测活度值，其表达式如下：

$$a_{Al} = 10^{-3.0(1-x_{Al})^2} \cdot x_{Al} \qquad (0.6 < x_{Fe} < 1.0)$$

$$a_{Fe} = 10^{-3.0(1-x_{Fe})^2} \cdot x_{Fe} \qquad (0 < x_{Fe} < 0.4)$$

经初步计算，证明在此温度下有 Fe_3Al、$FeAl_2$ 和 $FeAl_3$3 种化合物生成。其模型计算式如下：

令 $N_1=N_{Fe}$，$N_2=N_{Al}$，$N_3=N_{Fe_3Al}$，$N_4=N_{FeAl_2}$，$N_5=N_{FeAl_3}$，则有：

$$N_1 + N_2 + K_1N_1^3N_2 + K_2N_1N_2^2 + K_3N_1N_2^3 - 1 = 0 \tag{11}$$

$$aN_1 - bN_2 + (3a-b)K_1N_3^1N_2 + (a-2b)K_2N_1N_2^2 + (a-3b)K_3N_1N_2^3 = 0 \tag{12}$$

$$1-(a+1)N_1-(1-b)N_2 = (3a-b+1)K_1N_1^3N_2 + (a-2b+1) K_2N_1N_2^2 + (a-3b+1)K_3N_1N_2^3 \tag{13}$$

以及回归式：

$$\hat{Y}=K_1+K_2X_1+K_3K_2 \tag{14}$$

根据以上 1315℃时的实测活度值，对式（14）进行回归，得到：

$\hat{Y}=37257.4+162.417X_1+478.662X_2\,(r=1.0)$。因此，$K_{1(Fe_3Al)}=37257.4$、$K_{2(FeAl_2)}=162417$、$K_{3(FeAl_3)}=478.66$，它们各自的标准生成自由能分别为：$\Delta G^{\ominus}_{Fe_3Al}=-139050$J/mol、$\Delta G^{\ominus}_{FeAl_2}=-67245.4$J/mol、$\Delta G^{\ominus}_{FeAl_3}=-81524.1$J/mol。

图 2 给出了 N_{Al}和 a_{Al}的比较情况。从图中可以看出，理论值和实际值是一致的，说明了在 1315℃下，模型也是能反映熔体本质的。当然，由于缺乏热力学数据，Fe-Al 熔体在 1315℃时的情况还有待于作进一步深入的研究。

通过以上在 1600℃和 1315℃两温度下的计算结果可以看出：在 1315℃下，熔体中存在有 Fe_3Al、$FeAl_2$ 和 $FeAl_3$ 3 种化合物，而在 1600℃下，熔体中存在有 Fe_3Al、FeAl 和 $FeAl_2$ 3 种化合物，这是因为 $FeAl_3$ 在 1600℃下分解，而整个熔体中重新形成 FeAl 分子的

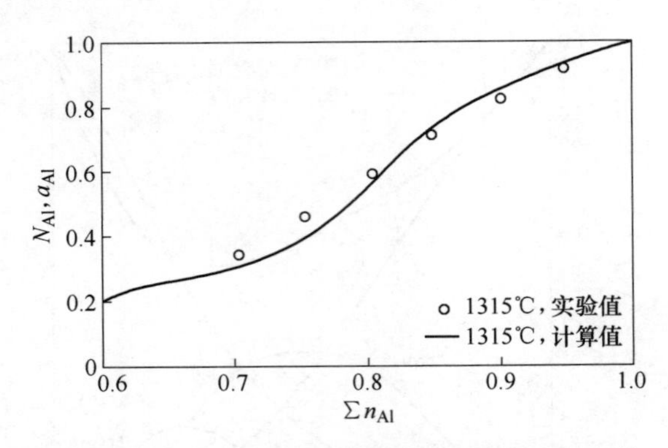

图 2 1315℃下，计算值 N_{Al} 和实测活度 a_{Al} 的比较

Fig. 2 Comparison of calculated N_{Al} with measured a_{Al} at 1315℃

缘故。总的看来，低温时，形成的化合物比较复杂，随着温度的升高，有些复杂的化合物分解，而使整个熔体中趋向于形成简单结构的化合物。

4 结论

（1）含化合物的金属熔体的共存理论对 Fe-Al 系金属熔体是适合的。推导了此金属熔体在 1600℃和 1315℃下各组元的作用浓度模型。

（2）Fe-Al 熔体在 1600℃下存在 Fe_3Al、FeAl 和 $FeAl_2$ 3 种化合物，它们各自的标准生成自由能为：$\Delta G^{\ominus}_{Fe_3Al} = -49460$J/mol、$\Delta G^{\ominus}_{FeAl} = -28189$J/mol，$\Delta G^{\ominus}_{FeAl_2} = -17196$J/mol；在 1315℃下，Fe-Al 熔体中存在有 Fe_3Al，$FeAl_2$ 和 $FeAl_3$ 3 种化合物，它们的标准生成自由能分别为：$\Delta G^{\ominus}_{Fe_3Al} = -139050$J/mol、$\Delta G^{\ominus}_{FeAl_2} = -67245.4$J/mol、$\Delta G^{\ominus}_{FeAl_3} = -81524.1$J/mol。

参考文献

[1] Chipman J, Floridis T P. Acta Met., 1955, (3): 456.
[2] Radcliffe S V, Averbach B L, Cohen M. Acta Met., 1961, (9): 169.
[3] Eldridge J, Komarek K L. Trans. TMS-AIME, 1964, 230: 226.
[4] Darken L S. Trans. TMS-AIME, 1967, 239: 80.
[5] Betton G R, Krueham R J. Trans. Met. AIME, 1969, 245: 113.
[6] Coskun A. Trans. TMS-AIME, 1968, 242: 253.
[7] 张鉴. 关于含化合物金属熔体结构的共存理论. 北京科技大学学报, 1990, 12 (3): 201.
[8] Ortrud Kubaschewski. Iron-Binary Phase Diagrams, 1982, 8: 8.

Calculating Models of Mass Action Concentrations for the Metallic Melt Fe-Al

Zhang Jian Cheng Guoguang

(University of Science and Technology Beijing)

Abstract: In accordance with the coexistence theory of metallic melts structure involving compound formation and Fe-Al phase diagram as well, and by means of regression analysis, the structral units of Fe-Al melt at 1315℃ and 1600℃ have been determined. On the basis of these structural units, the calculating models of mass action concentrations have been deduced. The agreement between calculated values of N_{Fe}, N_{Al} and measured a_{Fe}, a_{Al} respectively is satisfactory.

Keywords: Fe-Al metallic melt; coexistence theory; mass action concentrations; regression analysis

多元熔渣氧化能力的计算模型*

摘　要：根据相图确定了 $CaO-FeO-Fe_2O_3-SiO_2$ 四元渣系和 $CaO-MgO-FeO-Fe_2O_3-SiO_2$ 五元渣系的结构单元。以此为基础，按照炉渣结构的共存理论制定了两种渣系氧化能力 N_{Fe_tO} 的计算模型[1]。表达式为：$N_{Fe_tO}=N_{FeO}+6N_{Fe_2O_3}+8N_{Fe_3O_4}$。计算和实测的氧化能力（$N_{Fe_tO}$ 和 a_{Fe_tO}）符合甚好，从而证明共存理论适用于以上四元、五元渣系。同时还求出了 1258~1370℃间钙铁橄榄石 $CaFeSiO_4$ 的标准生成自由能 $\Delta G^{\ominus}_{CaFeSiO_4}$。

关键词：炉渣结构；共存理论；氧化能力；数学模型

1　引言

炉渣氧化能力是炉渣的重要性能，对钢水中元素的氧化、还原、脱磷、脱硫等反应都有很大影响。因此，引起冶金工作者的高度重视。目前，测定炉渣氧化能力的工作已经很成熟[2~5]。在文献［6］中已对 $FeO-Fe_2O_3-SiO_2$ 渣系的氧化能力进行了讨论，但对多元熔渣氧化能力的计算研究甚少。本文旨在根据炉渣结构的共存理论制定出多元炉渣氧化能力的计算模型。

2　$CaO-FeO-Fe_2O_3-SiO_2$ 熔渣（1258~1370℃）[3]

2.1　结构单元和计算模型

2.1.1　结构单元

按照 $CaO-SiO_2$ 相图[7]，在1250~1464℃之间，本渣系的结构单元中应包括 Ca^{2+}、O^{2-}、SiO_2、Ca_3SiO_5、Ca_2SiO_4、$3CaO\cdot2SiO_2$ 和 $CaSiO_3$。

按照 $FeO-SiO_2$ 和 $FeO-Fe_2O_3$ 相图[7]，本渣系的结构单元中应包括 Fe^{2+}、O^{2-}、SiO_2、Fe_2O_3、Fe_2SiO_4 和 Fe_3O_4。

按照 $CaO-FeO-Fe_2O_3$ 相图[7]，本渣系的结构单元中应包括 Ca^{2+}、Fe^{2+}、O^{2-}、Fe_2O_3、$Ca_2Fe_2O_5$、$CaFe_2O_4$、$CaFe_3O_5$ 和 Fe_3O_4。

按照 $CaO-FeO-SiO_2$ 相图[7]，本渣系的结构单元中应包括 Ca^{2+}、Fe^{2+}、O^{2-}、SiO_2、Ca_3SiO_5、Ca_2SiO_4、Fe_2SiO_4、$3CaO\cdot2SiO_2$、$CaSiO_3$。在 1258~1370℃内，至于 $CaFeSiO_4$ 是否能够存在于本系熔渣中，则需通过计算来确定。为了验证方便，先假定它存在。

这样，根据以上各点可将本渣系的结构单元归结为 Ca^{2+}、Fe^{2+}、O^{2-} 离子与 Ca_3SiO_5、Ca_2SiO_4、Fe_2SiO_4、$CaFeSiO_4$、$Ca_2Fe_2O_5$、$CaFe_3O_5$、$3CaO\cdot2SiO_2$、$CaSiO_3$、$CaFe_2O_4$、Fe_3O_4、SiO_2 和 Fe_2O_3 分子。

---

* 本文合作者：北京科技大学王潮、佟福生；原文发表于《钢铁研究学报》，1992，4（2）：23~31。

2.1.2 计算模型

令 $b_1 = \sum n_{CaO}$，$b_2 = \sum n_{FeO}$，$a_1 = \sum n_{SiO_2}$，$a_2 = \sum n_{Fe_2O_3}$，$x_1 = n_{CaO}$，$x_2 = n_{FeO}$，$y_1 = n_{SiO_2}$，$y_2 = n_{Fe_2O_3}$，$z_1 = n_{CaSiO_3}$，$z_2 = n_{CaFe_2O_4}$，$z_3 = n_{Fe_3O_4}$，$w_1 = n_{Ca_2SiO_4}$，$w_2 = n_{Fe_2SiO_4}$，$w_3 = n_{CaFeSiO_4}$，$w_4 = n_{Ca_2Fe_2O_5}$，$w_5 = n_{CaFe_3O_5}$，$u = n_{Ca_3SiO_5}$，$v = n_{3CaO \cdot 2SiO_2}$；$N_1 = N_{CaO}$，$N_2 = N_{FeO}$，$N_3 = N_{SiO_2}$，$N_4 = N_{Fe_2O_3}$，$N_5 = N_{Ca_3SiO_5}$，$N_6 = N_{Ca_2SiO_4}$，$N_7 = N_{Fe_2SiO_4}$，$N_8 = N_{CaFeSiO_4}$，$N_9 = N_{Ca_2Fe_2O_5}$，$N_{10} = N_{CaFe_3O_5}$，$N_{11} = N_{3CaO \cdot 2SiO_2}$，$N_{12} = N_{CaSiO_3}$，$N_{13} = N_{CaFe_2O_4}$，$N_{14} = N_{Fe_3O_4}$，$\sum n$ = 总质点数。

化学平衡为：

$$3(Ca^{2+} + O^{2-})_{(s)} + SiO_{2(s)} = Ca_3SiO_{5(s)} \qquad K_0 = \frac{N_5}{N_1^3 N_3},\ N_5 = K_0 N_1^3 N_3 \tag{1}$$

$\Delta G^{\ominus} = -118905 - 7.179T$ J/mol　　($t = 25 \sim 1500$℃)[8]

$$2(Ca^{2+} + O^{2-})_{(s)} + SiO_{2(s)} = Ca_2SiO_{4(s)} \qquad K_1 = \frac{N_6}{N_1^2 N_3},\ N_6 = K_1 N_1^2 N_3 \tag{2}$$

$\Delta G^{\ominus} = -118905 - 11.3044T$ J/mol　　($t = 25 \sim 2130$℃)[8]

$$2(Fe^{2+} + O^{2-})_{(l)} + SiO_{2(s)} = Fe_2SiO_{4(l)} \qquad K_2 = \frac{N_7}{N_2^2 N_3},\ N_7 = K_2 N_2^2 N_3 \tag{3}$$

$\Delta G^{\ominus} = -27088.6 + 2.5121T$ J/mol　　($t = 1371 \sim 1535$℃)[9]

$$(Ca^{2+} + O^{2-}) + (Fe^{2+} + O^{2-}) + SiO_{2(s)} = CaFeSiO_4$$

$$K_3 = \frac{N_8}{N_1 N_2 N_3},\ N_8 = K_3 N_1 N_2 N_3 \tag{4}$$

$$2(Ca^{2+} + O^{2-})_{(s)} + Fe_2O_{3(s)} = Ca_2Fe_2O_{4(s)} \qquad K_4 = \frac{N_9}{N_1^2 N_4},\ N_9 = K_4 N_1^2 N_4 \tag{5}$$

$\Delta G^{\ominus} = -53172.4 - 2.5121T$ J/mol　　($t = 700 \sim 1450$℃)[8]

$$(Ca^{2} + O^{2-})_{(s)} + (Fe^{2+} + O^{2-})_{(s)} + Fe_2O_{3(s)} = CaFe_3O_5$$

$$K_5 = \frac{N_{10}}{N_1 N_2 N_4},\ N_{10} = K_5 N_1 N_2 N_4 \tag{6}$$

$\Delta G^{\ominus} = -14653.8 - 27.2142T$ J/mol　　($t = 700 \sim 1045$℃)[10]

$$3(Ca^{2+} + O^{2-})_{(s)} + 2SiO_{2(s)} = 3CaO \cdot 2SiO_{2(s)}$$

$$K_6 = \frac{N_{11}}{N_1^3 N_3^2},\ N_{11} = K_6 N_1^3 N_3^2 \tag{7}$$

$\Delta G^{\ominus} = -236972.9 + 9.6296T$ J/mol　　($t = 25 \sim 1500$℃)[8]

$$(Ca^{2+} + O^{2-})_{(s)} + SiO_{2(s)} = CaSiO_{3(l)} \qquad K_7 = \frac{N_{12}}{N_1 N_3},\ N_{12} = K_7 N_1 N_3 \tag{8}$$

$\Delta G^{\ominus} = -36425.2 - 30.5636T$ J/mol　　($t = 25 \sim 1540$℃)[8]

$$(Ca^{2+} + O^{2-})_{(s)} + Fe_2O_{3(s)} = CaFe_2O_{4(s)} \qquad K_8 = \frac{N_{13}}{N_1 N_4},\ N_{13} = K_8 N_1 N_4 \tag{9}$$

$$(Fe^{2+} + O^{2-})_{(l)} + Fe_2O_{3(s)} = Fe_3O_{4(s)} \qquad K_9 = \frac{N_{14}}{N_2 N_4},\ N_{14} = K_9 N_2 N_4 \tag{10}$$

$$\Delta G^{\ominus} = -29726.3 - 4.8148T \text{ J/mol} \qquad (t = 700 \sim 1216℃)$$ [8]

$$(Fe^{2+} + O^{2-})_{(l)} + Fe_2O_{3(s)} = Fe_3O_{4(s)} \qquad K_9 = \frac{N_{14}}{N_2N_4},\ N_{14} = K_9N_2N_4 \tag{10'}$$

$$\Delta G^{\ominus} = -45845.5 + 10.6345T \text{ J/mol} \qquad (t = 25 \sim 1597℃)$$ [8]

物料平衡为：

$$N_1 + N_2 + N_3 + N_4 + K_0N_1^3N_3 + K_1N_1^2N_3 + K_2N_2^2N_3 + K_3N_1N_2N_3 + K_4N_1^2N_4 + K_5N_1N_2N_4 + K_6N_1^3N_3^2 + K_7N_1N_3 + K_8N_1N_4 + K_9N_2N_4 - 1 = 0 \tag{11}$$

$$\begin{aligned} b_1 &= x_1 + 3u + 3w_1 + w_3 + 2w_4 + w_5 + 3v + z_1 + z_2 \\ &= \sum n(0.5N_1 + 3K_0N_1^3N_3 + 2K_1N_1^2N_3 + K_3N_1N_2N_3 + 2K_4N_1^2N_4 + K_5N_1N_2N_4 + 3K_6N_1^2N_3^2 + K_7N_1N_3 + K_8N_1N_4) \end{aligned} \tag{12}$$

$$\begin{aligned} b_2 &= x_2 + 2w_2 + w_3 + w_5 + z_3 \\ &= \sum n(0.5N_2 + 2K_2N_2^2N_3 + K_3N_1N_2N_3 + K_5N_1N_2N_4 + K_9N_2N_4) \end{aligned} \tag{13}$$

$$\begin{aligned} a_1 &= y_1 + u + w_1 + w_2 + w_3 + 2v + z_1 \\ &= \sum n(N_3 + K_0N_1^3N_3 + K_1N_1^2N_3 + K_2N_2^3N_3 + K_3N_1N_2N_3 + 2K_6N_1^3N_3^2 + K_7N_1N_3) \end{aligned} \tag{14}$$

$$\begin{aligned} a_2 &= y_2 + w_4 + w_5 + z_2 + z_3 \\ &= \sum n(N_4 + K_4N_1^2N_4 + K_5N_1N_2N_4 + K_8N_1N_4 + K_9N_2N_4) \end{aligned} \tag{15}$$

从式（12）、式（13）消去 $\sum n$ 后得：

$$0.5(b_1N_2 - b_2N_1) + b_1(2K_2N_2N_3 + K_9N_4)N_2 + (b_1 - b_2)(K_3N_3 + K_5N_4)N_1N_2 - b_2[(3K_0N_1^2 + 2K_1N_1 + 3K_6N_1^2N_3 + K_7)N_3 + (2K_4N_1 + K_8)N_4]N_1 = 0 \tag{16}$$

从式（13）、式（14）消去 $\sum n$ 后得：

$$0.5a_1N_2 - b_2N_3 - b_2(K_0N_1^2 + K_1N_1 + 2K_6N_1^2N_3 + K_7)N_1N_3 + [(2a_1 - b_2)K_2N_2 + (a_1 - b_2)K_3N_1]N_2N_3 + a_1(K_5N_1 + K_9)N_2N_4 = 0 \tag{17}$$

从式（14）、式（15）消去 $\sum n$ 后得：

$$a_1[1 + (K_4N_1 + K_5N_2 + K_8)N_1 + K_9N_2]N_4 - a_2[1 + (K_0N_1^2 + K_1N_1 + K_3N_2 + 2K_6N_1^2N_3 + K_7)N_1 + K_2N_2^2]N_3 = 0 \tag{18}$$

由式（13）得总质点数为：

$$\sum n = \frac{b_2}{(0.5 + 2K_2N_2N_3 + K_3N_1N_3 + K_5N_1N_4 + K_9N_4)N_2} \tag{19}$$

式（11）、式（16）~式（18）联立的方程组，即为解本渣系各作用浓度的计算模型。从该计算模型求得 N_1、N_2、N_3 和 N_4 后即可代入式（1）~式（10）求出本渣系各化合物的作用浓度。

考虑熔渣中（FeO）、（Fe_2O_3）和（Fe_3O_4）三种氧化铁均会向钢液中输送氧，使钢液氧化能力提高，且渣-钢界面进行着如下反应，即：

$$(Fe_2O_3) + [Fe] = 3(Fe^{2+} + O^{2-}) \tag{20}$$

$$(Fe_3O_4) + [Fe] = 4(Fe^{2+} + O^{2-}) \tag{21}$$

所以把炉渣对铁水的氧化能力表示为：

$$N_{Fe_tO} = N_{FeO} + 6N_{Fe_2O_3} + 8N_{Fe_3O_4} \tag{22}$$

实测熔渣氧化能力为：

$$a_{Fe_tO} = \frac{[\%O]}{[\%O]_{饱}} = ([\%O]/10)\left(-\frac{6320}{T} + 2.734\right) \text{[5]} \tag{23}$$

式（22）即为本渣系氧化能力的计算模型，如果模型符合实际，则计算的氧化能力应与实测的一致。

2.2 计算结果

在式（1）~式（10）的化学平衡式中，除式（4）的热力学数据元法查到外，其余各式均有可靠的热力学数据。虽然式（6）、式（9）的热力学数据适用的温度范围不太恰当，但为了理论的发展，只能暂时选用。由于式（4）的平衡常数与式（2）、式（3）的反应有关，所以令其平衡常数 $K_3 = c\sqrt{K_1K_2}$，并用试算法确定出 c 值的大小。以 c 值在 4~20 内变化时，反复进行计算试验，证明选用 $K_3 = 20\sqrt{K_1K_2}$ 时，计算所得炉渣氧化能力与实测的符合甚好[3]（见图 1）。这证明在 1258~1370℃，本渣系仍在进行生成 $CaFeSiO_4$ 的反应。若不考虑该反应的存在，想求得符合实际的本渣系氧化能力极为困难。因此，相图中关于 $CaFeSiO_4$ 仅在低于 1230℃存在的表示法[7]值得进一步研究。

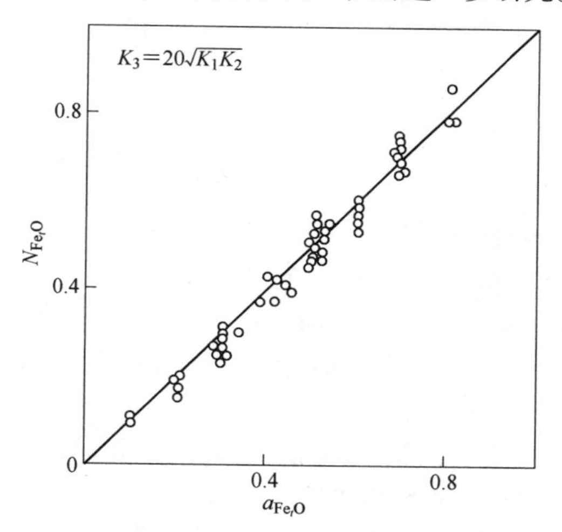

图 1　熔渣氧化能力的计算值和实测值[3]的比较

Fig. 1　Comparison of calculated oxidizing capabilify of the melts with measured one[3]

根据 $K_3 = 20\sqrt{K_1K_2}$ 的关系求得 1258~1370℃时 K_3 与温度的关系式为：

$$\lg K_3 = \frac{3810.926}{T} + 1.53054 \quad (r = 1.000000019) \tag{24}$$

在 1258~1370℃时，$CaFeSiO_4$ 的标准生成自由能为：

$$\Delta G^{\ominus}_{CaFeSiO_4} = -72996.8 - 29.3169T \text{ J/mol}$$

3 CaO-MgO-Fe_2O_3-FeO_2-SiO_2-S 熔渣（1550~1650℃）[11]

3.1 结构单元和计算模型

3.1.1 结构单元

1464~1800℃内，根据 CaO-SiO_2 相图[7]，本渣系的结构单元中应包括 Ca^{2+}、O^{2-}、SiO_2、Ca_2SiO_5、Ca_2SiO_4 和 $CaSiO_3$。

从 MgO-Fe_2O_3 相图[7]看出，在炼钢温度下，本渣系的结构单元中应包括 Mg^{2+}、O^{2-}、Fe_2O_3 和 $MgFe_2O_4$。

根据 FeO-SiO_2 和 FeO-Fe_2O_3 相图[7]，本渣系的结构单元中应包括 Fe^{2+}、O^{2-}、SiO_2、Fe_2O_3、Fe_2SiO_4 和 Fe_3O_4。

按照 CaO-FeO-Fe_2O_3 相图[7]，在炼钢温度下，本渣系的结构单元中应包括 Ca^{2+}、Fe^{2+}、O^{2-}、Fe_2O_3、$Ca_2Fe_2O_5$、$CaFe_2O_4$ 和 Fe_3O_4。

按照 CaO-MgO-SiO_2 相图[7]，在炼钢温度下，本渣系的结构单元中应包括 Ca^{2+}、Mg^{2+}、O^{2-}、SiO_2、$CaSiO_3$、Ca_2SiO_4、Ca_3SiO_5、$MgSiO_3$、Mg_2SiO_4、$CaO \cdot MgO \cdot 2SiO_2$、$2CaO \cdot MgO \cdot 2SiO_2$、$CaMgSiO_4$、$3CaO \cdot MgO \cdot 2SiO_2$。

根据以上各点可将本渣系的结构单元归结为：Ca^{2+}、Mg^{2+}、Fe^{2+}、O^{2-} 和 S^{2-} 简单离子及 SiO_2、Fe_2O_3、Fe_3O_4、$CaSiO_3$、$MgSiO_3$、$CaFe_2O_4$、$MgFe_2O_4$、Ca_2SiO_4、Mg_2SiO_4、Fe_2SiO_4、$CaMgSiO_4$、$Ca_2Fe_2O_5$、Ca_3SiO_5、$CaO \cdot MgO \cdot SiO_2$、$2CaO \cdot MgO \cdot 2SiO_2$ 和 $3CaO \cdot MgO \cdot 2SiO_2$ 分子。

3.1.2 计算模型

令 $b_1 = \sum n_{CaO}$，$b_2 = \sum n_{MgO}$，$b_3 = \sum n_{FeO}$，$a_1 = \sum n_{SiO_2}$，$a_2 = \sum n_{Fe_2O_3}$，$x_1 = n_{CaO}$，$x_2 = n_{MgO}$，$x_3 = n_{FeO}$，$y_1 = n_{SiO_2}$，$y_2 = n_{Fe_2O_3}$，$z_1 = n_{CaSiO_3}$，$z_2 = n_{MgSiO_3}$，$z_3 = n_{CaFe_2O_4}$，$z_4 = n_{MgFe_2O_4}$，$z_5 = n_{Fe_3O_4}$，$w_1 = n_{Ca_2SiO_4}$，$w_2 = n_{Mg_2SiO_4}$，$w_3 = n_{Fe_2SiO_4}$，$w_4 = n_{CaMgSiO_4}$，$w_5 = n_{Ca_2Fe_2O_5}$，$u = n_{Ca_3SiO_5}$，$v = n_{CaO \cdot MgO \cdot 2SiO_2}$，$q = n_{2CaO \cdot MgO \cdot 2SiO_2}$，$r = n_{3CaO \cdot MgO \cdot 2SiO_2}$，$N_1 = N_{CaO}$，$N_2 = N_{MgO}$，$N_3 = N_{FeO}$，$N_4 = N_{SiO_2}$，$N_5 = N_{Fe_2O_3}$，$N_6 = N_{CaSiO_3}$，$N_7 = N_{MgSiO_3}$，$N_8 = N_{CaFe_2O_4}$，$N_9 = N_{MgFe_2O_4}$，$N_{10} = N_{Fe_3O_4}$，$N_{11} = N_{Ca_2SiO_4}$，$N_{12} = N_{Mg_2SiO_4}$，$N_{13} = N_{Fe_2SiO_4}$，$N_{14} = N_{CaMgSiO_4}$，$N_{15} = N_{Ca_2Fe_2O_5}$，$N_{16} = N_{Ca_3SiO_5}$，$N_{17} = N_{CaO \cdot MgO \cdot 2SiO_2}$，$N_{18} = N_{2CaO \cdot MgO \cdot 2SiO_2}$，$N_{19} = N_{3CaO \cdot MgO \cdot 2SiO_2}$，$N_{20} = N_{S^{2-}}$，$\sum n$ = 总质点数。

根据炉渣结构的共存理论[1]可将本渣系的化学平衡式写为：

$$(Ca^{2+} + O^{2-}) + (SiO_2) =\!=\!= (CaSiO_3) \qquad K_0 = \frac{N_6}{N_1 N_4},\ N_6 = K_0 N_1 N_4 \tag{25}$$

$$\Delta G^{\ominus} = -81416 - 10.498T\ \text{J/mol}^{[12]}$$

$$(Mg^{2+} + O^{2-})_{(s)} + SiO_{2(s)} =\!=\!= MgSiO_{3(s)} \qquad K_1 = \frac{N_7}{N_2 N_4},\ N_7 = K_1 N_2 N_4 \tag{26}$$

$$\Delta G^{\ominus} = -36425 + 1.675T\ \text{J/mol}^{[13]}$$

$$(Ca^{2+} + O^{2-})_{(s)} + Fe_2O_{3(s)} =\!=\!= CaFe_2O_{4(s)} \qquad K_2 = \frac{N_8}{N_1 N_5},\ N_8 = K_2 N_1 N_5 \tag{27}$$

$$\Delta G^{\ominus} = -29726 - 4.815T \text{ J/mol} \quad (t = 700 \sim 1216℃)$$ [8]

$$(Mg^{2+} + O^{2-})_{(s)} + Fe_2O_{3(s)} = MgFe_2O_{4(s)} \quad K_3 = \frac{N_9}{N_2N_5}, N_9 = K_3N_2N_5 \quad (28)$$

$$\Delta G^{\ominus} = -19259 - 2.0934T \text{ J/mol} \quad (t = 700 \sim 1400℃)$$ [8]

$$(Fe^{2+} + O^{2-}) + Fe_2O_{3(s)} = Fe_3O_{4(s)} \quad K_4 = \frac{N_{10}}{N_3N_5}, N_{10} = K_4N_3N_5 \quad (29)$$

$$\Delta G^{\ominus} = -458.46 + 10.634T \text{ J/mol} \quad (t = 25 \sim 1597℃)$$ [8]

$$2(Ca^{2+} + O^{2-}) + (SiO_2) = (Ca_2SiO_4) \quad K_5 = \frac{N_{11}}{N_1^2N_4}, N_{11} = K_5N_1^2N_4 \quad (30)$$

$$\Delta G^{\ominus} = -160431 + 4.106T \text{ J/mol}$$ [12]

$$2(Mg^{2+} + O^{2-})_{(s)} + SiO_{2(s)} = Mg_2SiO_{4(s)} \quad K_6 = \frac{N_{12}}{N_2^2N_4}, N_{12} = K_6N_2^2N_4 \quad (31)$$

$$\Delta G^{\ominus} = -63220 + 1.884T \text{ J/mol}$$ [13]

$$2(Fe^{2+} + O^{2+}) + (SiO_2) = (Fe_2SiO_4) \quad K_7 = \frac{N_{13}}{N_3^2N_4}, N_{13} = K_7N_3^2N_4 \quad (32)$$

$$\Delta G^{\ominus} = -28596 + 3.349T \text{ J/mol} \quad (t = 1535 \sim 1713℃)$$ [9]

$$(Ca^{2+} + O^{2-})_{(s)} + (Mg^{2+} + O^{2-})_{(s)} + SiO_{2(s)} = CaMgSiO_{4(s)} \quad K_8 = \frac{N_{14}}{N_1N_2N_4},$$

$$N_{14} = K_8N_1N_2N_4 \quad (33)$$

$$\Delta G^{\ominus} = -1247766.6 + 3.768T \text{ J/mol} \quad (t = 25 \sim 1200℃)$$ [8]

$$2(Ca^{2+} + O^{2-})_{(s)} + Fe_2O_{3(s)} = Ca_2Fe_2O_{5(s)} \quad K_9 = \frac{N_{15}}{N_1^2N_5}, N_{15} = K_9N_1^2N_5 \quad (34)$$

$$\Delta G^{\ominus} = -53172 - 2.512T \text{ J/mol} \quad (t = 700 \sim 1450℃)$$ [8]

$$3(Ca^{2+} + O^{2-}) + (SiO_2) = (Ca_3SiO_5) \quad K_{10} = \frac{N_{16}}{N_1^3N_4}, N_{16} = K_{10}N_1^3N_4 \quad (35)$$

$$\Delta G^{\ominus} = -93366 - 23.027T \text{ J/mol}$$ [14]

$$(Ca^{2+} + O^{2-}) + (Mg^{2+} + O^{2-}) + 2(SiO_2) = (CaO \cdot MgO \cdot 2SiO_2)$$

$$K_{11} = \frac{N_{17}}{N_1N_2N_4}, N_{17} = K_{11}N_1N_2N_4^2 \quad (36)$$

$$\Delta G^{\ominus} = -80387 - 51.916T \text{ J/mol}$$ [15]

$$2(Ca^{2+} + O^{2-}) + (Mg^{2+} + O^{2-}) + 2(SiO_2) = (2CaO \cdot MgO \cdot 2SiO_2)$$

$$K_{12} = \frac{N_{18}}{N_1^2N_2N_4^2}, N_{18} = K_{12}N_1^2N_2N_4^2 \quad (37)$$

$$\Delta G^{\ominus} = -73688 - 63.639T \text{ J/mol}$$ [17]

$$3(Ca^{2+} + O^{2-}) + (Mg^{2+} + O^{2-}) + 2(SiO_2) = (3CaO \cdot MgO \cdot 2SiO_2)$$

$$K_{13} = \frac{N_{19}}{N_1^3N_2N_4^2}, N_{19} = K_{13}N_1^3N_2N_4^2 \quad (38)$$

$$\Delta G^{\ominus} = -315469 + 24.786T \text{ J/mol}$$ [17]

物料平衡为：

$$N_1 + N_2 + N_3 + N_4 + N_5 + K_0N_1N_4 + K_1N_2N_4 + K_2N_1N_5 + K_3N_2N_5 + K_4N_3N_5 + K_5N_1^2N_4 + K_6N_2^2N_4 + K_7N_3^2N_4 + K_8N_1N_2N_4 + K_9N_1^2N_5 + K_{10}N_1^3N_4 + K_{11}N_1N_2N_4^2 + K_{12}N_1^2N_2N_4^2 + K_{13}N_1^3N_2N_4^3 + N_{20} - 1 = 0 \quad (39)$$

$$b_1 = x_1 + z_1 + z_3 + 2w_1 + w_4 + 2w_5 + 3u + v + 2q + 3r = \sum n(0.5N_1 + K_0N_1N_4 + K_2N_1N_5 + 2K_5N_1^2N_4 + K_8N_1N_2N_4 + 2K_9N_1^2N_5 + 3K_{10}N_1^3N_4 + K_{11}N_1N_2N_4^2 + 2K_{12}N_1^2N_2N_4^2 + 3K_{13}N_1^3N_2N_4^2) \quad (40)$$

$$b_2 = x_2z_2 + z_4 + 2w_2 + w_4 + v + q + r = \sum n(0.5N_2 + K_1N_2N_4 + K_3N_3N_5 + 2K_6N_2^2N_4 + K_8N_1N_2N_4 + K_{11}N_1N_2N_4^2 + K_{12}N_1^2N_2N_4^2 + K_{13}N_1^3N_2N_4^2) \quad (41)$$

$$b_3 = x_3 + z_5 + 2w_3 = \sum n(0.5N_3 + K_4N_3N_5 + 2K_7N_3^2N_4) \quad (42)$$

$$a_1 = y_1 + z_1 + z_2 + w_1 + w_2 + w_3 + w_4 + u + 2v + 2q + 2r = \sum n(N_4 + K_0N_1N_4 + K_1N_2N_4 + K_5N_1^2N_4 + K_6N_2^2N_4 + K_7N_3^2N_4 + K_8N_1N_2N_4 + K_{10}N_1^3N_4 + 2K_{11}N_1N_2N_4^2 + 2K_{12}N_1^2N_2N_4^2 + 2K_{13}N_1^3N_2N_4^2) \quad (43)$$

$$a_2 = y_2 + z_3 + z_4 + z_5 + w_5 = \sum n(N_5 + K_2N_1N_5 + K_3N_2N_5 + K_4N_3N_5 + K_9N_1^2N_5) \quad (44)$$

从式（40）、式（42）消去$\sum n$后得：

$$0.5(b_1N_3 - b_3N_1) + b_1(K_4N_3N_5 + 2K_7N_3^2N_4) - b_3[(K_0N_4 + K_2N_5 + K_8N_2N_4 + K_{11}N_2N_4^2)N_1 + 2(K_5N_4 + K_9N_5 + K_{12}N_2N_4^2)N_1^2 + 3(K_{10} + K_{13}N_2N_4)N_1^3N_4] = 0 \quad (45)$$

从式（41）、式（42）消去$\sum n$后得：

$$0.5(b_2N_3 - b_3N_2) + b_2(K_4N_5 + 2K_7N_3N_4)N_3 - b_3[K_3N_5 + (K_1 + 2K_6N_2 + K_8N_1)N_4 + (K_{11} + K_{12}N_1 + K_{13}N_1^2)N_1N_4^2]N_2 = 0 \quad (46)$$

从式（42）、式（43）消去$\sum n$后得：

$$0.5a_1N_3 - b_3N_4 + a_1(K_4N_5 + 2K_7N_3N_4)N_3 - b_3[(K_0 + K_5N_1 + K_8N_2 + K_{10}N_1^2)N_1 + 2(K_{11} + K_{12}N_1 + K_{13}N_1^2)N_1N_2N_4]N_4 = 0 \quad (47)$$

从式（42）、式（44）消去$\sum n$后得：

$$0.5a_2N_3 - b_3N_5 + (a_2 - b_3)K_4N_3N_5 + 2a_2K_7N_3^2N_4 - b_3[K_3N_2 + (K_2 + K_9N_1)N_1]N_5 = 6 \quad (48)$$

由式（42）得总质点数的表达式为：

$$\sum n = \frac{b_3}{0.5N_3 + K_4N_3N_5 + 2K_7N_3^3N_4} \quad (49)$$

式（39）、式（45）~式（48）联立的方程组，即为求本渣系各个作用浓度的计算模型。从计算模型求得N_1、N_2、N_3、N_4和N_5后代回式（25）~式（38）即可计算出本渣系中各个化合物的作用浓度。

按照与第2节同样的道理，本系熔渣的氧化能力也可用式（22）表示。同样，如果模型符合实际，则计算的氧化能力应与实测的一致。

3.2 计算结果

在PDP-11型计算机上，用上述模型处理文献［11］中$CaO\text{-}MgO\text{-}FeO\text{-}Fe_2O_3\text{-}SiO_2\text{-}S$渣系与铁水间的平衡数据后得出结果示于图2。从图2中看出，计算的熔渣氧化能力与实测的符合程度相当令人满意。证明炉渣结构的共存理论在四元、五元等多元渣系的条件下也能反映熔渣结构的本质。既然用共存理论可求得多元熔渣的氧化能力，那么简单熔渣氧化能力的计算就较容易了。

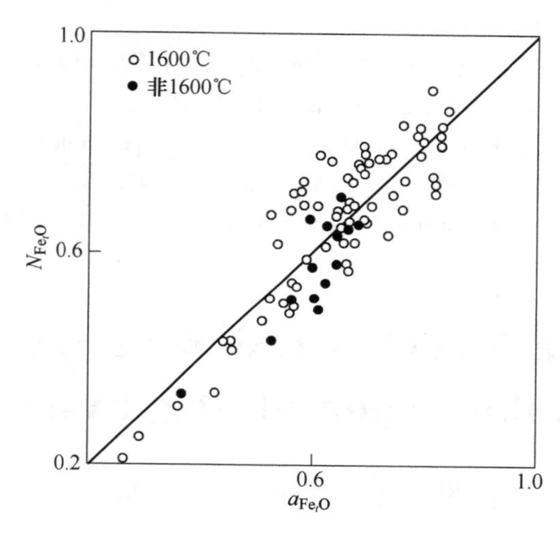

图2 熔渣氧化能力的计算值与实测值[11]的比较

Fig. 2 Comparison of calculated oxidizing capability of the melts with measured one[11]

应指出，由于热力学数据的短缺，在计算中不得不使用某些温度范围不符合要求的数据，这必然引起一定误差，但计算结果与实际符合的程度说明上述因素所造成的误差并不严重。

4 结论

（1）根据相图和炉渣结构的共存理论推导了$CaO\text{-}FeO\text{-}Fe_2O_3\text{-}SiO_2$和$CaO\text{-}MgO\text{-}FeO\text{-}Fe_2O_3\text{-}SiO_2\text{-}S$渣系作用浓度的计算模型。

（2）熔渣的氧化能力可用$N_{Fe_tO}=N_{FeO}+6N_{Fe_2O_3}+8N_{Fe_3O_4}$表示。计算与实测的氧化能力（$N_{Fe_tO}$，$a_{Fe_tO}$）符合甚好，从而证明炉渣结构的共存理论可成功地应用于四元、五元等多元渣系。

（3）在1258～1370℃间，熔渣中有钙铁橄榄石$CaFeSiO_4$生成，其标准生成自由能为：

$$\Delta G^{\ominus}_{CaFeSiO_4}=-72996.8-29.3169T\ \text{J/mol}$$

参考文献

［1］张鉴．关于炉渣结构的共存理论．北京钢铁学院学报，1984，6（1）：21～29.

[2] Schuhman R, Epsio P J. J. of Metals, 1951, 3 (5): 401.
[3] Bodsworth C et al. J. Iron and Steel Instititute, 1959, 193 (1): 13~24.
[4] 万谷志郎 ほか. 鉄と鋼, 1980, 66 (10): 1484~1493.
[5] Taylor C R, Chipman J. Trans. AIME, 1943, 154: 228~247.
[6] 张鉴. $FeO-Fe_2O_3-SiO_2$渣系的作用浓度计算模型. 北京钢铁学院学报, 1988, 10 (1): 1~6.
[7] Verlag Stahleisen M B H. Schlackenatlas. Dusserdorf, 1981: 39, 45, 42, 65, 68, 43, 71.
[8] Turkdogan E T. Physical Chemistry of High Temperature Technology. New York: Academic Press, 1980: 8, 14.
[9] Richardson F D et al. J. Iron and Steel Institute, 1950, 166: 3.
[10] Куликов В П идр. Раскисление Металлов. Москва: Металлургия, 1975: 59.
[11] 沈载东, 万谷志郎. 鉄と鋼, 1981, 67 (10): 1735~1744.
[12] 张鉴. $CaO-SiO_2$渣系作用浓度的计算模型. 北京钢铁学院学报, 1988, 10 (4): 412~421.
[13] Елютин В П идр. Производство Ферросплавов, 1957, 432.
[14] Sims Clarence E. Electric Furnace Steelmaking vol. 11, New York, Interscience, 1962: 54.
[15] Rein R H, Chipman J. Trans. AIME, 1965, 233 (2): 415~425.
[16] Barin I et al. Thermochemical Properties of Inorganic Substances, 1977: 128.

Calculating Model of Oxidizing Capability for Multicomponent Slag Systems

Zhang Jian   Wang Chao   Tong Fusheng

(University of Science and Technology Beijing)

Abstract: According to the corresponding phase diagrams, the structural units of $CaO-FeO-Fe_2O_3-SiO_2$ and $CaO-MgO-FeO-Fe_2O_3-SiO_2$ slag systems have been determined. Based on these structural units and the coexistence theory of slag structure, calculating models of mass action concentrations for the corresponding slag systems have been deduced. The oxidizing capability of these melts can be expressed as

$$N_{Fe_tO} = N_{FeO} + 6N_{Fe_2O_3} + 8N_{Fe_3O_4}$$

Good agreement between calculated N_{Fe_tO} and measured a_{Fe_tO} shows that the coexistence theory of slag structure is applicable to the above mentioned four and five component slag systems. In the meantime the standard free energy for $CaFeSiO_4$ formation at the temperature interval of 1258-1370℃ has been determined.

Keywords: slag structure; coexistence theory; oxidizing capability of slag melts; calculating model

FeO-MnO-MgO-SiO_2 渣系和铁液间锰的平衡*

摘　要：利用炉渣结构的共存理论处理 FeO-MnO-MgO-SiO_2 熔渣和铁液间锰的平衡问题后，证明 $K'_{Mn}=\dfrac{N_{MnO}}{N_{FeO}\ [\%Mn]}$ 不因炉渣碱度而改变，是相当守常的。从该规律出发计算得出的 $[\%Mn]_{计}$ 与实测的 $[\%Mn]_{实}$ 是符合的，从而证明所推导的计算模型可以反映上述四元渣系的实际情况。

关键词：渣；铁液；锰的平衡；共存理论；作用浓度

1　引言

锰是钢中的合金元素和炼钢过程的脱氧剂，锰在渣钢间的分配还可表示炼钢温度的高低，因此，对锰在冶炼过程行为的研究引起了冶金工作者的广泛兴趣。Tammann W 和 Oelsen W 的研究结果如图 1 所示[1]。图中曲线表明在酸性和碱性渣下 K_{Mn} 具有截然不同的数值。

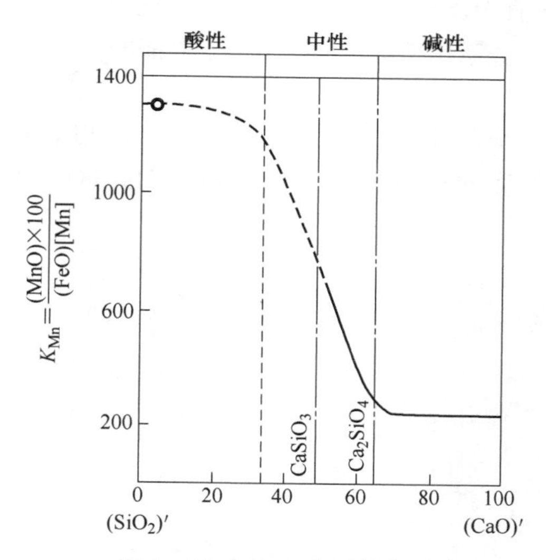

图 1　K_{Mn} 与 CaO 含量的关系

Fig. 1　Relation between K_{Mn} and CaO content of slag

文献［2］也指出：

在碱性平炉过程中：　$$\log\frac{[\%Mn][\%O]}{(MnO)}=-\frac{10487}{T}+4.592$$

---

* 原文发表于《北京科技大学学报》，1992，14（5）：496~501；同时还刊登在《第二届全国冶金工艺理论学术会议论文集》，1992：351。

在酸性平炉过程中： $\log\frac{[\%Mn][\%O]}{(MnO)}=-\frac{14591}{T}+6.045$

而当炉渣仅由 FeO 和 MnO 组成时，则有：

$$\log\frac{[\%Mn][\%O]}{(MnO)}=-\frac{12760}{T}+5.684$$

另外，水渡等[3]最近的研究结果也得出 $K'_{Mn}=\frac{N_{MnO}}{N_{FeO}\ [\%Mn]}$因 P_2O_5、SiO_2 和 Al_2O_3 增加而变大，因 CaO 增加而变小的结论。

以上三方面的结果虽然表达方式不同，但实质是相同的，即渣钢间锰的平衡在一定的温度下，并不守常，而是随炉渣碱度和成分的改变而变动。显而易见，这样的变动是违背质量作用定律的，因为根据后者，平衡常数只与温度有关，而与炉渣碱度和成分是无关的。为了消除这种矛盾，用炉渣结构的共存理论分析了这个问题[4]。

2 FeO-MnO-MgO-SiO_2 渣系的结构单元和作用浓度的计算模型

2.1 结构单元

根据 FeO-SiO_2 渣系的相图[5]，本渣系有正硅酸铁（Fe_2SiO_4）生成。根据 MgO-SiO_2 渣系的相图[6]，本熔渣中应有 $MgSiO_3$ 和 Mg_2SiO_4 分子型化合物生成。

最后根据对 MnO-SiO_2 渣系作用浓度的研究[7]，$MnSiO_3$ 和 Mn_2SiO_4 存在于该熔渣且参加其内部化学反应。

考虑到本渣系中无 3 个氧化物结合成的硅酸盐，所以本渣系的结构单元为 Fe^{2+}、Mn^{2+}、Mg^{2+}、O^{2-}简单离子及 SiO_2、Fe_2SiO_4、$MnSiO_3$、Mn_2SiO_4、$MgSiO_3$ 和 Mg_2SiO_4 分子。

2.2 计算模型

令 $b_1=\sum n_{FeO}$，$b_2=\sum n_{MnO}$，$b_3=\sum n_{MgO}$，$a=\sum n_{SiO_2}$；$x_1=n_{FeO}$，$x_2=n_{MnO}$，$x_3=n_{MgO}$，$y=n_{SiO_2}$，$z_1=n_{MnSiO_3}$；$z_2=n_{MgSiO_3}$，$w_1=n_{Fe_2SiO_4}$，$w_2=n_{Mn_2SiO_4}$，$w_3=n_{Mg_2SiO_4}$；$N_1=N_{FeO}$，$N_2=N_{MnO}$，$N_3=N_{MgO}$，$N_4=N_{SiO_2}$，$N_5=N_{MnSiO_3}$，$N_6=N_{MgSiO_3}$，$N_7=N_{Fe_2SiO_4}$，$N_8=N_{Mn_2SiO_4}$，$N_9=N_{Mg_2SiO_4}$，$\sum n$ = 总质点数，则有：

化学平衡：

$$2(Fe^{2+}+O^{2-})+(SiO_2)=\!=\!=(Fe_2SiO_4)\qquad K_1=\frac{N_7}{N_1^2N_4},N_7=K_1N_1^2N_4\tag{1}$$

$$\Delta G^{\ominus}=-28596+3.349T\ \text{J/mol}\ (1535\sim1713℃)$$ [8]

$$(Mn^{2+}+O^{2-})+(SiO_2)=\!=\!=(MnSiO_3)\qquad K_2=\frac{N_5}{N_2N_4},N_5=K_2N_2N_4\tag{2}$$

$$\Delta G^{\ominus}=-30013+5.02T\ \text{J/mol}$$ [9]

$$2(Mn^{2+}+O^{2-})+(SiO_2)=\!=\!=(Mn_2SiO_4)\qquad K_3=\frac{N_8}{N_2^2N_4},N_8=K_3N_2^2N_4\tag{3}$$

$$\Delta G^{\ominus}=-86670+16.81T\ \text{J/mol}$$ [9]

$$(Mg^{2+} + O^{2-})_{(s)} + SiO_{2\,(s)} = MgSiO_{3\,(s)} \qquad K_4 = \frac{N_6}{N_3N_4}, N_6 = K_4N_3N_4 \tag{4}$$

$$\Delta G^{\ominus} = -36425 + 1.675T \text{ J/mol}^{[10]}$$

$$2(Mg^{2+} + O^{2-})_{(s)} + SiO_{2\,(s)} = MgSiO_{4\,(s)} \qquad K_5 = \frac{N_9}{N_3^2N_4}, N_9 = K_5N_3^2N_4 \tag{5}$$

$$\Delta G^{\ominus} = -63220 + 1.884T \text{ J/mol}^{[10]}$$

物料平衡：

$$N_1 + N_2 + N_3 + N_4 + K_2N_2N_4 + K_4N_3N_4 + K_1N_1^2N_4 + K_3N_2^2N_4 + K_5N_3^2N_4 - 1 = 0 \tag{6}$$

$$b_1 = x_1 + 2w_1 = \sum n(0.5N_1 + 2K_1N_1^2N_4), \sum n = \frac{b_1}{(0.5 + 2K_1N_1N_4)N_1} \tag{7}$$

$$b_2 = x_2 + z_1 + 2w_2 = \sum n(0.5N_2 + K_2N_2N_4 + 2K_3N_2^2N_4) \tag{8}$$

$$b_3 = x_3 + z_2 + 2w_3 = \sum n(0.5N_3 + K_4N_3N_4 + 2K_5N_3^2N_4) \tag{9}$$

$$\begin{aligned} a &= y + z_1 + z_2 + w_1 + w_2 + w_3 \\ &= \sum n(N_4 + K_2N_2N_4 + K_4N_3N_4 + K_1N_1^2N_4 + K_3N_2^2N_4 + K_5N_3^2N_4) \end{aligned} \tag{10}$$

将式（7）分别与式（8）~式（10）联立可以导出以下三式：

$$b_1[0.5 + (K_2 + 2K_3N_2)N_4]N_2 - b_2(0.5 + 2K_1N_1N_4)N_1 = 0 \tag{11}$$

$$b_1[0.5 + (K_4 + 2K_5N_3)N_4]N_3 - b_3(0.5 + 2K_1N_1N_4)N_1 = 0 \tag{12}$$

$$b_1(1 + K_2N_2 + K_4N_3 + K_1N_1^2 + K_3N_2^2 + K_5N_3^2)N_4 - a(0.5 + 2K_1N_1N_4)N_1 = 0 \tag{13}$$

式（6）、式（11）~式（13）即为求解 FeO-MnO-MgO-SiO_2 渣系作用浓度的数学模型。

渣钢间锰的平衡反应为：

$$[Mn] + (Fe^{2+} + O^{2-}) = [Fe] + (Mn^{2+} + O^{2-})$$

$$K_{Mn} = (N_{MnO}N_{Fe})/(N_{FeO}N_{Mn}) \tag{14}$$

$$K'_{Mn} = N_{MnO}/N_{FeO}[\%Mn] = N_2/N_1[\%Mn] \tag{15}$$

用式（6）、式（11）~式（13）4个方程联立解得 $N_1 = N_{FeO}$ 和 $N_2 = N_{MnO}$ 后代入式（15）即可求 K'_{MN}，并观察其守常情况。

而渣和液体铁间锰的分配系数为：

$$\begin{aligned} L_{Mn} &= \frac{[\%MnO]}{[\%Mn]} = \frac{70.9375\sum n(0.5N_{MnO} + N_{MnSiO_3} + 2N_{Mn_2SiO_4})}{[\%Mn]} \\ &= 70.9375\sum n[0.5 + (K_2 + 2K_3N_2)N_4]N_2/[\%Mn] \end{aligned} \tag{16}$$

铁液中的锰含量应为：

$$[\%Mn] = N_{MnO}/(K'_{Mn}N_{FeO}) \tag{17}$$

3 计算结果与讨论

利用文献［11］中1550℃下 FeO-MnO-MgO-SiO_2 熔渣和铁液间的平衡数据计算所得 K'_{Mn} 值连同炉渣成分列于表1。从表中数据可以看出 K'_{Mn} 和炉渣成分之间并不存在任何依赖关系，所以文献［3］中关于K'_{Mn}随P_2O_5、SiO_2和Al_2O_3增加而变大，随CaO增加而变小的结论是值得商榷的。

表1　K'_{Mn}与炉渣成分的关系（摩尔分数，1550℃）

Table 1　Relation between K'_{Mn} and composition of slag (mole fraction, 1550℃)

序号	SiO_2	FeO	MnO	MgO	K'_{Mn}	序号	SiO_2	FeO	MnO	MgO	K'_{Mn}
1	0.079	0.664	0.107	0.152	3.42539	21	0.271	0.176	0.267	0.286	3.94379
2	0.076	0.509	0.264	0.152	3.53000	22	0.220	0.110	0.388	0.274	4.76281
3	0.100	0.256	0.557	0.086	3.60361	23	0.278	0.049	0.425	0.248	3.29761
4	0.157	0.254	0.510	0.079	3.05396	24	0.273	0.226	0.228	0.274	3.49461
5	0.142	0.365	0.390	0.083	3.27410	25	0.102	0.420	0.351	0.127	3.12099
6	0.182	0.302	0.413	0.101	3.36833	26	0.173	0.408	0.314	0.105	3.65755
7	0.147	0.564	0.110	0.179	4.43395	27	0.340	0.018	0.199	0.443	4.69930
8	0.211	0.354	0.278	0.158	4.96134	28	0.280	0.161	0.339	0.220	2.64251
9	0.174	0.428	0.293	0.095	3.03052	29	0.155	0.568	0.171	0.106	4.11981
10	0.261	0.017	0.623	0.095	3.14515	30	0.177	0.551	0.140	0.132	4.46545
11	0.286	0.071	0.482	0.161	2.92284	31	0.209	0.450	0.144	0.197	5.46823
12	0.200	0.213	0.423	0.164	3.17000	32	0.281	0.036	0.415	0.267	3.80763
13	0.267	0.174	0.318	0.241	2.47111	33	0.274	0.147	0.371	0.208	3.41641
14	0.182	0.570	0.140	0.107	3.48990	34	0.336	0.133	0.243	0.288	3.25122
15	0.160	0.067	0.394	0.380	3.69636	35	0.223	0.223	0.273	0.271	4.49010
16	0.180	0.388	0.292	0.141	3.41595	36	0.252	0.211	0.296	0.241	3.73794
17	0.141	0.420	0.297	0.141	3.14575	37	0.234	0.178	0.380	0.208	3.97487
18	0.290	0.048	0.369	0.294	3.61561	38	0.265	0.201	0.371	0.162	3.67449
19	0.218	0.359	0.209	0.226	4.34330	39	0.360	0.069	0.157	0.424	4.16840
20	0.224	0.281	0.296	0.200	3.87034	平均					3.69644

39个K'_{Mn}值的平均值$\overline{K}'_{Mn}=3.69644$，这与用下列两式计算的结果是极为相近的[12, 13]，说明用上述模型计算的K'_{Mn}与FeO+MnO渣下的实验室研究结果也是极为接近的。在1550℃时：

$$\log K'_{Mn}=\frac{7572}{T}-3.599 \qquad K'_{Mn}=3.58586$$

$$\log K'_{Mn}=\frac{6440}{T}-2.95 \qquad K'_{Mn}=3.825$$

图2显示了K'_{Mn}与以不同方法表达的碱度间的关系。可以看出，不论用什么方法表示碱度，均未发现碱度对K'_{Mn}有明显的影响，因此，那种酸性和碱性渣下有不同K'_{Mn}值的提法同样是值得商榷的。文献［1，2］中关于K'_{Mn}随碱度而变化的情况可能与他们未考虑$MnSiO_3$和Mn_2SiO_4的生成有密切的关系。

图3对比了$[\%Mn]_{算}$和$[\%Mn]_{实}$，可以看出两者是基本符合的。图4对比了$L_{Mn算}$和$L_{Mn实}$，看出两者是完全符合的。

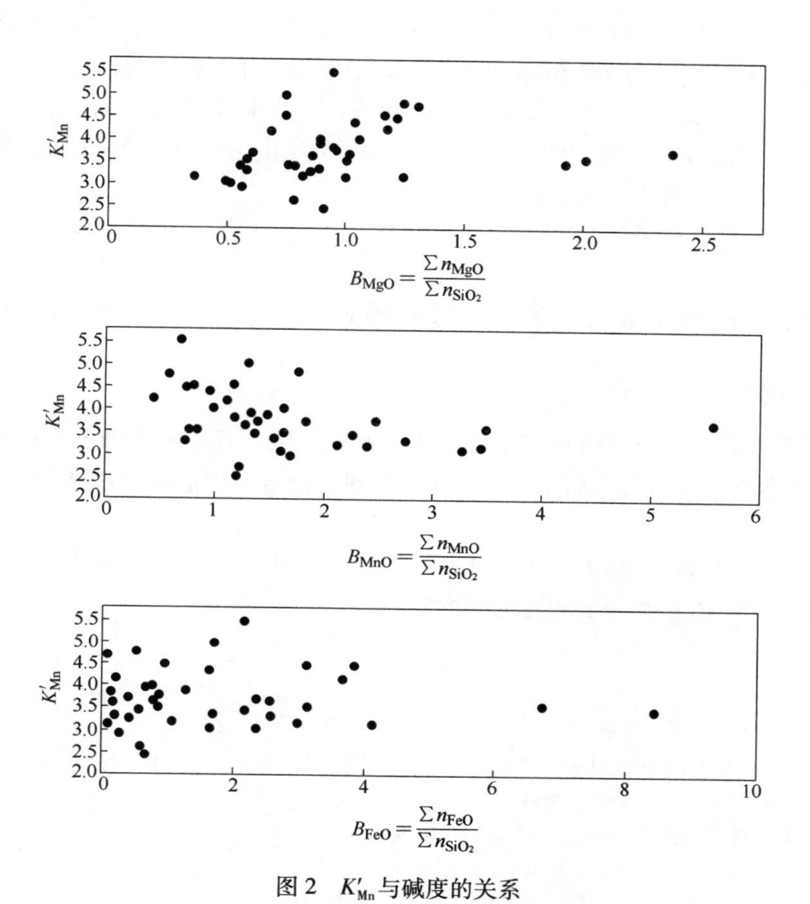

图2　K'_{Mn}与碱度的关系

Fig. 2　Relation between K'_{Mn} and basicities

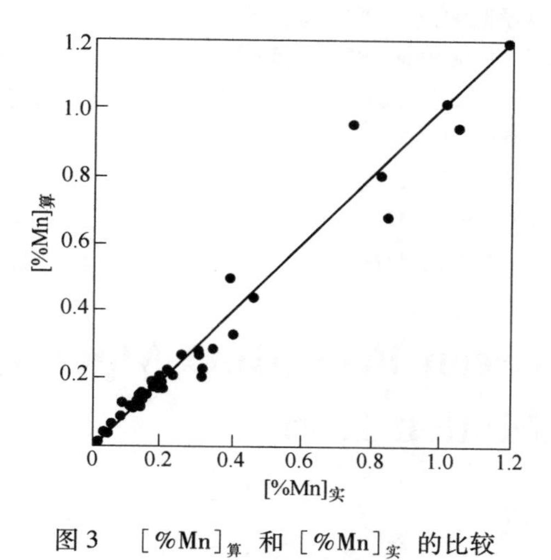

图3　$[\%Mn]_算$ 和 $[\%Mn]_实$ 的比较

Fig. 3　Comparison of Calculated and measured $[\%Mn]$

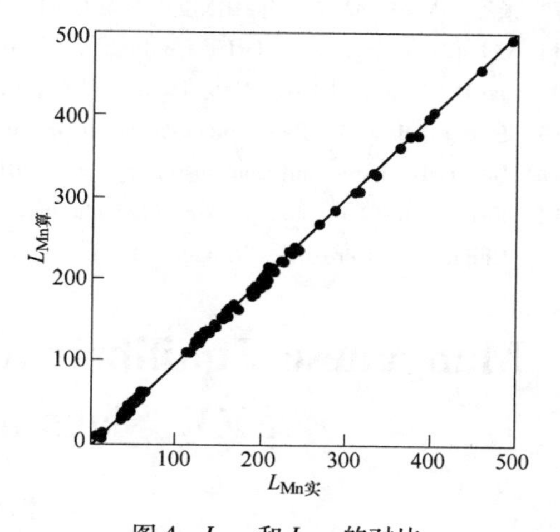

图4　$L_{Mn算}$和$L_{Mn实}$的对比

Fig. 4　Comparison of Calculated and measured L_{Mn}

以上事实充分地证明前面所推导的模型的确是能够反映 $FeO-MnO-MgO-SiO_2$ 熔渣和铁液间的平衡实际的，也说明在本渣系的条件下质量作用定律严格地被遵守了。

最后还应指出，表 1 中所列 K'_{Mn} 值彼此间的确还存在着少量的差别，这是由于炉渣分析中忽略了 Fe_2O_3 的存在所引起的。而考虑 Fe_2O_3 的存在会使 N_{Fe_tO} 有较大的变化，因此，不能因为 K'_{Mn} 值的少量波动而得出其不守常的结论。

4　结论

（1）利用炉渣结构的共存理论推导了 $FeO-MnO-MgO-SiO_2$ 四元渣系的作用浓度计算模型，以此为基础，计算了 $K'_{Mn}=\dfrac{N_{MnO}}{N_{FeO}[\%Mn]}$、[%Mn] 和 L_{Mn}。

（2）计算的 K'_{Mn} 与 FeO+MnO 渣下的平衡值基本一致，且不随炉渣成分和碱度而改变，因此可以认为本渣系严格遵守质量作用定律，那种 K'_{Mn} 值因炉渣碱度和成分而改变的种种提法是值得商榷的。

（3）计算的 [%Mn] 和 L_{Mn} 也是和实际相近或一致的，从而证明上述模型可以反映 $FeO-MnO-MgO-SiO_2$ 渣系和铁液间锰的平衡实际。

参考文献

[1] Tammann W, Oelsen W. Arch. Eisenhüttenwes, 1931, (5): 75.
[2] Доброхотов Н Н. Вопросы Произьодстьа Стали, 1958, (6): 3.
[3] Hideaki Suito, Ryo Inoue, Trans. ISIJ, 1984, 24 (4): 301.
[4] 张鉴．关于炉渣结构的共存理论．北京钢铁学院学报，1984，(1)：21~29.
[5] Schlackenatlas, Verlag Stahleisen M B H. Düsseldorf, 1981, 45.
[6] Торопов Н А ИТД. Диаграммы Состояния Силикатных Систем (Справонник), Академия Наук СССР. 1965: 41.
[7] 张鉴．$MnO-SiO_2$ 渣系作用浓度的计算模型．北京钢铁学院学报，1986，8 (4)：1.
[8] Richardson F D, Jeffes J H E, Withers G. J. Iron and Steel Institute, 1950, 166: 3.
[9] Rao D P, Gaskell D R. Met. Trans., 1981, 12B (2): 311.
[10] Елютин В П. ИТД. Производство Ферросплавов, 1957: 432.
[11] Bell H B. J Iron and steel Institute, 1963, 201 (2): 116.
[12] Fischer and Bardenheuer. Arch. Eisenhuttenwesen, 1968, (9): 637.
[13] Chipman J, Gero J B, Winkler T B. J. Metals, 1950, 188 (2): 341.

Manganese Equilibrium Between $FeO-MnO-MgO-SiO_2$ Slags and Molten Iron

Zhang Jian

(University of Science and Technology Beijing)

Abstract: Manganese equilibrium between $FeO-MnO-MgO-SiO_2$ slags and molten iron has been analyzed by use of the coexistence theory of slag structure. It is shown that $K'_{Mn}=\frac{N_{MnO}}{N_{FeO}\ [\%Mn]}$ does not change with basicities, and maintains constant in considerable extent. Calculated [%Mn] by use of the above regularity agree with the measured values. This in turn shows that the deduced calculating model of mass action concentrations for FeO-MnO-MgO-SiO_2 slags reflects the characteristics of this slag system.

Keywords: manganese equilibrium; slags; molten iron; the coexistence theory; mass action con-centrations

Fe-N 熔体作用浓度计算模型*

摘　要：根据含化合物金属熔体的共存理论、相图以及前人的研究成果，推导了 Fe-N 熔体作用浓度计算模型，并求得了符合实际的结果。同时进一步确定氮的分配比与温度的关系式为：$\lg L_N = -\dfrac{1679.75}{T_{(K)}} + 4.155$（660～810℃）；其相应的析出自由能的关系式为：$\Delta G^{\ominus}_{析} = 32182.42 - 79.605T_{(K)}$ J/mol（660～810℃）。

关键词：Fe-N 熔体；共存理论；作用浓度；分配比

1　引言

Fe-N 熔体是钢铁冶金中重要的熔体之一。随着用户对钢质量越来越严格的要求，使得冶金工作者已经对钢液的脱氮引起了足够重视[1,2]。到目前为止，对 Fe-N 熔体氮的实测活度值早已有了详细研究的报道[3]；对 Fe-N 相图的研究也逐渐趋向于成熟[4]。但尽管如此，对此熔体详细的热力学计算模型还未见到任何报道。因此，本文的工作就是根据含化合物金属熔体的共存理论[5]，推导出 Fe-N 熔体作用浓度计算模型，为深入研究钢液的脱氮机理打下理论基础。

2　结构单元的确定和规模的建立

根据 Fe-N 相图[4]（图 1），在高温下能形成 Fe_4N 和 Fe_2N 两种化合物，并且指出：在高温下有 $\varepsilon \rightleftharpoons Fe_4N$（680℃）和 $\varepsilon \rightleftharpoons Fe_2N$（≥480℃）存在，因此本熔体的结构单元为 Fe、N 原子以及 Fe_4N、Fe_2N 两种化合物。

令 $b = \sum n_{Fe}$，$a = \sum n_N$，$N_1 = N_{Fe}$，$N_2 = N_N$，$N_3 = N_{Fe_4N}$，$N_4 = N_{Fe_2N}$，$\sum n$ 代表总质点数。

根据化学平衡：

$$4\,Fe_{(l)} + N_{(l)} = Fe_4N_{(l)} \qquad N_3 = K_1N_1^4N^2 \tag{1}$$

$$2\,Fe_{(l)} + N_{(l)} = Fe_2N_{(l)} \qquad N_4 = K_2N_1^2N_2 \tag{2}$$

由物料平衡：

$$N_1 + N_2 + K_1N_1^4N_2 + K_2N_1^2N_2 = 1 \tag{3}$$

$$b = \sum n(N_1 + 4K_1N_1^4N_2 + 2K_2N_1^2N_2)$$

$$a = \sum n(N_2 + K_1N_1^4N_2 + K_2N_1^2N_2) \tag{4}$$

由式（4）得：

$$aN_1 - bN_2 + (4a - b)K_1N_1^4N_2 + (2a - b)K_2N_1^2N_2 = 0 \tag{5}$$

---

* 本文合作者：北京科技大学成国光；原文发表于《特殊钢》，1993，14（3）：9～11。

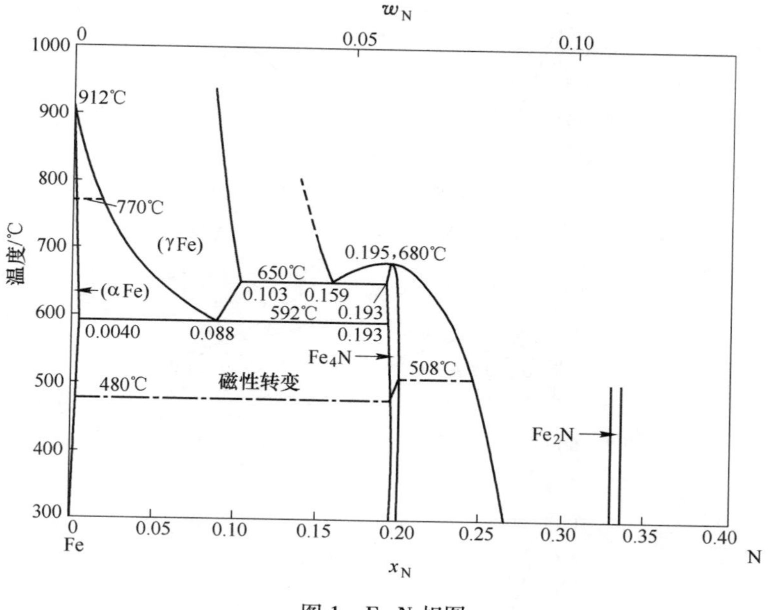

图 1　Fe-N 相图

式（3）、式（5）就是 Fe-N 熔体作用浓度模型的计算式，在已知 K_1、K_2 情况下，将式（3）、式（5）联立求解就可以得出各组元作用浓度的大小，然后与实测值相比较以验证模型的正确性。

3　计算结果及讨论

根据文献［6，7］的有关热力学数据，同时进行反复的比较计算，得出生成 Fe_4N 和 Fe_2N 的平衡常数为：

$$\lg K_{Fe_4N} = -\frac{1185.98}{T_{(K)}} + 2.57$$

$$\lg K_{Fe_2N} = -\frac{841.47}{T_{(K)}} + 2.38 \quad (660 \sim 810℃) \tag{6}$$

将式（6）代入式（3）、式（5）联立求解，就可得出各组元的作用浓度大小。计算结果如图 2 和图 3 所示。

根据文献［8］的氮的实测活度值，当温度在 660～810℃范围，$\sum n_N$ 接近 0.1 时，a_N 趋向饱和（$a_N=1$），所以这时必须考虑氮的分配比大小（$L_N=a_N/N_N$）[8]，表 1 列出了详细的计算结果。从表中可以看出，L_N 在各个温度下都较为守恒。进一步将 $N'_N=L_N$。N_N 与 a_N 相比较，均得到了满意的结果。详细的比较结果如图 4 所示。这说明本模型是能够反映 Fe-N 熔体本质的，为将来深入研究钢液的脱氮热力学打下理论基础。同时进一步得出了 $\lg L_N$-T 的关系式为：

$$\lg L_N = -\frac{1679.75}{T_{(K)}} + 4.155 \quad (660 \sim 810℃) \tag{7}$$

其相应的析出自由能为：

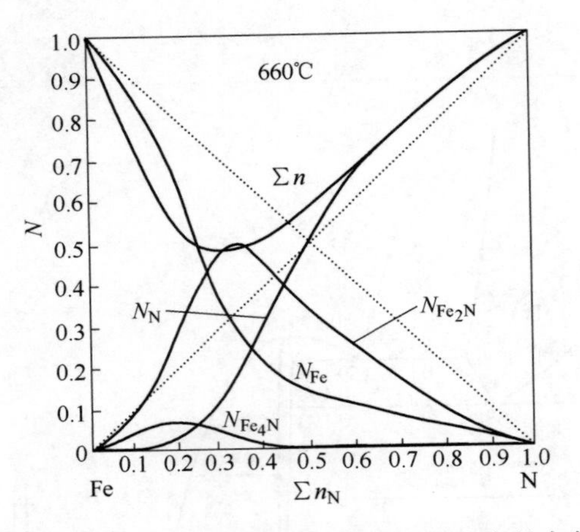

图 2　660℃下，Fe-N 熔体各组元作用浓度的变化

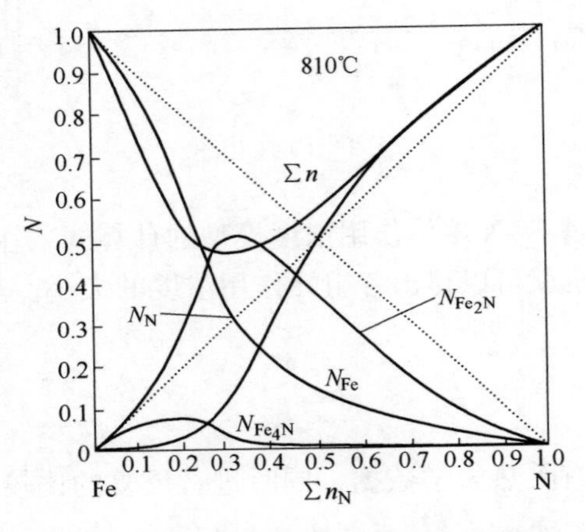

图 3　810℃下，Fe-N 熔体各组元作用浓度的变化

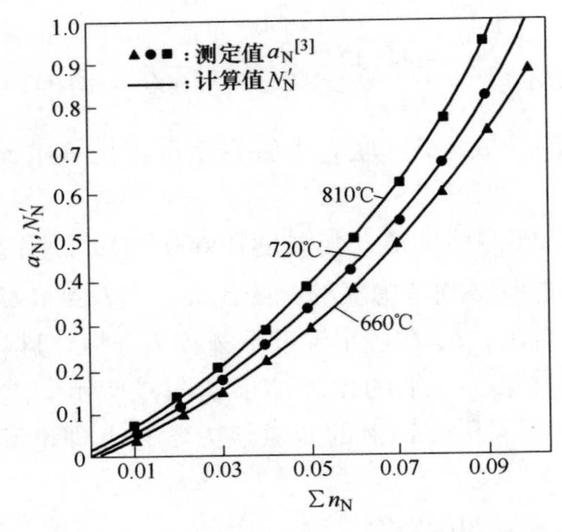

图 4　Fe-N 熔体分别在 660℃、720℃、810℃下计算的 N'_N 与实测的 a_N 的比较

$$\Delta G^{\ominus}_{析} = 32182.44 - 79.605T_{(K)}\ \mathrm{J/mol}(660 \sim 810℃) \tag{8}$$

4 结论

（1）根据含化合物金属熔体的共存理论，推导了 Fe-N 熔体作用浓度计算模型，得到了满意的结果。

（2）得出了氮的分配比随温度的变化关系式为：$\lg L_N = -\frac{1679.75}{T_{(K)}} + 4.155$（660～810℃）；其相应的析出自由能为 $\Delta G^{\ominus}_{析} = 32182.42 - 79.605T_{(K)}$ J/mol（660～810℃）。

表 1 Fe-N 熔体分别在 660℃、720℃和 810℃下的分配比计算结果

660℃				720℃				810℃			
$\sum n_N$	a_N	$N_N\times10^4$	$L_N=\frac{a_N}{N_N}$	$\sum n_N$	a_N	$N_N\times10^4$	$L_N=\frac{a_N}{N_N}$	$\sum n_N$	a_N	$N_N\times10^4$	$L_N=\frac{a_N}{N_N}$
0.01	0.0473	2.07493	228.0	0.01	0.0528	1.798468	293.6	0.01	0.0610	1.492842	408.6
0.02	0.0998	4.399396	226.8	0.02	0.112	3.815935	293.5	0.02	0.129	3.170308	406.9
0.03	0.159	7.01335	226.7	0.03	0.177	6.088098	290.7	0.03	0.205	5.063169	404.9
0.04	0.225	9.964684	225.8	0.04	0.251	8.657692	289.9	0.04	0.290	7.208227	402.3
0.05	0.299	13.31079	224.6	0.05	0.335	11.57616	289.4	0.05	0.387	9.649987	401.0
0.06	0.385	17.12078	224.9	0.06	0.430	14.90564	288.5	0.06	0.497	12.44244	399.4
0.07	0.484	21.47822	225.3	0.07	0.541	18.72152	289.0	0.07	0.624	15.65136	398.7
0.08	0.599	26.48434	226.2	0.08	0.669	23.11548	289.4	0.08	0.773	19.35715	399.3
0.09	0.735	32.26225	227.8	0.09	0.822	28.1995	291.5	0.09	0.949	23.65846	401.1
0.10	0.898	38.96197	230.5	0.10	1.00	34.11061	293.2				
平均 $\bar{L}_N$			226.66	平均 $\bar{L}_N$			290.87	平均 $\bar{L}_N$			402.47

参考文献

[1] 清瀬明人，腆岛和海，大贯一雄，有马良士．鉄と鋼，1992，78（1）：97～104.
[2] 井上亮，，水渡英昭．鉄と鋼，1992，78（4）：564～570.
[3] Bodsworth C，Davidson I M，Atkinson D. Transactions Metallurgical Soc. AIME，1968，242：1135～114.
[4] Massalski，Thaddeus B et al. Binary Alloy Phase Diagrarns. Vol. 1，Metals Park，Ohio，American Society for Metals，1986：1081～1082.
[5] 张鉴．关于含化合物金属熔体结构的共存理论．北京科技大学学报，1990，12（3）：201～211.
[6] 黄希祜编．钢铁冶金原理．北京：冶金工业出版社，1981：290.
[7] Turkdogan E T. Phyaical Cherniatry of High Temperature Technology. Academic Press，1980：11.
[8] 成国光．轴承钢精炼过程脱氧工艺理论的研究［博士论文］．北京：北京科技大学，1993.

Fe-S 熔体作用浓度的计算模型*

摘　要：根据含化合物金属熔体共存理论及相图，推导了 Fe-S 熔体作用浓度计算模型，结果符合实际，并确定了硫的分配比与温度的关系式。

关键词：铁-硫熔体；作用浓度；分配比；数学模型

1　引言

Fe-S 熔体是钢铁冶金中最基本的，也是最重要的金属熔体之一。关于它的热力学性质的研究无疑对铁液或钢液的脱硫有着较大的理论意义和实际意义。到目前为止，已经有许多冶金工作者对此熔体作过深入的研究：Meguru Nagamori 研究了 Fe-S 熔体在 800~1100℃和 1000~1300℃温度范围的热力学性质[1, 2]；接着，Shiro Ban-ya 和 John Chipman 在文献［3］中报道了该熔体在 1500~1600℃下的实测活度值，并找出了 ln r_s~x_s 的关系式；Turkdogan 实测了 1600℃下的 Fe-S 熔体的活度值（$x_S \leqslant 1.0$）[4]；近年来，王潮等在研究 Fe-S-C 三元熔体时，在文献［5］中用侵入型模型作出了炼钢温度下 a_S、a_F 的有关表达式，另外，文献［6~8］中也进行了与 Fe-S 熔体有关的相应的研究工作。从以上所有文献的报道来看，在炼钢温度下，有代表性的研究工作当属文献［3~5］，并且彼此的研究结果都比较一致。

尽管如此，对 Fe-S 熔体还未制定出具有普遍意义的热力学计算模型。因此，本文的工作就是根据含化合物金属熔体的共存理论[9]，结合前人的研究成果，推导出 Fe-S 熔体的作用浓度计算模型，以便为今后进一步研究脱硫理论打下基础。

2　Fe-S 熔体作用浓度计算模型

根据 Fe-S 相图[10]，Fe-S 之间可以形成 FeS 和 FeS_2 两种化合物，因此，其熔体结构单元为：Fe、S 原子以及 FeS、FeS_2 分子。

令 $b = \sum n_{Fe}$，$a = \sum n_S$，$N_1 = N_{Fe}$，$N_2 = N_S$，$N_3 = N_{FeS}$，$N_4 = N_{FeS_2}$。则有化学平衡：

$$Fe_{(l)} + S_{(l)} = FeS_{(l)} \qquad N_3 = K_1 N_1 N_2 \tag{1}$$

$$Fe_{(l)} + 2S_{(l)} = FeS_{2(l)} \qquad N_4 = K_2 N_1 N_2^2 \tag{2}$$

物料平衡：

$$N_1 + N_2 + N_3 + N_4 = 1 \tag{3}$$

$$b = \sum n(N_1 + N_3 + N_4) \tag{4}$$

$$a = \sum n(N_2 + N_3 + 2N_4) \tag{4'}$$

由式（4）、式（4′）得：

$$aN_1 - bN_2 + (a - b)N_3 + (a - 2b)N_4 = 0 \tag{5}$$

---

* 本文合作者：北京科技大学成国光；原文发表于《上海金属》，1993，15（6）：22~25。

式（1）~式（3）、式（5）就构成了 Fe-S 熔体作用浓度计算模型。在知道 K_1、K_2 的情况下，联立求解式（3）、式（5）就可以得出各组元的作用浓度大小变化。

3 计算结果及分析

结合文献［2，3，6］的有关热力学数据，经过比较计算，得出 FeS 和 FeS_2 的标准生成自由能分别为：

$$\Delta G^{\ominus}_{FeS} = 33613.72 - 34.12T \text{ J/mol}$$
$$\Delta G^{\ominus}_{FeS_2} = -208078.42 - 7.98T \text{ J/mol} \tag{6}$$

以此求出生成 FeS、FeS_2 的反应平衡常数，然后进一步将式（3）、式（5）两式联立求解，得出各组元的作用浓度。图 1、图 2 描述了 1773K 和 1873K 两温度下的计算结果。根据 Fe-S 相图可以看出，当硫含量达到一定程度时，会出现液相分层现象，所以此时必须考虑硫的分配比关系[11]，即：

$$L_S = \frac{a_S}{N_S},\ N'_S = L_S \cdot N_S$$

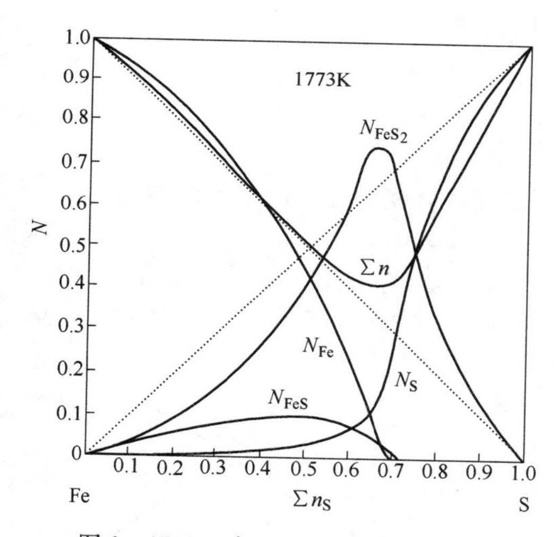

图 1 1773K 时 Fe-S 熔体各组元作用浓度随组分的变化

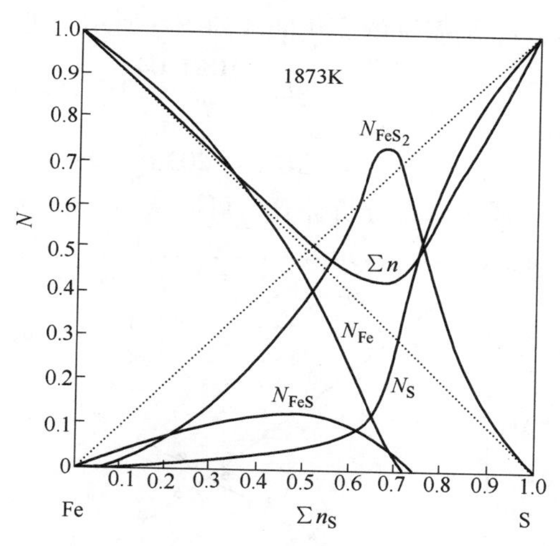

图 2 1873K，Fe-S 熔体各组元作用浓度随组分的变化

到目前为止，在炼钢温度测定硫的活度值均在 $\sum n_S \leqslant 0.1$ 的范围[3~5]。表 1 列出了在此范围内的 L_S 计算情况。从 1773K 和 1873K 两温度的计算情况来看，L_S 在一定温度下似有一定值，由此说明了硫分配比的客观存在性。

表 1 Fe-S 熔体在 1773K、1873K 两温度下的 L_S 计算结果

1773K				1873K			
$\sum n_S$	a_S	$N_S \times 10^8$	$L_S = \frac{a_S}{N_S}$	$\sum n_S$	a_S	$N_S \times 10^8$	$L_S = \frac{a_S}{N_S}$
0.01	0.00967	1.156762	8.360	0.01	0.00967	1.117307	8.655
0.02	0.0187	2.059682	9.079	0.02	0.0187	2.060307	9.076

续表 1

1773K				1873K			
$\sum n_S$	a_S	$N_S \times 10^8$	$L_S=\frac{a_S}{N_S}$	$\sum n_S$	a_S	$N_S \times 10^8$	$L_S=\frac{a_S}{N_S}$
0. 03	0. 0269	2. 837645	9. 480	0. 03	0. 0269	2. 901704	9. 270
0. 04	0. 0345	3. 539245	9. 748	0. 04	0. 0345	3. 675938	9. 385
0. 05	0. 0414	4. 189087	9. 883	0. 05	0. 0414	4. 402582	9. 404
0. 06	0. 0475	4. 801702	9. 892	0. 06	0. 0475	5. 094053	9. 325
0. 07	0. 0529	5. 386548	9. 821	0. 07	0. 0529	5. 758845	9. 186
0. 08	0. 0576	5. 950217	9. 680	0. 08	0. 0576	6. 403108	8. 996
0. 09	0. 0615	6. 497552	9. 465	0. 09	0. 0615	7. 031490	8. 746
0. 10	0. 0648	7. 032253	9. 215	0. 10	0. 0648	7. 647634	8. 473
平均 $\bar{L}_S$				平均 $\bar{L}_S$			9. 052

进一步将 N_{Fe}、N'_S 与 a_{Fe}、a_S 相比较，其结果也令人满意，如图 3 和图 4 所示。在此基础上，又计算了 1473～1973K 多个温度下的 L_S 值，也发现与温度相对应的 L_S 值基本一致。L_S 随温度的变化曲线如图 5 所示。进一步回归得到：

$$\lg L_S=\frac{1064.04}{T_{(K)}}+0.395 \quad (r=-1.0) \qquad (1473\sim1973\text{K})$$

$$\Delta G^{\ominus}_{析}=-20385.998-7.569T_{(K)}\ \text{J/mol}$$

通过以上分析计算，可以认为 Fe-S 熔体作用浓度计算模型能够反映该熔体的本质。

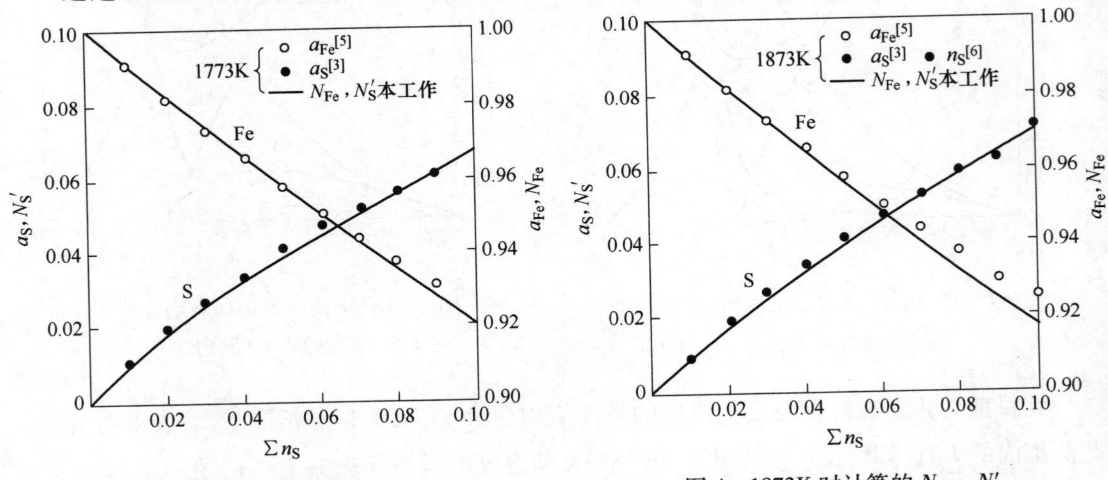

图 3 1773K 时计算的 N_{Fe}、N'_S 与实测的 a_{Fe}、a_S 的比较

图 4 1873K 时计算的 N_{Fe}、N'_S 与实测的 a_{Fe}、a_S 的比较

4 结论

（1）根据含化合物金属熔体的共存理论，推导了 Fe-S 熔体作用浓度计算模型，并得到了符合实际的研究结果。

（2）研究得出了 1473～1973K 温度下硫的分配比 L_S 与温度的关系为 $\lg L_S=\frac{1064.04}{T_{(K)}}+$

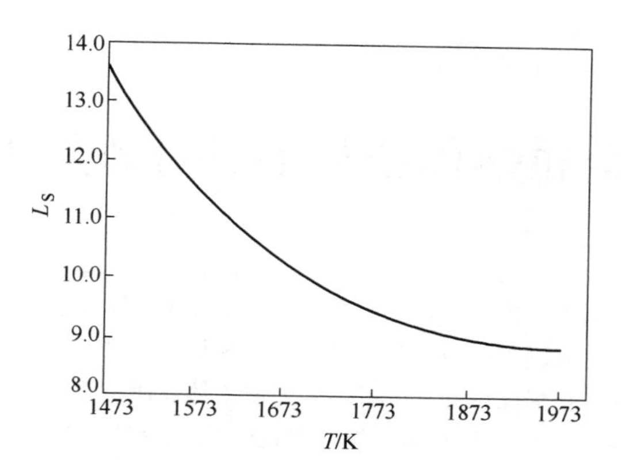

图 5 L_S 随温度的变化曲线

0.395 其相应的析出自由能的关系式为：

$$\Delta G^{\ominus}_{析} = -20385.998 - 7.569T_{(K)} \text{ J/mol}$$

参考文献

[1] Meguru Nagamori, Mitsuo Kameda. Trans. JIM, 1968, (9): 187~194.

[2] Meguru Nagamori, Takeshi Hatakeyama, Mitsuo Kameda. Trans. JIM, 1970, (11): 190~194.

[3] Shiro Ban-ya, John Chipman. Trans. Metall. Soc. AIME, 1968, (242): 940~946.

[4] Turkdogan E T. J. Iron and Steel Institute, 1956, (1): 66~73.

[5] 王潮，平间润，长坂徹也，萬谷志郎．鉄と鋼，1991，77（3）：353~360.

[6] Fernandez A Guillermet, Hillert M, Jansson B. Metallugical Transactions B. 1981, 12B (12): 745~754.

[7] 石井不二夫，不破祐．鉄と鋼，1981，67（6）：736~745.

[8] 古隆建，唐仲和．钢铁，1984，19（5）：13~19.

[9] 张鉴．关于含化合物金属熔体结构的共存理论．北京科技大学学报，1990，12（3）：201~211.

[10] Massalski T B et al. Binary Alloy Phase Diagrams. 1986, 2: 1103.

[11] 成国光．轴承钢精炼过程脱氧工艺理论的研究［博士论文］．北京：北京科技大学，1993.

Calculating Model of Mass Action Concentrations for Fe-S Melt

Cheng Guoguang Zhang Jian

(University of Science and Technology Beijing)

Abstract: According to the coexistence theory of metallic melt involving compound formation and phase diagram, a model of mass action concentrations for Fe-S melt has been deduced. The calculated resulcs is Well agreeable with the measured values. Furthermore, the relationship of lg $L_S \sim T$, $\Delta G^{\ominus}$ separation $\sim T$ were determined.

Keywords: Fe-S melt; mass action concentration; distribution ratio; mathematical model

含化合物金属熔体结构的共存理论及其应用*

摘　要：从含化合物金属熔体的原子本性和分子本性（活度的负偏差、混合 ΔG 和 ΔH 显示最小值、过剩稳定性的突然升高、电阻率显示最大值和相图等）出发，提出了反映本熔体实际的原子和分子共存理论。根据此理论制定了不同金属熔体作用浓度（即实测的活度）的计算模型。计算结果与实际符合的事实证明，共存理论恰当地反映了含化合物金属熔体的结构本质。

关键词：活度；金属熔体；共存理论

1　引言

目前在讨论与金属熔体有关的冶金反应问题时，多采用相互作用系数来处理浓度与平衡的关系。这种方法虽然简单易行，而且已广泛为冶金工作者所采用，但其缺点是并未揭示出金属熔体的结构本质，从而影响了对冶金反应的深入研究。作者从炉渣结构共存理论研究的实践证明：只要查明熔渣的结构单元，承认熔渣中有分子和离子同时存在，并严格遵守质量作用定律，则有关炉渣的问题一般地是可以找到满意的解决办法的[1,2]。从这些原则出发，根据金属熔体中存在有正离子、电子和化合物（分子）的事实，即原子和分子共存的事实，作者近期内又对20余年来一直渴望，但由于无便利的计算工具而搁置的含化合物金属熔体结构问题进行了一些研究，结果十分满意。本文介绍这方面的研究结果。

2　含化合物金属熔体结构的共存理论

证明金属熔体中同时存在原子和分子的事实有：

（1）原子本性[3]。众所周知，金属系由自由电子气与沉浸在其中的正离子组成。金属熔体的导电性、导热性与金属光泽等是与自由电子的存在分不开的。

（2）分子本性：

1）活度值显示较大的负偏差。由于Fe-Si熔体中生成了多种硅化铁分子而使 a_{Si} 产生了负偏差，如图1[4]所示。

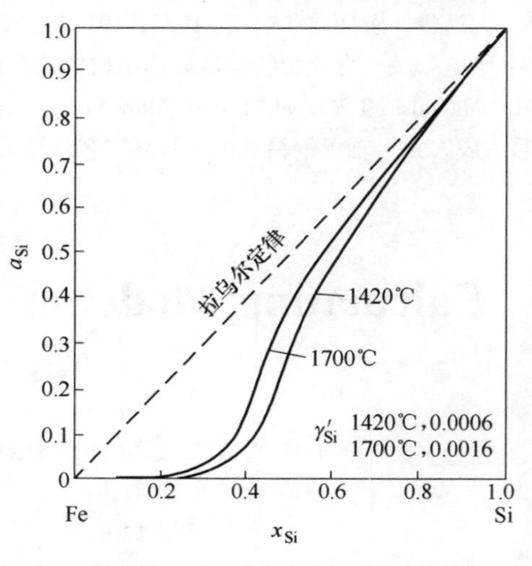

图1　不同温度下Fe-Si熔体中的硅活度 a_{Si}

Fig. 1　The activities of silicon a_{Si} in Fe-Si melts at different temperatures

2）混合自由能 ΔG 和焓 ΔH 表现最小值[5]。由于Fe-Si熔体中生成多种硅化铁，也使混合自由能 ΔG 和焓 ΔH 表现最小值，如图2所示。

* 原文发表于《特殊钢》，1994，15（6）：43~53。

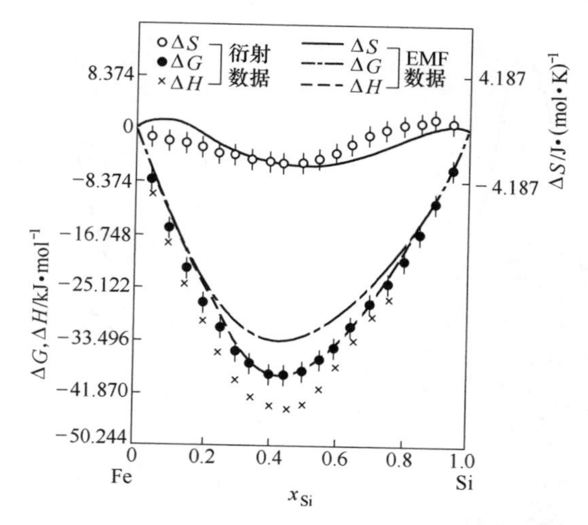

图 2 Fe-Si 熔体中混合自由能 ΔG、熵 ΔS 和焓 ΔH 的比较

Fig. 2 Comparison of Gibbs free energy ΔG, entropy ΔS and enthalpy ΔH of mixing for Fe-Si melts

3）过剩稳定性表现突然的升高。在 Mg-Si 熔体中由于生成 Mg_2Si，过剩稳定性$=\dfrac{1}{1-N_2}\dfrac{dG^{xs}}{dN_2}$在相应的成分处表现了突然的升高（式中，$dG^{xs}$为过剩自由能变化，$N_2$ 为 Si 的摩尔分数），如图 3 所示[6]。

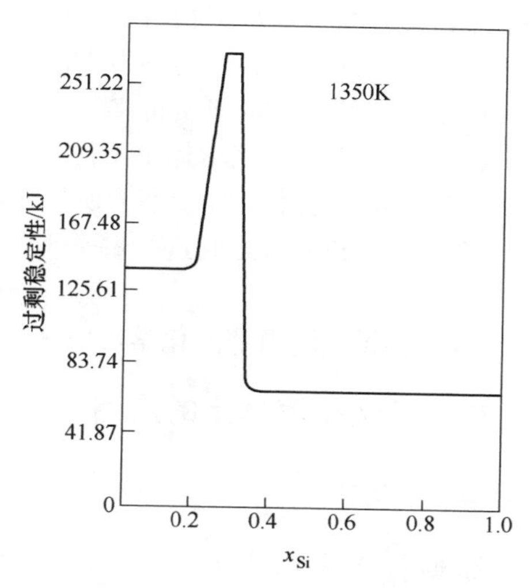

图 3 Mg-Si 系的过剩稳定性图解

Fig. 3 Excess stability plot for the Mg-Si system

4）电阻率显示最大值。由于在碱-Tl 和碱-In 合金中生成了多种化合物（对 Na-Tl 系有 Na_8Tl、Na_2Tl、NaTl 和 $NaTl_2$；对 K-Tl 系有 KTl；对 Cs-Tl 系有 Cs_5Tl_7、Cs_4Tl_7 和 $CsTl_3$。而对 Li-In 系有 InLi；对 Na-In 系有 In_8Na_5InNa 和 $InNa_2$；对 K-In 系有 In_3K 和 In_8K_5）[8]，使金属熔体中自由电子大量地减少，从而导致电阻率显示出最大值。在生成一个化合物的条件下，电阻率的最大值恰好与该化合物的成分相对应（如 KTl），这充分说明了问题的本质，如图 4 所示[7]。

5）相图中指明生成分子的事实[8]。以 Fe-Si 相图为例，本二元系中生成的化合物（分子）有 β-Fe_2Si、η-Fe_5Si_3、ε-FeSi 和 ξ-$FeSi_2$。其中 β、ε 和 ξ 具有固液相同成分熔点，因而表明是存在于 Fe-Si 熔体中的。但如在有关炉渣结构[9,10]的文章中所指出的，具有固液相异成分熔点的 η 化合物，也是有可能存在于熔体中的。

（3）金属熔体的热力学数据和实测活度值。由于金属熔体的热力学性质和实测活度值是其结构本质的直接反映，所以可以通过金属熔体的热力学数据计算其作用浓度，并与实测活度值相对照以检验所确定的结构单元是否正确；或者根据实测活度值计算该熔体的热

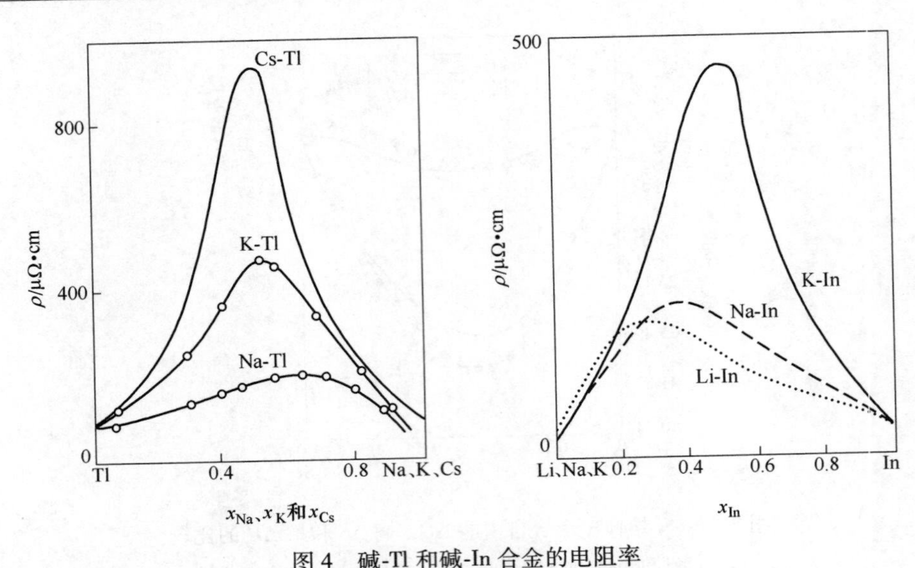

图 4 碱-Tl 和碱-In 合金的电阻率

Fig. 4 Resistivities of a alkali-Tl and alkali-In alloys

力学参数，并与实际数据相对照以达到检验的同样目的。这些在本文后边的实例中都有详尽的说明。因此认为熔体的热力学性质与其结构无关的观点是无根据的。

根据以上几方面的事实可将共存理论对含化合物金属熔体的看法概括为：

（1）含化合物金属熔体由不同金属正离子、电子和化合物（分子）组成。由于金属正离子和电子处于电中性状态，所以也可以说含化合物金属熔体由原子和分子组成。

（2）原子和分子之间进行着动平衡反应，如：

$$xA+yB \Longleftrightarrow A_xB_y$$

（3）金属熔体内部的化学反应服从质量作用定律。

3 在不同金属熔体上的应用

3.1 Fe-V 熔体

根据 Fe-V 系 a_{Fe} 和 a_V 对拉乌尔定律的对称性负偏差[11]（如图 5 所示）和 Fe-V 系相图中低温下生成 σ-FeV 化合物的事实（如图 6 所示），可以推断在 1600℃ 下本合金熔体中生成有 FeV 化合物。因此本熔体的结构单元为 Fe、V 原子和 FeV 分子。

这样令 $b=\sum n_{Fe}$，$a=\sum n_V$，$x=n_{Fe}$，$y=n_V$，$z=n_{FeV}$，$N_1=n_{Fe}$，$N_2=n_V$，$N_3=n_{FeV}$，$\sum n=$ 总质点数，则有如下平衡：

化学平衡：

$$Fe_{(l)}+V_{(l)} \Longleftrightarrow FeV_{(l)} \qquad K=\frac{N_3}{N_1N_2},\ N_3=KN_1N_2 \tag{1}$$

物料平衡：

$$N_1+N_2+KN_1N_2-1=0, N_2=\frac{1-N_1}{1+KN_1} \tag{2}$$

$$b = x + z = \sum n(N_1 + KN_1N_2),\ \sum n = \frac{b}{N_1 + KN_1N_2} \tag{3}$$

$$a = y + z = \sum n(N_2 + KN_1N_2),\ \sum n = \frac{a}{N_2 + KN_1N_2} \tag{4}$$

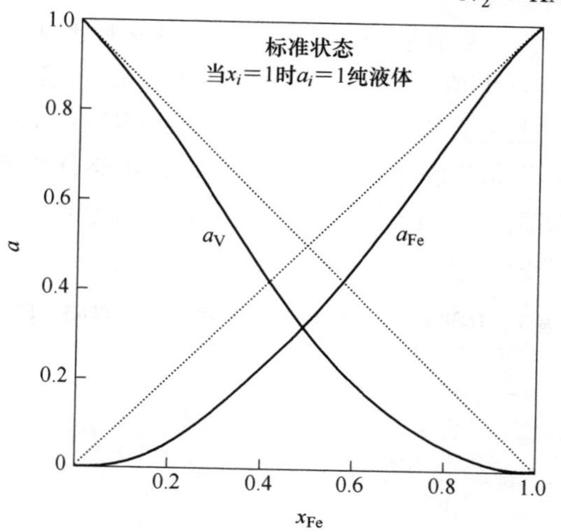

图 5　Fe-V 系液体合金的活度

Fig. 5　The activities of Fe-V melts

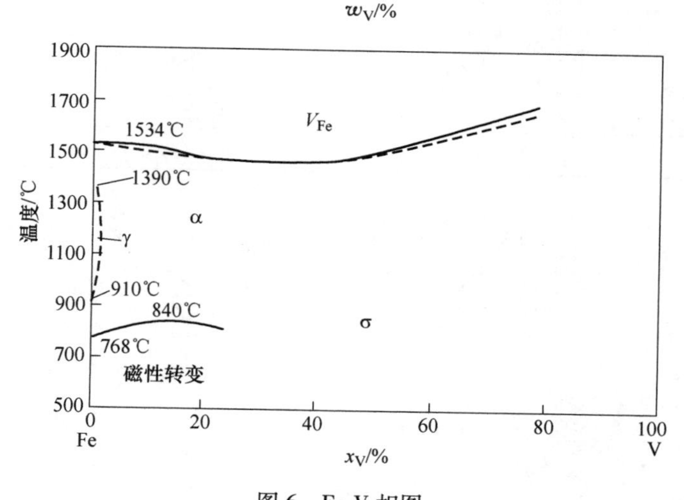

图 6　Fe-V 相图

Fig. 6　Phase diagram of Fe-V

由式（3）和式（4）得：

$$aN_1 - bN_2 + (a - b)KN_1N_2 = 0 \tag{5}$$

由式（2）和式（5）得：

$$\left.\begin{aligned} K &= \frac{1 - (a + 1)N_1 - (1 - b)N_2}{(a - b + 1)N_1N_2} \\ aN_1(1 + KN_1) &+ [(a - b)KN_1 - b](1 - N_1) = 0 \end{aligned}\right\} \tag{6}$$

以上推导的式（2）、式（5）和式（6）即为求本合金系作用浓度的计算模型。如果模型符合实际，则计算得的作用浓度 N_{Fe}和 N_V 应分别与实测把 a_{Fe}和 a_V 一致或相近，而且所求平衡常数应基本上是守常的。

将图 5 放大后实际测绘所得的 $a_{Fe}(=N_1)$ 和 $a_V(=N_2)$ 代入式（6）求 K 后所得结果如表 1 所示。从表中数据看出，K 值是相当守常的，以其平均值代入式（2）和式（5）求作用浓度 N_{Fe}和 N_V 并与实际活度值 a_{Fe}和 a_V 对照如图 7 所示。从图中看出计算值与实际值的符合程度是相当好的。以上两方面的事实都说明 Fe-V 熔体中的确进行生成 FeV 的反应，同时也说明前面的计算模型是反映本熔的结构本质的；本熔体中实测活度值 a_{Fe}和 a_V 对拉乌尔定律产生对称性负偏差的原因正是由于生成了 FeV 分子所致。FeV 在 1600℃下的标准生成自由能 $\Delta G^{\ominus}=-133809\text{J/mol}$。

表 1　1600℃，Fe-V 系活度值和计算的平衡常数 K

$\sum n_V$	a_{Fe}	a_V	K
0.9	0.0240	0.8911	3.959
0.8	0.0560	0.7525	4.408
0.7	0.1287	0.5941	3.413
0.6	0.2228	0.4653	2.929
0.5	0.3337	0.3337	2.987
0.4	0.4624	0.2248	3.159
0.3	0.6010	0.1238	4.067
0.2	0.7495	0.0624	4.710
0.1	0.8911	0.0247	3.935
平衡常数平均值 $\overline{K}$			3.7297

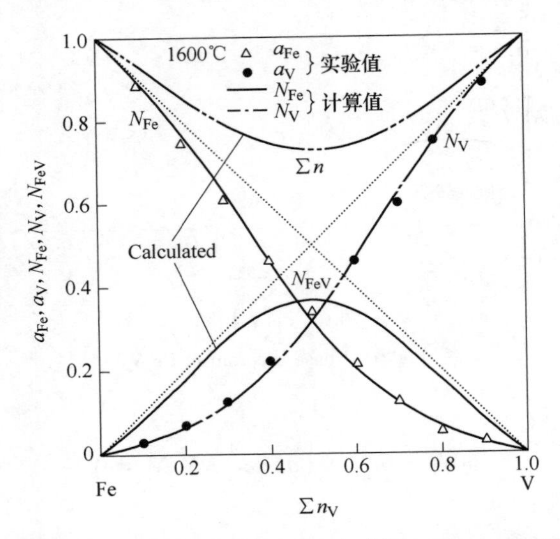

图 7　1600℃下计算的 N_{Fe}和 N_V 与实际 a_{Fe}和 a_V 的比较

Fig. 7　Comparison of calculated N_{Fe} and N_V with neasured a_{Fe} and a_V

3.2 Fe-Ni 熔体

从 Fe-Ni 相图知[8]，本合金系肯定有 $FeNi_3$ 化合物生成，但对是否生成 FeNi 和 Fe_3Ni 还存在疑问。为了鉴别本合金系在液体状态下有什么结构单元存在，作者用类似于 $\hat{Y}=A+B_1X_1+B_2X_2$ 的回归方法，利用文献［14~16］的数据进行了检验，结果发现不论在什么条件下，K_{Fe_3Ni}均为负值，而 K_{FeNi}和 K_{FeNi_3}则为正值。由于平衡常数不可能为负，所以这种事实只能说明 Fe_3Ni 在 Fe-Ni 熔体中是不能生成的。由此，确定 Fe-Ni 熔体的结构单元为 Fe、Ni 原子与 FeNi、$FeNi_3$ 分子[17]。

这样令 $b=\sum n_{Fe}$，$a=\sum n_{Ni}$，$x=n_{Fe}$，$y=n_{Ni}$，$z=n_{FeNi}$，$v=n_{FeNi_3}$，$N_1=N_{Fe}$，$N_2=N_{Ni}$，$N_3=N_{FeNi}$，$N_4=N_{FeNi_3}$，$\sum n$=总质点数，则有化学平衡：

$$Fe_{(l)}+Ni_{(l)}=FeNi_{(l)} \qquad K_1=\frac{N_3}{N_1N_2}, N_3=K_1N_1N_2 \tag{7}$$

$$Fe_{(l)}+3Ni_{(l)}=FeNi_{3(l)} \qquad K_2=\frac{N_4}{N_1N_2^3}, N_4=K_2N_1N_2^3 \tag{8}$$

物料平衡：

$$N_1+N_2+K_1N_1N_2+K_2N_1N_2^3-1=0 \tag{9}$$

$$\left.\begin{aligned} b=x+z+v=\sum n(N_1+K_1N_1N_2+K_2N_1N_2^3)\\ \sum n=\frac{b}{N_1+K_1N_1N_2+K_2N_1N_2^3}\end{aligned}\right\} \tag{10}$$

$$\left.\begin{aligned} a=y+z+3v=\sum n(N_2+K_1N_1N_2+3K_2N_1N_2^3)\\ \sum n=\frac{a}{N_2+K_1N_1N_2+3K_2N_1N_2^3}\end{aligned}\right\} \tag{11}$$

由式（10）和式（11）得：

$$aN_1-bN_2+(a-b)K_1N_1N_2+(a-3b)K_2N_1N_2^3=0 \tag{12}$$

由式（9）和式（12）得

$$\left.\begin{aligned} 1-(a+1)N_1-(1-b)N_2=K_1(a-b+1)N_1N_2+K_2(a-3b+1)N_1N_2^3\\ \frac{1-(a+1)N_1-(1-b)N_2}{(a-b+1)N_1N_2}=K_1+K_2\frac{(a-3b+1)N_2^2}{a-b+1}\end{aligned}\right\} \tag{13}$$

式（9）、式（12）和式（13）即为求 Fe-Ni 熔体作用浓度的计算模型。如果模型符合实际，则计算得的作用浓度应与实测的活度相一致。

令 $\hat{Y}=\frac{1-(a+1)N_1-(1-b)N_2}{(a-b+1)N_1N_2}$，$A=K_1$，$B=K_2$，$X=\frac{(a-3b+1)N_2^2}{a-b+1}$，则可将式（13）变为：

$$\hat{Y}=A+BX \tag{13'}$$

将文献［15］中 1510℃和 1600℃下测定的 $a_{Fe}(=N_1)$ 和 $a_{Ni}(=N_2)$ 代入式（13′）进

行一元回归后得：

1510℃下 $\hat{Y}=1.10432+2.27735X$ $(r=0.931331)$

从而得： $K_1=1.10432$，$K_2=3.27735$

1600℃ $\hat{Y}=0.550661+2.01122X$ $(r=0.983215)$

从而得： $K_1=0.550661$，$K_2=2.01122$

利用1510℃和1600℃两个温度下的平衡常数求其与温度的关系后得：

$$\log K_1=\frac{11213.89}{T}-6.2462T \quad (r=1) \quad \Delta G^{\ominus}_{FeNi}=-214797.69+119.64T, \text{J/mol} \tag{14}$$

$$\log K_2=\frac{7868.86}{T}-3.89775 \quad (r=1) \quad \Delta G^{\ominus}_{FeNi_3}=-150725+74.66T, \text{J/mol} \tag{15}$$

将由式（14）和式（15）求得的平衡常数 K_1 和 K_2 代入式（9）和式（12）得1510℃和1600℃下的作用浓度 N_{Fe}、N_{Ni}与实测 a_{Fe}、a_{Ni}[15]对照如图8所示。图中事实表明两个温度下的计算结果与实测值的符合程度是相当好的，从而证明前面所推导的计算模型是能够确切地反映Fe-Ni熔体的结构本质的。

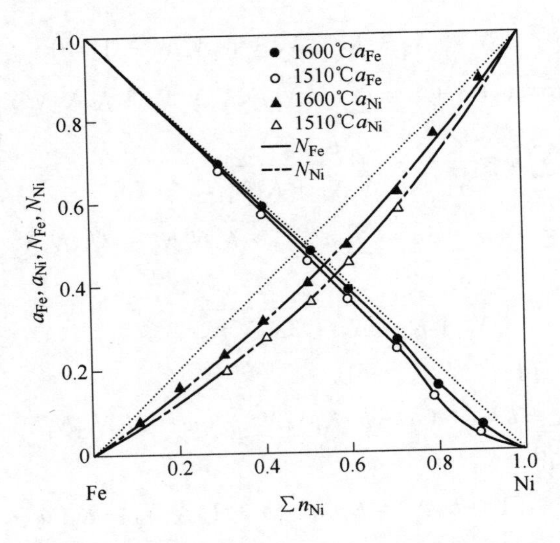

图8 计算的 N_{Fe}和 N_{Ni}与实测的 a_{Fe}和 a_{Ni}的比较

Fig. 8 Comparison of calculated N_{Fe} and N_{Ni} with neasured a_{Fe} and a_{Ni}

为了对本熔体各结构单元的作用浓度变化有一个全面的了解，图9中绘制了1600℃下各组元的作用浓度随熔体成分而变化的情况。从图中看出，N_{Fe}和 N_{Ni}对拉乌尔定律产生负偏差的原因，就是本熔体中有导致 N_{Fe}和 N_{Ni}降低的FeNi和 $FeNi_3$ 化合物生成。

从以上的结果还可看出，虽然 $FeNi_3$ 化合物并没有表现出固液相同成分熔点，但它却存在于Fe-Ni熔体中，所以有无固液相同成分熔点并不是一个化合物能否在金属熔体中存在的唯一条件，相反的，在固态下某个温度区间生成的化合物，同样可以作为其可能存在于金属熔体中的有效标志[18]。

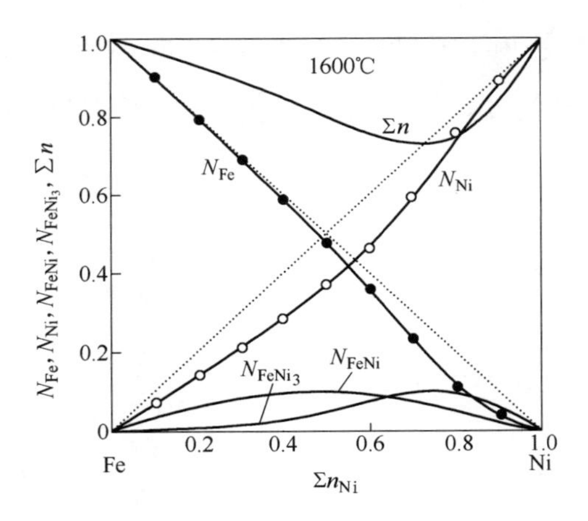

图 9　1600℃下 Fe-Ni 熔体中各组元作用浓度和总质点数 $\sum n$ 随 $\sum n_{Ni}$ 而改变的情况

Fig. 9　Change in mass action concentrations of each structural units and $\sum n$ with $\sum n_{Ni}$ at 1600℃

3.3　Fe-Ti 熔体[13]

文献上关于 Fe-Ti 系合金的相图[12,19]，有两种意见：一种认为本合金系中生成的化合物有 Fe_2Ti 和 FeTi 两种[2]，另一种除认为有 Fe_2Ti 和 FeTi 生成外，还对可能生成 $FeTi_2$ 提出了疑问[12]，如图 10 所示。为了判断这两种方案何种正确，有必要列出两种计算方案进行比较。

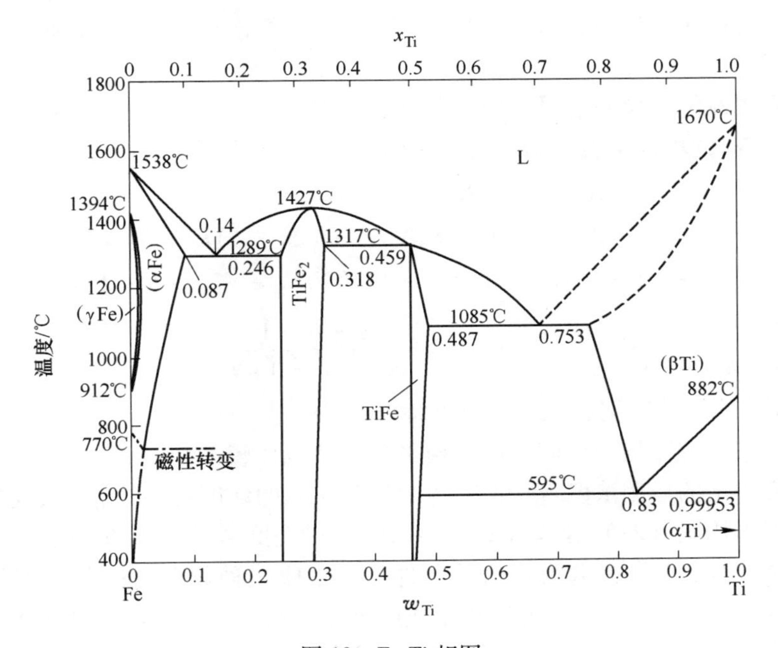

图 10　Fe-Ti 相图

Fig. 10　Phase diagram of Fe-Ti

这样 $b=\sum n_{Fe}$，$a=\sum n_{Ti}$，$x=n_{Fe}$，$y=n_{Ti}$，$z=n_{FeTi}$，$w=n_{Fe_2Ti}$，$v=n_{FeTi_2}$，$N_1=N_{Fe}$，$N_2=N_{Ti}$，$N_3=N_{FeTi}$，$N_4=N_{Fe_2Ti}$，$N_5=N_{FeTi_2}$，$\sum n=$ 总质点数，则对生成三种化合物的情况可得出以下平衡。

化学平衡：

$$Fe_{(l)}+Ti_{(l)}=FeTi_{(l)} \qquad K_1=\frac{N_3}{N_1N_2}, N_3=K_1N_1N_2 \tag{16}$$

$$2Fe_{(l)}+Ti_{(l)}=Fe_2Ti_{(l)} \qquad K_2=\frac{N_4}{N_1^2N_2}, N_4=K_2N_1^2N_2 \tag{17}$$

$$Fe_{(l)}+2Ti_{(l)}=FeTi_{2(l)} \qquad K_3=\frac{N_5}{N_1N_2^2}, N_5=K_3N_1N_2^2 \tag{18}$$

物料平衡：

$$N_1+N_2+K_1N_1N_2+K_2N_1^2N_2+K_3N_1N_2^2-1=0 \tag{19}$$

按照同样的方式得：

$$aN_1-bN_2+(a-b)K_1N_1N_2+(2a-b)K_2N_1^2N_2+(a-2b)K_3N_1N_2^2=0 \tag{20}$$

$$\left.\begin{aligned}&1-(a+1)N_1-(1-b)N_2=(a-b+1)K_1N_1N_2+\\&(2a-b+1)K_2N_1^2N_2+(a-2b+1)K_3N_1N_2^2=0\\&\frac{1-(a+1)N_1-(1-b)N_2}{(2a-b+1)N_1^2N_2}\\&=K_2+K_3\frac{(a-2b+1)N_2}{(2a-b+1)N_1}+K_1\frac{a-b+1}{(2a-b+1)N_1}\end{aligned}\right\} \tag{21}$$

以上推导的式（19）、式（20）和式（21）即为考虑生成三种化合物的本合金系作用浓度计算模型。

对于生成两种化合物的情况，为了节省篇幅起见，从式（19）、式（20）和式（21）中删去含 $K_3N_1N_2^2$ 的项即可看出本方案下作用浓度的计算模型：

$$N_1+N_2+K_1N_1N_2+K_2N_1^2N_2-1=0 \tag{19'}$$

$$aN_1-bN_2+(a-b)K_1N_1N_2+(2a-b)K_2N_1^2N_2=0 \tag{20'}$$

$$\left.\begin{aligned}&1-(a+1)N_1-(1-b)N_2=(a-b+1)K_1N_1N_2+(2a-b+1)K_2N_1^2N_2=0\\&\frac{1-(a+1)N_1-(1-b)N_2}{(2a-b+1)N_1^2N_2}=K_2+K_1\frac{a-b+1}{(2a-b+1)N_1}\end{aligned}\right\} \tag{21'}$$

同样，符合实际的方案应该具备以下特征：

（1）全部平衡常数均为正值，而且相关系数 R 也比较大。

（2）计算得出的作用浓度 N_{Fe} 和 N_{Ti} 应分别与实测的活度 a_{Fe} 和 a_{Ti} 一致或相近。

在 1600℃下用式（21）和式（21′）回归平衡常数的结果如表 2 所示。从表中结果看出两种方案均可满足平衡常数为正值的条件，但生成三种化合物的条件下相关系数则较大，从而表明生成三种化合物的方案比生成两种化合物者更为可信。进而将生成两种化合物的条件下计算的作用浓度 N_{Fe} 和 N_{Ti} 与实测活度值 a_{Fe} 和 a_{Ti} 对照如表 3 所示[20]，表中数据说明这种条件下计算结果与实测值间的差别是比较大的。而将生成三种化合物的条件下用式（19）和式（20）计算的 N_{Fe} 和 N_{Ti} 各与实测的 a_{Fe} 和 a_{Ti} 比较，如图 11 所示，两者的符合程度则是相当令人满意的。

表 2 在 1600℃下用式（21）和式（21′）回归平衡常数的结果

方案	K_1	K_2	K_3	R
三种化合物	2.1347	37.1471	21.7354	0.99992
两种化合物	10.4431	31.7026	—	0.84586

表 3 1600℃下用式（19′）和式（20′）计算的 N_{Fe} 和 N_{Ti} 与实测的 a_{Fe} 和 a_{Ti} 的比较

$\sum n_{Ti}$	N_{Fe}	a_{Fe}	N_{Ti}	a_{Ti}
0.1	0.8798	0.856	0.00346	0.005
0.2	0.7049	0.668	0.01224	0.021
0.3	0.4658	0.493	0.04192	0.051
0.4	0.2477	0.318	0.1360	0.117
0.5	0.1321	0.191	0.2959	0.217
0.6	0.07566	0.108	0.4688	0.348
0.7	0.04396	0.047	0.6288	0.544
0.8	0.02390	0.020	0.7699	0.723
0.9	0.01009	0.006	0.8929	0.881

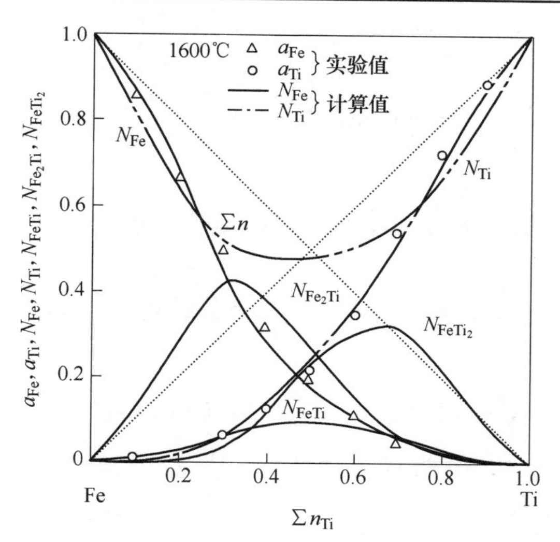

图 11 1600℃下用式（10）和式（13）计算的 N_{Fe} 和 N_{Ti} 与实测 a_{Fe} 和 a_{Ti} 的比较

Fig. 11 Comparison of N_{Fe} and N_{Ti} calculatad by equations (10) and (13) respectively with measured a_{Fe} and a_{Ti}

以上三方面的事实都证明考虑生成三种化合物的计算结果比考虑生成两种化合物者更符合实际，从而证明以 Fe、Ti 原子与 FeTi、Fe_2Ti 和 $FeTi_2$ 分子为结构单元的计算模型式（19）~式（21）是确切地反映 Fe-Ti 熔体的结构本质，而活度 a_{Fe} 和 a_{Ti} 对拉乌尔定律的负偏差稍显不对称性的原因是由于 K_2 大于 K_3 所致，换句话说是由于 Fe_2Ti 比 $FeTi_2$ 更稳定所造成。

从以上计算结果也可看出，关于 Fe-Ti 相图中是否应有化合物 $FeTi_2$ 以及相图中存在的化合物与金属熔体中存在的化合物间有什么关系的问题，的确是值得进一步研究的课题。

FeTi、Fe_2Ti 和 $FeTi_2$ 三种化合物在 1600℃ 下的标准生成自由能分别为 $\Delta G^{\ominus}_{FeTi}=-76587$J/mol、$\Delta G^{\ominus}_{Fe_2Ti}=-1332711$J/mol、$\Delta G^{\ominus}_{FeTi_2}=-779792$J/mol。图 11 中同时表示了 N_{FeTi}、N_{Fe_2Ti} 和 N_{FeTi_2} 的变化，说明本模型不仅可以计算 N_{Fe} 和 N_{Ti}，而且可以求所有结构单元的作用浓度。

3.4 Fe-Si 熔体[22]

从 Fe-Si 相图知，本合金系生成的化合物有 Fe_2Si、Fe_5Si_3、FeSi 和 $FeSi_2$[8]，所以本金属熔体的结构单元为 Fe、Si 原子与 Fe_2Si、Fe_5Si_3、FeSi 和 $FeSi_2$ 分子。

设 $b=\sum n_{Fe}$，$a=\sum n_{Si}$，$N_1=N_{Fe}$，$N_2=N_{Si}$，$N_3=N_{Fe_2Si}$，$N_4=N_{Fe_5Si_3}$，$N_5=N_{FeSi}$，$N_6=N_{FeSi_2}$，则化学平衡为：

$$2Fe_{(l)}+Si_{(l)}=\!=\!=Fe_2Si_{(l)}\qquad K_1=\frac{N_3}{N_1^2N_2},\ N_3=K_1N_1^2N_2 \tag{22}$$

$$5Fe_{(l)}+3Si_{(l)}=\!=\!=Fe_5Si_{3(l)}\qquad K_2=\frac{N_4}{N_1^5N_2^3},\ N_4=K_2N_1^5N_2^3 \tag{23}$$

$$Fe_{(l)}+Si_{(l)}=\!=\!=FeSi_{(l)}\qquad K_3=\frac{N_5}{N_1N_2},\ N_5=K_3N_1N_2 \tag{24}$$

$$Fe_{(l)}+2Si_{(l)}=\!=\!=FeSi_{2(l)}\qquad K_4=\frac{N_6}{N_1N_2^2},\ N_6=K_4N_1N_2^2 \tag{25}$$

物料平衡：

$$N_1+N_2+K_1N_1^2N_2+K_2N_1^5N_2^3+K_3N_1N_2+K_4N_1N_2^2-1=0 \tag{26}$$

按照同样的方式得：

$$\left.\begin{array}{l}aN_1-bN_2+(2a-b)K_1N_1^2N_2+(5a-3b)K_2N_1^5N_2^3+(a-b)K_3N_1N_2+\\(a-2b)K_4N_1N_2^2=0\end{array}\right\} \tag{27}$$

$$\left.\begin{array}{l}1-(a+1)N_1-(1-b)N_2=K_1(2a-b+1)N_1^2N_2+\\K_2(5a-3b+1)N_1^5N_2^3+K_3(a-b+1)N_1N_2+K_4(a-2b+1)N_1N_2^2\\\dfrac{1-(a+1)N_1-(1-b)N_2}{(5a-3b+1)N_1^5N_2^3}=K_2+K_3\dfrac{a-b+1}{(5a-3b+1)N_1^4N_2^2}+\\K_4\dfrac{a-2b+1}{(5a-3b+1)N_1^4N_2}+K_1\dfrac{2a-2b+1}{(5a-3b+1)N_1^3N_2^2}\end{array}\right\} \tag{28}$$

式（28）即为 $\hat{Y}=A+B_1X_1+B_2X_2+B_3X_3$ 形的三元回归方程。

将文献［21］上 1420℃、1500℃、1600℃和 1700℃ 4 个温度下的 $a_{Fe}(=N_1)$ 和 $a_{Si}(=N_2)$ 代入式（28）进行回归后得表 4 的结果。从表中的数据回归得各平衡常数与温度的关系式和相应的标准自由能变化如下：

$$\left.\begin{aligned}\log K_1 &= \frac{6141.124}{T} - 1.1033 \quad (r = 0.99827) \\ \Delta G^{\ominus}_{Fe_2Si} &= -117630.84 + 21.1333T,\ \text{J/mol}(1420 \sim 1700℃)\end{aligned}\right\} \quad (29)$$

$$\left.\begin{aligned}\log K_2 &= \frac{15416.57}{T} - 1.5839 \quad (r = 0.99382) \\ \Delta G^{\ominus}_{Fe_5Si_3} &= -295298.39 + 30.339T,\ \text{J/mol}(1420 \sim 1700℃)\end{aligned}\right\} \quad (30)$$

$$\left.\begin{aligned}\log K_3 &= \frac{8273.36}{T} - 3.6429 \quad (r = 0.97489) \\ \Delta G^{\ominus}_{FeSi} &= -158472.98 + 69.7783T,\ \text{J/mol}(1420 \sim 1700℃)\end{aligned}\right\} \quad (31)$$

$$\left.\begin{aligned}\log K_4 &= \frac{1992.37}{T} + 0.2856 \quad (r = 0.99998) \\ \Delta G^{\ominus}_{FeSi_2} &= -38163.07 - 5.4706T,\ \text{J/mol}(1420 \sim 1700℃)\end{aligned}\right\} \quad (32)$$

相关系数 R 等于 1 或接近 1 的情况说明，用上述方法所求平衡常数和热力学数据的可靠性是极高的。

表 4 式（28）的回归结果

t/℃	K_1	K_2	K_3	K_4	R
1420	328.347	34990500	18.9144	29.0335	1
1500	238.538	13224900	9.15187	25.6282	1
1600	145.541	3614000	6.3589	15.6085	1
1700	102.855	1935950	−3.08373	19.7540	0.999998

将上述平衡常数和温度的关系式（29）~式（32）代入式（26）和式（27）并联立求解，即可得不同温度和不同成分下本熔体各结构单元的作用浓度。图 12 中绘制了 1600℃下计算值和实测值的对照情况。从图中看出，计算的 N_{Fe} 和 N_{Si}（实线）与实测 a_{Fe} 和 a_{Si} 的符合程度是非常良好的，从而证明以上的计算模型是恰当地反映了本金属熔体的结构本质。从图中也可以看出，本合金系活度产生非对称性负偏差的原因是含 Fe 较多的一边生成了 Fe_2Si 和 Fe_5Si_3 两个消耗 Fe 较多的化合物，从而使 a_{Fe} 降低较多；而在含 Si 较多的一边仅生成一个消耗 Si 较少的 $FeSi_2$，因而 a_{Si} 负偏差较小。除此而外，图中还绘制了各个化合物作用浓度随成分而改变的情况，从而再次证明用上述方法不仅可以计算两个组元的作用浓度，而且可以计算每个结构单元的作用浓度。还应当指出，虽然文献［8］表明 Fe_5Si_3 仅存在于 1060℃以

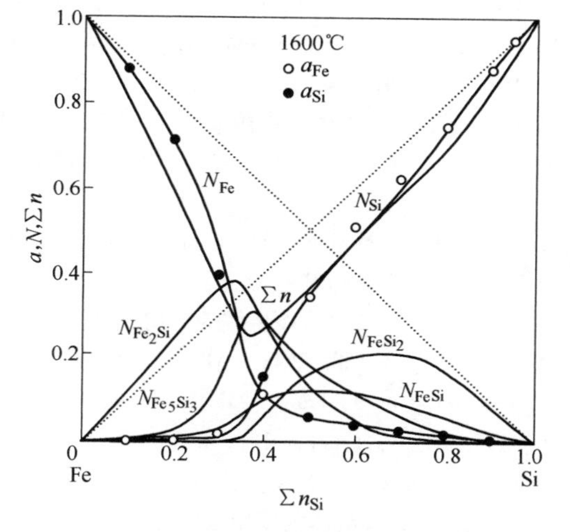

图 12 计算的作用浓度 N_{Fe} 和 N_{Si} 与实测 a_{Fe} 和 a_{Si} 的比较

Fig. 12 Comparison of calculated N_{Fe} and N_{Si} with measured a_{Fe} and a_{Si}

下，但 K_2 为正值，而且大量的事实证明它的确存在于 Fe-Si 熔体中。所以并不能因为一个化合物无固液相同成分熔点就否定其在熔体中的存在。

4 结论

（1）含化合物金属熔体由原子和分子组成。原子和分子之间的化学反应严格遵守质量作用定律。

（2）从原子和分子共存的结构理论出发制定的含化合物金属熔体作用浓度计算模型可以恰当地反映本熔体的结构本质，其计算结果符合实际，不仅可以求出两个组元的作用浓度，而且可以求出每个结构单元的作用浓度。

（3）热力学数据和活度值是金属熔体结构本质的直接反映，因此不仅可以通过可靠的热力学数据求活度，或从活度反求热力学参数，而且可以用可靠的热力学数据和活度值检验所确定的熔体结构单元正确与否。

（4）含化合物金属熔体活度产生不同形式负偏差的原因是熔体内部生成了不同类型的化合物。

参考文献

[1] 张鉴．关于炉渣结构的共存理论．北京钢铁学院学报，1984，6（1）：21~29.

[2] Zhang Jian. The Coexistence Theory of Slag Structure and its Applications. International Ferrous Metallurgy Professor Seminar Proceedings，1986：4-1~4-15.

[3] 唐有祺．结晶化学．北京：人民教育出版社，1957：116~120.

[4] Elliot J F，Gleiser M，Ramakrishna. Thermochemistry for Steelmaking. Addison-wesley Publishing Co，Reading，Mass：1963：520.

[5] 早稻田嘉夫．鉄と鋼，1982，68（7）：711~719.

[6] Rao Y K，Belton G R. Chemical Metallurgy-A Tribute to Carl Wagner，1981：75~96.

[7] van der Lugt W，Meijer J A. Amorphous and Liquid Materials. 1985：105~117.

[8] Massalski T B et al. Binary Alloy Phase Diagrams，1986，Vol. 1：1~2，Vol. 2：907~1545.

[9] 张鉴．$MnO-SiO_2$ 渣系作用浓度的计算模型．北京钢铁学院学报，1986，8（4）：1~6.

[10] 张鉴，王潮．$CaO-Al_2O_3$ 渣系各组元作用浓度的计算模型．全国特殊钢冶炼学术会议论文集，1986：1~6.

[11] Elliot J F. Thermochemistry for Steelmaking. 1963，Vol. 2：527.

[12] 桥口隆吉，长崎诚三．金属データブック，1974：448，447.

[13] 张鉴．Fe-V 和 Fe-Ti 熔体的作用浓度计算模型．化工冶金，1991，12（2）：173.

[14] Zellers G R et al. Trans. AIME，1959，Vol. 251：181.

[15] Speiser R et al. Trans. AIME，1959，Vol. 251：185.

[16] Belton G R，Fruehan R J. J. Phys. Chem.，1967，Vol. 71：1403.

[17] 张鉴．关于含化合物金属熔体结构的共存理论．北京钢铁学院学报，1990，12（3）：201~211.

[18] 张鉴．Fe-Ni 熔体的作用浓度计算模型（待发表）.

[19] Elliot P R. Constitution of Binary Alloys，First supplement. New York/Toronto/London：McGraw-Hill，1965.

[20] 古训武等．鉄と鋼，1975，61（15）：3060.

[21] Chipman J. Fulton J C，Gokcen N A，Gaskey G R. Acta Met.，1954，Vol. 2：439.

[22] 张鉴．Fe-Si 熔体的作用浓度计算模型．钢铁研究学报，1991，13（2）：7~12.

Coexistence Theory of Metallic Melts Structure Involving Compound Formation and Its Applications

Zhang jian

(University of Science and Technology Beijing)

Abstract: Based on the atomicity and molecularity (negative deviation of activities, minimum ΔG and ΔH of mixing at certain composition fabruptly going up of excess stability as well as maximum resistivity at compound formation composition and phase diagrams) the coexistence theory of metallic melts structure involving compound formation has been suggested. According to this theory, calculating models of mass action concentrations for different molten alloys have have been deduced. The resuits show that the calculated N_i and N_j with these models are in good agreement with measured a_i and a_j. It confirms that the coexistence theory of mentioned melts appropriately reflects the structural reality of these melts.

Keywords: activity; metallic melts; coexistence theory

Al-Si，Ca-Al，Ca-Si，Ca-Al-Si 合金熔体作用浓度计算模型*

摘　要：根据含化合物金属熔体的共存理论，用回归分析法确定了 Al-Si、Ca-Al、Ca-Si 及 Ca-Al-Si 各合金熔体的结构单元；通过将计算的各合金组元的作用浓度分别与其实测的活度值进行比较，均得到了满意的结果；并求出了所有化合物的标准生成自由能。

关键词：Al-Si；Ca-Al；Ca-Si；Ca-Al-Si；合金熔体；共存理论；作用浓度

1　引言

关于 Al-Si、Ca-Al、Ca-Si、Ca-Al-Si 合金体系的实测活度值已经有了较多报道[1~3]。为了系统地研究液态溶液的有关热力学性质，Prigogine 和 Defay 曾在论著[4]中详细阐述了理想缔合溶液模型，认为溶液中可能存在缔合物，但这种方法脱离不了使用活度系数进行数学处理；文献［5］提出了含化合物金属熔体的共存理论，这种理论从研究熔体结构出发，不采用活度系数而能系统地计算出全成分范围内组元的作用浓度，并已经在 Fe-Si、Bi-In 等熔体上得到了成功应用[6,7]。本文根据含化合物金属熔体的共存理论，用回归分析法确定了 Al-Si、Ca-Al、Ca-Si 及 Ca-Al-Si 各高温熔体的结构单元，然后进一步建立其相应的作用浓度计算模型，为以后更深入地研究这些合金熔体的有关热力学性质打下基础。

2　Al-Si 熔体作用浓度计算模型

表 1 列出了 Al-Si 合金熔体在 1873K 时的实测活度值[1]。从表 1 中的数据可以看出，Al、Si 的活度值随着组分的变化呈现出良好的对称性负偏差，对于产生这种现象的根本原因，本文认为在高温熔体内部形成了 AlSi 化合物，进一步用回归分析法求出了形成此化合物较为守常的平衡常数 $\overline{K}=1.416532$（见表 1）。

表 1　1873K 时 Al-Si 合金熔体的实测活度值和平衡常数 K

$\sum N_{Si}$	a_{Al}	a_{Si}	K
0.1	0.891	0.048	1.765338
0.2	0.771	0.110	1.556420
0.3	0.649	0.187	1.376037
0.4	0.519	0.283	1.363386
0.5	0.394	0.398	1.313675
			平衡常数平均值 $\overline{K}=1.416532$

在此基础上，计算出了各组元的作用浓度变化情况，计算结果如图 1 所示。从图中看

---

* 本文合作者：北京科技大学成国光；原文发表于《中国有色金属学报》，1994，4（1）：25~27。

出，计算的作用浓度 N_{Al}、N_{Si} 与实测的活度值 a_{Al}、a_{Si}[1] 相当符合，进一步算出生成 AlSi 标准生成自由能为：$\Delta G^{\ominus}_{AlSi}=-5425.77$J/mol（1873K）。

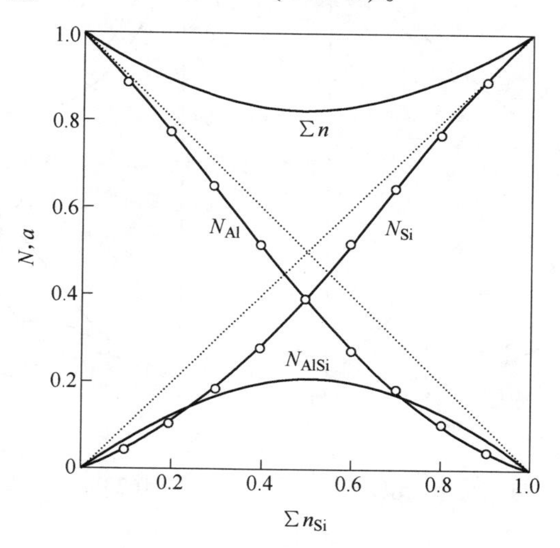

图 1　1873K 时 N_{Al}、N_{Si} 与 a_{Al}、a_{Si} 的比较

3　Ca-Al 熔体作用浓度计算模型

从 Ca-Al 合金相图可以得出[8]：在不同的条件下，此合金能形成 Al_2Ca 和 Al_4Ca 两种固态化合物。文献［9~11］已经报道了形成这两种化合物的标准生成自由能；Sommer 等人也测定了在 980~1190K 之间的 Al-Ca 合金的一些热力学性质[12]；在活度的测定方面，Jacob 和 Schürmann 分别测得了 1373K 和 1623K 两温度下的 Ca、Al 活度值[2,3]。对于高温液态 Ca-Al 熔体，根据本文的研究得出：只有同时考虑 Al_4Ca、Al_2Ca 和 AlCa 存在的情况下，才能求得符合实际的结果。因此，确定熔体中的结构单元为：Al、Ca 原子以及 Al_4Ca、Al_2Ca 和 AlCa 三种化合物。在此基础上，根据化学平衡和物料平衡，推导了该熔体作用浓度计算模型，并回归出 1373K 和 1623K 下生成各化合物的平衡常数，进而得出了 $\lg K\sim T$ 和$\Delta G^{\ominus}\sim T$ 的一般表达式为：

$$\lg K_{Al_4Ca}=\frac{13590.80}{T}-7.48 \tag{1}$$

$$\Delta G^{\ominus}_{Al_4Ca}=-260400.72+143.31T \quad (\text{J/mol},\ 1373\sim1623\text{K})$$

$$\lg K_{Al_2Ca}=\frac{10094.30}{T}-5.41 \tag{2}$$

$$\Delta G^{\ominus}_{Al_2Ca}=-193406.58+103.71T \quad (\text{J/mol},\ 1373\sim1623\text{K})$$

$$\lg K_{AlCa}=\frac{4910.34}{T}-2.24 \tag{3}$$

$$\Delta G^{\ominus}_{AlCa}=-94082.19+42.87T \quad (\text{J/mol},\ 1373\sim1623\text{K})$$

通过将模型计算的 Ca、Al 组元的作用浓度 N_{Ca}、N_{Al} 分别与实测的活度值 a_{Ca}、a_{Al}[2,3] 相比较，均得到了满意的结果，其比较情况如图 2 和图 3 所示。

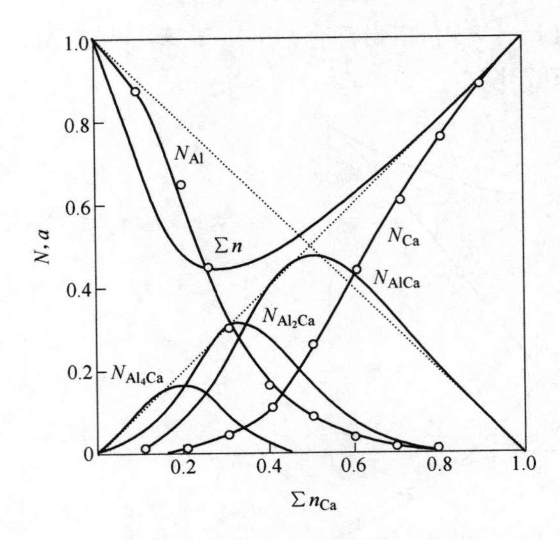

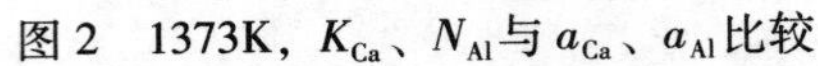
图2　1373K，K_{Ca}、N_{Al}与a_{Ca}、a_{Al}比较

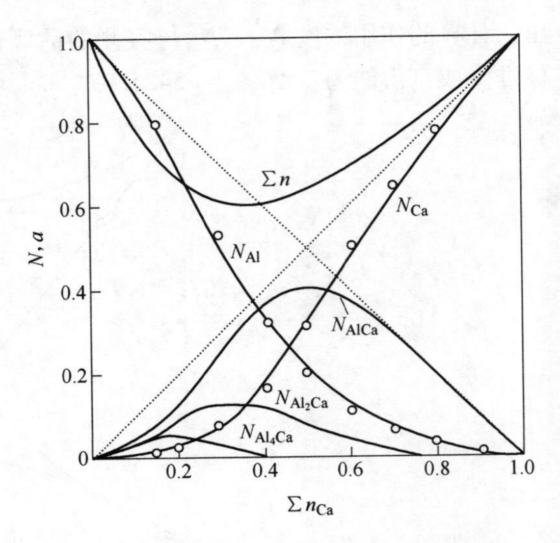

图3　1623K下，N_{Ca}、N_{Al}与a_{Ca}、a_{Al}的比较

4　Ca-Si熔体作用浓度计算模型

根据相图，Ca-Si合金能形成Ca_2Si、CaSi和$CaSi_2$三种化合物[8]，进一步查阅文献［13］，发现此合金除了能形成以上三种化合物外，还能形成Ca_5Si_3化合物。对于高温Ca-Si熔体，文献［3］已经测得了1623K下Ca-Si的活度值。通过应用含化合物金属熔体的共存理论对本熔体进行研究表明：这四种化合物都能在高温液态下存在，而且理论计算值与实测值[3]完全一致。其对比情况如图4所示。同时，模型还得出了1623K下生成各种Ca-Si化合物的标准生成自由能分别为：

$$\Delta G^{\ominus}_{Ca_2Si} = -647733.46\text{J/mol}\ ;\ \Delta G^{\ominus}_{Ca_5Si_3} = -216204.2\text{J/mol}$$

$$\Delta G^{\ominus}_{CaSi} = -53245.94\text{J/mol}\ ;\ \Delta G^{\ominus}_{CaSi_2} = -35632.59\text{J/mol}$$

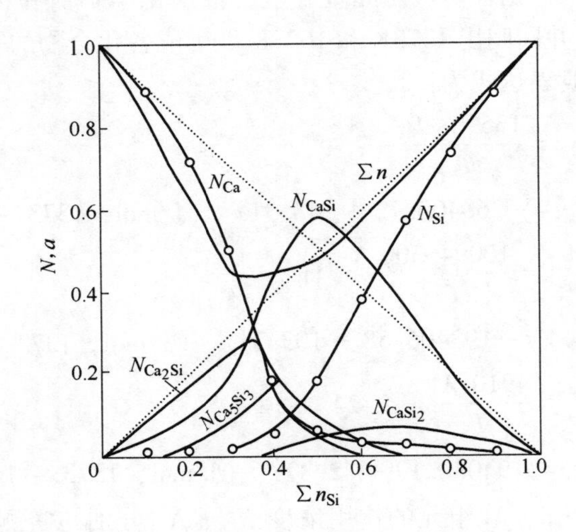

图4　1623K时Ca-Si熔体计算的N_{Ca}、N_{Si}与实测的a_{Ca}、a_{Si}的比较

5 Ca-Al-Si 熔体作用浓度计算模型

根据前面对 Al-Si、Ca-Al、Ca-Si 二元合金熔体的作用浓度模型研究结果，确定 Ca-Al-Si 熔体的结构单元为 Ca，Al，Si 原子以及 CaAl、$CaAl_2$、$CaAl_4$、Ca_2Si、Ca_5Si_3、CaSi、$CaSi_2$ 和 AlSi 分子。在此基础上，推导了此三元合金熔体的作用浓度计算模型，同样得到了符合实际的结果，如图 5 所示。

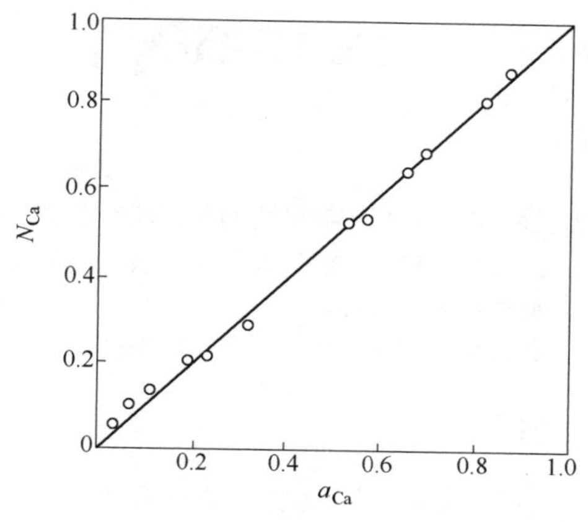

图 5 1623K Ca-Al-Si 熔体计算的 N_{Ca} 与实测的 a_{Ca}[3] 的比较

从以上对四个合金熔体作用浓度模型的研究可以充分看出，只要合理地确定熔体的结构单元，必定能计算出符合实际的结果。并在此基础上，可以进一步研究三组元以上的合金熔体的热力学性质。

6 结论

（1）含化合物金属熔体的共存理论对 Al-Si、Ca-Al、Ca-Si 及 Ca-Al-Si 合金熔体都是适合的。分别推导了它们的作用浓度计算模型，并取得了满意的结果。

（2）确定 Ca-Al 合金熔体在 1873K 下存在有 Al_4Ca、Al_2Ca 和 AlCa 三种化合物；Ca-Si 合金熔体在 1623K 下有 Ca_2Si、Ca_5Si_3、CaSi 及 $CaSi_2$ 四种化合物存在。并分别得出了以上所有化合物的标准生成自由能大小。

参考文献

[1] 陈家祥．炼钢常用数据图表手册．北京：冶金工业出版社，1984：533.
[2] Jacob K T，Srikanth S，Wasecla Y. Trans. JIM，1988，29（1）：50.
[3] Schürmann E，Fubnders P，Litterscheidt H. Arch. Eisenhutlen，1975，46（8）：473.
[4] Prigogine I，Defay R. Chemical Thermodynnamics，London：Longmans Green，1954：410.
[5] 张鉴．关于含化合物金属熔体结构的共存理论．北京科技大学学报，1990，12（3）：201~209.
[6] 张鉴．Fe-Si 熔体的作用浓度计算模型．钢铁研究学报，1991，3（2）：7.
[7] 成国光，张鉴．Bi-In 合金熔体作用浓度的计算模型．化工冶金，1992，13（1）：10.
[8] Massalski T B et al. Binary Alloys Phase Diagrams，New York：American Society for Metals，1986，98：636.
[9] Notin M，Hert J. Calphad，1982，6：49.
[10] Veleckis E. J. Less-Common Metals，1981，80：241.
[11] Notin M，Gachon J C，Hert J. J. Chem. Thermodyn.，1982，14：425.
[12] Sommer F，Lee J J，Predel B Z. Metallk，1983，74：100.
[13] Villars P，Calver L D. Pearson' s Handbook of Crystallographic Data for Intermetallic Phases. New York：American Society for Metals，1985，2.

Fe_tO-TiO_2 渣系作用浓度计算模型*

摘　要：根据炉渣结构的共存理论以及相图，分别推导了 FeO-TiO_2、FeO-Fe_2O_3-TiO_2 渣系作用浓度计算模型。将计算的炉渣氧化能力与实测结果相比较，取得了满意的结果，从而证明了此模型的正确性。

关键词：共存理论；Fe_tO-TiO_2 渣系；作用浓度；氧化能力

1　引言

众所周知，炉渣在冶金过程中起着极为重要的作用，我国攀钢采用钒钛磁铁矿炼铁，因此，对高钛渣的冶金特性方面的研究一直受到广大冶金工作者的重视。炉渣结构的共存理论自从创立以来[1]，已经在许多渣系上得到了成功的应用[2,3]，但对含钛炉渣的热力学性质还缺乏探入的研究。文献［4］已经实测了 Fe_tO-TiO_2 渣系的氧化能力，因此，结合我国资源的特点，对含钛渣的结构和化学性质的研究将具有较大的理论和实际意义。本文对 FeO-TiO_2、FeO-Fe_2O_3-TiO_2 渣系进行了研究，为今后深入研究更复杂的实际渣系打下基础。

2　FeO-TiO_2 渣系作用浓度的计算模型

2.1　结构单元的确定和模型的建立

根据炉渣结构的共存理论，FeO 以 Fe^{2+} 和 O^{2-} 存在，TiO_2 以分子形式存在；进一步根据 FeO-TiO_2 渣系相图[5]，FeO 和 TiO_2 能形成三种物相（如图 1 所示）：钛尖晶石 $2FeO\cdot TiO_2$（1395℃）、钛铁矿 $FeO\cdot TiO_2$（1400℃）及铁板钛矿 $FeO\cdot 2TiO_2$（1494℃）。因此，在 1400℃下，FeO-TiO_2 熔渣结构单元为 Fe^{2+}、O^{2-} 以及 TiO_2、$2FeO\cdot TiO_2$、$2FeO\cdot TiO_2$、$FeO\cdot TiO_2$、$FeO\cdot 2TiO_2$ 分子。

令各组元的作用浓度为：$N_1=N_{FeO}$，$N_2=N_{TiO_2}$，$N_3=N_{2FeO\cdot TiO_2}$，$N_4=N_{Fe\cdot TiO_2}$，$N_5=N_{FeO\cdot 2TiO_2}$；$b=\sum n_{FeO}$，$a=\sum n_{TiO_2}$，$\sum n$ 表示总质点数。

根据物料平衡：

$$N_1+N_2+N_3+N_4+N_5=1 \tag{1}$$

根据化学平衡及有关的热力学常数[4,6]得：

$$2(Fe^{2+}+O^{2-})_{(s)}+TiO_{2(s)} \xlongequal{} 2FeO\cdot TiO_{2(s)}$$

$$\left.\begin{aligned}&\Delta G_1^{\ominus}=-33913.08+5.86T\ \text{J/mol}(1673\sim1773\text{K})\\&K_1=\frac{N_3}{N_1^2N_2},\ N_3=K_1N_1^2N_2\end{aligned}\right\} \tag{2}$$

---

* 本文合作者：北京科技大学成国光；原文发表于《钢铁钒钛》，1994，15（2）：1~4。

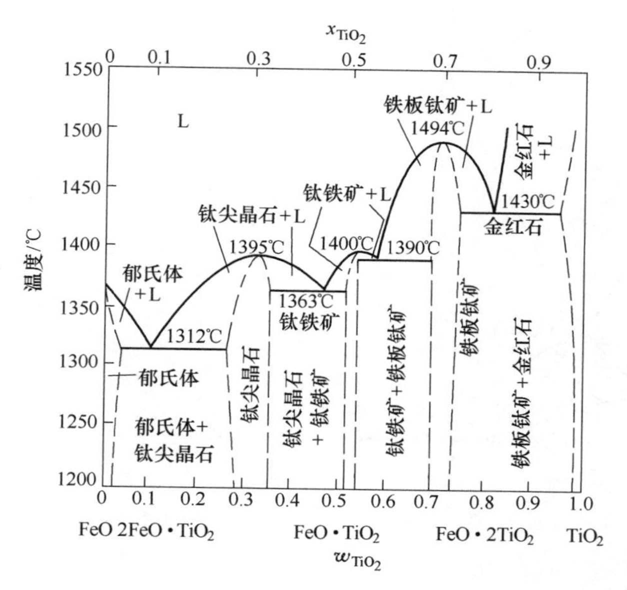

图 1 FeO-TiO₂ 相图

$$
\left.\begin{aligned}
&(Fe^{2+} + O^{2-})_{(l)} + TiO_{2(s)} === FeO \cdot TiO_{2(l)} \\
&\Delta G_2^{\ominus} = 27293.75 - 26.25T \quad J/mol(1673 \sim 1773K) \\
&K_2 = \frac{N_4}{N_1 N_2}, \quad N_4 = K_2 N_1 N_2
\end{aligned}\right\} \tag{3}
$$

$$
\left.\begin{aligned}
&(Fe^{2+} + O^{2+})_{(l)} + 2\,TiO_{2(l)} === FeO \cdot 2\,TiO_{2(l)} \\
&\Delta G_3^{\ominus} = - 16188.703 \quad J/mol(1673K) \\
&K_3 = \frac{N_5}{N_1 N_2^2}, \quad N_5 = K_3 N_1 N_2^2
\end{aligned}\right\} \tag{4}
$$

$$b = \sum n(0.5N_1 + 2N_3 + N_4 + N_5) \tag{5}$$

$$a = \sum n(N_2 + N_3 + N_4 + 2N_5) \tag{6}$$

由式（5）、式（6）得：

$$0.5aN_1 + bN_2 + (2a - b)N_3 + (a - b)N_4 + (a - 2b)N_5 = 0 \tag{7}$$

以上式（1）~式（7）就构成了 $FeO-TiO_2$ 渣系作用浓度计算模型。在一定的炉渣成分下，通过对式（1）、式（7）两式联立求解就可得出各组元的作用浓度大小。

2.2 计算结果

图 2 描述了 1400℃下 $FeO-TiO_2$ 渣系各组元作用浓度随组成变化的计算结果。图 3 进一步将理论计算的（FeO）的作用浓度 N_{FeO} 与实测的活度值 a_{FeO} 进行比较，可以明显地看出，理论值与实测值是完全一致的，从而也说明了本模型是能够反映 $FeO-TiO_2$ 渣实际情况的。

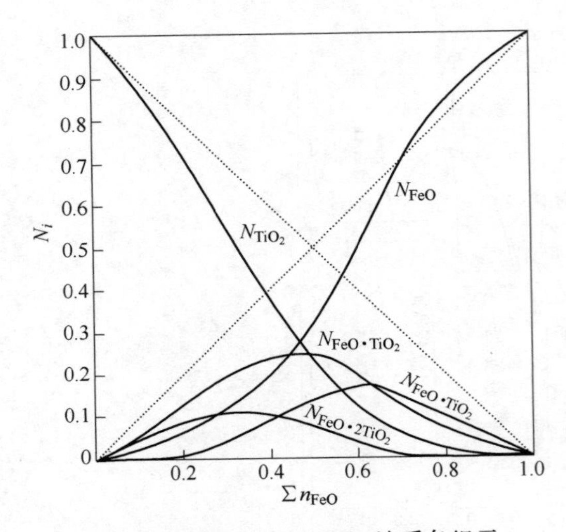

图 2　1400℃下，$FeO-TiO_2$ 渣系各组元作用浓度随组成的变化

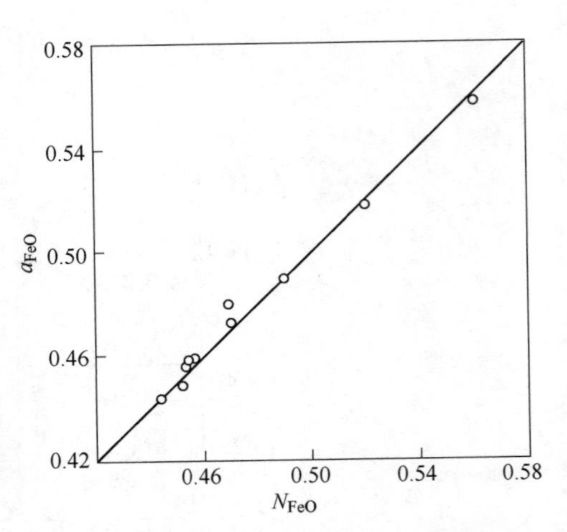

图 3　1400℃下，$FeO-TiO_2$ 渣系，理论计算的 N_{FeO} 与实测的 a_{FeO}[4] 的比较

3　$FeO-Fe_2O_3-TiO_2$ 渣系作用浓度的计算模型

3.1　结构单元的确定和模型的建立

当 $FeO-TiO_2$ 渣中含有 Fe_2O_3 时，则会有一定量的 Fe_3O_4 生成，因此，本渣系的结构单元为：Fe^{2+}、O^{2-} 以及 TiO_2，Fe_2O_3，Fe_3O_4，$2FeO\cdot TiO_2$，$FeO\cdot TiO_2$，$FeO\cdot 2TiO_2$ 分子。

令 $N_1=N_{FeO}$，$N_2=N_{TiO_2}$，$N_3=N_{Fe_2O_3}$，$N_4=N_{Fe_3O_4}$，$N_5=N_{2FeO\cdot TiO_2}$，$N_6=N_{FeO\cdot TiO_2}$，$N_7=N_{FeO\cdot 2TiO_2}$；$b=\sum n_{FeO}$，$a_1=\sum n_{TiO_2}$，$a_2=\sum n_{Fe_2O_3}$，$\sum n$ 表示总质点数。

由物料平衡：

$$N_1+N_2+N_3+N_4+N_5+N_6+N_7=1 \tag{8}$$

根据化学平衡：

$$(Fe^{2+}+O^{2-})_{(l)}+Fe_2O_3 \Longrightarrow Fe_3O_{4(s)}$$

$$\left.\begin{aligned} &\Delta G_4^{\ominus}=-45845.5+10.634T^{[6]}\quad J/mol(298\sim 1870K) \\ &K_4=\frac{N_4}{N_1N_3},\ N_4=K_4N_1N_3 \end{aligned}\right\} \tag{9}$$

以及将前面的式（2）~式（4）变成相应的表达式为：

$$N_5=K_1N_1^2N_2\ ;\ N_6=K_2N_1N_2\ ;\ N_7=K_3N_1N_2^2 \tag{10}$$

$$b=\sum n(0.5N_1+N_4+2N_5+N_6+N_7) \tag{11}$$

$$a_1=\sum n(N_2+N_5+N_6+2N_7) \tag{12}$$

$$a_2=\sum n(N_3+N_4) \tag{13}$$

由式（11）、式（12）得：

$$0.5a_1N_1-bN_2+a_1N_4+(2a_1-b)N_5+(a_1-b)N_6+(a_1-2b)N_7=0 \tag{14}$$

由式（12）、式（13）得：

$$a_2(N_2+N_5+N_6+2N_1)-a_1(N_3+N_4)=0 \tag{15}$$

以上式（8）~式（15）构成了 $FeO-Fe_2O_3-TiO_2$ 作用浓度计算模型，在一定的炉渣成分下，通过式（8）、式（14）、式（15）三式联立求解就可得出此渣系各级元的作用浓度变化情况。

考虑到炉渣与铁液平衡时，会发生下列反应：

$$Fe_{(1)} + (Fe_2O_3)_{(1)} \xlongequal{} 3(Fe^{2+} + O^{2-})_{(1)} \tag{16}$$

因此，炉渣的氧化能力可表示为：

$$N_{Fe_3O} = N_{FeO} + 6N_{Fe_2O_3}{}^{[2]} \tag{17}$$

如果以上模型正确，则计算的 N_{Fe_tO} 实测的 a_{Fe_tO} 应一致。

3.2 计算结果

图 4 描述了 $FeO-Fe_2O_3-TiO_2$ 渣系。理论计算的 N_{Fe_tO} 与实测的 a_{Fe_tO} 的比较情况。从图中看出，理论值与实测结果完全一致，同样说明了以上模型是能反映此渣系实际情况的。

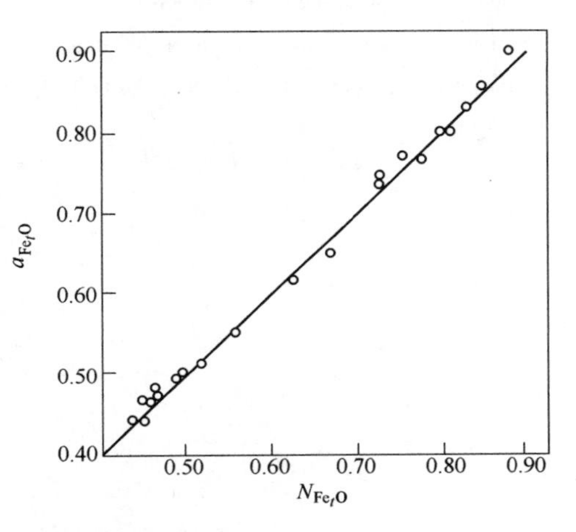

图 4 1400℃，$FeO-Fe_2O_3-TiO_2$ 渣系，理论计算的 N_{Fe_tO} 与实测的 a_{Fe_tO}[4] 的比较

通过以上对 $FeO-TiO_2$、$FeO-Fe_2O_3-TiO_2$ 两个基本渣系作用浓度模型的研究，均得到了满意的结果，这为以后深入到更复杂的实际渣系打下理论基础。

4 结论

（1）推导了 $FeO-TiO_2$ 渣系作用浓度计算模型，并取得了符合实际的计算结果。

（2）进一步推导了 $FeO-Fe_2O_3-TiO_2$ 渣系作用浓度计算模型，用 $N_{Fe_tO} = N_{FeO} + 6N_{Fe_2O_1}$ 计算的炉渣氧化能力与实测活度值 a_{Fe_tO} 完全一致。

参考文献

[1] 张鉴. 关于炉渣结构的共存理论. 北京科技大学学报，1984，6（1）：21~29.

[2] 张鉴. $FeO-Fe_2O_3-SiO_2$ 渣系的作用浓度计算模型. 北京科技大学学报，1988，10（1）：1~6.

[3] 张鉴，王潮，佟福生. 多元熔渣氧化能力的计算模型. 钢铁研究学报，1992，4（2）：23~31.

[4] 万谷志郎，千叶明，彦坂明秀. 与固态铁平衡的 $Fe_tO-M_xO_y$（M_xO_y = CaO，SiO_2，TiO_2，Al_2O_3）二元渣系热力学. 鉄と鋼，1980，66（10）：1484~1493.

[5] 王剑译. 渣图集. 北京：冶金工业出版社，1989：51.

[6] Turkdogan E T. Physical Chemistry of High Temperature Technology. New York：Academic Press，1980：5~26.

附加说明：作用浓度是指以质量作用定律为基础，根据化学平衡和质量守恒定律所确定的高温溶体组元的平衡摩尔分数。相当于理论计算的组元的活度，但不需要用活度系数进行修正。

The Calculating Models of Mass Action Concentration for the Slag Systems Fe_tO-TiO_2

Cheng Guoguang　Zhang Jian

(University of Science and Technology Beijing)

Abstract: In accordance with the coexistence theory of slag structure and phase diagram, the Calculating model of mass action concentration for the FeO-TiO_2, FeO-Fe_2O_3-TiO_2 slag systems have been deduced. The agreement between the calculared oxidizabilicy and measured results is satisfac-tory. It is shown that the coexistence theory of slag struccure is applicable to the above mentioned slag sysctems.

Keywords: coexistence theory; Fe_tO-TiO_2 slag system; mass action concentration; oxidizability of slag melt

$CaO-Al_2O_3-SiO_2$ 熔渣的作用浓度计算模型*

摘 要：根据相图和炉渣结构的共存理论，推导了 $CaO-Al_2O_3-SiO_2$ 渣系作用浓度的计算模型，计算的 N_{CaO} 和 N_{SiO_2} 与相应的实测 a_{CaO} 和 a_{SiO_2} 基本符合，从而证明所得模型可以反映本渣系的结构本质。与此同时，还发现生成正硅酸盐（$2CaO \cdot SiO_2$）的碱度因 Al_2O_3 的增加而变大的事实和本渣系有 $\sum n$ 较小的活跃部分。

关键词：活度；共存理论；作用浓度；碱度

1 引言

$CaO-Al_2O_3-SiO_2$ 渣系为高炉炼铁的基本渣系，也是炉外精炼等过程的常用渣系。本渣系造渣制度的好坏对高炉顺行、脱硫、脱氧和炉外精炼的效果及加热过程都有直接影响，由于本渣系含 Al_2O_3，在研究两性氧化物行为方面还具有重要的理论意义，所以多年来冶金工作者对于本渣系的研究一直给予高度的重视，前苏联和日本学者[1~3]对本渣系均曾作过研究，但由于彼此测定数据相差太大，很难置信，其后 Kay D A R 和 Taylor J、Rein R H 和 Chipman J 及我国张子青、邹元羲等学者对本渣系做了更进一步的研究，虽然彼此测定数据还有一定差别，但毕竟波动范围小得多了，从而使相互间具有一定的印证关系[4~6]，这就为进行理论研究奠定了初步的实践基础，本文的目的就是在此基础上根据炉渣结构的共存理论制定本渣系的作用浓度计算模型[7]。

2 计算模型

2.1 结构单元

根据三元相图 $CaO-Al_2O_3-SiO_2$，在 1600℃ 下本渣系中存在有 Ca_3SiO_5，Ca_2SiO_4，$CaSiO_3$，$3CaO \cdot Al_2O_3$，$12CaO \cdot 7Al_2O_3$，$CaO \cdot Al_2O_3$，$CaO \cdot 2Al_2O_3$，$CaO \cdot 6Al_2O_3$，$2CaO \cdot Al_2O_3 \cdot SiO_2$、$CaO \cdot Al_2O_3 \cdot 2SiO_2$ 和 $3Al_2O_3 \cdot 2SiO_2$ 11 种复杂化合物，此外根据炉渣结构的共存理论，本渣系中还应包括 Ca^{2+}、O^{2-}、Al_2O_3 和 SiO_2。

2.2 计算模型

令 $b = \sum n_{CaO}$，$a_1 = \sum n_{SiO_2}$，$a_2 = \sum n_{Al_2O_3}$，$x = n_{CaO}$，$y_1 = n_{SiO_2}$，$y_2 = n_{Al_2O_3} z_1 = n_{CaSiO_3}$，$z_2 = n_{CaO \cdot Al_2O_3}$，$z_3 = n_{2CaO \cdot Al_2O_3 \cdot SiO_2}$，$z_4 = n_{CaO \cdot Al_2O_3 \cdot 2SiO_2}$，$u_1 = n_{Ca_4SiO_5}$，$u_2 = n_{3CaO \cdot Al_2O_3}$，$w = n_{Ca_2SiO_4}$，$v = n_{12CaO \cdot 7Al_2O_3}$，$q = n_{CaO \cdot 2Al_2O_3}$，$r = n_{CaO \cdot 6Al_2O_3}$，$s = n_{3Al_2O_3 \cdot 2SiO_2}$，$N_1 = N_{CaO}$，$N_2 = N_{SiO_2}$，$N_3 = N_{Al_2O_3}$，$N_4 = N_{CaSiO_3}$，$N_5 = N_{CaO \cdot Al_2O_3}$，$N_6 = N_{2CaO \cdot Al_2O_3 \cdot SiO_2}$，$N_7 = N_{CaO \cdot Al_2O_3 \cdot 2SiO_2}$，$N_8 =$

---

* 本文合作者：北京科技大学袁伟霞；原文发表于《北京科技大学学报》，1995，17（5）：418~423。

$N_{Ca_3SiO_5}$，$N_9 = N_{3CaO \cdot Al_2O_3}$，$N_{10} = N_{Ca_2SiO_4}$，$N_{11} = N_{12CaO \cdot 7Al_2O_3}$，$N_{12} = N_{CaO \cdot 2Al_2O_3}$，$N_{13} = N_{CaO \cdot 6Al_2O_3}$，$N_{14} = N_{3Al_2O_3 \cdot 2SiO_2}$，$\sum n$ = 分子和离子平衡总摩尔数。则有化学平衡：

$$(Ca^{2+} + O^{2-}) + (SiO_2) = (CaSiO_3) \tag{1}$$

$K_1 = N_4/N_1N_2$，$N_4 = K_1N_1N_2$，$\Delta G^{\ominus} = -81416 - 10.498T$，J/mol [8]

$$(Ca^{2+} + O^{2-}) + (Al_2O_3) = (CaO \cdot Al_2O_3) \tag{2}$$

$K_2 = N_5/N_1N_3$，$N_5 = K_2N_1N_3$，$\Delta G^{\ominus} = -23027.4 - 18.8406T$，J/mol [9]

$$2(Ca^{2+} + O^{2-}) + (Al_2O_3) + (SiO_2) = (2CaO \cdot Al_2O_3 \cdot SiO_2) \tag{3}$$

$K_3 = N_6/N_1^2N_2N_3$，$N_6 = K_3N_1^2N_2N_3$，$\Delta G^{\ominus} = -61964.64 - 60.29T$，J/mol [5]

$$(Ca^{2+} + O^{2-}) + (Al_2O_3) + 2(SiO_2) = (CaO \cdot Al_2O_3 \cdot 2SiO_2) \tag{4}$$

$K_4 = N_7/N_1N_2^2N_3$，$N_7 = K_4N_1N_2^2N_3$，$\Delta G^{\ominus} = -13816.44 - 55.266T$，J/mol [5]

$$3(Ca^{2+} + O^{2-}) + (SiO_2) = (Ca_3SiO_5) \tag{5}$$

$K_5 = N_8/N_1^3N_2$，$N_8 = K_5N_1^3N_2$，$\Delta G^{\ominus} = -93366 - 23.03T$，J/mol [10]

$$3(Ca^{2+} + O^{2-}) + (Al_2O_3) = (3CaO \cdot Al_2O_3)_{(s)} \tag{6}$$

$K_6 = N_9/N_1^3N_3$，$N_9 = K_6N_1^3N_3$，$\Delta G^{\ominus} = -21771.36 - 29.3076T$，J/mol [5]

$$2(Ca^{2+} + O^{2-}) + (SiO_2) = (Ca_2SiO_4) \tag{7}$$

$K_7 = N_{10}/N_1^2N_2$，$N_{10} = K_7N_1^2N_2$，$\Delta G^{\ominus} = -160431 + 4.106T$，J/mol [8]

$$12(Ca^{2+} + O^{2-}) + 7(Al_2O_3) = (12CaO \cdot 7Al_2O_3) \tag{8}$$

$K_8 = N_{11}/N_1^{12}N_3^7$，$N_{11} = K_8N_{11}^2N_3^7$，$\Delta G^{\ominus} = 618390.36 - 612.53T$，J/mol [5]

$$(Ca^{2+} + O^{2-}) + 2(Al_2O_3) = (CaO \cdot 2Al_2O_3) \tag{9}$$

$K_9 = N_{12}/N_1N_3^2$，$N_{12} = K_9N_1N_3^2$，$\Delta G^{\ominus} = -16747.2 - 25.54T$，J/mol [5]

$$(Ca^{2+} + O^{2-}) + 6(Al_2O_3) = (CaO \cdot 6\,Al_2O_3) \tag{10}$$

$K_{10} = N_{13}/N_1N_3^6$，$N_{13} = K_{10}N_1N_3^6$，$\Delta G^{\ominus} = -22608.72 - 31.82T$，J/mol [9]

$$3(Al_2O_3) + 2(SiO_2) = (3Al_2O_3 \cdot 2SiO_2) \tag{11}$$

$K_{11} = N_{14}/N_3^3N_2^2$，$N_{14} = K_{11}N_2^2N_3^3$，$\Delta G^{\ominus} = -4354.27 - 10.467T$，J/mol [9]

物料平衡：

$$N_1 + N_2 + N_3 + K_1N_1N_2 + K_2N_1N_3 + K_3N_1^2N_2N_3 + K_4N_1N_2^2N_3 + K_5N_1^3N_2 + K_6N_1^3N_3 + K_7N_1^2N_2 + K_8N_1^{12}N_3^7 + K_9N_1N_3^2 + K_{10}N_1N_3^6 + K_{11}N_2^2N_3^3 - 1 = 0 \tag{12}$$

$$\begin{aligned} b &= x+z_1+z_2+2z_3+z_4+3u_1+3u_2+2w+12v+q+r \\ &= \sum n\ (0.5+K_1N_2+K_2N_3+2K_3N_1N_2N_3+K_4N_2^2N_3+3K_5N_1^2N_2+3K_6N_1^2N_3+ \\ &\quad 2K_7N_1N_2+12K_8N_1^{11}N_3^7+K_9N_3^2+K_{10}N_3^6) \end{aligned} \tag{13}$$

$$\sum n = b/[(0.5+K_1N_2+K_2N_3+2K_3N_1N_2N_3+K_4N_2^2N_3+3K_5N_1^2N_2+3K_6N_1^2N_3+2K_7N_1N_2+12K_8N_1^{11}N_3^7+K_9N_3^2+K_{10}N_3^6)N_1]$$

$$\begin{aligned} a_1 &= y_1 + z_1 + z_3 + 2z_4 + u_1 + w + 2s \\ &= \sum n(1 + K_1N_1 + K_3N_1^2N_3 + 2K_4N_1N_2N_3 + K_5N_1^3 + K_7N_1^2 + 2K_{11}N_2N_3^3)N_2 \end{aligned} \tag{14}$$

$$\sum n = a_1/[(1 + K_1N_1 + K_3N_1^2N_3 + 2K_4N_1N_2N_3 + K_5N_1^3 + K_7N_1^2 + 2K_{11}N_2N_3^3)N_2]$$

$$a_2 = y_2 + z_2 + z_3 + z_4 + u_2 + 7v + 2q + 6r + 3s$$

$$= \sum n(1 + K_2N_1 + K_3N_1^2N_2 + K_4N_1N_2^2 + K_6N_1^3 + 7K_8N_1^{12}N_3^6 + 2K_9N_1N_3 + 6K_{10}N_1N_3^6 + 3K_{11}N_2^2N_3^2)N_3$$

$$\sum n = a_2/[(1 + K_2N_1 + K_3N_1^2N_2 + K_4N_1N_2^2 + K_6N_1^3 + 7K_8N_1^{12}N_3^6 + 2K_9N_1N_3 + 6K_{10}N_1N_3^6 + 3K_{11}N_2^2N_3^2)N_3] \tag{15}$$

由式（13）和式（14）得：

$$a_1(0.5 + K_2N_3 + 3K_6N_1^2N_3 + 12K_8N_1^{11}N_3^7 + K_9N_3^2 + K_{10}N_3^6)N_1 - b(1 + 2K_{11}N_3^3N_2)N_2 + (a_1 - b)K_1N_1N_2 + (2a_1 - b)K_3N_1^2N_2N_3 + (a_1 - 2b)K_4N_1N_2^2N_3 + (3a_1 - b)K_5N_1^3N_2 + (2a_1 - b)K_7N_1^2N_2 = 0 \tag{16}$$

由式（13）和式（15）得：

$$a_2(0.5N_1 + K_1N_1N_2 + 3K_5N_1^3N_2 + 2K_7N_1^2N_2) - b(N_3 + 3K_{11}N_2^2N_3^3) + (a_2 - b)(K_2N_1N_3 + K_4N_1N_2^2N_3) + (2a_2 - b)K_3N_1^2N_2N_3 + (3a_2 - b)K_6N_1^3N_3 + (12a_2 - 7b)K_8N_1^{12}N_3^7 + (a_2 - 2b)K_9N_1N_3^2 + (a_2 - 6b)K_{10}N_1N_3^6 = 0 \tag{17}$$

式（12）、式（16）和式（17）即为用平衡摩尔分数（即作用浓度）表示的本渣系作用浓度的计算模型。

如用平衡摩尔数表示，则为：

$$2x + y_1 + y_2 + \frac{2(K_1y_1 + K_2y_2)x}{\sum n} + \frac{2(2K_7xy_1 + K_9y_1^2)x}{\sum n^2} + \frac{2[2K_3xy_1y_2 + K_4y_1^2y_2 + 4(K_5y_1 + K_6y_2)x^2]x}{\sum n^3} + \frac{K_{11}y_1^2y_2^3}{\sum n^4} + \frac{2K_{10}xy_2^6}{\sum n^6} + \frac{4096K_8x^{12}y_2^7}{\sum n^{18}} - \sum n = 0 \tag{18}$$

$$x + \frac{2(K_1y_1 + K_2y_2)x}{\sum n} + \frac{2(4K_7xy_1 + K_9y_2^2)x}{\sum n^2} + \frac{2[4K_3xy_1y_2 + K_4y_1^2y_2 + 12(K_5y_1 + K_6y_2)x^2]x}{\sum n^3} + \frac{2K_{10}xy_2^6}{\sum n^6} + \frac{49152K_8x^{12}y_2^7}{\sum n^{18}} - b = 0 \tag{19}$$

$$y_1 + \frac{2K_1xy_1}{\sum n} + \frac{4K_7x^2y_1}{\sum n^2} + \frac{4(K_3xy_2 + K_4y_1y_2 + 2K_5x^2)xy_1}{\sum n^3} + \frac{2K_{11}y_1^2y_2^3}{\sum n^4} - a_1 = 0 \tag{20}$$

$$y_2 + \frac{2K_2xy_2}{\sum n} + \frac{4K_9xy_2^2}{\sum n^2} + \frac{2(2K_3xy_1 + K_4y_1^2 + 4K_6x^2)xy_2}{\sum n^3} + \frac{3K_{11}y_1^2y_2^3}{\sum n^4} + \frac{12K_{10}xy_2^6}{\sum n^6} + \frac{28672K_8x^{12}y_2^7}{\sum n^{18}} - a_2 = 0 \tag{21}$$

利用式（12）、式（16）和式（17）或式（18）~式（21）均可计算本渣系的作用浓度，只是用式（18）~式（21）求得平衡摩尔数后，还得用式（22）转换成作用浓度（平衡摩尔分数）：

$$N_1 = N_{CaO} = 2x/\sum n,\ N_i = y_i/\sum n\text{（}i\text{ 代表 }SiO_2\text{、}Al_2O_3\text{ 等分子的摩尔数）} \tag{22}$$

以上模型计算结果是否正确还应通过可靠的实测活度值来检验。

3 计算结果与讨论

图 1（a）中表示了计算 N_{CaO} 与张子青等[6] 和 Chipman 等[5] 学者实测 a_{CaO} 的对比。可以看出，计算值绝大部分位于以上两位学者实测值的中间，在实测值尚有一定差别的条件下，

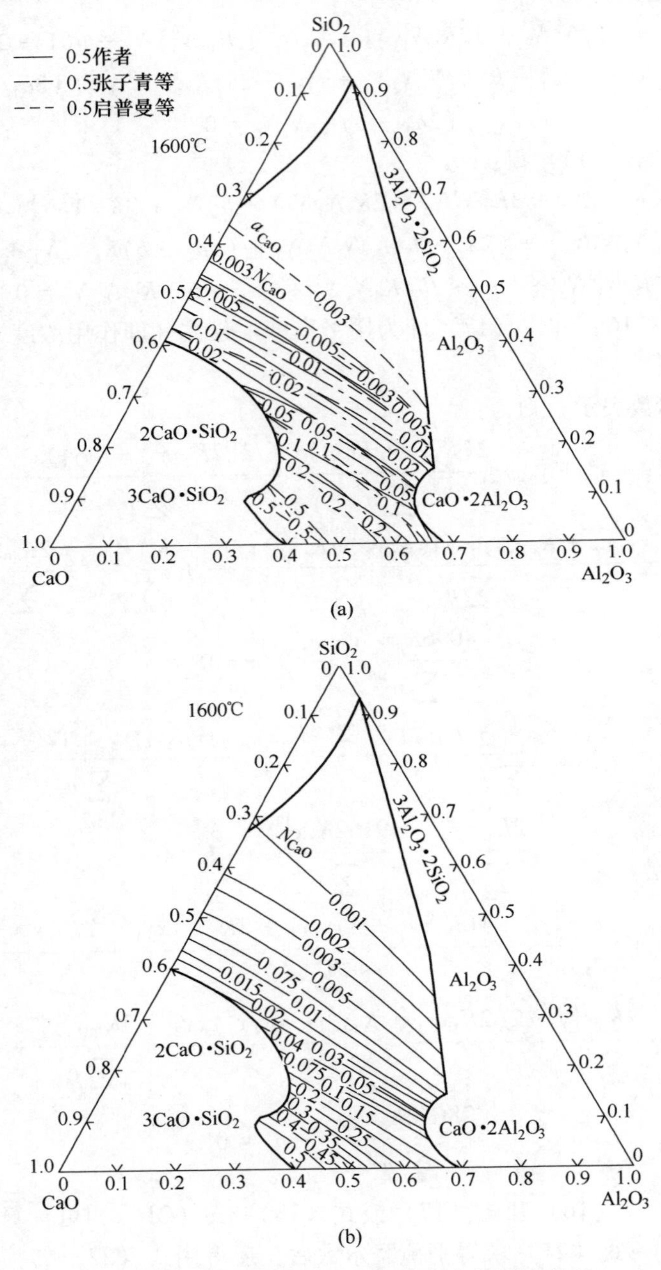

图 1 1600℃下 $CaO-Al_2O_3-SiO_2$ 溶渣中作用浓度 N_{CaO}

（a）计算 N_{CaO} 与实测 a_{CaO} 的对比；（b）等 N_{CaO} 线

应该说计算结果是比较满意的。图 1（b）中则表示了更多的等作用浓度 N_{CaO} 线。

图 2（a）中对比了计算 N_{SiO_2} 与实测 a_{SiO_2} [4,5]。可以看出，计算值与实测值是比较接近的，在目前实测 a_{SiO_2} 值尚不够统一的条件下，应该说计算结果也是可取的。图 2（b）中列举了更多的等作用浓度 N_{SiO_2} 线以供参考。

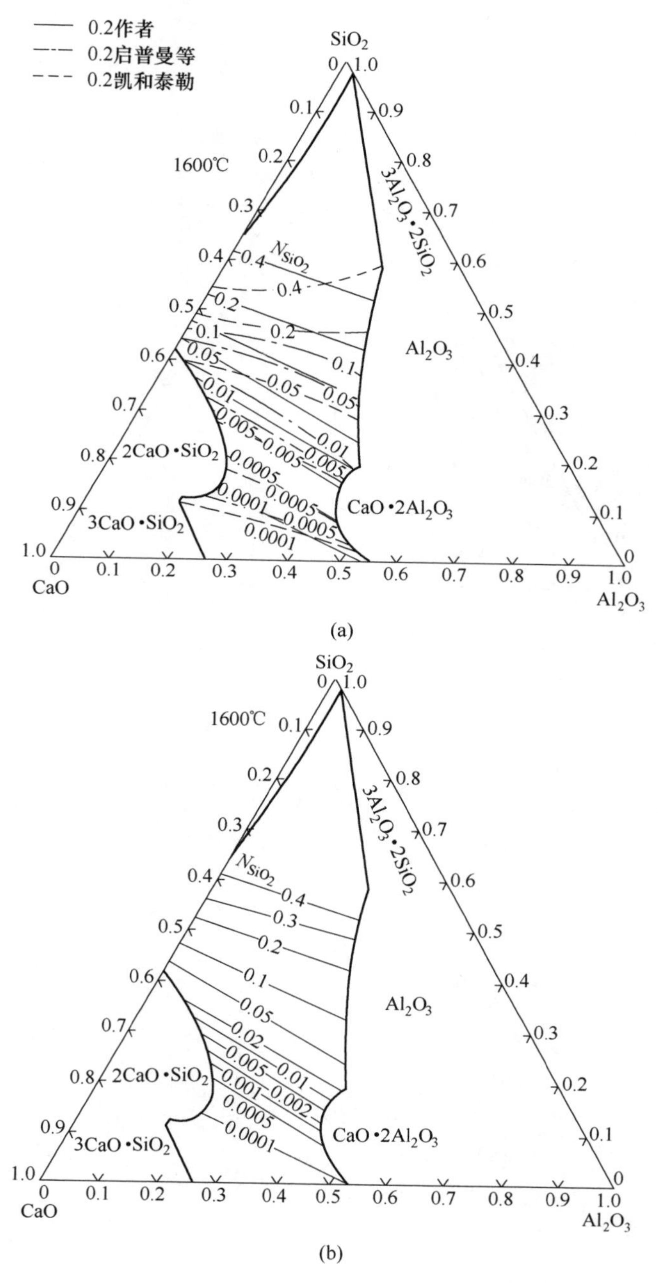

图 2　1600℃下 $CaO-Al_2O_3-SiO_2$ 溶体中的作用浓度 N_{SiO_2}

（a）计算 N_{SiO_2} 与实测 a_{SiO_2} 的对比；（b）等 N_{SiO_2} 线

图3（a）中绘制了本渣系的等作用浓度 $N_{Al_2O_3}$ 线，其中最右边的等 $N_{Al_2O_3}$ 线作用浓度值为0.35；图3（b）中虚线为 Chipman 等[5]为本渣系所作的等 $a_{AlO_{1.5}}$ 线，其最右边的等 $a_{AlO_{1.5}}$ 线活度值为0.75。考虑前后两曲线的单位不同，应该说两者是比较接近的，但计算结果与文献［4］的相应结果相差甚大，所以对此问题还应进一步研究。

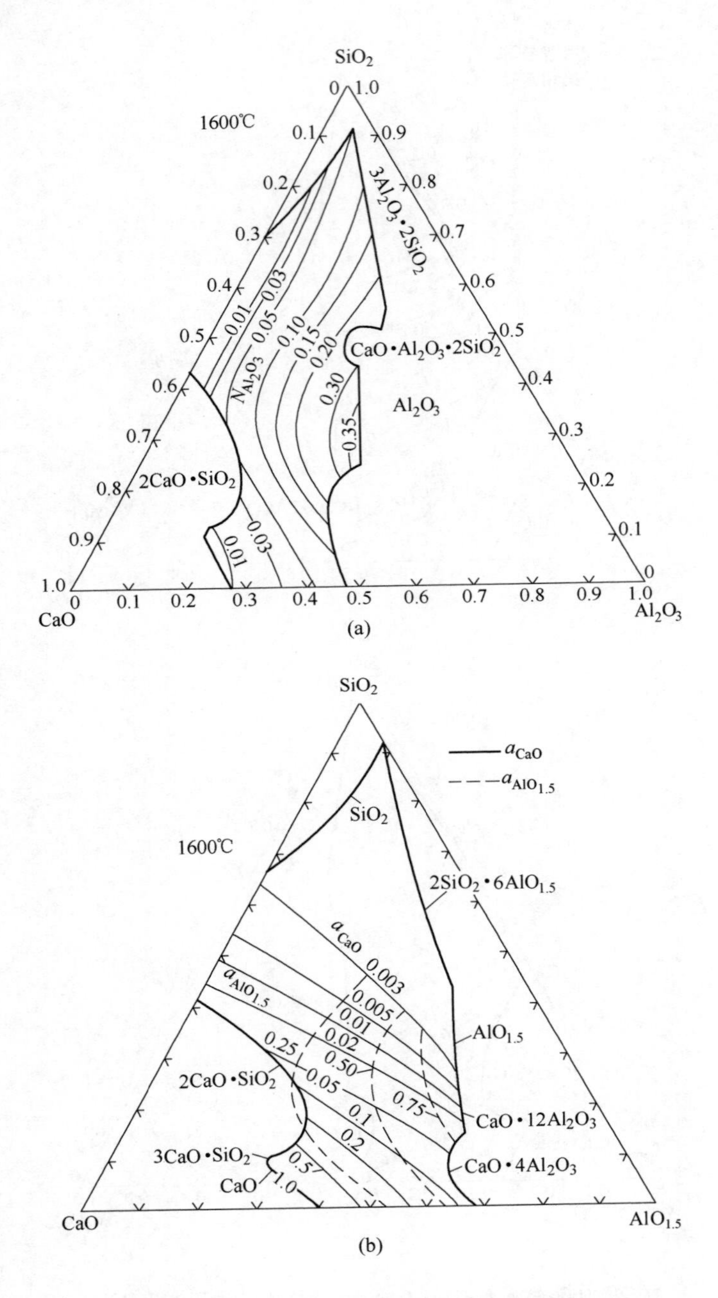

图3　1600℃下 $CaO-Al_2O_3-SiO_2$ 溶体中的作用浓度 $N_{Al_2O_3}$

（a）计算 $N_{Al_2O_3}$ 与实测 $a_{Al_2O_3}$ 的对比；（b）等 $N_{Al_2O_3}$ 线

从以上三方面的对比可以看出计算的作用浓度与实测的相应活度值是比较符合的，从而证明所制定的 $CaO\text{-}Al_2O_3\text{-}SiO_2$ 三元渣系作用浓度计算模型可以反映本渣系的结构本质，但由于不同冶金工作者的实测活度值尚不够统一，所以要达到理论与实际的一致，今后还应从以下两方面做工作：（1）进一步改进实验方法以提高实测活度的准确度；（2）改进热力学数据，以提高其精度。

图 4 中绘制了 $CaO\text{-}Al_2O_3\text{-}SiO_2$ 渣系在 1600℃下的等 $N_{2CaO \cdot SiO_2}$线，说明在本渣系中，的确会生成大量的 $2CaO \cdot SiO_2$。由于其熔点高达 2130℃，在 1600℃下，很可能以固态质点存在于熔渣中，这可能就是在碱度为 2 时，炉渣发泡性能最好的主要原因。同时，由图 4 也可看出随着 Al_2O_3 含量的增大，生成 $2CaO \cdot SiO_2$ 的碱度会逐渐增大起来，因为 Al_2O_3 也会与 CaO 结合生成多种铝酸盐，所以若以本渣系为基础造泡沫渣时，为了改善发泡性能，随着 Al_2O_3 含量的增加，应沿图 4 中的点划线逐步增大炉渣的碱度。

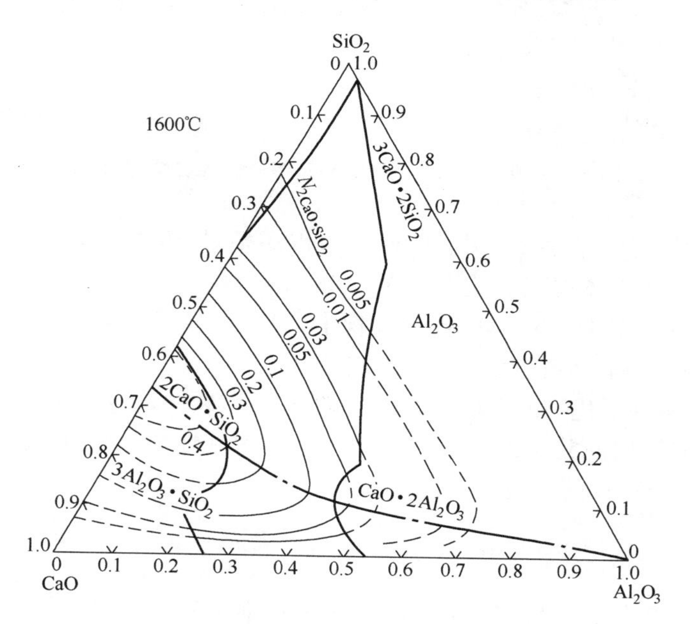

图 4　1600℃下 $CaO\text{-}Al_2O_3\text{-}SiO_2$ 渣系的等 $N_{2CaO \cdot SiO_2}$线

图 5 中表示了 1600℃下 $CaO\text{-}Al_2O_3\text{-}SiO_2$ 渣系的等总摩尔数 $\sum n$ 线（即等平衡离子和分子总摩尔数线）。由图中可以看出，因炉渣成分不同，炉渣的平衡总摩尔数是变化的，其中点划线所代表的就是平衡总摩尔数较小的部分，此部分代表了本渣系中比较活跃的地方，因为根据 $a_{FeO} = N_{FeO} = 2n_{FeO}/\sum n$，向本渣系加入铁矿石，此部分由于 $\sum n$ 较小，炉渣的氧化能力较高；如果要脱氧，在同样 FeO 含量的条件下，由于其 a_{FeO} 较高，以钢水和炉渣为一个整体，则此部分炉渣中的氧也容易被脱除；如要用 MnO 进行合金化，则加入同量 MnO 时，此部分由于 $\sum n$ 较小，a_{MnO} 相应也较高，因而锰也容易进入钢中，从而可以达到提高锰的回收率的目的。因此，在使用本渣系时，对 $\sum n$ 较小的地方要给予足够的重视。

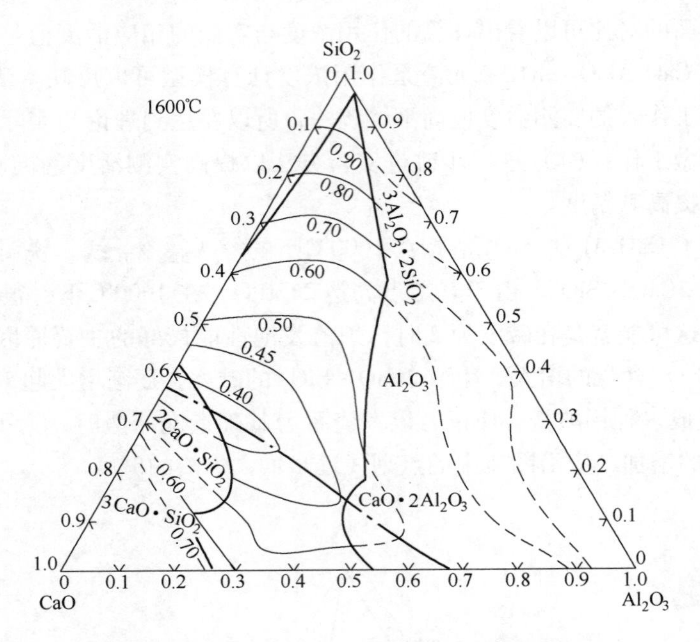

图 5　1600℃下 $CaO-Al_2O_3-SiO_2$ 渣系的等总摩尔数线

最后由于本渣系含有两性氧化物 Al_2O_3，所以还要对 Al_2O_3 的酸碱性进行讨论。就共存理论而言，应根据具体情况决定其性质，如在 $3CaO \cdot Al_2O_3$、$12CaO \cdot 7Al_2O_3$、$CaO \cdot Al_2O_3$、$CaO \cdot 2Al_2O_3$、$CaO \cdot 6Al_2O_3$ 各化合物中，Al_2O_3 显然起着酸性氧化物的作用；在 $2CaO \cdot Al_2O_3 \cdot SiO_2$ 中显然起着中性氧化物的作用；而在 $3Al_2O_3 \cdot 2SiO_2$ 和 $CaO \cdot Al_2O_3 \cdot 2SiO_2$ 中显然起着碱性氧化物的作用，因此，Al_2O_3 的酸碱性是随条件而改变的。但不论起什么作用，用炉渣结构的共存理论都可以恰当地表达其性质。所以，从共存理论的观点看，没有必要争论 Al_2O_3 的酸碱性。

4　结论

（1）根据相图和炉渣结构的共存理论，制定了 $CaO-Al_2O_3-SiO_2$ 渣系作用浓度的计算模型，计算结果符合实际，从而证明所制定的模型可以反映本渣系的结构本质。

（2）碱度为 2 时，$CaO-Al_2O_3-SiO_2$ 熔渣中会产生大量的 $2CaO \cdot SiO_2$，且随 Al_2O_3 含量增加，生成 $2CaO \cdot SiO_2$ 的碱度会逐渐变大，所以，为了改善炉渣的发泡性能，随着 Al_2O_3 含量的增加，应逐步增大碱度。

（3）$CaO-Al_2O_3-SiO_2$ 渣系中存在平衡总摩尔数较低的部分，此部分炉渣比较活跃，使用本渣系时应充分加以重视。

参考文献

[1] Esin O A, Liebinski B M. Investigation on the Properties of Components in Liquid Slags by EMF Method. Izv ANSSSR OTG TN, 1954 (2): 60~66.

[2] 三本木贡治，大森康男．$CaO-Al_2O_3-SiO_2$ 系矿渣のCaOの活量．日本金属学会会志，1961，25：139~143.

[3] 坂上六郎．溶融ステゲの电气化学的研究（Ⅲ）．鉄と鋼，1953，39（12）：1240～1250.

[4] Kay D A R，Taylor J. Activities of silica in the lime+alumina+silica system. Trans. Faraday Soc.，1960，56：1372～1386.

[5] Rein R H，Chipman J. Activities in the liquid solution SiO_2-CaO-MgO-Al_2O_3 at 1600℃. Trans. Metallurgical Society of AIME，1965：233：415～425.

[6] 张子青等．CaO-SiO_2-Al_2O_3熔渣中CaO的活度．金属学报，1986，22（3）：A256～264.

[7] 张鉴．关于炉渣结构的共存理论．北京钢铁学院学报，1984，6（1）：21～29.

[8] 张鉴．CaO-SiO_2渣系作用浓度的计算模型．北京钢铁学院学报，1988，10（4）：412～421.

[9] Gaye H，Welfringer J. Modelling of the thermodynamic properties of complex metallurgical slags. In：Sec International Symposium on Metallurgical Slags and Fluxes. Kentucky and Indiana：The Metallurgical Society of AIME，1984. 357～375.

[10] Sims Clarence E. Electric Furnace Steelmaking（Vol Ⅱ）. New York：Interscience Publishers，1962：54.

Calculation Model of Mass Action Concentrations for CaO-Al_2O_3-SiO_2 Melts

Zhang Jian　Yuan Weixia

(University of Science and Technology Beijing)

Abstract：According to the phase diagram and the coexistence theory of slag structure，a calculating model of mass action concentrations for CaO-Al_2O_3-SiO_2 slag system is formulated. Satisfactory agreement between calculated and measured values shows that this model can reflect the structural characteristics of this slag system. Meanwhile，It is shown that the bascity at which 2CaO · SiO_2 forms increases with the increase of Al_2O_3 content and that there is an active zone where $\sum n$ is smaller than other part of the slag system.

Keywords：activity；coexistence theory；mass action concentration；bascity

Fe-C-O 三元金属熔体作用浓度计算模型*

摘　要：根据含化合物的金属熔体结构的共存理论，推导了 Fe-C-O 金属熔体作用浓度计算模型。计算的 N'_O 与相应的实测 a_O 相符合，从而证明所得模型可以反映 Fe-C-O 金属熔体的结构本质。

关键词：金属熔体；活度；共存理论；作用浓度

1　引言

Fe-C-O 三元金属熔体是炼钢过程最主要的熔体，有关 Fe-C-O 三元金属熔体中 a_C、a_O 的实测值和计算值，文献中已有很多报道[1~3]。但由于试验误差及计算的假设根据不一，a_C、a_O 值相差较大，造成同一温度下 $P_{CO}/([C][O])$ 值差别悬殊[2]。这违反了质量作用定律，因为根据后者平衡常数仅与温度有关。作者通过建立 Fe-C-O 三元金属熔体作用浓度计算模型，证明碳氧反应是符合质量作用定律的。

2　计算模型

2.1　结构单元

根据相图[4]：Fe-C 熔体中存在 Fe_3C、Fe_2C、FeC、FeC_2 等 4 种碳化物；Fe-O 熔体中存在 FeO、Fe_2O_3、Fe_3O_4 3 种氧化物。氧化物在 Fe-C-O 熔体中以夹杂相存在，因此本文将 Fe-C-O 熔体按金属及夹杂两相熔体处理。

这样，Fe-C-O 熔体中，金属相的结构单元为 Fe、C、O、Fe_3C、Fe_2C、FeC、FeC_2；夹杂相的结构单元为 FeO、Fe_2O_3、Fe_3O_4。

因 Fe-C-O 熔体中的碳、氧与气相中的一氧化碳、二氧化碳存在相平衡，由此得到气相的结构单元为 CO、CO_2。

2.2　计算模型

令：$b=\sum n_{Fe}$，$a_1=\sum n_C$，$a_2=\sum n_O$，$N_1=N_{Fe}$，$N_2=N_C$，$N_3=N_O$，$N_4=N_{Fe_3C}$，$N_5=N_{Fe_2C}$，$N_6=N_{FeC}$，$N_7=N_{FeC_2}$，$N_8=N_{FeO}$，$N_9=N_{Fe_2O_3}$，$N_{10}=N_{Fe_3O_4}$，$N_{11}=N_{CO}$，$N_{12}=N_{CO_2}$；$\sum n_1$ 为金属相的总摩尔数，$\sum n_2$ 为夹杂相的总摩尔数。

根据化学平衡[2,5]可得（未注明均为液体；$\Delta G^{\ominus}/J\cdot mol^{-1}$）：

金属相：

$$3Fe + C \Longrightarrow Fe_3C \qquad N_4 = K_4N_1^3N_2,\ \Delta G_4^{\ominus} = -159302 + 29.23T \tag{1}$$

* 本文合作者：北京科技大学朱荣、仇永全；原文发表于《北京科技大学学报》，1996，18（5）：414~418。

$$2Fe + C = Fe_2C \qquad N_5 = K_5 N_1^2 N_2, \qquad \Delta G_5^{\ominus} = -155707 + 45.40T \tag{2}$$

$$Fe + C = FeC \qquad N_6 = K_6 N_1 N_2, \qquad \Delta G_6^{\ominus} = -97043 + 11.63T \tag{3}$$

$$Fe + 2C = FeC_2 \qquad N_7 = K_7 N_1 N_2^2, \qquad \Delta G_7^{\ominus} = -40681 + 172.93T \tag{4}$$

夹杂相：

$$Fe + O = FeO \qquad N_8 = K_8 N_1 N_3, \qquad \Delta G_8^{\ominus} = -120998 + 52.34T \tag{5}$$

$$2Fe + 3O = Fe_2O_3 \qquad N_9 = K_9 N_1^2 N_3^3, \qquad \Delta G_9^{\ominus} = -22860 + 2.09T \tag{6}$$

$$FeO + Fe_2O_3 = Fe_3O_4 \qquad N_{10} = K_8 K_9 K_{10} N_1^3 N_3^4, \quad \Delta G_{10}^{\ominus} = -143859 + 54.43T \tag{7}$$

根据物料平衡：

$$\sum N_i = 1(i = 1 \sim 7), \sum N_i = 1(i = 8 \sim 10) \tag{8}$$

$$b = \sum n_1(N_1 + 3N_4 + 2N_5 + N_6 + N_7) + \sum n_2(0.5N_8 + 2N_9 + 3N_{10}) \tag{9}$$

$$a_1 = \sum n_1(N_2 + N_4 + N_5 + N_6 + 2N_7) \tag{10}$$

$$a_2 = \sum n_2(N_3 + N_8 + 3N_9 + 4N_{10}) \tag{11}$$

联立式（1）~式（11），就是Fe-C-O三元金属熔体作用浓度的计算模型。解多元非线性方程组，可求得各组元的作用浓度。

对于气相：

$$[C] + [O] = CO \qquad P_{CO} = K_{11} N'_2 N'_3, \qquad \Delta G_{11}^{\ominus} = -17166 - 42.54T \tag{12}$$

$$CO + [O] = CO_2 \qquad P_{CO_2} = K_{11} K_{12} N'_2 N'_3, \quad \Delta G_{12}^{\ominus} = -161945 + 87.04T \tag{13}$$

3 计算结果及讨论

将以上求得的碳、氧的作用浓度与实测Fe-C-O三元系 a_C、a_O 进行比较。由于所测活度值因人而异，本文仅采用较权威的万谷志郎、Fuwa和Chipman的实验值及El-Kaddah和Robertson总结前人的研究结果后，在总压为7.0MPa的悬浮溶解炉内（不使用坩埚）得到的实验值[2]作为检验的依据。表1为不同条件下，碳氧平衡时的实测活度值与作用浓度计算值之比的大小，L_C、L_O 为标准态转换系数，$L_C = a_C/N_C$，$L_O = a_O/N_O$。

从表1可以看到，以Fu-Chip为基础的 L_C 值在全浓度范围内守衡（El-Rober采用了Fu-Chip的实验值）。对于 L_O，钢中碳含量较低（<0.5%）时，钢中平衡氧含量，各研究者的实测值较接近。碳较高后，情况则有所变化，究竟谁的研究结果正确，通过Fe-C-O三元金属熔体作用浓度计算模型的计算可以得知：L_O 值以El-Kaddah和Robertson的实测活度值与作用浓度的比值守衡。由于El-Kaddah和Robertson的实验值是在前人的基础上得到的，同时又避免了高温下耐火材料造成的钢液增氧等误差，这点在高碳时表现更加明显（氧与熔池碳生成CO），因而可以认为El-Kaddah和Robertson的实验值最可信。下面即以后者为依据进行计算。

由于未获得C>4.0%时碳氧的活度值，检验在C<4.0%范围内进行。分别计算了1550~1750℃，C=0.1%~4.0%，P_{CO}=0.001~1.0MPa下，N_C 和 N_O 的作用浓度值，进而计算了 L_C 和 L_O 值。发现 L_C 和 L_O 值与 P_{CO} 的大小无关，仅是温度的函数，回归得如下方程（式中 L_C 和 L_O 为平均值），进而得图1的曲线。

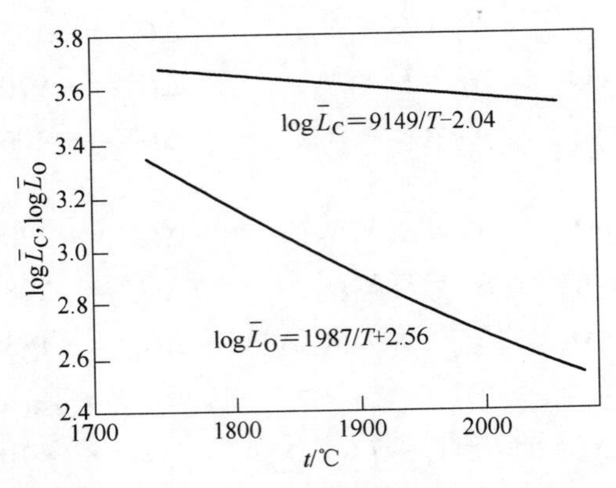

图 1　$\log\bar{L}_C$、$\log\bar{L}_O$ 随温度的变化

表 1　1600℃及 1650℃、$P_{CO}=0.1$MPa 时 $L_C=a_C/N_C$，$L_O=a_O/N_O$ 的计算结果（[%O] 为平衡浓度）

[%O]	[%O]/10^{-2}					L_C				L_O				
	万谷		Fu	El		万谷		Fu		万谷		Fu	El	
	1600℃	1650℃	1600℃	1600℃	1650℃	1600℃	1650℃	1600℃	1650℃	1600℃	1650℃	1600℃	1600℃	1650℃
0.1	24.9	25.9	19.78	24.0	24.0	572	445	604	452	5472	4661		4566	4194
0.5	5.78	6.00	3.86	3.99	3.99	634	494	632	472	3703	3156	4727	4567	4207
1.0	3.47	3.60	1.86	1.58	1.58	718	559	664	495	2256	1927	3862	4543	4198
1.5	2.78	2.89	1.20	0.84	0.84	1378	629	691	516	1365	1168	3136	4498	4165
2.0	2.51	2.60	0.87	0.50	0.50	1444	702	713	532	821	704	2534	4414	4106
2.5	2.41	2.51	0.67	0.32	0.32	1534	777	728	543	489	420	2033	4389	4028
3.0	2.42	2.51	0.54	0.21	0.21	1633	851	735	549	289	248	1610	4240	4065
3.5	2.49	2.59	0.45	0.14	0.14	1242	923	732	548	169	146	—	4279	4050
4.0	2.62	2.72	0.38	0.10	0.10	—	—	720	541	98	86	—	4201	3929

$$\log L_C = 9149/T - 2.04(R = 0.998) \tag{14}$$

$$\log L_O = 1987/T + 2.56(R = 0.999) \tag{14'}$$

将转换标准态后的 $N'_C=L_CN_C$ 与 a_C 在 $N'_O=L_ON_C$ 与 a_O 在 1550～1750℃范围内进行比较，结果均符合良好。

图 2 及图 3 分别绘制了 1600℃，不同含碳量时 N'_C 与 a_C、N'_O 与 a_O 的对比情况，除实验边界点略有误差处，计算值与实测值一致。

同样可从表 2 看到，1600℃，$P_{CO}=0.1$MPa 时，$K[=P_{CO}/(N_CN_O)]$ 及 $\bar{L}_{[C\text{-}O]}[=a_Ca_O/(N_ON_C)]$ 是守恒的，且与 P_{CO}无关。

模型计算了 1550～1750℃、C=0.1%～4.0%、$P_{CO}=0.001$～1.0MPa 范围内 K、$\bar{L}_{[C\text{-}O]}$ 的

值。在不同温度下，K、$\overline{L}_{[C\text{-}O]}$值均为常数，回归得式（15）和式（16），进而可得图 4 中的曲线。

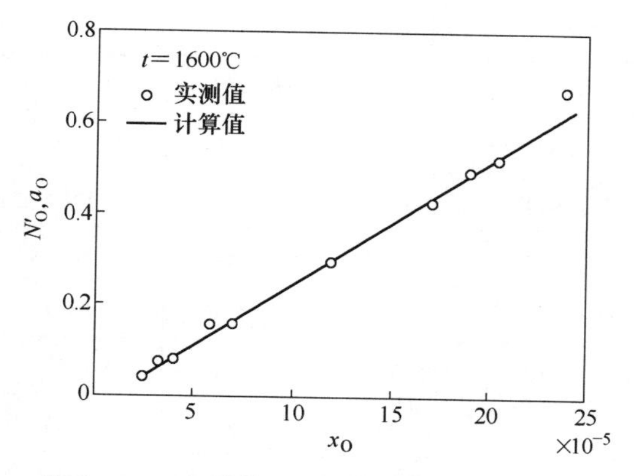

图 2　Fe-C-O 熔体 N'_O 计算值与实测 a_O 对比

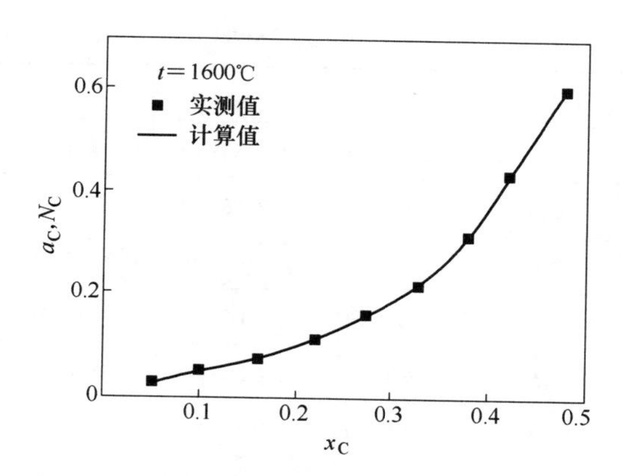

图 3　Fe-C-O 熔体 N'_C 计算值与实测值 a_C 对比

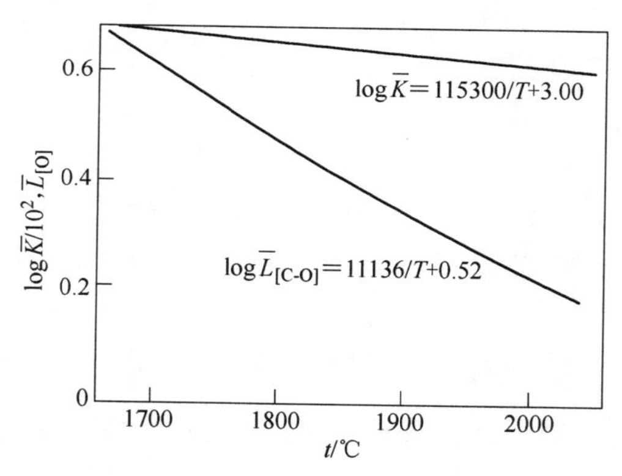

图 4　$\log\overline{K}$、$\log\overline{L}_{[C\text{-}O]}$、$\log\overline{L}_{[O]}$随温度的变化

$$\log K = \log \frac{P_{CO}}{N_C N_O} = 115300/T + 3.00 \quad (R = 0.999) \tag{15}$$

$$\log \overline{L}_{[C\text{-}O]} = \frac{a_C a_O}{N_C N_O} = 11136/T + 0.52 \quad (R = 0.998) \tag{16}$$

此外，采用 Fe-C-O 三元金属熔体作用浓度计算模型对 Fe-C-O 熔体中氧的行为进行研究时发现，平衡时氧在钢（铁）液及夹杂间存在一分配关系[6]，即：

$$\overline{L}_{[O]} = \frac{N_{Fe_tO}}{[O]} = \frac{N_{FeO} + 6N_{Fe_2O_3} + 8N_{Fe_3O_4}}{[O]} \approx \frac{N_{FeO}}{[O]} \tag{17}$$

通过模型计算可知，在 1550～1750℃，$P_{CO} = 0.001 \sim 1.0$MPa，C = 0.1%～4.0%范围内，$\overline{L}_{[O]}$不仅与温度有关，而且是熔体中碳含量的函数。随温度的升高，$\overline{L}_{[O]}$增大；随碳量的降低，$\overline{L}_{[O]}$迅速减小，回归可得式（18）：

$$\bar{L}_{[O]} = 89435.42 - 51.90T - 151.20[\%C]^3 \cdot \log T + 11572.03[\%C] + 0.0039T \cdot 10[\%C] \quad (18)$$

表 2　1600℃，P_{CO}=0.1MPa 时 K、$L_{[C\text{-}O]}$ 和 $L_{[O]}$ 的计算结果

[%C]	a_C	a_O	N_C	N_O	K	$L_{[C\text{-}O]}$	$L_{[O]}$
0.1	0.2766×10^{-2}	72.8380×10^{-2}	0.0460×10^{-4}	15.9513×10^{-5}	1.36298×10^{9}	2.760×10^{6}	0.1530
0.5	1.5780×10^{-2}	12.7575×10^{-2}	0.2509×10^{-4}	2.7936×10^{-5}	1.42663×10^{9}	2.889×10^{6}	0.1556
1.0	3.7305×10^{-2}	5.3917×10^{-2}	0.5655×10^{-4}	1.1867×10^{-5}	1.49013×10^{9}	3.017×10^{6}	0.1548
1.5	6.6297×10^{-2}	3.0312×10^{-2}	0.9659×10^{-4}	0.6738×10^{-5}	1.53660×10^{9}	3.112×10^{6}	0.1610
2.0	10.4980×10^{-2}	1.9125×10^{-2}	1.4838×10^{-4}	0.4333×10^{-5}	1.55555×10^{9}	3.150×10^{6}	0.1631
2.5	15.6227×10^{-2}	1.2840×10^{-2}	2.1649×10^{-4}	0.2843×10^{-5}	1.54310×10^{9}	3.125×10^{6}	0.1646
3.0	22.3762×10^{-2}	0.8956×10^{-2}	3.0756×10^{-4}	0.2112×10^{-5}	1.50297×10^{9}	3.044×10^{6}	0.1651
3.5	31.2412×10^{-2}	0.6408×10^{-2}	4.3144×10^{-4}	0.1498×10^{-5}	1.43929×10^{9}	2.915×10^{6}	0.1644
4.0	42.8460×10^{-2}	0.4668×10^{-2}	6.0215×10^{-4}	0.1111×10^{-5}	1.35262×10^{9}	2.939×10^{6}	0.1623

4　结论

（1）根据含化合物的金属熔体结构的共存理论，推导了 Fe-C-O 金属熔体作用浓度计算模型，模型计算的 N'_C、N'_O 值与实测 a_C、a_O 相符合，从而证明所得模型可以反映 Fe-C-O 金属熔体结构的本质。

（2）从金属熔体的结构本质出发，证明了在一定温度下，[C] - [O] 处于平衡状态时，K、$\bar{L}_{[C\text{-}O]}$、$\bar{L}_{[O]}$ 为常数，从而证明 Fe-C-O 三元金属熔体符合质量作用定律，解决了炼钢中碳氧反应平衡常数变动的问题，模型还回归出 T-K、T-$\bar{L}_{[C\text{-}O]}$、T-[%C]-$\bar{L}_{[O]}$ 的关系式。

（3）将含氧化铁的熔体当成两相溶液处理是符合实际的，为共存理论研究其他金属熔体的类似问题提供了依据。

参考文献

[1] El-Kaddah N H，Robertson G C. Thermodynamics of Liquid Fe-C-O System. Met. Trans.，1977，8B：569.

[2] 的场幸雄，万谷志郎．溶融 Fe-C-O 系合金の热力学．鉄と鋼，1980，66（9）：130.

[3] 铃木是朋，福本腾，中川义隆．炭素饱和溶铁中の炭素，酸素平衡．日本金属学会志，1966，30（1）：50.

[4] Massalski T B. Birary Alloy Phase Diagrams. USA：NSRDS，1986：907～1545.

[5] Schürman E，Shmid E U. A short Ronge Order Model for the calculation of thermodynamic mixing variabbles and its application to the system iron-carbon. Arch. Eisenhutlenwes，1979，(3)：101～106.

[6] 张鉴．FeO-Fe_2O_3-SiO_2 熔渣的作用浓度计算模型．见：第六届冶金过程物理化学学术会议论文集（下册），1986：269～275.

Calculation Model of Mass Action Concentrations for Fe-C-O Metallic Melts

Zhu Rong Zhang Jian Qiu Yongquan

(University of Science and Technology Beijing)

Abstract: According to the cocxistance theory of metallic melt structure involving compound formation, a calculating model of mass action concentrations for Fe-C-O metallic melt is formulated. Satisfactory agreement between calculated and measured value shows that this model can reflect the structural characteristics of the metallic melt.

Keywords: metallic melts; coexistence theory; activity; mass action concentration

二元氧化物固溶体的作用浓度计算模型*

摘　要：按照含固溶体二元金属熔体作用浓度的计算模型，处理了二元碱性氧化物、三氧化二物和尖晶石固溶体。所得结果与实测值符合甚好，从而证明该模型可以反映此类固溶体的结构实际：证明 MeO 中正负离子并未分开独立起作用；二元三氧化二物固溶体中确实存在该类分子；二元尖晶石固溶体中的确存在尖晶石分子。

关键词：金属熔体；共存理论；作用浓度；活度

1　引言

对炉渣结构的共存理论已经反复进行了论证，并应用于多种二元、三元、四元以及多元渣系的氧化能力、渣钢间硫、磷和锰的分配的计算[1~4]，均获得满意的结果。但对二元碱性氧化物，三氧化二物和尖晶石固溶体，则还未曾接触过。近年来这方面的研究已有不少结果[5~10]，而且彼此比较一致，所以可以作为理论工作的依据。为了使炉渣结构问题的研究更加深入和系统，有必要探索本类二元系的基本规律，这就是本文的目的。

2　计算模型

2.1　二元碱性氧化物系

如图 1 所示[5]，CaO-MgO 和 NiO-MgO 二元系对拉乌尔定律无偏差，MgO-MnO 和 MgO-FeO 二元系对拉乌尔定律有正偏差，而且具有明显的对称性。对此类固溶体，如文献[11]所指出的，只有采用两相溶液模型，才符合实际。但由于它们均属单纯由碱性氧化物 CaO、MgO、MnO、FeO 和 NiO 组成的固溶体，根据结晶化学中众所周知的事实，这些碱性氧化物均具有 NaCl 型面心立方离子晶格，因而它们在固态下就以 Ca^{2+}、Mg^{2+}、Mn^{2+}、Fe^{2+}、Ni^{2+}和 O^{2-}离子的形式存在。所以它们是否服从离子两相模型的规律，还是一个尚待证明的问题。

以 CaO-MgO 固溶体为例，令 $b=\sum n_{CaO}$，$a=\sum n_{MgO}$，$x=n_{CaO}$，$y=n_{MgO}$，$z=n_{CaO\cdot MgO}$；$N_1=N_{CaO}$，$N_2=N_{MgO}$，$N_3=N_{CaO\cdot MgO}$，并认为形成 CaO+CaO · MgO 和 MgO+CaO · MgO 两个溶液，$\sum n_1$ 为 CaO+CaO · MgO 溶液的平衡总摩尔数；$\sum n_2$ 为 MgO+CaO · MgO 溶液的平衡总摩尔数。由此进行以下分析。

2.1.1　正负离子分开的模型

化学平衡：

$$(Ca^{2+}+O^{2-})+(Mg^{2+}+O^{2-})==(CaO\cdot MgO)\qquad K=N_3/N_1N_2,\ N_3=KN_1N_2\quad(1)$$

---

* 原文发表于《庆祝林宗彩教授八十寿辰论文集》，北京：冶金工业出版社，1996：110~117。

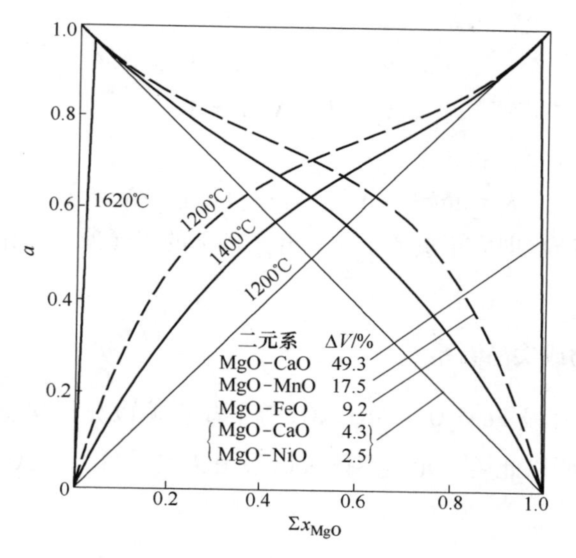

图 1 不同含 MgO 二元固溶体的活度和成分的关系

物料平衡：

$$b = x + z,\ b = x + KN_1N_2 \tag{2}$$

$$a = y + z,\ a = y + KN_1N_2 \tag{3}$$

$$\sum n_1 = 2x + KN_1N_2 = 2b - KN_1N_2 \tag{4}$$

$$N_1 = 2x/(2b - KN_1N_2) = 2(b - KN_1N_2)/(2b - KN_1N_2) \tag{5}$$

由式（5）得：

$$K = 2b(1 - N_1)/[(2 - N_1)N_1N_2],\ (2 - N_1)KN_1N_2 - 2b(1 - N_1) = 0 \tag{6}$$

同理：

$$\sum n_2 = 2y + KN_1N_2 = 2a - KN_1N_2 \tag{7}$$

$$N_2 = 2y/(2a - KN_1N_2) = 2(a - KN_1N_2)/(2a - KN_1N_2) \tag{8}$$

由式（8）得：

$$K = 2a(1 - N_2)/[(2 - N_2)N_1N_2],\ (2 - N_2)KN_1N_2 - 2a(1 - N_2) = 0 \tag{9}$$

式（1）、式（6）和式（9）即为正负离子分开的条件下二元碱性氧化物固溶体的作用浓度计算模型。

2.1.2 正负离子未分开的模型

利用前节的同样二元系和代表符号，当正负离子未分开时，其作用与一个原子或分子无异，由此可将化学平衡写作：

$$(Ca^{2+} + O^{2-}) + (Mg^{2+} + O^{2-}) = (CaO \cdot MgO) \qquad K = N_3/N_1N_2,\ N_3 = KN_1N_2 \tag{10}$$

物料平衡：

$$b = x + z,\ b = x + KN_1N_2 \tag{11}$$

$$a = y + z,\ a = y + KN_1N_2 \tag{12}$$

$$N_1 = x/b,\ N_2 = y/a,\ N_3 = z = KN_1N_2 \tag{13}$$

由式（11）和式（12）得：

$$N_1 + KN_1N_2/b = 1 \quad (14)$$

$$N_2 + KN_1N_2/a = 1 \quad (15)$$

由式（14）和式（15）得：

$$K = ab(2 - N_1 - N_2)/[(a + b)N_1N_2] \quad (16)$$

式（13）~式（16）即为正负离子未分开条件下的二元碱性氧化物固溶体的作用浓度计算模型。

2.2 二元三氧化二物或尖晶石系

由于 Cr_2O_3、Al_2O_3 及 $FeAl_2O_4$、$MgCr_2O_4$ 等尖晶石均以分子状态存在，其作用与单个原子或化合物无异，所以此类二元固溶体可以采用文献［11］或式（13）~式（16）的模型来计算其作用浓度。

3 计算结果与讨论

3.1 二元碱性氧化物系

用式（6）和式（9）计算得到的正负离子分开的各二元碱性氧化物系生成中间分子的平衡常数如表 1 所示。从中看出，各二元碱性氧化物生成中间化合物的平衡常数，并不守常，波动最大者为 CaO-MgO 和 NiO-MgO 二元系，其次为 MgO-MnO 二元系，波动最小者为 MgO-FeO 二元系。从而证明正负离子分开的模型对本类固溶体是不适用的。

表 1 不同二元碱性氧化物系生成中间化合物的平衡常数

x_{MgO}	$K = 2b(1 - N_1)/[(2 - N_1)N_1N_2]$			$K = 2a(1 - N_2)/[(2 - N_2)N_1N_2]$		
	$K_{MgO\cdot MnO}$ (1200℃)	$K_{MgO\cdot FeO}$ (1400℃)	$K_{CaO\cdot MgO}$ $K_{NiO\cdot MgO}$ (1200℃)	$K_{MgO\cdot MnO}$ (1200℃)	$K_{MgO\cdot FeO}$ (1400℃)	$K_{CaO\cdot MgO}$ $K_{NiO\cdot MgO}$ (1200℃)
0.1	0.548272	0.668337	1.818181	0.330137	0.385670	1.052632
0.2	0.498828	0.822904	1.666667	0.349982	0.571872	1.111111
0.3	0.484736	0.769924	1.538462	0.378611	0.623655	1.176471
0.4	0.472864	0.754711	1.428571	0.409636	0.670639	1.250000
0.5	0.446691	0.699978	1.333333	0.446691	0.699978	1.333333
0.6	0.410341	0.645666	1.250000	0.475706	0.727176	1.428571
0.7	0.373321	0.604642	1.176471	0.496792	0.773567	1.538462
0.8	0.345026	0.563303	1.111111	0.515471	0.813448	1.666667
0.9	0.314369	0.510895	1.052632	0.564507	0.908983	1.818181

与此相反，当采用正负离子未分开的式（16）进行计算后，其结果如表 2 所示。从中

可以看出，在后一种情况下，生成中间化合物的平衡常数是相当守常的，CaO-MgO 和 NiO-MgO 二元系尤为突出，其平衡常数均等于 1。与此相应，利用式（13）~式（15）计算得各二元系氧化物的作用浓度与实测活度对比如图 2 所示。可以看出，两者的符合程度是极好的，这充分证明正负离子未分开的模型是可以反映上述二元碱性氧化物的结构实际的。换句话说，在本类二元碱性氧化物固溶体中，正负离子有可能的确是没有分开的。为什么在固态下以 NaCl 型面心立方离子晶格存在的碱性氧化物在二元固溶体中会有这种正负离子未分开的表现呢？其中一个重要原因，就是正负离子的分离需要有一定的条件，这个条件就是介电常数较大的介电物质的存在，硅酸盐、磷酸盐、铝酸盐等即属于此类物质；在 CaF_2-$CaSiO_3$ 系中 CaF_2 会表现为 $Ca^{2+}+2F^-$ 三个离子，这是因为有介电物质 $CaSiO_3$ 存在[1,2]；用共存理论计算的 FeO-Fe_2O_3-SiO_2 渣系的作用浓度 N_{Fe_tO} 与实测 a_{Fe_tO} 一致，而用分子模型计算者与实际不一致[12]，其主要原因是前者考虑了 Fe^{2+} 和 O^{2-} 离子的独立作用，而这种独立作用其所以能够发挥出来，是由于有 Fe_2SiO_4、SiO_2 等中性分子作介电质，从而削弱了正负离子间的静电吸引力而达到的；为什么酸、碱、盐等水溶液会电解和导电呢？同样因为有水这个相对介电常数为 30 的溶剂削弱了正负离子间的静电吸引力所致。除此而外，以上各碱性二元固溶体处于 1200~1400℃ 的固体状态，也会起一定的作用。

表 2　不同二元碱性氧化物系生成中间化合物的平衡常数

x_{MgO}	$K_{MgO\cdot MnO}$ (1200℃)	$K_{MgO\cdot FeO}$ (1400℃)	$K_{CaO\cdot MgO}K_{NiO\cdot MgO}$ (1200℃)
0.1	0.285626	0.340982	1
0.2	0.271920	0.476843	1
0.3	0.274870	0.481414	1
0.4	0.282546	0.490851	1
0.5	0.288182	0.481410	1
0.6	0.283661	0.470202	1
0.7	0.274036	0.470037	1
0.8	0.270214	0.469155	1
0.9	0.272639	0.465168	1
$K_{平均}$	0.278188	0.460674	1
$\Delta G^{\ominus}$ /J · mol^{-1}	15678	10787	0

还应指出，CaO-MgO 和 NiO-MgO 二元固溶体的计算作用浓度不仅与实测活度一致，而且还服从拉乌尔定律，既无正偏差，又无负偏差。但这并不表明这种固溶体内不产生化学反应，如图 2（b）所示，当 $\sum n_{MgO}=0.5$ 时，$N_{CaO\cdot MgO}$ 和 $N_{NiO\cdot MgO}$ 均达到 0.25 就是明证，这表明这类固溶体既服从拉乌尔定律，也服从质量作用定律。所以就两相溶液而言，认为服从拉马尔定律的溶液中不进行化学反应的看法是不对的。

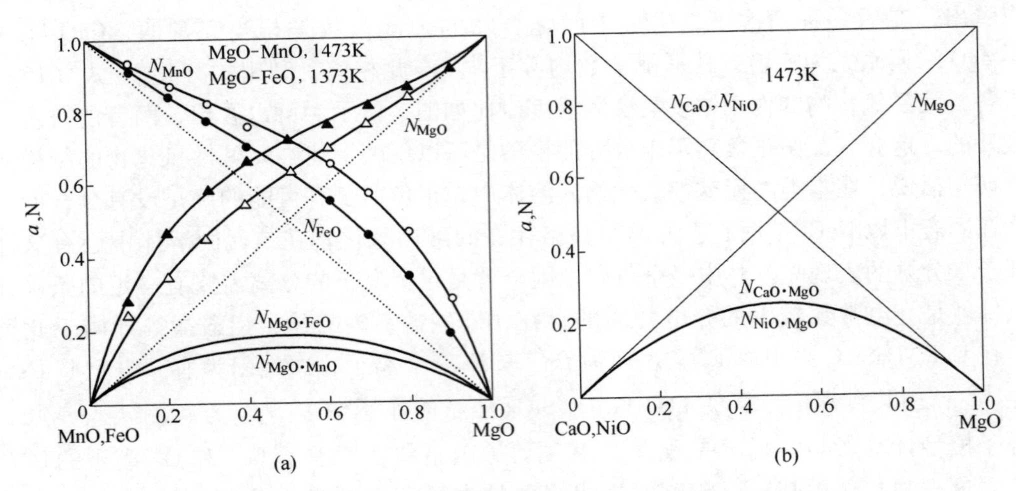

图 2　二元碱性氧化物固溶体计算作用浓度与实测活度的对比

（a）MgO-MnO 和 MgO-FeO 二元系；（b）CaO-MgO 和 NiO-MgO 二元系

3.2　二元三氧化二物或尖晶石系

3.2.1　三氧化二物系固溶体

利用文献［7，8］的资料和式（16）计算得 Cr_2O_3-Al_2O_3 固溶体在 1600℃下生成中间化合物的平衡常数如表 3 所示。从表中看出从三个二元固溶体计算得生成中间化合物的平衡常数不仅比较守常，而且彼此差别不大，因此将计算得的作用浓度与实测活度绘制成一个图以便进行比较，如图 3 所示。从中看出，不论该二元三氧化二物固溶体原来是否含有第三种氧化物，计算的作用浓度与实测活度都是极为符合的，因此上述的两相模型对二元三氧化二物固溶体是适用的，是反映了它们的结构本质的。

表 3　二元三氧化二物固溶体生成中间化合物的平衡常数（1600℃）

$x_{AlO_{1.5}}$	K_{CrAlO_3} ($CrO_{1.5}$-$AlO_{1.5}$)	$x_{AlO_{1.5}}$	K_{CrAlO}- [$CrO_{1.5}$-$AlO_{1.5}$-(MnO)]	$x_{AlO_{1.5}}$	K_{CrAlO_3} [$CrO_{1.5}$-$AlO_{1.5}$-(FeO)]
0.1	0.291952	0.114	0.273552	0.05	0.241667
0.2	0.304162	0.234	0.297283	0.145	0.274347
0.3	0.302430	0.291	0.303136	0.365	0.314018
0.4	0.309658	0.422	0.308819	0.592	0.316200
0.5	0.313393	0.548	0.303859	0.761	0.293636
0.6	0.319245	0.573	0.310290	0.820	0.276183
0.7	0.305560	0.700	0.300000	0.895	0.266094
0.8	0.283641	0.769	0.289160	0.933	0.259699
0.9	0.249363	0.798	0.277081	0.972	0.234665
		0.917	0.260918		
		0.972	0.234665		
$K_{平均}$	0.297712	0.287160		0.275168	
$\Delta G^{\ominus}$ /J · mol^{-1}	188798	19441		20105	

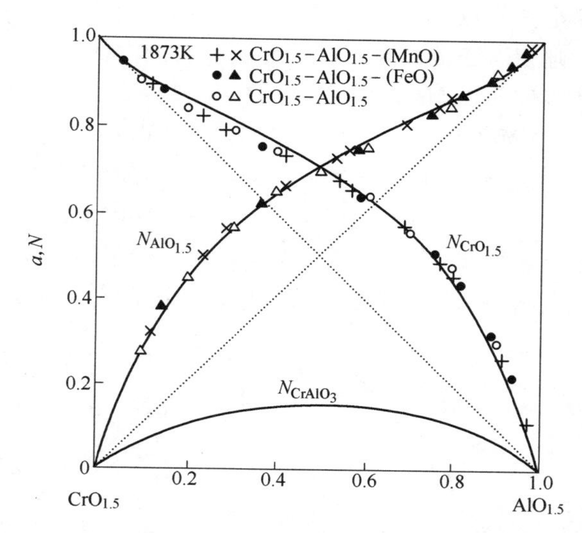

图 3 二元三氧化二物固溶体计算作用浓度与实测活度的对比

3.2.2 二元尖晶石固溶体

利用文献［6，7，9］的资料和式（16）计算得不同二元尖晶石固溶体生成中间化合物的平衡常数如表 4 所示。从中可以看出所求平衡常数是比较守常的。用所求平衡常数的平均值代入式（13）~式（15）计算得各二元尖晶石固溶体作用浓度与实测活度对比如图 4 所示。图中各计算曲线和实测点表明，不论对拉乌尔定律产生正偏差还是负偏差，两者都是相当符合的，从而证明前述两相模型可以反映二元尖晶石固溶体的结构本质。值得注意的是，当尖晶石的酸根相同（Al_2O_3 或 Cr_2O_3）时，其固溶体的活度显示负偏差；而当酸根不同时，其固溶体的活度显示正偏差。这种现象可能是由于酸根相同时，两尖晶石的结构参数相近，容易形成固溶体，因而容易给出能量；而当酸根不同时，由于尖晶石结构参数差别较大，为了形成固溶体，尚需外界补给能量所致。再结合图 3 中二元三氧化二物不同活度产生正偏差的情况，可以看出酸根不同时，其组元的作用浓度是容易显示正偏差的。

表 4 不同二元尖晶石固溶体生成中间化合物的平衡常数

x_a	$K_{MnNiAl_4O_8}$	$K_{MgFeCr_4O_8}$	$K_{MnCrAlO_4}$	$K_{FeCrAlO_4}$
0.1	3.81612	3.036655	0.577530	0.467048
0.2	3.14745	2.165079	0.583468	0.510673
0.3	3.03033	2.145006	0.600211	0.521074
0.4	2.77386	1.944643	0.606176	0.551519
0.5	2.73258	1.992970	0.593018	0.531892
0.6	2.71957	1.923471	0.604366	0.538217
0.7	2.80933	2.145006	0.581886	0.521311
0.8	3.03277	2.165079	0.564034	0.507334
0.9	3.42061	2.626996	0.506464	0.467048
$K_{平均}$	3.05362	2.238323	0.579684	0.512902
$\Delta G^{\ominus}$ /J·mol^{-1}	−15536	−10543	8496	10403
T/K	1673	1573	1873	1873

最后从表 4 中所求平衡常数 $K_{MnNiAl_4O_8}$、$K_{MgFeCr_4O_8}$、$K_{MnCrAlO_4}$ 和 $K_{FeCrAlO_4}$ 对比而言，前面两值波动较大，而后两者则相当守常，因此对二元法晶石固溶体中生成中间化合物的反应，可能采用如下形式更为合理（以 $MnCr_2O_4$-$MnAl_2O_4$ 为例）：

$$1/2\ MnCr_2O_4 + 1/2\ MnAl_2O_4 = MnCrAlO_4 \tag{17}$$

而不是：

$$Mn_{0.5}CrO_2 + Mn_{0.5}AlO_2 = MnCrAlO_4$$

或：

$$MnCr_2O_4 + MnAl_2O_4 = Mn_2Cr_2Al_2O_8$$

同理应有：

$$1/2\ Cr_2O_3 + 1/2\ Al_2O_3 = CrAlO_3 \tag{18}$$

但考虑到文中图表资料多来源于文献实验数据，表达方式不便改动，故仍保持原样。

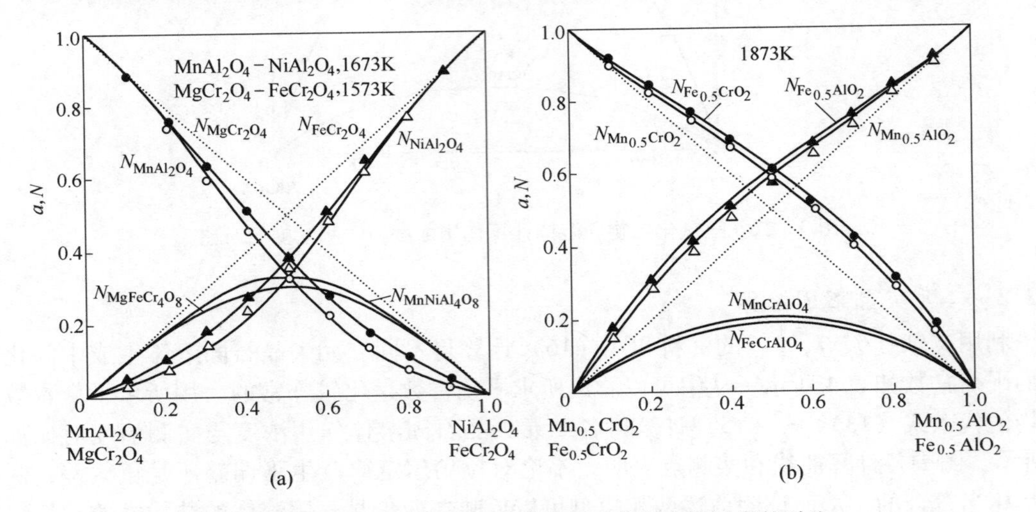

图 4　二元尖晶石固溶体的计算作用浓度与实测活度的对比

（a）$MnAl_2O_4$ - $NiAl_2O_4$ 和 $MgCr_2O_4$ - $FeCr_2O_4$ 系；

（b）$Mn_{0.5}CrO_2$ - $Mn_{0.5}AlO_2$ 和 $Fe_{0.5}CrO_2$ - $Fe_{0.5}AlO_2$ 系

4　结论

（1）含固溶体二元金属熔体的两相作用浓度计算模型适用于二元碱性氧化物、三氧化二物和尖晶石固溶体的作用浓度计算，计算结果符合实际。

（2）正负离子分开的两相模型不适于二元碱性氧化物固溶体的作用浓度计算，从而证明在一般情况下（无电场），没有介电物质的参与，正负离子是不易分开的。

（3）同酸根二元尖晶石固溶体的作用浓度易于显示负偏差；异酸根二元尖晶石固溶体的作用浓度易于显示正偏差。

参考文献

[1] Zhang Jian. The Coexistence Theory of Slag Structure and its Applications. Proceedings of International Ferrous Melallurgy Professor Seminar，1986：4-1~4-15.

[2] Zhang Jian. Application of the Coexistence Theory of Slag Structure to Multicomponent Slag Systems. Proceedings of 4th International Conference on Mollen Slags and Fluxes，Sendai，Japan，1992：244~249.

[3] 张鉴．FeO-MnO-MgO-SiO_2渣系和铁液间锰的平衡．北京科技大学学报，1992，14（5）：496~501.

[4] 王力军．电弧炉泡沫渣及其脱磷能力的研究．博士论文．北京：北京科技大学，1993.
[5] Turkdogan E T. Physicochemical Properties of Molten Slags and Glasses，The Metals Sociely，London，1983.
[6] Timucin M. J. Amer. Ceram. Soc.，1992，75（6）：1399~1406.
[7] Hwan-Tang，Tsai T.，Muan A.，J. Amer. Ceram. Soc.，1992，75（6）：1407~1411.
[8] Hwan-Tang，Tsai T.，Muan A.，J. Amer. Ceram. Soc.，1992，75（6）：1412~1415.
[9] 日野光兀，樋口谦一，长坂彻也，万谷志郎，铁と鋼，1994，80（7）：501~508.
[10] Ping Wu，Eriksson G，Pelton A D. J. Amer. Ceram. Soc.，1993，76（8）：2065~2075.
[11] 张鉴．含固溶体二元金属熔体作用浓度的计算模型．1994 年全国冶金物理化学学术会议论文集，1994：122~133.
[12] 张鉴．关于炉渣结构方面某些问题的探讨．北京钢铁学院论文集，1962：71~98.

$CaO-SiO_2-Al_2O_3-MgO$ 渣系的作用浓度模型及其应用*

摘　要：应用炉渣的共存理论建立了 $CaO-SiO_2-Al_2O_3-MgO$ 四元系的作用浓度模型，将大冶钢厂和上钢五厂以及日本山阳钢厂的轴承钢精炼渣系代入模型进行计算。选取了对钢水的纯净度有直接影响的结构单元的作用浓度对三者的脱氧、脱硫能力以及钢中点状夹杂物形成趋势进行了分析。计算结果说明，大冶的精炼渣系点状夹杂物形成趋势小，而山阳的精炼渣系具有较强的脱硫和脱氧能力。分析结果与检验结果一致。

关键词：共存理论；精炼；轴承钢

1　引言

夹杂物的形态控制是现代钢铁冶金技术的重要研究课题之一。例如，为了保证多炉连浇就必须使钢水中的 Al_2O_3 转变成低熔点的 $m\text{CaO}\cdot n\text{Al}_2\text{O}_3$，以防止连铸时的水口堵塞；为了提高轴承钢的疲劳寿命，则应防止钢水中出现 $m\text{CaO}\cdot n\text{Al}_2\text{O}_3$；为了提高钢水的脱硫能力，一般炉渣要有较高的碱度；为了提高钢水中铝的脱氧能力，通常要求炉渣中 Al_2O_3 的活度低一些。为实现一定的冶炼目的所进行的炉渣的选择一般是建立在一定的理论或试验基础上的。

本文应用炉渣的共存理论建立一般炼钢渣系的主要成分 $CaO-SiO_2-Al_2O_3-MgO$ 的作用浓度模型，利用计算结果并结合作者炉外精炼工作的实际，对我国大冶钢厂、上钢五厂以及日本山阳钢厂轴承钢精炼渣系对轴承钢脱硫、脱氧和点状夹杂物影响特点进行分析和讨论。

2　$CaO-SiO_2-Al_2O_3-MgO$ 渣系的结构单元

相图理论认为：固液不同成分化合物是不稳定的，液态不存在。固液相同成分化合物一般是稳定的，但是稳定程度是有差别的，其判断依据是成分点处液相线的曲率半径。当该曲率半径较大时，化合物的解离程度也较大；当该曲率半径较小时，解离程度也较小；当成分点处有奇异点时，化合物完全不解离[1,2]。根据有关相图，至今尚未见到与 $CaO-SiO_2-Al_2O_3-MgO$ 有关的四元化合物。故可认为此四元系有如下的结构单元[3]：

Ca^{2+}、Mg^{2+}、O^{2-}、SiO_2、Al_2O_3、$3CaO\cdot Al_2O_3$、$12CaO\cdot 7Al_2O_3$、$CaO\cdot Al_2O_3$、$CaO\cdot 2Al_2O_3$、$CaO\cdot 6Al_2O_3$、$MgO\cdot Al_2O_3$、$3Al_2O_3\cdot 2SiO_2$、$3CaO\cdot SiO_2$、$2CaO\cdot SiO_2$、$CaO\cdot SiO_2$、$2MgO\cdot SiO_2$、$MgO\cdot SiO_2$、$CaO\cdot Al_2O_3\cdot SiO_2$、$2CaO\cdot Al_2O_3\cdot SiO_2$、$CaO\cdot MgO\cdot SiO_2$、$2CaO\cdot MgO\cdot SiO_2$。

渣中各结构单元之间的反应及其达到平衡时的 $\Delta G^{\ominus}$(J/mol) 如下[4]：

---

* 本文合作者：北京科技大学王平、马廷温；原文发表于《钢铁》，1996，31（6）：27~31。

$$3(Ca^{2+} + O^{2-}) + Al_2O_3 = 3CaO \cdot Al_2O_3$$
$$\Delta G_1^{\ominus} = -2540 - 24.66T\ (500 \sim 1535℃)$$
$$12(Ca^{2+} + O^{2-}) + 7Al_2O_3 = 12CaO \cdot 7Al_2O_3$$
$$\Delta G_2^{\ominus} = -72982 - 207.8T\ (25 \sim 1500℃)$$
$$(Ca^{2+} + O^{2-}) + Al_2O_3 = CaO \cdot Al_2O_3$$
$$\Delta G_3^{\ominus} = -17974 - 18.81T\ (500 \sim 1605℃)$$
$$(Ca^{2+} + O^{2-}) + 2Al_2O_3 = CaO \cdot 2Al_2O_3$$
$$\Delta G_4^{\ominus} = -16720 - 25.49T\ (500 \sim 1750℃)$$
$$(Ca^{2+} + O^{2-}) + 6Al_2O_3 = CaO \cdot 6Al_2O_3$$
$$\Delta G_5^{\ominus} = -17430 - 75.2T\ (1550 \sim 1750℃)$$
$$(Mg^{2+} + O^{2-}) + Al_2O_3 = MgO \cdot Al_2O_3$$
$$\Delta G_6^{\ominus} = -35530 - 2.09T\ (25 \sim 1400℃)$$
$$3Al_2O_3 + 2SiO_2 = 3Al_2O_3 \cdot SiO_2$$
$$\Delta G_7^{\ominus} = 8589.9 - 17.39T\ (25 \sim 1750℃)$$
$$3(Ca^{2+} + O^{2-}) + SiO_2 = 3CaO \cdot SiO_2$$
$$\Delta G_8^{\ominus} = -118712 - 6.688T\ (25 \sim 1500℃)$$
$$2(Ca^{2+} + O^{2-}) + SiO_2 = 2CaO \cdot SiO_2$$
$$\Delta G_9^{\ominus} = -118712 - 11.286T\ (25 \sim 2130℃)$$
$$(Ca^{2+} + O^{2-}) + SiO_2 = CaO \cdot SiO_2$$
$$\Delta G_{10}^{\ominus} = -92378 + 2.508T\ (25 \sim 1540℃)$$
$$2(Mg^{2+} + O^{2-}) + SiO_2 = 2MgO \cdot SiO_2$$
$$\Delta G_{11}^{\ominus} = -67130.8 + 4.305T\ (25 \sim 1898℃)$$
$$(Mg^{2+} + O^{2-}) + SiO_2 = MgO \cdot SiO_2$$
$$\Delta G_{12}^{\ominus} = -41089.4 + 6.10T\ (25 \sim 1577℃)$$
$$(Ca^{2+} + O^{2-}) + Al_2O_3 + 2SiO_2 = CaO \cdot Al_2O_3 \cdot 2SiO_2$$
$$\Delta G_{13}^{\ominus} = -138776 + 17.138T\ (25 \sim 1553℃)$$
$$2(Ca^{2+} + O^{2-}) + Al_2O_3 + SiO_2 = 2CaO \cdot Al_2O_3 \cdot 2SiO_2$$
$$\Delta G_{14}^{\ominus} = -170962 + 8.778T\ (25 \sim 1500℃)$$
$$(Ca^{2+} + O^{2-}) + (Mg^{2+} + O^{2-}) + 2SiO_2 = CaO \cdot MgO \cdot 2SiO_2$$
$$\Delta G_{15}^{\ominus} = -162602 + 18.81T\ (25 \sim 1392℃)$$
$$2(Ca^{2+} + O^{2-}) + (Mg^{2+} + O^{2-}) + 2SiO_2 = 2CaO \cdot MgO \cdot 2SiO_2$$
$$\Delta G_{16}^{\ominus} = -73688 - 63.639T\ (25 \sim 1454℃)$$

3 渣中各结构单元之间的平衡关系

定义各结构单元的作用浓度如表 1 所示。

表 1 $CaO-SiO_2-Al_2O_3-MgO$ 渣系各结构单元

Table 1 Structural unit of $CaO-SiO_2-Al_2O_3-MgO$ slag system

结构单元	作用浓度
$(Ca^{2+}+O^{2-})$	N_1
$(Mg^{2+}+O^{2-})$	N_4
SiO_2	N_2
Al_2O_3	N_3
$3CaO\cdot Al_2O_3$	N_5
$12CaO\cdot 7Al_2O_3$	N_6
$CaO\cdot Al_2O_3$	N_7
$CaO\cdot 2Al_2O_3$	N_8
$CaO\cdot 6Al_2O_3$	N_9
$MgO\cdot Al_2O_3$	N_{10}
$3Al_2O_3\cdot 2SiO_2$	N_{11}
$3CaO\cdot SiO_2$	N_{12}
$2CaO\cdot SiO_2$	N_{13}
$CaO\cdot SiO_2$	N_{14}
$2MgO\cdot SiO_2$	N_{15}
$MgO\cdot SiO_2$	N_{16}
$CaO\cdot Al_2O_3\cdot 2SiO_2$	N_{17}
$2CaO\cdot Al_2O_3\cdot SiO_2$	N_{18}
$CaO\cdot MgO\cdot 2SiO_2$	N_{19}
$2CaO\cdot MgO\cdot 2SiO_2$	N_{20}

设给定 $CaO-SiO_2-Al_2O_3-MgO$ 四元系成渣前的 CaO、SiO_2、Al_2O_3、MgO 的摩尔数为 b_1、a_1、a_2、b_2，成渣后总摩尔数为 $\sum n$，各结构单元的作用浓度为 N_i（成渣后该结构单元的摩尔数除以 $\sum n$）。根据质量作用定律，如下关系式成立：

$$N_1+N_2+N_3+N_4+N_5+N_6+N_7+N_8+N_9+N_{10}+N_{11}+N_{12}+N_{13}+N_{14}+N_{15}+N_{16}+N_{17}+N_{18}+N_{19}+N_{20}-1=0 \tag{1}$$

$$\sum n(0.5N_1+3N_5+12N_6+N_7+N_8+N_9+3N_{12}+N_{14}+N_{17}+2N_{18}+N_{19}+2N_{20})-b_1=0 \tag{2}$$

$$\sum n(N_2+2N_{11}+N_{12}+N_{13}+N_{14}+N_{15}+N_{16}+2N_{17}+N_{18}+2N_{19}+2N_{20})-a_1=0 \tag{3}$$

$$\sum n(N_3+N_5+7N_6+2N_8+6N_9+3N_{11}+N_{17}+N_{18})-a_2=0 \tag{4}$$

$$\sum n(0.5N_4+N_{10}+2N_{15}+N_{16}+N_{19}+N_{20})-b_2=0 \tag{5}$$

$$N_5=K_1N_1^3N_3 \tag{6}$$

$$N_6=K_2N_1^{12}N_3^7 \tag{7}$$

$$N_7=K_3N_1N_3 \tag{8}$$

$$N_8=K_4N_1N_3^2 \tag{9}$$

$$N_9=K_5N_1N_3^6 \tag{10}$$

$$N_{10} = K_6 N_4 N_3 \tag{11}$$

$$N_{11} = K_7 N_3^3 N_2^2 \tag{12}$$

$$N_{12} = K_8 N_1^3 N_2 \tag{13}$$

$$N_{13} = K_9 N_1^2 N_2 \tag{14}$$

$$N_{14} = K_{10} N_1 N_2 \tag{15}$$

$$N_{15} = K_{11} N_4^2 N_2 \tag{16}$$

$$N_{16} = K_{12} N_4 N_2 \tag{17}$$

$$N_{17} = K_{13} N_1 N_3 N_2^2 \tag{18}$$

$$N_{18} = K_{14} N_1^2 N_3 N_2 \tag{19}$$

$$N_{19} = K_{15} N_1 N_2^2 N_4 \tag{20}$$

$$N_{20} = K_{16} N_1^2 N_4 N_2^2 \tag{21}$$

考虑到要讨论的问题是炉外精炼常规温度，故在式（1）~式（21）中选取的温度值为1550℃，即 $T=1823K$，编制计算机程序，将一定的炉渣成分代入进行计算即可得到各结构单元的作用浓度。

4 对三种精炼渣系的计算结果及分析

我国的大冶钢厂、上钢五厂和日本山阳钢厂的轴承钢精炼渣系的成分见表 2。

由于 CaF_2 只起降低炉渣熔点的作用，不参加冶金反应，故将表 2 渣系中的四个主要成分 CaO-SiO_2-Al_2O_3-MgO 的含量代入所编程序，计算得到各结构单元的作用浓度。在此选取与所需讨论问题有关的几个结构单元的作用浓度列在表 3。

表 2 轴承钢精炼渣系的成分[5,6]

Table 2 Composition of slag system for refining bearing steel (%)

厂家	CaO	SiO_2	Al_2O_3	MgO	CaF_2	S	P_2O_5	FeO	MnO
大冶	38. 94	19. 46	14. 50	20. 19	0	0. 53	0. 016	0. 72	
上五	46. 71	21. 01	15. 01	10. 10	4. 56		0. 20	0. 96	
山阳	57. 8	13. 3	15. 8	4. 3	7. 8	1. 1	<0. 1	TFe0. 6	<0. 1

表 3 几个主要作用单元的作用浓度

Table 3 Action concentrations of the main action units

结构单元	CaO	Al_2O_3	$3CaO \cdot Al_2O_3$	$12CaO \cdot 7Al_2O_3$	$CaO \cdot Al_2O_3$	$CaO \cdot 2Al_2O_3$	$CaO \cdot 6Al_2O_3$
作用浓度	N_1	$N_3(10^{-3})$	$N_5(10^{-2})$	$N_6(10^{-11})$	$N_7(10^{-2})$	$N_8(10^{-4})$	N_9
大冶钢厂（Y）	0. 15	6. 7	0. 54	0. 11	3. 39	4. 80	$<10^{-10}$
上钢五厂（W）	0. 30	7. 1	0. 35	7. 5	6. 67	20. 60	$<10^{-10}$
山阳钢厂（S）	0. 45	5. 4	2. 40	18930. 0	8. 40	9. 50	$<10^{-10}$

以 Y 代表大冶钢厂、W 代表上钢五厂、S 代表山阳钢厂，讨论以下问题：

（1）脱氧。钢中的氧分为两部分，即溶解氧和夹杂物中的氧。在非真空精炼的条件下，必须首先将钢中的溶解氧变成夹杂物，然后去除，方可达到脱氧的目的。当脱氧过程由铝控制时，有下式：

$$2[Al] + 3[O] \longequal Al_2O_3 \tag{22}$$

$$\lg K = \lg \frac{a_{[Al_2O_3]}}{a_{[Al]}^2 a_{[O]}^3} = \frac{64000}{T} - 20.57 \tag{23}$$

由上式可知，当温度和铝含量一定时，溶解氧降低程度还取决于 Al_2O_3 的活度。由表 3 可知，$N_{3S}<N_{3Y}<N_{3W}$。因此，山阳渣系最有利于降低钢中的溶解氧。这一点对冶炼氧含量极低的钢种很重要，因为对于总氧低于 10ppm 的钢，1～2ppm 的溶解氧会占总氧量的 20%左右。因此，进行炉渣选取应注意在满足其他要求的同时，尽可能降低 Al_2O_3 的作用浓度。

（2）脱硫能力。炉外精炼过程的脱硫的热力学参数主要有钢水中的溶解氧含量和渣中的 CaO 活度（即作用浓度）。脱硫的表达式为

$$(CaO) + [S] \longequal (CaS) + [O] \tag{24}$$

$$\lg K = \lg \frac{a_{[O]} a_{[CaS]}}{a_{[S]} a_{(CaO)}} \tag{25}$$

根据上式，提高 CaO 的作用浓度，降低钢中的［O］有利于脱硫。$N_{1S}>N_{1W}>N_{1Y}$，加之山阳渣系容易获得低的溶解氧，因此山阳渣系具有最强的脱硫能力。从表 3 可以看出，$N_{1S}\approx 3N_{1Y}$。当山阳渣系与大冶渣系相平衡钢水中的 $a_{[O]}$、$a_{[S]}$ 都相同时，山阳渣系的 a_{CaO} 是大冶渣系 a_{CaO} 的 3 倍。从表 2 可以看出，山阳钢厂精炼渣渣中的硫含量是大冶钢厂精炼渣硫含量的二倍。

（3）点状夹杂物控制能力。渣中与点状夹杂物形成有关的作用单元是 mCaO · nAl$_2$O$_3$，表 3 中 $N_6<10^{-7}$，$N_9<10^{-10}$，因数值太小，故不需讨论。而 N_5、N_7、N_8 有如下关系：

$$N_{5S} > N_{5Y} > N_{5W}；N_{7S} > N_{7W} > N_{7Y}；N_{8W} > N_{8S} > N_{8Y}$$

因此，在三种渣系中，大冶的精炼渣具有最低的点状夹杂物形成可能性，而山阳渣系具有最高的点状夹杂物形成可能性。

通过以上三点讨论可以看出，山阳的轴承钢精炼渣有较强的脱氧和脱硫能力，但是点状夹杂物出现的可能性也最大。而大冶钢厂轴承钢精炼渣脱氧能力比山阳稍差，但是其点状夹杂物出现的可能性小。表 4 是大冶与山阳轴承钢总氧量与夹杂物评级情况的对比。表 4 中的结果与计算和分析的结果是一致的。

表 4　大冶钢厂与山阳钢厂总氧含量与夹杂物评级

Table 4　Total oxygen content and grade of inclusion of Daye Steel Co. and Sanyo Steel Works

厂家	工艺	总氧含量/ppm	A		B		C		D	
			T	H	T	H	T	H	T	H
大冶	EF+VAD	10.4	1.42	0	0.99	0	0	0	0	0
山阳	TST+CC	5.8	1.34	0.10	0.72	0			0.98	0.37
	EBT+CC	5.4	1.35	0.12	0.17	0			0.92	0.04

注：TST—倾转炉体出钢；EBT—偏心炉底出钢。

5　结语

本文应用炉渣的共存理论建立了 CaO-SiO$_2$-Al$_2$O$_3$-MgO 四元系的作用浓度模型，将我

国大冶钢厂、上钢五厂和日本山阳钢厂的轴承钢精炼渣系代入模型进行计算。选取了对钢水的纯净度有直接影响的结构单元的作用浓度值对三者的脱氧、脱硫能力以及钢中点状夹杂物形成趋势进行了分析，分析结果与钢的检验结果是一致的。这种一致性说明，应用共存理论建立模型选取对冶炼过程有利的炉渣的化学成分，是一种可行的方法。

参考文献

[1] 张圣弼，李道之．相图原理计算及其在冶金中的应用．北京：冶金工业出版社，1980.
[2] 魏寿昆．冶金热力学．上海：上海科技出版社，1980.
[3] Slag Atlas. Verlag Stahleisen M. B. H Düsseldorf. 1981.
[4] Turchdogen T T. Physical Chemistry of High Temperature Technology. New York: Acadamic Press, 1980: 5~24.
[5] 上彬年一．垂直型连续铸造法轴承钢的制造．鉄と鋼．1985，71（14）：63.
[6] 王平．轴承钢脱氧的理论与实践［博士学位论文］．北京：北京科技大学，1991.

The Model of Mass Action Concentration for Slag System of CaO-SiO_2-Al_2O_3-MgO and its Application

Wang Ping　Ma Tingwen　Zhang Jian

(University of Science and Technology Beijing)

Abstract: In accordance with the coexistence theory of slag structure, the model of mass action concentration for slag system of CaO-SiO_2-Al_2O_3-MgO is created. With this model, the action concentrations of slags, which are used for the refining of bearing steel in Daye Steel Works and in Shanghai No. 5 Iron & Steel Works as well as in Sanyo Special Steel Co., have been calculated. The action concentrations of the structural units of three kinds of slag mentioned above, which deals with deoxidation and desuphurization as well as possibility of emergence of globular inclusion, are compared. The results of calculation and comparison show that the refining slag used in Daye has a greater ability of preventing globular inclusion from emergence and that the refining slag used in Sanyo has greater ability of deoxidation and desuphurization. The results of calculation and comparison are in accordance with the results examined by Sanyo and Daye.

Keywords: coexistence theory; secondary refining; bearing steel

$FeO\text{-}Fe_2O_3\text{-}P_2O_5$ 渣系氧化能力的计算*

摘　要：用炉渣分子、离子共存理论模型对 $FeO\text{-}Fe_2O_3\text{-}P_2O_5$ 三元渣系的氧化能力进行了计算。对 $4FeO \cdot P_2O_5$ 这一结构单元存在与否进行了对比计算，从而推测炉渣的结构单元为 $(Fe^{2+}+O^{2-})$、Fe_2O_3、Fe_3O_4、$3FeO \cdot P_2O_5$、$4FeO \cdot P_2O_5$。结果表明在考虑 $4FeO \cdot P_2O_5$ 存在的情况下，计算所得炉渣的氧化能力与实测值符合很好，并求得 $4FeO \cdot P_2O_5$ 的生成自由能：

$$4(FeO) + (P_2O_5) = (4FeO \cdot P_2O_5)$$

$$\Delta G_T^{\ominus} = -459863.5 + 101.505T(J/mol)$$

关键词：共存理论；氧化能力；炉渣；磷酸四铁

1　引言

炉渣的分子、离子共存理论模型在计算多元渣系的氧化能力、脱硫能力、各结构单元的作用浓度方面得到了满意的结果[1~3]，但对含 P_2O_5 炉渣尚没有研究。本文对 $FeO\text{-}Fe_2O_3\text{-}P_2O_5$ 三元渣系的结构单元、氧化能力进行了研究和计算，为解决含 P_2O_5 多元渣系的氧化能力、脱磷能力问题打下基础[4]。

2　$FeO\text{-}Fe_2O_3\text{-}P_2O_5$ 三元渣系的分析

本计算采用万谷志郎的数据[5]。根据相图分析，$FeO\text{-}Fe_2O_3\text{-}P_2O_5$ 三元渣系的结构单元有：$(Fe^{2+}+O^{2-})$、Fe_2O_3、Fe_3O_4、$3FeO \cdot P_2O_5$，至于是否存在 $4FeO \cdot P_2O_5$ 值得讨论。炉渣的急冷样经 X 射线相分析，有未知物相存在，万谷志郎认为可能是 $4FeO \cdot P_2O_5$。

本文以计算结果如何来确定 $4FeO \cdot P_2O_5$ 在共存理论计算模型中是否存在。

3　计算模型

以 $4FeO \cdot P_2O_5$ 存在为前提建立模型。

令 $a_1 = \sum n_{P_2O_5}$，$a_2 = \sum n_{Fe_2O_3}$，$b_1 = \sum n_{FeO}$。其中，a_1、a_2、b_1 分别为 100g 炉渣中含有的 P_2O_5、Fe_2O_3、FeO 的总摩尔数。$N_1 = N_{FeO}$，$N_2 = N_{P_2O_5}$，$N_3 = N_{Fe_2O_3}$，$N_4 = N_{Fe_3O_4}$，$N_5 = N_{3FeO \cdot P_2O_5}$，$N_6 = N_{4FeO \cdot P_2O_5}$。其中，$N_i$ 为各结构单元的作用浓度，其数值等于 Raoult 定律的活度。$\sum n$ 为 100g 炉渣中所含各结构单元的摩尔数之和。

根据物料平衡有：

$$a_1 = \%P_2O_5/141.94 = \sum n(N_2 + N_5 + N_6)$$

$$a_2 = \%Fe_2O_3/159.68 = \sum n(N_3 + N_4)$$

$$b_1 = \%FeO/71.84 = \sum n(0.5N_1 + N_4 + 3N_5 + 4N_6)$$

---

* 本文合作者：北京有色金属研究总院王力军；原文发表于《化工冶金》，1996，17（1）：14~18。

根据共存理论有：

$$N_1+N_2+N_3+N_4+N_5+N_6=1$$

由化学反应平衡方程式有[6,7]：

$$(Fe^{2+}+O^{2-})+(Fe_2O_3)=\!=\!=(Fe_3O_4)$$

$$N_4=K_1N_1N_3 \qquad K_1=e^{(143858.448-12.5604T)/(8.31T)}$$

$$3(Fe^{2+}+O^{2-})+(P_2O_5)=\!=\!=(3FeO\cdot P_2O_5)$$

$$N_5=K_2N_1N_2 \qquad K_2=e^{(430404-92.708T)/(8.31T)}$$

$$4(Fe^{2+}+O^{2-})+(P_2O_5)=\!=\!=(4FeO\cdot P_2O_5)$$

$$N_6=K_3N_1^4N_2 \qquad K_3=e^{-\Delta G_3^{\ominus}/(RT)} \quad \Delta G_3^{\ominus}\text{未知}$$

以上诸式经简化得到如下方程：

$$N_2=(1-N_1)a_1/(C_8C_9) \tag{1}$$

$$N_3=(1-N_1)a_2/[C_8(1+K_1N_1)] \tag{2}$$

$$0.5a_1N_1+K_1a_1a_2(1-N_1)N_1/[C_8(1+K_1N_1)]$$
$$=-a_1(1-N_1)[(3a_1K_2N_1^3)+(4a_1K_3N_1^4-b_1C_9)]/(C_8C_9) \tag{3}$$

其中

$$C_8=a_1+a_2$$

$$C_9=1+K_2N_1^3+K_3N_1^4$$

当 K_1、K_2、K_3 已知，可由式（3）求得 N_1，从而求得 N_2、N_3、N_4、N_5、N_6。炉渣氧化能力由下式计算[3]：

$$N_{Fe_tO}=N_1+6N_3 \tag{4}$$

由于 K_3 未知，只能通过已知的试验数据求得。万谷志郎测定了 a_{Fe_tO}值，根据：

$$a_{Fe_tO}=N_{Fe_tO}$$

即实测炉渣氧化能力与模型计算所得炉渣氧化能力相等。因此，可由 a_{Fe_tO}求出 K_3。

4 计算结果

4.1 不考虑 $4FeO\cdot P_2O_5$ 存在时的计算结果

当不考虑 $4FeO\cdot P_2O_5$ 存在时，$K_3=0$，利用方程（3）、（4）可求得 N_{Fe_tO}、N_{Fe_tO}与 a_{Fe_tO}之比见图 1。图中直线为 $N_{Fe_tO}=a_{Fe_tO}$线。由图可见 $N_{Fe_tO}>a_{Fe_tO}$，说明这种模型有误。

4.2 考虑 $4FeO\cdot P_2O_5$ 存在时的计算模型

由已知的 a_{Fe_tO}求得 $\Delta G_3^{\ominus}$ 和 K_3 的值如下：

$$\Delta G_3^{\ominus}=-459863.5+101.505T(\text{J/mol}) \qquad R=0.95$$

$$K_3=e^{(459863.5-101.505T)/(8.31T)}$$

利用 K_1、K_2、K_3 求得 N_{Fe_tO}与 a_{Fe_tO}的关系见图 2。图中直线为 $a_{Fe_tO}=N_{Fe_tO}$线。由图可见，计算值与实测值符合很好。

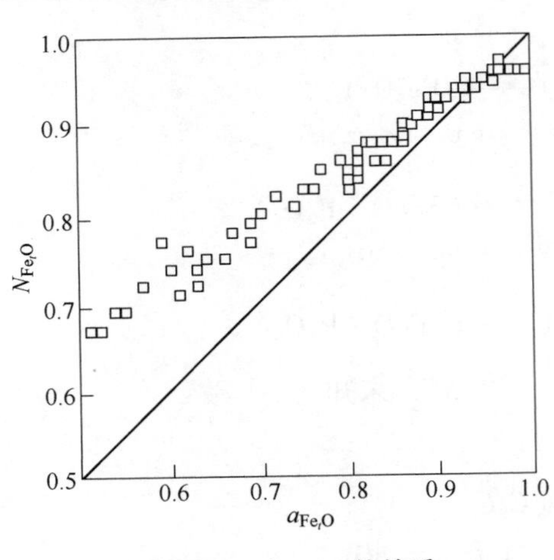

图 1　N_{Fe_tO}与 a_{Fe_tO}的关系

（不考虑 $4FeO \cdot P_2O_5$ 的存在）

Fig. 1　N_{Fe_tO} versus a_{Fe_tO}（no $4FeO \cdot P_2O_5$）

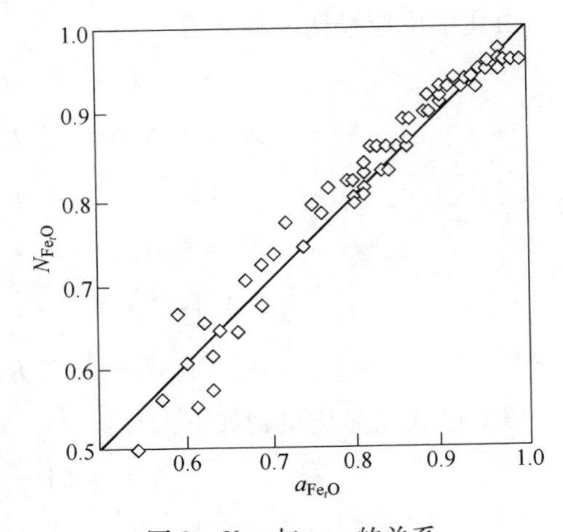

图 2　N_{Fe_tO}与 a_{Fe_tO}的关系

（考虑 $4FeO \cdot P_2O_5$ 的存在）

Fig. 2　N_{Fe_tO} versus a_{Fe_tO}（with $4FeO \cdot P_2O_5$）

5　讨论

在炉渣分子、离子共存理论计算模型中，作用浓度是考虑了炉渣中各组元的结合并达到平衡之后的各结构单元的摩尔分数，结构单元的确定是解决问题的关键。在不考虑 $4FeO \cdot P_2O_5$ 存在时的计算结果中，$N_{Fe_tO}>a_{Fe_tO}$，说明有较多的自由 FeO 存在，即事实上有 FeO 被结合成分子而在模型中未考虑。能与 FeO 结合的有 Fe_2O_3 和 P_2O_5，而 FeO 与 Fe_2O_3 只生成 Fe_3O_4 这一种分子已是肯定的。P_2O_5 与 FeO 结合生成 $4FeO \cdot P_2O_5$ 是可能的。基于相图和万谷志郎的怀疑，应首先考虑 $4FeO \cdot P_2O_5$ 的存在，受到 CaO-P_2O_5 系有 $CaO \cdot P_2O_5$、$2CaO \cdot P_2O_5$、$3CaO \cdot P_2O_5$、$4CaO \cdot P_2O_5$ 存在的启示，计算中也试图认为 FeO-Fe_2O_3-P_2O_5 三元素中有 $FeO \cdot P_2O_5$、$2FeO \cdot P_2O_5$、$3FeO \cdot P_2O_5$、$4FeP_2O_5$ 同时存在，但计算结果表明这种设想是错误的。由于假设 $4FeO \cdot P_2O_5$ 存在的模型使计算结果与实测值吻合较好，故认为该模型正确。

结构单元的确定首先基于现有的相图理论和实验现象，而最终以计算结果是否符合实验值来确定其是否正确。

$4FeO \cdot P_2O_5$ 在液相炉渣中是否存在，以及其实测生成自由能与计算所得结果是否一致有待进一步研究。但是对共存理论计算模型来说，认为 $4FeO \cdot P_2O_5$ 存在是可以的，而且为解决多元渣系脱磷能力的计算问题打下了基础。

6　结论

（1）用炉渣分子、离子共存理论模型对 FeO-Fe_2O_3-P_2O_5 三元渣系的氧化能力进行了计算推测，FeO-Fe_2O_3-P_2O_5 渣系的结构单元是（Fe^{2+} + O^{2-}）、Fe_2O_3、Fe_3O_4、$3FeO \cdot P_2O_5$、

$4FeO \cdot P_2O_5$。

（2）由计算推测 $4FeO \cdot P_2O_5$ 在炉渣中存在，并且求得 $4FeO \cdot P_2O_5$ 的生成自由能：

$$4(Fe^{2+} + O^{2-}) + P_2O_5 = 4FeO \cdot P_2O_5$$

$$\Delta G_T^{\ominus} = -459863.5 + 101.505T(J/mol)$$

（3）$FeO\text{-}Fe_2O_3\text{-}P_2O_5$ 三元渣系的计算为多元渣系的脱磷能力计算打下了基础。

参考文献

[1] 张鉴．炉渣脱硫的定量计算理论．北京钢铁学院学报，1984，10（2）：24~38.

[2] 张鉴．关于炉渣结构的共存理论．北京钢铁学院学报，1984，10（1）：21~29.

[3] 张鉴，王潮，佟福生．多元熔渣氧化能力的计算模型．钢铁研究学报，1992，（2）：23~31.

[4] 王力军．电弧炉泡沫渣及其脱磷能力的研究．博士论文．北京：北京科技大学，1993：57~105.

[5] 万谷志郎，长林烈．鉄と鋼，1982，68（2）：261~268.

[6] 陈家祥．炼钢常用图表数据手册．北京：冶金工业出版社，1984：540~555.

[7] William T Lankfork，Norman L Samways. The Making，Shaping and Treating of Steel，10th Ed. United States Steel Corporation，1985：389~390.

The Calculation of Oxidizing Ability of $FeO\text{-}Fe_2O_3\text{-}P_2O_5$ System

Wang Lijun

(Beijing General Research Institute for Nonferrous Metals)

Zhang Jian

(University of Science and Technology Beijing)

Abstract: The oxidizing ability of $FeO\text{-}Fe_2O_3\text{-}P_2O_5$ slag is calculated on the basis of the coexistence theory of slag. The results show that the existence of the structure unit $4FeO \cdot P_2O_5$ seemsa truth, at least for the computing model, and it is suggested that the structure units of this slag system include as: $(Fe^{2+}+O^{2-})$, Fe_2O_3, Fe_3O_4, $3FeO \cdot P_2O_5$ and $4FeO \cdot P_2O_5$. The standard free energy of $4FeO \cdot P_2O_5$ is also obtained as

$$4(FeO) + (P_2O_5) = (4FeO \cdot P_2O_5)$$

$$\Delta G_T^{\ominus} = -459863.5 + 101.505T(J/mol)$$

Keywords: oxidizing ability; coexistence theory; slag; $4FeO \cdot P_2O_5$

二元冶金熔体热力学性质与其相图类型的一致性（或相似性）*

摘　要：对二元金属熔体、炉渣熔体、熔盐和熔锍的热力学性质结合相图进行了综合研究，发现当相图类型相同时，其组元作用浓度的计算模型在大多数情况下是相同的（一致性），在个别情况下只有微小差别，但也是相似的（相似性）。

关键词：冶金熔体；熔渣；熔盐；熔锍；相图；热力学

1　引言

经过几十年的研究，目前国内外在冶金熔体的热力学性质方面已经积累了相当丰富的实验数据[1~4]。对这些数据进行综合，继而进行系统总结，使其上升为规律性的原理或规范，以指导进一步的实验工作和生产实践，已变得十分必要。计算机的飞速发展为开展这项有意义的工作提供了极为便利的条件，这样做由于减少研究工作中不必要的重复，不但节省实验费用，而且可以在较广范围内总结具有宏观作用的规律，从而不使我们长期陷入经验阶段而迟滞不前。基于这种思考，作者陆续对炉渣熔体、金属熔体、熔盐和熔锍的热力学性质进行了研究，以此为基础结合国内外冶金工作者长期积累的研究结果，本文即可从整体上对二元冶金熔体的热力学性质进行总结。

文献［5］曾根据相图类型将金属熔体的热力学性质分为：含化合物、含包晶体、含饱和相、含共晶体、含固溶体和形成连续固溶体的金属熔体六类。由于在炉渣、熔盐和熔锍中未发现形成连续固溶体的冶金熔体，故本文拟就前五类进行讨论。

2　含复杂化合物的熔体

文献［6~9］中已对含复杂化合物的冶金熔体做了详细讨论。现将反应前组元 1 和 2 的摩尔分数记为 $b = \sum x_1$，$a = \sum x_2$；平衡后的组元作用浓度为 N_1 和 N_2（其值等于实测活度，单位为摩尔分数）；$N_i = K_i N_1^x N_2^y$，为二元系生成化合物的作用浓度（x 和 y 分别表示 x 个 1（或 A）组元和 y 个 2（或 B）组元相化合，K 为平衡常数），则可将本二元系作用浓度计算模型通式写作：

$$xA_{(l)} + yB_{(l)} = A_xB_{y(l)} \quad K_i = N_i / N_1^x N_2^y,\ N_i = K_i N_1^x N_2^y \tag{1}$$

$$N_1 + N_2 + \sum K_i N_1^x N_2^y - 1 = 0 \tag{2}$$

$$aN_1 - bN_2 + \sum K_i (xa - yb) N_1^x N_2^y = 0 \tag{3}$$

---

* 国家科委资助项目。

原文首次发表在《冶金物理化学论文集（庆祝魏寿昆教授九十华诞暨从事工程教育事业六十七周年）》，北京：冶金工业出版社，1997：170~178；后发表于《金属学报》，1998，34（7）：742~752。

$$1 - (a + 1)N_1 - (1 - b)N_2 = \sum K_i(xa - yb + 1)N_1^x N_2^y \tag{4}$$

式（2）和式（3）用以计算作用浓度，式（2）和式（4）用以回归平衡常数。

2.1 含复杂化合物的金属熔体

以 Fe-Ti 二元溶体为例，生成的化合物有 Fe_2Ti、FeTi 和 $FeTi_2$[6]，其作用浓度的计算模型按以上通式可写作：

$$N_1 + N_2 + K_1 N_1^2 N_2 + K_2 N_1 N_2 + K_3 N_1 N_2^2 - 1 = 0 \tag{5}$$

$$aN_1 - bN_2 + K_1(2a - b)N_1^2 N_2 + K_2(a - b)N_1 N_2 + K_3(a - 2b)N_1 N_2^2 = 0 \tag{6}$$

$$1 - (a - 1)N_1 - (1 - b)N_2 = K_1(2a - b + 1)N_1^2 N_2 + K_2(a - b + 1)N_1 N_2 + K_3(a - 2b + 1)N_1 N_2^2 \tag{7}$$

式中，$N_1 = N_{Fe}$，$N_2 = N_{Ti}$；$K_1 = K_{Fe_2Ti}$，$K_2 = K_{FeTi}$，$K_3 = K_{FeTi_2}$。

用以上模型计算得 N_{Fe} 和 N_{Ti} 与实测 a_{Fe} 和 a_{Ti}[10] 值的对比如图 1 所示。由图可见，计算和实测值符合，证明通式（2）~式（4）对金属熔体是适用的，而且模型式（5）~式（7）与通式（2）~式（4）完全一致。

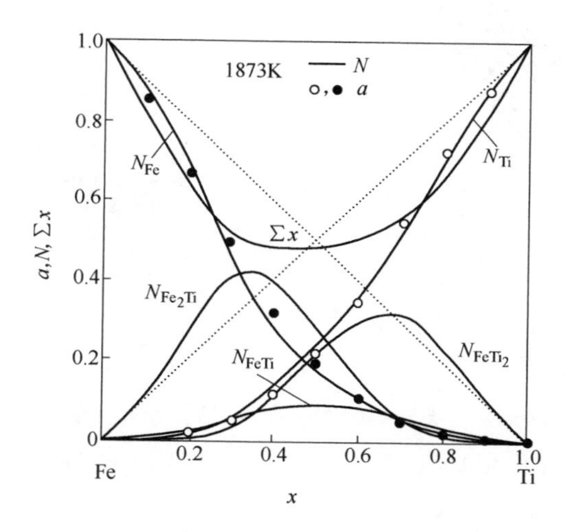

图 1　Fe-Ti 熔体的计算值（N）与实测值（a）的对比

Fig. 1　Comparison of calculated (N) and measured (a) values for Fe-Ti melts

($K_1 = 2.1347$，$K_2 = 34.1471$，$K_3 = 21.7254$)

2.2 含复杂化合物的炉渣熔体

以 Na_2O-SiO_2 渣系为例，生成的化合物有[11]：Na_2SiO_3、Na_4SiO_4 和 $Na_2O \cdot 2SiO_2$。根据炉渣结构的共存理论[7]，可将本渣系的作用浓度计算模型写作：

$$(2Na^+ + O^{2-}) + SiO_{2(s)} =\!=\!= (Na_2SiO_3) \qquad K_1 = N_3/N_1N_2,\ N_3 = K_1N_1N_2 \tag{8}$$

$$2(2Na^+ + O^{2-}) + SiO_{2(s)} =\!=\!= (Na_4SiO_4) \qquad K_2 = N_4/N_1^2N_2,\ N_4 = K_2N_1^2N_2 \tag{9}$$

$$(2Na^+ + O^{2-}) + 2SiO_{2(s)} = (Na_2O \cdot 2SiO_2)\ K_3 = N_5/N_1N_2^2,\ N_5 = K_3N_1N_2^2 \quad (10)$$

$$N_1 + N_2 + K_1N_1N_2 + K_2N_1^2N_2 + K_3N_1N_2^2 - 1 = 0 \quad (11)$$

$$1/3aN_1 - bN_2 + K_1(a-b)N_1N_2 + K_2(2a-b)N_1^2N_2 + K_3(a-2b)N_2N_2^2 = 0 \quad (12)$$

$$1 - (1/3a+1)N_1 - (1-b)N_2 = K_1(a-b+1)N_1N_2 + K_2(2a-b+1)N_1^2N_2 + K_3(a-2b+1)N_1N_2^2 \quad (13)$$

式中，$N_1 = N_{Na_2O}$，$N_2 = N_{SiO_2}$；$K_1 = K_{Na_2SiO_3}$，$K_2 = K_{Na_4SiO_4}$，$K_3 = K_{Na_2O \cdot 2SiO_2}$。

计算的结果如图 2 所示。计算的结果与实际相符，表明计算模型可反映本渣系的实际结构。由以上模型看出，除 a 的前面 $1/3(N_1 = (2x_{Na^+} + x_{O^{2-}})/\sum x = 3x_{Na_2O}/\sum x$，$x_{Na_2O} = 1/3\sum xN_1)$ 外，本渣系的计算模型与式（1）~式（4）属于同一类型，因而是相似的。$\sum x$ 为平衡总摩尔分数。

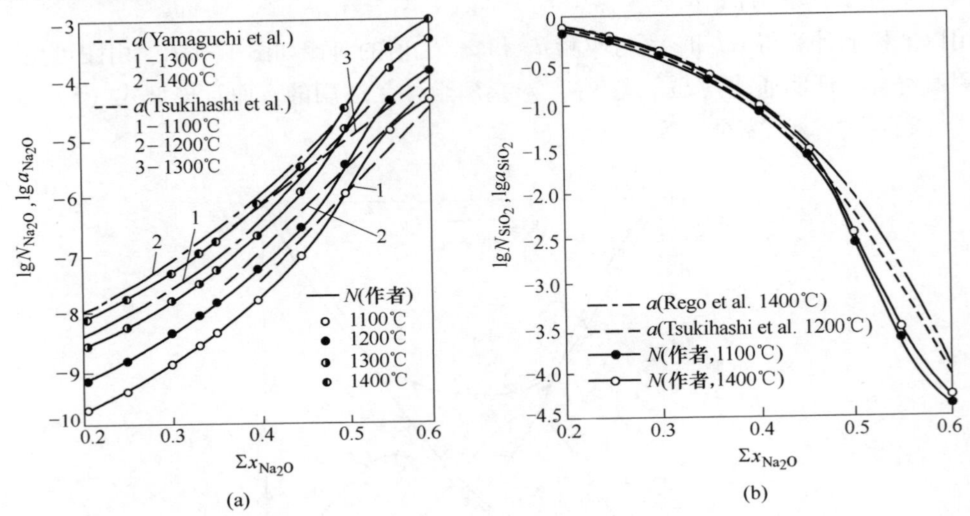

图 2　Na_2O-SiO_2 渣系计算的作用浓度（N）与实测值（a）的比较

Fig. 2　Comparison of calculated (N) and measured (a) values for Na_2O-SiO_2 slag system

(a) Na_2O；(b) SiO_2

1100℃：$K_1 = 3.365 \times 10^8$，$K_2 = 9.742 \times 10^{12}$，$K_3 = 2.876 \times 10^9$

1400℃：$K_1 = 8.101 \times 10^6$，$K_2 = 9.258 \times 10^9$，$K_3 = 7.127 \times 10^7$

2.3　含复杂化合物的熔盐

以 $PbCl_2$-KCl 二元熔盐为例[8]，其中有 $2PbCl_2 \cdot KCl$ 和 $PbCl_2 \cdot 2KCl$ 两个复杂化合物生成，前者有固液相同成分熔点，后者为包晶体。设 $b = \sum x_{PbCl_2}$，$a = \sum x_{KCl}$；$N_1 = N_{PbCl_2}$，$N_2 = N_{KCl}$，$N_3 = N_{2PbCl_2 \cdot KCl}$，$N_4 = N_{PbCl_2 \cdot 2KCl}$；$K_1 = K_{2PbCl_2 \cdot KCl}$，$K_2 = K_{PbCl_2 \cdot 2KCl}$。

按正负离子未分开的方式，可将其作用浓度计算模型写作：

$$2(Pb^{2+}\ Cl_2^{2-}) + (K^+\ Cl^-) = (2PbCl_2 \cdot KCl) \qquad K_1 = N_3/N_1^2N_2,\ N_3 = K_1N_1^2N_2 \quad (14)$$

$$(Pb^{2+}\ Cl_2^{2-}) + 2(K^+\ Cl^-) = (PbCl_2 \cdot 2KCl) \qquad K_2 = N_4/N_1N_2^2,\ N_4 = K_2N_1N_2^2 \quad (15)$$

$$N_1 + N_2 + K_1N_1^2N_2 + K_2N_1N_2^2 - 1 = 0 \tag{16}$$

$$aN_1 + bN_2 + K_1(2a - b)N_1^2N_2 + K_2(a - 2b)N_1N_2^2 = 0 \tag{17}$$

$$1 - (a + 1)N_1 - (1 - b)N_2 = K_1(2a - b + 1)N_1^2N_2 + K_2(a - 2b + 1)N_1N_2^2 \tag{18}$$

计算结果如图 3 所示。计算与实测值[15]符合，证明计算模型能够反映本熔体的结构特点。从本例看出，所用计算模型与式（2）~式（4）模型通式完全一致。

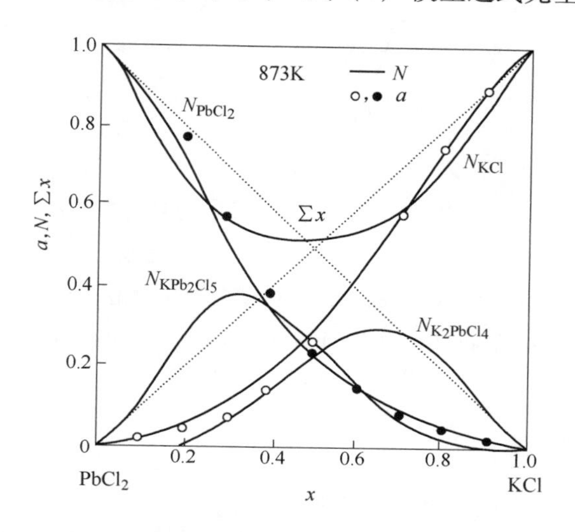

图 3 $PbCl_2$-KCl 熔盐的计算值（N）与实测值（a）的比较

Fig. 3 Comparison of calculated（N）and measured（a）values for $PbCl_2$-KCl salts

（$K_1 = 17.2959$，$K_2 = 11.441$）

2.4 含复杂化合物的熔锍

以 Ag_2S-Sb_2S_3 二元熔锍为例[9]，本熔体中有 $Ag_2Sb_2S_4$ 和 $Ag_6Sb_2S_6$ 两个化合物生成。设 $b = \sum x_{Ag_2S}$，$a = \sum x_{Sb_2S_3}$；$N_1 = N_{Ag_2S}$，$N_2 = N_{Sb_2S_3}$，$N_3 = N_{Ag_2Sb_2S_4}$，$N_4 = N_{Ag_6Sb_2S_6}$；$K_1 = K_{Ag_2Sb_2S_4}$，$K_2 = K_{Ag_6Sb_2S_6}$。按正负离子未分开的方式，可将本熔体作用浓度计算模型写作：

$$(Ag_2^{2+}S^{2-}) + (Sb_2^{6+}S_3^{6-}) = (Ag_2Sb_2S_4) \quad K_1 = N_3/N_1N_2,\ N_3 = K_1N_1N_2 \tag{19}$$

$$3(Ag_2^{2+}S^{2-}) + (Sb_2^{6+}S_3^{6-}) = (Ag_6Sb_2S_6) \quad K_2 = N_4/N_1^3N_2,\ N_4 = K_2N_1^3N_2 \tag{20}$$

$$N_1 + N_2 + K_1N_1N_2 + K_2N_1^3N_2 - 1 = 0 \tag{21}$$

$$aN_1 - bN_2 + K_1(a - b)N_1N_2 + K_2(3a - b)N_1^3N_2 = 0 \tag{22}$$

$$1 - (a + 1)N_1 - (1 - b)N_2 = K_1(a - b + 1)N_1N_2 + K_2(3a - b + 1)N_1^3N_2 \tag{23}$$

用以上模型计算的作用浓度与实测活度[16]对比如图 4 所示。计算值与实测值良好的符合程度，证明以上模型可以反映本熔体的结构本质。

从以上对含复杂化合物的金属熔体、炉渣熔体、熔盐和熔锍的计算结果，可以明显地看出，除炉渣熔体中有微小的差别外，其余计算模型均与模型通式（2）~式（4）属于同一类型；炉渣熔体作用浓度的计算模型也与其相似。所以只要相图类型相同，计算模型的类型也会相同，这就是上述计算模型与相图的一致性。

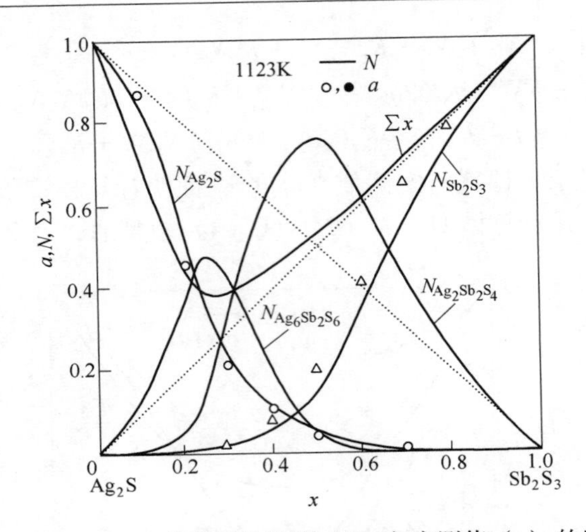

图 4　Ag_2S-Sb_2S_3 熔锍的计算值（N）与实测值（a）的比较

Fig. 4　Comparison of calculated (N) and measured (a) values for Ag_2S-Sb_2S_3 mattes

($K_1 = 97.165$，$K_2 = 2300.52$)

3　含包晶体的冶金熔体

含包晶体冶金熔体的作用浓度计算模型与含化合物金属熔体无异，即同样可以使用式（2）~式（4）的通式。但对何种包晶体可以在熔体中存在，则需要通过制订不同方案进行比较来确定。

3.1　含包晶体的金属熔体

以 Au-Bi 二元熔体为例[17]，该熔体于 973K 下存在一个包晶体 Au_2Bi 和一个亚稳态化合物 AuBi。设 $b = \sum x_{Au}$，$a = \sum x_{Bi}$；$N_1 = N_{Au}$，$N_2 = N_{Bi}$，$N_3 = N_{Au_2Bi}$，$N_4 = N_{AuBi}$，$K_1 = K_{Au_2Bi}$，$K_2 = K_{AuBi}$。则可将其作用浓度的计算模型写作：

$$N_1 + N_2 + K_1N_1^2N_2 + K_2N_1N_2 - 1 = 0 \tag{24}$$

$$aN_1 - bN_2 + K_1(2a - b)N_1^2N_2 + K_2(a - b)N_1N_2 = 0 \tag{25}$$

$$1 - (a - 1)N_1 - (1 - b)N_2 = K_1(2a - b + 1)N_1^2N_2 + K_2(a - b + 1)N_1N_2 \tag{26}$$

计算结果与实测值[1]对照如图 5 所示，两者符合，证明计算模型是正确的。

3.2　含包晶体的炉渣熔体

本文 2.2 节 Na_2O-SiO_2 二元系中的 $2Na_2O \cdot SiO_2$、MgO-SiO_2 二元系的 $MgSiO_3$、MnO-SiO_2 二元系的 $MnSiO_3$ 等均为包晶体，但反复的实践[18]证明，它们都可以在熔体中存在。因在含饱和相的炉渣熔体（4.2 节）中还要讨论，此处不再举例。

3.3　含包晶体的熔盐

$MgCl_2$-NaCl 二元系中生成 $NaMgCl_3$ 和 Na_2MgCl_4 两个包晶体[19]。设 $b = \sum x_{NaCl}$，$a = \sum x_{MgCl_2}$；$N_1 = N_{NaCl}$，$N_2 = N_{MgCl_2}$，$N_3 = N_{NaMgCl_3}$，$N_4 = N_{Na_2MgCl_4}$；$K_1 = K_{NaMgCl_3}$，$K_2 = K_{Na_2MgCl_4}$。

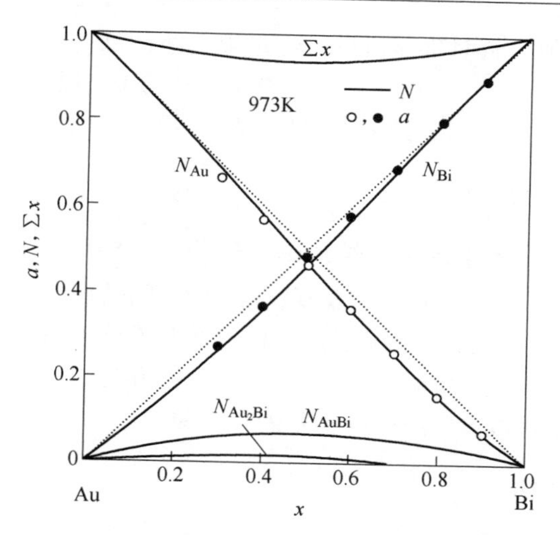

图 5　Au-Bi 熔体的计算结算（N）与实测值（a）的比较

Fig. 5　Comparison of calculated results（N）and measured values（a）for Au-Bi melts

（$K_1 = 0.032915$，$K_2 = 0.34191$）

按正负离子未分开的条件，可将该二元系作用浓度计算模型写作：

$$N_1 + N_2 + K_1 N_1 N_2 + K_2 N_1^2 N_2 - 1 = 0 \tag{27}$$

$$aN_1 - bN_2 + K_1(a - b)N_1 N_2 + K_2(2a - b)N_1^2 N_2 = 0 \tag{28}$$

$$1 - (a + 1)N_1 - (1 - b)N_2 = K_1(a - b + 1)N_1 N_2 + K_2(2a - b + 1)N_1^2 N_2 \tag{29}$$

计算值与实测值[19]对比如图 6 所示。两者良好的符合程度，证明计算模型能够反映该熔体的实际结构。

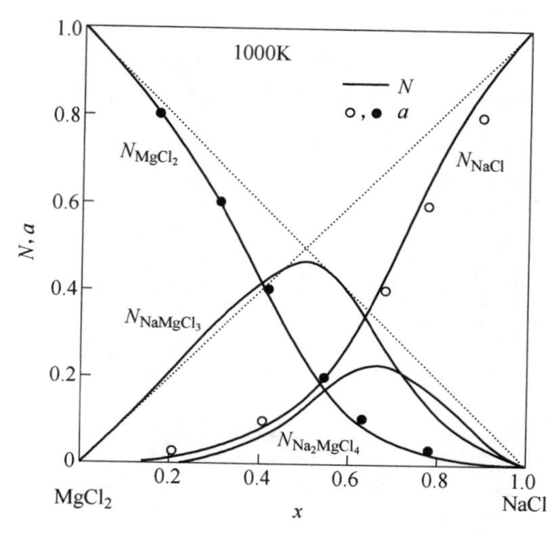

图 6　$MgCl_2$-NaCl 熔盐的计算值（N）与实测值（a）的比较

Fig. 6　Comparison of calculated（N）and measured（a）values for $MgCl_2$-NaCl salts

（$K_1 = 12.8073$，$K_2 = 24.7102$）

Ca_2S-Na_2S 及 Ag_2S-Tl_2S 等熔锍相图中也有包晶体，以上计算模型也应能够适用。但因未得到有关的实测活度值，暂时不能讨论。通过以上两例已可看出，含包晶体冶金熔体的作用浓度均可用通式（2）~式（4）来计算。这证明大多数包晶体不仅在冶金熔体中可以存在，而且可以像具有固液相同成分熔点的化合物一样参与化学反应。

4 含饱和相的冶金熔体

含 C、N、O、S、P 等元素的金属熔体中，这些元素多呈饱和状态。$CaO\text{-}SiO_2$、$MgO\text{-}SiO_2$、$MnO\text{-}SiO_2$ 等二元渣系中，SiO_2 和温度在液相线以下的上述二元渣系中也会有饱和的 CaO、MgO、MnO 等产生，在此种情况下，均相模型已不能正确地表达这些成分的真实浓度。成国光等采用纯物质向饱和标准态的转换系数的方法，成功地解决了这一问题[18]。以下举金属和炉渣熔体方面的两个例子加以说明。

4.1 含饱和相的金属熔体

以 Fe-S 二元熔体为例[20]，本熔体中有 FeS 和 FeS_2 两个化合物生成。设 $b = \sum x_{Fe}$，$a = \sum x_S$；$N_1 = N_{Fe}$，$N_2 = N_S$，$N_3 = N_{FeS}$，$N_4 = N_{FeS_2}$；$K_1 = K_{FeS}$，$K_2 = K_{FeS_2}$。可将本二元系熔体的作用浓度计算模型写作：

$$[Fe] + [S] === [FeS] \qquad K_1 = N_3/N_1N_2 \text{ , } N_3 = K_1N_1N_2 \tag{30}$$

$$\Delta G^{\ominus} = 33613.72 - 34.12T(J/mol)$$

$$[Fe] + 2[S] === [FeS_2] \qquad K_2 = N_4/N_1N_2^2 \text{ , } N_4 = K_2N_1N_2^2 \tag{31}$$

$$\Delta G^{\ominus} = -208078.42 - 7.98T(J/mol)$$

$$N_1 + N_2 + K_1N_1N_2 + K_2N_1N_2^2 - 1 = 0 \tag{32}$$

$$aN_1 - bN_2 + K_1(a-b)N_1N_2 + K_2(a-2b)N_1N_2^2 = 0 \tag{33}$$

纯物态向饱和标准态的转换系数：

$$L_S = a_S/N_S \text{ , } N'_S = L_SN_S \tag{34}$$

$$\lg L_S = 1064.04/T + 0.395(r = 1.0)$$

计算的饱和态作用浓度 N'_S 与实测 a_S 对比如图 7 所示。二者符合良好，证明计算模型正确。

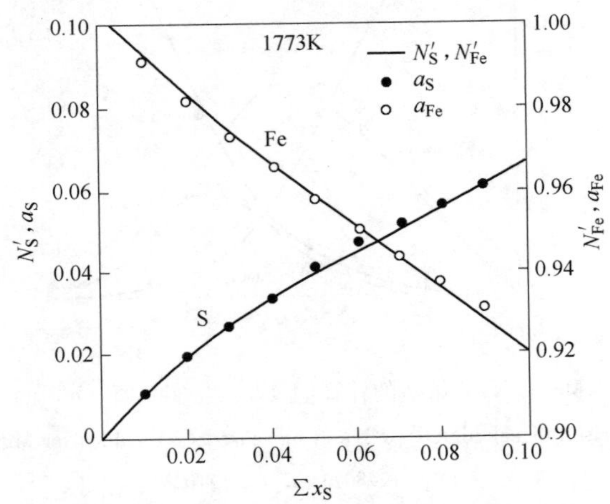

图 7 Fe-S 熔体的计算作用浓度（N'）与实测活度（a）的对比

Fig. 7 Comparison of calculated (N') and measured (a) values for Fe-S melts

4.2 含饱和相的炉渣熔体

$MnO-SiO_2$ 渣系中既能生成具有固液相同成分熔点的 Mn_2SiO_4，又可生成包晶体 $MnSiO_3$。对 $MnO-SiO_2$ 熔渣作用浓度的计算表明，1873K 下的 N_{MnO} 与 a_{MnO} 一致，而 N_{SiO_2} 与 a_{SiO_2} 则相差较大；当温度低于 1873K 时，则不仅 K_{SiO_2} 与 a_{SiO_2} 有差距，而且 N_{MnO} 与 a_{MnO} 间也存在一定的差别。因此，对该二元系而言，既有确定 $MnSiO_3$ 在熔渣中是否存在的问题，也有如何使计算的作用浓度与实际一致的问题[18]。

设 $b = \sum x_{MnO}$，$a = \sum x_{SiO_2}$；$N_1 = N_{MnO}$，$N_2 = N_{SiO_2}$，$N_3 = N_{MnSiO_3}$，$N_4 = N_{Mn_2SiO_4}$；$K_1 = K_{MnSiO_3}$，$K_2 = K_{Mn_2SiO_4}$。按照炉渣结构的共存理论可将本渣系作用浓度的计算模型写作：

$$(Mn^{2+} + O^{2-})_{(s)} + SiO_{2(s)} = (MnSiO_3)_{(l)} \qquad K_1 = N_3/N_1N_2,\ N_3 = K_1N_1N_2 \tag{35}$$

$$2(Mn^{2+} + O^{2-})_{(s)} + SiO_{2(s)} = (Mn_2SiO_4)_{(l)} \qquad K_2 = N_4/N_1^2N_2,\ N_4 = K_2N_1^2N_2 \tag{36}$$

$$N_1 + N_2 + K_1N_1N_2 + K_2N_1^2N_2 - 1 = 0 \tag{37}$$

$$0.5aN_1 - bN_2 + K_1(a-b)N_1N_2 + K_2(2a-b)N_1^2N_2 = 0 \tag{38}$$

$$1 - (0.5a+1)N_1 - (1-b)N_2 = K_1(a-b+1)N_1N_2 + K_2(2a-b+1)N_1^2N_2 \tag{39}$$

$$\lg L_{SiO_2} = 625.0/T + 0.116,\ N'_{SiO_2} = L_{SiO_2}N_{SiO_2}\ (1673 \sim 1873K) \tag{40}$$

$$\lg L_{MnO} = 2667.7/T - 1.410,\ N'_{MnO} = L_{MnO}N_{MnO}\ (1673 \sim 1873K) \tag{41}$$

计算的作用浓度 N'_{SiO_2} 和 N'_{MnO} 与实测 a_{SiO_2} 和 a_{MnO}[21] 对比如图 8 所示。由图可见，二者符合，证明以上模型能够反映该熔体的结构本质，也证明 $MnSiO_3$ 包晶体确实存在于该溶体中，而且参与了该熔体的化学反应。

从以上两例看出，虽然在炉渣熔体的模型中，因 $x_{MnO} = 0.5\sum xN_{MnO}$ 而出现了 0.5a，但就总体而言，含饱和相金属熔体和含饱和相炉渣熔体的计算模型仍极为相似。

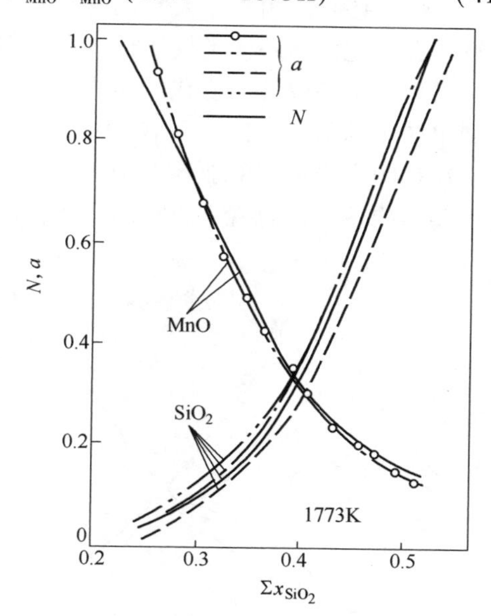

图 8　$MnO-SiO_2$ 熔渣的计算作用浓度（N'）与实测活度（a）的对比

Fig. 8　Comparison of calculated (N') and measured (a) values for $MnO-SiO_2$ melts

5　含共晶体的熔体

文献［22］详尽地讨论了含共晶体二元金属熔体作用浓度的计算模型，在文献［8，9］中也涉及了含共晶体熔盐和熔锍的作用浓度计算模型问题。二元渣系 CaO-MgO、SrO-MgO、BaO-MgO、CaO-BeO 等也属于含共晶体的渣系，只是还未得到有关其活度的报道，暂时还不能讨论。但从前三方面的情况已经可以概括出一般的规律。

设 $b = \sum x_B$，$a = \sum x_A$；$N_1 = N_B$，$N_2 = N_A$，$N_3 = N_{AB}$（或 $N_{B_2A_3}$）；$K = K_{AB}$（或 $K_{B_3A_2}$）。

并组成两个溶液 A+AB 和 B+AB 或 $A+B_2A_3$ 和 $B+B_2A_3$（其中 AB 和 B_2A_3 为亚稳态中间化合物），则可将其作用浓度计算模型写作：

对活度呈对称性偏差的熔体

$$A + B = AB \quad K = N_3/N_1N_2,\ N_3 = KN_1N_2 \tag{42}$$

$$N_1 + KN_1N_2/b = 1,\ N_2 + KN_1N_2/a = 1 \tag{43}$$

$$K = ab(2 - N_1 - N_2)/(a + b)N_1N_2 \tag{44}$$

对活度呈非对称性偏差的熔体

$$3A + 2B = B_2A_3 \quad K = N_3/N_1^2N_2^3,\ N_3 = KN_1^2N_2^3 \tag{45}$$

$$N_1 = 2KN_1^2N_2^3/b = 1,\ N_2 + 3KN_1^2N_2^3/a = 1 \tag{46}$$

$$K = ab(2 - N_1 - N_2)/(2a + 3b)N_1^2N_2^3 \tag{47}$$

用上述模型对金属熔体、熔盐和熔锍进行处理后，得到的作用浓度与实测活度值[23, 24]对比如图 9 所示。图 9（a）为活度呈对称性偏差的二元熔锍的例子，类似的例子在金属熔体中有 Bi-Sn（$K_{BiSn,600K}=0.832184$）和 Cd-Sn（$K_{CdSn,406K}=0.615091$）等；在熔盐中有 $PbCl_2$-LiCl（$K_{LiPbCl_3,873K}=0.838755$）。图 9（b）为活度呈非对称性偏差的二元熔锍的例子，类似的例子在金属中如 Al-Sn（$K_{Al_2Sn_3,973K}=0.40972$）等，在熔盐中如 NaCl-KCl（$K_{2NaCl\cdot 3KCl,913K}=0.341547$）。计算作用浓度与实测活度完全符合的事实，证明不论熔体为金属、熔盐还是熔锍，只要它们的相图类型相同，则它们的作用浓度即可以用同类的模型进行计算；此外，用同类模型计算的作用浓度随成分而变化的曲线也基本上是相似的。因此，根据活度随成分而变化的曲线形状，也可以对熔体中存在的结构单元和进行的化学反应做出初步的估计。这就是各种熔体热力学性质与其相图类别的一致性。由本节也可看出，在相图中未见到的亚稳态中间化合物不仅存在于含共晶体的熔体中，而且是参与反应的重要结构单元，忽视它，在冶金熔体内部反应中表现的正偏差将是不可思议的。

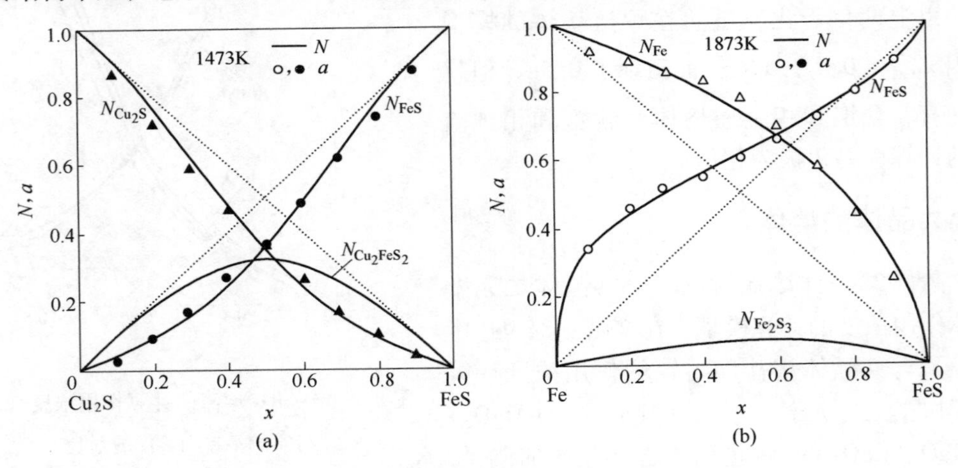

图 9　Cu_2S-FeSi 和 Fe-FeS 熔锍的计算的作用浓度（N）与实测活度（a）的对比

Fig. 9　Comparison of calculated mass action concentrations（N）and measured activities（a）for Cu_2S-FeSi and Fe-FeS mattes

（a）Cu_2S-FeS 熔锍，$K_{Cu_2FeS_2}=2.58349$；（b）Fe-FeS 熔体，$K_{Fe_5S_3}=0.519730$

6 含固溶体的熔体

文献［25］已经对含固溶体金属熔体的作用浓度计算模型进行了较详尽地讨论，文献［26］又对二元氧化物固溶体的作用浓度计算模型进行了论证，文献［27］对二元固溶体 $MgCl_2$-LiCl 和 KCl-LiCl 的热力学性质作了介绍。此外有不少二元熔锍，如 Cu_2S-Ag_2S、ZnS-FeS 等也属于固溶体。因此，含固溶体是冶金熔体的普遍现象。含固溶体冶金熔体生成 AB 型亚稳态化合物者，属于两相溶液，其作用浓度计算模型与含共晶体熔体的式（42）~式（44）模型无异；属于均相溶液者，其作用浓度计算模型与含复杂含化合物熔体的相同，即可用通式（2）~式（4）进行求解。

图 10 中列举了两类熔体计算作用浓度与实测活度[28, 1]的对比情况。图 10（a）为生成对称性 AB 型亚稳态化合物的二元熔盐的例子。属于本类的例子还有不少：在金属中如 Fe-Mn（$\Delta G^{\ominus} = 9208.77 - 2.97T(1450 \sim 1863\text{K})$）等；在炉渣中如 MgO-MnO（$K_{MgO\cdot MnO,\ 1473K} = 0.278188$），MgO-FeO（$K_{MgO\cdot FeO,\ 1673K} = 0.460674$），$MnAl_2O_4$-$NiAl_2O_4$（$K_{MnNiAl_4O_8,\ 1673K} = 3.05362$）和 $MgCr_2O_4$- $FeCr_2O_4$（$K_{MgFeCr_4O_8,\ 1573K} = 2.2383$）等。图 10b 为生成非对称性均相二元固溶体的例子。由图可见，计算值与实测值相符合，说明无论何种熔体，只要相图相同，计算作用浓度时，便可采用同一计算模型。

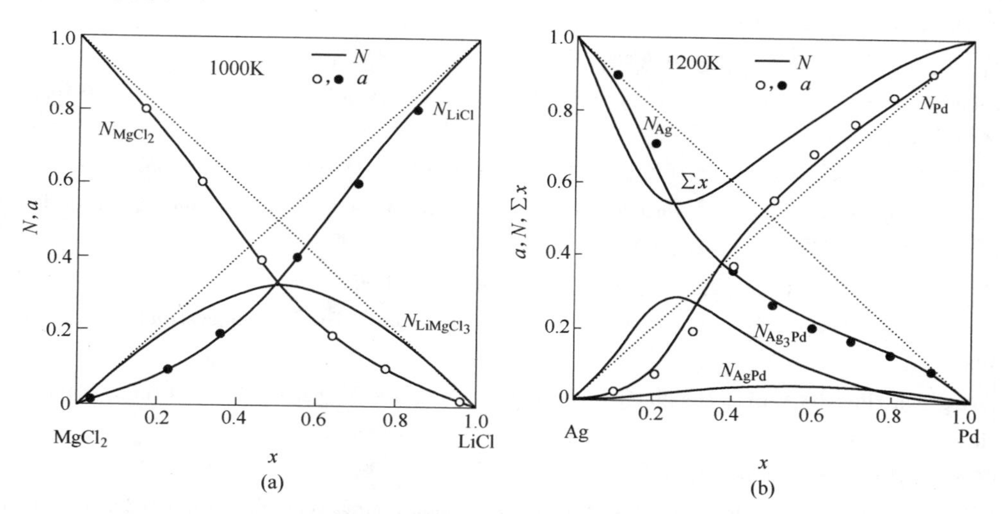

图 10 $MgCl_2$-LiCl 熔盐与 Ag-Pd 熔体的计算作用浓度（N）与实测活度（a）的对比

Fig. 10 Comparison of calculated mess action concentrations (N) and measured activities (a) for $MgCl_2$-LiCl salts and Ag-Pd melts

（a）$MgCl_2$-LiCl 熔盐，$K_{LiMgCl_3} = 2.9654$；（b）Ag-Pd 熔体，$K_{AgPd} = 0.236886$，$K_{Ag_3Pd} = 11.48318$

7 结论

（1）相图类型与冶金熔体的热力学性质有密切的关系，无论二元冶金熔体属于何种，只要相图类型相同，即可用相同（或相似）的模型计算其热力学性质。相图也是确定冶金熔体结构单元的可靠依据。

（2）二元冶金熔体内部的化学反应严格服从质量作用定理。

（3）含饱和相的熔体内部进行化学反应时除服从质量作用定理外，还服从两相间的分配定律。

（4）含复杂化合物和含包晶体熔体属于均相溶液，其 $\sum N_i = 1$；含饱和相和含共晶体熔体为两相溶液；含固溶体熔体部分属两相溶液，部分属均相溶液。

（5）亚稳态化合物或化学短程有序原子团是参与冶金反应的结构单元，忽视其存在是造成冶金热力学计算误差的重要原因。

（6）金属熔体由原子和分子（或亚稳态化合物）组成，炉渣熔体由分子（或亚稳态化合物）与离子组成，熔盐和熔锍由未分开的正负离子和复杂分子（或亚稳态化合物）组成。

参考文献

[1] Hultgren R, Desai P D, Hawkins D T, Gleiser M, Kelley K K. Selected Values of the Thermodynamic Properties of Binary Alloys. Metals Park, Ohio ASM, 1973: 241, 85.

[2] Proc 4th Conf on Molten Slags and Fluxes, 8-11, June, 1992, The Iron and Steel Institute of Japan, Sendai, Japan.

[3] 邹元爔．邹元爔论文集．上海：中国科学院上海冶金研究所，1988.
(Zou Yuanxi. Collected Works of Zou Yuanxi. Shanghai: Shanghai Metallurgical Institute, The Chinese Academy of Sciences, 1988).

[4] 魏寿昆．活度在冶金物理化学中的应用．北京：中国工业出版社，1964.
(Wei Shoukun. Applications of Activity to the Physical Chemistry of Metallargical Processes. Beijing: Press of Chinese Industry, 1964).

[5] 张鉴．二元金属熔体热力学性质按相图的分类．金属学报，1998，34（1）：75~85.
(Zhang Jian. Classification of Thermodynamic Properties of Binary Metallic Melts according to Their Phase Diagrams. Acta Metallurgica Sinica, 1998, 34 (1): 75~85).

[6] 张鉴．炉外精炼的理论与实践．北京：冶金工业出版社，1993：103.
(Zhang Jian. Theory and Practice of Secondary Refining. Beijing: The Metallurgical Industry Press, 1993: 103).

[7] Zhang Jian. Proc Int Ferrous Metallurgy Professor Seminar, 8-10, November, 1986, Beijing, Beijing University of Iron and Steel Technology, 1986: 4-1.

[8] 张鉴．几种二元熔盐作用浓度计算模型初探．金属学报，1997，33（5）：515~523.
(Zhang Jian. Calculating Models of Mass Action Concentrations for Several Molten Binary Salts. Acta Metallurgica Sinica, 1997, 33 (5): 515~523).

[9] 张鉴．熔锍作用浓度计算模型初探．中国有色金属学报，1997，7（3）：38~42.
(Zhang Jian. Calculating Models of Mass Action Concentration for Several Binary Mattes. Chin J Nonfer Met, 1997, 7 (3): 38~42).

[10] 古川武，加藤栄一．鉄と鋼，1975，61：3060.
(Furukawa T, Kato E. Tetsu Hapané, 1975, 61: 3060).

[11] 张鉴．Na_2O-SiO_2渣系的作用浓度计算模型．北京科技大学学报，1989，11（3）：208~212.
(Zhang Jian. Calculating Model of Mass Action Concentrations for the Slag System Na_2O-SiO_2. J. Univ. Sci. Technol. Beijing, 1989, 11 (3): 208~212).

[12] Yamaguchi S, Imai A, Goto K S. Scan. J. Metall., 1982, (11): 263.

[13] Rego D N, Sigworth G K, Philbrook W O. Metall Trans., 1985; 16B: 313.

[14] 月桥文孝，佐野信雄．鉄と鋼，1985，71：815.
(Tsukihashi F, Sano N. Tetsu Hagane, 1985, 71: 815).
[15] Wang Zhichang, Tian Yanwen, Yu Hualong, Zhou Jiankang. Metall Trans., 1992, 23B: 666.
[16] Koh J, Itagaki K. Trans. Jpn. Inst. Met., 1984, 25: 367.
[17] 张鉴．含包晶体二元金属熔体的作用浓度计算模型．中国有色金属学报，1997，7（4）：30~34.
(Zhang Jian. Calculating Models of Mass Action Concentrations for Binary Metallic Melts involving Peritectics. Chin. J. Nonfer. Met., 1997, 7 (4): 30~34).
[18] 成国光，张鉴．熔渣中饱和相组元作用浓度的计算．北京科技大学学报，1994，16（1）：10~13.
(Cheng Guoguang, Zhang Jian. Calculation of Mass Action Concentrations for Oxides saturated in Slag Melts. J. Univ. Sci. Technol. Beijing, 1994, 16 (1): 10~13).
[19] Karakaya I, Thompson W T. Can. Metall. Q., 1986, 25: 307.
[20] 成国光，张鉴．Fe-S熔体作用浓度的计算模型．上海金属，1993，15（6）：22~25.
(Cheng Guoguang, Zhang Jian, Calculating Model of Mass Action Concentrations for Fe-S Melt. Shanghai Met., 1993, 15 (6): 22~25).
[21] Rao D P, Gaskel D R. Metall. Trans., 1981, 12B: 311.
[22] Zhang Jian. Calculating Models of Mass Action Concentration of Binary Metallic Melts Involving Eutectic. J. Univ. Sci. Technol. Beijing, 1994, (1-2): 22~30.
[23] Eric R H. Metall. Trans., 1993, 24B: 301.
[24] Chipman J. Discuss Faraday Soc., 1948, (4): 23.
[25] Zhang Jian. Calculating Models of Mass Action Concentration for Binary Metallic Melts Involving Peritectics. Trans. Nonfer. Met. Soc. Chin., 1995, 5 (2): 16.
[26] 张鉴．二元氧化物固溶体的作用浓度计算模型．见：庆祝林宗彩教授八十寿辰论文集，北京：冶金工业出版社，1996：110.
(Zhang Jian, Calculating Models of Mass Action Concentrations for Binary Oxide Solid Solutions. In: Proceedings for Congratulation of the 80th Birthday of Professor Lin Zongcai, Beijing: The Metallurgical Industry Press, 1996: 110).
[27] Davis B R, Thompson W T. Can. Metall. Q., 1995, 34: 347.
[28] Davis B R, Thompson W T. J. Electrochem Soc., 1992, 139: 869.

Consistency (or Similarity) of Thermodynamic Properties of Metallurgical Melts with Their Phase Diagrams

Zhang Jian

(University of Science and Technology Beijing)

Abstract: After combining investigation of thermodynamic properties of binary metallic melts, molten slags, molten salts and mattes with their phase diagrams, it has been found that in case of identical or similar phase diagrams, the calculating models of mass action concentrations of different metallurgical melts are identical (consistency) in the major cases, and similar (similarity) in the minor cases.

Keywords: metallurgical melt; molten slag; molten salt; matte; phase diagram; thermodynamics

Fe-C-P、Fe-Mn-P、Fe-Si-P 三元金属熔体作用浓度计算模型*

摘　要：根据含化合物的金属熔体结构的共存理论，推导了 1673K 下 Fe-C-P、Fe-Mn-P、Fe-Si-P 三元金属熔体作用浓度计算模型。计算的磷的作用浓度与相应的实测磷活度相符合，从而证明所得模型可以反映 Fe-C-P、Fe-Mn-P、Fe-Si-P 三元熔体的结构本质。同时模型揭示了 C、Mn、Si 的摩尔分数对磷的转换系数的影响规律。

关键词：金属熔体；活度；共存理论；作用浓度

1　引言

脱磷是钢铁冶金的基本任务。有关 Fe-P 金属熔体中磷的活度，J. Chipman 等做了大量研究[1~4]。万谷志郎对 1673K 下 Fe-i-P 三元系金属熔体中磷的活度进行了测量，并采用间隙渗入模型作了大量研究[5, 6]。但因模型采用活度系数，本质属于经验模型，未能揭开金属熔体的结构本质，难免不尽如人意。

文献［7］提出了含化合物金属熔体结构的共存理论，文献［8］建立了 Fe-P 金属熔体作用浓度计算模型，计算出磷的作用浓度与实测活度值相符合。作者利用文献［9］的试验结果，曾对 Mn-P 二元金属熔体作用浓度计算模型进行了研究[10]，本文在以上二元金属熔体的基础上，将建立 Fe-C-P、Fe-Mn-P、Fe-Si-P 三元金属熔体作用浓度计算模型。

2　Fe-C-P 三元金属熔体作用浓度计算模型

根据相图[11]可知，Fe-C-P 三元金属熔体的结构单元为：Fe、C、P、Fe_3C、Fe_2C、FeC、FeC_2、Fe_3P、Fe_2P、FeP。

令 $b=\sum n_{Fe}$，$a_1=\sum n_C$，$a_2=\sum n_P$，$N_1=N_{Fe}$，$N_2=N_C$，$N_3=N_P$，$N_4=N_{Fe_3C}$，$N_5=N_{Fe_2C}$，$N_6=N_{FeC}$，$N_7=N_{FeC_2}$，$N_8=N_{Fe_3P}$，$N_9=N_{Fe_2P}$，$N_{10}=N_{FeP}$。

根据化学平衡可得[1-4, 8, 12, 13]（未注明均为液体；$\Delta G^{\ominus}/J\cdot mol^{-1}$）：

$$3Fe+C=\!=\!=Fe_3C \quad N_4=K_4N_1^3N_2 \quad \Delta G_4^{\ominus}=-159302+29.23T \tag{1}$$

$$2Fe+C=\!=\!=Fe_2C \quad N_5=K_5N_1^2N_2 \quad \Delta G_5^{\ominus}=-155707+45.40T \tag{2}$$

$$Fe+C=\!=\!=FeC \quad N_6=K_6N_1N_2 \quad \Delta G_6^{\ominus}=-97043+11.63T \tag{3}$$

$$Fe+2C=\!=\!=FeC_2 \quad N_7=K_7N_1N_2^2 \quad \Delta G_7^{\ominus}=-40681+172.93T \tag{4}$$

$$3Fe+P=\!=\!=Fe_3P \quad N_8=K_8N_1^3N_3 \quad \Delta G_8^{\ominus}=-149370+40.66T \tag{5}$$

$$2Fe+P=\!=\!=Fe_2P \quad N_9=K_9N_1^2N_3 \quad \Delta G_9^{\ominus}=-144350+23.68T \tag{6}$$

$$Fe+P=\!=\!=FeP \quad N_{10}=K_{10}N_1N_3 \quad \Delta G_{10}^{\ominus}=-150000+23.00T \tag{7}$$

---

* 本文合作者：北京科技大学朱荣；原文发表于《钢铁研究学报》，1997，9（1）：9~12。

根据物料平衡：

$$\sum N_i = 1(i = 1 \sim 10) \tag{8}$$

$$b = \sum n(N_1 + 3N_4 + 2N_5 + N_6 + N_7 + 3N_8 + 2N_9 + N_{10}) \tag{9}$$

$$a_1 = \sum n(N_2 + N_4 + N_5 + N_6 + 2N_7) \tag{10}$$

$$a_2 = \sum n(N_3 + N_8 + N_9 + N_{10}) \tag{11}$$

联立式（1）~式（11），即得 Fe-C-P 三元金属熔体作用浓度的计算模型。解多元非线性方程，可求得各组元的作用浓度。

万谷志郎以试验为基础，首先研究了 Fe-P 二元金属熔体中磷的活度，得出 1873~2073K 时，$x_C<0.12$、$x_P<0.33$ 的磷活度计算式[3]：

$$\lg\gamma_P = 1.41x_P + 1.41x_P^2 + 1.70x_P^3 \tag{12}$$

$$a_P = x_P\gamma_P \tag{13}$$

进而又研究了 Fe-C-P 三元金属熔体中磷的活度变化，并得出 1673K 时，碳未饱和的磷活度计算式[5]：

$$\lg\gamma_P = 1.41x_P + 1.41x_P^2 + 1.70x_P^3 + 2.36x_C + 2.36x_C^2 + 2.65x_C^3 + 3.77x_Cx_P \tag{14}$$

$$a_P = x_P\gamma_P \tag{15}$$

由于不同碳含量下，式（14）的曲线方程不相同，计算时应分别考虑碳的影响。另外，根据文献［6］，Fe-C-P 熔体中不同 x_P 下，碳的饱和溶解度不同。当熔体中 $x_P=0.09$ 时，$x_{C(sat)}=0.12$；当 $x_P=0.15$ 时，$x_{C(sat)}=0.08$；当 $x_P=0.2$ 时，$x_{C(sat)}=0.04$。因此，本模型计算范围是碳未饱和时磷的作用浓度。

将 Fe-C-P 三元金属熔体中磷的作用浓度与万谷志郎的试验结果进行比较，存在一标准状态下磷的转换系数 $L_P(L_P = a_P/N_P)$。

当熔体中 $x_C=0.12$ 时，$L_P=1781.956$；$x_C=0.08$ 时，$L_P=1767.87$；$x_C=0.04$ 时，$L_P=1731.575$。在 1673K 下，将 x_C 对 L_P 回归，可得 $x_C<0.12$ 的回归方程，即：

$$\lg L_P = 3.723 + 0.175x_C(r = 0.9991) \tag{16}$$

从式（16）中看出，随 x_C 的增加，L_P 呈对数增大。

已知在 Fe-C-P 熔体中存在以下化合物：Fe_3C、Fe_2C、FeC、FeC_3、Fe_3P、Fe_2P、FeP。这 7 种化合物的作用浓度大小直接或间接影响 L_P。在 1673K，将不同碳含量下熔体中 7 种化合物的作用浓度对 L_P 回归，可得：

$$L_P = 3106.487 + 20112.72N_{Fe_3C} - 209082.8N_{Fe_2C} + 41097.64N_{FeC} + 6.6435\times10^{17}N_{FeC_2} + 81951.14N_{Fe_2P} - 5020.86N_{FeP} - 95.585N_{Fe_3P}(F = 1816.89) \tag{17}$$

式（17）反映了熔体内不同化合物对 L_P 的影响。其中 Fe_3C、FeC、FeC_3、Fe_2P 降低碳的饱和度，使 L_P 增大；而 Fe_2C、FeP、Fe_3P 增大碳的饱和度，使 L_P 减小。

以 $N'_P=L_PN_P$，将结果作图，得到 1673K 下不同碳含量的 N_P 与 a_P 的对比情况，模型计算值与实测值非常一致（见图 1）。

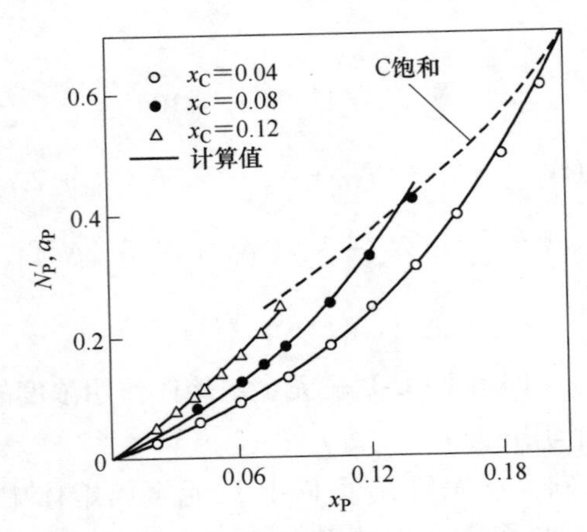

图1 1673K 下 Fe-C-P 熔体计算值 N_P 与 a_P 的对比

Fig. 1 Comparison of calculated mass action concentrations N_P with measured activities a_P for Fe-C-P melts

3 Fe-Mn-P 三元金属熔体作用浓度计算模型

根据相图[11]可知，Fe-Mn-P 三元金属熔体的结构单元为：Fe、Mn、P、Fe_3P、Fe_2P、FeP、Mn_3P、Mn_2P、MnP_3、MnP。

令 $b_1=\sum n_{Fe}$，$b_2=\sum n_{Mn}$，$a=\sum n_P$，$N_1=N_{Fe}$，$N_2=N_{Mn}$，$N_3=N_P$，$N_4=N_{Fe_3P}$，$N_5=N_{Fe_2P}$，$N_6=N_{FeP}$，$N_7=N_{Mn_3P}$，$N_8=N_{Mn_2P}$，$N_9=N_{MnP_3}$，$N_{10}=N_{MnP}$。

由化学平衡[1-4, 9]及物料平衡可得 Fe-Mn-P 三元金属熔体中各组元的作用浓度计算模型，即：

$$3Fe+P=Fe_3P \quad N_4=K_4N_1^3N_3 \quad \Delta G_4^{\ominus}=-149370+40.66T \tag{18}$$

$$2Fe+P=Fe_2P \quad N_5=K_5N_1^2N_3 \quad \Delta G_5^{\ominus}=-144350+23.68T \tag{19}$$

$$Fe+P=FeP \quad N_6=K_6N_1N_3 \quad \Delta G_6^{\ominus}=-150000+23.00T \tag{20}$$

$$3Mn+P=Mn_3P \quad N_7=K_7N_2^3N_3 \quad \Delta G_7^{\ominus}=-190822.57+28.69T \tag{21}$$

$$2Mn+P=Mn_2P \quad N_8=K_8N_2^2N_3 \quad \Delta G_8^{\ominus}=-185050.00+31.17T \tag{22}$$

$$Mn+3P=MnP_3 \quad N_9=K_9N_2N_3^3 \quad \Delta G_9^{\ominus}=-181729.11+78.41T \tag{23}$$

$$Mn+P=MnP \quad N_{10}=K_{10}N_2N_3 \quad \Delta G_{10}^{\ominus}=-107021.57+38.58T \tag{24}$$

$$\sum N_i=1(i=1\sim 10) \tag{25}$$

$$b_1=\sum n(N_1+3N_4+2N_5+N_6) \tag{26}$$

$$b_2=\sum n(N_2+3N_7+2N_8+N_9+N_{10}) \tag{27}$$

$$a=\sum n(N_3+N_4+N_5+N_6+N_7+N_8+3N_9) \tag{28}$$

同理，将以上模型计算的作用浓度与万谷志郎的试验结果[6]比较，发现二者之间也存在一标准态下磷的转换系数 L_P。x_{Mn}对 L_P 回归，得到1673K 下 $x_{Mn}<0.025$ 时的 L_P 计算式及该熔体中 7 种化合物的作用浓度大小对 L_P 影响的回归式，即：

$$\lg L_P = 3.726 + 4.445x_{Mn}(r = 0.998) \tag{29}$$

$$L_P = 31010.21 + 2.9987 \times 10^9 N_{Mn_3P} - 1.095 \times 10^8 N_{Mn_2P} + 3.145 \times 10^{13} N_{MnP_3} + 3.5169 \times 10^8 N_{MnP} + 3.648 \times 10^5 N_{Fe_3P} + 4.817 \times 10^4 N_{Fe_2P} - 2.726 \times 10^4 N_{FeP} \quad (F = 8127.19) \tag{30}$$

以 $N'_P = L_P N_P$，将结果作图，得到 1673K 下不同锰含量的 N_P 与 a_P 对比情况，模型计算值及实测值非常一致（见图 2）。

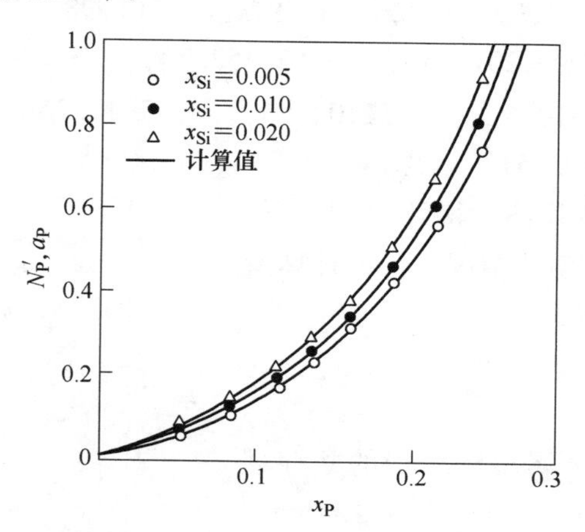

图 2 1673K 下 Fe-Mn-P 熔体计算值 N_P 与 a_P 的对比

Fig. 2 Comparison of calculated mass action concentrations N_P with measured activities a_P for Fe-Mn-P melts

4 Fe-Si-P 三元金属熔体作用浓度计算模型

根据相图[11]可知，Fe-Si-P 三元金属熔体的结构单元为：Fe、Si、P、Fe_2Si、Fe_5Si_3、FeSi、$FeSi_3$、Fe_3P、Fe_2P、FeP。

令 $b_1 = \sum n_{Fe}$，$a_1 = \sum n_{Si}$，$a_2 = \sum n_P$，$N_1 = N_{Fe}$，$N_2 = N_{Si}$，$N_3 = N_P$，$N_4 = N_{Fe_2Si}$，$N_5 = N_{Fe_5Si_3}$，$N_6 = N_{FeSi}$，$N_7 = N_{FeSi_2}$，$N_8 = N_{Fe_3P}$，$N_9 = N_{Fe_2P}$，$N_{10} = N_{FeP}$。

根据化学平衡[14]及物料平衡可得 Fe-Si-P 三元金属熔体各组元的作用浓度计算模型，即：

$$2Fe + Si = Fe_2Si \quad N_4 = K_4 N_1^2 N_2 \quad \Delta G_4^\ominus = -117630.84 + 21.13T \tag{31}$$

$$5Fe + 3Si = Fe_5Si_3 \quad N_5 = K_5 N_1^5 N_2^3 \quad \Delta G_5^\ominus = -295298.39 + 30.34T \tag{32}$$

$$Fe + Si = FeSi \quad N_6 = K_6 N_1 N_2 \quad \Delta G_6^\ominus = -158472.98 + 69.78T \tag{33}$$

$$Fe + 2Si = FeSi_2 \quad N_7 = K_7 N_1 N_2^2 \quad \Delta G_7^\ominus = -38163.079 - 5.4706T \tag{34}$$

$$3Fe + P = Fe_3P \quad N_8 = K_8 N_1^3 N_3 \quad \Delta G_8^\ominus = -149370 + 40.66T \tag{35}$$

$$2Fe + P = Fe_2P \quad N_9 = K_9 N_1^2 N_4 \quad \Delta G_9^\ominus = -144350 + 23.68T \tag{36}$$

$$Fe + P = FeP \quad N_{10} = K_{10} N_1 N_3 \quad \Delta G_{10}^\ominus = -150000 + 23.00T \tag{37}$$

$$\sum N_i = 1(i = 1 \sim 10) \tag{38}$$

$$b_1 = \sum n(N_1 + 2N_4 + 5N_5 + N_6 + N_7 + 3N_8 + 2N_9 + N_{10}) \tag{39}$$

$$a_1 = \sum n(N_2 + N_4 + 3N_5 + N_6 + 2N_7) \tag{40}$$

$$a_2 = \sum n(N_3 + N_8 + N_9 + N_{10}) \tag{41}$$

同理，将以上模型计算的作用浓度与万谷志郎的试验结果[5]比较，发现二者之间也存在一标准态下磷的转换系数 L_P。将 x_{Si} 对 L_P 回归，得到 1673K 下 x_{Si}<0.025 时的 L_P 计算式及该熔体中 7 种化合物的作用浓度大小对 L_P 影响的回归式：

$$\lg L_P = 3.726 + 1.297x_{Si}(r = 0.998) \tag{42}$$

$$L_P = 3497.231 - 201.75N_{Fe_2Si} + 622452.7N_{Fe_5Si_3} + 274568.1N_{FeSi} - 2.083 \times 10^8 N_{FeSi_2} + 257102.5N_{Fe_3P} - 12417.35N_{Fe_2P} + 2316.13N_{FeP} \quad (F = 5502.51) \tag{43}$$

以 $N'_P = L_P N_P$，将结果作图，得到 1673K 下，不同硅含量的 N_P 与 a_P 的对比情况，模型计算值及实测值非常一致（见图 3）。

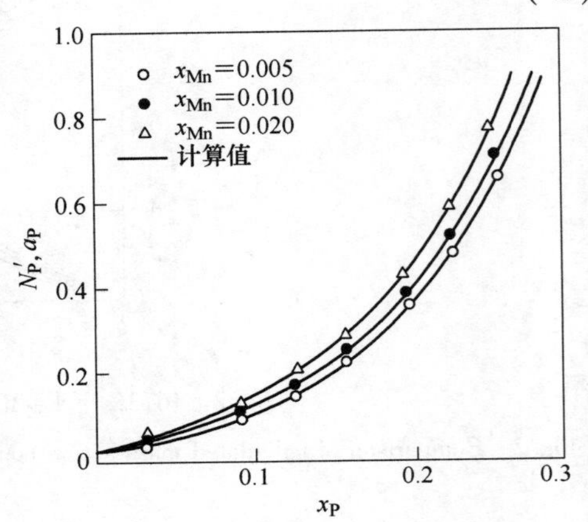

图 3　1673K 下 Fe-Si-P 熔体计算值 N_P 与 a_P 的对比

Fig. 3　Comparison of calculated mass action concentrations N_P with measured activities a_P for Fe-Si-P melts

5　结论

（1）根据含化合物金属熔体结构的共存理论，推导了 1673K 下 Fe-C-P、Fe-Mn-P、Fe-Si-P 三元金属熔体作用浓度计算模型。计算的 N_P 与相应的实测 a_P 相符合，从而证明所得模型可以反映 Fe-C-P、Fe-Mn-P、Fe-Si-P 三元熔体的结构本质。

（2）模型揭示了 x_C、x_{Mn}、x_{Si} 对 L_P 的影响规律，并且得到 1673K 下标准态的 L_P 的计算式。

（3）模型还揭示了金属熔体内磷化合物对磷作用浓度的影响规律。

符号总表

b，b_1，b_2——碱性物；

a，a_1，a_2——酸性物；

N_P——磷的作用浓度；

N'_P——转换后磷的作用浓度；

K_i——反应平衡常数；

n——总摩尔数；

n_i——某元素或化合物的总摩尔数；

x_i——某元素的摩尔分数；

a_P——磷的活度；

γ_P——磷的活度系数；

L_P——磷的转换系数。

参考文献

[1] Frohberg G G et al. Arch. Eisenhuttenwes，1968，39（3）：587.

[2] 万谷志郎．鉄と鋼，1975，61（12）：2933.

[3] 万谷志郎，丸山信俊，藤野伸司．鉄と鋼，1882，68（2）：269.

[4] Suhurman E et al. Arch. Eisenhuttenwes，1981，52（2）：51.

[5] 万谷志郎，丸山信俊，藤野伸司．鉄と鋼，1983，69（8）：921.
[6] 万谷志郎，丸山信俊，川瀨幸夫．鉄と鋼，1984，70（1）：65.
[7] 张鉴．特殊钢，1994，15（6）：43.
[8] 成国光，张鉴．Fe-P 系合金熔体作用浓度的计算模型．铁合金，1994，10（4）：1~3.
[9] Leel Y E. Metall. Trans. B，1986，8（8）：777.
[10] 朱荣．煤氧熔化废钢及煤氧炼钢的工艺理论研究［学位论文］．北京：北京科技大学，1995.
[11] Massalski T B. Binary Alloy Phase Diagrams. USA：NSR-DS，1986，1~2：907.
[12] 成国光．轴承钢精炼过程脱氧工艺理论的研究［学位论文］．北京：北京科技大学，1993.
[13] Schurman E，Shmid U R. Arch. Eisenhuttenwes，1979，50（3）：101.
[14] 张鉴．Fe-Si 熔体的作用浓度计算模型．钢铁研究学报，1991，3（2）：7~12.

Calculation Model of Mass Action Concentration for Fe-C-P、Fe-Mn-P、Fe-Si-P Metallic Melts

Zhu Rong　Zhang Jian

(University of Science and Technology Beijing)

Abstract：According to the coexistance theory of metallic melt structure involving compound formation, a calculation model of mass action concentrations for Fe-C-P、Fe-Mn-P、Fe-Si-P metallic melts is formulated for $T = 1673K$. Satisfactory agreement between calculated and measured value shows that this model can reflect the structural characteristics of the concerned metallic melts. Meanwhile, the model reveals the effect of x_C, x_{Mn}, x_{Si} on L_P.

Keywords：metallic melt; activity; coexistence theory; mass action concentration

多元渣系脱磷能力研究*

摘　要：利用炉渣分子离子共存理论模型，推导出炉渣中碱性氧化物 MeO 与 P_2O_5 的结合能力及多元渣系渣钢间磷分配比公式。对四元至七元渣系，理论值与实测值符合得较好。

关键词：炉渣；脱磷；共存理论

1　磷分配比的推导

1.1　$FeO\text{-}Fe_2O_3\text{-}P_2O_5$ 三元系磷分配比

根据炉渣共存理论[1~3]，计算了 $FeO\text{-}Fe_2O_3\text{-}P_2O_5$ 三元渣系的氧化能力[4]。在与文献［4］相同的假设下得到：

$$(\%P_2O_5) = 141.94 n_{P_2O_5} = 141.94 \sum n(N_{P_2O_5} + N_{3FeO\cdot P_2O_5} + N_{4FeO\cdot P_2O_5})$$

其中，$n_{P_2O_5}$ 为 P_2O_5 的摩尔数；$N_{P_2O_5}$，$N_{3FeO\cdot P_2O_5}$，$N_{4FeO\cdot P_2O_5}$ 为各结构单元的作用浓度。

按共存理论模型进一步推导可得：

$$(\%P_2O_5)/[P]^2 = 141.94 \sum nK_{00}[O]^5(1 + K_{3FP}N_{FeO}^3 + K_{4FP}N_{FeO}^4)$$

其中，K_{3FP}，K_{4FP} 分别为 P_2O_5 与 FeO 反应生成 $3FeO\cdot P_2O_5$ 和 $4FeO\cdot P_2O_5$ 的平衡常数；K_{00} 为反应 $2[P]+5[O]=P_2O_5$ 的平衡常数，$K_{00}=10^{36850/T-29.07}$。

1.2　多元渣系脱磷能力的推导

根据共存理论模型，炉渣中 MgO、CaO、MnO、Na_2O 等碱性氧化物与 P_2O_5 能生成的结构单元有：$3MgO\cdot P_2O_5$、$2MgO\cdot P_2O_5$、$4CaO\cdot P_2O_5$、$3CaO\cdot P_2O_5$、$2CaO\cdot P_2O_5$、$3MnO\cdot P_2O_5$、$3Na_2O\cdot P_2O_5$ 等[3]，从而推导出各碱性氧化物与 P_2O_5 的结合能力：

$$LP_{Fe} = K_{3FP}N_{FeO}^3 + K_{4FP}N_{FeO}^4 = \sum_{i=3}^{4} K_{iFP}N_{FeO}^i$$

$$LP_{Mg} = K_{3MP}N_{MgO}^3 + K_{2MP}N_{MgO}^2 = \sum_{i=2}^{3} K_{iMP}N_{MgO}^i$$

$$LP_{Ca} = \sum_{i=2}^{4} K_{iCP}N_{CaO}^i \qquad LP_{Mn} = \sum_{i=3} K_{iMnP}N_{MnO}^i \qquad LP_{Na} = \sum_{i=3} K_{iNP}N_{Na_2O}^i$$

进而碱性氧化物 MeO 与 P_2O_5 的结合能力可表示为通式：

$$LP_{Me} = \sum_i K_{iMeP}N_{MeP}^i \tag{1}$$

* 本文合作者：北京有色金属研究总院王力军；原文发表于《化工冶金》，1997，18（2）：180~183。

式（1）各项含量由以下反应决定：

$$i\text{MeO} + \text{P}_2\text{O}_5 === i\text{MeO}\cdot\text{P}_2\text{O}_5 \qquad K_{i\text{MeP}} = N_{i\text{MeO}\cdot\text{P}_2\text{O}_5}/(N_{\text{P}_2\text{O}_5}N^{i}_{\text{MeO}}) \tag{2}$$

$K_{i\text{MeP}}$为反应平衡常数，数据列在附录中[3, 4]。

由以上推导不难得到在含有 FeO、MgO、CaO、MnO、Na_2O 的多元渣系中磷分配比为：

$$(\%\text{P}_2\text{O}_5)/[\text{P}]^2 = 141.94\sum nK_{00}[\text{O}]^5(1 + LP_{\text{Fe}} + LP_{\text{Mg}} + LP_{\text{Ca}} + LP_{\text{Mn}} + LP_{\text{Na}}) \tag{3}$$

令

$$LP = 1 + \sum_{\text{Me}} LP_{\text{Me}} = 1 + \sum_{\text{Me}}\sum_{i} K_{i\text{MeO}}N^{i}_{\text{MeP}} \tag{4}$$

则式（3）变为：

$$(\%\text{P}_2\text{O}_5)/[\text{P}]^2 = 141.94\sum nK_{00}[\text{O}]^5 LP \tag{5}$$

至此得到了多元渣系磷分配比的计算公式（3）~（5）。

2 磷分配比的计算结果

以 LPO 表示实测炉渣与钢水间磷分配比 $(\%\text{P}_2\text{O}_5)/[\text{P}]^2$，以 $LPON$ 表示模型计算结果 $141.94\sum nK_{00}LP$。以 $\lg LPO$ 为横坐标，以 $\lg LPON$ 为纵坐标，作图 1~图 4。图中直线方程为 $\lg LPON=\lg LPO$。图 1 中“+”、“△”、“□”符号分别表示 $MgO-FeO-Fe_2O_3-P_2O_5$ 四元系、$CaO-MgO-FeO-Fe_2O_3-P_2O_5$ 五元渣系（Ⅰ），（Ⅱ）的计算结果，数据出自文献［5］中的表 2、表 1、表 5。图 2~图 4 的数据分别出自文献［6~8］。

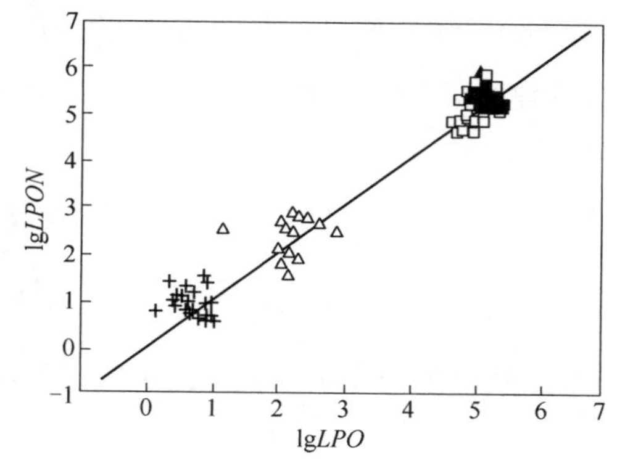

图 1　$MgO-FeO-Fe_2O_3-P_2O_5$ 和 $CaO-MgO-FeO-Fe_2O_3-P_2O_5$ 渣系[5] $\lg LPON$ 与 $\lg LPO$ 的关系

Fig. 1　$\lg LPON$ vs. $\lg LPO$ for $MgO-FeO-Fe_2O_3-P_2O_5$ and $CaO-MgO-FeO-Fe_2O_3-P_2O_5$ system[5]

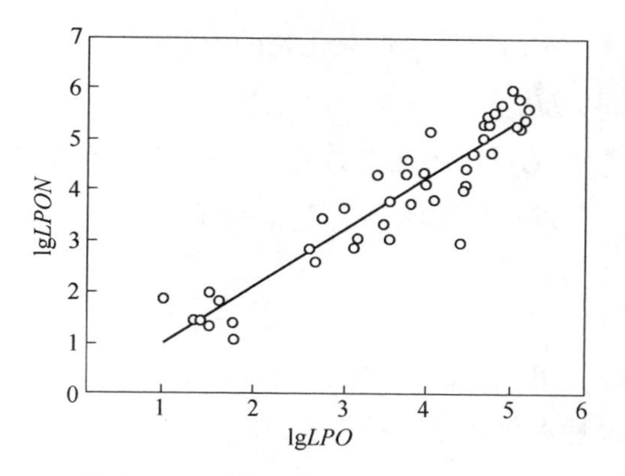

图 2　$CaO-SiO_2-MgO-FeO-Fe_2O_3-P_2O_5$ 渣系[6] $\lg LPON$ 与 $\lg LPO$ 的关系

Fig. 2　$\lg LPON$ vs. $\lg LPO$ for $CaO-SiO_2-MgO-FeO-Fe_2O_3-P_2O_5$ system[6]

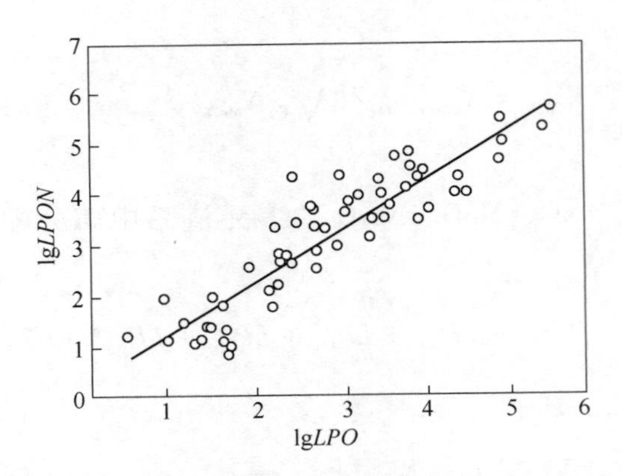

图 3　$MnO-SiO_2-CaO-MgO-FeO-Fe_2O_3-P_2O_5$ 渣系[7] lg*LPON* 与 lg*LPO* 关系

Fig. 3　lg*LPON* vs. lg*LPO* for $MnO-SiO_2-CaO-MgO-FeO-Fe_2O_3-P_2O_5$ system[7]

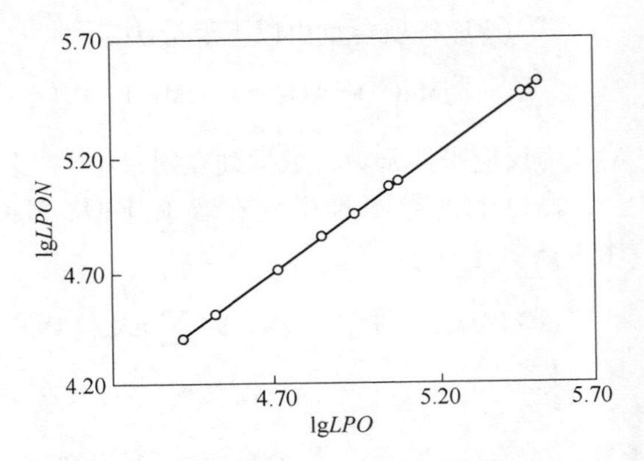

图 4　$Na_2O-SiO_2-CaO-MgO-FeO-Fe_2O_3-P_2O_5$ 渣系[8] lg*LPON* 与 lg*LPO* 的关系

Fig. 4　lg*LPON* vs. lg *LPO* for $Na_2O-SiO_2-CaO-MgO-FeO-Fe_2O_3-P_2O_5$

3　讨论

3.1　炉渣的氧化能力

体系氧化能力强，则脱磷能力强。本研究将磷分配比与炉渣氧化能力定量地表示出来，见式（3）。由 $K_{00}[\mathrm{O}]^5$ 可见，炉渣的氧化能力是把 P 氧化生成 P_2O_5 的能力。不但如此，FeO 还与 P_2O_5 结合生成磷酸盐。

3.2　炉渣的碱度

本研究将碱性氧化物的脱磷能力定量表示为式（4），不同的碱性氧化物的 LP_{Me} 值不同。LP_{Me} 值决定于：（1） MeO 与 P_2O_5 生成磷酸盐的种类；（2） 生成具体磷酸盐 $i\mathrm{MeO}\cdot P_2O_5$ 的反应平衡常数的大小；（3） MeO 的作用浓度 N_{MeO} 的大小。

进一步抽象，令 $N_{\mathrm{MeO}}=1$ 时，$LP_{\mathrm{Me}}=LP_{\mathrm{Me}}^0$，则有：

$$LP_{\mathrm{Me}}^0 = \sum K_{i_{\mathrm{MeP}}} \tag{6}$$

由式（6）可见，LP_{Me}^0 是温度的函数。不同的碱性氧化物 LP_{Me}^0 值不同，这反映了不同碱性氧化物之间脱磷能力的本质区别。

4　结论

（1）用共存理论模型推导出了磷分配比的计算模型：

$$LP = 1 + \sum_{\mathrm{Me}}\sum_i K_{i\mathrm{MeP}} N_{\mathrm{MeO}}^i \qquad LPON = 141.94 \sum nK_{00}[\mathrm{O}]^5 LP$$

（2）理论计算结果与实测结果符合较好。

附录 各种磷酸盐的平衡常数 K_{iMeP}

$3FeO \cdot P_2O_5$: $\ln K_{3FP} = \exp[(430404 - 92.708T)/(8.31T)]$

$4FeO \cdot P_2O_5$: $\ln K_{4FP} = \exp[(381831.469 - 47.367T)/(8.31T)]$

$3MgO \cdot P_2O_5$: $\ln K_{3MP} = \exp[(116250 - 8.8T)/(1.987T)]$

$2MgO \cdot P_2O_5$: $\ln K_{2MP} = \exp[(-168369.4 + 339.357T)/(8.31T)]$

$4CaO \cdot P_2O_5$: $\ln K_{4CP} = \exp[(822509.8 - 95.893T)/(8.31T)]$

$3CaO \cdot P_2O_5$: $\ln K_{3CP} = \exp[(694563.125 - 49.89T)/(8.31)T]$

$2CaO \cdot P_2O_5$: $\ln K_{2CP} = \exp[(120427.125 + 290.521T)/(8.31T)]$

$3MnO \cdot P_2O_5$: $\ln K_{3MnP} = \exp[(526421.4 - 102.049T)/(8.31T)]$

$3Na_2O \cdot P_2O_5$: $\ln K_{3NP} = \exp[(1217257 - 135.56T)/(8.31T)]$

参考文献

[1] 张鉴．炉渣脱硫的定量计算理论．北京钢铁学院学报，1984，10（2）：24~38.

[2] 张鉴．关于炉渣结构的共存理论．北京钢铁学院学报，1984，10（1）：21~28.

[3] 王力军．电弧炉泡沫渣及其脱磷能力的研究［博士学位论文］．北京：北京科技大学，1993：57~105.

[4] 王力军．化工冶金，1996，17（1）：14~18.

[5] 长林烈，日野光兀，万谷志郎．鉄と鋼，1988，(8)：1577~1584.

[6] Hideaki Suito, Ryo Inoue et al. Transactions ISIJ, 1981, 21: 250~259.

[7] Hideaki Suito, Ryo Inoue. Transactions ISIJ, 1984, 24: 257~265.

[8] Hideaki Suito, Ryo Inoue. Transactions ISIJ, 1984, 24: 47~53.

Study on the Dephosphorization Ability of Multi-slag System

Wang Lijun

(Beijing General Research Institute for Non-ferrous Metals)

Zhang Jian

(University of Science and Technology Beijing)

Abstract: The dephosphorization ability of a basic oxide MeO in slags was deduced on the basis of coexistence theory model and the phosphorus distribution ratio between slag and liquid iron was obtained. The calculated phosphorus distribution ratio is in good accordance with experimental results.

Keywords: slags; dephosphorization; coexistence theory

含 B_2O_3 渣系的热力学计算模型*

摘　要： 根据炉渣结构的共存理论和相图，推导了 $CaO-B_2O_3$ 和 $FeO-Fe_2O_3-B_2O_3$ 渣系的热力学计算模型。结果表明：（1）理论计算的 $CaO-B_2O_3$ 渣系的作用浓度 N_{CaO} 及 $N_{B_2O_3}$ 与实测的活度 a_{CaO} 及 $a_{B_2O_3}$ 一致；（2）理论计算的 $FeO-Fe_2O_3-B_2O_3$ 渣系的氧化能力 N_{Fe_tO} 与实测的炉渣 Fe_tO 的活度值相符合。这说明本文提出的热力学计算模型是合理的。

关键词： 共存理论；炉渣；活度；作用浓度

1　引言

随着用户对钢中氮含量要求的日益严格，含 B_2O_3 熔渣的脱氮能力受到广泛关注[1]。研究表明含 B_2O_3 的熔渣具有较高的氮容量，但含 B_2O_3 渣系的热力学计算模型还很少见。另外，我国硼矿资源丰富，开发利用硼矿具有重大的经济价值[2]。本文的目的就是根据炉渣结构的共存理论[3]，推导出含 B_2O_3 渣系的热力学模型，为我国的冶金工业服务。

本文分别推导了 $CaO-B_2O_3$ 渣系以及 $FeO-Fe_2O_3-B_2O_3$ 渣系的热力学计算模型。

2　$CaO-B_2O_3$ 渣系的热力学计算模型

2.1　结构单元的确定及热力学模型的建立

根据 $CaO-B_2O_3$ 相图[4]，该二元渣系能形成 $3CaO \cdot B_2O_3$、$2CaO \cdot B_2O_3$、$CaO \cdot B_2O_3$ 和 $CaO \cdot 2B_2O_3$ 四种化合物。因此，该渣系的结构单元为 Ca^{2+}、O^{2-} 以及 B_2O_3、$3CaO \cdot B_2O_3$、$2CaO \cdot B_2O_3$、$CaO \cdot B_2O_3$ 和 $CaO \cdot 2B_2O_3$ 分子。

令各组元的作用浓度为 $N_1 = N_{CaO}$，$N_2 = N_{B_2O_3}$，$N_3 = N_{3CaO \cdot B_2O_3}$，$N_4 = N_{2CaO \cdot B_2O_3}$，$N_5 = N_{CaO \cdot B_2O_3}$，$N_6 = N_{CaO \cdot 2B_2O_3}$。同时，令：$b = \sum n_{CaO}$，$a = \sum n_{B_2O_3}$，$\sum n$ 表示总质点数。

根据物料平衡，有：

$$N_1 + N_2 + N_3 + N_4 + N_5 + N_6 = 1 \tag{1}$$

由化学平衡可得[5]：

$$3\,(Ca^{2+} + O^{2-})_{(s)} + (B_2O_3)_{(l)} = (3CaO \cdot B_2O_3)_{(l)}$$

$$\Delta G_1^{\ominus} = -129790.8 - 54.60T,\ \mathrm{J/mol} \qquad N_3 = K_1 N_1^3 N_2 \tag{2}$$

$$2\,(Ca^{2+} + O^{2-})_{(s)} + (B_2O_3)_{(l)} = (2CaO \cdot B_2O_3)_{(l)}$$

$$\Delta G_2^{\ominus} = -108019.44 - 46.56T,\ \mathrm{J/mol} \qquad N_4 = K_2 N_1^2 N_2 \tag{3}$$

$$(Ca^{2+} + O^{2-})_{(s)} + (B_2O_3)_{(l)} = (CaO \cdot B_2O_3)_{(l)}$$

$$\Delta G_3^{\ominus} = -75362.4 - 20.77T,\ \mathrm{J/mol} \qquad N_5 = K_3 N_1 N_2 \tag{4}$$

* 本文合作者：北京科技大学成国光、赵沛；原文发表于《中国有色金属学报》，1997，7（2）：30~33。

$$(Ca^{2+} + O^{2-})_{(s)} + 2(B_2O_3)_{(l)} \Longleftrightarrow (CaO \cdot 2B_2O_3)_{(l)}$$

$$\Delta G_4^{\ominus} = -109694.16 - 0.67T,\ J/mol \qquad N_6 = K_4 N_1 N_2^2 \tag{5}$$

$$b = \sum n(0.5N_1 + 3N_3 + 2N_4 + N_5 + N_6) \tag{6}$$

$$a = \sum n(N_2 + N_3 + N_4 + N_5 + 2N_6) \tag{7}$$

由式（6）和式（7）可得：

$$0.5aN_1 - bN_2 + (3a - b)N_3 + (2a - b)N_4 + (a - b)N_5 + (a - 2b)N_6 = 0 \tag{8}$$

以上式（1）~式（5）及式（8）就构成了 $CaO-B_2O_3$ 渣系的热力学计算模型。通过对式（1）、式（8）联立求解，可计算出各组元作用浓度随成分变化的规律。

2.2 计算结果与讨论

图 1 描述了 $CaO-B_2O_3$ 渣系各组元作用浓度随组分变化的情况。从图中可以看出，由于炉渣中形成了多种 CaO 以及 B_2O_3 复合化合物，使得 CaO 和 B_2O_3 的作用浓度显示出较大的负偏差。

为了验证模型的计算结果，图 2 进一步将理论计算的 N_{CaO} 和 $N_{B_2O_3}$ 与实测的活度值 a_{CaO} 和 $a_{B_2O_3}$[1] 相比较。从图中可以看出，理论值与实际结果一致，从而说明了该模型能反映 $CaO-B_2O_3$ 渣系的实际情况。

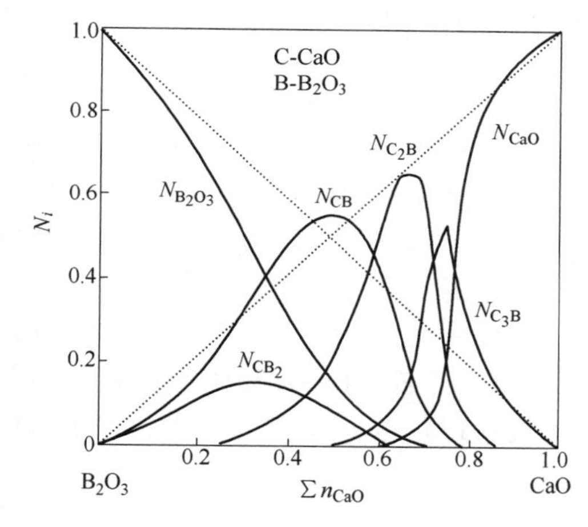

图 1　1773K，$CaO-B_2O_3$ 渣系各组元作用浓度随炉渣成分的变化

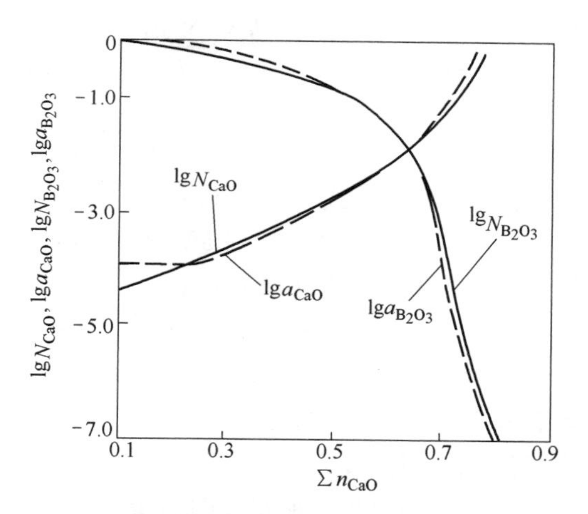

图 2　1773K，$CaO-B_2O_3$ 渣系理论计算的 CaO 及 B_2O_3 作用浓度与文献［1］中活度值的对比

3　$Fe_tO-B_2O_3(FeO-Fe_2O_3-B_2O_3)$ 渣系的热力学计算模型

3.1 结构单元的确定和模型的建立

根据 $FeO-B_2O_3$ 相图[6]，FeO 和 B_2O_3 能形成 $3FeO \cdot B_2O_3$(1060℃)、$2FeO \cdot B_2O_3$(950℃)和 $FeO \cdot B_2O_3$(810℃)。同时，FeO 和 B_2O_3 会形成 Fe_3O_4。因此，$FeO-Fe_2O_3-B_2O_3$ 渣系的结构单元为：Fe^{2+}、O^{2-} 以及 Fe_2O_3、B_2O_3、$3FeO \cdot B_2O_3$、$2FeO \cdot B_2O_3$、$FeO \cdot B_2O_3$ 和 Fe_3O_4

分子。

令各组元的作用浓度为：$N_1 = N_{FeO}$，$N_2 = N_{Fe_2O_3}$，$N_3 = N_{B_2O_3}$，$N_4 = N_{3FeO \cdot B_2O_3}$，$N_5 = N_{2FeO \cdot B_2O_3}$，$N_6 = N_{FeO \cdot B_2O_3}$，$N_7 = N_{Fe_3O_4}$，$b = \sum n_{FeO}$，$a_1 = \sum n_{Fe_2O_3}$，$a_2 = \sum n_{B_2O_3}$，$\sum n$ 表示总质点数。

根据物料平衡，有：

$$\sum_{i=1}^{7} N_i = 1 \tag{9}$$

同时，根据化学平衡及有关的热力学参数[5]可得：

$$3(Fe^{2+} + O^{2-}) + (B_2O_3) = 3FeO \cdot B_2O_{3(s)}$$

$$\Delta G_5^{\ominus} = 114760 - 100T,\ J/mol \qquad N_4 = K_5 N_1^3 N_3 \tag{10}$$

$$2(Fe^{2+} + O^{2-}) + (B_2O_3) = 2FeO \cdot B_2O_{3(s)}$$

$$\Delta G_6^{\ominus} = 34015 - 45.0T,\ J/mol \qquad N_5 = K_6 N_1^2 N_3 \tag{11}$$

$$(Fe^{2+} + O^{2-}) + (B_2O_3) = FeO \cdot B_2O_{3(s)}$$

$$\Delta G_7^{\ominus} = 55110 - 62.0T,\ J/mol \qquad N_6 = K_7 N_1 N_3 \tag{12}$$

$$(Fe^{2+} + O^{2-}) + Fe_2O_{3(s)} = Fe_3O_{4(s)}$$

$$\Delta G_8^{\ominus} = -45845 + 10.634T,\ J/mol \qquad N_7 = K_8 N_1 N_2 \tag{13}$$

$$b = \sum n(0.5N_1 + 3N_4 + 2N_5 + N_6 + N_7) \tag{14}$$

$$a_1 = \sum n(N_2 + N_7) \tag{15}$$

$$a_2 = \sum n(N_3 + N_4 + N_5 + N_6) \tag{16}$$

由式（14）、式（15）得：

$$0.5a_1N_1 - bN_2 + a_1(3N_4 + 2N_5 + N_6) + (a_1 - b)N_7 = 0 \tag{17}$$

由式（15）、式（16）得：

$$a_2(N_2 + N_7) - a_1(N_3 + N_4 + N_5 + N_6) = 0 \tag{18}$$

以上式（10）~式（13）及式（17）、式（18）构成了 $FeO\text{-}Fe_2O_3\text{-}B_2O_3$ 渣系的热力学计算模型。在一定的炉渣成分下，通过对式（9）、式（17）、式（18）三式联立求解可得出各组元作用浓度大小。

考虑到炉渣与铁液平衡时，会发生下列反应：

$$Fe_{(l)} + Fe_2O_{3\,(l)} = 3\,(Fe^{2+} + O^{2-})_{(l)} \tag{19}$$

因此，炉渣的氧化能力可以表示为：

$$N_{Fe_tO} = N_{FeO} + 6N_{Fe_2O_3} \text{[7]} \tag{20}$$

式中，N_{Fe_tO}为 Fe_tO 的作用浓度，它表明了炉渣含有 FeO、Fe_2O_3 时的综合氧化能力。

3.2 计算结果

图 3 描述了 $FeO\text{-}Fe_2O_3\text{-}B_2O_3$ 渣系理论计算的 N_{Fe_tO} 与实测的 a_{Fe_tO} 的比较情况。从图中可以看出，理论值与实测值相符合。这与前面所提的 $CaO\text{-}B_2O_3$ 渣系一样，也证明了以上模型的合理性。

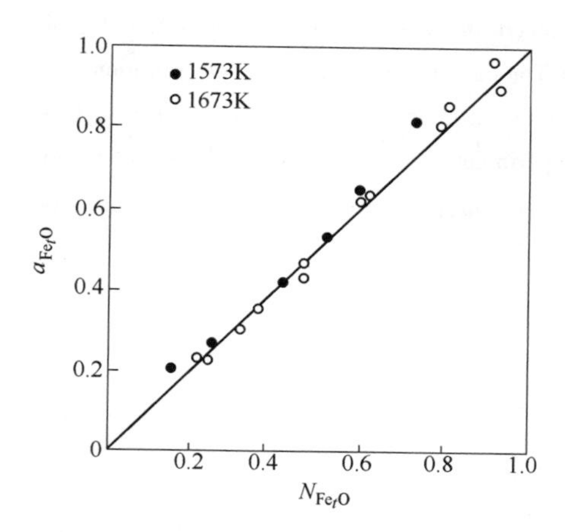

图 3 $Fe_tO-B_2O_3$ 渣系计算的 N_{Fe_tO} 与实测的 a_{Fe_tO}[8] 的比较

4 结论

（1）推导了 $CaO-B_2O_3$ 渣系的热力学计算模型。根据该模型计算的 N_{CaO}、$N_{B_2O_3}$ 的值与实测的活度值 a_{CaO}、$a_{B_2O_3}$ 相一致。

（2）推导了 $FeO-Fe_2O_3-B_2O_3$ 三元渣系的热力学计算模型。根据模型计算的炉渣氧化能力 N_{Fe_tO} 与实测的活度值相符合。

（3）熔渣中的 B_2O_3 主要以分子状态存在。

参考文献

[1] Min D J, Fruehan R J. Metallurgical Transactions B., 1990, 21B（12）: 1025~1032.

[2] 翟玉春，田彦文等．金属学报，1994，30（10）：B435~B438.

[3] 张鉴．关于炉渣结构的共存理论．北京钢铁学院学报，1984，6（1）：21~29.

[4] Verein Deutsher Eisenhuttenleute. Schlackenatlas Slag Atlas. Dusseldort：Stahleisen，1981：32.

[5] Turkdogan E T. Physical Chemistry of High Temperature Technology. New York：Academic Press，1980：5~25.

[6] 王俭译．渣图集．北京：冶金工业出版社，1989：31.

[7] 张鉴．$FeO-Fe_2O_3-SiO_2$ 渣系的作用浓度计算模型．北京科技大学学报，1988，10（1）：1~6.

[8] Fujiwara H，Morija H，Iwase M. ISS Transactions，1992 13：1.

Thermodynamic Calculating Models for Slag Melts Containing B_2O_3

Cheng Guoguang Zhang Jian Zhao Pei

(University of Science and Technology Beijing)

Abstract: Based on the coexistence theory of slag structure and phase diagrams, thermodynamic calculating models have been deduced for $CaO-B_2O_3$ and $FeO-Fe_2O_3-B_2O_3$ slag melts. It is shown from the calculated results that: (1) The calculated mass action concentrations of CaO, B_2O_3 are in good agreement with the measured activities of their units. (2) For the $FeO-Fe_2O_3-B_2O_3$ slag melt, the calculated N_{Fe_tO} is insistent with the experimental a_{Fe_tO}. Therefore, the above mentioned models are reasonable.

Keywords: coexistence theory; slag; activity; mass action concentration

含包晶体二元金属熔体的作用浓度计算模型*

摘　要：根据相图中出现包晶体、混合自由能和过剩自由能显负值等，分别对 Ag-In、Au-Bi 和 Au-Pb 金属熔体制定了作用浓度计算模型。计算结果与实测值符合，从而证明计算模型可以反映相应金属熔体的结构本质，并证明大多数包晶体仍可存在于熔体中。

关键词：包晶体；短程有序；作用浓度

1　引言

针对相图中出现化合物、共晶体和固溶体的金属熔体已经提出了含化合物金属熔体的共存理论[1]，并分别制定了含共晶体和含固溶体二元金属熔体作用浓度的计算模型[2,3]。以上这些模型应用于多种金属熔体均取得了与实际符合的结果[4~7]。但对相图中出现包晶体的金属熔体还缺乏相应的计算模型以计算其作用浓度。本文的目的即在于作一次解决这类问题的尝试。

2　计算模型

图 1 为 Ag-In、Au-Bi 和 Au-Pb 3 个二元金属体系的相图[8,9]。从图中看出 3 个二元系中均有包晶体出现，而且产生包晶体的成分与一定成分的化合物相对应：如 Ag-In 系的 Ag_3In、Ag_2In 和 $AgIn_2$；Au-Bi 系的 Au_2Bi；Au-Pb 系的 Au_2Pb、$AuPb_2$ 和 $AuPb_3$。

按照文献［3］的分析："如果在固态下存在稳定的原子团或共价键化合物，则转变为液态时，其稳定性将会增强"。所以上述相图中有关包晶反应的固态化合物的出现预示在金属熔体中它们有可能继续存在。表 1 列举了以上 3 个二元系金属熔体的热力学特性[9]。从

表 1　几种金属熔体的混合自由能 ΔG^{m} 和过剩自由能 ΔG^{xs}　(J/mol)

x_a	Ag-In		Au-Bi		Au-Pb	
	ΔG^{m}	ΔG^{xs}	ΔG^{m}	ΔG^{xs}	ΔG^{m}	ΔG^{xs}
0.1					-4446	-1206
0.2	-6025	-1444			-7042	-2035
0.3	-7239	-1645	-5527	-578	-8683	-2596
0.4	-7750	-1591	-6042	-590	-9567	-2847
0.5	-7687	-1340	-6196	-586	-9759	-2839
0.6	-7138	-980	-6004	-557	-9374	-2642
0.7	-6176	-586	-5439	-594	-8403	-2303
0.8	-4827	-247	-4438	-385	-6816	-1821
0.9	-3010	-33.49	-2872	-239	-4296	-1051

* 原文发表于《中国有色金属学报》，1997，7（4）：30~34。

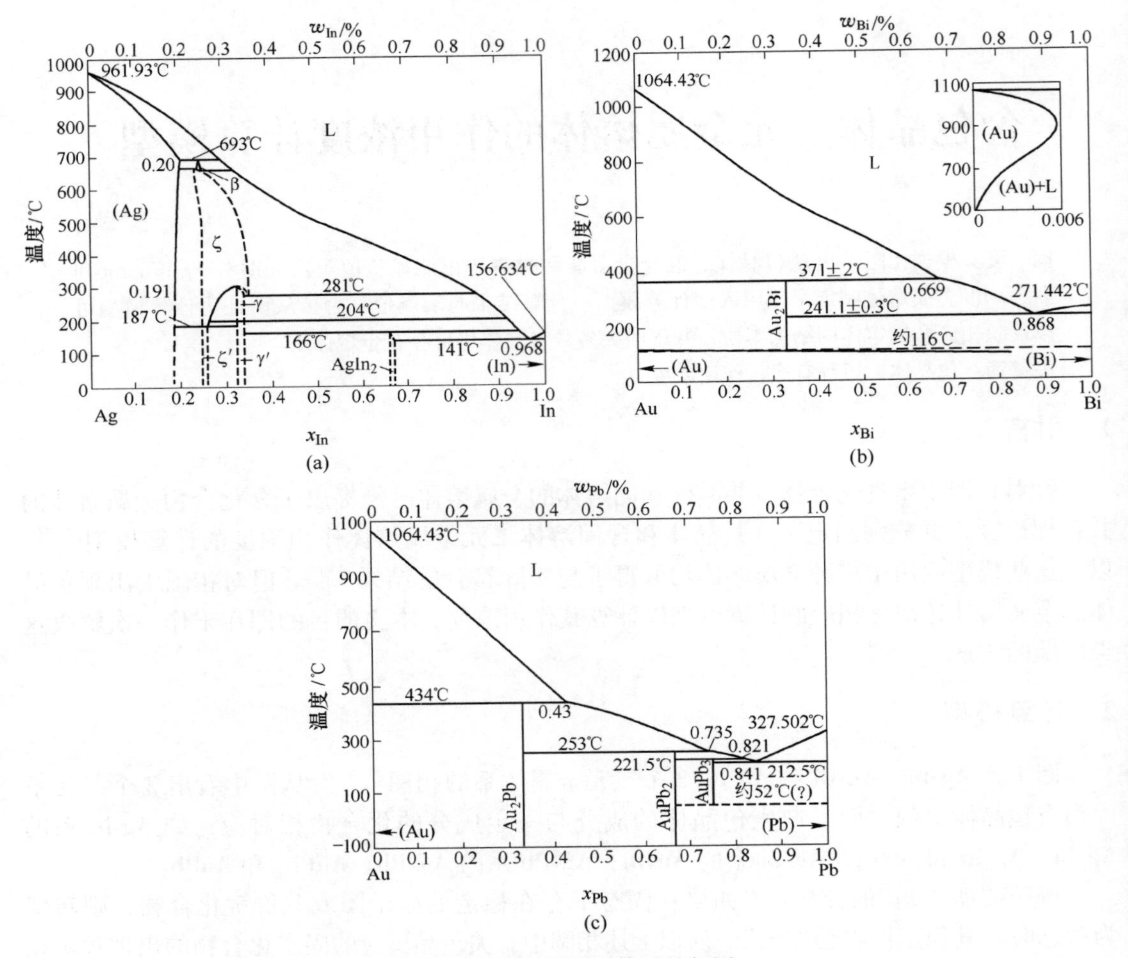

图 1　几个二元金属体系的相图

(a) Ag-In；(b) Au-Bi；(c) Au-Pb

中看出混合自由能 ΔG^{m} 和过剩自由能 ΔG^{xs} 均为负值，且有最小值，但无明显的对称关系，预示本类熔体中有化合物生成，而且不是单一的 AB 型化合物。

经过将本类金属熔体看作均相和两相溶液制定模型对比计算后，证明将本类熔体看作均相溶液的模型与实际更为符合，所以将本类熔体作用浓度的计算模型推导如下。

推导时，令 $b = \sum x_b (b = \mathrm{Ag},\ \mathrm{Au})$，$a = \sum x_a (a = \mathrm{In},\ \mathrm{Bi},\ \mathrm{Pb})$，$N_1 = N_b$，$N_2 = N_a$，$N_3 = N_z (z = \mathrm{Ag_3In},\ \mathrm{Au_2Bi},\ \mathrm{Au_2Pb})$，$N_4 = N_w (w = \mathrm{Ag_2In},\ \mathrm{AuBi},\ \mathrm{AuPb_2})$，$N_5 = N_{\mathrm{AgIn_2}}$，$\sum x$ = 平衡总摩尔分数（原子和分子）。a 和 b 为根据化学分析计算的摩尔分数，N 为作用浓度，即平衡摩尔分数。

2.1　Ag-In 熔体

化学平衡：

$$3\mathrm{Ag_{(l)}} + \mathrm{In_{(l)}} = \mathrm{Ag_3\,In_{(l)}} \qquad K_1 = N_3/(N_1^3 N_2),\ N_3 = K_1 N_1^3 N_2 \tag{1}$$

$$2Ag_{(1)} + In_{(1)} =\!=\!= Ag_2In_{(1)} \qquad K_2 = N_4/(N_1^2N_2),\ N_4 = K_2N_1^2N_2 \tag{2}$$

$$Ag_{(1)} + 2In_{(1)} =\!=\!= AgIn_{2\,(1)} \qquad K_3 = N_5/(N_1N_2^2),\ N_5 = K_3N_1N_2^2 \tag{3}$$

物料平衡：

$$N_1 + N_2 + K_1N_1^3N_2 + K_2N_1^2N_2 + K_3N_1N_2^2 - 1 = 0 \tag{4}$$

$$b = \sum x(N_1 + 3K_1N_1^3N_2 + 2K_2N_1^2N_2 + K_3N_1N_2^2) \tag{5}$$

$$a = \sum x(N_2 + K_1N_1^3N_2 + K_2N_1^2N_2 + 2K_3N_1N_2^2) \tag{6}$$

$$\sum x = a/(N_2 + K_1N_1^3N_2 + K_2N_1^2N_2 + 2K_3N_1N_2^2)$$

由式（5）和式（6）得：

$$aN_1 - bN_2 + (3a - b)K_1N_1^3N_2 + (2a - b)K_2N_1^2N_2 + (a - 2b)K_3N_1N_2^2 = 0 \tag{7}$$

式（4）乘以 1.5 后加式（7）得：

$$\begin{aligned} & 1.5 - (a + 1.5)N_1 - (1.5 - b)N_2 \\ &= (3a - b + 1.5)K_1N_1^3N_2 + (2a - b + 1.5)K_2N_1^2N_2 + (a - 2b + 1.5)K_3N_1N_2^2 \\ & [1.5 - (a + 1.5)N_1 - (1.5 - b)N_2]/(3a - b + 1.5)N_1^3N_2 \\ &= K_1 + K_2(2a - b + 1.5)/(3a - b + 1.5)N_1 + K_3(a - 2b + 1.5)N_2/(3a - b + 1.5)N_1 \\ & [1.5 - (a + 1.5)N_1 - (1.5 - b)N_2]/(2a - b + 1.5)N_1^2N_2 \\ &= K_2 + K_3(a - 2b + 1.5)N_2/(2a - b + 1.5)N_1 + K_1(3a - b + 1.5)N_1/(2a - b + 1.5) \end{aligned} \tag{8}$$

2.2 Au-Bi 熔体

化学平衡：

$$2Au_{(1)} + Bi_{(1)} =\!=\!= Au_2Bi_{(1)} \qquad K_1 = N_3/(N_1^2N_2),\quad N_3 = K_1N_1^2N_2 \tag{9}$$

$$Au_{(1)} + Bi_{(1)} =\!=\!= AuBi_{(1)} \qquad K_2 = N_4/(N_1N_2),\quad N_4 = K_2N_1N_2 \tag{10}$$

物料平衡：

$$N_1 + N_2 + K_1N_1^2N_2 + K_2N_1N_2 - 1 = 0 \tag{11}$$

$$b = \sum x(N_1 + 2K_1N_1^2N_2 + K_2N_1N_2) \tag{12}$$

$$\left.\begin{aligned} a &= \sum x(N_2 + K_1N_1^2N_2 + K_2N_1N_2) \\ \sum x &= a/(N_2 + K_1N_1^2N_2 + K_2N_1N_2) \end{aligned}\right\} \tag{13}$$

由式（12）和式（13）得：

$$aN_1 - bN_2 + (2a - b)K_1N_1^2N_2 + (a - b)K_2N_1N_2 = 0 \tag{14}$$

式（11）加式（14）得：

$$\begin{aligned} & 1 - (a + 1)N_1 - (1 - b)N_2 = (2a - b + 1)K_1N_1^2N_2 + (a - b + 1)K_2N_1N_2 \\ & [1 - (a + 1)N_1 - (1 - b)N_2]/(2a - b + 1)N_1^2N_2 = K_1 + K_2(a - b + 1)/(2a - b + 1)N_1 \\ & [1 - (a + 1)N_1 - (1 - b)N_2]/(a - b + 1)N_1N_2 = K_2 + K_1(2a - b + 1)/(a - b + 1) \end{aligned} \tag{15}$$

2.3 Au-Pb 熔体

用不同方案进行对比计算后，发现只有采用考虑 Au_2Pb 和 $AuPb_2$ 两种化合物的方案，才能计算求得与实际符合的结果。所以下面以此二化合物为基础制定计算模型。

化学平衡：

$$2Au_{(1)} + Pb_{(1)} \xlongequal{} Au_2Pb_{(1)} \qquad K_1 = N_3/(N_1^2N_2), N_3 = K_1N_1^2N_2 \tag{16}$$

$$Au_{(1)} + 2Pb_{(1)} \xlongequal{} AuPb_{2\,(1)} \qquad K_2 = N_4/(N_1N_2^2),\ N_4 = K_2N_1N_2^2 \tag{17}$$

物料平衡：

$$N_1 + N_2 + K_1N_1^2N_2 + K_2N_1N_2^2 - 1 = 0 \tag{18}$$

$$b = \sum x(N_1 + 2K_1N_1^2N_2 + K_2N_1N_2^2) \tag{19}$$

$$\left.\begin{aligned} a &= \sum x(N_2 + K_1N_1^2N_2 + 2K_2N_1N_2^2) \\ \sum x &= a/(N_2 + K_1N_1^2N_2 + 2K_2N_1N_2^2) \end{aligned}\right\} \tag{20}$$

由式（18）和式（19）得：

$$aN_1 - bN_2 + (2a-b)K_1N_1^2N_2 + (a-2b)K_2N_1N_2^2 = 0 \tag{21}$$

式（17）加式（20）得：

$$1-(a+1)N_1-(1-b)N_2 = (2a-b+1)K_1N_1^2N_2 + (a-2b+1)K_2N_1N_2^2$$

$$\frac{1-(a+1)N_1-(1-b)N_2}{(2a-b+1)N_1^2N_2} = K_1 + K_2(a-2b+1)N_2/(2a-b+1)N_1$$

$$\frac{1-(a+1)N_1-(1-b)N_2}{(a-2b+1)N_1N_2^2} = K_2 + K_1(2a-b+1)N_1/(a-2b+1)N_2 \tag{22}$$

以上就是 Ag-In、Au-Bi 和 Au-Pb 3 个二元系金属熔体的作用浓度计算模型。式（4）和式（7）、式（11）和式（14）以及式（18）和式（21）用以计算相应二元金属熔体的作用浓度；式（8）、式（15）和式（22）分别用以回归相应二元金属熔体生成化合物的平衡常数。当然，计算模型的正确与否还需要用实测活度来检验。

3　计算结果及讨论

根据文献［9］的实测活度值，利用式（8）、式（15）和式（22）分别回归得相应二元金属熔体生成化合物的平衡常数 K、$\Delta G^{\ominus}$，如表 2 所示。

表 2　一些二元金属熔体的 T、K 和 $\Delta G^{\ominus}$ 值

二元系	Ag-In			Au-Bi		Au-Pb	
	Ag_3In	Ag_2In	$AgIn_2$	Au_2Bi	$AuBi_2$	Au_2Pb	$AuPb_2$
T/K		1100		973		1200	
K	217654	0.514045	0.102349	0.032915	0.34191	2.64795	2.19082
$\Delta G^{\ominus}$/J · mol^{-1}	−7117	6089	20858	27632	8687	−9721	−7829
相关系数 R		0.66850		0.98943		0.99871	

利用表 2 中的平衡常数值计算得出的一定温度下各二元金属熔体作用浓度与实测活度的对比如图 2～图 4 所示。从图中可看出，计算作用浓度与实测活度的符合程度是相当令人满意的，从而证明所推导的本类金属熔体作用浓度计算模型是能够反映其结构本质的。

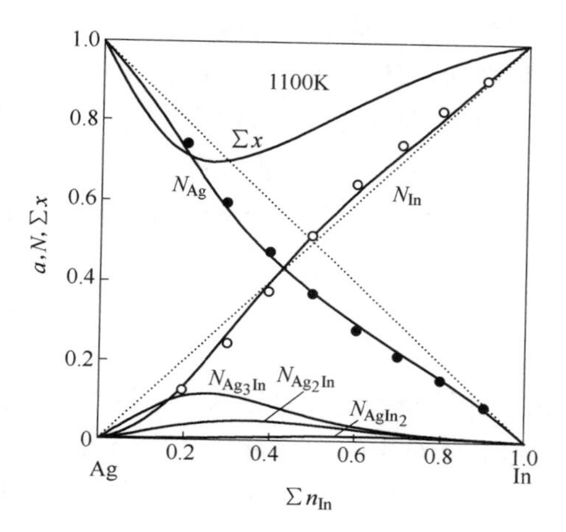

图 2 计算作用浓度（——）与实测活度（○，●）的对比

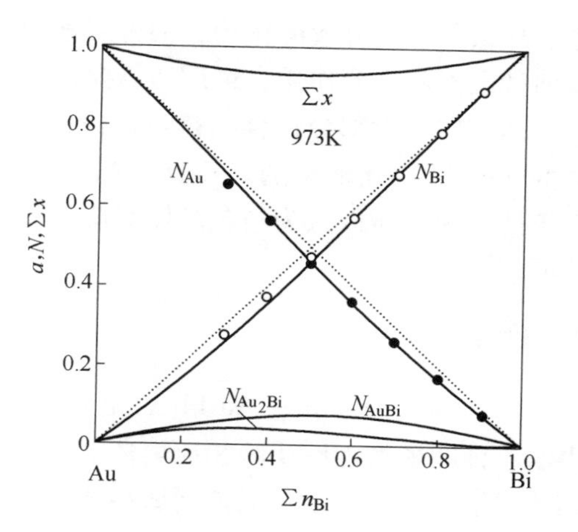

图 3 计算作用浓度（——）与实测活度（○，●）的对比

需要指出的是，在 Au-Bi 合金相图中，仅标明一种化合物，而式（11）、式（14）和式（15）的模型中却增加了 AuBi 化合物，这是为什么？对这点的解释是目前相图中所标明的化合物仅为在固态下可以稳定存在的化合物，而对在液态下存在、在固态下不稳定的亚稳态化合物（或短程有序原子团）则不予标示，或只在关于亚稳相的段落作些文字上的说明。如 Giessen 等[10]将 Au45%-Bi55%（摩尔分数）液态合金激冷到-190℃后，经 X 射线鉴定发现有新相生成，并标明 AuBi。其后，文献［11，12］在有关亚稳相的文字说明中，也都有同样的标注，说明不同文献都注意到了这个重要事实。本文计算结果与这个事实不谋而合，正说明 AuBi 亚稳相（或短程有序原子团）的确在液态 Au-Bi 合金中是存在的。为什么 AuBi 亚稳相在固态下又不存在呢？用形核热力学的语言来表达，就是这种亚稳相本身所具备的自由能还不足以补偿新相长大到临界半径时表面能的消耗，因而新相未能继续长大，并保留于固态下。但否认固态下 AuBi 的存在，还需要客观地承认其在液态下的存在，否则激冷到-190℃后，X 射线下就不会发现有新相 AuBi 了。

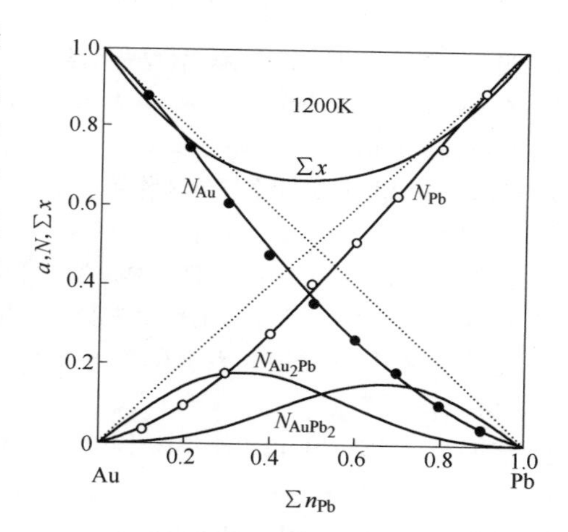

图 4 计算作用浓度（——）与实测活度（○，●）的对比

应该指出，升高温度也有促使化合物分解的作用，这同样是事物本身的规律。虽然分解后变成原子，进一步气化时，还有可能变成双原子分子，分子性仍然有所升高，但分解后原来的化合物毕竟是不存在了。这就是 Au-Pb 熔体的作用浓度计算模型中考虑 $AuPb_3$ 时结果不好的根本原因，因为该化合物稳定存在的温度为 221.5℃以下，而 Au-Pb 熔体测定活度的温度为 1200K 升高温度达 700℃以上，再加 $AuPb_3$ 稳定存在的温度在本系 3 个包晶体中为最低等因素，从而导致它的分解。这样看来，升温既有促使分子稳定存在的作用，

也有导致化合物分解的作用，两种因素同时作用于一个熔体的动平衡反应，对具体物质而言何种因素起主导作用，最后还需要通过实践检验来判断。从这个实例看出，含包晶体二元金属熔体中大部分化合物是可以继续存在的，分解的只是少部分。除此而外，Fe-Si 熔体的 $FeSi_3$[4]，熔渣中的 $MgSiO_3$，熔盐中的 $PbCl_2$、KCl 等都是包晶体但实践证明它们仍存在于熔体中。所以认为与包晶体对应的化合物在熔体中不存在或完全分解的观点是值得商榷的。

4 结论

由 Ag-In、Au-Bi 和 Au-Pb 二元金属熔体作用浓度计算模型的计算结果与实测值符合的事实，证明模型能够反映相应熔体的结构本质；与包晶体对应的大部分化合物仍可在金属熔体中继续存在；含包晶体金属熔体属于均相熔体，其内部反应服从含化合物金属熔体的有关规律（质量作用定律）。

参考文献

[1] 张鉴．关于含化合物金属熔体结构的共存理论．北京科技大学学报，1990，12（3）：201~211.
[2] Zhang Jian. Calculating Models of Mass Action Concentration of Binary Metallic Melts Involving Eutectic. Journal of University of Science and Technology Beijing，1994，1（1-2）：22~30.
[3] 张鉴．含固溶体二元金属熔体作用浓度的计算模型．见：1994 年全国冶金物理化学学术会议论文集，1994：122~133.
[4] 张鉴．Fe-Si 熔体的作用浓度计算模型．钢铁研究学报，1991，3（2）：7~12.
[5] 张鉴．Fe-V 和 Fe-Ti 熔体的作用浓度计算模型．化工冶金，1991，12（2）：173~179.
[6] 张鉴，成国光．Fe-Al 系金属熔体作用浓度的计算模型．北京科技大学学报，1991，13（6）：514~518.
[7] 成国光，张鉴．Bi-In 合金熔体作用浓度的计算模型．化工冶金，1992，13（1）：10~16.
[8] Massalski T B，Murray T L，Bennett L N，Baker H. Binary Alloy Phase Diagrams. 1986，34：239.
[9] Hultgren R et al. Selected Values of the Thermodynamic Properties of Binary Alloys. American Society for Metals. 1973：68，241~244，299~303.
[10] Giessen B C，Wolff U，Grant N J. Trans. Met. Soc. AIME，1968，242（4）：597~602.
[11] Okamoto H，Massalski T B. Bulletin of Alloy Phase Diagrams，1983，4（4）：401~407.
[12] Okamoto H，Massalski T B. Phase Diagrams of Binary Gold Alloys. ASM International，1987：32~37.

Calculating Models of Mass Action Concentrations for Binary Metallic Melts Involving Peritectics

Zhang Jian

(University of Science and Technology Beijing)

Abstract：Based on the appearance of peritectics，negative values of free energy of mixing and excess free energy etc.. calculating models of mass action concentrations have been formulated for Ag-In, Au-Bi and Au-Pb melts respectively. Calculated results agreed well with measured values. which shows that the calculating models may reflect the structural characteristics of corresponding metallic melts and that many peritectics yet exist in mettallic melts.

Keywords: peritectic; short range order; mass action concent ration

二元金属熔体热力学性质按相图的分类*

摘　要：经过对二元金属熔体的热力学性质结合相图进行研究后，发现将其热力学性质按相图分为含化合物、含包晶体、含饱和相、含固溶体、含共晶体和含连续固溶体六类制定计算模型时，前五类所得作用浓度符合质量作用定理，第六类符合 Raoult 定律。

关键词：金属熔体；相图；共存理论；作用浓度

二元金属熔体是冶金工作者对其热力学性质和相图研究得比较全面的冶金熔体。根据文献[1,2]，在1000多个二元金属相图中：（1）含化合物者占63.6%；（2）含包晶体者占13.03%；（3）含饱和相者约占1%左右；（4）含共晶体者占9%；（5）含固溶体者占13.2%；（6）形成连续固溶体（form a continuous series of solid solutions）约占0.2%左右。本文将结合相图按此六类熔体讨论其热力学性质。

1　含化合物金属熔体

二元金属熔体大部分属于此类。本类金属熔体由原子和相图可以确定化合物（或分子）的组成[3,4]。

证明含化合物金属熔体中原子和分子共存的事实有：

（1）原子本性：金属系由自由电子气与浸沉其中的正离子组成，这就是金属熔体的原子本性。

（2）分子本性：说明金属熔体中有分子存在的事实有：1）活度对拉乌尔定律显示较大的负偏差；2）混合自由能 ΔG^m 和焓 ΔH^m 表现最小值；3）过剩稳定性函数突然出现极大值；4）电阻率显示最大值；5）相图中具有固液相同成分熔点的化合物，6）电势-组成曲线图中生成化合物时表现明显的电势平台。

（3）金属熔体热力学性质和活度与其结构的一致性。

含化合物金属熔体共存理论的要点是：

（1）含化合物金属熔体由原子和分子组成。

（2）原子和分子间进行着动平衡反应，如 $x\mathrm{A}+y\mathrm{B}=\mathrm{A}_x\mathrm{B}_y$。

（3）金属熔体内部的化学反应服从质量作用定律。

以 Fe-Si 二元系为例[5]，根据相图[2]，本二元系合金中生成的化合物有 β-Fe_2Si、η-Fe_5Si_3、ε-FeSi 和 ε-$FeSi_2$。其中，β、η 和 ξ 具有固液相同成分熔点，因而，可以在熔体中存在；η 为包晶体，如后面将要说明的，它也可以化学短程有序原子团的形式存在于熔体中。这样设 $a=\sum x_{Si}$，$b=\sum x_{Fe}$，$N_1=N_{Fe}$，$N_2=N_{Si}$，$N_3=N_{Fe_2Si}$，$N_4=N_{Fe_5Si_3}$，$N_5=N_{FeSi}$，$N_6=N_{FeSi_2}$。式中 x 为摩尔分数，a 和 b 各代表 Si 和 Fe 的总摩尔分数，N 则代表作用浓度

* 原文发表于《金属学报》，1998，34（1）：75~85。

（即平衡摩尔分数）。由此可将化学平衡写为：

$$2Fe_{(l)} + Si_{(l)} =\!=\!= Fe_2Si_{(l)} \qquad K_1 = N_3/N_1^2N_2,\ N_3 = K_1N_1^2N_2 \tag{1}$$

$$5Fe_{(l)} + 3Si_{(l)} =\!=\!= Fe_5Si_{3(l)} \qquad K_2 = N_4/N_1^5N_2^3,\ N_4 = K_2N_1^5N_2^3 \tag{2}$$

$$Fe_{(l)} + Si_{(l)} =\!=\!= FeSi_{(l)} \qquad K_3 = N_5/N_1N_2,\ N_5 = K_3N_1N_2 \tag{3}$$

$$Fe_{(l)} + 2Si_{(l)} =\!=\!= FeSi_{2(l)} \qquad K_4 = N_6/N_1N_2^2,\ N_6 = K_4N_1N_2^2 \tag{4}$$

作物料平衡后得：

$$N_1 + N_2 + K_1N_1^2N_2 + K_2N_1^5N_2^3 + K_3N_1N_2 + K_4N_1N_2^2 - 1 = 0 \tag{5}$$

$$aN_1 - bN_2 + K_1(2a-b)N_1^2N_2 + K_2(5a-3b)N_1^5N_2^3 + K_3(a-b)N_1N_2 + K_4(a-2b)N_1N_2^2 = 0 \tag{6}$$

$$1-(a+1)N_1-(1-b)N_2 = K_1(2a-b+1)N_1^2N_2 + K_2(5a-3b+1)N_1^5N_2^3 + K_3(a-b+1)N_1N_2 + K_4(a-2b+1)N_1N_2^2 \tag{7}$$

式（5）、式（6）和式（7）即为本二元金属熔体的作用浓度计算模型，其中式（5）和式（6）用以计算作用浓度，式（5）和式（7）用以回归平衡常数。表 1 中列举了用文献[6]的实测活度在不同温度下回归得出四种硅化铁的平衡常数。表中相关系数 R 等于 1 或接近 1 的情况，说明回归结果是相当可靠的。生成四种硅化铁的标准生成自由能（J/mol）与温度的关系为：

$$\Delta G^{\ominus}_{Fe_2Si} = -117630.84 + 21.1333T\ (693 \sim 973K,\ r = 0.99827) \tag{8}$$

$$\Delta G^{\ominus}_{Fe_5Si_3} = -295298.39 + 30.339T\ (693 \sim 973K,\ r = 0.99382) \tag{9}$$

$$\Delta G^{\ominus}_{FeSi} = -158472.98 + 69.7783T\ (693 \sim 973K,\ r = 0.97489) \tag{10}$$

$$\Delta G^{\ominus}_{FeSi_2} = -38163.07 - 5.4706T\ (693 \sim 973K,\ r = 0.99998) \tag{11}$$

表 1　不同温度下生成各种硅化铁的回归平衡常数

Table 1　Regressed equilibrium constants at different temperatures for various silicides

T/K	K_{Fe_2Si}	$K_{Fe_5Si_3}$	K_{FeSi}	K_{FeSi_2}	R
1693	328.3470	34990500	18.9144	29.0335	1
1773	238.5340	13224900	9.1519	25.6282	1
16873	145.5410	3614000	6.3589	15.6085	1
1973	102.855	1935950	-3.08373	19.7540	0.999998

图 1 中绘制了 1873K 下计算作用浓度与实测活度的对比情况，可以看出计算的 N_{Fe} 和 N_{Si} 各与实测的 a_{Fe} 和 a_{Si} 是符合得相当好的。除此而外，图中还绘制了本熔体各结构单元作用浓度随成分而改变的情况。从图 1 和以上计算模型可以看出：（1）计算模型中的结构单元与相图中所表明的结构单元完全一致，所以相图应该作为确定结构单元的可靠依据；（2）含化合物金属熔体属均相溶液，因为本熔体的作用浓度总和可以用 $\sum N = 1$ 表示；（3）本熔体各结构单元的作用浓度（即活度）和热力学性质与其结构间具有明显而且严格的函数关系，因此既可以通过已知结构单元和热力学性质计算各结构单元的作用浓度（活度），又可以根据已知结构单元和活度来回归一定温度下生成不同化合物的平衡常数，从而达到确定其热力学性质（$\Delta G^{\ominus} = -RT\ln K$）的目的；（4）本类金属熔体生成化合物的平衡常数一般较大。

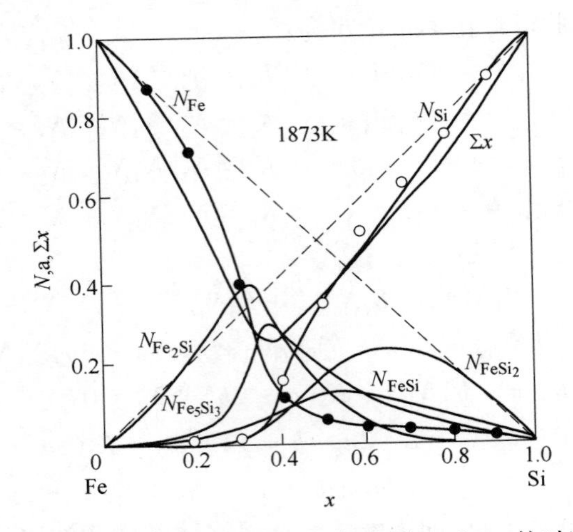

图 1　计算作用浓度 N_{Fe} 和 N_{Si} 与实测 a_{Fe} 和 a_{Si} 的对比

Fig. 1　Comparison of calculated N_{Fe} and N_{Si} with measured a_{Fe} and a_{Si}

○ a_{Fe}；● a_{Si}；——calculated

2　含包晶体金属熔体

文献［7］已经证明，与包晶体对应的大部分化合物仍可能在金属熔体中以化学短程有序原子团的形式存在。前节中 Fe-Si 二元系中 η-Fe_5Si_3 为包晶体，在熔体中可以存在的事实，也是明证。就相图而言，Au-Pb 二元系中所生成的化合物 Au_2Pb、$AuPb_2$ 和 $AuPb_3$ 全部为包晶体。但用不同方案制定作用浓度计算模型进行对比检验后，发现只有用生成 Au_2Pb 和 $AuPb_2$ 的模型才能计算出与实际符合的作用浓度。

因此，令 $b=\sum x_{Au}$，$a=\sum x_{Pb}$，$N_1=N_{Au}$，$N_2=N_{Pb}$，$N_3=N_{Au_2Pb}$，$N_4=N_{AuPb_2}$，则有化学平衡：

$$2Al_{(l)}+Pb_{(l)}=\!=\!=Au_2Pb_{(l)}\qquad K_1=N_3/N_1^2N_2,\ N_3=K_1N_1^2N_2 \tag{12}$$

$$Al_{(l)}+2Pb_{(l)}=\!=\!=AuPb_{2(l)}\qquad K_2=N_4/N_1N_2^2,\ N_4=K_2N_1N_2^2 \tag{13}$$

作物料平衡后得：

$$N_1+N_2+K_1N_1^2N_2+K_2N_1N_2^2-1=0 \tag{14}$$

$$aN_1-bN_2+K_1(2a-b)N_1^2N_2+K_2(a-2b)N_1N_2^2=0 \tag{15}$$

$$1-(a+1)N_1-(1-b)N_2=K_1(2a-b+1)N_1^2N_2+K_2(a-2b+1)N_1N_2^2 \tag{16}$$

式（14）和式（15）用以计算作用浓度，式（14）和式（16）用以回归平衡常数。利用文献［8］在 1200K 的实测活度和式（16）回归得平衡常数为 $K_1=K_{Au_2Pb}=2.64795$，$K_2=K_{AuPb_2}=2.190882$（$r=0.99871$）；相应的标准生成自由能为：$\Delta G^{\ominus}_{Au_2Pb}=-9721\text{J/mol}$，$\Delta G^{\ominus}_{AuPb_2}=-7829\text{J/mol}$。计算的作用浓度与实测活度符合较好（见图 2），证明上述模型可以反映本二元系的结构本质。

从图 2 和以上的计算模型可以看出：（1）计算模型中全部结构单元均来源于相图，而且大部分包晶体仍存在于金属熔体中，只有少数包晶体未进入计算模型，何种包晶体可以进入作用浓度计算模型，需要用实测活度检验不同模型方案来确定；（2）含包晶体的金属熔体属于均相溶液，其作用浓度总和可以用 $\sum N=1$ 表示；（3）在本熔体中原子与亚稳态化合物（包晶体）共存，生成亚稳态化合物的平衡常数较小。

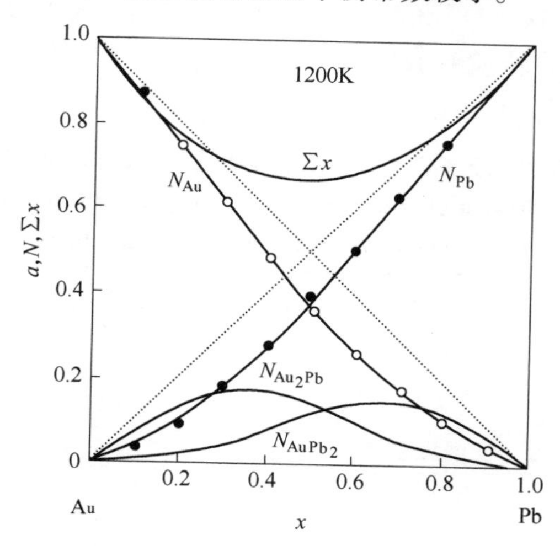

图 2　计算作用浓度 N 与实测活度 a 的对比

Fig. 2　Comparison of calculated N_{Au} and N_{Pb} with measured a_{Au} and a_{Pb}

○ a_{Fe}；● a_{Si}；——calculated

3　含饱和相的金属熔体

在含碳、氮、氧、硫、磷等元素的二元熔体中，这些元素在金属熔体中的溶解度多呈饱和状态。由于有溶解度，以纯物质为标准态计算的作用浓度虽然可以代表合金中其他结构单元的浓度（活度），但却不能反映上述元素的真实浓度，如何解决这个问题，就成为冶金熔体理论发展的关键问题之一。成国光等[9,10]发现在饱和态和纯物质之间存在一个规律性的转换系数，从而使这个问题得到完满的解决。

从 Fe-N 二元系相图可知本二元系中生成的化合物有 Fe_4N 和 Fe_2N 两个，因而其结构单元为 Fe、N、Fe_4N 和 Fe_2N。这样令 $b=\sum x_{Fe}$，$a=\sum x_N$，$N_1=N_{Fe}$，$N_2=N_N$，$N_3=N_{Fe_4N}$，$N_4=N_{Fe_2N}$，则有化学平衡：

$$4Fe_{(\gamma)}+[N]=\!=\!=Fe_4N_{(s)}\qquad K_1=N_3/N_1^4N_2\ ,\ N_3=K_1N_1^4N_2 \tag{17}$$

$$\lg K_1=-1185.98/T+2.57(933\sim1083K)$$

$$2Fe_{(\gamma)}+[N]=\!=\!=Fe_2N_{(s)}\qquad K_2=N_4/N_1^4N_2\ ,\ N_4=K_2N_1^2N_2 \tag{18}$$

$$\lg K_2=-8841.47/T+2.38(933\sim1083K)$$

作物料平衡后得：

$$N_1+N_2+K_1N_1^4N_2+K_2N_1^2N_2-1=0 \tag{19}$$

$$aN_1-bN_2+K_1(4a-b)N_1^4N_2+K_2(2a-b)N_1^2N_2=0 \tag{20}$$

纯物质向饱和标准态的转换系数：

$$L_N=a_N/N_N \tag{21}$$

以饱和为标准态的作用浓度：

$$N'_N=L_NN_N \tag{22}$$

式（19）~式（22）即为本二元系的作用浓度计算模型。式（19）和式（20）用以计算纯物质为标准态的作用浓度；式（21）和式（22）用以计算以饱和为标准态的作用浓度。

表 2 中列举了根据文献［11］的实测活度和式（19）~式（21）计算的三个温度下的纯物质 N 向饱和标准态的转换系数 L（933K、993K 和 1083K 时平均值分别为 226. 66、290. 87 和 40247）。

表 2　Fe-N 二元系几个温度下的纯物质 N 向饱和态的转换系数

Table 2　Coefficient of transformation from pure to saturated state for Fe-N binary system at several temperatures

x_N	L_{933K}	L_{933K}	L_{1083K}
0. 01	22. 8	293. 6	408. 6
0. 02	226. 5	293. 5	406. 9
0. 03	226. 7	290. 7	404. 9
0. 04	225. 8	289. 9	402. 3
0. 05	224. 6	289. 4	401. 0
0. 06	224. 9	288. 5	399. 4
0. 07	225. 3	289. 0	398. 7
0. 08	226. 2	289. 4	399. 3
0. 09	227. 8	291. 5	401. 1
0. 10	230. 5	293. 2	

L_N 与温度的关系式为:

$$\lg L_N = -1679.75/T + 4.155 \tag{23}$$

$$\Delta G^{\ominus} = 32182.44 - 79.605T(933 \sim 1083K,\ r = -0.999998) \tag{24}$$

从表 2 和式（23）、式（24）可以看出，当温度恒定时，纯物质向饱和标准态的转换系数（或饱和态熔体和均相熔体间饱和元素的分配系数）是一个常数，温度上升时，其值是增长的；L_N 与温度关系式的相关系数接近 1 的事实说明，这种规律性是十分可靠的。图 3 证明上述计算模型可以反映本二元系的结构实际。

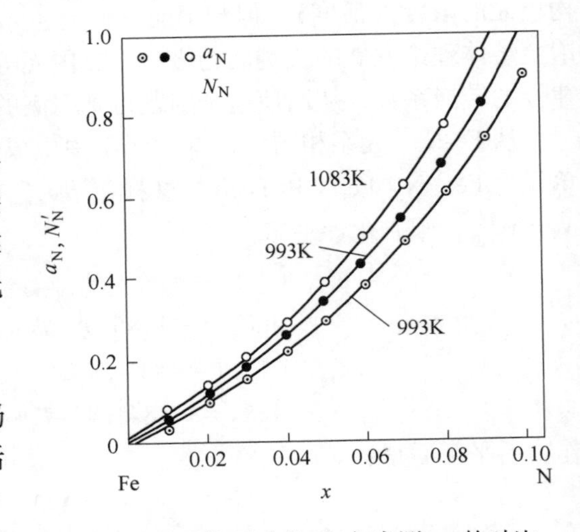

图 3　计算的作用浓度 N'_N 与实测 a_N 的对比

Fig. 3　Comparison of calculated N'_N with measured a_N

从以上计算模型和计算结果可以看出：

（1）本类合金中结构单元设定的依据仍然是相图，但正确的结构单元还得用实测活度对不同计算方案进行检验来确定。

（2）本类熔体由于个别元素呈饱和状态，不能算作均相溶液，但因采用纯物质向饱和标准态的转换系数，以饱和为标准态的作用浓度（活度）并不难求出。

（3）含饱和相的金属熔体也由原子和分子（或亚稳态化合物）组成。

4 含共晶体金属熔体

对于含共晶体熔体的结构，在文献［11］中已有详尽论证，下面仅简要列举其要点。

4.1 预示含共晶体金属熔体中存在亚稳态化合物或化学短程有序原子团的事实

（1）Cd-Bi、Ge-Al、Cd-Sn、Bi-Sn、Au-Cu、Al-Ga 等熔体的混合自由能 ΔG^{m} 显示最小值，过剩自由能 ΔG^{XS} 的最大值（或最小值）位于 $x_i=0.5$ 处，预示熔体中可能生成 AB 型亚稳态化合物；Si-Ag、Pb-Sn、Al-Sn 等熔体 ΔG^{XS} 的最大值位于 $x_i=0.6$ 处，预示熔体中有 B_2A_3 型亚稳态化合物生成，因为热力学参数是熔体结构的直接反映。

（2）在对含共晶体熔体进行高速激冷的条件下发现其中有固定成分的晶体存在（如对 Bi-50%Sn 熔体发现四面体结构的 β 相，对 Au-Co 熔体于 40%、60%和 70%Co 处均发现有 fcc 型的亚稳态化合物）。

（3）用汞合法于 Cr-Sn 合金后发现有中间相 Cr_3Sn_2 存在，同时在 Ga-In 合金中也发现有 Ga_3In_2 亚稳相存在。

（4）在 Fe-C 二元系中存在有多种亚稳态化合物：FeC，Fe_2C，Fe_3C，Fe_3C_2，Fe_4C，Fe_5C_2，Fe_6C，Fe_7C_3 等。

4.2 表明含共晶体金属熔体中仍然保留有共晶体的事实

（1）用 X 射线衍射研究 Cd-Ga 熔体中发现在不溶区间有准共晶体结构；在过冷 Bi-48.6%Sn 熔体中得到了稳定的 Bi、Sn 相和一个亚稳相。

（2）共晶合金 Cu-Pb、Cr-Sn、Bi-Ga、Bi-Zn、Ga-In 等在液态下部分不能互溶，而在固态下则大范围的不能互溶。

根据以上事实，对二元共晶体结构可以概括出如下假说：

（1）熔体中仍然不同程度地保留有共晶体结构，所以含共晶体金属熔体实际上由两个溶液组成。

（2）熔体内部有亚稳态中间化合物（或化学短程有序原子团）生成，其作用是减少二元素的作用浓度，并可溶解于两溶液中。

（3）两溶液间的化学反应服从质量作用定律。

下面以 Ge-Al 和 Ag-Si 两个二元系为例来说明生成 AB 和 B_2A_3 两类亚稳态化合物的熔体的计算模型。

令 $b=\sum x_{Ge}$，$a=\sum x_{Al}$，$N_1=N_{Ge}$，$N_2=N_{Al}$，$N_3=N_{GeAl}$，并假设形成 Ge+GeAl 和 Al+GeAl 两个溶液，则有化学平衡：

$$Ge_{(l)}+Al_{(l)}=GeAl_{(l)} \qquad K=N_3/N_1N_2,\ N_3=KN_1N_2 \tag{25}$$

作物料平衡后得：

$$N_1+KN_1N_2/b=1,\ N_2+KN_1N_2/a=1 \tag{26}$$

$$K=ab(2-N_1-N_2)/(a+b)N_1N_2 \tag{27}$$

式（26）和式（27）即为生成 AB 型亚稳态化合物的共晶熔体的作用浓度计算模型，式（26）用以计算作用浓度，式（27）用以计算平衡常数。

对生成 B_2A_3 型亚稳态化合物的共晶熔体而言，令 $b=\sum x_{Si}$，$a=\sum x_{Ag}$，$N_1=N_{Si}$，N_2

$= N_{Ag}$，$N_3 = N_{Si_2Ag_3}$，并假设形成 $Si+Si_2Ag_3$ 和 $Ag+Si_2Ag_3$ 两个溶液，则化学平衡为：

$$2Si_{(l)} + 3Ag_{(l)} = Si_2Ag_{3(l)} \qquad K = N_3/N_1^2N_2^3,\ N_3 = KN_1^2N_2^3 \tag{28}$$

作物料平衡后得：

$$N_1 + KN_1^2N_2^3/b = 1,\ N_2 + KN_1^2N_2^3/a = 1 \tag{29}$$

$$K = ab(2 - N_1 - N_2)/(a + b)N_1^2N_2^3 \tag{30}$$

式（29）和式（30）即为生成 B_2A_3 型亚稳态化合物的共晶熔体的作用浓度计算模型。式（29）用以计算作用浓度，式（30）用以计算平衡常数。

由图 4 可以看出，不论计算的作用浓度对 Raoult 定理产生正或负偏差，也不论偏差为

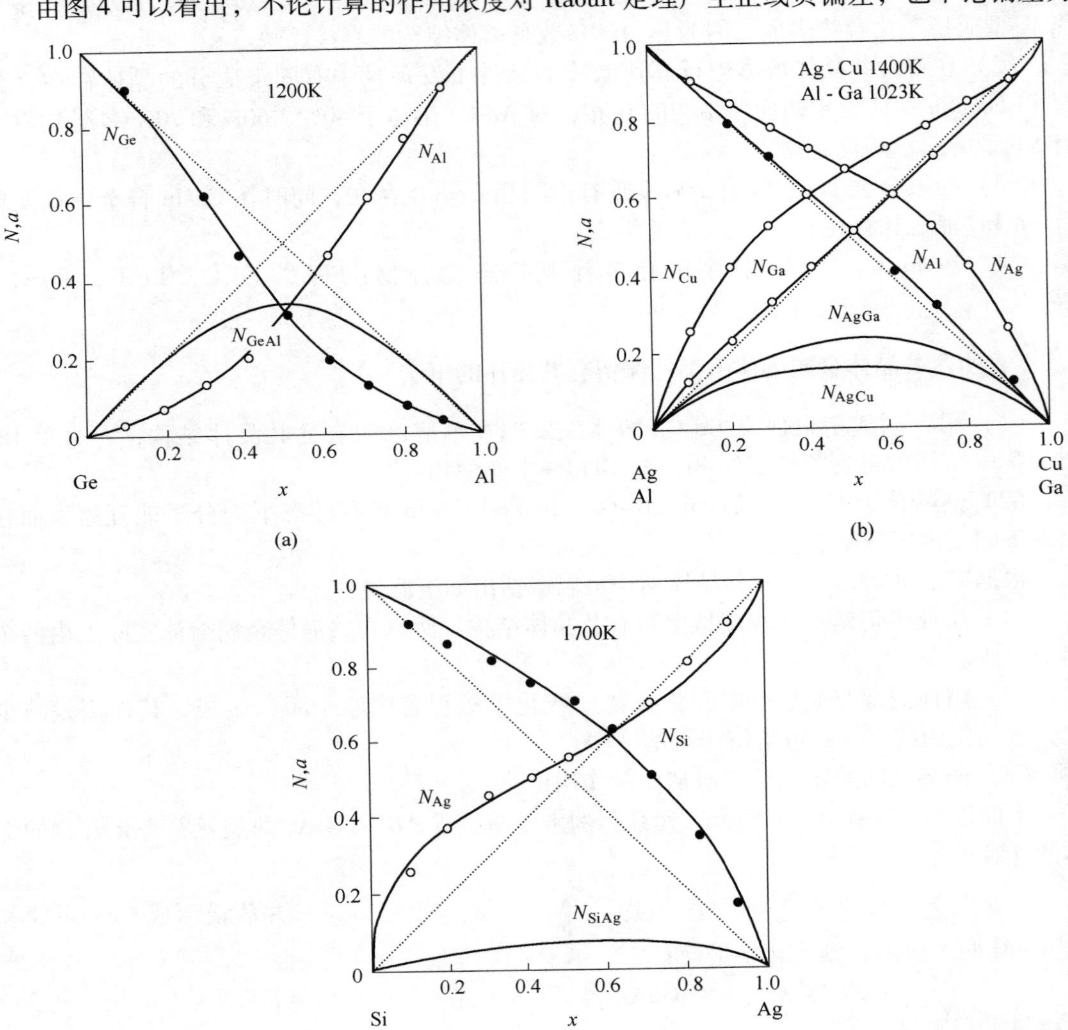

图 4 计算的作用浓度 N 与实测活度 a 的对比

Fig. 4 Comparison of calculated mass action concentrations with measured activities

(a) Ge-Al(K = 3.751153) melt；(b) Ag-Cu(K = 0.337559) and Al-Ga(K = 0.884059) melt；(c) Si-Ag(K = 0.91804) melt

—— calculated N；○，● measured a

对称性或非对称性，计算的作用浓度与实测活度是相当符合的，证明计算模型的确反映了本熔体的结构实际。

从以上讨论看出，含共晶体金属熔体的特点是：（1）含共晶体熔体为两相溶液；（2）本熔体的结构单元需要通过热力学参数和对亚稳相的检测结果来确定；（3）本类熔体由原子和亚稳态化合物或化学短程有序原子团组成，后者参加化学反应，但反应的平衡常数较小。不考虑亚稳态化合物或化学短程有序原子团的存在，要求得符合实际的计算结果是极端困难的。

5 含固溶体金属熔体

5.1 活度呈对称性正负偏差的熔体

Si-Ge、Ni-Pd、Fe-Cr、Fe-Cu、Sb-Sn 和 Ag-Au 等二元熔体的混合自由能 ΔG^{m} 有最小值，过剩自由能 ΔG^{XS}有最大值或最小值，其 ΔG^{m} 最小值和 ΔG^{XS}最大值（或最小值）绝大部分位于 $x_i=0.5$ 处，而且显示很强的对称性，预示本熔体中有生成 AB 型亚稳态化合物的可能性。

本类熔体中有可能生成 AB 型亚稳态化合物还可以从下面的事实中得到启示：（1）在 Fe-Cr 合金中于低温（1103K）下发现有金属间化合物 σ 相（FeCr）生成，Sb-Sn 系合金在 473~573K 进行包晶反应会生成 β′相（SbSn 化合物）；（2）Au-Cu、Cd-Mg 系相图中低温下均明确标明有 AuCu、CdMg 等化合物生成，且多有尖峰；（3）在 Ag-Au 相图中广阔的范围内均发现短程有序，且在 50%Au 合金时发现部分有序原子团。

基于以上事实，用二元均相和两相熔体计算平衡常数的公式对本类熔体进行了检验，结果证明本类熔体服从两相熔体的规律[12]。

本类熔体的特点与含共晶体金属熔体基本一致，所以其作用浓度的计算可采用含共晶体金属熔体的 AB 型模型式（25）、式（26）和式（27）进行，不必制定新的计算模型。

5.2 活度呈非对称性负（正）偏差的熔体

Ni-Pt、Cr-V 和 Ag-Pd 系金属熔体的混合自由能 ΔG^{m} 和过剩自由能 ΔG^{XS}均有最小值，但并无对称关系，预示本类熔体中有化合物生成，但并不是单一的 AB 型化合物，Ni-Pt 合金中有 NiPt 和 Ni_3Pt 两个化合物生成[13, 2]；在 Ag-Pd 合金中也有关于生成两个金属间化合物的报道。

将本熔体看作均相和两相溶液制定模型进行对比计算，证明将本熔体当作均相溶液的模型与实际更为符合。令 $b=\sum x_{Ni}$，$a=\sum x_{Pt}$，$N_1=N_{Ni}$，$N_2=N_{Pt}$，$N_3=N_{NiPt}$，$N_4=N_{Ni_3Pt}$，则有化学平衡：

$$Ni_{(l)}+Pt_{(l)}=\!=\!=NiPt_{(l)} \qquad K_1=N_3/N_1N_2,\ N_3=K_1N_1N_2 \tag{31}$$

$$3Ni_{(l)}+Pt_{(l)}=\!=\!=Ni_3Pt_{(l)} \qquad K_2=N_4/N_1^3N_2,\ N_4=K_2N_1^3N_2 \tag{32}$$

作物料平衡后得：

$$N_1+N_2+K_1N_1N_2+K_2N_1^3N_2-1=0 \tag{33}$$

$$aN_1 - bN_2 + K_1(a-b)N_1N_2 + K_2(3a-b)N_1^3N_2 = 0 \quad (34)$$

$$1-(a+1)N_1-(1-b)N_2 = K_1(a-b+1)N_1N_2 + K_2(3a-b+1)N_1^3N_2 \quad (35)$$

式（33）~式（35）即为本类熔体作用浓度的计算模型。其中，式（33）和式（34）用以计算作用浓度，式（35）用以回归平衡常数。

由图5可以看出，不论计算作用浓度对Raoult定律产生正或负偏差，还是活度呈对称性或非对称性偏差，计算的作用浓度与实测活度的符合程度都是非常好的，从而证明计算模型反映了该熔体的实际。

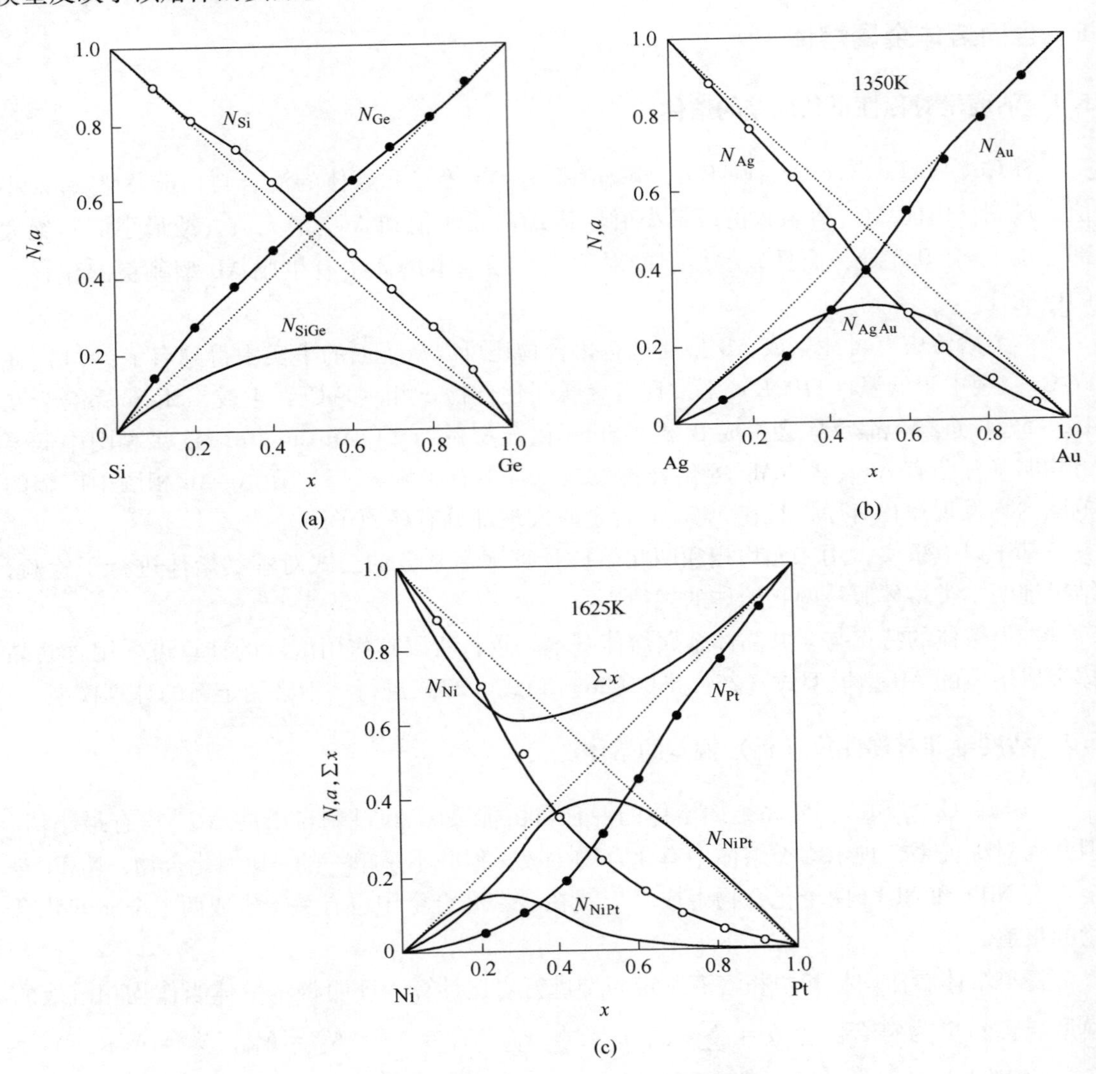

图5 计算的作用浓度 N 与实测活度 a 的对比

Fig. 5 Comparison of calculated mass action concentrations with measured activities

(a) Si-Ge melt（K = 0.712636）(b) Ag-Au melt（K = 2.00736）

(c) Ni-Pt melts（K_1 = 5.79006, K_2 = 12.32348）

—— calculated N; ○, ● measured a

从以上计算模型和结果可以看出：

（1）活度显对称性偏差的熔体属两相溶液，活度显非对称性偏差的熔体为均相溶液，因此本类熔体的热力学性质介于含共晶体和含化合物金属熔体之间；

（2）本类熔体的结构单元可以通过该熔体的热力学性质和相图研究中揭示的事实来确定；

（3）本类熔体也由原子和亚稳态化合物组成，生成亚稳态化合物的平衡常数一般较小，但不考虑亚稳态化合物的存在无法计算出符合实际的结果。

6 形成一系列连续固溶体的金属熔体

此类金属熔体极少，目前公布者只有 Nd-Pr 和 Ce-La 两个合金，且只对 Nd-Pr 熔体测定了活度[14]。本类金属熔体的特点是：不论在液态或固态下都能无限互溶，且二元素间不进行任何化学反应，因此，二组元的活度与其摩尔分数相等。图 6 为 Nd-Pr 二元系的相图，图 7 为本二元系熔体的活度与其摩尔分数的关系。可以看出，本熔体的活度完全符合拉乌尔定律，既无正偏差又无负偏差。

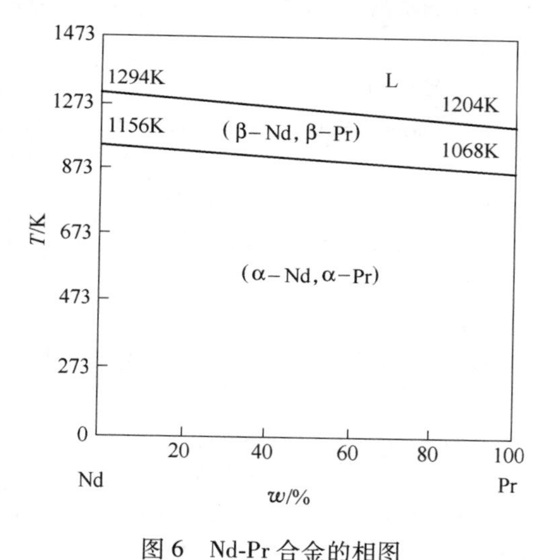

图 6 Nd-Pr 合金的相图

Fig. 6 Phase diagram of Nd-Pr alloy

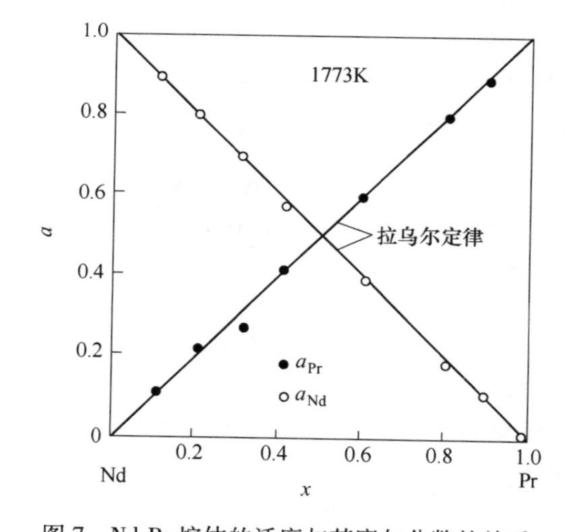

图 7 Nd-Pr 熔体的活度与其摩尔分数的关系

Fig. 7 Relationship between activities and mole fractions of Nd-Pr melts

本二元系的特点是：（1）熔体为均相溶液，因为 $\sum N = 1$；（2）熔体的结构单元可以通过相图确定；（3）熔体内不进行化学反应，因此质量作用定理在这里不起作用，但其活度服从 Raoult 作用定律。

7 结论

（1）二元金属熔体的热力学性质与其相图有不可分割的关系，因此，其热力学性质可以按照相图进行分类。

（2）二元金属熔体绝大部分（含化合物、含包晶体、含饱和相、含共晶体和含固溶体）的化学反应严格地服从质量作用定理，只有极少数如 Nd-Pr、Ce-La 二元熔体仅由单一原子组成，服从 Raoult 定律。

（3）含饱和相的金属熔体中饱和元素的作用浓度除服从质量作定律用外，还服从两相间的分配定理。

（4）含化合物、含包晶体和形成连续固溶体的金属熔体为均相溶液，其 $\sum N=1$；含共晶体和含饱和相的金属熔体为两相溶液；含固溶体的金属熔体一部分（形成 AB 型亚稳态化合物）属于两相溶液，另一部分属于均相溶液。

（5）亚稳态化合物或化学短程有序原子团是参加金属熔体内化学反应的结构单元，亚稳态化合物的存在可以通过熔体的热力学性质分析及激冷实验等手段来确定。忽视亚稳态的存在是造成金属熔体热力学计算误差的重要原因之一。

参考文献

[1] Baker H, Okamoto H, Henry S D, Davidson G M, Fleming M A, Kacprzak L, Lampman H F, Scott W W Jr, Uhr R C. ASM Handbook Vol. 3, Materials Park, Ohio: The Materials Information Society, 1992: 225.

[2] Massalski T B, Murry T L, Bennet L N, Baker H. Binary Alloy Phase Diagrams, Metals Park, Ohio: American Society for Metals, 1986: 1.

[3] 张鉴．炉外精炼的理论与实践．北京：冶金工业出版社，1993：103.
(Zhang Jian. Theory and Practice of Refining Outside Furnace. Beijing: Metallurgical Industry Press, 1993: 103).

[4] 张鉴．含化合物金属熔体结构的共存理论及其应用．特殊钢，1994，16（6）：43~53.
(Zhang Jian. Coexistence Theory of Metallic Melts involving Compound Formation and Its Applications. Special Steel, 1994, 16 (6): 43~53).

[5] 张鉴．Fe-Si 熔体的作用浓度计算模型．钢铁研究学报，1991，3（2）：7~12.
(Zhang Jian. Calculating Model of Mass Action Concentrations for Fe-Si Melts. J. Steel Iron Res, 1991, 3 (2): 7~12.

[6] Chipman J, Fulton J C, Gokcen N A, Gaskey G R. Acta Metall., 1954, 2: 439.

[7] 张鉴．含包晶体二元金属熔体的作用浓度计算模型．中国有色金属学报，1997，7（4）：30~34.
(Zhang Jian. Calculating Models of Mass Action Concentrations for Binary Metallic Melts involving Peritectics. Chin. J. Non-fer. Met., 1997, 7 (4): 30~34).

[8] Hultgren R, Desai P D, Hawkins D T, Gleiser M, Kelley K K. Selected Values of the Thermodynamic Properties of Binary Alloys, Metal Park, Ohio: American Society for Metals, 1973: 299.

[9] 成国光，张鉴．Fe-C 系金属熔体作用浓度计算模型．庆祝朱觉教授八十寿辰论文集．北京：冶金工业出版社，1994：147.
(Cheng Guoguang, Zhang Jian. Calculating Model of Mass Action Concentrations for Fe-C Metallic Melts. Proceedings of Eightyth Birthday of Professor Zhu Jue. Beijing: Metallurgical Industry Press, 1994: 147).

[10] 成国光，张鉴．Fe-N 熔体作用浓度计算模型．特殊钢，1993，14（3）：9~11.
(Cheng Guoguang, Zhang Jian. Calculating Model of Mass Action Concentrations for Fe-N Melts. Special Steel, 1993; 14 (3): 9~11).

[11] Zhang Jian. Calculating Models of Mass Action Concentration of Binary Metallic Melts Involving Eutectic. Journal of University of Science and Technology Beijing, 1994, (Z1): 22-30.

[12] 张鉴．含固溶体二元金属熔体作用浓度的计算模型．1994 年全国冶金物理化学学术会议论文集，

1994：122~133.
(Zhang Jian. Calculating Models of Mass Action Concentrations for Metallic Melts involving Solid Solution. Proceedings of Chinese Conference on Chemistry and Physics of Metallurgical Process, 1994: 122~133).
[13] Nash P, Singleton M F. Bull Alloy Phase Diagrams, 1989, 10: 258.
[14] Lundin C E, Yamamoto A S, Nachman J F. Acta Metall, 1965, 13: 149.

Classification of Thermodynamic Properties of Binary Metallic Melts According to Their Phase Diagrams

Zhang Jian

(University of Science and Technology Beijing)

Abstract: After combining investigation of thermodynamic properties of binary metallic melts with their phase diagrams, it has been found that when the calculating models of mass action concentrations of metallic melts are formulated according to their main phase diagrams (i. e. phase diagrams involving compound formation, involving peritectic, involving saturated phase, involving solid solution and involving eutectic), the calculated thermodynamic properties (mass action concentrations) will rigorously obey the mass action law, except for the continuous solid solution obeying Raoult's law.

Keywords: metallic melt; phase diagram; coexistence theory; mass action concentration

含共晶体三、四元金属熔体作用浓度的计算模型*

摘　要： 含共晶体二元金属熔体由 2 个溶液组成，含共晶体三元熔锍则由 3 个溶液组成。仿照这两个二、三相熔体的例子，将含共晶体三元、四元金属熔体看作由 3、4 个溶液组成的非均相熔体，并利用含共晶体二元金属熔体的有关热力学参数，针对由同类亚稳态化合物组成的对称型三元系、不同类型亚稳态化合物组成的非对称型三元系及四元系含共晶体金属熔体，制定了相应的作用浓度计算模型。计算的作用浓度与实测活度符合，既证明所制定的模型符合相应金属熔体的结构特性，又证明从含共晶体二元金属熔体和三元熔锍所得到的规律可以应用于含共晶体三元、四元金属熔体。

关键词： 共晶体；金属熔体；作用浓度

1　引言

一系列文献[1~7]已对二元金属熔体、熔渣、熔盐和熔锍的作用浓度计算模型做了全面而系统的介绍；有了二元冶金熔体作基础，进一步研究三元以上多元冶金熔体的热力学性质就有了可靠的依据。共晶体是多元冶金熔体中最简单的一种，因此它应作为研究多元冶金熔体的起点。目前工业上广泛地应用着三元、四元和多元共晶合金，研究它们的热力学性质，正是迫在眉睫的问题。可喜的是前人对含共晶体二元（Cd-Bi、Cd-Sn、Cd-Pb、Bi-Sn、Pb-Sn）、三元（Cd-Bi-Pb、Cd-Pb-Sn、Cd-Bi-Sn）乃至四元（Cd-Bi-Pb-Sn）金属熔体的活度已经进行了一些研究，并取得了比较可信的结果[8~11]，这些可以作为制定三元、四元冶金熔体作用浓度计算模型的实践基础。与此同时国内外不少学者在制定相应熔体的热力学性质模型方面，也取得了有益的结果[12~14]，这些对指导生产和科研实践都会起良好的促进作用。但应指出，既符合实际，又符合质量作用定律的模型，目前还为数不多。本文目的在于以前人的活度研究结果和含共晶体二元金属熔体[1]及三元熔锍[4]作用浓度计算模型为基础，制定既符合实际，又服从质量作用定律，且能明晰表明熔体内部化学反应的作用浓度计算模型。

2　计算模型

2.1　三元系

根据含共晶体二元金属熔体和三元熔锍的结构[4]，可对含共晶体三元金属熔体的结构提出以下假说：

（1）熔体内部仍然不同程度地保留着非均相的共晶体结构，因此熔体实际上由 3 个溶

* 原文首次发表在《中国稀土学报》（冶金过程物理化学专集），1998：463～468；后发表于《中国有色金属学报》，1999，9（2）：385～390。

液构成；

（2）熔体中有亚稳态金属间化合物（化学短程有序原子团）形成，其作用在于降低3个金属溶液的作用浓度，并可溶解于3个金属溶液中；

（3）3个金属溶液间的化学反应服从质量作用定律。

根据这些假说，可分别制定含共晶体对称型和非对称型三元金属熔体的作用浓度计算模型。

2.1.1 对称型（熔体内形成3个相同类型的化合物）

以Cd-Bi-Pb三元熔体为例，熔体内形成3个AB型亚稳态金属间化合物CdBi、CdPb和BiPb，并构成3个溶液Cd + CdBi + CdPb、Bi + CdBi + BiPb和Pb + CdPb + BiPb。

令$a=\sum x_{Cd}$，$b=\sum x_{Bi}$，$c=\sum x_{Pb}$，$x=x_{Cd}$，$y=x_{Bi}$，$z=x_{Pb}$，$u=x_{CdBi}$，$v=x_{CdPb}$，$w=x_{BiPb}$；$N_1=N_{Cd}$，$N_2=N_{Bi}$，$N_3=N_{Pb}$，$N_4=N_{CdBi}$，$N_5=N_{CdPb}$，$N_6=N_{BiPb}$，则有化学平衡[1,9]：

$$Cd_{(l)}+Bi_{(l)}=\!=\!=CdBi_{(l)} \qquad K_1=N_4/N_1N_2=1.176647 \tag{1}$$

$$Cd_{(l)}+Pb_{(l)}=\!=\!=CdPb_{(l)} \qquad K_2=N_5/N_1N_3=0.293204 \tag{2}$$

$$Bi_{(l)}+Pb_{(l)}=\!=\!=BiPb_{(l)} \qquad K_3=N_6/N_2N_3=10^{153.364/T+0.06256} \tag{3}$$

物料平衡：

$$a=x+u+v \qquad N_1+(K_1N_1N_2+K_2N_1N_3)/a=1 \tag{4}$$

$$b=y+u+w \qquad N_2+(K_1N_1N_2+K_3N_2N_3)/b=1 \tag{5}$$

$$c=z+v+w \qquad N_3+(K_2N_1N_3+K_3N_2N_3)/c=1 \tag{6}$$

式（4）+式(5)+式(6)并整理得：

$$abc(3-N_1-N_2-N_3)=c(a+b)K_1N_1N_2+b(a+c)K_2N_1N_3+a(b+c)K_3N_2N_3 \tag{7}$$

式（1）~式(7)即为本类熔体的作用浓度计算模型，其中式(1)~式(6)用以计算作用浓度，式（7）用以回归平衡常数。

2.1.2 非对称型（熔体内形成2、3个不同类型的化合物）

以Cd-Pb-Sn熔体为例，熔体内形成CdPb、CdSn和Pb_2Sn_3 3个金属间化合物，并构成3个溶液Cd + CdPb + CdSn、Pb + CdPb + Pb_2Sn_3和Sn + CdSn + Pb_2Sn_3。

令$a=\sum x_{Cd}$，$b=\sum x_{Pb}$，$c=\sum x_{Sn}$，$x=x_{Cd}$，$y=x_{Pb}$，$z=x_{Sn}$，$u=x_{CdPb}$，$v=x_{CdSn}$，$w=x_{Pb_2Sn_3}$；$N_1=N_{Cd}$，$N_2=N_{Pb}$，$N_3=N_{Sn}$，$N_4=N_{CdPb}$，$N_5=N_{CdSn}$，$N_6=N_{Pb_2Sn_3}$，则有化学平衡[1,8]：

$$Cd_{(l)}+Pb_{(l)}=\!=\!=CdPb_{(l)} \qquad K_1=N_4/N_1N_2=0.293204 \tag{8}$$

$$Cd_{(l)}+Sn_{(l)}=\!=\!=CdSn_{(l)} \qquad K_2=N_5/N_1N_3=0.615091 \tag{9}$$

$$2Pb_{(l)}+3Sn_{(l)}=\!=\!=Pb_2Sn_{3(l)} \qquad K_3=N_6/N_2^2N_3^3=0.942672 \tag{10}$$

物料平衡：

$$a=x+u+v \qquad N_1+(K_1N_1N_2+K_2N_1N_3)/a=1 \tag{11}$$

$$b=y+u+2w \qquad N_2+(K_1N_1N_2+2K_3N_2^2N_3^3)/b=1 \tag{12}$$

$$c=z+v+3w \qquad N_3+(K_2N_1N_3+3K_3N_2^2N_3^3)/c=1 \tag{13}$$

式（11）+式(12)+式(13)并整理得：

$$abc(3-N_1-N_2-N_3)=c(a+b)K_1N_1N_2+b(a+c)K_2N_1N_3+a(3b+2c)K_3N_2^2N_3^3 \tag{14}$$

式（8）~式(14)即为本类熔体的作用浓度计算模型，其中式（8）~式(13)用以计算作用浓度，式（14）用以回归平衡常数。

2.2 四元系

以 Cd-Bi-Pb-Sn 熔体为例，熔体内形成 CdBi、CdPb、CdSn、BiPb、BiSn 和 Pb_2Sn_3 6 个金属间化合物，并根据上述三元系的同样假说，可以推知熔体内部构成 Cd + CdBi + CdPb + CdSn、Bi + CdBi + BiPb + BiSn、Pb + CdPb + BiPb + Pb_2Sn_3 和 Sn + CdSn + BiSn + Pb_2Sn_3 4 个溶液。

令 $a=\sum x_{Cd}$，$b=\sum x_{Bi}$，$c=\sum x_{Pb}$，$d=\sum x_{Sn}$，$x_1=x_{Cd}$，$x_2=x_{Bi}$，$x_3=x_{Pb}$，$x_4=x_{Sn}$，$u_1=x_{CdBi}$，$u_2=x_{CdPb}$，$u_3=x_{CdSn}$，$u_4=x_{BiPb}$，$u_5=x_{BiSn}$，$u_6=x_{Pb_2Sn_3}$；$N_1=N_{Cd}$，$N_2=N_{Bi}$，$N_3=N_{Pb}$，$N_4=N_{Sn}$，$N_5=N_{CdBi}$，$N_6=N_{CdPb}$，$N_7=N_{CdSn}$，$N_8=N_{BiPb}$，$N_9=N_{BiSn}$，$N_{10}=N_{Pb_2Sn_3}$，则有化学平衡[1, 8~10]：

$$Cd_{(l)} + Bi_{(l)} = CdBi_{(l)} \qquad K_1 = N_5/N_1N_2 = 1.176647 \tag{15}$$

$$Cd_{(l)} + Pb_{(l)} = CdPb_{(l)} \qquad K_2 = N_6/N_1N_3 = 0.293204 \tag{16}$$

$$Cd_{(l)} + Sn_{(l)} = CdSn_{(l)} \qquad K_3 = N_7/N_1N_4 = 0.615091 \tag{17}$$

$$Bi_{(l)} + Pb_{(l)} = BiPb_{(l)} \qquad K_4 = N_8/N_2N_3 = 10^{153.364/T+0.06256} \tag{18}$$

$$Bi_{(l)} + Sn_{(l)} = BiSn_{(l)} \qquad K_5 = N_9/N_2N_4 = 0.84729 \tag{19}$$

$$2Pb_{(l)} + 3Sn_{(l)} = Pb_2Sn_{3(l)} \qquad K_6 = N_{10}/N_3^2N_4^3 = 0.942672 \tag{20}$$

物料平衡：

$$a = x_1 + u_1 + u_2 + u_3 \qquad N_1 + (K_1N_1N_2 + K_2N_1N_3 + K_3N_1N_4)/a = 1 \tag{21}$$

$$b = x_2 + u_1 + u_4 + u_5 \qquad N_2 + (K_1N_1N_2 + K_4N_2N_3 + K_5N_2N_4)/b = 1 \tag{22}$$

$$c = x_3 + u_2 + u_4 + 2u_6 \qquad N_3 + (K_2N_1N_3 + K_4N_2N_3 + 2K_6N_3^2N_4^3)/c = 1 \tag{23}$$

$$d = x_4 + u_3 + u_5 + 3u_6 \qquad N_4 + (K_3N_1N_4 + K_5N_2N_4 + 3K_6N_3^2N_4^3)/d = 1 \tag{24}$$

式(21) + 式(22) + 式(23) + 式(24) 并整理得：

$$\begin{aligned} abcd(4 - N_1 - N_2 - N_3 - N_4) = {} & cd(a+b)K_1N_1N_2 + bd(c+a)K_2N_1N_3 + \\ & bc(a+d)K_3N_1N_4 + ad(b+c)K_4N_2N_3 + \\ & ac(b+d)K_5N_2N_4 + \\ & ab(3c+2d)K_6N_3^2N_4^3 \end{aligned} \tag{25}$$

式（15）~式(25)即为四元系金属熔体的作用浓度计算模型，其中式（15）~式(24)用以计算作用浓度，式（25）用以回归平衡常数。

3 计算结果及讨论

3.1 三元系

3.1.1 对称型

图 1（a）为利用式（1）~式(6)计算的 Cd-Bi-Pb 三元系 3 个作用浓度 N_{Cd}、N_{Bi} 和 N_{Pb} 随成分而改变的情况；图 1（b）为文献［8］的实测结果。可以看出两者是符合得相当好的，证明本三元熔体模型可以反映相应熔体的结构本质。

同样的，利用式（1）~式(6）计算了 Cd-Bi-Sn 三元系的作用浓度 N_{Cd}、N_{Bi} 和 N_{Sn}，其中 N_{Cd} 与文献［10］的实测 a_{Cd} 对比如图 2（a）所示，N_{Cd} 和 a_{Cd} 的符合程度也是相当高的。由于尚无本三元系的实测 a_{Bi} 和 a_{Sn} 与计算的 N_{Bi} 和 N_{Sn} 对比，只好将 N_{Cd}、N_{Bi} 和 N_{Sn} 一并列于图 2（b）中以供同行参考。

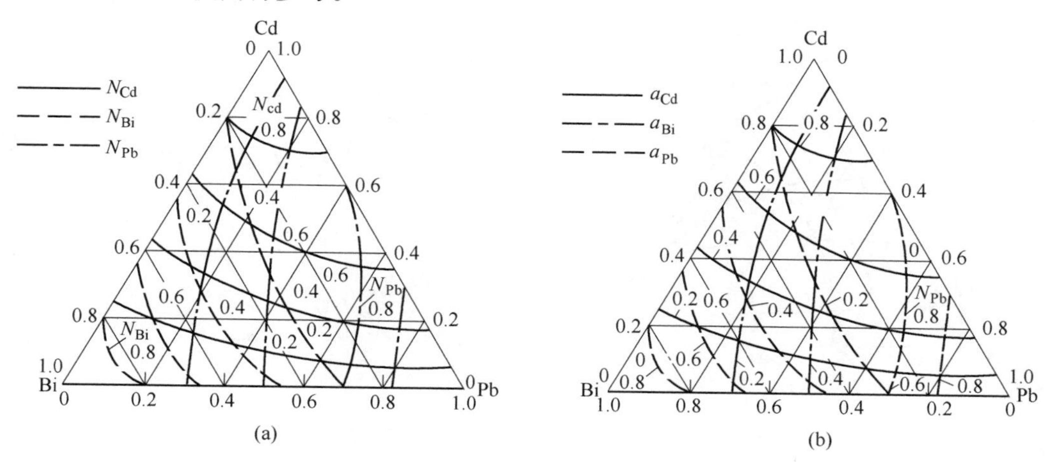

图 1 773K 下 Cd-Bi-Pb 三元熔体计算作用浓度与实测活度的对比

Fig. 1 Comparison of calculated mass action concentrations with measured activities for Cd-Bi-Pb ternary melts at 773K

（a）Caleulated N_{Cd}，N_{Bi} and N_{Pb}；（b）Measured activities a_{Cd}，a_{Bi} and a_{Pb}

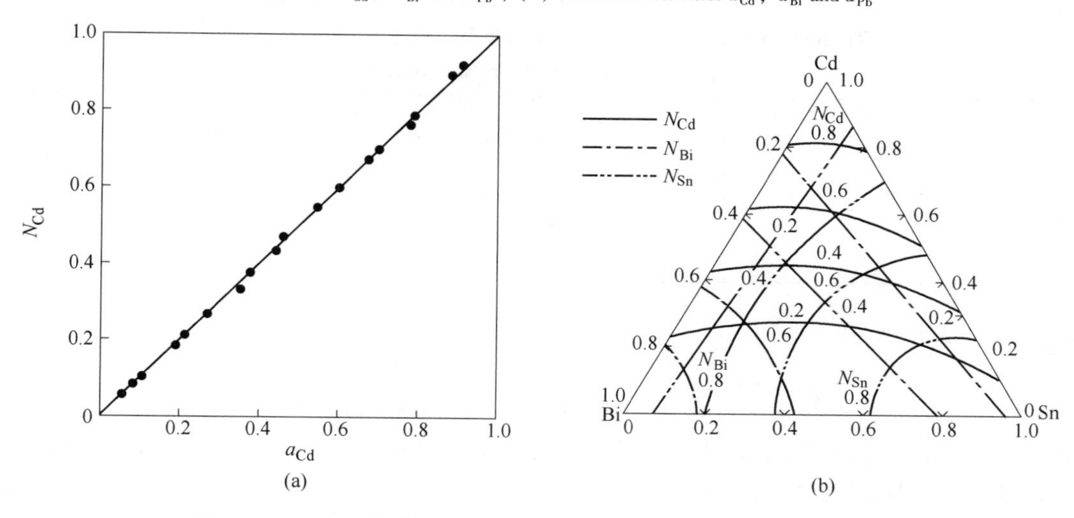

图 2 773K 下 Cd-Bi-Sn 三元熔体计算作用浓度与实测活度的对比

Fig. 2 Comparison of calculated mass action concentrations with measured activities for Cd-Bi-Sn ternary melts at 773K

（a）Comparison of N_{Cd} and a_{Cd}；（b）Caleulated N_{Cd}，N_{Bi} and N_{Sn}

3.1.2 非对称型

根据式（8）~式（13）计算得 Cd-Pb-Sn 二元系的作用浓度 N_{Cd}、N_{Pb} 和 N_{Sn}，如图 3（a）所示；图 3（b）所列为文献［8］的实测结果。从两图对比可以看出，N_{Cd} 和 a_{Cd} 符合较好，N_{Sn} 和 a_{Sn} 的符合程度也好。但 N_{Pb} 和 a_{Pb} 则相差较大，原因是不同作者所测 Cd-Pb-Sn 三元熔体的活度 a_{Pb} 和 a_{Sn} [8, 9, 15]，彼此间还不一致，致使根据它们计算的平衡常数 $K_{Pb_2Sn_3}$ 间产生较大的差别，如表 1 所示。所以对本三元熔体的热力学性质还应作进一步的研究。

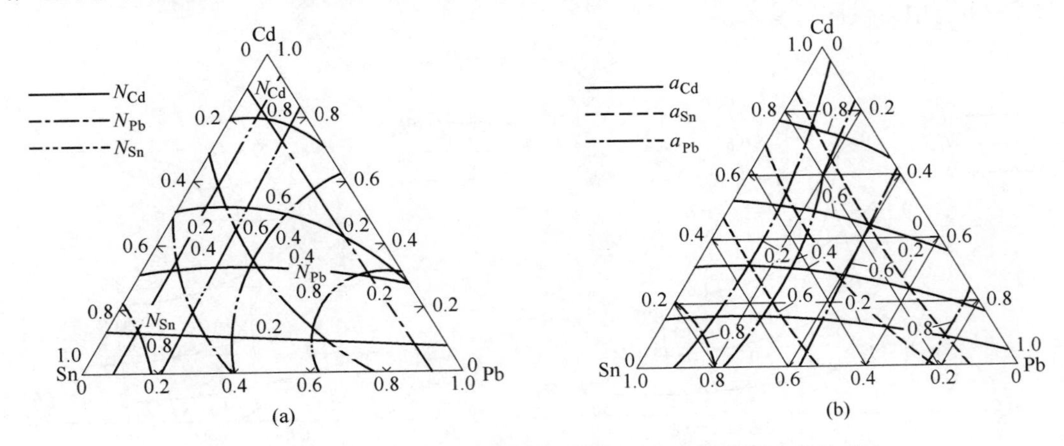

图 3　773K 下 Cd-Pb-Sn 三元熔体计算作用浓度与实测活度的对比

Fig. 3　Comparison of calculated mass action concentrations with measured activities for Cd-Pb-Sn ternary melts at 773K

(a) Caleulated mass action concentrations; (b) Measured activities

表 1　从不同文献所得活度 a_{Pb} 和 a_{Sn} 计算的 $K_{Pb_2Sn_3}$ 的比较

Table 1　Comparison of K calculated by using activities a_{Pb} and a_{Sn} from different literature sources

文　献	T/K	$K_{Pb_2Sn_3}$
[8]	773	0. 942672
[1, 9]	1050	0. 633281
[1, 5]	900	3. 40438
	1050	3. 23573

3.2　四元系

利用式（15）~ 式(24) 计算得 Cd-Bi-Pb-Sn 四元熔体的作用浓度 N_{Cd} 与实测 a_{Cd} [11] 对比如图 4 所示。可以看出，两者基本符合，证明前面制定的模型基本上可以反映本熔体的结构实际。图中有较多的 N_{Cd} 小于 a_{Cd}，这主要是由于前述实测 a_{Pb} 和 a_{Sn} 不够准确，导致 $K_{Pb_2Sn_3}$ 不准所致。因此对这个问题还需要作进一步的研究。

以上就是三元系和四元系含共晶体金属熔体作用浓度计算结果与实测活度的对比情况。可以看出，模型中除使用少量平衡常数（二元系 1 个，三元系 3 个，四元系 6 个）或 $\Delta G^{\ominus}$ 外，不使用任何经验参数。这与文献［12］的二元系使用 2 个，三元系使用 6 个，四元系使用 12 个经验参数，文献［13］四元系计算 γ_{Cd} 中使用 18 个经验参数的情况形成了鲜明的对比，因此本文中的模型为理论模型，而不是使用经验参数的经验模型。其特点是符合实际，服从质量作用定律，不使用经验参数，且简单明了，可以明晰地反映熔体内部化学反应。

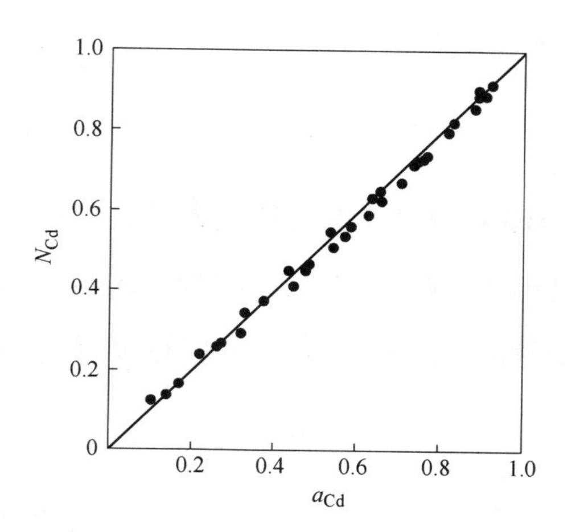

图 4　773K 下 Cd-Bi-Pb-Sn 四元熔体计算 N_{Cd} 与实测 a_{Cd} 的对比

Fig. 4　Comparison of calculated N_{Cd} with measured a_{Cd} for Cd-Bi-Pb-Sn quarternary melts at 773K

4　结论

（1）制定了含共晶体三、四元金属熔体作用浓度的计算模型，计算结果符合实际，从而证明模型可以反映相应熔体的结构。

（2）含共晶体三、四元金属熔体内的化学反应服从质量作用定律。

（3）由于二元亚稳态化合物的结构不同，含共晶体三元金属熔体的作用浓度计算模型可有对称型和非对称型之分。

（4）本文模型的特点是符合实际，服从质量作用定律，不使用经验参数，且简单明了，可以明晰地反映熔体内部的化学反应。

参考文献

[1] Zhang Jian. Calculating Models of Mass Action Concentration of Binary Metallic Melts Involving Eutectic. Journal of University of Science and Technology Beijing, 1994,（Z1）: 22~30.

[2] 张鉴．几种二元熔盐作用浓度计算模型初探．金属学报，1997，33（5）：515~523.

[3] 张鉴．熔锍作用浓度计算模型初探．中国有色金属学报，1997，7（3）：38~42.

[4] Zhang Jian. Calculating Models of Mass Action Concentration for Mattes（Cu_2S-FeS-SnS）Involving Eutectic. Acta Metallurgica Sinica, 1997: 10（5）: 392~397.

[5] 张鉴．含包晶体二元金属熔体的作用浓度计算模型．中国有色金属学报，1997，7（4）：30~34.

[6] 张鉴．二元金属熔体热力学性质按相图的分类．金属学报，1998，34（1）：75~85.

[7] 张鉴．二元冶金熔体热力学性质与其相图类型的一致性（或相似性）．金属学报，1998，34（7）：742~752.

[8] Elliott J F, Chipman J. J. Am. Chem. Soc., 1951, 73: 2682.

[9] Hultgren R, Desai P D, Hawkins D T et al. Selected Values of the Thermo-dynamic Properties of Binary Alloys. Metals Park, Ohio, ASM, 1973.

[10] Mellgren S. J. Am. Chem. Soc., 1952, 74（20）: 5037.

[11] Thompson W T. Leung A, Hurkot D G. Can. Met. Quarterly, 1973, 12: 421.

[12] Wilson G M. J. Am. Chem. Soc., 1964, 86: 127.

[13] Pelton A D. Can. J. Chem. , 1970, 48: 752.
[14] Chen. S, Chou K-C. Calphad, 1989, 13: 79.
[15] Das S K, Ghosh A. Met. Trans. , 1972, 13: 803.

Calculating Models of Mass Action Concentrations for Teranry and Quarternary Metallic Melts Involving Eutectic

Zhang Jian

(University of Science and Technology Beijing)

Abstract: Binary metallic melts involving eutectic consist of two solutions while ternary metallic melts involving eutectic consist of three solutions. Following these two examples of two and three phases regarding ternary and quarternary metallic melts involving eutectic as melts coinsisting of three and four non-homogeneuos solutions correspondingly, and using thermodynamic parameters of binary metallic melts involving eutectic calculating models of mass action concentrations for ternary symmetrical melts formed from similar metastable compounds ternary unsymmetrical melts formed from unsimilar metastable compounds and quarternary metallic melts involving eutectic have been formulated. Calculated mass action concentrations agree with measured activities this both shows that these models can reflect the structural characteristics of corresponding melts, and that the regularities obtained from binary metallic melts and ternary mattes involving eutectic are applicable to ternary and quarternary metallic melts involving eutectic.

Keywords: eutectic; metallic melt; mass action concentration

以解放思想、实事求是为指导反思冶金熔体的一些问题*

摘　要：以解放思想、实事求是为指导对固态下存在的化合物，液态下能否存在；与包晶体相对应的化合物能否在液态下存在；各结构单元在全成分范围内的变化是连续的还是按相图分成间断的区域；冶金熔体中生成的化合物是液态还是固态的；冶金熔体中有无非均相组织；亨利定律能否成为一个规律以及质量作用定律是普遍适用的，还是仅适用于特殊情况各问题进行反思后，认为对以前人们有关这些问题的认识还需进行深入的讨论和研究。

关键词：冶金熔体；活度；作用浓度；质量作用定律

解放思想、实事求是的思想路线，是推动我国改革开放和社会主义建设的强大动力，也是加速我国科学技术蓬勃发展的无穷力量源泉。以此为指导，对冶金熔体中一些问题如固态下存在的化合物，液态下能否存在；与包晶体相对应的化合物能否在液态下存在；各结构单元在全成分范围内的变化是连续的还是按相图分成间断的区域；冶金熔体中生成的化合物是液态的还是固态的；冶金熔体中有无非均相组织；亨利定律能否成为一个规律以及质量作用定律是普遍适用的，还是仅适用于特殊情况进行反思后，发现以前对这些问题的认识是值得进一步商榷和研究的。现陈述于下面以就教于前辈和同行们。

1　固态下存在的化合物，液态下能否存在？

从物质有三种存在状态而言，固态下存在的化合物应该在液态下继续存在，表 1 的例子可作证明[1]。既然有机物、卤化物、硫化物和氧化物都有固、液、气三种存在状态，要说它们在液态下不存在，实在是缺乏事实根据的。

表 1　不同物质的熔点和沸点

物质	熔点 /K	沸点 /K	物质	熔点 /K	沸点 /K
			有机物		
甲烷（CH_4）	89	109	（C_2H_5OH）	161	351.1
乙炔（C_2H_2）	189.15	192.35	碳（C99.9%）	3973	4055
苯（C_6H_6）	278.65	352.8	CCl_4	250.3	349.9
			卤化物		
BaF_2	1640	2530	$MgBr_2$	984	1413
$BaCl_2$	1235	2300	MgI_2	907	1255
CaF_2	1690	2757	NaF	1269	2075
$CaCl_2$	1045	2274	NaCl	1074	1757
LiF	1121	1975	NaBr	1020	1659

* 原文发表于《中国稀土学报》，2002，20（专辑）：41~51。

续表 1

物质	熔点 /K	沸点 /K	物质	熔点 /K	沸点 /K
			卤化物		
LiCl	883	1633	NaI	934	1686
LiBr	823	1563	PbF_2	1103	1563
LiI	742	1447	$PbCl_2$	774	1223
MgF_2	1536	2537	$PbBr_2$	644	1188
$MgCl_2$	980	1634	PbI_2	683	1120
			硫化物		
CaS	2798	有气相	SnS	1153	1477
MgS	2300	有气相	CrS	1838	有气相
MnS	1803	有气相	LaS	2448	有气相
PbS	1387	1587			
			氧化物		
BaO	2286	3365	SnO	1250	2100
CaO	3200	有气相	ZrO_2	2950	有气相
Li_2O	1843	2724	$K_2O \cdot B_2O_3$	1220	1673
PbO	1159	1897	$Na_2O \cdot B_2O_3$	1240	1748

（1）冶金工作者已测定了不少液态氧化物的热力学状态函数，如 *T*- 温度、*c*- 热容、*H*- 焓、*S*- 熵和 *μ*- 化学位（其中大部分具有固液相同成分熔点；*m. p.* - 熔点，*h. t.* - 达到的最高温度），由于篇幅所限，表 2 仅列举其熔点和达到的最高温度。

表 2 已测定热力学状态函数的液态氧化物

氧化物	*m. p.* /K	*h. t.* /K	氧化物	*m. p.* /K	*h. t.* /K
$3CaO \cdot B_2O_3$	1763	2000	$MgO \cdot SiO_2(p)$	1850	2000
$2CaO \cdot B_2O_3$	1583	2000	$2MgO \cdot TiO_2$	2013	2100
$CaO \cdot B_2O_3$	1433	2000	$MgO \cdot TiO_2$	1953	2100
$CaO \cdot 2B_2O_{3(p)}$	1263	2000	$MgO \cdot 2TiO_2$	1963	2100
$2CaO \cdot Fe_2O_3$	1722	2000	$2MgO \cdot SiO_2$	1618	2000
$CaO \cdot Fe_2O_{3(p)}$	1489	1850	$Na_2O \cdot Fe_2O_3$	1620	1800
$2CaO \cdot P_2O_5$	1626	2000	$Na_2O \cdot Cr_2O_3$	1070	1500
$CaO \cdot MgO \cdot 2SiO_2$	1665	2000	$2Na_2O \cdot SiO_2(p)$	1393	2000
$CaO \cdot TiO_2 \cdot SiO_2$	1673	1800	$Na_2O \cdot SiO_2$	1362	2000
$CaO \cdot Al_2O_3 \cdot 2SiO_2$	1826	2000	$Na_2O \cdot 2SiO_2$	1147	2000
$2CoO \cdot SiO_2$	1688	2000	$Na_2O \cdot TiO_2$	1303	2000
$Cu_2O \cdot Fe_2O_3$	1470	1600	$Na_2O \cdot 2TiO_2(p)$	1258	2000
$FeO \cdot TiO_2$	1673	2000	$Na_2O \cdot 3TiO_2(p)$	1401	2000
$Li_2O \cdot SiO_2$	1474	2000	$2PbO \cdot SiO_2$	1019	2000
$Li_2O \cdot SiO_{2(p)}$	1307	2000	$PbO \cdot SiO_2$	1037	2000

续表 2

氧化物	m. p. /K	h. t. /K	氧化物	m. p. /K	h. t. /K
$Li_2O \cdot TiO_2$	1809	2200	$Rb_2O \cdot SiO_2$	1143	2000
$Li_2O \cdot B_2O_3$	1117	2130	$Rb_2O \cdot 2SiO_2$	1363	2000
$Li_2O \cdot 2B_2O_3$	1190	2000	$Rb_2O \cdot 4SiO_2$	1173	2000
$3MgO \cdot P_2O_5$	1621	2000	$Rb_2O \cdot B_2O_3$	1133	1604
$2MgO \cdot SiO_2$	2171	2500			

冶金工作者也测定了不少液态金属间化合物的热力学状态函数 T、c、H、S 和 μ（其中大部分具有固液相同成分熔点；*m. p.* -熔点，*h. t.* -达到的最高温度），如表 3 所示。

表 3　已测定热力学状态函数的液态金属间化合物

化合物	m. p. /K	h. t. /K	化合物	m. p. /K	h. t. /K
$CaAl_2$	1352	1800	CaAs	1511	1800
Cd_3As_2	994	1100	Mg_2Si	1358	2000
CdSb	729	1000	Mg_2Pb	823	1000
$CrSi_2$	1763	2000	Mn_5Si_3	1573	2000
Cu_2Mg	1070	1500	MnSi	1548	2000
$CuMg_2$	841	1500	NiSi	1265	1800

既然规定液态氧化物和金属间化合物存在状态的热力学状态函数 T、c、H、S 和 μ 都测定出来了，还要认定这些液态化合物或分子不存在，实在是缺乏科学根据的。

（2）俄国学者 Zaitsev A. I. 已用质谱仪测定液态下炉渣中有 $CaO \cdot Al_2O_3$、$2CaO \cdot SiO_2$、$CaO \cdot SiO_2$、$2CaO \cdot Al_2O_3 \cdot SiO_2$、$CaO \cdot Al_2O_3 \cdot 2SiO_2$、$2MnO \cdot SiO_2$、$MnO \cdot SiO_2$；金属中有 Ca_3P_2、Mn_3P_2、Mn_3P、Mn_2P、MnP、Fe_3P、Fe_2P、FeP、Fe_2Si、FeSi、$FeSi_2$ 和 MnSi[2]。这些更是液态下存在化合物或分子的直接证明。

（3）许多冶金工作者公布了他们研究熔渣中 Al_2O_3、SiO_2、P_2O_5、CaO、MgO、MnO、Fe_tO 等活度的结果，而且不同作者研究结果的符合程度一般是好的。因此，否定熔渣中存在这些化合物是不合逻辑的。相反的，却很少见到有关 $a_{SiO_4^{4-}}$、$a_{SiO_3^{2-}}$ 等研究结果的报道，因为 SiO_4^{4-}、SiO_3^{2-} 等都不能算作熔渣的独立结构单元。从以上四方面的事实可以看出物体在固态下的结构状态与其液态的结构状态具有不可分割的关系。因此可以根据物体固态结构推断其液态的结构。这也符合辩证法从事物的相互联系来考察事物而非孤立地考察事物的观点。因此以前认为液态下不存在分子或化合物的看法是值得商榷和研究的。

2　与包晶体相对应的化合物能否在液态下存在？

2.1　仅含包晶体的熔体

在文献［3］中，已经对金属熔体中包晶体的存在进行了详尽论证，下面举两例以证明。

2.1.1　Au-Pb 熔体

根据相图，本二元系中有 Au_2Pb 和 $AuPb_2$ 两个包晶体生成。设熔体成分为 $b = \sum x_{Au}$，$a = \sum x_{Pb}$；归一后的作用浓度为 $N_1 = N_{Au}$，$N_2 = N_{Pb}$，$N_3 = N_{Au_2Pb}$，$N_4 = N_{AuPb_2}$；$\sum x$ = 平衡总摩尔分数，则根据下列模型：

$$N_1 + N_2 + K_1N_1^2N_2 + K_2N_1N_2^2 - 1 = 0 \tag{1}$$

$$aN_1 - bN_2 + (2a - b)K_1N_1^2N_2 + (a - 2b)K_2N_1N_2^2 = 0 \tag{2}$$

$$1 - (a + 1)N_1 - (1 - b)N_2 = K_1(2a - b + 1)N_1^2N_2 + K_2(a - 2b + 1)N_1N_2^2 \tag{3}$$

得 1200K 下 $K_1 = K_{Au_2Pb} = 2.64795$（$\Delta G^{\ominus} = -9721$J/mol），$K_2 = K_{AuPb_2} = 2.19082$（$\Delta G^{\ominus} = -7829$J/mol）（$R = 0.99871$）。计算得作用浓度与实测的活度对比如图 1 所示。图中计算与实测值符合的程度证明 Au_2Pb 和 $AuPb_2$ 两个包晶体的确存在于 Au-Pb 熔体中。

2.1.2　Au-Bi 熔体

根据相图，本二元系中也有 AuBi 和 Au_2Bi 两个包晶体存在。设熔体成分为 $b = \sum x_{Au}$，$a = \sum x_{Bi}$；归一后的作用浓度为 $N_1 = N_{Au}$，$N_2 = N_{Bi}$，$N_3 = N_{AuBi}$，$N_4 = N_{Au_2Bi}$；$\sum x$ = 平衡总摩尔分数，则根据下列模型：

$$N_1 + N_2 + K_1N_1N_2 + K_2N_1^2N_2 - 1 = 0 \tag{4}$$

$$aN_1 - bN_2 + (a - b)K_1N_1N_2 + (2a - b)K_2N_1^2N_2 = 0 \tag{5}$$

$$1 - (a + 1)N_1 - (1 - b)N_2 = K_1(a - b + 1)N_1N_2 + K_2(2a - b + 1)N_1^2N_2 + K_3(a - b + 1)N_1N_2 \tag{6}$$

在 973K 下回归得 $K_1 = K_{AuBi} = 0.34191$（$\Delta G^{\ominus} = 8687$J/mol），$K_2 = K_{Au_2Bi} = 0.032915$（$\Delta G^{\ominus} = 27632$J/mol）（$R = 0.98943$）。计算得作用浓度与实测活度对比如图 2 所示。图中计算与实测值良好的符合程度证明 AuBi 和 Au_2Bi 两个包晶体也的确存在于 Au-Bi 熔体中。

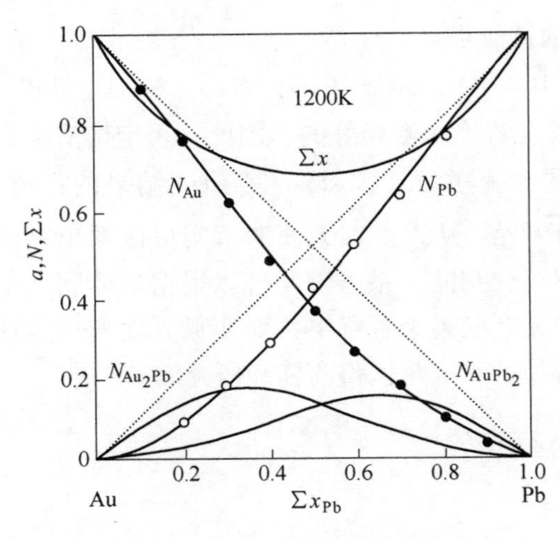

图 1　1200K 下 Au-Pb 熔体计算作用浓度 N(—) 与实测活度 a(●, ○) 的对比

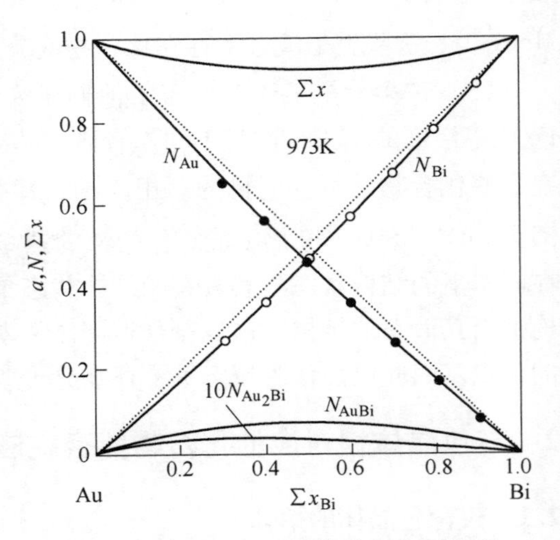

图 2　973K 下 Au-Bi 熔体计算作用浓度 N(—) 与实测活度 a(●, ○) 的对比

2.2 既含化合物又含包晶体的金属熔体

由于习惯上对相图的不正确理解：认为一物质于某温度以上的固态下不存在的，液态下就必然不存在。金属熔体中存在有包晶体的观点并不是那么容易地被接受的，所以有必要再通过一些具有说服力的实例进一步阐明这种观点。这里需要强调的是坚持实践是检验真理的唯一标准，而不要将不确切的观念当作衡量事物的尺度，同时还要将公认的质量作用定律当作热力学模型正确与否的理论衡量标准。下面再以 Cu-Al 和 Ni-Al 两二元系为例来说明这个问题。

2.2.1 Cu-Al 熔体

文献［4］已确定本熔体的结构单元为 Cu、Al 原子及 Cu_3Al、Cu_3Al_2 和 CaAl 化合物。设熔体成分为 $a = \sum x_{Sn}$，$b = \sum x_{Mg}$；归一后的作用浓度为 $N_1 = N_{Cu}$，$N_2 = N_{Al}$，$N_3 = N_{Cu_3Al}$，$N_4 = N_{Cu_3Al_2}$，$N_5 = N_{CuAl}$；$\sum x$ = 平衡总摩尔分数，则其作用浓度计算模型为：

$$N_1 + N_2 + K_1N_1^3N_2 + K_2N_1^3N_2^2 + K_3N_1N_2 = 1 \tag{7}$$

$$aN_1 - bN_2 + (3a - b)K_1K_1^3N_2 + (3a - 2b)K_2N_2^2 + (a + b)K_3N_1N_2 = 0 \tag{8}$$

$$1 - (a + 1) - (1 - b)N_2 = K_1(3a - b + 1)N_1^3N_2 + K_2(3a - 2b + 1)N_1^3N_2^2 + K_3(a - b + 1)N_1N_2 \tag{9}$$

$$\Delta G^{\ominus}_{Cu_3Al} = - 17208.398 - 33.234T,\ \text{J/mol}\ (T = 1073 \sim 1373\text{K}) \tag{10}$$

$$\Delta G^{\ominus}_{Cu_3Al_2} = - 55661.46 - 24.278T,\ \text{J/mol}\ (T = 1073 \sim 1373\text{K}) \tag{11}$$

$$\Delta G^{\ominus}_{CuAl} = 4722.07 - 29.38T,\ \text{J/mol}\ (T = 1073 \sim 1373\text{K}) \tag{12}$$

计算得作用浓度与实测活度的对比如图 3 所示。从图中看出计算和实测值是符合得相当好的，证明所确定的结构单元和制定的作用浓度计算模型的确可以反映本熔体的结构特点。值得指出的是本熔体中除 Cu_3Al 具有固液相同成分熔点外，Cu_3Al_2 和 CuAl 均为包晶体。按照过去的看法，Cu-Al 熔体中根本不会有它们存在的可能性，但实践证明只有在它们存在的条件下，才有可能做到理论与实践的统一。因此，及时修正不符合实际的过时看法是非常必要的。

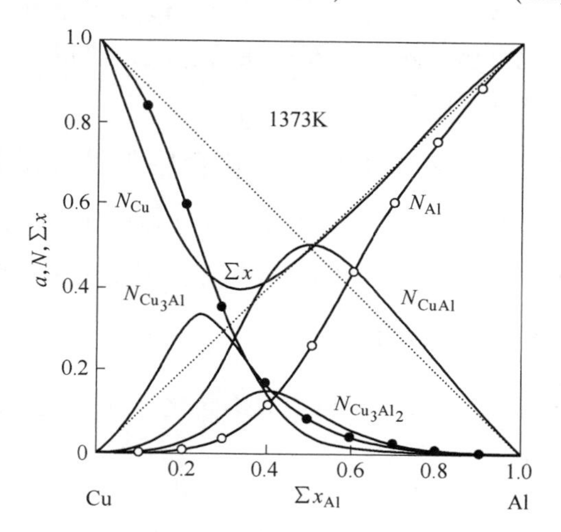

图 3　1373K 下 Cu-Al 熔体计算作用浓度 N（—）与实测活度 a（○，●）的对比

2.2.2 Ni-Al 熔体

根据相图，本二元系有 5 个化合物生成，除 Ni-Al 有固液相同成分熔点外，其余均为包晶体，因此其结构单元为 Ni、Al 原子及 Ni_3Al、Ni_5Al_3、NiAl、Ni_2Al_3 和 $NiAl_3$ 化合物。设熔体成分为 $b = \sum x_{Ni}$，$a = \sum x_{Al}$；归一后的作用浓度为 $N_1 = N_{Ni}$，$N_2 = N_{Al}$，$N_3 = N_{Ni_3Al}$，$N_4 = N_{Ni_5Al_3}$，$N_5 = N_{NiAl}$，$N_6 = N_{Ni_2Al_3}$，$N_7 = N_{NiAl_3}$；$\sum x$ = 平衡总摩尔分数，则其作用浓度计算模型为：

$$N_1 + N_2 + K_1N_1^3N_2 + K_2N_1^5N_2^3 + K_3N_1N_2 + K_4N_1^2N_2^3 + K_5N_1N_2^3 - 1 = 0 \tag{13}$$

$$aN_1 - bN_2 + (3a - b)K_1K_1^3N_2 + (5a - 3b)K_2N_1^5N_2^3 + (a - b)K_3N_1N_2 + (2a - 3b)K_4N_1^2N_2^3 + (a - 3b)K_5N_1N_2^3 = 0 \tag{14}$$

$$1 - (a + 1)N_1 - (1 - b)N_2 = K_1(3a - b + 1)N_1^3N_2 + K_2(5a - 3b + 1)N_1^5N_2^3 + K_3(a - b + 1)N_1N_2 + K_4(2a - 3b + 1)N_1^2N_2^3 + K_5(a - 3b + 1)N_1N_2^3 \tag{15}$$

在 1873K 下回归得 Ni-Al 熔体的平衡常数和热力学参数为：

$K_{Ni_3Al} = 607.62(\Delta G^{\ominus} = -99867.21 J/mol)$，$K_{Ni_5Al_3} = 5606723(\Delta G^{\ominus} = -242120.63 J/mol)$，$K_{NiAl} = 199.2221(\Delta G^{\ominus} = -82492.38 J/mol)$，$K_{Ni_2Al_3} = 44206.13(\Delta G^{\ominus} = -166664.05 J/mol)$，$K_{NiAl_3} = 409.32(\Delta G^{\ominus} = -93711.9 J/mol)$（$F = 10787.8$，$R = 0.99986$），计算的作用浓度和实测活度的对比如图 4 所示。可以看出计算的作用浓度与实测活度符合甚好，证明计算模型可以反映大部分化合物为包晶体的本熔体结构特点；与此相反，如果一味地按照过去的看法决然地否定除 NiAl 以外的 Ni_3Al、Ni_5Al_3、Ni_2Al_3 和 $NiAl_3$ 四个包晶体的存在，则要在不违背质量作用定律的条件下求得符合实际的结果是不可能的。从这里再一次看到包晶体对金属熔体热力学性质的巨大影响。

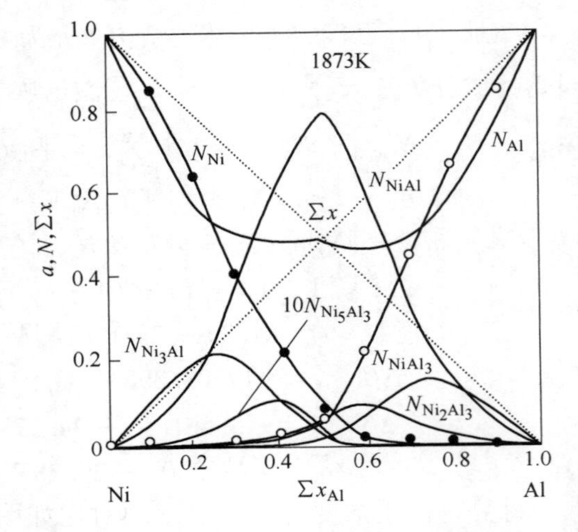

图 4 1873K 下 Ni-Al 熔体计算作用浓度 N（—）与实测活度 a（○，●）的对比

从以上各例可见，认为与包晶体相对应的化合物在液态下不存在的看法是值得进一步商榷和研究的。

3 冶金熔体中生成的化合物是液态的还是固态的？

长期以来冶金工作者认为金属熔体生成的化合物会形成新相，以周态存在。如文献［5，6］中关于 Ba-Al 和 Sr-Al 熔体内生成化合物的吉布斯自由能就是例证。下面分别讨论。

3.1 Ba-Al 熔体

文献［5］所得生成不同化合物的反应和吉布斯自由能（以液态 Ba 和 Al 为标准态）如下：

$$Ba_{(l)} + 4Al_{(l)} = BaAl_{4(s)} \qquad \Delta G^{\ominus}_{BaAl_4} = -47250 + 21.98T \text{ J/mol} \tag{16}$$

$$7Ba_{(l)} + 13Al_{(l)} = Ba_7Al_{13(s)} \qquad \Delta G^{\ominus}_{Ba_7Al_{13}} = -55660 + 27.0T \text{ J/mol} \tag{17}$$

$$4Ba_{(l)} + 15Al_{(l)} = Ba_4Al_{15(s)} \qquad \Delta G^{\ominus}_{Ba_4Al_{15}} = -53930 + 27.5T \text{ J/mol} \tag{18}$$

根据以上反应和热力学数据制定模型进行计算后的作用浓度与实测活度对比如图 5 所示。从图中看出，计算与实测值间的偏差是非常大的。与此相反，按照金属熔体的共存理论[4]，根据相图，本二元系内生成的化合物有 BaAl、$BaAl_2$ 和 $BaAl_4$ 三个，其中 $BaAl_4$ 具有固液相同成分熔点，其余为包晶体。因此，本熔体的结构单元为 Ba、Al 原子及 BaAl、$BaAl_2$ 和 $BaAl_4$ 化合物。令熔体成分为 $a = \sum x_{Al}$，$b = \sum x_{Ba}$；归一后的作用浓度

为 $N_1=N_{Ba}$，$N_2=N_{Al}$，$N_3=N_{BaAl}$，$N_4=N_{BaAl_2}$，$N_5=N_{BaAl_4}$；$\sum x=$ 平衡总摩尔分数，则有化学平衡：

$$Ba_{(l)}+Al_{(l)}═══BaAl_{(l)}\qquad K_1=\frac{N_3}{N_1N_2}\qquad N_3=K_1N_1N_2 \tag{19}$$

$$Ba_{(l)}+2Al_{(l)}═══BaAl_{2(l)}\qquad K_2=\frac{N_4}{N_1N_2^2}\qquad N_4=K_2N_1N_2^2 \tag{20}$$

$$Ba_{(l)}+4Al_{(l)}═══BaAl_{4(l)}\qquad K_3=\frac{N_5}{N_1N_2^4}\qquad N_5=K_3N_1N_2^4 \tag{21}$$

经过作质量平衡后得：

$$N_1+N_2+K_1N_1N_2+K_2N_1N_2^2+K_3N_1N_2^4=1 \tag{22}$$

$$aN_1-bN_2+(a-b)K_1N_1N_2+(a-2b)K_2N_1N_2^2+(a-4b)K_3N_1N_2^4=0 \tag{23}$$

$$1-(a+1)N_1-(1-b)N_2=K_1(a-b+1)N_1N_2+K_2(a-2b+1)N_1N_2^2+K_3(a-4b+1)N_1N_2^4 \tag{24}$$

在1373K下回归后得平衡常数和热力学参数各为：$K_{BaAl}=29.37521$（$\Delta G^\ominus=-38606.842$J/mol），$K_{BaAl_2}=96.75098$（$\Delta G^\ominus=-52221.306$J/mol），$K_{BaAl_4}=282.0942$（$\Delta G^\ominus=-64443.601$J/mol）（$R=0.994929$，$F=554.5229$）。计算的作用浓度与实测活度对比如图6所示。图中计算与实测值不仅符合良好，而且服从质量作用定律，证明所制定的模型可以反映本熔体的结构特点。为什么本熔体用前种方法计算误差很大，用后种方法计算则与实际非常符合，是值得研究的。

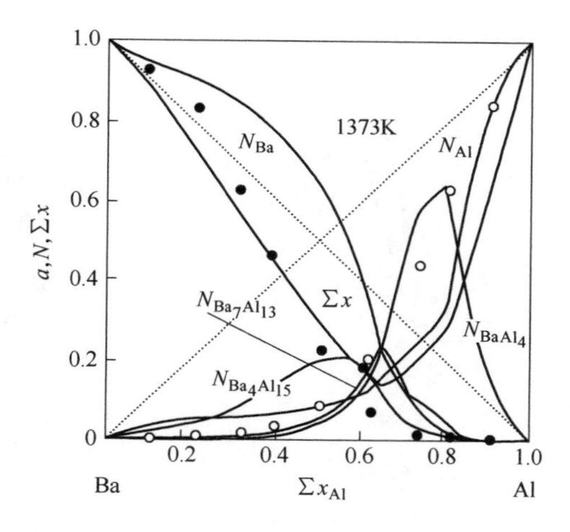

图5 1373K下Ba-Al熔体计算作用浓度 N（—）与实测活度 a（○，●）的对比

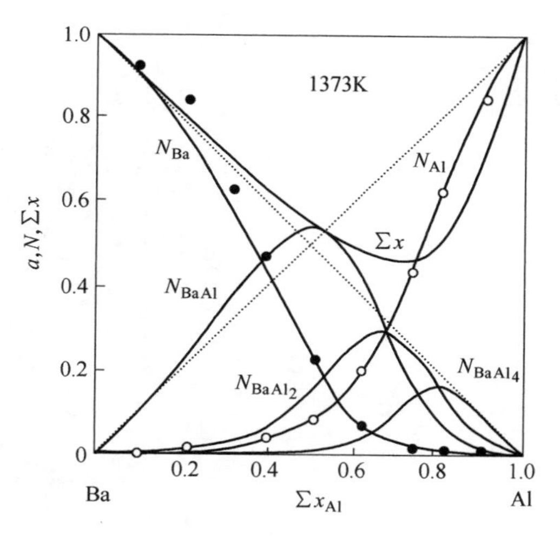

图6 1373K下Ba-Al熔体的计算作用浓度 N（—）与实测活度 a（○，●）的对比

3.2 Sr-Al熔体

文献［6］给出的Sr-Al熔体生成化合物的吉布斯自由能如表4所示。用表4的热力学数据计算后所得结果与实测活度对比如图7所示。

表 4　不同作者所得 Sr-Al 熔体生成金属间化合物且以液态纯物质为标准的吉布斯自由能 $\Delta G^{\ominus}$

化合物（固态）	$\Delta G^{\ominus}$/kJ · mol^{-1}		
	Kharif Ya. L et al.	Alcock C. B and Itkin V. P	Srikanth S and Jacob K. T
$SrAl_4$	$-53.2+33.2\times10^{-3}T$	$-35+11.5\times10^{-3}T$	$-45.0+21.5\times10^{-3}T$
$SrAl_2$	$-64.3+41.6\times10^{-3}T$	$-55+26.1\times10^{-3}T$	$-55.5+28.9\times10^{-3}T$
Sr_8Al_7	—	$-75+54.7\times10^{-3}T$	$-24.0+4.3\times10^{-3}T$
SrAl	$-43.5+25.7\times10^{-3}T$	—	—

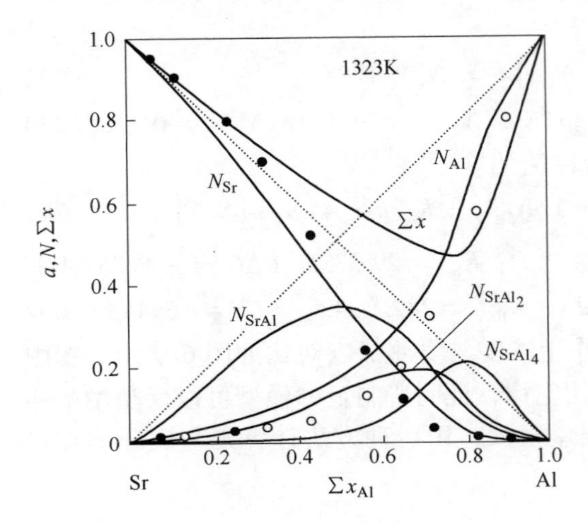

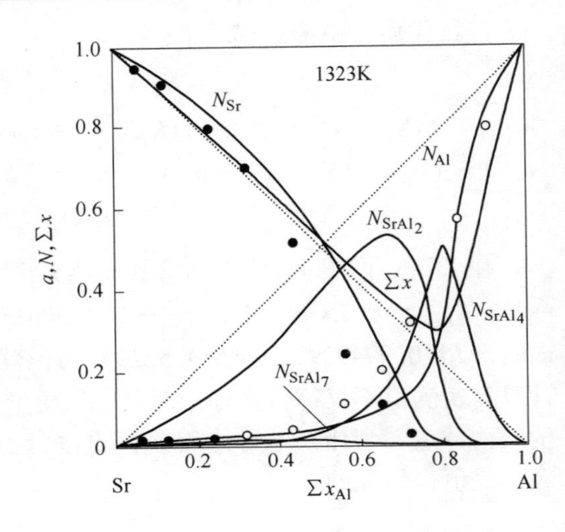

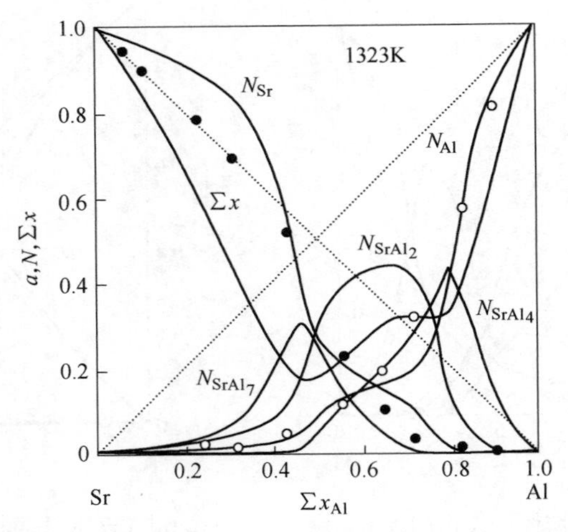

图 7　1323K 下 Sr-Al 熔体的计算作用浓度 N（—）与实测活度 a（○，●）的对比（用不同作者的 $\Delta G^{\ominus}$）

从图中看出，虽然用不同作者所给 $\Delta G^{\ominus}$ 计算的结果与实测活度差别有所不同：用 Kharif Ya. L et al. 的 $\Delta G^{\ominus}$ 所得结果稍好一些，用 Alcock C. B and Itkin V. P 的 $\Delta G^{\ominus}$ 次之，用 Srikanth S and Jacob K. T 的 $\Delta G^{\ominus}$ 最差。然而总括来看，三者均脱离实际较远。但根据金属熔体的共存理论和文献［4，6］，本熔体的结构单元为 Sr、Al 原子及 $SrAl_4$、$SrAl_2$、SrAl

和 Sr_8Al_7 化合物。设熔体成分为 $a = \sum x_{Al}$、$b = \sum x_{Sr}$；归一后的作用浓度为 $N_1 = N_{Sr}$，$N_2 = N_{Al}$，$N_3 = N_{Sr_4Al}$，$N_4 = N_{Sr_2Al}$，$N_5 = N_{SrAl}$，$N_6 = N_{Sr_8Al_7}$；$\sum x$ = 平衡总摩尔分数，则有化学平衡：

$$Sr_{(1)} + 4Al_{(1)} = SrAl_{4(1)} \qquad K_1 = \frac{N_3}{N_1N_2^4} \qquad N_3 = K_1N_1N_2^4 \tag{25}$$

$$Sr_{(1)} + 2Al_{(1)} = SrAl_{2(1)} \qquad K_2 = \frac{N_4}{N_1N_2^2} \qquad N_4 = K_2N_1N_2^2 \tag{26}$$

$$Sr_{(1)} + Al_{(1)} = SrAl_{(1)} \qquad K_3 = \frac{N_5}{N_1N_2} \qquad N_5 = K_3N_1N_2 \tag{27}$$

$$8Sr_{(1)} + 7Al_{(1)} = Sr_8Al_{7(1)} \qquad K_4 = \frac{N_6}{N_1^8N_2^7} \qquad N_4 = K_4N_1^8N_2^7 \tag{28}$$

经过作质量平衡后得：

$$N_1 + N_2 + K_1N_1N_2^4 + K_2N_1N_2^2 + K_3N_1N_2 + K_4N_1^8N_2^7 = 1 \tag{29}$$

$$aN_1 - bN_2 + (a - 4b)K_1N_1N_2^4 + (a - 2b)K_2N_1N_2^2 + (a - b)K_3N_1N_2 + (8a - 7b)K_4N_1^8N_2^7 = 0 \tag{30}$$

$$1 - (a + 1)N_1 - (1 - b)N_2 = K_1(a - 4b + 1)N_1N_2^4 + K_2(a - 2b + 1)N_1N_2^2 + K_3(a - b + 1)N_1N_2 + K_4(8a - 7b + 1)N_1^8N_2^7 \tag{31}$$

在 1323K 下回归后得：K_{SrAl_4} = 485.936($\Delta G^{\ominus}$ = − 68082.075J/mol)，K_{SrAl_2} = 125.151($\Delta G^{\ominus}$ = − 53152.235J/mol)，K_{SrAl} = 7.536086($\Delta G^{\ominus}$ = − 22228.234J/mol)，$K_{Sr_8Al_7}$ = 2.314365×10^{10}($\Delta G^{\ominus}$ = − 262650.758J/mol)($R = 0.997604$，$F = 831.7324$)。计算的作用浓度与实测活度对比如图 8 所示。图中不仅计算与实测值符合甚好，而且计算结果服从质量作用定律，证明所制定的模型可以确切地反映本熔体的结构实际。

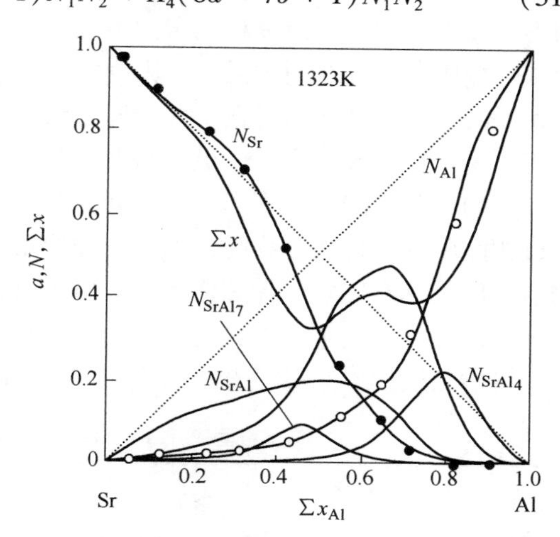

图 8　1323K 下 Sr-Al 熔体的计算作用浓度 N（—）与实测活度 a（○，●）的对比

通过以上两例看出，用前种热力学数据计算的作用浓度与实际脱离甚远，而用共存理论所制定的模型回归的平衡常数或热力学参数计算者，则与实测活度符合甚好，为什么会有这种现象？其原因是：

（1）前者以纯固态金属间化合物为对象计算其标准生成自由能 $\Delta G^{\ominus}$：液态金属中生成的金属间化合物显然应为液态，采用固态的金属间化合物必然会带来误差；生成的金属间化合物由于与其他成分形成液溶体或共晶体，不一定是纯粹的，也必然会造成误差。

（2）前者确定的结构单元不恰当：如 Ba-Al 二元系将 Ba_7Al_{13} 和 Ba_4Al_5 确定为结构单元，在 Sr-Al 溶体中未考虑 SrAl 的存在就是。

(3) 如果二元或三元合金中可以生成几种化合物，则在某种化合物配方下炼制的合金(或物质)，往往是几种化合物的共存体，而不是配方所预期的化合物。如文献［7］在 $Pr_2Co_{14}B$ 的成分下炼制的合金，经制样在显微镜下却同时观察到 Pr_2Co_{17}、$Pr_2Co_{14}B$ 和 $PrCo_4B$ 三个化合物；文献［8］在 Ni_3Al（75at%Ni）的成分下炼制得合金后，经用电子探针（EPMA）对淬冷样检验后却同时发现有 NiAl 和 Ni_3Al 两个相存在：文献［9］在制备 $12CaO \cdot 7Al_2O_3$ 单晶体中，却发现同时会出现 $12CaO \cdot 7Al_2O_3$，$5CaO \cdot 3Al_2O_3$ 和 $CaO \cdot Al_2O_3$ 晶体，文献［10］在制备 $K_3Mg_2Cl_7$ 成分的快冷样中，用 X 光衍射同时检测出 K_2MgCl_4 及少量 $KMgCl_3$ 和 $K_3Mg_2Cl_7$。这样将生成物按原配方看待，必然会造成误差是不言而喻的。这些事实进一步证明根据质量作用定律结合金属熔体的共存理论所制定的模型中同时考虑熔体中每个结构单元的表达式是正确的。

因此，将液态下熔体生成的化合物看成一定成分的固态纯物质的认识是值得进一步商榷和研究的。

4 二元合金、炉渣等的结构单元在全成分范围内是连续变化的还是间断的?

从图 1~图 4、图 6 和图 8 看出，液态合金中各结构单元在全成分范围内的变化是连续的，并未按相图分成间断的区域。表 5 为固态下几种合金的实测活度[11, 12]。按照 Fe-Al 相图，在 Al 含量较少的一边，合金中只会有 $Fe+Fe_3Al$ 和 Fe_3Al+Fe_2Al 的结构，但在固态合金中却同时测得了 Fe 和 Al 的活度；同样在 Bi-Tl 和 Ni-Al 合金的较宽成分范围内，按照相图不该出现两种元素或一种元素的地方，也测得了两种元素的活度，既然测得了活度就证明该合金中确实存在两种元素，因为绝不可能在不存在该元素的条件下，无中生有地测出该元素的活度；这些情况在二元金属相图中不是个别现象，而是普遍存在的，因而是相图与实际不符合的确凿事实。虽然与前述均相液态金属不同，固态合金属多相共存，但既然在较宽的成分范围内，固态合金中同时存在两种元素的活度，为什么它们就不能彼此反应生成相图中的各种化合物呢? 如果两种元素不能反应生成相图中的各种化合物，这些化合物岂不成了无本之木、无源之水吗。由于对含量在 3%~5%以下的物质，X 射线极难检测出来，而活度的测量精度则远大 X 射线检验，因此以上相图检测与活度研究不一致的地方，可能与长期以来 X 光机的性能还未达到科研要求的精度有关。

表 5 固态下 Fe-Al、Bi-Tl 和 Ni-Al 二元系的实测活度值

Fe-Al(1173K)			Bi-Tl(423K)			Ni-Al(1273K)		
$\sum x_{Fe}$	a_{Fe}	a_{Al}	$\sum x_{Tl}$	a_{Bi}	a_{Tl}	$\sum x_{Al}$	a_{Ni}	a_{Al}
0. 243	0. 000	0. 716	0. 338	1. 000	0. 042	0. 625	2.7×10^{-5}	0. 446
0. 257	0. 005	0. 228	0. 400	0. 808	0. 059	0. 597	0. 000416	0. 0775
0. 274	0. 005	0. 228	0. 470	0. 397	0. 154	0. 571	0. 000416	0. 0775
0. 290	0. 022	0. 128	0. 648	0. 397	0. 154	0. 55	0. 000471	0. 0704
0. 330	0. 022	0. 128	0. 700	0. 154	0. 238	0. 50	0. 00301	0. 0125
0. 342	0. 067	0. 073	0. 800	0. 020	0. 467	0. 45	0. 147	0. 000197
0. 480	0. 067	0. 073	0. 900	0. 000	0. 802	0. 40	0. 320	6.8×10^{-5}
0. 500	0. 081	0. 061	0. 950	0. 000	0. 988	0. 369	0. 432	4.3×10^{-5}

续表 5

Fe-Al(1173K)			Bi-Tl(423K)			Ni-Al(1273K)		
$\sum x_{Fe}$	a_{Fe}	a_{Al}	$\sum x_{Tl}$	a_{Bi}	a_{Tl}	$\sum x_{Al}$	a_{Ni}	a_{Al}
0.600	0.184	0.022	0.970	0.6	0.988	0.272	0.432	4.3×10^{-5}
0.700	0.364	0.006	0.984	0.000	0.994	0.258	0.596	1.8×10^{-5}
0.800	0.603	0.001	0.988	0.6	0.994	0.136	0.596	1.8×10^{-5}
0.900	0.843	0.000	1.000	0.000	1.000	0.10	0.754	3.1×10^{-6}
1.000	1.000	0.000		0.5		0.05	0.910	3.1×10^{-7}
				0.000		0.00	1.000	0.000
				0.5				

从以上讨论可以看出，二元合金、炉渣等的结构单元在全成分范围内的变化，不仅液态下是连续的，而且在固态下也是连续的。所以对有关相图中将各结构单元按成分范围分成间断的区域的作法有必要作进一步的讨论和研究。

5 冶金熔体有均相与非均相之分还是全部为均相溶液?

一般当冶金熔体为液态时，习惯上将其当均相溶渣对待。但用均相模型处理含偏晶体、含共晶体等熔体的热力学问题时，却遇到了很大的困难；而当用非均相模型处理时，则问题会迎刃而解。下面举例加以说明。

5.1 含偏晶体金属熔体

以 Cu-Tl 合金为例，其相图如图 9 所示。从图中看出，在含 Tl 较多的一侧，液态合金明显地分成两个溶液。此种情况下，如再用均相模型处理其热力学性质，显然与实际不符。

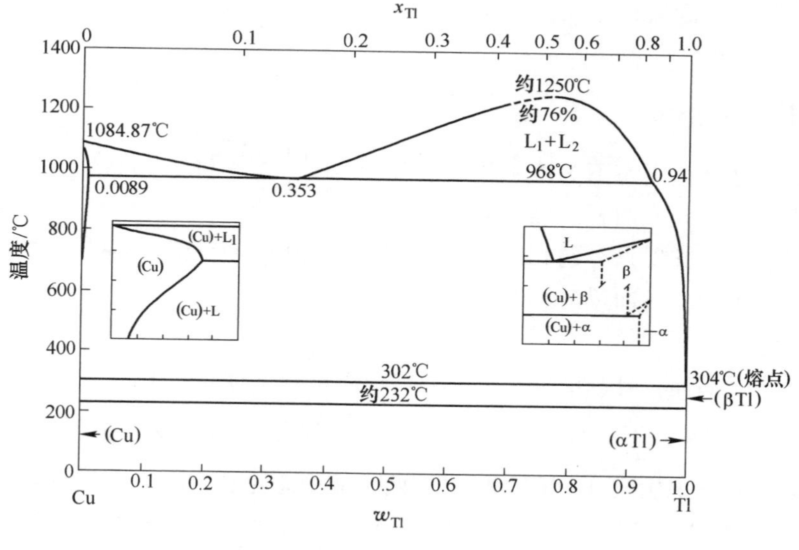

图 9 Cu-Tl 系相图

根据文献［13］，$\sum x_{Tl}$ 在 0.6~0.7 之间时，ΔG^{m} 有最小值，按照冶金熔体的热力学性质与其结构的一致性，推测本熔体中可能生成 AB_2 型的化合物，即 $CuTl_2$，并形成 Cu+$CuTl_2$ 和 Tl+$CuTl_2$ 两个溶液。由此设熔体成分为 $a=\sum x_{Tl}$，$b=\sum x_{Cu}$；平衡后按熔体成分计算的摩尔分数为 $x=x_{Cu}$，$y=x_{Tl}$，$z=x_{CuTl_2}$；各结构单元的作用浓度为 $N_1=N_{Cu}$，$N_2=N_{Tl}$，$N_3=N_{CuTl_2}$，则有化学平衡：

$$Cu_{(l)} + 2Tl_{(l)} \xlongequal{\quad} CuTl_{2(l)} \qquad K=\frac{N_3}{N_1N_2^2} \tag{32}$$

质量平衡：

$$b = x + z \tag{33}$$

$$a = y + 2z \tag{34}$$

$$N_1 = x/b\ ,\ N_2 = y/a\ ,\ N_3 = KN_1N_2^2 \tag{35}$$

将式（35）代入式（33）和式（34）得：

$$N_1 + KN_1N_2^2/b = 1\ ,\ N_2 + 2KN_1N_2^2/a = 1 \tag{36}$$

从加和式（36）得：

$$N_1 + N_2 + KN_1N_2^2\left(\frac{2}{a}+\frac{1}{b}\right) = 2 \tag{37}$$

$$K = ab(2-N_1-N_2)/[(a+2b)N_1N_2^2] \tag{38}$$

在 1573K 下计算得平衡常数为 K_{CuTl_2}（1573K）= 0.191005。将其代入式（36），计算得作用浓度与实测对比如图 10 所示。可以看出，计算作用浓度与实测活度基本上是符合的，说明两相模型可以反映本熔体的结构实际。图中计算与实测某些不符的地方，是由于熔体截然分成两个溶液后，二元素间不易完全达到平衡有关。

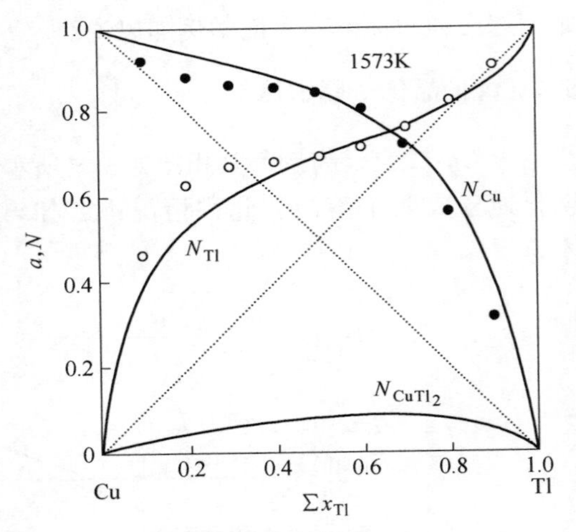

图 10　1573K 下 Cu-Tl 熔体计算作用浓度 N（—）与实测活度 a（○）的对比

5.2　含共晶体金属熔体

二元共晶体合金在固态下为两相组织，但在液态下宏观上并未分成两相。然而对其热力学性质进行研究后，发现只有两相模型才能达到理论与实践的统一。下面以 Ag-Pb 熔体为例来说明这个问题。

本二元系为共晶体，且其活度在 1073~1273K 间显非对称性正偏差[11, 14]。由于均相模型受 $\sum N_i=1$ 的约束，不能表达活度的正偏差，因此，只能用两相模型来处理此类问题。经用多种方案比后发现生成 AgPb 和 Ag_3Pb_2 两个亚稳态化合物的方案最符合实际。所以本熔体的结构单元为 Ag、Pb 原子及 AgPb 和 Ag_3Pb_2 亚稳态化合物，并形成 Ag+AgPb+Ag_3Pb_2 及 Pb+AgPb+Ag_3Pb_2 两个溶液。令熔体成分为 $a=\sum x_{Ag}$，$b=\sum x_{Pb}$；以熔体成分表示的结构单元平衡摩尔分数为 $x = x_{Ag}$，$y = x_{Pb}$，$z_1 = x_{AgPb}$，$z_2 = x_{Ag_3Pb_2}$；每个结构单元的作用浓度为 $N_1 = N_{Ag}$，$N_2 = N_{Pb}$，$N_3 = N_{AgPb}$，$N_4 = N_{Ag_3Pb_2}$，则有化学平衡：

$$Ag_{(l)} + Pb_{(l)} = AgPb_{(l)} \qquad K_1 = \frac{N_3}{N_1N_2} \tag{39}$$

$$3Ag_{(l)} + 2Pb_{(l)} = Ag_3Pb_{2(l)} \qquad K_2 = \frac{N_4}{N_1^3N_2^2} \tag{40}$$

$$b = x + z_1 + 3z_2 \text{ , } a = y + z_1 + 2z_2 \text{ , } N_1 = \frac{x}{b}$$

$$N_2 = \frac{y}{a} \text{ , } z_1 = K_1N_1N_2 \text{ , } z_2 = K_2N_1^3N_2^2 \tag{41}$$

$$N_1 + (K_1N_1N_2 + 3K_2N_1^3N_2^2)/b = 1$$

$$N_2 + (K_1N_1N_2 + 2K_2N_1^3N_2^2)/a = 1 \tag{42}$$

$$ab(2 - N_1 - N_2) = K_1(a + b)N_1N_2 + K_2(3a + 2b)N_1^3N_2^2 \tag{43}$$

根据文献［11，14］的实测活度，利用式（43）回归得 K-T 关系式和 $\Delta G^{\ominus}$ 如下：

$$\lg K_{AgPb} = \frac{-2041.0335}{T} + 1.3406 \qquad (r = -1.000)$$

$$\Delta G^{\ominus} = 39095.055 - 25.679T \text{ , J/mol} \tag{44}$$

$$\lg K_{Ag_3Pb_2} = \frac{-3699.56}{T} + 2.3482 \qquad (r = 1.000)$$

$$\Delta G^{\ominus} = 70863.634 - 44.979T \text{ , J/mol} \tag{45}$$

将式（44）和式（45）的热力学数据代入式（42）得计算的作用浓度与实测活度对比如图 11 所示。从图中看出，计算与实测值不仅符合得相当好，而且也服从质量作用定律，证明上述两相模型可以反映本熔体的结构实际。

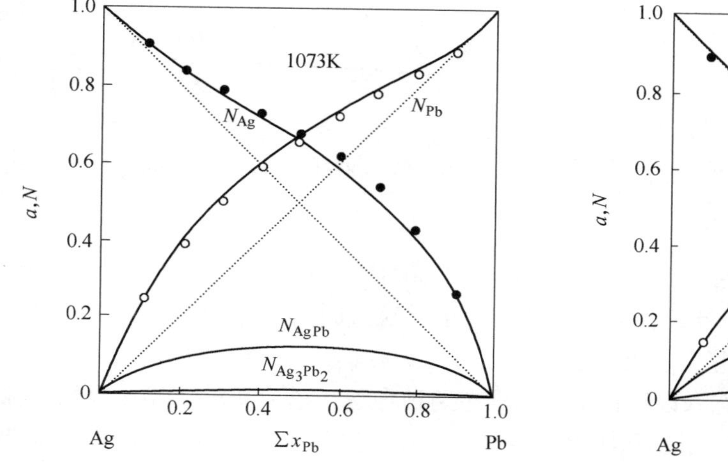

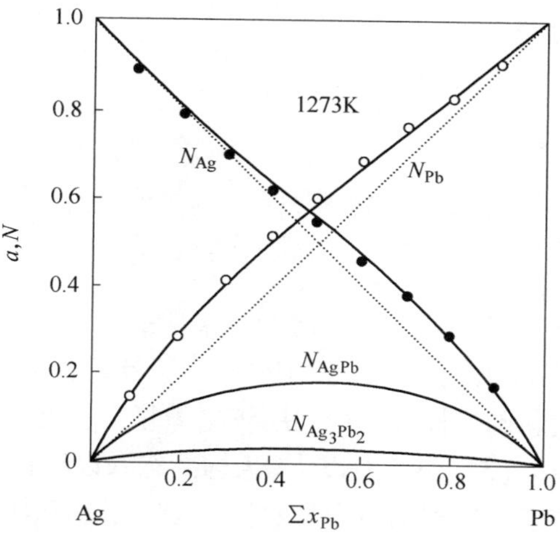

图 11 Ag-Pb 熔体的计算作用浓度 N（—）与实测活度 a（○，●）的对比

最后还应指出，含偏晶体二元金属熔体多在原子量相差较大的二元素之间形成，其与含共晶体二元金属熔体的区别在于前者从宏观上可以看出分成了两个溶液，而后者虽然为

两相溶液，但还机械地混合在一起，宏观上还看不出是两个溶液。因此，关于冶金熔体中有无非均相溶液的问题是值得进一步讨论和研究的。

6 Henry 定律能否作为一个定律？

在化学和冶金工业尚处于不甚发达的时期，对产品中的杂质含量限制还不严格的情况下，Henry 定律对讨论化工和冶金中的许多问题，的确起了不可磨灭的积极作用，而且目前在较窄的成分范围内仍然可以近似地应用。但在科学技术如此发达和计算机应用如此普遍的今天，从长远和发展的角度来看，Henry 定律能否作为一个定律就值得研究了。

（1）首先 $f_i = a_i / [\%i]$ 中的 f_i（相当于 $p_i = k_i x_I$ 中的 k_i）并不是一个常数，它随溶液成分而改变，如图 12 所示，仅在极小的成分范围内应用，因而不具备理论定律的严谨性，而且功能有限，如以图 13 Fe-Si 熔体的活度为例，当硅含量很低时，可以用 Henry 定律求其活度，但当接近纯硅时，该定律已经无能为力，只有求助于 Raoult 定律，但两法所求活度的标准态又不一致；进而求高低两者间的硅活度时，该定律又是无能为力，只有求助于 Gibbs-Duhem 公式。这里还只谈到硅的活度，如要求铁的活度，则更需求助于其他定律，由此可见其局限性之大了。

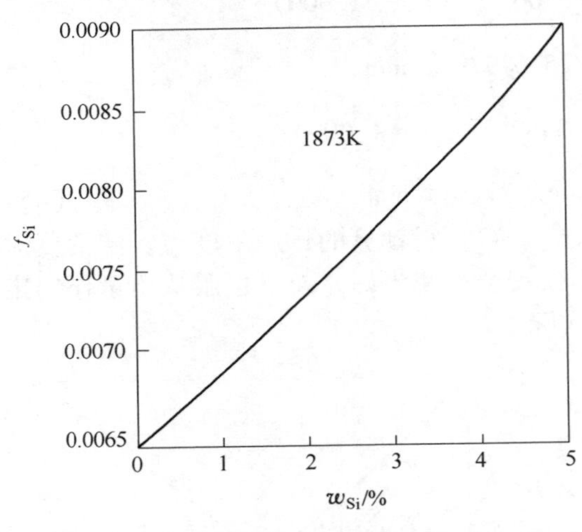

图 12　1873K Fe-Si 熔体的活度系数 f_{Si} 随 Si 含量的变化

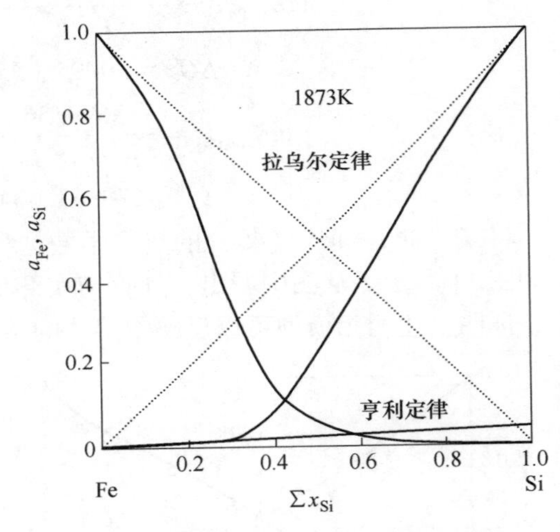

图 13　1873K 下 Fe-Si 熔体的活度

（2）目前对金属制品杂质的含量要求已严格到 0.0001%（百万分之一）的水平，仍以 1%作标准态，用 Henry 定律计算被脱除杂质的活度，显然脱离实际太远了，由此引发重新确定标准态的问题将更为复杂和难以解决。

（3）由于有以 1%为标准态和以纯物质为标准态两种做法，招致文献上存在以两种标准态为依据的热力学数据。如何辨别和使用这些数据，避免张冠李戴，就是一个相当复杂的问题。

（4）现在已有解决这类问题的可靠办法，可以适应全成分范围的活度计算，前面所举不少实例可以作为充分的证明。

（5）尚未发现别的定律或模型与 Henry 定律相结合使其在全成分范围内起作用：将质

量作用定律与金属熔体的原子和分子共存理论、熔渣的分子和离子共存理论、熔盐和熔锍的正负离子未分开模型与一些有机溶液的全分子模型相结合可以使其在均相溶液的全成分范围内起作用[15]，与此同时，Raoult 定律也由仅适于稀溶液中溶剂的局部定律变为适用于全成分范围的普适规律；但 Henry 定律与什么相结合才能使其发挥更大的作用，目前还无计可施。

（6）Henry 定律与质量作用定律相矛盾。因为后者认为化学反应的平衡常数只随温度而改变，但在 Henry 定律中平衡常数还与反应物的浓度有关。成百实例证明质量作用定律是正确的，与其相背离的 Henry 定律能正确吗？因此，Henry 定律能否作为一个定律是值得进一步讨论和研究的。

7 质量作用定律对冶金和化工是普遍适用的还是只适用于特殊情况？

不少冶金和化学方面的物理化学专著[16~18]都将质量定律当作重要内容进行论证和阐述：化学反应的平衡常数只随温度而改变，而与生成物或反应物的浓度无关。但在论述中，也指出这个定律只适用于特殊情况，如理想气体的反应[16]。而在通常应用中，一般都要加活度系数，但活度系数与浓度有关，从而使平衡常数不仅随温度而改变，而且随反应物浓度而改变。因此，质量作用定律对冶金和化工是否普遍适用仍是一个悬而未决的问题。

然而经过我们多年的研究后发现：

（1）均相溶液：即既服从质量作用定律，又服从拉乌尔定律者共 97 例。其中金属熔体，2~3 元共有 60 例；炉渣熔体，2~8 元共有 32 例；熔盐，二元共有 2 例；熔锍，二元 1 例；有机溶液，二元共有 2 例。

（2）非均相溶液：即仅服从质量作用定律，但不服从拉乌尔定律者共 73 例。其中金属熔体，2~3 元共有 52 例；炉渣，2~3 元共有 11 例；熔盐，2 元共有 3 例；熔锍，2~3 元共有 5 例；有机溶液，二元共有 2 例。

从以上大量事实，我们的确很难得出质量作用定律对冶金和化工来说只适用于特殊情况的结论。所以关于质量作用定律对冶金和化工是普遍适用的还是只适用于特殊情况的问题还需要作进一步的讨论和研究。

8 结论

为了更快地发展冶金熔体理论，有必要对以下问题作进一步深入的讨论和研究：

（1）固态下存在的化合物，液态下能否存在？

（2）与包晶体相对应的化合物能否在液态下存在？

（3）冶金熔体中生成的化合物是液态的还是固态的？

（4）二元合金、炉渣等的结构单元在全成分范围内的变化，是连续的还是按相图分成间断的区域？

（5）冶金熔体有均相与非均相之分还是全部为均相溶液？

（6）Henry 定律能否作为一个定律？

（7）质量作用定律对冶金和化工是普遍适用的还是只适用于特殊情况？

参考文献

[1] Knacke O, Kubaschewski O, Hesselmann K. Thermochemical Properties of Inorganic Substances Ⅰ, Ⅱ. Springer-Verlag, Verlag-Stahleisen, 1991: 391~1671.

[2] Zaitsev A I, Mogutnov B M. A New Viewpoint about the Nature of Slag Melts. Steel (in Russian), 1994, (9): 17~22.

[3] 张鉴. 含包晶体二元金属熔体作用浓度的计算模型. 中国有色金属学报, 1997, 7 (4): 30~34.

[4] Zhang Jian. Effect of Peritectics on the Thermodynamic Properties of Homogeneous Binary Metallic Melts. Trans. Nonferrous Met. Soc. China, 2001, 11 (6): 927~930.

[5] Srikanth S and Jacob K T. Thermodynamics of Aluminum-Barium Alloys, Metall. Trans., 1991, 22B (5): 607~616.

[6] Srikan S, Jacob K T. Thermodynamics of Aluminum-Strontium Alloys, Z Metallkunde, 1991, 82 (9): 675~683.

[7] Christtodoulou C N, Massalski T B, Wallace W B. Liquidus Projection Surface and Isothermal Section at 1000℃ of the Co-Pr-B (Co-Rich) Ternary Phase Diagram. J. Phase Equilibria, 1993, 14 (1): 31~47.

[8] Verhoeven J D, Lee J H, Laabs F C, Jones L L. The Phase Equilibria of Ni_3Al Evaluated by Directional Solidification and Diffusion Couple Experiments. J. Phase Equilibria, 1991, 12 (1): 15~23.

[9] Zhmoigin G I, Chatperdzh A K. Slags for Metal Refining (in Russian). Moscow, Metallurgy, 1986: 163.

[10] Perry G S, Fletcher H. The Magnesium Chloride-Potassium Chloride Phase Diagram. J. Phase Equilibria, 1993, 14 (2): 172~178.

[11] Hultgren R, Desai P D, Hawkins D T, Gleiser M, Kelley K K. Selected Values of the thermodynamic Properties of Binary Alloys, American Society for Metals, Metals Park, Ohio 44073, 1973: 82, 458~463.

[12] Desai P D. J. Phys. Chem. Ref. Data., 1987, 16 (1): 110~121.

[13] Zhang Jian. Joumal of University of Science and Tectmology Beijing, 2001, 8 (4): 248~253.

[14] Gregorczyk Z, Goral J. Thermodynamic Properties of Liquid (Lead+Silver+Bismuth) by a Potentiometric Method. Joumal of Chemical Thermodynamics, 1984, 16: 833~841.

[15] 张鉴, 王平. 质量作用定律对含化合物冶金熔体和有机溶液的普遍适用性. 中国稀土学报《冶金过程物理化学专辑》, 2000, 18: 80~85.

[16] 黄子卿. 物理化学. 北京: 高等教育出版社, 1956: 215~220.

[17] Progogine I, Defay R. Cbemical Thermodynamics. London, New York and Toronto: Longmans Green and Co Ltd, 1954: 83, 90, 106.

[18] Rossini F D. Chemical Thermodynamic Equilibria among Hydrocarbons in "Physical Chemistry of the Hydrocarbons", NY: Academic Press Inc, 1950, V. 1: 368~370.

A Backlook on Some Problems of Metallurgical Melts under the Guiding Ideology Emancipate the Mind and Seek Truth from Facts

Zhang Jian

(University of Science and Technology Beijing)

Abstract: Under the guiding ideology emancipate the mind and seek truth from facts, some problems of metallurgical melts such as, if a compound existing in solid state, can exist in liquid state; can a peritectic exist in liquid state; do the structural units of metal-lurgical melts change continuously or interruptedly by zones according to the corresponding phase diagram within the whole composition range; is the compound formed in metallurgical melts in liquid or solid state; is there any possibility for heterogeneous srructures to be formed in metallurgical melts; is Henry's law really a rule; is mass action law apopular rule or one for special case have been looked back, and it is concluded that the understandings of predecessors about these problems need further thorough consideration and discussion.

Keywords: metallrgial melts; activity; mass action concentration; mass action law

Coexistence Theory of Slag Structure and Its Application to Calculation of Oxidizing Capability of Slag Melts*

Abstract: The coexistence theory of slag structure and it' s application to calculation of the oxidizing capabilities of slag melts is described. It is shown that the law of mass action can be widely applied to the calculation of oxidizing capabilities of slag melts in combination with the coexistence theory of slag structure. For slag melts containing basic oxides FeO and MnO, their oxidizing capabilities can be expressed by $N_{FeO} = N_{FeO} + 6N_{Fe_2O_3}$, while for slag melts containing basic oxides CaO, MgO, etc., in addition to FeO and MnO, their oxidizing capabilities can be given as $N_{FeO} = N_{FeO} + 6N_{Fe_2O_3} + 8N_{Fe_3O_4}$.

Keywords: oxidizing capability; coexistence theory; slag structure; activity; mass action concentration

1 Coexistence Theory of Slag Structure

The standpoint of the coexistence theory of slag structure is that slag melts consist of molecules and ions. This standpoint can be confirmed by the following facts:

(1) Facts in crystal chemistry: The oxides in solid state, such as CaO, MgO, MnO, etc., are of (fcc) ionic cells of NaCl type. Therefore, the ions, such as Ca^{2+}, Mg^{2+}, Mn^{2+}, Fe^{2+} and O^{2-} exist already in the solid state. Thus, the view point of basic oxides dissociated into ions in the melting process is unreasonable.

(2) Difference in electric conductivity (x) of slags: For molten salts, $x = 2-7\Omega^{-1} \cdot cm^{-1}$; For molten slags, $x = 0.1-0.9\Omega^{-1} \cdot cm^{-1}$; For high FeO-MnO slags, $x = 200-300\Omega^{-1} \cdot cm^{-1}$; For SiO_2 ($3\%Al_2O_3$) at 2000K, $x = 0.0007\Omega^{-1} \cdot cm^{-1}$; For Al_2O_3 (8%) -SiO_2 at 2000K, $x = 0.004\Omega^{-1} \cdot cm^{-1}$[1, 2]. In general, basic slags conduct electricity well, acid slags conduct poorly and acid oxides don' t conduct actually.

(3) The miscibility gap in the slag systems of CaO-SiO_2, MgO-SiO_2, etc., as shown in Table 1[3]. It shows that there are two solutions formed in the liquid state at the SiO_2- rich side with the composition of one liquid phase near to pure SiO_2[3]. Regarding these as phenomena of saturation, the fact mentioned above indicated that SiO_2 exists independently in the molten slags.

(4) Existence of molecules in slags is demonstrated by the presence of compounds with congruent melting points in the phase diagrams of various slag systems.

(5) Remarkable difference between lattice energies ($(1.2-1.6)\times10^5$kJ/kg) and melting energies ($(2\text{-}4)\times10^2$kJ/kg) of silicates shows that melting process is unable to destroy the lattice

* 原文正式发表于"Journal of Iron and Steel Research International", 2003, 10(1): 1~9.

structure of slags completely[4].

Table 1 Compositions of two coexistent liquid phases at temperatures in equilibrium with cristobalite

Slag system	T/K	Phase Ⅰ		Phase Ⅱ	
		N_{Me}^{2+}	N_{Si}^{4+}	N_{Me}^{2+}	N_{Si}^{4+}
$FeO-SiO_2$	1962	0.36	0.64	0.025	0.975
$MnO-SiO_2$	1923	0.44	0.56	0.017	0.983
$CaO-SiO_2$	1971	0.29	0.71	0.007	0.993
$MgO-SiO_2$	1968	0.40	0.60	0.012	0.988

(6) The absence of the complex ions SiO_3^{2-} and $Si_3O_9^{6-}$ as well as $Ca_3Si_3O_9$ in the molten slags has been proved already by following facts:

The congruent melting point of $CaSiO_3$ in the phase diagram of $CaO-SiO_2$, the ionic nature of $CaF_2(Ca^{2+}+2F^-)$ both in solid and liquid state and the linear relationship between viscosity and mole fraction of $CaSiO_3$ and $(Ca^{2+}+2F^-)$ in the slag system $CaSiO_3-CaF_2$, as shown in Fig. 1[5], proved that the arguments about the presence of SiO_3^{2-}, $Si_3O_9^{6-}$ and $Ca_3Si_3O_9$ in the molten slags are untenable.

(7) There are a lot of thermodynamic data of liquid complex oxide compounds, such as melting point T_m; heat capacity c; enthalpy H; entropy S, and chemical potential are available in literature. The T_m of some oxide compounds were shown in Table 2[6].

It is seen from the table that most of the complex oxide compounds have definite congruent melting points, hence their presence in the liquid state should be doubtless. Though a minor parts of complex oxide compounds (with letter' p') don' t have congruent melting points, but their state properties c, H, S and μ tell us that they are present in the liquid state too.

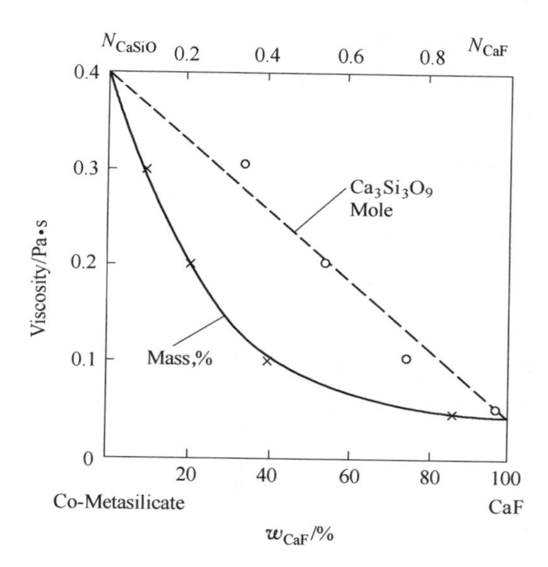

Fig. 1 Effect of CaF_2 addition on viscosity of $CaSiO_3$

(8) The presence of liquid complex oxide compounds is detected by mass spectrometer[7]: Russian scholars Zaitsev A I et al, using mass spectrometer, had detected the presence of $CaO \cdot Al_2O_3$, $2CaO \cdot SiO_2$, $CaO \cdot SiO_2$, $2CaO \cdot Al_2O_3 \cdot SiO_2$, $CaO \cdot Al_2O_3 \cdot 2SiO_2$, $2MnO \cdot SiO_2$, $MnO \cdot SiO_2$ complex oxide compounds in slag melts.

(9) The good agreement about the results from different studies on the activities of Al_2O_3, SiO_2, P_2O_5, CaO, MgO, MnO, Fe_tO, etc. has been obtained, so the negation of the presence of these oxides in slag melts would be illogical.

(10) The facts that cations and anions in molten salts, mattes as well as basic oxides[8-10]

Table 2 T_m and *h. t.* (highest temperature attained) of some measured complex oxide compound (most of them have congruent melting points)

Compound	T_m/K	*h. t.*/K	Compound	T_m/K	*h. t.*/K	Compound	T_m/K	*h. t.*/K
$3CaO \cdot B_2O_3$	1763	2000	$Li_2O \cdot SiO_2$	1474	2000	$Na_2O \cdot Cr_2O_3$	1070	2000
$2CaO \cdot B_2O_3$	1583	2000	$Li_2O \cdot 2SiO_2$(p)	1307	2000	$2N_2O \cdot SiO_2$(p)	1393	1500
$CaO \cdot B_2O_3$	1433	2000	$Li_2O \cdot TiO_2$	1809	2000	$Na_2O \cdot SiO_2$	1362	2000
$CaO \cdot 2B_2O_3$(p)	1263	2000	$Li_2O \cdot B_2O_3$	1117	2130	$Na_2O \cdot 2SiO_2$	1147	2000
$2CaO \cdot Fe_2O_3$	1722	2000	$Li_2O \cdot 2B_2O_3$	1190	2000	$Na_2O \cdot TiO_2$	1303	2000
$CaO \cdot Fe_2O_3$(p)	1489	1850	$3MgO \cdot P_2O_5$	1621	2000	$Na_2O \cdot 2TiO_2$(p)	1258	2000
$2CaO \cdot P_2O_5$	1626	2000	$2MgO \cdot SiO_2$	2171	2500	$Na_2O \cdot 3TiO_2$(p)	1401	2000
$CaO \cdot MgO \cdot 2SiO_2$	1665	2000	$MgO \cdot SiO_2$(p)	1850	2000	$2PbO \cdot SiO_2$	1019	2000
$CaO \cdot TiO_2 \cdot SiO_2$	1673	1800	$2MgO \cdot TiO_2$	2013	2100	$PbO \cdot SiO_2$	1037	2000
$CaO \cdot Al_2O_3 \cdot 2SiO_2$	1826	2000	$MgO \cdot TiO_2$	1953	2100	$Rb_2O \cdot SiO_2$	1143	2000
$2CoO \cdot SiO_2$	1688	2000	$MgO \cdot 2TiO_2$	1963	2100	$Rb_2O \cdot 2SiO_2$	1363	2000
$Cu_2O \cdot Fe_2O_3$	1470	1600	$2MnO \cdot SiO_2$	1618	2000	$Rb_2O \cdot 4SiO_2$	1173	2000
$FeO \cdot TiO_2$	1673	2000	$Na_2O \cdot Fe_2O_3$	1620	1800	$Rb_2O \cdot B_2O_3$	1133	1604

don't separate from each other during chemical reaction on account of deficiency of dielectric materials show us from the opposite direction, that in case of absence of electric field, the presence of silicate, phosphate, aluminate molecules, etc. of greater dielectric constant furnishes the slag melts necessary dielectric properties so as to reduce the attractive force between positive and negative ions, hence their presence is an important condition for the independent existence of cations and anions in the slag melts.

(11) Consistency of thermodynamic data and the measured activities of various slag systems with their structure is obtained: Taking $MnO\text{-}SiO_2$ as an example, if its calculated mass action concentration (the concentration which obeys the mass action law, is called mass action concentration and represented by mole fraction N_i) equals respectively to the measured activity $N_1 = a_{MnO}$ and $N_2 = a_{SiO_2}$, according to the phase diagram $MnO\text{-}SiO_2$, there are two compounds $MnSiO_3$ and Mn_2SiO_4 formed in this slag melts, it gives:

$$N_1 + N_2 + K_1N_1N_2 + K_2N_1^2N_2 - 1 = 0$$

Thus:

$$\frac{1 - N_1 - N_2}{N_1N_2} = K_1 + K_2N_1$$

Let:

$$Y = \frac{1 - N_1 - N_2}{N_1N_2}, \ a = K_1, \ b = K_2, \ X = N_1$$

then it gives:

$$Y = a + bX$$

where K_1 and K_2 are equilibrium constants of $MnSiO_3$ and Mn_2SiO_4 formation respectively.

This is a typical linear regression equation with one independent variable, from which K_1 and K_2 can be easily regressed. Further from $\Delta G^\ominus = -RT\ln K$, $\Delta G^\ominus_{MnSiO_3}$ and $\Delta G^\ominus_{Mn_2SiO_4}$ can also be easily obtained. So the thermodynamic parameters and measured activities of various slag systems are consistent with their structure.

According to the above mentioned facts, viewpoints of the coexistence theory of slag structure can be summarized as follows:

(1) Molten slags are composed of simple ions such as Na^{+}, Ca^{2+}, Mg^{2+}, Mn^{2+}, Fe^{2+}, O^{2-}, S^{2-}, F^{-}, etc. and molecules of SiO_2, silicates, phosphates, aluminates etc.

(2) There are dynamic equilibriums between simple ions and molecules, taking silicate as an example:

$$2(Mg^{2+} + O^{2-}) + (SiO_2) = (Me_2SiO_4)$$

As CaO, MgO, etc. in solid state are of the ionic structure as that of NaCl, the concentration of MeO should not be expressed in form of ionic theory as:

$$a_{MeO} = N_{MeO} = (N_{Me^{2+}})(N_{O^{2-}})$$

but should be in the form as:

$$N_{MeO} = (N_{Me^{2+}}) + (N_{O^{2-}})$$

(3) Chemical reactions in molten slags obey the mass action law.

2 Oxidizing Capabilities of Slag Melts Containing Basic Oxides FeO and MnO

Oxidizing capability is an important property of slag metls, and it has great effect on oxidation, reduction, dephosphorization, desulphurization etc., so metallurgists pay much attention to study it.

It has been shown that both FeO and Fe_2O_3 in FeO- Fe_2O_3- SiO_2, FeO- Fe_2O_3- TiO_2, FeO-Fe_2O_3-B_2O_3, FeO- Fe_2O_3- Al_2O_3 and FeO- Fe_2O_3-P_2O_5 slag melts[10], oxidize liquid iron and at the boundary layer between slag melts and liquid iron, there is the reaction:

$$(Fe_2O_3) + [Fe] = 3(Fe^{2+} + O^{2-}) \quad \text{(i. e. } 3\times2 \text{ ions} = 6 \text{ ions)}$$

So the oxidizing capabilities of these slag melts can be expressed by:

$$N_{Fe_tO} = N_{FeO} + 6N_{Fe_2O_3} \tag{1}$$

where N_{Fe_tO} represents the oxidizing capability of slag melts, in which $t<1$ and changes with slag com positions.

As to MnO-FeO- SiO_2, MnO-FeO- Al_2O_3 and MnO-FeO- Fe_2O_3- SiO_2 slag melts, it will be seen later that their oxidizing capabilities can also formulated by Eq. (1) .

2.1 MnO-FeO-SiO_2 slag melts

According to the phase diagram s of binary slag systems FeO-SiO_2 and MnO-SiO_2[11], there are $MnSiO_3$, Mn_2SiO_4 and Fe_2SiO_4 formed in this ternary system, so on the basis of the coexistence theory of slag structure, it' s structural units are Mn^{2+}, O^{2-}, $MnSiO_3$, Mn_2SiO_4 and Fe_2SiO_4.

Taking the composition of slag melts as $b_1 = \sum n_{MnO}$, $b_2 = \sum n_{FeO}$, $a = \sum n_{SiO_2}$; the mass action concentration of every structural unit after normalization as $N_1 = N_{MnO}$, $N_2 = N_{FeO}$, $N_3 = N_{SiO_2}$, $N_4 = N_{MnSiO_3}$, $N_5 = N_{Mn_2SiO_4}$, $N_6 = N_{Fe_2SiO_4}$, $\sum n$ will be the sum of moles of ions and molecules in equilibrium. Then in the light of the law of mass action, it gives chemical equilibria[12, 13]:

$$(Mn^{2+} + O^{2-}) + (SiO_2) = (MnSiO_3)$$

$$K_1 = \frac{N_4}{N_1 N_3},\ N_4 = K_1 N_1 N_3 \qquad \Delta G^{\ominus} = -30013 - 5.02T \quad \text{J/mol} \tag{2}$$

$$2(Mn^{2+} + O^{2-}) + (SiO_2) = (Mn_2SiO_4)$$

$$K_2 = \frac{N_5}{N_1^2 N_3},\ N_5 = K_2 N_1^2 N_3 \qquad \Delta G^{\ominus} = -86670 + 16.81T \quad \text{J/mol} \tag{3}$$

$$2(Fe^{2+} + O^{2-}) + (SiO_2) = (Fe_2SiO_4) \qquad K_3 = \frac{N_6}{N_2^2 N_3},\ N_6 = K_3 N_2^2 N_3 \tag{4}$$

$$\Delta G^{\ominus} = -28596 + 3.349T \quad \text{J/mol}\ (1808 - 1986\text{K})$$

$$\Delta G^{\ominus} = -27088.6 + 2.5121T \quad \text{J/mol}\ (> 1986\text{K})$$

and mass balance equilibria:

$$N_1 + N_2 + N_3 + K_1 N_1 N_3 + K_2 N_1^2 N_3 + K_3 N_2^2 N_3 - 1 = 0 \tag{5}$$

$$b_1 = \sum (0.5N_1 + K_1 N_1 N_3 + 2K_2 N_1^2 N_3) \tag{6}$$

$$b_2 = \sum n(0.5N_2 + 2K_3 N_2^2 N_3) \tag{7}$$

$$a = \sum n(N_3 + K_1 N_1 N_3 + K_2 N_1^2 N_3 + K_3 N_2^2 N_3) \tag{8}$$

From Eq. (6) and Eq. (8):

$$0.5aN_1 - (b_1 + K_3 N_2^2) N_3 + (a - b_1) K_1 \times N_1 N_3 + (2a - b_1) K_2 N_1^2 N_3 = 0 \tag{9}$$

From Eq. (7) and Eq. (8):

$$0.5aN_2 - b_2(N_3 + b_2 K_1 N_1 + K_2 N_1^2) N_3 + (2a - b_2) K_3 N_2^2 N_3 = 0 \tag{10}$$

Eq. (5), Eq. (9) and Eq. (10) are the calculation model of mass action concentrations for these slag melts.

The oxidizing capabilities of slag melts can be expressed as Eq. (1):

$$N_{Fe_tO} = N_{FeO} + 6N_{Fe_2O_3}$$

The observed oxidizing capability is expressedas[14]:

$$a_{Fe_tO} = \frac{w_{[O]}/\%}{w_{[O]_{sat}}/\%} = \frac{w_{[O]}/\%}{10^{-\frac{6320}{T}+2.734}} \tag{11}$$

Using experimental data of MnO-FeO-SiO_2 slag melts at 1803-1973K from literature[15], the calculated oxidizing capabilities N_{FeO} were com pared with measured a_{Fe_tO}, as shown in Fig. 2. It is seen from the figure, the agreement about them is good, and the results also obey the law of mass action, in spite of absence of Fe_2O_3 content in original data, which may be negligibly small owing to high content of manganese in the molten iron (0.09%-18.50%). This fact indicates that manganese reduction of liquid iron doesn' t affect the distribution of oxygen between slag melts and liquid iron, and that the deduced model can reflect the main characteristics of mentioned slag melts.

2.2 MnO-FeO-Al_2O_3 slag melts

According to the phase diagrams[11], there are $MnAl_2O_4$ and $FeAl_2O_4$ formed in this system, so based on the coexistence theory of slag structure, the structural units are Mn^{2+}, Fe^{2+}, O^{2-}, $MnAl_2O_4$ and $FeAl_2O_4$.

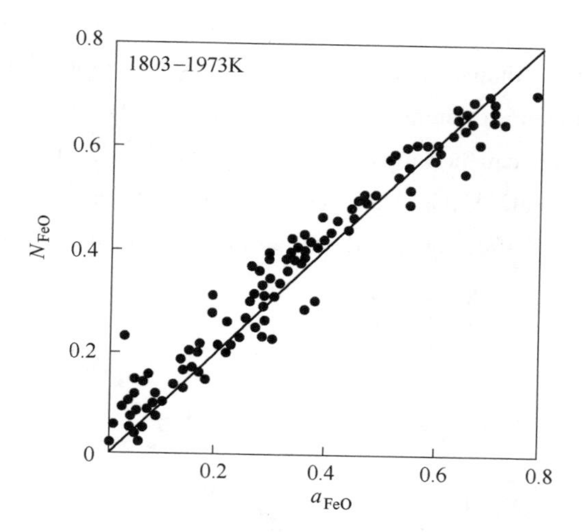

Fig. 2 Comparison of calculated and measured oxidizing capabilities for MnO · FeO · SiO_2 melts

Taking the compositions of slag melts as $b_1 = \sum n_{MnO}$, $b_2 = \sum n_{FeO}$, $a = \sum n_{Al_2O_3}$; the mass action concentration of every structural unit after normalization as $N_1 = N_{MnO}$, $N_2 = N_{FeO}$, $N_3 = N_{Al_2O_3}$, $N_4 = N_{MnAl_2O_4}$, $N_5 = N_{FeAl_2O_4}$, $\sum n$ will be the sum of moles of ions and molecules in equilibrium. Then in accordance to the law of mass action, it gives chemical equilibria[16, 17]:

$$(Mn^{2+} + O^{2-}) + Al_2O_{3(s)} = (MnAl_2O_4)$$

$$K_1 = \frac{N_4}{N_1 N_3},\ N_4 = K_1 N_1 N_3 \qquad \Delta G^{\ominus} = -45116 + 11.81T \quad \text{J/mol} \tag{12}$$

$$(Fe^{2+} + O^{2-}) + Al_2O_{3(s)} = (FeAl_2O_4) \qquad K_2 = \frac{N_5}{N_2 N_3},\ N_5 = K_2 N_2 N_3$$

$$\Delta G^{\ominus} = -33272.8 + 6.1028T \quad \text{J/mol} \quad (1823\text{-}2023\text{K}) \tag{13}$$

and mass balance equilibria:

$$N_1 + N_2 + N_3 + K_1 N_1 N_3 + K_2 N_2 N_3 - 1 = 0 \tag{14}$$

$$b_1 = \sum n(0.5N_1 + K_1 N_1 N_3) \tag{15}$$

$$b_2 = \sum n(0.5N_2 + K_2 N_2 N_3) \tag{16}$$

$$a = \sum n(N_3 + K_1 N_1 N_3 + K_2 N_2 N_3) \tag{17}$$

From Eq. (15) and Eq. (17):

$$0.5aN_1 - b_1(1 + K_2 N_2)N_3 + (a - b_1)K_1 N_1 N_3 = 0 \tag{18}$$

From Eq. (16) and Eq. (17):

$$0.5aN_2 - b_2(1 + K_1 N_1)N_3 + (a - b_2)K_2 N_2 N_3 = 0 \tag{19}$$

Eq. (14), Eq. (18) and Eq. (19) are the calculation model of mass action concentrations for this slag system. The observed oxidizing capabilities are also evaluated by Eq. (11).

Using experimental data of MnO-FeO-Al_2O_3 slag melts at 1803-1973K from literature[18], the calculated oxidizing capabilities N_{FeO} are compared with measured a_{Fe_tO}, as shown in Fig. 3. As can be seen from the figure, the agreement about N_{FeO} and a_{Fe_tO} is also well, and the results also obey the law of mass action, though analysis of Fe_2O_3 in slag samples has been ignored too due to similar reason of high manganese content in molten iron (0.11%-16.95%). This shows that the calculating model formulated can certainly reflect the structural reality of these slag melts. Both $MnO-FeO-SiO_2$ and $MnO-FeO-Al_2O_3$ slag melts show that the reduction of liquid iron by manganese doesn' t have any effect on the distribution of oxygen between slag and liquid iron.

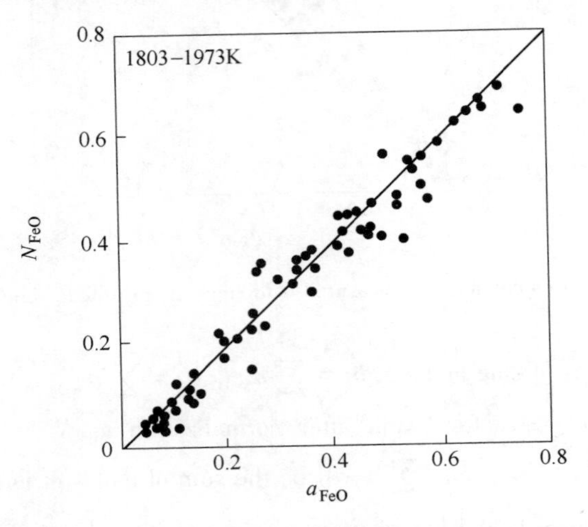

Fig. 3 Comparison of calculated and measured oxidizing capabilities for $MnO-FeO-Al_2O_3$ melts

2.3 $MnO-FeO-Fe_2O_3-SiO_2$ slag melts

According to the phase diagrams[11], except $MnSiO_3$, Mn_2SiO_4 and Fe_2SiO_4, there are also $MnFe_2O_4$ and Fe_3O_4 formed in these slag melts, so based on the coexistence theory of slag structure, their structural units are Mn^{2+}, Fe^{2+}, O^{2-}, Fe_2O_3, SiO_2, $MnSiO_3$, Mn_2SiO_4, Fe_2SiO_4, $MnFe_2O_4$ and Fe_3O_4.

Taking the composition of slag melts as $b_1 = \sum n_{MnO}$, $b_2 = \sum n_{FeO}$, $a_1 = \sum n_{Fe_2O_3}$, $a_2 = \sum n_{SiO_2}$; the mass action concentration of every structural unit after normalization as $N_1 = N_{MnO}$, $N_2 = N_{FeO}$, $N_3 = N_{Fe_2O_3}$, $N_4 = N_{SiO_2}$, $N_5 = N_{MnSiO_3}$, $N_6 = N_{Mn_2SiO_4}$, $N_7 = N_{Fe_2SiO_4}$, $N_8 = N_{MnFe_2O_4}$, $N_9 = N_{Fe_3O_4}$, $\sum n$ will be the sum of moles of ions and molecules in equilibrium.

The chemical reactions of formation of Mn-SiO_3, Mn_2SiO_4 and Fe_2SiO_4 and their thermodynamic Parameters are the same as Eq. (2), Eq. (3) and Eq. (4), and those of $MnFe_2O_4$ and Fe_3O_4 are as follows[6, 10]:

$$(Mn^{2+} + O^{2-})_{(s)} + Fe_2O_{3(s)} = MnFe_2O_{4(s)}$$

$$K_4 = \frac{N_7}{N_1 N_3}, \quad N_7 = K_4 N_1 N_3 \qquad \Delta G^{\ominus} = -35726 + 13.138T \quad \text{J/mol} \tag{20}$$

$$(Fe^{2+} + O^{2-})_{(l)} + Fe_2O_{3(s)} = Fe_3O_{4(s)}$$

$$K_5 = \frac{N_8}{N_2 N_3},\ N_8 = K_5 N_2 N_3 \qquad \Delta G^{\ominus} = -45845.5 + 10.634T \quad \text{J/mol} \tag{21}$$

and mass balance equilibria:

$$N_1 + N_2 + N_3 + K_1 N_1 N_4 + K_2 N_1^2 N_4 + K_3 N_2^2 N_4 + K_4 N_1 N_3 + K_5 N_2 N_3 - 1 = 0 \tag{22}$$

$$b_1 = \sum n(0.5N_1 + K_1 N_1 N_4 + 2K_2 N_1^2 N_4 + K_4 N_1 N_3) \tag{23}$$

$$b_2 = \sum n(0.5N_2 + 2K_3 N_2^2 N_4 + K_5 N_2 N_3) \tag{24}$$

$$a_1 = \sum n(N_3 + K_4 N_1 N_3 + K_5 N_2 N_3) \tag{25}$$

$$a_2 = \sum n(N_4 + K_1 N_1 N_4 + K_2 N_1^2 N_4 + K_3 N_2^2 N_4) \tag{26}$$

From Eq. (23) and Eq. (25):

$$a_1(0.5N_1 + K_1 N_1 N_4 + 2K_2 N_1^2 N_4) + (a_1 - b_1)K_4 N_1 N_3 - b_1(1 + K_5 N_2)N_3 = 0 \tag{27}$$

From Eq. (24) and Eq. (25):

$$a_1(0.5N_2 + 2K_3 N_2^2 N_4) - b_2(1 + K_4 N_1)N_3 + (a_1 - b_2)K_5 N_2 N_3 = 0 \tag{28}$$

From Eq. (24) and Eq. (26):

$$a_2(0.5N_2 + K_5 N_2 N_3) + (2a_2 - b_2)K_3 N_2^2 N_4 - b_2(1 + K_1 N_1 + K_2 N_1^2)N_4 = 0 \tag{29}$$

Eq. (22), Eq. (27), Eq. (28) and Eq. (29) are the calculation model of mass action concentrations for these slag melts. The observed oxidizing capabilities are evaluated by Eq. (11).

Applying experimental data of MnO-FeO-Fe_2O_3-SiO_2 slag melts at 1798-2042K as well as at 1723K from literature[15, 19], the calculated oxidizing capabilities N_{Fe_tO} are compared with measured a_{Fe_tO}, as shown in Fig. 4. It is seen from the figure that the agreement about calculated and measured oxidizing capabilities is satisfactory, and they also obey the law of mass action, which in turn shows that the calculation model formulated really reflects the structural characteris-

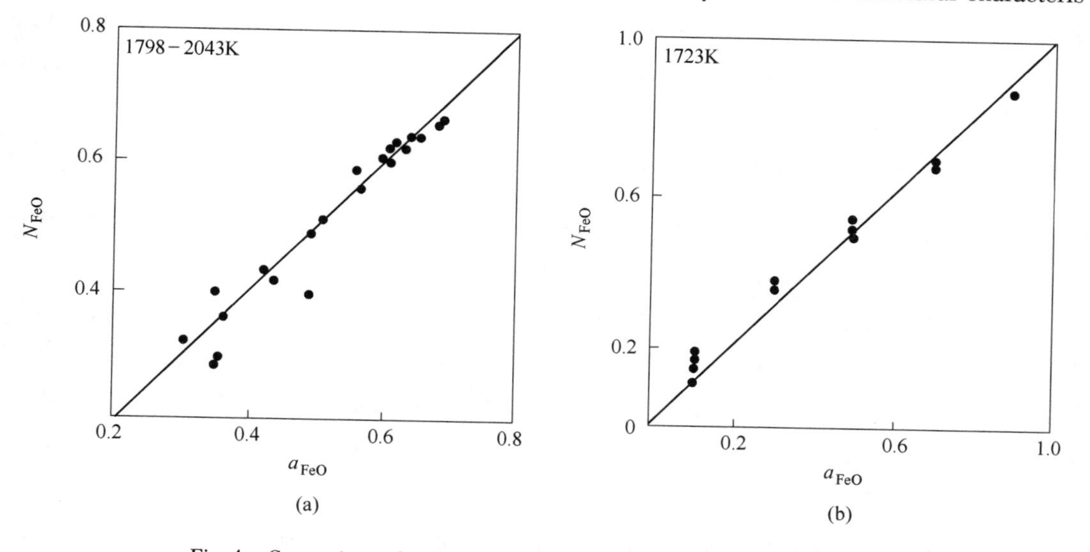

Fig. 4 Comparison of calculated and measured oxidizing capabilities for MnO-FeO-Fe_2O_3-SiO_2 slag melts

tics of these melts. From these examples, it is clear that the oxidizing capabilities of slag melts containing FeO and MnO can be correctly expressed by:

$$N_{Fe_tO} = N_{FeO} + 6N_{Fe_2O_3}$$

and that the law of mass action is applicable to the calculation of oxidizing capabilities of slag melts in combination with the coexistence theory of slag structure.

3 Oxidizing Capabilities of Slag Melts Containing Basic Oxides CaO and MgO

It has been shown that all the FeO, Fe_2O_3 and Fe_3O_4 in slag melts CaO-FeO-Fe_2O_3, CaO-FeO-Fe_2O_3-SiO_2 as well as CaO-MgO-FeO-Fe_2O_3-SiO_2[10], oxidize liquid iron and at the boundary layer between slag melts and liquidiron, there are reactions:

$$(Fe_2O_3) + [Fe] \Longrightarrow 3(Fe^{2+} + O^{2-}) \text{ (i. e. } 3 \times 2 \text{ ions} = 6 \text{ ions)}$$

$$(Fe_3O_4) + [Fe] \Longrightarrow 4(Fe^{2+} + O^{2-}) \text{ (i. e. } 4 \times 2 \text{ ions} = 8 \text{ ions)}$$

So the oxidizing capabilities of these slag melts can be expressed by Eq. (30):

$$N_{Fe_tO} = N_{FeO} + 6N_{Fe_2O_3} + 8N_{Fe_3O_4} \tag{30}$$

In this section the slag melts CaO-MgO-FeO-Fe_2O_3-P_2O_5-SiO_2, CaO-MgO-FeO-MnO-Fe_2O_3-P_2O_5-SiO_2 and CaO-MgO-MnO-FeO-Fe_2O_3-Al_2O_3-P_2O_5-SiO_2 will be taken as examples to further demonstrate the correctness of this equation.

3.1 CaO-MgO-FeO-Fe_2O_3-P_2O_5-SiO_2 slag melts

According to the phase diagrams and the coexistence theory of slag structure[10,11], there are 21 complex compounds $CaFe_2O_4$, $Ca_2Fe_2O_5$, $MgFe_2O_4$, Fe_3O_4, $2CaO \cdot P_2O_5$, $3CaO \cdot P_2O_5$, $4CaO \cdot P_2O_5$, $2MgO \cdot P_2O_5$, $3MgO \cdot P_2O_5$, $3FeO \cdot P_2O_5$, $4FeO \cdot P_2O_5$, $CaSiO_3$, Ca_2SiO_4, Ca_3SiO_5, $MgSiO_3$, Mg_2SiO_4, Fe_2SiO_4, $CaO \cdot MgO \cdot SiO_2$, $CaO \cdot MgO \cdot 2SiO_2$, $2CaO \cdot MgO \cdot 2SiO_2$, $3CaO \cdot MgO \cdot 2SiO_2$ in addition to simple ions Ca^{2+}, Mg^{2+}, Fe^{2+}, O^{2-} as well as simple compounds Fe_2O_3, P_2O_5 and SiO_2.

Taking the composition of slag melts as $a_1 = \sum n_{Fe_2O_3}$, $a_2 = \sum n_{P_2O_5}$, $a_3 = \sum n_{SiO_2}$, $b_1 = \sum n_{CaO}$, $b_2 = \sum n_{MgO}$, $b_3 = \sum n_{FeO}$, the mass action concentration of every structural unit after normalization as $N_1 = N_{CaO}$, $N_2 = N_{MgO}$, $N_3 = N_{FeO}$, $N_4 = N_{Fe_2O_3}$, $N_5 = N_{P_2O_5}$, $N_6 = N_{SiO_2}$, $N_7 = N_{CaFe_2O_4}$, $N_8 = N_{Ca_2Fe_2O_5}$, $N_9 = N_{MgFe_2O_4}$, $N_{10} = N_{Fe_3O_4}$, $N_{11} = N_{2CaO \cdot P_2O_5}$, $N_{12} = N_{3CaO \cdot P_2O_5}$, $N_{13} = N_{4CaO \cdot P_2O_5}$, $N_{14} = N_{2MgO \cdot P_2O_5}$, $N_{15} = N_{3MgO \cdot P_2O_5}$, $N_{16} = N_{3FeO \cdot P_2O_5}$, $N_{17} = N_{4FeO \cdot P_2O_5}$, $N_{18} = N_{CaSiO_3}$, $N_{19} = N_{Ca_2SiO_4}$, $N_{20} = N_{Ca_3SiO_5}$, $N_{21} = N_{MgSiO_3}$, $N_{22} = N_{Mg_2SiO_4}$, $N_{23} = N_{Fe_2SiO_4}$, $N_{24} = N_{CaO \cdot MgO \cdot SiO_2}$, $N_{25} = N_{CaO \cdot MgO \cdot 2SiO_2}$, $N_{26} = N_{2CaO \cdot MgO \cdot 2SiO_2}$, $N_{27} = N_{3CaO \cdot MgO \cdot 2SiO_2}$, $\sum n$ will be the sum of moles of ions and molecules in equilibrium.

In the same way as in the preceding section, the calculation model of mass action concentration for these slag melts can be formulated as follows:

$N_1 + N_2 + N_3 + N_4 + N_5 + N_6 + N_7 + N_8 + N_9 + N_{10} + N_{11} + N_{12} + N_{13} + N_{14} + N_{15} +$

$$N_{16}+N_{17}+N_{18}+N_{19}+N_{20}+N_{21}+N_{22}+N_{23}+N_{24}+N_{25}+N_{26}+N_{27}-1=0 \quad (31)$$

$$b_1=\sum n(0.5N_1+N_7+2N_8+2N_{11}+3N_{12}+4N_{13}+N_{18}+2N_{19}+3N_{20}+N_{24}+N_{25}+2N_{26}+3N_{27}) \quad (32)$$

$$b_2=\sum n(0.5N_2+N_9+2N_{14}+3N_{15}+N_{21}+2N_{22}+N_{24}+N_{25}+N_{26}+N_{27}) \quad (33)$$

$$b_3=\sum n(0.5N_3+N_{10}+3N_{16}+4N_{17}+2N_{23}) \quad (34)$$

$$a_1=\sum n(N_4+N_7+N_8+N_9+N_{10}) \quad (35)$$

$$a_2=\sum n(N_5+N_{11}+N_{12}+N_{13}+N_{14}+N_{15}+N_{16}+N_{17}) \quad (36)$$

$$a_3=\sum n(N_6+N_{18}+N_{19}+N_{20}+N_{21}+N_{22}+N_{23}+N_{24}+2N_{25}+2N_{26}+2N_{27}) \quad (37)$$

Eq. (31)-Eq. (37) are calculation model of mass action concentrations for these slag melts. The observed oxidizing capabilities can be evaluated by Eq. (11) . The standard free energies of formation of all complex compounds are given in Appendix 1.

Using experimental data of literature[20], the calculated oxidizing capabilities N_{Fe_tO} were compared with measured a_{Fe_tO} in Fig. 5. As shown in the figure, the agreement about them is satisfactory, and they also obey the law of mass action, showing that the model deduced can reflect the structural characteristics of mentioned slag melts.

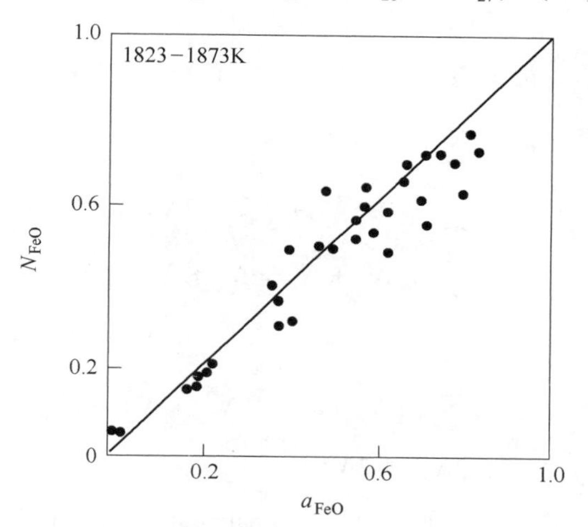

Fig. 5 Comparison of calculated and measured oxidizing capabilities for CaO-MgO-FeO-Fe_2O_3-P_2O_5-SiO_2 slag melts

3.2 CaO-MgO-MnO-FeO-Fe_2O_3-P_2O_5-SiO_2 slag melts

In comparison with CaO-MgO-FeO-Fe_2O_3-P_2O_5-SiO_2 slag melts, and according to the phase diagrams[11], as well as the coexistence theory of slag structure, there are some additional structural units Mn^{2+}, $MnSiO_3$, Mn_2SiO_4, $MnFe_2O_4$ and $3MnO\cdot P_2O_5$ in this slag system.

Taking the composition of slag melts as $a_1=\sum n_{Fe_2O_3}$, $a_2=\sum n_{P_2O_5}$, $a_3=\sum n_{SiO_2}$, $b_1=\sum n_{CaO}$, $b_2=\sum n_{MgO}$, $b_3=\sum n_{MnO}$, $b_4=\sum n_{FeO}$, the mass action concentration of every structural unit after normalization as $N_1=N_{CaO}$, $N_2=N_{MgO}$, $N_3=N_{MnO}$, $N_4=N_{FeO}$, $N_5=N_{Fe_2O_3}$, $N_6=N_{P_2O_5}$, $N_7=N_{SiO_2}$, $N_8=N_{CaFe_2O_4}$, $N_9=N_{Ca_2Fe_2O_5}$, $N_{10}=N_{MgFe_2O_4}$, $N_{11}=N_{MnFe_2O_4}$, $N_{12}=N_{Fe_3O_4}$, $N_{13}=N_{2CaO\cdot P_2O_5}$, $N_{14}=N_{3CaO\cdot P_2O_5}$, $N_{15}=N_{4CaO\cdot P_2O_5}$, $N_{16}=N_{2MgO\cdot P_2O_5}$, $N_{17}=N_{3MgO\cdot P_2O_5}$, $N_{18}=N_{3MnO\cdot P_2O_5}$, $N_{19}=N_{3FeO\cdot P_2O_5}$, $N_{20}=N_{4FeO\cdot P_2O_5}$, $N_{21}=N_{CaSiO_3}$, $N_{22}=N_{Ca_2SiO_4}$, $N_{23}=N_{MgSiO_3}$, $N_{24}=N_{Mg_2SiO_4}$,

$N_{25} = N_{MnSiO_3}$, $N_{26} = N_{Mn_2SiO_4}$, $N_{27} = N_{Fe_2SiO_4}$, $N_{28} = N_{CaO\cdot MgO\cdot SiO_2}$, $N_{29} = N_{Ca_3SiO_5}$, $N_{30} = N_{CaO\cdot MgO\cdot 2SiO_2}$, $N_{31} = N_{2CaO\cdot MgO\cdot 2SiO_2}$, $N_{32} = N_{3CaO\cdot MgO\cdot 2SiO_2}$, $\sum n$ will be the sum of moles of ions and molecules in equilibrium.

Similarly, the calculation model of mass action concentrations for these slag melts can be formulated as follows:

$$N_1 + N_2 + N_3 + N_4 + N_5 + N_6 + N_7 + N_8 + N_9 + N_{10} + N_{11} + N_{12} + N_{13} + N_{14} + N_{15} + N_{16} + N_{17} + N_{18} + N_{19} + N_{20} + N_{21} + N_{22} + N_{23} + N_{24} + N_{25} + N_{26} + N_{27} + N_{28} + N_{29} + N_{30} + N_{31} + N_{32} - 1 = 0 \quad (38)$$

$$b_1 = \sum n(0.5N_1 + N_8 + 2N_9 + 2N_{13} + 3N_{14} + 4N_{15} + N_{21} + 2N_{22} + 3N_{23} + N_{29} + N_{30} + 2N_{31} + 3N_{32}) \quad (39)$$

$$b_2 = \sum n(0.5N_2 + N_{10} + 2N_{16} + 3N_{17} + N_{24} + 2N_{25} + N_{29} + N_{30} + N_{31} + N_{32}) \quad (40)$$

$$b_3 = \sum n(0.5N_3 + N_{11} + 3N_{18} + N_{26} + 2N_{27}) \quad (41)$$

$$b_4 = \sum n(0.5N_4 + N_{12} + 3N_{19} + 4N_{20} + 2N_{28}) \quad (42)$$

$$a_1 = \sum n(N_5 + N_8 + N_9 + N_{10} + N_{11} + N_{12}) \quad (43)$$

$$a_2 = \sum n(N_6 + N_{13} + N_{14} + N_{15} + N_{16} + N_{17} + N_{18} + N_{19} + N_{20}) \quad (44)$$

$$a_3 = \sum n(N_7 + N_{21} + N_{22} + N_{23} + N_{24} + N_{25} + N_{26} + N_{27} + N_{28} + N_{29} + 2N_{30} + 2N_{31} + 2N_{32}) \quad (45)$$

Eq. (38)-Eq. (45) are calculation model of mass action concentration for these slag melts. The observed oxidizing capabilities can be evaluated by Eq. (11) . The standard free energies of formation of all complex compounds are given in Appendix 1.

Using equilibrium data of the distribution of phosphorus between liquid iron and basic slags in literature[21] , the calculated oxidizing capabilities were compared with measured values, as shown in Fig. 6. It is seen in the figure that the agreement about them is satisfactory too, and they obey the law of mass action also, which shows that the mentioned model can reflect the structural reality of these slag melts.

3.3 CaO-MgO-MnO-FeO-Fe_2O_3-Al_2O_3-P_2O_5-SiO_2 slag melts

In comparison with CaO-MgO-MnO-FeO-Fe_2O_3-P_2O_5-SiO_2 slag melts, and according to the phase diagrams[11] , as well as the coexistence theory of slag structure, there are some additional structural units: Al_2O_3, $3CaO \cdot Al_2O_3$, $12CaO \cdot 7Al_2O_3$, $CaO \cdot Al_2O_3$, $CaO \cdot 2Al_2O_3$, $CaO \cdot 6Al_2O_3$, $MgO \cdot Al_2O_3$, $MnO \cdot Al_2O_3$, $FeO \cdot Al_2O_3$, $CaO \cdot Al_2O_3 \cdot 2SiO_2$, $2CaO \cdot Al_2O_3 \cdot SiO_2$ and $3Al_2O_3 \cdot 2SiO_2$ in these slag melts.

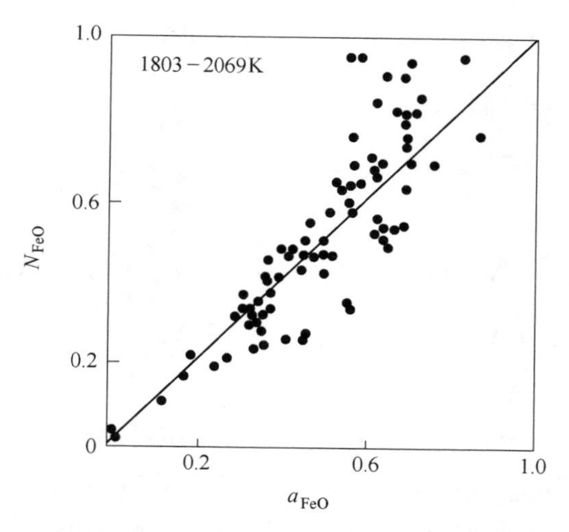

Fig. 6 Comparison of calculated and measured oxidizing capabilities for $CaO\text{-}MgO\text{-}FeO\text{-}MnO\text{-}Fe_2O_3\text{-}P_2O_5\text{-}SiO_2$ slag melts

Taking the composition of slag melts as $a_1 = \sum n_{Fe_2O_3}$, $a_2 = \sum n_{Al_2O_3}$, $a_3 = \sum n_{P_2O_5}$, $a_4 = \sum n_{SiO_2}$, $b_1 = \sum n_{CaO}$, $b_2 = \sum n_{MgO}$, $b_3 = \sum n_{MnO}$, $b_4 = \sum n_{FeO}$, the mass action concentration of every structural unit after normalization as $N_1 = N_{CaO}$, $N_2 = N_{MgO}$, $N_3 = N_{MnO}$, $N_4 = N_{FeO}$, $N_5 = N_{Fe_2O_3}$, $N_6 = N_{Al_2O_3}$, $N_7 = N_{P_2O_5}$, $N_8 = N_{SiO_2}$, $N_9 = N_{CaFe_2O_4}$, $N_{10} = N_{Ca_2Fe_2O_5}$, $N_{11} = N_{MgFe_2O_4}$, $N_{12} = N_{MnFe_2O_4}$, $N_{13} = N_{Fe_3O_4}$, $N_{14} = N_{3CaO \cdot Al_2O_3}$, $N_{15} = N_{12CaO_7 \cdot Al_2O_3}$, $N_{16} = N_{CaO \cdot Al_2O_3}$, $N_{17} = N_{CaO \cdot 2Al_2O_3}$, $N_{18} = N_{CaO \cdot 6Al_2O_3}$, $N_{19} = N_{MgO \cdot Al_2O_3}$, $N_{20} = N_{MnO \cdot Al_2O_3}$, $N_{21} = N_{FeO \cdot Al_2O_3}$, $N_{22} = N_{2CaO \cdot P_2O_5}$, $N_{23} = N_{3CaO \cdot P_2O_5}$, $N_{24} = N_{4CaO \cdot P_2O_5}$, $N_{25} = N_{2MgO \cdot P_2O_5}$, $N_{26} = N_{3MgO \cdot P_2O_5}$, $N_{27} = N_{3MnO \cdot P_2O_5}$, $N_{28} = N_{3FeO \cdot P_2O_5}$, $N_{29} = N_{4FeO \cdot P_2O_5}$, $N_{30} = N_{CaSiO_3}$, $N_{31} = N_{Ca_2SiO_4}$, $N_{32} = N_{Ca_3SiO_5}$, $N_{33} = N_{MgSiO_3}$, $N_{34} = N_{Mg_2SiO_4}$, $N_{35} = N_{MnSiO_3}$, $N_{36} = N_{Mn_2SiO_4}$, $N_{37} = N_{Fe_2SiO_4}$, $N_{38} = N_{CaO \cdot MgO \cdot SiO_2}$, $N_{39} = N_{CaO \cdot MgO \cdot 2SiO_2}$, $N_{40} = N_{2CaO \cdot MgO \cdot 2SiO_2}$, $N_{41} = N_{3CaO \cdot MgO \cdot 2SiO_2}$, $N_{42} = N_{CaO \cdot Al_2O_3 \cdot 2SiO_2}$, $N_{43} = N_{2CaO \cdot Al_2O_3 \cdot SiO_2}$, $N_{44} = N_{3Al_2O_3 \cdot 2SiO_2}$, $\sum n$ will be the sum of moles of ions and molecules in equilibrium.

Similarly, the calculation model of mass action concentrations for these slag melts can be formulated as follows:

$$N_1 + N_2 + N_3 + N_4 + N_5 + N_6 + N_7 + N_8 + N_9 + N_{10} + N_{11} + N_{12} + N_{13} + N_{14} + N_{15} + N_{16} + N_{17} + N_{18} + N_{19} + N_{20} + N_{21} + N_{22} + N_{23} + N_{24} + N_{25} + N_{26} + N_{27} + N_{28} + N_{29} + N_{30} + N_{31} + N_{32} + N_{33} + N_{34} + N_{35} + N_{36} + N_{37} + N_{38} + N_{39} + N_{40} + N_{41} + N_{42} + N_{43} + N_{44} - 1 = 0 \quad (46)$$

$$b_1 = \sum n(0.5N_1 + N_9 + 2N_{10} + 3N_{14} + 12N_{15} + N_{16} + N_{17} + N_{18} + 2N_{22} + 3N_{23} + 4N_{24} + N_{30} + 2N_{31} + 3N_{32} + N_{38} + N_{39} + 2N_{40} + 3N_{41} + N_{42} + 2N_{43}) \quad (47)$$

$$b_2 = \sum n(0.5N_2 + N_{11} + N_{19} + 2N_{25} + 3N_{26} + N_{33} + 2N_{34} + N_{38} + N_{39} + N_{40} + N_{41}) \quad (48)$$

$$b_3 = \sum n(0.5N_3 + N_{12} + N_{20} + 3N_{27} + N_{35} + 2N_{36}) \quad (49)$$

$$b_4 = \sum n(0.5N_4 + N_{13} + N_{21} + 3N_{28} + 4N_{29} + 2N_{37}) \quad (50)$$

$$a_1 = \sum n(N_5 + N_9 + N_{10} + N_{11} + N_{12} + N_{13}) \quad (51)$$

$$a_2 = \sum n(N_6 + N_{14} + 7N_{15} + N_{16} + 2N_{17} + 6N_{18} + N_{19} + N_{20} + N_{21} + N_{42} + N_{43} + 3N_{44}) \quad (52)$$

$$a_3 = \sum n(N_7 + N_{22} + N_{23} + N_{24} + N_{25} + N_{26} + N_{27} + N_{28} + N_{29}) \quad (53)$$

$$a_4 = \sum n(N_8 + N_{30} + N_{31} + N_{32} + N_{33} + N_{34} + N_{35} + N_{36} + N_{37} + N_{38} + 2N_{39} + 2N_{40} + 2N_{41} + 2N_{42} + N_{43} + 2N_{44}) \quad (54)$$

Eq. (46)-Eq. (54) are the calculating model of mass action concentrations for these slag melts. The observed oxidizing capabilities can be evaluated by Eq. (11) . The standard free energies of formation of all complex compounds are given in Appendix 1.

Using equilibrium data of the distribution of sulphur and phosphorus between liquid iron and slags from literature[22], the calculated oxidizing capabilities were compared with measured values, as shown in Fig. 7. It is seen in the figure that though N_{Fe_tO} are somewhat less than a_{Fe_tO}, it is because the oxygen samples were taken under the slag of low basicity, so the measured total oxygen content in liquid iron contained certain amount of oxygen from nonmetallic inclusions. Thus, it can be said that the agreement about calculated and measured values is also satisfactory, and the results also obey the law of mass action, hence this shows that the mentioned model can also reflect the structural reality of these slag melts. From three examples in this section, first of all, it is obvious that the oxidizing capabilities of slag melts containing basic oxides CaO, MgO etc., can be certainly expressed by Eq. (30), while those of slag melts containing only basic oxides FeO and MnO are expressed by Eq. (1). Why is it that there is such a difference? This may probably be arisen from two reasons:

(1) $\Delta G^{\ominus}_{Fe_3O_4}$ is less than $\Delta G^{\ominus}_{Fe_2SiO_4}$, so Fe_3O_4 is more stable than Fe_2SiO_4 in slag melts containing basic oxides FeO and MnO; as the oxidizing capability of the latter doesn' t affect a_{Fe_tO} value, of course, so doesn' t the former.

(2) The specific density of Fe_3O_4 is higher than that of other components in slag melts containing CaO, MgO, etc.

So the greater part of Fe_3O_4 may come to the lower part of slag melts, where it touches with liquid iron and oxidizes the latter correspondingly. Secondly, from three examples in this section it is also clear that the law of mass action is also being obeyed strictly in combination with the coexistence theory of slag structure, so the law of mass action is widely applied to the calculation of the oxidizing capabilities of slag melts.

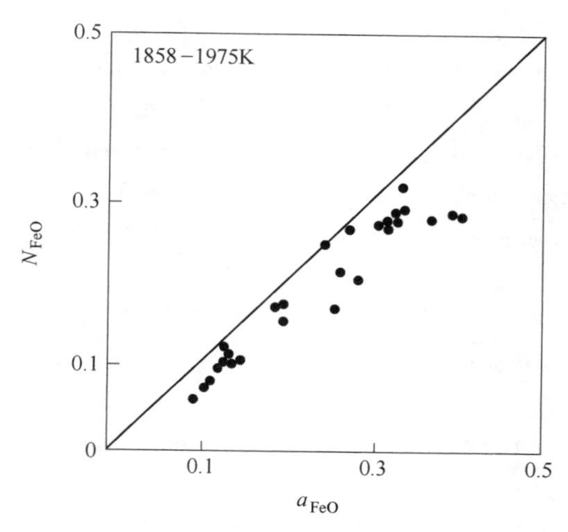

Fig. 7 Comparison of calculated and measured oxidizing capabilities for CaO-MgO-FeO-MnO-Fe_2O_3-Al_2O_3-P_2O_5-SiO_2 slag melts

4 Conclusions

(1) The oxidizing capabilities of slag melts containing FeO and MnO can be expressed by:

$$N_{Fe_tO} = N_{FeO} + 6N_{Fe_2O_3}$$

while those of slag melts containing CaO, MgO, etc. in addition to FeO and MnO are expressed by:

$$N_{Fe_tO} = N_{FeO} + 6N_{Fe_2O_3} + 8N_{Fe_3O_4}$$

(2) The manganese reduction of liquid iron doesn' t have any effect on the distribution of oxygen between slag melts and liquid iron.

(3) The law of mass action is widely applied to the calculation of the oxidizing capabilities of slag melts in combination with the coexistence theory of slag structure.

References

[1] Nikitin B M, Chuiko N M . Role of Electric Resistance of Slags in Electric Furnace Steelmaking [J]. Izv Vyssh Zaved Chern Metall., 1963, (8): 60-67.

[2] Kato M, Minowa S, Mori K. Handbook of Physical Properties for Molten Iron and Slags (Session Lectures of Molten Steel and Slags) [J]. ISIJ, 1971: 244-295 (in Japanese).

[3] Kozheurov V A. Thermodynamics of Metallurgical Slags [J]. Sverdlovski: Metallurgizdat, 1955: 135.

[4] Sokolski V Ei, Kazimirov V P, Batalin G I, et al. Some Regularities about Structure of Binary Silicate M elts Constituting Basis of Welding Slags [J]. Izv Vyssh Zaved Chern Metall., 1986, (3): 4-9.

[5] Baak T. Action of Calcium Fluoride in Slags. Physical Chemistry of Steelmaking [M]. New York: Technology Press of Massachusetts Institute of Technology, 1958.

[6] Knacke O, Kubaschewski O, Hesselmann K. Thermochemical Properties of Inorganic Substances Ⅰ, Ⅱ, Springer-Verlag, Verlag-Stahleisen, 1991: 391-1671.

[7] Zaitsev A I, Mogumov B M. A New Viewpoint about Nature of Slag Melts [J]. Steel, 1994, (9): 17-22 (in

Russian) .

[8] Zhang Jian. Calculating Models of Mass Action Concentrations for Several Molten Binary Salts [J]. Acta Metallurgica Sinica, 1997, 33 (5): 515-523.

[9] Zhang Jian. Calculating Models of Mass Action Concentrations for Several Molten Binary Mattes [J]. Chinese Journal of Nonferrous Metals, 1997, 7 (3): 38-42 (in Chinese) .

[10] Zhang Jian. Calculating Thermodynamics of Metallurgical Melts [M]. Beijing: Metallurgical Industry Press, 1998 (in Chinese) .

[11] Nurdberg G Schlackenatlas, Dusseldorf, Verlag Stahleisen, M B H, 1981: 28-79.

[12] Rao D P, Gaskell D R. Thermodynamic Properties of Melts in System MnO-SiO_2 [J]. Met. Trans., 1981, 12B (2): 311-317.

[13] Richardson F D, Jeffes J H, Withers G J. Thermodynamics of Substances of Interest in Iron and Steel Making [J]. J. Iron and Steel Institute, 1950, 166 (3): 213-234.

[14] Taylor C R, Chipman J. Eqilibria of Liquid Iron and Simple Basic and Acid Slags in a Rotating Induction Furnace [J]. Trans. AIME, 1943, 154: 228-247.

[15] Fischer W A, Bardenheuer P W. Die Gleichgewichte Zwis chen Mangan, Silizium-und Sauerstoff-Haltigen Eisenschmelzen und Ihren Shlacken im Mangan (Ⅱ) -Oxydtiegel bei 1530 bis 1700℃ Arch [J]. Eisenhiittenwesen, 1968, 39 (8): 559-570 (in Germany) .

[16] Timucin M J. Activity Composition Relations in $NiAl_2O_4$-$MnAl_2O_4$ Solid Solutions and Stabilities of $NiAl_2O_4$-$MnAl_2O_4$ and $MnAl_2O_4$ at 1300℃ and 1400℃ [J]. J. Am. Ceram. Soc., 1992, 75 (6): 1399-1406.

[17] Mclean A, Ward R G. Thermodynamics of Hercynite Formation [J]. J. Iron and Steel Institute, 1966, 204 (1): 8-11.

[18] Fischer W A, Bardenheuer P W. Die Gleichgewichte Zwischen Mangan-, Aluminium-und Sauer-Stoffhaltigen Eisenschmelzen und Ihren Schlacken im Mangan (Ⅱ) -Oxydtiegel bei 1530 bis 1700℃ [J]. Arch Eisenhuttenwesen, 1968, 39 (9): 637-644 (in Germany) .

[19] Ban-Ya S, Hino M, Yuge N, et al. Activity Measurement of Constituents in FeO-MnO Slag Equilibrated with Iron [J]. Iron and Steel, 1991, 77 (9): 1419-1425 (in Japanese) .

[20] Tsao Ting, Katayama H G, Tanaka A. Phosphorus Distribution between Molten Iron and Slags of System CaO-MgO-FeO-SiO_2 [J]. Iron and Steel, 1986, 72 (2): 225-232 (in Japanese) .

[21] Winkler T B, Chipman J. An Equilibrium Study of Distribution of Phosphorus between Liquid Iron and Basic Slags [J]. Trans. AIME, 1946, 167: 111-133.

[22] Young R W, Duffy J A, Hassall G J, et al. Use of Optical Basicity Concept for Determining Phosphorus and Sulphur Slag-Metal Partitions [J]. Ironmaking and Steelmaking, 1992, 19 (3): 201-219.

[23] Turkdogan E T. Physical Chemistry of High Temperature Technology [M]. New York: Academic Press, 1980.

[24] Yelutin V P, Pavlov Yu A, Levin B Ye, et al. Production of Ferroalloys [M]. Moscow: Metallurgizdat, 1957.

[25] Sims C E. Electric Furnace Steelmaking [J]. N Y: Interscience, 1962, 2: 54.

[26] Rein R H, Chipman J. Activities in Liquid Solution SiO_2-CaO-MgO-Al_2O_3 at 1600℃ [J]. Trans. AIME, 1965, 233: 415-425.

[27] Allibert M, Chatilion C. Mass-Spectrometric and Electrical Studies of Thermodynamic Properties of Liquid and Solid Phases in System CaO-Al_2O_3 [J]. J. Am. Ceram. Soc., 1981, 64 (5): 307-314.

Appendix 1 Standard free energies of salt formation from oxides

Compound	$\Delta G^{\ominus}$ (= $A + BT$)/J · mol^{-1}	Temperature range/K	Reference
$CaO \cdot Fe_2O_3$	$-29726 - 4.815T$	973. 1489	23
$2CaO \cdot Fe_2O_3$	$-53172 - 2.512T$	973-1723	23
$MgO \cdot Fe_2O_3$	$-19259 - 2.0934T$	973-1673	23
$MnO \cdot Fe_2O_3$	$-35726 + 13.138T$	< 1600	6
Fe_3O_4	$-45845.5 + 10.634T$	1644-1870	10
$3CaO \cdot Al_2O_3$	$-17000 - 32.0T$		27
$12CaO \cdot 7Al_2O_3$	$7 \times (-12300 - 29.3T)$		27
$CaO \cdot Al_2O_3$	$-18120 - 18.62T$		27
$CaO \cdot 2Al_2O_3$	$-16400 - 26.8T$		27
$CaO \cdot 6Al_2O_3$	$-17430 - 37.2T$		27
$MgO \cdot Al_2O_3$	$-35530 - 2.09T$		23
$MnO \cdot Al_2O_3$	$-45116 + 11.81T$		16
$FeO \cdot Al_2O_3$	$-33272.8 + 6.1028T$	1823-2023	17
$2CaO \cdot P_2O_5$	$-120427.125 - 290.521T$		10
$3CaO \cdot P_2O_5$	$-694563.125 + 49.897T$		10
$4CaO \cdot P_2O_5$	$-822509.8 + 95.893T$		10
$2MgO \cdot P_2O_5$	$168359.4 - 339.35T$		10
$3MgO \cdot P_2O_5$	$-486715.5 + 36.844T$		10
$3MnO \cdot P_2O_5$	$-526421.411 + 102.049T$		10
$3FeO \cdot P_2O_5$	$-430404 + 92.708T$		10
$4FeO \cdot P_2O_5$	$-381831.469 + 47.367T$		10
$CaO \cdot SiO_2$	$-81416 - 10.498T$	1773-1873	10
$2CaO \cdot SiO_2$	$-160431 + 4.106T$	1773-1873	10
$3CaO \cdot SiO_2$	$-93366 - 23.027T$		25
$MgO \cdot SiO_2$	$-36425 + 1.675T$		24
$2MgO \cdot SiO_2$	$-63220 + 1.884T$		24
$MnO \cdot SiO_2$	$-30013 - 5.02T$	1673-1873	12
$2MnO \cdot SiO_2$	$-86670 + 16.81T$	1673-1873	12
$2FeO \cdot SiO_2$	$-27088.6 + 2.5121T$	1644-1808	13
	$-28596 + 3.349T$	1808-1986	13
$CaO \cdot MgO \cdot SiO_2$	$-124766.6 + 3.768T$	298-1476	23
$CaO \cdot MgO \cdot 2SiO_2$	$-80387 - 51.916T$		26
$2CaO \cdot MgO \cdot 2SiO_2$	$-73688 - 63.639T$		26
$3CaO \cdot MgO \cdot 2SiO_2$	$-315469 + 24.786T$		6
$CaO \cdot Al_2O_3 \cdot 2SiO_2$	$-13816.44 - 55.266T$		26
$2CaO \cdot Al_2O_3 \cdot SiO_2$	$-61964.64 - 60.29T$		26
$3Al_2O_3 \cdot 2SiO_2$	$-4354.27 - 10.467T$		26

二元含化合物金属熔体的热力学性质和混合热力学参数*

摘 要：在金属熔体共存理论的基础上，通过舍弃缔合溶液模型中某些经验参数，从理论上系统地制定了金属熔体混合热力学参数计算公式。

计算结果与实测值极为符合，证明这些公式可以确切地反映本熔体的混合热力学性质。金属熔体混合热力学参数计算公式的制定就使金属熔体的热力学模型获得两个实践检验标准（活度和混合热力学参数）及一个理论检验标准（质量作用定律），从而有力地保证金属熔体的共存理论更严格和真实地反映金属熔体的结构实际。

关键词：质量作用定律；混合热力学参数；共存理论；活度；作用浓度

1 引言

1864 年 Guldberg 和 Waage 提出了质量作用定律，指出化学反应的平衡常数只随温度而改变，而与生成物或反应物的浓度无关。这个定律是进行化学平衡计算的根本规律，它为研究溶液结构提供了广阔的前景和可能性。冶金和化学方面的物理化学专著[1~3]无不将这个定律当作重要内容进行论证和阐述。通过将质量作用定律：（1）与金属熔体中原子和分子共存的实际相结合形成了金属熔体的共存理论[4]；（2）与炉渣熔体中离子和分子共存的实际相结合形成了炉渣熔体的共存理论[5, 6]；（3）与熔盐和熔锍中正负离子未分开的实际相结合形成了该两熔体的正负离子未分开模型[7,8]；（4）与某些有机溶液中物质全部为分子的实际相结合形成它们的全分子模型，从而成功地解决了多种冶金熔体和溶液中形成化合物时的作用浓度（或活度）、平衡常数和 $\Delta G^{\ominus}$ 的计算问题[9, 10]。但如何将质量作用定律与以上的实际相结合来准确地解决多种混合热力学参数 ΔG^{m}、ΔG^{XS}、ΔH^{m}、ΔS^{XS} 和 ΔS^{XS} 的计算还有大量复杂的问题亟待解决。一些学者如 Sommer F，Zaitsev A. I 及 Wasai K 和 Mukai K 已经用缔合溶液模型[11~13]在这方面做了可贵的工作可供本研究借鉴。缔合溶液模型与金属熔体共存理论的共同点是两者均认为金属熔体中存在有原子和短程有序原子团或分子；其不同点在于：（1）缔合溶液模型多假定少数化合物以处理问题为共同特点；而共存理论则以相图和其他物理参数为依据来确定熔体的结构单元为出发点，因而所确定的化合物可以反映熔体的实际结构；（2）缔合溶液模型仍用活度系数，而共存理论由于采用符合质量作用定律的作用浓度，计算结果能很好地符合实际，所以不用活度系数。

鉴于以上原因，前述学者的方法是否适用于共存理论的场合，是需要进行研究的。本文的目的即在前人经验的基础上以 Fe-Al、Mn-Al 和 Ni-Al 熔体为例将质量作用定律与金属熔体的共存理论相结合来解决二元含化合物金属熔体混合热力学参数的计算问题。

* 原文发表于《安徽工业大学学报》，2003，20（4）：1~6。

2 Fe-Al 熔体

在文献［4，9］中对含化合物金属熔体的共存理论进行了详尽论证，其主要观点为：

（1）含化合物金属熔体由原子和分子组成。

（2）原子和分子之间进行着动平衡反应，如：

$$xA+yB = A_xB_y$$

（3）金属熔体内部的化学反应服从质量作用定律。

根据这些观点可将 Fe-Al 熔体的作用浓度计算模型制定如下。

根据相图[14]，本二元系中有可能生成 Fe_3Al、FeAl、$FeAl_2$、Fe_2Al_5、$FeAl_3$ 和$FeAl_6$ 6 个化合物。但经制定不同模型检验后，发现只有考虑 Fe_3Al 、FeAl 、$FeAl_2$、Fe_2Al_5 和 $FeAl_6$ 5 个化合物的方案最符合实际。所以本熔体的结构单元为 Fe 、Al 原子及 Fe_3Al 、FeAl 、$FeAl_2$、Fe_2Al_5 和 $FeAl_6$ 化合物。设熔体成分为 $a=\sum x_{Al}$，$b=\sum x_{Fe}$；归一后的作用浓度为 $N_1=N_{Fe}$，$N_2=N_{Al}$，$N_3=N_{FeAl}$，$N_5=N_{FeAl_3}$，$N_6=N_{Fe_2Al_5}$，$N_7=N_{FeAl_6}$；$\sum x=$ 平衡总摩尔分数，按照多次公布的推导方法，遵循质量作用定律[4, 10]，则有

化学平衡：

$$3Fe_{(1)}+Al_{(1)} = Fe_3Al_{(1)} \qquad K_1=\frac{N_3}{N_1^3N_2} \qquad N_3=K_1N_1^3N_2 \tag{1}$$

$$Fe_{(1)}+Al_{(1)} = FeAl_{(1)} \qquad K_2=\frac{N_4}{N_1N_2} \qquad N_4=K_2N_1N_2 \tag{2}$$

$$Fe_{(1)}+2Al_{(1)} = FeAl_{2(1)} \qquad K_3=\frac{N_5}{N_1N_2^2} \qquad N_5=K_3N_1N_2^2 \tag{3}$$

$$2Fe_{(1)}+5Al_{(1)} = Fe_2Al_{5(1)} \qquad K_4=\frac{N_6}{N_1^2N_2^5} \qquad N_6=K_4N_1^2N_2^5 \tag{4}$$

$$Fe_{(1)}+6Al_{(1)} = FeAl_{6(1)} \qquad K_5=\frac{N_7}{N_1N_2^6} \qquad N_7=K_5N_1N_2^6 \tag{5}$$

经过作质量平衡后得：

$$N_1+N_2+K_1N_1^3N_2+K_2N_1N_2+K_3N_1N_2^2+K_4N_1^2N_2^5+K_5N_1N_2^6-1=0 \tag{6}$$

$$aN_1-bN_2+(3a-b)K_1N_1^3N_2+(a-b)K_2N_1N_2+(a-2b)K_3N_1N_2^2+ (2a-5b)K_4N_1^2N_2^5+(a-6b)K_5N_1N_2^6=0 \tag{7}$$

$$1-(a+1)N_1-(1-b)N_2=K_1(3a-b+1)N_1^3N_2+K_2(a-b+1)N_1N_2+ K_3(a-2b+1)N_1N_2^2+K_4(2a-5b+1)N_1^2N_2^5+ K_5(a-6b+1)N_1N_2^6 \tag{8}$$

式（6）~式（8）即为本熔体的作用浓度计算模型，其中式（6）和式（7）用以计算作用浓度，式（8）用以在已知活度（$N_1=a_{Fe}$，$N_2=a_{Al}$）的条件下回归不同化合物的平衡常数 K_i 和计算 $\Delta G^{\ominus}$。

舍弃文献［11，12］中混合自由能公式 ΔG^m 内含活度系数的 $n_v\ln\gamma_V$ 或 Δ_fG^{ex} 项后得 1mol Fe-Al 熔体混合自由能的表达式为：

$$\Delta G^m=\sum x[N_3\Delta G^{\ominus}_{Fe_3Al}+N_4\Delta G^{\ominus}_{FeAl}+N_5\Delta G^{\ominus}_{FeAl_3}+N_6\Delta G^{\ominus}_{Fe_2Al_5}+N_7G^{\ominus}_{FeAl_6}+$$

$$RT(N_1\ln N_1 + N_2\ln N_2 + N_3\ln N_3 + N_4\ln N_4 + N_5\ln N_5 + N_6\ln N_6 + N_7\ln N_7)] \quad (9)$$

从混合自由能中减去理想混合自由能后得过剩自由能为[15]：

$$\Delta G^{XS} = \Delta G^{m} - RT(a\ln a + b\ln b) \quad (10)$$

根据文献［13］关于混合热焓 ΔH^{m} 全部来源于缔合分子的生成反应的论断，得 1mol 本熔体混合热焓的表达式为：

$$\Delta H^{m} = \sum x[N_3\Delta H^{\ominus}_{Fe_3Al} + N_4\Delta H^{\ominus}_{FeAl} + N_5\Delta H^{\ominus}_{FeAl_2} + N_6\Delta H^{\ominus}_{Fe_2Al_5} + N_7\Delta H^{\ominus}_{FeAl_6}] \quad (11)$$

由此得：

$$\Delta S^{\ominus} = \frac{\Delta H^{\ominus} - \Delta G^{\ominus}}{T} \quad (12)$$

进一步，参照文献［11］，得 1mol 本熔体混合熵的表达式为：

$$\Delta S^{m} = \sum x[N_3\Delta S^{\ominus}_{Fe_3Al} + N_4\Delta S^{\ominus}_{FeAl} + N_5\Delta S^{\ominus}_{FeAl} + N_6\Delta S^{\ominus}_{Fe_2Al_5} + N_7\Delta S^{\ominus}_{FeAl_6} -$$
$$R(N_1\ln N_1 + N_2\ln N_2 + N_3\ln N_3 + N_4\ln N_4 + N_5\ln N_5 + N_6\ln N_6 + N_7\ln N_7)] \quad (13)$$

从混合熵中减去理想混合熵后得过剩熵为：

$$S^{XS} = \Delta S^{m} - (a\ln a + b\ln b) \quad (14)$$

以上式（9）~式（14）即为本熔体的混合热力学参数计算公式。有了式（6）~式（14），就可以全面地研究一个熔体的热力学性质和混合热力学参数。

利用文献［14］中 1873K 下 Fe-Al 熔体的实测活度和混合热力学参数代入式（6）~式（14）计算得生成各化合物的 K、$\Delta G^{\ominus}$、$\Delta H^{\ominus}$ 和 $\Delta S^{\ominus}$ 如表 1 所示。

表 1　1873K 下 Fe-Al 熔体生成各化合物的 K、$\Delta G^{\ominus}$、$\Delta H^{\ominus}$ 和 $\Delta S^{\ominus}$

化合物	Fe_3Al	FeAl	$FeAl_2$	Fe_2Al_5	$FeAl_6$	$F(R)$
K	7.4932	8.3040	7.1663	172.3765	24.9853	57857.21
$\Delta G^{\ominus}$ /J · mol^{-1}	− 31381.7	− 32982.6	− 30686.65	− 80241.34	− 50146.74	(0.99997)
$\Delta H^{\ominus}$ /J · mol^{-1}	− 73874.76	− 58078.64	− 68002.85	− 227811.1	− 120244.2	185147.8
$\Delta S^{\ominus}$ /J · (mol · K)$^{-1}$	− 22.6872	− 13.3988	− 19.9232	− 78.7879	− 37.4252	(0.99999)

用式（6）~式（8）计算得作用浓度与实测活度对比如图 1 所示。用式（9）~式（14）计算得各混合热力学参数与实测值对比如图 2 所示。从两图看出，不仅计算的作用浓度与实测活度符合甚好，而且计算的全部混合热力学参数与相应的实测值也非常一致；与此同时，计算过程和所得热力学性质还严格地服从质量作用定律。这样就使本熔体的热力学模型获得两个实践检验标准（活度和混合热力学参数）及一个理论检验标准（质量作用定律），从而可使本熔体的两个模型建立在精确和牢靠的基础上，并有力地保证金属熔体的共存理论能更严格和真实地反映金属熔体的结构实际和混合热力学特性。

3　Mn-Al 熔体

根据文献［14］，本二元系中的化合物有 MnAl、Mn_4Al_{11}、$MnAl_4$ 和 $MnAl_6$，均系包晶体；另外还有全成分范围内熔点最高（1588K）的一点相当于 Mn_4Al。经用多种方案比较后，发现考虑 Mn_4Al、MnAl 和 $MnAl_4$ 三种化合物的方案最符合实际。所以本熔体的结构

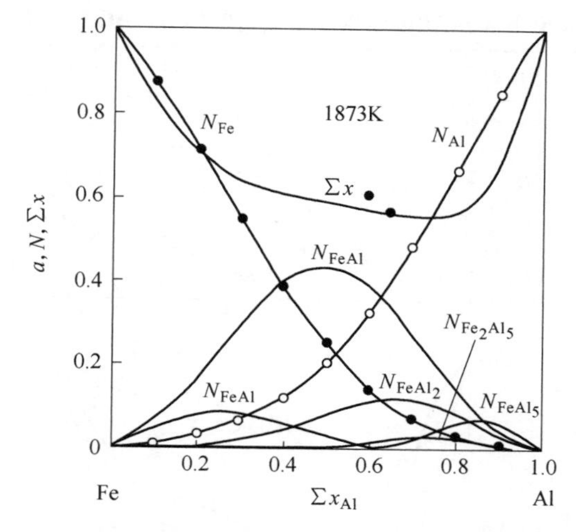

图 1　1873K 下 Fe-Al 熔体计算的作用浓度 N（—）与实测活度 a（●○）的对比

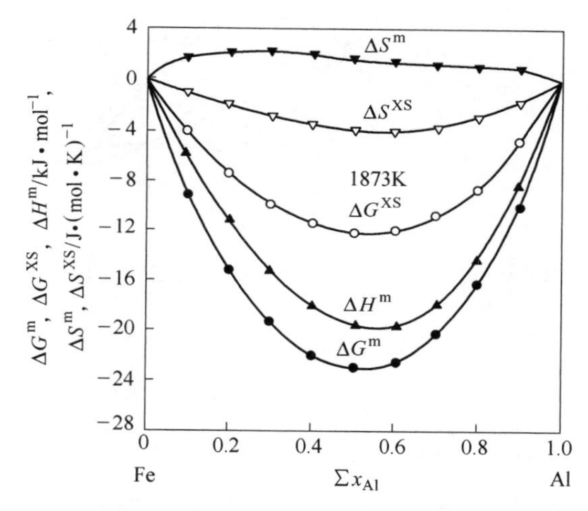

图 2　1873K 下 Fe-Al 熔体计算的混合热力学参数（—）与实测值（●○▲▼▽）的对比

单元为 Mn、Al 原子及 Mn_4Al、MnAl 和 $MnAl_4$ 化合物。设熔体成分为 $a = \sum x_{Al}$，$b = \sum x_{Mn}$；归一后的作用浓度为 $N_1 = N_{Mn}$，$N_2 = N_{Al}$，$N_3 = N_{Mn_4Al}$，$N_4 = N_{MnAl}$，$N_5 = N_{MnAl_4}$；$\sum x$ = 平衡总摩尔分数。

利用文献［14］中 1600K 下 Mn-Al 熔体的实测活度和混合热力学参数按照与前节同样的方法计算得生成各化合物的 K、$\Delta G^{\ominus}$、$\Delta H^{\ominus}$ 和 $\Delta S^{\ominus}$ 如表 2 所示。经计算得 1600K 下 Mn-Al 熔体的作用浓度与实测活度对比如图 3 所示。同时计算得混合热力学参数与实测值对比如图 4 所示。同样可以看出，不仅计算的作用浓度与实测活度符合甚好，而且计算的全部混合热力学参数与相应的实测值也极为一致，与此同时本熔体的热力学性质也严格地服从质量作用定律，从而证明本模型可以确切地反映 Mn-Al 熔体的结构实际和混合热力学特性。

表 2　1600K 下 Mn-Al 熔体生成各化合物的 K、$\Delta G^{\ominus}$、$\Delta H^{\ominus}$ 和 $\Delta S^{\ominus}$

化合物	Mn_4Al	MnAl	$MnAl_4$	$F(R)$
K	253.0709	5.954652	4.962778	229.96
$\Delta G^{\ominus}$ /J · mol^{-1}	−73656.88	−23748.54	−21324.24	(0.9879)
$\Delta H^{\ominus}$ /J · mol^{-1}	−46331.42	−67269.84	−88456.88	6946.807
$\Delta S^{\ominus}$ /J · (mol · K)$^{-1}$	17.0784	−27.2008	−41.9579	(0.99959)

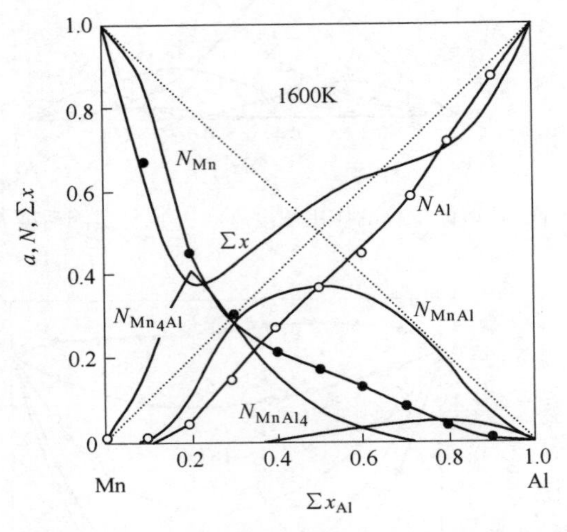

图 3　1600K 下 Mn-Al 熔体计算的作用浓度 N（—）与实测活度 a（●○）的对比

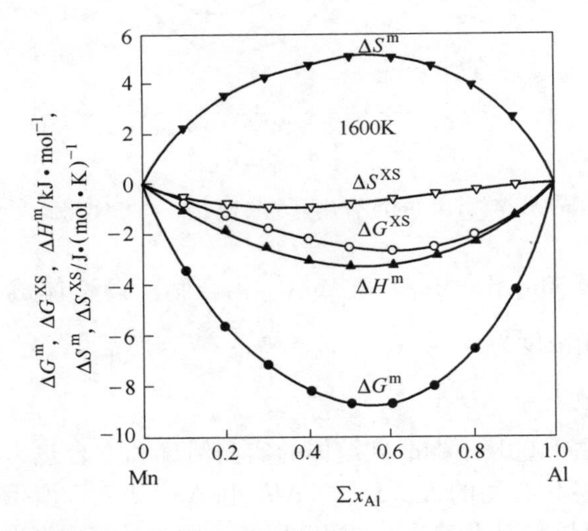

图 4　1600K 下 Mn-Al 熔体计算的混合热力学参数（—）与实测值（●○▲▼▽）的对比

4　Ni-Al 熔体

根据相图[14]，本二元系有 Ni_3Al、Ni_5Al_3、NiAl、Ni_2Al_3 和 $NiAl_3$ 化合物 5 个化合物生

成，除 NiAl 有固液相同成分熔点外，其余均为包晶体，因此其结构单元为 Ni、Al 原子及 Ni_3Al、Ni_5Al_3、NiAl、Ni_2Al_3 和$NiAl_3$ 化合物。设熔体成分为 $b=\sum x_{Ni}$，$a=\sum x_{Al}$；归一后的作用浓度为 $N_1=N_{Ni}$，$N_2=N_{Al}$，$N_3=N_{Ni_3Al}$，$N_4=N_{Ni_5Al_3}$，$N_5=N_{NiAl}$，$N_6=N_{Ni_2Al_3}$，$N_7=N_{NiAl_3}$；$\sum x$ = 平衡总摩尔分数。

利用文献［14］中 1873K 下 Ni-Al 熔体的实测活度和混合热力学参数按照与前节同样的方法计算得生成各化合物的 K、$\Delta G^{\ominus}$、$\Delta H^{\ominus}$和 $\Delta S^{\ominus}$如表 3 所示。经计算得 1873K 下 Ni-Al 熔体的作用浓度与实测活度对比如图 5 所示。同时计算得混合热力学参数与实测值对比如图 6 所示。从两图第三次看到，不但本熔体计算的作用浓度与实测活度非常符合，而且计算的混合热力学参数与实测值也十分吻合，同时这种符合是在严格遵守质量作用定律的条件下取得的，因而证明上述模型可以真实地反映本熔体的结构实际和混合热力学特性。

表 3　1873K 下 Ni-Al 熔体生成各化合物的 K、$\Delta G^{\ominus}$、$\Delta H^{\ominus}$和 $\Delta S^{\ominus}$

化合物	Ni_3Al	Ni_5Al_3	NiAl	Ni_2Al_3	$NiAl_3$	$F(R)$
K	607.62	5606723	199.2221	44206.13	409.32	10787.8
$\Delta G^{\ominus}$ /J·mol^{-1}	−99867.21	−242120.63	−82492.38	−166664.05	−93711.9	(0.99986)
$\Delta H^{\ominus}$ /J·mol^{-1}	−178495.5	−860810.4	−102964.5	−325642.3	−156853.9	2768.177
$\Delta S^{\ominus}$ /J·(mol·K)$^{-1}$	−41.9799	−330.3202	−10.9301	−84.8789	−33.7117	(0.99999)

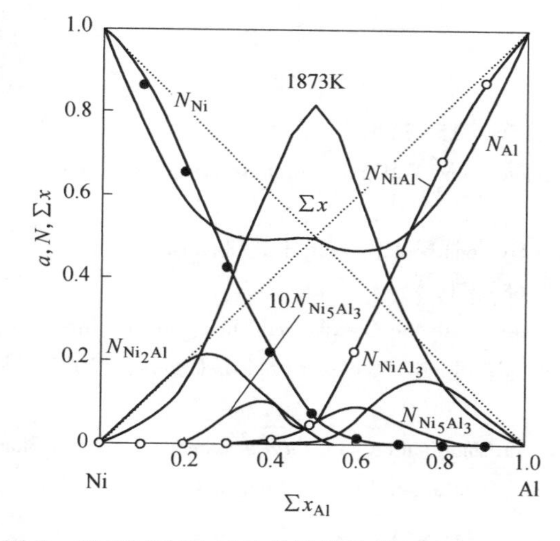

图 5　1873K 下 Ni-Al 熔体计算的作用浓度 N（—）与实测活度 a（●○）的对比

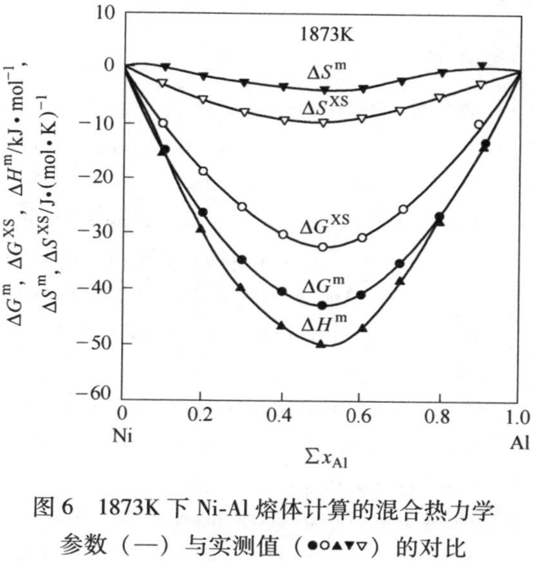

图 6　1873K 下 Ni-Al 熔体计算的混合热力学参数（—）与实测值（●○▲▼▽）的对比

从以上三例看出，将缔合溶液模型中计算混合热力学参数的公式加以改造，是可以适应金属熔体共存理论的应用条件的，而且改造后的公式，由于舍弃了经验参数，更为明晰、科学和具有规律性，因而便于记忆，有利于加强人们对金属熔体结构的认识：如混合自由能 ΔG^{m} 由各化合物标准生成自由能 $\sum_{3}^{i} N_i \Delta G_i^{\ominus}$ 和平衡时各结构单元的化学势

$RT\sum_{1}^{i} N_j \ln N_j$ 构成；混合热焓 ΔH^m 由各化合物标准生成热焓 $\sum_{3}^{i} N_i \Delta H_i^\ominus$ 组成；混合熵 ΔS^m 由各化合物标准熵 $\sum_{3}^{i} N_i \Delta S_i^\ominus$ 和平衡时各结构单元的组态熵 $-R\sum_{1}^{j} N_j \ln N_j$ 构成；其所以舍弃经验参数后取得如此优异的效果，是由于在金属熔体的共存理论中采用了符合质量作用定律的作用浓度的概念，因而，可以不用活度系数，从而就使缔合溶液模型中某些经验参数丧失了存在的必要性。所以，利用金属熔体的共存理论计算混合热力学参数有利于将其建立在可靠的理论基础上。

5　结论

（1）在金属熔体共存理论的基础上通过舍弃缔合溶液模型中某些经验参数从理论上系统地制定了金属熔体混合热力学参数计算公式。计算结果与实测值极为符合，证明这些公式可以确切地反映本熔体的混合热力学特性。

（2）混合自由能由各化合物标准生成自由能和平衡时各结构单元的化学势构成；混合热焓由各化合物标准生成热焓组成；混合熵由各化合物标准熵和平衡时各结构单元的组态熵构成。

（3）金属熔体混合热力学参数计算公式的制定就使金属熔体的热力学模型获得了两个实践检验标准（活度和混合热力学参数）及一个理论检验标准（质量作用定律），从而可以有力地保证金属熔体的共存理论更严格和真实地反映金属熔体的结构实际和混合热力学特性。

参考文献

[1] 黄子卿．物理化学［M］．北京：高等教育出版社，1956：215~220.

[2] Progogine I, Defay R. Chemical Thermodynamics, London, New York and Toronto: Longmans Green and Co. Ltd., 1954: 83, 90, 106.

[3] Rossini F D. Chemical Thermodynamic Equilibria among Hydrocarbons in "Physical Chemistry of the Hydrocarbons" [Z]. NY: Academic Press Inc., 1950, V1: 368~370.

[4] Zhang Jian. Applicability of Mass Action Law in Combination with the Coexistence Theory of Metallic Melts Involving Compound to Binary Metallic Melts [J]. Acta Metallurgica Sinica (English Letters), 2002, 15 (4): 353~362.

[5] Zhang Jian. The Applicability of the Law of Mass Action in Combination with the Coexistence Theory of Slag Structure to the Multi-component Slag Systems [J]. Acta Metallurgica Sinica (English Letters), 2001, 14 (3): 177~190.

[6] Zhang Jian. Coexistence Theory of Slag Structure and Its Application to Calculation of Oxidizing Capability of Slag melts [J]. J. Iron and Steel Research International, 2003, 10 (1): 1~9.

[7] 张鉴．几种二元熔盐作用浓度计算模型初探［J］．金属学报，1997，33（5）：515~523.

[8] 张鉴．熔锍作用浓度计算模型的初探［J］．中国有色金属学报，1997，7（3）：38~42.

[9] 张鉴．冶金熔体的计算热力学［M］．北京：冶金工业出版社，1998.

[10] Zhang Jian, Wang Ping. The Widespread Applicability of the Mass Action Law to Metallurgical Melts and Organic Solutions [J]. Calphad, 2001, 25 (3): 343~354.

[11] Sommer F. Association Model for the Description of the Thermodynamic Functions of Liquid Alloys [J]. Z.

Metallkde, 1982, 73 (2): 72~76.

[12] Zaitsev A I, Dobrokhotova Zh V, Litvina A D, Mogutnov B M. Thermodynamic Properties and Phase Equilibria in the Fe-P System [M]. J. Chem. Soc. Faraday Trans., 1995, 91 (4): 703~712.

[13] Wasai K, Mukai K. Application of the Ideal Associated Solution Model on Description of Thermodynamic Properties of Several Binary Liquid Alloys [J]. Japan Inst. Metals, 1981, 45 (6): 593~602.

[14] Desai P D. Thermodynamic Properties of Selected Binary Aluminium Alloy Systems [J]. Phys. Chem. Ref. Data, 1987, 16 (1): 109~124.

[15] Gaskell D R. Introduction to Metallurgical Thermodynamics, second edition [M]. New York: McGraw-Hill Book Company, 1981: 362.

兼并规律在研究二三元金属熔体热力学性质上的应用*

摘　要：对少数不能完全借助相图确定其结构单元的二元金属熔体的热力学性质进行研究后，发现其结构单元可用两类溶液间的兼并规律来确定；对三元金属熔体而言，其大部分由均相和两相溶液构成，均相溶液的活度对拉乌尔定律表现负偏差，两相溶液的活度大部分显正偏差，少部分显负偏差，最后的三元金属熔体为什么结构也是一个需要靠兼并规律回答的问题。根据兼并规律制定了二元和三元金属熔体作用浓度计算模型。计算结果符合实际，证明兼并规律是确定一些二元和大部分三元金属熔体结构单元的可靠基础。

关键词：金属熔体；兼并；活度；作用浓度

1　引言

在文献［1］中，已经讨论了二元金属熔体热力学性质按相图的分类，指出：含化合物和含包晶体的金属熔体为均相溶液；含共晶体的金属熔体为两相溶液。最近又研究了含偏晶体二元金属熔体的作用浓度计算模型[2]，它们也属于两相溶液。设熔体两组元1和2的摩尔分数各为 $b=\sum x_1$，$a=\sum x_2$；组元1和2的作用浓度各为 N_1 和 N_2，化合物或亚稳态化合物的作用浓度为 $N_i=K_iN_1^xN_2^y$（K_i 为平衡常数）。则含化合物或含包晶体的二元金属熔体作用浓度计算模型可表示为：

$$xA_{(1)}+yB_{(1)}=\!=\!=A_xB_{y(1)}\qquad K_i=N_i/N_1^xN_2^y\qquad N_i=K_iN_1^xN_2^y \tag{1}$$

$$N_1+N_2+\sum_1^i K_iN_1^xN_2^y-1=0 \tag{2}$$

$$aN_1-bN_2+\sum_1^i K_i(xa-yb)N_1^xN_2^y=0 \tag{3}$$

$$1-(a+1)N_i-(1-b)N_2=\sum_1^i K_i(xa-yb+1)N_1^xN_2^y \tag{4}$$

此种模型的特点为：(1) 一般，其结构单元可用相关的相图来确定。(2) 计算的作用浓度不仅遵守质量作用定律，而且服从拉乌尔定律，因此，$\sum N_i=1$，相关的金属熔体为均相或单相结构，上述模型为均相或单相模型。所以它仅适用于活度对拉乌尔定律产生负偏差的情况。(3) 均相熔体内的化合物比较稳定，不会引起溶液的相分离。

含共晶体或含偏晶体二元金属熔体的作用浓度计算模型可表示为：

$$xA_{(1)}+yB_{(1)}=\!=\!=A_xB_{y(1)}\qquad K_i=N_i/N_1^xN_2^y\qquad N_i=K_iN_1^xN_2^y$$

$$N_1+x\sum_1^i K_iN_1^xN_2^y/b=1\ ,\ N_2+y\sum_1^i K_iN_1^xN_2^y/a=1 \tag{5}$$

* 原文发表于《中国稀土学报》，2004，22（专辑）：15~24。

$$ab(2-N_1-N_2)=\sum_1^i K_i(xa+yb)N_1^x N_2^y \tag{6}$$

其特点是：（1）其结构单元可用该熔体的热力学参数和活度的表现来确定：当其混合自由能 ΔG^{m} 有最小值，过剩自由能 ΔG^{xs} 有最大值或最小值，而且绝大部分位于 $\sum x_a=0.5$ 的地方，或者其活度对拉乌尔定律显示对称性偏差时，则熔体中会产生 AB（$x=y=1$）型亚稳态化合物，否则，会产生 A_xB_y（$x\neq y$）型，或 $AB+A_xB_y$ 型亚稳态化合物。（2）计算的作用浓度遵守质量作用定律，但不服从拉乌尔定律。熔体中会形成两个溶液 A+AB 和 B+AB 或 $A+A_xB_y$ 和 $B+A_xB_y$ 或 $A+AB+A_xB_y$ 和 $B+AB+A_xB_y$，因此熔体为两相结构，相应的计算模型为两相模型。所以，此种模型既可用于活度对拉乌尔定律产生负偏差（$\sum N_i=1$）的条件，又可用于活度表现正偏差（$\sum N_i>1$）的场合。（3）两相熔体内的亚稳态化合物极不稳定，极易引起溶液的相分离。

参照相图和上述文章[1,2]一般情况下确定绝大部分二元金属熔体的结构单元已无多大问题。但对少数二元金属熔体中两类溶液共存的情况而言，根据相图直接确定结构单元，还有一定困难，如 Fe-Ti、Hg-Tl、Mg-Sn、Mg-Si、Au-Bi、K-Na、Cd-In、Ag-Sn 等二元金属熔体就是。以 Mg-Sn 熔体为例，相图中指明只生成了一个化合物 Mg_2Sn，但据此制定作用浓度计算模型后却得不到符合实际的结果，上述其余二元熔体也有类似的情况。

对三元金属熔体而言，其大部分由均相和两相溶液构成，均相溶液的活度对拉乌尔定律表现负偏差，两相溶液的活度大部分显正偏差，少部分显负偏差，最后的三元金属熔体为什么结构也是一个需要靠兼并规律回答的问题。如果说二元金属熔体中，兼并现象为少数的话，对三元金属熔体而言，两类溶液共存而造成兼并的实例却是屡见不鲜的。本文的目的即在研究解决此类热力学问题的途径和规律。

2 二元金属熔体

2.1 含化合物的均相溶液与含共晶体的两相溶液共存

此类有 Fe-Ti、Hg-Tl、Mg-Sn、Mg-Si 等二元熔体，兹举 Fe-Ti 和 Mg-Si 二例讨论如下。

2.1.1 Fe-Ti 熔体

Fe-Ti 二元系的相图如图 1 所示[3]。图中表明本熔体中只有 FeTi 和 Fe_2Ti 两个化合物生成，前者为包晶体，后者为具有固液相同成分熔点的化合物。但如在文献［4］中已经讨论过的，仅依据相图中指定的化合物制定模型，所得结果与实际相距甚远，只有同时考虑 Fe_2Ti、FeTi 和 $FeTi_2$ 的条件下制定的模型才符合实际。这是为什么呢？其所以发生这种事情，是由于含化合物的均相溶液和含共晶体的两相溶液共存时产生了最终溶液为均相还是两相的问题，即兼并问题，结果起主导作用的前者兼并了后者，使后者也变成均相溶液，而 FeTi 与 Ti 共晶所产生的亚稳态化合物 $FeTi_2$ 本应存在于两相溶液中，现在也归并于新生的均相溶液中，这就是问题的真相所在，这就是在 Fe-Ti 熔体中必然产生相图中看不见的亚稳态化合物 $FeTi_2$ 的原因。由此决定了本熔体的结构单元为 Fe、Ti 原子及 Fe_2Ti、FeTi 和 $FeTi_2$ 化合物。

由于兼并后形成了均相熔体，因此，可采用前述的均相模型（2）~（4）计算其热力学

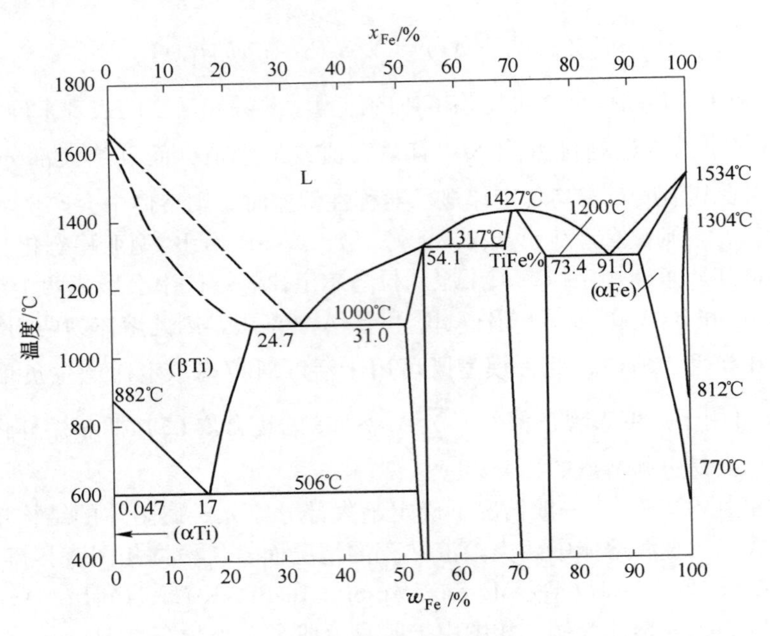

图 1　Fe-Ti 系相图

性质。利用文献［5］的实测活度代入式（4）回归后得 1873K 下的平衡常数和热力学数据各为：K_{Fe_2Ti} = 37.1471($\Delta G^{\ominus}$ = −56323.54J/mol)，K_{FeTi} =2.1347($\Delta G^{\ominus}$ =− 11815.48J/mol)，K_{FeTi_2} = 21.7354($\Delta G^{\ominus}$ =− 47973J/mol)。将其代入式（2）和式（3）计算后得作用浓度与实测活度对比如图 2 所示。从图中看出，计算与实测值是符合得相当好的，证明所确定的结构单元和制定的作用浓度计算模型可以反映本熔体的结构实际，同时也证明熔体中的确进行了在相图中看不到的含化合物均相熔体兼并含共晶体两相熔体的过程，从而导致了 $FeTi_2$ 的产生。

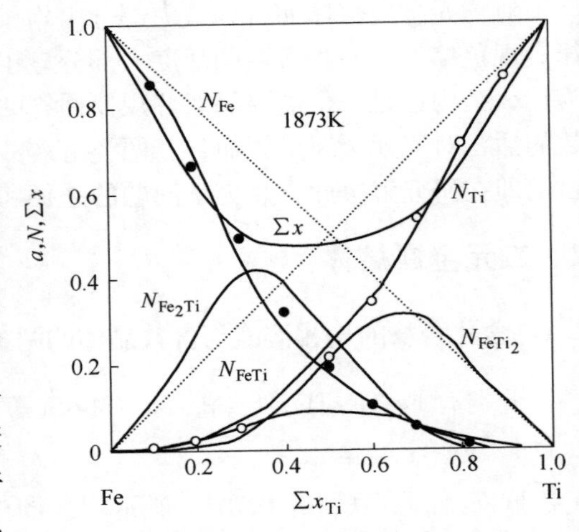

图 2　1873K 下 Fe-Ti 熔体计算作用浓度 N（—）与实测活度 a（•○）的对比

2.1.2　Mg-Si 熔体

根据相图[3]，Mg-Si 二元系只有一个化合物 Mg_2Si 生成，且具有固液相同成分熔点。因此，按照通常的作法，本熔体的结构单元应为 Mg、Si 原子和 Mg_2Si 化合物。但这样做的结果是计算的作用浓度脱离实际甚远。只有同时考虑 Mg_2Si 和 MgSi 才能达到理论与实践的统一，这同样是由于含化合物的均相熔体与含共晶体（Mg_2Si+Si）的两相熔体共存时，发生了前者兼并后者的过程，结果导致了 MgSi 亚稳态化合物的产生。因此本熔体的结构单元为 Mg、Si 原子及 Mg_2Si 和 MgSi 化合物。同样，由于兼并后形成了均相熔体，可用前述均相模型（2）~（4）处理其热力学性质。将文献［6］中 1350K 下的实测活度代入式（4）进行回归后得平衡常数和标准吉布斯自由能如下：$K_1 = 11.3768(\Delta G^{\ominus} = -27307.37\text{J/mol})$；$K_2 = 5.07387(\Delta G^{\ominus} = -18239\text{J/mol})$（$R = 0.99327$，$F = 662.2$）。将其代入式（2）和式（3）计算得作用浓度与实测活度对比如图 3 所示。计算与实测值符合的情况，证明所确定的结构单元和上述模型的确能够反映本熔体的结构实际，兼并规律对解决本熔体的模型制定确实起着极为重要的作用。

通过以上两个实例看出，含化合物均相溶液与含共晶体两相溶液共存时，其兼并的规律是：稳定性较大的含化合物均相溶液兼并稳定性较弱的含共晶体两相溶液，结果形成均相溶液，而两相溶液中形成的亚稳态化合物，则会归并入均相溶液中。

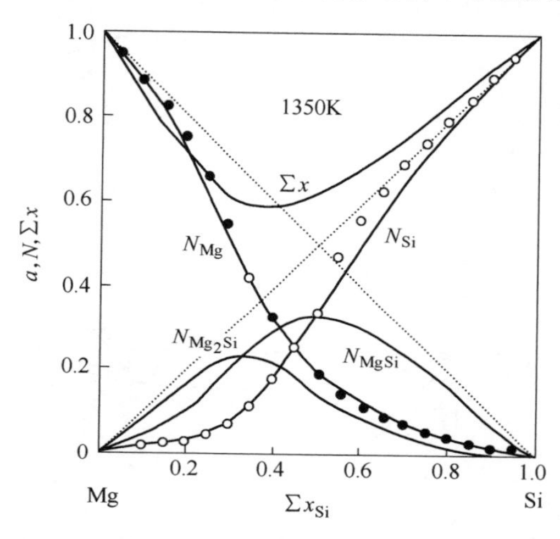

图 3　1350K 下 Mg-Si 熔体计算作用浓度 N(—) 与实测活度 a(●○) 的对比

2.2　含包晶体的均相溶液与含共晶体的两相溶液共存

2.2.1　含包晶体的均相溶液兼并含共晶体两相溶液

以 Au-Bi 熔体为例[3]，如图 4 所示，本二元系中只生成一个包晶体 Au_2Bi，并对是否生成 AuBi 还打了个问号（?）。但如文献［4］已讨论过的，仅按生成 Au_2Bi 制定作用浓度计算模型，却无法求得符合实际的结果。只有同时考虑 Au_2Bi 和 AuBi 的条件下才能作到理论与实践的统一。其原因也是含包晶体的均相溶液兼并含共晶体（Au_2Bi+Bi）的两相溶液，使原来两相溶液中的 AuBi 并入均相溶液所致。由于其计算模型与式（2）~式（4）完全相同，已无必要再进行推导。在 973K 下根据文献［7］的实测活度用式（4）回归得平衡常数和 $\Delta G^{\ominus}$ 分别为 $K_{Au_2Bi} = 0.032915(\Delta G^{\ominus} = 27632\text{J/mol})$，$K_{AuBi} = 0.34191(\Delta G^{\ominus} = 8687\text{J/mol})$，将其代入式（2）和式（3）计算得作用浓度与实测活度对比如图 5 所示。图中计算与实测值良好的符合程度，表明所确定的结构单元和制定的作用浓度计算模型能够反映本熔体的结构特点。这里的兼并规律是：含包晶体的均相溶液兼并含共晶体的两相溶液，形成均相溶液，原来两相溶液中的亚稳态化合物 AuBi 则会归并入均相溶液。

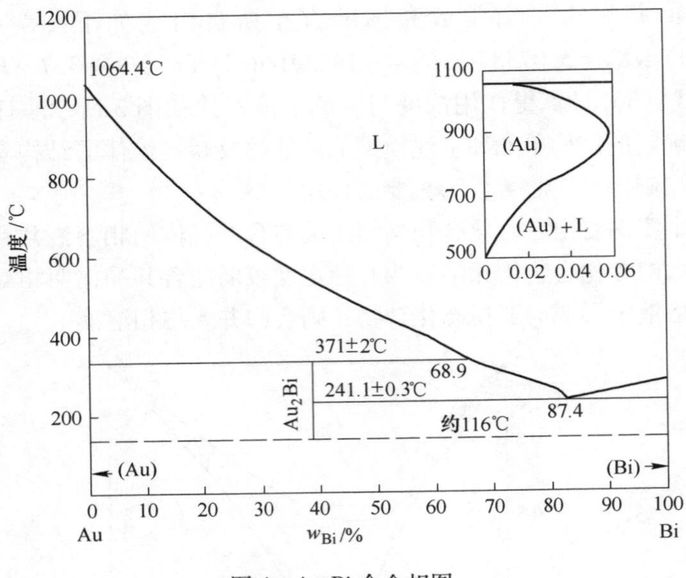

图 4　Au-Bi 合金相图

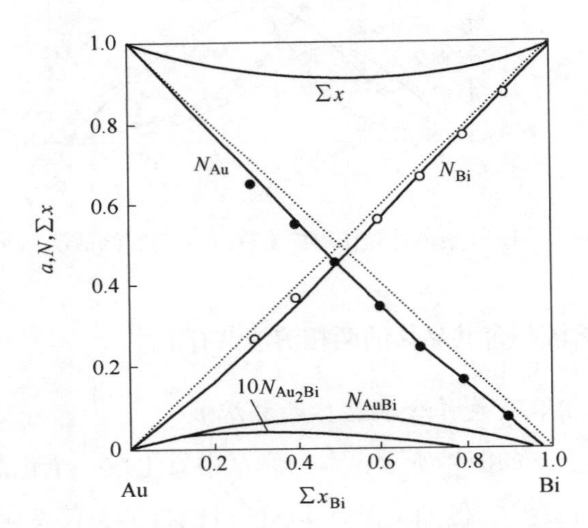

图 5　973K 下 Au-Bi 熔体计算作用浓度 N（—）与实测活度 a（●○）的对比

2.2.2　含共晶体两相溶液兼并含包晶体的均相溶液

以 Cd-In 熔体为例，根据相图[3]，本二元系中只生成一个包晶体 Cd_3In。但以 Cd、In 原子和 Cd_3In 为结构单元，制定均相的作用浓度计算模型，同样未能取得符合实际的结果。按照前述的兼并规律，考虑 Cd_3In+In 共晶体形成的亚稳态化合物 CdIn，并按两相熔液处理后，使问题顺利解决。由此确定本熔体的结构单元为 Cd、In 原子及 Cd_3In 和 CdIn 化合物，并形成 Cd + Cd_3In + CdIn 和 In + Cd_3In + CdIn 两个溶液。

由于兼并后形成了两相熔体，可用前述两相模型式（5）和式（6）处理其热力学性质。用文献［7］中 800K 的实测活度代入式（6）回归后得 K_{Cd_3In} = 0.0054426($\Delta G^{\ominus}$ = 34695.8J/mol)，K_{CdIn} = 0.591824($\Delta G^{\ominus}$ = 3490.85J/mol)，将其代入式（5）计算得作用浓

度与实测活度对比如图 6 所示。图中计算与实测值的良好符合程度，证明所确定的结构单元和制定的作用浓度计算模型可以反映本熔体的结构实际。

本例中的兼并规律是：包晶体的均相溶液与含共晶体两相溶液共存时，后者兼并前者，结果形成新的两相溶液，而原均相溶液中的包晶体多数归并入两相溶液，少数则不复存在。

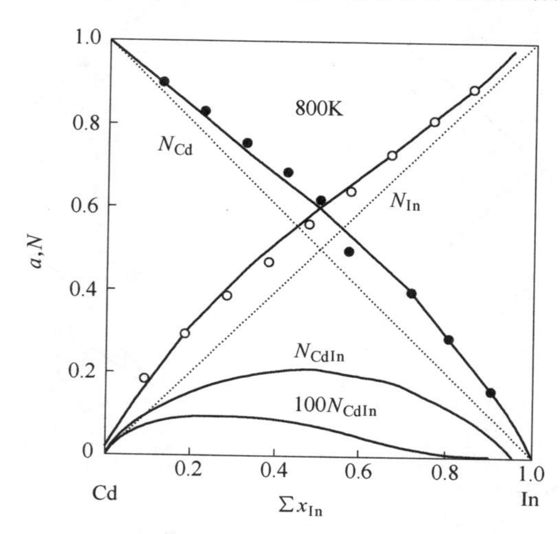

图 6　800K 下 Cd-In 熔体的计算作用浓度 N（—）与实测活度 a（●○）的对比

3　三元金属熔体

就三元金属熔体而言，如前所述，其大部分由均相和两相溶液组成。均相溶液的活度对拉乌尔定律表现负偏差，两相溶液的活度大部分显正偏差，少部分显负偏差，如 Ag-Bi-In、Cd-Pb-Sb、Fe-Cr-Ni、In-Bi-Cu、In-Bi-Pb、In-Bi-Sb、In-Pb-Ag、In-Sb-Cu 熔体等。按活度表现负偏差的情况，应当采用均相模型；而根据活度多数情况下显正偏差的条件，采用三相模型则更为合适；由于最后形成的三元金属熔体结构只能是均相或非均相中的一种，人们所制定的热力学性质模型也只能随熔体结构采用一个，或均相或非均相。因此在形成三元金属熔体中必然会产生一类熔体兼并另一类熔体的现象。究竟遵循什么规律，下面以 In-Bi-Pb 和 In-Bi-Cu 三元熔体为例来探讨这个问题。

3.1　In-Bi-Pb 熔体

由于本三元系由 In-Pb、Bi-Pb 和 Bi-In 三个二元系组成，所以模型的制定先由三个二元系开始。

3.1.1　In-Pb 熔体

由相图知[3]，本二元系为固溶体，且活度对拉乌尔定律显对称性正偏差，由此判断本熔体中会生成 AB 型亚稳态原子团 InPb，其结构单元应为 In、Pb 原子和 InPb 原子团，并构成 In+InPb 和 Pb+InPb 两个溶液。由于其计算模型与两相熔体的式（5）和式（6）相同，下面仅列举根据文献［7, 8］实测活度 a_{In}和 a_{Pb}求得的 K-T 关系式和 $\Delta G^{\ominus}$以供计算时使用。

$$\lg K = \frac{-49.3316}{T} - 0.084312 \quad (673 \sim 1000\mathrm{K})$$

$$\Delta G^{\ominus} = 944.93 + 1.615T\ (\text{J/mol}) \tag{7}$$

本二元系计算的作用浓度与实测活度的对比如图 7 所示。两者良好的符合程度证明模型是正确的。

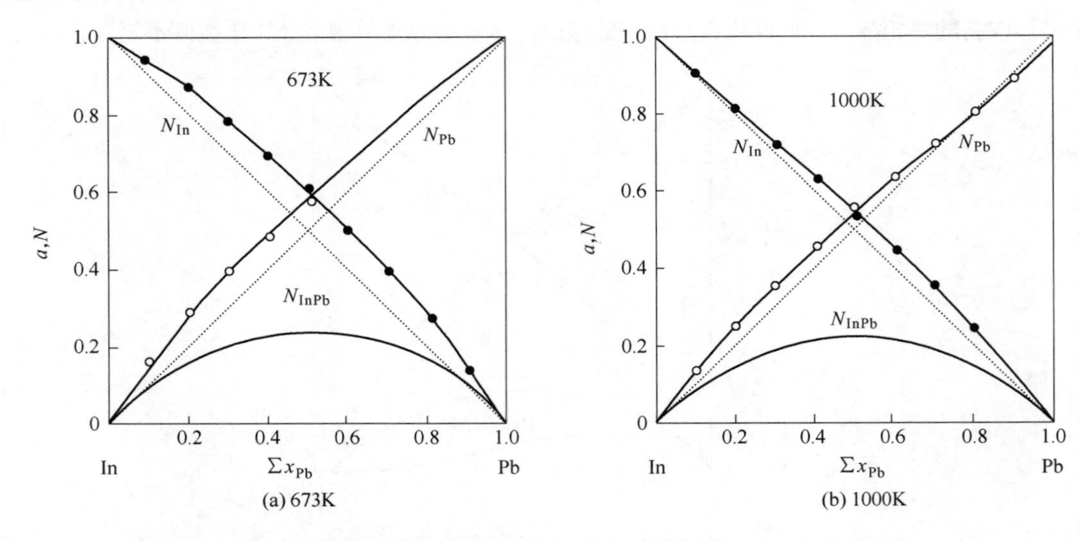

图 7 InPb 熔体计算作用浓度 N（—）与实测活度 a（•○）的对比

3.1.2 Bi-Pb 熔体

根据相图[3]，本二元系也为共晶体，其活度显对称性负偏差，因而，前述两相作用浓度计算模型式（5）和式（6）对本例也是适用的，不必另行推导。根据文献［9］，其生成 AB 型原子团 BiPb 的化学反应和标准生成自由能为：

$$Bi_{(1)} + Pb_{(1)} = BiPb_{(1)} \qquad \Delta G^{\ominus} = -2937.63 - 1.198T(\text{J/mol}) \tag{8}$$

利用式（5）和式（8）的热力学数据，计算得本熔体在 1223K 下的作用浓度与实测活度对比如图 8 所示。图中计算值与实测值的良好符合程度，表明计算模型可以反映本熔体的结构实际。

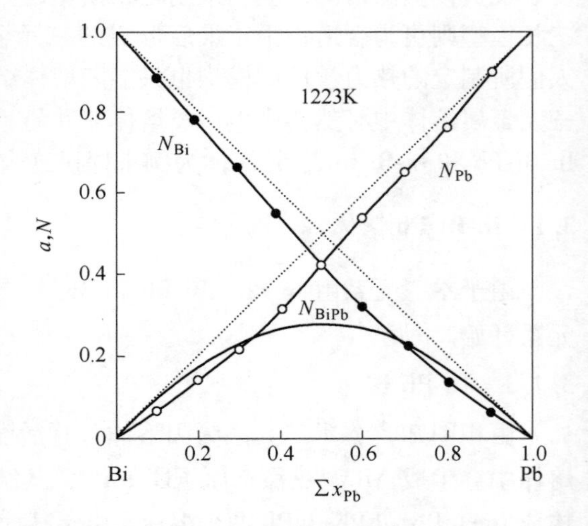

图 8 1223K 下 Bi-Pb 熔体的计算作用浓度 N（—）与实测活度 a（•○）的对比

3.1.3 Bi-In 熔体

根据相图[3]，本二元系有 BiIn、Bi_5In_3 和 $BiIn_2$ 三个化合物生成，其中 BiIn 和 $BiIn_2$ 具有固液相同成分熔点，Bi_5In_3 为包晶体。因此当本熔体为均相溶液时，其结构单元为 Bi、In 原子及 BiIn、Bi_5In_3 和 $BiIn_2$ 化合物，其作用浓度计算模型和热力学参数已由成国光作出[4]，不再赘述。

但在 In-Bi-Pb 熔体中，由于 In-Pb 和 Bi-Pb 两个熔体均为两相熔体，而且 In-Pb 熔体的活度对拉乌尔定律表现正偏差，一对两相熔体的作用大于均相的 Bi-In 熔体，从而当形成 In-Bi-Pb 三元熔体时，也会使 Bi-In 熔体被兼并为两相溶液。经反复验证，发现在两相条件下，包晶体 Bi_5In_3 已不再生成。所以此时熔体的结构单元为 Bi、In 原子及 BiIn 和 $BiIn_2$ 化合物。由于其计算模型与两相熔体的式（5）和式（6）相同，由此利用式（6）和文献［10］的实测活度回归得本二元系的 *K-T* 式和 $\Delta G^{\ominus}$分别为：

$$\lg K_{BiIn} = \frac{363.99}{T} - 0.0865, \qquad \Delta G^{\ominus} = -6972.069 + 1.656T(J/mol)(900 \sim 1200K) \tag{9}$$

$$\lg K_{BiIn_2} = \frac{-99.85}{T} - 0.4615 \qquad \Delta G^{\ominus} = 1912.584 + 8.84T(J/mol)(900 \sim 1200K) \tag{10}$$

将其代入式（5）计算得 900K 和 1200K 两个温度下的作用浓度与实测活度对比如图 9 所示。计算结果符合实际的情况，证明两相模型可以反映兼并后 Bi-In 熔体的结构实际。

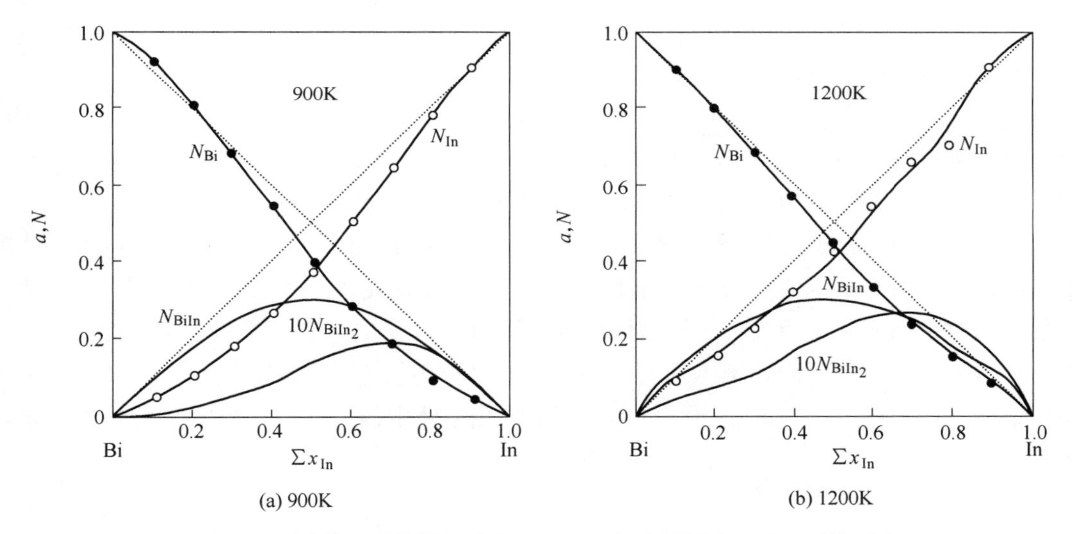

(a) 900K (b) 1200K

图 9 Bi-In 熔体的计算作用浓度 *N*（—）与实测活度 *a*（•○）的对比

3.1.4 In-Bi-Pb 熔体

通过对 3.1.1 节及 3.1.2 节和 3.1.3 节的讨论，可以看出 In-Bi-Pb 熔体为非均相熔体，其结构单元为 In、Bi 和 Pb 原子及 BiIn、$BiIn_2$、InPb 和 BiPb 四个化合物，并构成 In + BiIn + $BiIn_2$ + InPb , Bi + BiIn + $BiIn_2$ + BiPb 和 Pb + InPb + BiPb 三个溶液。

令熔体成分为 $a = \sum x_{In}$，$b = \sum x_{Bi}$，$c = \sum x_{Pb}$，以熔体成分表示的各结构单元平衡摩尔分数为 $x = x_{In}$，$y = x_{Bi}$，$z = x_{Pb}$，$u_1 = x_{BiIn}$，$u_2 = x_{BiIn_2}$，$u_3 = x_{InPb}$，$u_4 = x_{BiPb}$；每个结构单元的作用浓度为 $N_1 = N_{In}$，$N_2 = N_{Bi}$，$N_3 = N_{Pb}$，$N_4 = N_{BiIn}$，$N_5 = N_{BiIn_2}$，$N_6 = N_{InPb}$，$N_7 = N_{BiPb}$，则有：

化学平衡：

$$\mathrm{Bi_{(1)}} + \mathrm{In_{(1)}} = \mathrm{BiIn_{(1)}} \qquad K_1 = \frac{N_4}{N_1 N_2} \qquad \Delta G^{\ominus} = -6972.069 + 1.656T(\mathrm{J/mol}) \tag{11}$$

$$\mathrm{Bi_{(1)}} + 2\mathrm{In_{(1)}} = \mathrm{BiIn_{2(1)}} \qquad K_2 = \frac{N_5}{N_1^2 N_2} \qquad \Delta G^{\ominus} = 1912.584 + 8.84T(\mathrm{J/mol}) \tag{12}$$

$$\mathrm{In_{(1)}} + \mathrm{Pb_{(1)}} = \mathrm{InPb_{(1)}} \qquad K_3 = \frac{N_6}{N_1 N_3} \qquad \Delta G^{\ominus} = 944.93 + 1.615T(\mathrm{J/mol}) \tag{13}$$

$$\mathrm{Bi_{(1)}} + \mathrm{Pb_{(1)}} = \mathrm{BiPb_{(1)}} \qquad K_4 = \frac{N_7}{N_2 N_3} \qquad \Delta G^{\ominus} = -2937.63 - 1.198T(\mathrm{J/mol}) \tag{14}$$

质量平衡：

$$a = x + u_1 + 2u_2 + u_3,\ b = y + u_1 + u_2 + u_4,\ c = z + u_3 + u_4 \tag{15}$$

$$N_1 + (K_1N_1N_2 + 2K_2N_1^2N_2 + K_3N_1N_3)/a = 1 \tag{16}$$

$$N_2 + (K_1N_1N_2 + K_2N_1^2N_2 + K_4N_2N_3)/b = 1 \tag{17}$$

$$N_3 + (K_3N_1N_3 + K_4N_2N_3)/c = 1 \tag{18}$$

式（16）+式(17)+式(18)得：

$$abc(3 - N_1 - N_2 - N_3) = c(a + b)K_1N_1N_2 + c(a + 2b)K_2N_1^2N_2 + b(c + a)K_3N_1N_3 + a(b + c)K_4N_2N_3 \tag{19}$$

以上的式（16）~式（19）即为 In-Bi-Pb 三元熔体的作用浓度计算模型，其中式（16）~式（18）用以计算作用浓度，式（19）用以回归平衡常数。

在 923K 下计算的本三元系作用浓度与文献［11］的实测活度对比如图 10 所示。从图中看出，计算值与实测值也是符合得相当好的，证明所制定的模型可以反映本熔体的结构实际，同时说明兼并规律在本三元熔体中也是适用的。

从本例看出，一对两相熔体（其中一个活度对拉乌尔定律表现负偏差）可以兼并一个均相熔体，而形成一个新的非均相熔体，原来均相熔体中的大部分化合物则会并入新非均相熔体。

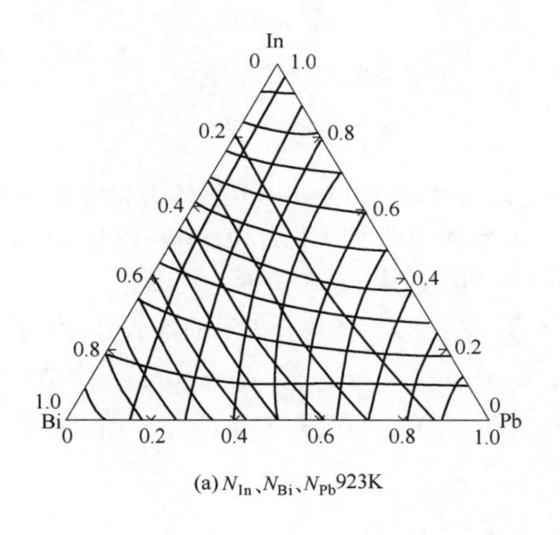

(a) N_{In}、N_{Bi}、N_{Pb} 923K

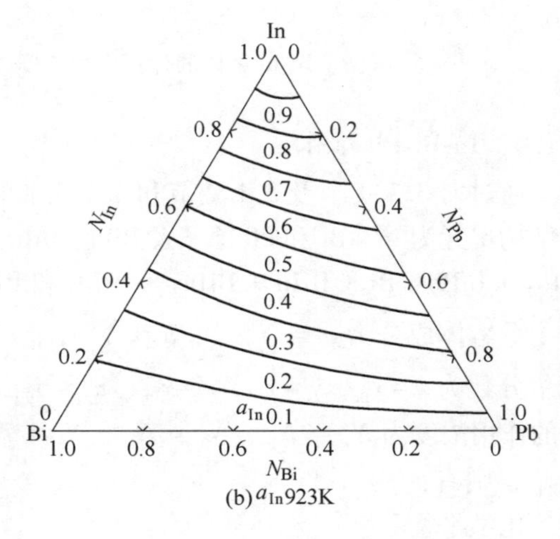

(b) a_{In} 923K

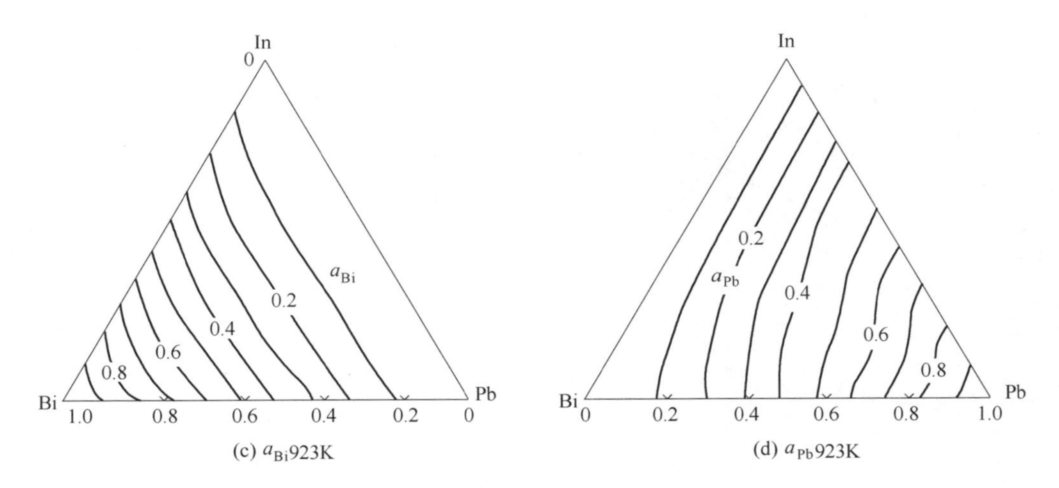

图 10 923K 下 In-Bi-Pb 熔体计算作用浓度（a）N_{In}、N_{Bi}和 N_{Pb}与实测活度（b）a_{In}、（c）a_{Bi}和（d）a_{Pb}的对比

3.2 In-Bi-Cu 熔体

3.2.1 Bi-Cu 熔体

根据相图[3]，本二元系会形成共晶体，其活度对拉乌尔定律表现非对称性正偏差，按照文献［1］推断，熔体中生成的亚稳态化合物为 Cu_2Bi_3，因此本熔体的结构单元为 Bi 和 Cu 原子及 Cu_2Bi_3 亚稳态化合物，并形成 Bi+Cu_2Bi_3 和 Cu+Cu_2Bi_3 两个溶液。

根据文献［7，12］的实测活度，利用式（6）计算得：1200K 下 $K_{Cu_2Bi_3}=0.455371$；1408K 下 $K_{Cu_2Bi_3}=0.485135$，由此得：

$$\lg K_{Cu_2Bi_3} = \frac{-223.362}{T} - 0.1555 \qquad (r=-1.000)$$

$$\Delta G^{\ominus} = 4278.416 + 2.9785T(\text{J/mol}) \tag{20}$$

将式（20）代入式（5）计算得作用浓度与实测活度对比如图 11 所示。从图中看出计算与实测值不仅符合得比较好，而且也服从质量作用定律，证明所制定的模型可以反映本熔体的结构实际。

3.2.2 Cu-In 熔体

根据文献［7］，本二元系中生成的化合物有 Cu_4In、Cu_9In_4 和 Cu_2In；另外根据文献［13］，本二元系中生成的化合物有 Cu_4In 和 Cu_2In。经用多种均相模型计算比较后，发现考虑 Cu_4In 和 Cu_2In 的方案符合实际。

但因 Bi-Cu 熔体的活度对拉乌尔定律表现正偏差，同样在其兼并作用下，形成 In-Bi-Cu 三元熔体时，Cu-In 熔体也会转变成两相熔体。在形成两相熔体的条件下，经用多种方案进行比较后，发现考虑 CuIn、Cu_2In 和 Cu_4In 的模型最符合实际。因此本熔体的结构单元为 Cu、In 原子及 CuIn、Cu_2In 和 Cu_4In 化合物，并形成 Cu + CuIn + Cu_2In + Cu_4In 和 In + CuIn + Cu_2In + Cu_4In 两个溶液。

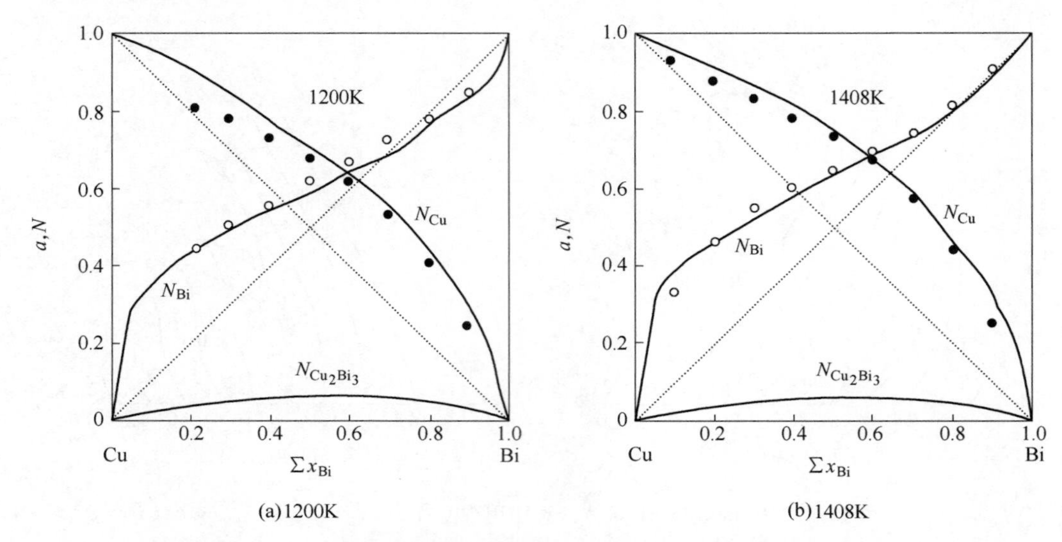

(a)1200K　　　　(b)1408K

图 11　Bi-Cu 熔体的计算作用浓度 N（—）与实测活度 a（●○）的对比

根据文献［7, 14］的实测活度，利用式（6）回归得本二元系的热力学参数为：

$$\lg K_{CuIn} = \frac{-491.655}{T} + 0.3046 \quad (r = -1.000) \quad \Delta G^{\ominus} = 9417.454 - 5.835T(\text{J/mol}) \tag{21}$$

$$\lg K_{Cu_2In} = \frac{856.622}{T} - 0.8334 \quad (r = 1.000) \quad \Delta G^{\ominus} = -16408.253 + 15.963T(\text{J/mol}) \tag{22}$$

$$\lg K_{Cu_4In} = \frac{4179.77}{T} - 3.9216 \quad (r = 1.000) \quad \Delta G^{\ominus} = -80061.874 + 75.116T(\text{J/mol}) \tag{23}$$

将这些参数代入式（5）得计算的作用浓度与实测活度对比如图 12 所示。从图中看出，两个温度下的计算与实测值都是基本上符合的，同时也不违背质量作用定律，证明上述模型可以反映本熔体的结构实际。

3.2.3　In-Bi-Cu 熔体

根据以上讨论，本三元系为非均相溶体，其结构单元为 In、Bi 和 Cu 原子及 BiIn 、$BiIn_2$、CuIn 、Cu_2In 、Cu_4In 和 Cu_2Bi_3 化合物，并形成 In + BiIn + $BiIn_2$ + CuIn + Cu_2In + Cu_4In 、Bi + BiIn + $BiIn_2$ + Cu_2Bi_3 和 Cu + CuIn + Cu_2In + Cu_4In + Cu_2Bi_3 三个溶液。令熔体成分为 $a = \sum x_{In}$，$b = \sum x_{Bi}$，$c = \sum x_{Cu}$；以熔体成分表示的各结构单元平衡摩尔分数为 $x = x_{In}$，$y = x_{Bi}$，$z = x_{Cu}$，$u_1 = x_{BiIn}$，$u_2 = x_{BiIn_2}$，$u_3 = x_{CuIn}$，$u_4 = x_{Cu_2In}$，$u_5 = x_{Cu_4In}$，$u_6 = x_{Cu_2Bi_3}$；每个结构单元的作用浓度为 $N_1 = N_{In}$，$N_2 = N_{Bi}$，$N_3 = N_{Cu}$，$N_4 = N_{BiIn}$，$N_5 = N_{BiIn_2}$，$N_6 = N_{CuIn}$，$N_7 = N_{Cu_2In}$，$N_8 = N_{Cu_4In}$，$N_9 = N_{Cu_2Bi_3}$，则有：

化学平衡：

$$Bi_{(1)} + In_{(1)} = BiIn_{(1)} \quad K_1 = \frac{N_4}{N_1 N_2} \quad \Delta G^{\ominus} = -6972.069 + 1.656T(\text{J/mol}) \tag{24}$$

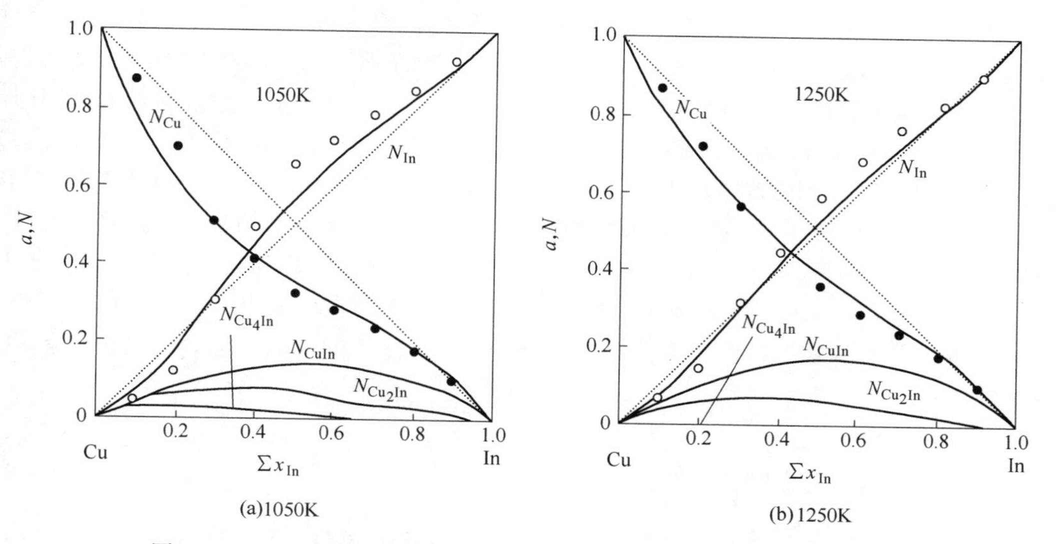

(a)1050K (b)1250K

图 12 Cu-In 熔体的计算作用浓度 N（—）与实测活度 a（●○）的对比

$$Bi_{(l)} + 2In_{(l)} = BiIn_{2(l)} \quad K_2 = \frac{N_5}{N_1^2 N_2} \quad \Delta G^\ominus = 1912.584 + 8.84T(J/mol) \tag{25}$$

$$Cu_{(l)} + In_{(l)} = CuIn_{(l)} \quad K_3 = \frac{N_6}{N_3 N_1} \quad \Delta G^\ominus = 9417.454 - 5.835T(J/mol) \tag{26}$$

$$2Cu_{(l)} + In_{(l)} = Cu_2In_{(l)} \quad K_4 = \frac{N_7}{N_1 N_3^2} \quad \Delta G^\ominus = -16408.253 + 15.963T(J/mol) \tag{27}$$

$$4Cu_{(l)} + In_{(l)} = Cu_4In_{(l)} \quad K_5 = \frac{N_8}{N_3^4 N_1} \quad \Delta G^\ominus = -80061.874 + 75.116T(J/mol) \tag{28}$$

$$3Bi_{(l)} + 2Cu_{(l)} = Cu_2Bi_{3(l)} \quad K_6 = \frac{N_9}{N_3^2 N_2^3} \quad \Delta G^\ominus = 4278.416 + 2.9785T(J/mol) \tag{29}$$

质量平衡：

$$a = x + u_1 + 2u_2 + u_3 + u_4 + u_5, \quad b = y + u_1 + u_2 + 3u_6$$
$$c = z + u_3 + 2u_4 + 4u_5 + 2u_6 \tag{30}$$

$$N_1 + (K_1N_1N_2 + 2K_2N_1^2N_2 + K_3N_1N_3 + K_4N_1N_3^2 + K_5N_1N_3^4)/a = 1 \tag{31}$$

$$N_2 + (K_1N_1N_2 + K_2N_1^2N_2 + 3K_6N_2^3N_3^2)/b = 1 \tag{32}$$

$$N_3 + (K_3N_1N_3 + 2K_4N_1N_3^2 + 4K_5N_1N_3^4 + 2K_6N_2^3N_3^2)/c = 1 \tag{33}$$

式（31）+式（32）+式（33）得：

$$abc(3 - N_1 - N_2 - N_3) = c(a + b)K_1N_1N_2 + c(a + 2b)K_2N_1^2N_2 +$$
$$b(c + a)K_3N_1N_3 + b(c + 2a)K_4N_1N_3^2 + a(c + 4b)K_5N_1N_3^4 + a(2b + 3c)K_6N_2^3N_3^2 \tag{34}$$

以上式（31）~式（34）即为 In-Bi-Cu 熔体的作用浓度计算模型，其中式（31）~式

(33) 用以计算作用浓度，式 (34) 用以在已知活度 ($N_{In}=a_{In}$，$N_{Bi}=a_{Bi}$，$N_{Cu}=a_{Cu}$) 的条件下回归平衡常数。利用式 (31) ~ 式 (33) 在 1200K 下计算得的作用浓度 N_{In} 与文献 [15] 实测活度 a_{In} 对比如图 13 所示。可以看出，两者的符合程度是令人满意的，同时结果也服从质量作用定律，证明所制定的模型即可以反映本熔体的结构特点。除此而外，还用上述模型计算了作用浓度 N_{Bi} 和 N_{Cu}，但由于还无实测活度相对照，只能列于图中供同行们参考。从制定本熔体作用浓度计算模型中再次看到构成三元熔体的各二元熔体的活度对拉乌尔定律的关系对模型的影响：本熔体中虽然 Bi-In 和 Cu-In 均为均相熔体，但由于 Bi-Cu 熔体的活度对拉乌尔定律表现正偏差，受其兼并作用，在形成 In-Bi-Cu 熔体中，Bi-In 和 Cu-In 两熔体也须转变成两相熔体。而且原来均相熔体中的大部分化合物会进入新的非均相熔体中。

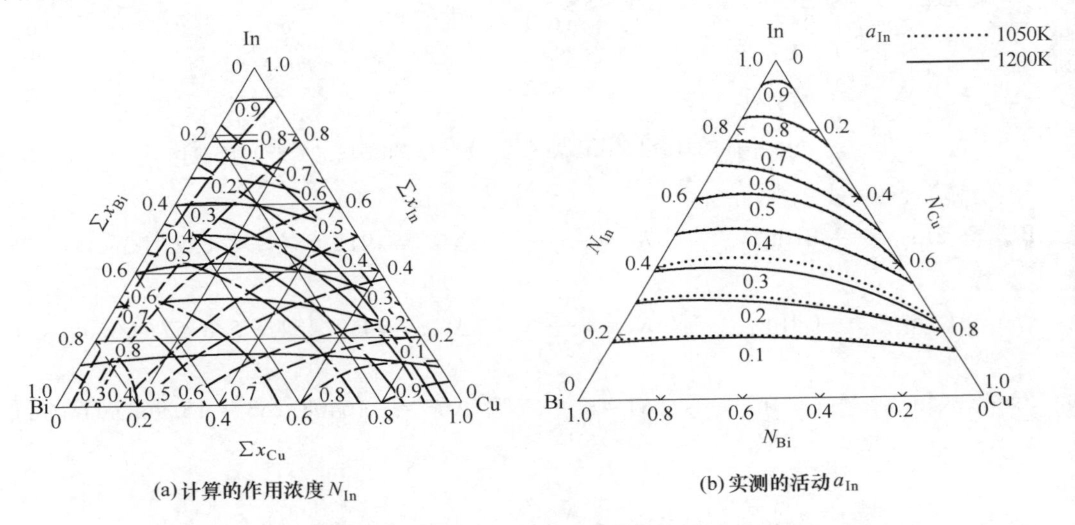

(a) 计算的作用浓度 N_{In}　　　　(b) 实测的活动 a_{In}

图 13　1200K 下 In-Bi-Cu 熔体的计算作用浓度 N_{In} 与实测活度 a_{In} 的对比

4　结论

(1) 根据兼并规律指定了二元和三元金属熔体作用浓度计算模型。计算结果符合实际，证明兼并规律是确定一些二元和大部分三元金属熔体的结构单元的可靠基础。

(2) 含化合物均相溶液与含共晶体两相溶液共存时，其兼并的规律是：稳定性较大的含化合物均相溶液兼并稳定性较弱的含共晶体两相溶液，结果形成均相溶液，而两相溶液中形成的亚稳态化合物，则归并入均相溶液中。

(3) 较稳定的含包晶体的均相溶液与含共晶体两相溶液共存时，其兼并规律是：前者兼并后者，结果形成均相溶液，原来两相溶液中的亚稳态化合物则归并入均相溶液。

(4) 较不稳定的含包晶体均相溶液与含共晶体两相溶液共存时，其兼并规律是：后者兼并前者，结果形成新的两相溶液，而原均相溶液中的包晶体多数归并入两相溶液，少数则不复存在。

(5) 构成三元熔体的各二元熔体的活度对拉乌尔定律的关系是模型制定的决定性因素：在含化合物或包晶体的三元系中，只要有一个二元系对拉乌尔定律表现正偏差，就会使整个三元熔体被兼并成非均相熔体；相反的，如果该二元熔体对拉乌尔定律表现负偏差，则三元熔体也必然是均相熔体。

（6）非均相熔体与均相熔体的反应机制不同，所以应该分别确定二者的热力学参数（K 和 $\Delta G^{\ominus}$），不可笼统对待。均相模型由于受 $\sum N_i = 1$ 的约束，只能用于活度显示负偏差的场合；非均相模型，则无此限制，既可用于活度表现负偏差的场合，又可用于活度显示正偏差的情况。

参考文献

[1] 张鉴. 二元金属熔体热力学性质按相图的分类. 金属学报，1998，34（1）：75~85.

[2] Zhang Jian. Calculation Models of Mass Action Concentration for Metallic Melts involving Monotectic. J. University Science and Technology Beijing, 2001, 8（4）: 248~253.

[3] Baker H, Okamoto H, Henry S D, Davidson G M, Fleming M A, Kacprzak L, Lampman H F, Scott W W, Jr. Uhr R C. ASM Handbook Vol. 3, Alloy Phase Diagrams, Materials Park, Ohio 44073-0002, The Materials Information Society, 1992.

[4] 张鉴. 冶金熔体的计算热力学. 北京：冶金工业出版社，1998：19~22，55~64.

[5] Fukukawa T, Kato E. Thermodynamic Properties of Liquid Fe-Ti Alloy by Mass Spetrometry. Tetsu to Hagane, 1975, 61（15）: 3060~3068.

[6] Eldridge J M, Miller E, Komarek K L. Thermodynamic Properties of Liquid Mg-Si Alloys, Discussion of the Mg-Group IVB Systems, Trans. Met. Soc. AIME, 1967, 239（6）: 775~781.

[7] Hultgren R, Desai P D, Hawkins D I, Gleiser M, Kelley K K, Wagman D D. Selected Values of the Thermodynamic Properties of Binary Alloys（American Society for Metals, Metals Park, Oh）, 1973.

[8] Nabot J P, Ansara. The In-Pb（Indium-Lead）System, I. Bulletin of Alloy Phase Diarams, 1987, 8（3）: 246~255.

[9] 张鉴. 含共晶体三、四元金属熔体作用浓度的计算模型. 中国稀土学报，冶金过程物理化学专集，1998，16：463~468；中国有色金属学报，1999，9（2）：385~390.

[10] Kameda K. Activity Measurement of Liquid Bi-In Alloys by the E. M. F Method Using Zirconia and Fused Salt Electrolytes, Materials Transactions. JIM, 1989, 30（7）: 523~529.

[11] Zheng Minhui, Kozuka Zensaku. Thermodynamic Study on Liquid In-Bi-Pb Temary Alloys. J. Japan. Inst. Metals, 1987, 5（1）: 44~50.

[12] Oelsey W, Schurmann E, Buchholz D. Calorimetry and Thermodynamics of Copper-Bismuth Alloy. Archiv fur das Eisenhuttenwesen, 1961, 32（1）: 39~46.

[13] Hawkins D I, Hultgren R. Constitution of Binary Alloys in "Metals Handbook", 8th Edition, Vol. 8, Metals Park Ohio 44073, American Society for Metals, 1973: 357.

[14] Kameda K. Activity Measurements of Cu-In Alloys by an EMF Method Using a Zirconia Electrolyte. Materials Trans. JIM, 1991, 32（4）: 345~351.

[15] Itabashi S, Kameda K, Yamaguchi K, Kon T. Activity of Indium in In-Bi-Cu and In-Sb-Cu Alloys Measured by an EMF Method Using a Zirconia Electrolyte. J. Japan. Inst Metals, 1999, 63（7）: 817~821.

Application of the Annexation Principle to the Study of Thermodynamic Properties of Binary and Ternary Metallic Melts

Zhang Jian

(University of Science and Technology Beijing)

Abstract: For a small number of binary metallic melts, the structural units of which cannot be wholly determined by the corresponding phase diagrams, it was found that this problem can be resolved by the annexation principle of two kinds of solution in binary metallic melts. In the case of ternary metallic melts, the majority of them are composed of both homogeneous and two phase solutions, activities of the former exhibit negative deviation from Raoult's law, while those of the latter in the majority cases exhibit positive, and in the minority cases negative deviation relative to Raoult's law, what structure of ternary melts will be is also a problem to be answered by the annexation principle. According to the annexation principle, calculating models of mass action concentrations for three binary and two ternary metallic melts have been formulated, calculated result agree well with practice, showing that the annexation principle is a reliable basis for determination of the structural units for some binary and the majority of ternary metallic melts.

Keywords: activity; mass action concentration; coexistence theory; annexation principle

Thermodynamic Properties and Mixing Thermodynamic Parameter of Binary Metallic Melt Involving Compound Formation*

Abstract: Based on the coexistence theory of metallic melts involving compound formation, the theoretical calculation equations of mixing thermodynamic parameters are established by giving up some empirical parameters in the associated solution model. For Fe-Al, Mn-Al and Ni-Al, the calculated results agree well with the experimental values, testifying that these equations can exactly embody mixing thermodynamic characteristics of these melts.

Keywords: mass action law; mixing thermodynamic parameter; coexistence theory; activity; mass action concentration

1 Introduction

Mass action law, formulated by Guldberg and Waage in 1864, shows that the equilibrium constant ($\Delta G^{\ominus}$) of a chemical reaction is a function of temperature only, and independent from the concentration of reactants and products. It is an important subject for all monographs in the field of metallurgy and chemistry[1-3]. Based on combination of mass action law with the fact of coexistence of atoms and molecules in metallic melts, coexistence of ions and molecules in slag melts, inseparable cations and anions in molten salts and mattes and only molecules in some organic solutions, the coexistence theory of metallic melts, slag melts, the model of molten salts and mattes and all molecular model of some organic solutions were formed[4-8]. Thereby, the computation of mass action concentrations (activities), equilibrium constants and free energies of formation $\Delta G^{\ominus}$ of metallic melts and solutions involving compound formation can be accomplished[9, 10]. However, for calculation of ΔG^{m}, ΔG^{xs}, ΔH^{m}, ΔS^{m} and ΔS^{xs} on the basis of mass action law and the above mentioned realities, there are still a lot of complex problems. F Sommer, A I Zaitsev, K Wasai and K Mukai have published their valuable results with the associated solution model[11-13]. The coexistence theory of metallic melts and associated solution model regard that there are atoms and chemical short range orders or compounds in metallic melts, and the differences between them are: (1) Assuming only a small number of compounds to treat alloy melts is common for associated solution models, while determination of the structural units of metallic melts according to phase diagrams and physical parameters is the starting point of the coexistence theory; (2) The activity coefficient is used in associated solution models, and the mass action concentrations conforming with the mass action law is used for coexistence theory.

---

* 原文发表于 “Journal of Iron and Steel Research International”, 2005, 12 (2): 11~15。

Whether the above mentioned methods are applicable for coexistence theory of metallic melts involving compound formation needs further investigation. It is necessary to solve the problem of computation of mixing thermodynamic parameters for binary metallic melts Fe-Al, Mn-Al and Ni-Al on the basis of combination of the mass action law with the coexistence theory of metallic melts.

2 Fe-Al Melt

The coexistence theory of metallic melts involving compound formation has the following aspects[4, 9]: (1) Metallic melts involving compound formation consist of atoms and molecules; (2) There are dynamic equilibrium reactions between atoms and molecules, such as: $x\text{A}+y\text{B}=\text{A}_x\text{B}_y$; (3) Chemical reactions in metallic melts obey the mass action law.

In accordance with the phase diagram[14], it is possible to form 6 compounds, Fe_3Al, $FeAl$, $FeAl_2$, Fe_2Al_5 and $FeAl_6$ in Fe-Al. But after checking different models, only the model considering the presence of 5 compounds, Fe_3Al, $FeAl$, $FeAl_2$, Fe_2Al_5 and $FeAl_6$ is feasible. Hence the structural units of the system are iron and aluminum atoms as well as Fe_3Al, $FeAl$, $FeAl_2$, Fe_2Al_5 and $FeAl_6$. Making the composition of melts as $a=\sum x_{\text{Al}}$, $b=\sum x_{\text{Fe}}$; the mass action concentration of every structural unit after normalization as $N_1=N_{\text{Fe}}$, $N_2=N_{\text{Al}}$, $N_3=N_{\text{Fe}_3\text{Al}}$, $N_4=N_{\text{FeAl}}$, $N_5=N_{\text{FeAl}_2}$, $N_6=N_{\text{Fe}_2\text{Al}_5}$, $N_7=N_{\text{FeAl}_6}$; $\sum x$ equals to sum of all equilibrium mole fractions, and then in the light of mass action law and the coexistence theory[4, 10], the chemical equilibria are:

$$3\text{Fe}_{(l)}+\text{Al}_{(l)}=\text{Fe}_3\text{Al}_{(l)} \qquad K_1=\frac{N_3}{N_1^3N_2} \qquad N_3=K_1N_1^3N_2 \tag{1}$$

$$\text{Fe}_{(l)}+\text{Al}_{(l)}=\text{FeAl}_{(l)} \qquad K_2=\frac{N_4}{N_1N_2} \qquad N_4=K_2N_1N_2 \tag{2}$$

$$\text{Fe}_{(l)}+2\text{Al}_{(l)}=\text{FeAl}_{2(l)} \qquad K_3=\frac{N_5}{N_1N_2^2} \qquad N_5=K_3N_1N_2^2 \tag{3}$$

$$2\text{Fe}_{(l)}+5\text{Al}_{(l)}=\text{Fe}_2\text{Al}_{5(l)} \qquad K_4=\frac{N_6}{N_1^2N_2^5} \qquad N_6=K_4N_1^2N_2^5 \tag{4}$$

$$\text{Fe}_{(l)}+6\text{Al}_{(l)}=\text{FeAl}_{6(l)} \qquad K_5=\frac{N_7}{N_1N_2^6} \qquad N_7=K_5N_1N_2^6 \tag{5}$$

Making mass balance gives:

$$N_1+N_2+K_1N_1^3N_2+K_2N_1N_2+K_3N_1N_2^2+K_4N_1^2N_2^5+K_5N_1N_2^6-1=0 \tag{6}$$

$$aN_1-bN_2+(3a-b)K_1N_1^3N_2+(a-b)K_2N_1N_2+(a-2b)K_3N_1N_2^2+(2a-5b)K_4N_1^2N_2^5+(a-6b)K_5N_1N_2^6=0 \tag{7}$$

$$1-(a+1)N_1-(1-b)N_2=K_1(3a-b+1)N_1^3N_2+K_2(a-b+1)N_1N_2+K_3(a-2b+1)N_1N_2^2+K_4(2a-5b+1)N_1^2N_2^5+K_5(a-6b+1)N_1N_2^6 \tag{8}$$

Eq. (6) to Eq. (8) are the calculation model of mass action concentrations for these melts, in which Eq. (6) and Eq. (7) are used to evaluate mass action concentrations, while Eq. (8) is for the regression of equilibrium constants K and computation of $\Delta G^{\ominus}$ under measured activities

$(N_1 = a_{Fe}, N_2 = a_{Al})$.

Abandoning terms containing coefficient of activity n_v in γ_v or $\Delta_f G^{ex}$ in the equations of mixing free energy ΔG^m[11,12] gives the mixing free energy for one mole of Fe-Al melts as:

$$\Delta G^m = \sum x[N_3\Delta G^{\ominus}_{Fe_3Al} + N_4\Delta G^{\ominus}_{FeAl} + N_5\Delta G^{\ominus}_{FeAl_2} + N_6\Delta G^{\ominus}_{Fe_2Al_5} + N_7\Delta G^{\ominus}_{FeAl_6} + RT(N_1\ln N_1 + N_2\ln N_2 + N_3\ln N_3 + N_4\ln N_4 + N_5\ln N_5 + N_6\ln N_6 + N_7\ln N_7)] \quad (9)$$

Subtracting the ideal mixing free energy from the mixing free energy ΔG^m gives the excess free energy as[15]:

$$\Delta G^{xs} = \Delta G^m - RT(a\ln a + b\ln b) \quad (10)$$

According to Ref. [13], the mixing enthalpy ΔH^m comes from the standard enthalpies of formation of associated compounds, so the mixing enthalpy of 1 mole can be given:

$$\Delta H^m = \sum x(N_3\Delta H^{\ominus}_{Fe_3Al} + N_4\Delta H^{\ominus}_{FeAl} + N_5\Delta H^{\ominus}_{FeAl_2} + N_6\Delta H^{\ominus}_{Fe_2Al_5} + N_7\Delta H^{\ominus}_{FeAl_6}) \quad (11)$$

therefore:

$$\Delta S^{\ominus}_i = \frac{\Delta H^{\ominus}_t - \Delta G^{\ominus}_t}{T} \quad (12)$$

The mixing entropy of 1 mole of these melts could be given as[11]:

$$\Delta S^m = \sum x[N_3\Delta S^{\ominus}_{Fe_3Al} + N_4\Delta S^{\ominus}_{FeAl} + N_5\Delta S^{\ominus}_{FeAl_2} + N_6\Delta S^{\ominus}_{Fe_2Al_5} + N_7\Delta S^{\ominus}_{FeAl_6} - R(N_1\ln N_1 + N_2\ln N_2 + N_3\ln N_3 + N_4\ln N_4 + N_5\ln N_5 + N_6\ln N_6 + N_7\ln N_7)] \quad (13)$$

Subtracting the ideal mixing entropy from the mixing entropy ΔS^m gives the excess entropy:

$$\Delta S^{xs} = \Delta S^m - R(a\ln a + b\ln b) \quad (14)$$

Using measured activities and mixing thermodynamic parameters of Fe-Al melts at 1873K[14] and substituting them into Eq. (6) -Eq. (14), K, $\Delta G^{\ominus}$, $\Delta H^{\ominus}$ and $\Delta S^{\ominus}$ of Fe-Al melts are obtained, as shown in Table 1.

By Eq. (6) -Eq. (8), the comparison of calculated mass action concentrations with the measured activities is shown in Fig. 1 (a). Computation with the help of Eq. (9) -Eq. (14) gives the calculated mixing thermodynamic parameters compared with experimental values, as shown in Fig. 1 (b). It is seen that both the calculated mass action concentrations and mixing thermodynamic parameters agree well with the measured values. Meanwhile, the calculation process and obtained mass action concentrations strictly obey the mass action law. Thereby, two practical criteria (activity and mixing thermodynamic parameters) and one theoretical criterion (the mass action law) for thermodynamic models of metallic melts are proposed to authentically reflect the structural reality and mixing thermodynamic characteristics of metallic melts.

Table 1 K, $\Delta G^{\ominus}$, $\Delta H^{\ominus}$ and $\Delta S^{\ominus}$ of Fe-Al melt at 1873K

Compound	Fe_3Al	FeAl	$FeAl_2$	Fe_2Al_5	$FeAl_6$	$F(R)$
K	7.4932	8.3040	7.1663	72.3765	24.9853	57857.21
$\Delta G^{\ominus}$ /J · mol^{-1}	-31381.7	-32982.6	-30686.65	-80241.34	-50146.74	(0.99997)
$\Delta H^{\ominus}$ /J · mol^{-1}	-73874.76	-58078.64	-68002.85	-227811.1	-120244.2	185147.8
$\Delta S^{\ominus}$ /J · (mol · K)$^{-1}$	-22.6872	-13.3988	-19.9232	-78.7879	-37.4252	(0.99999)

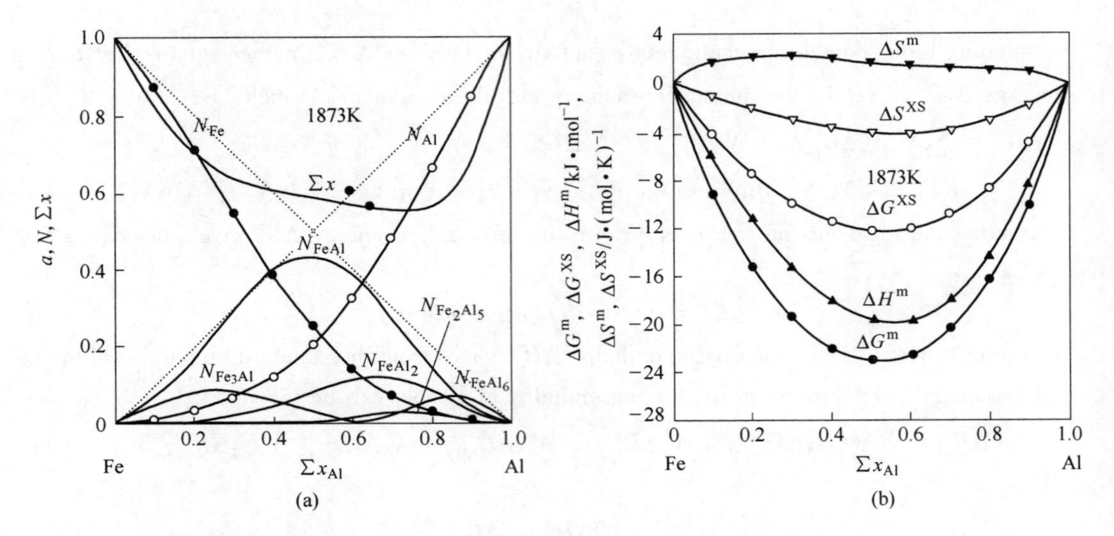

Fig. 1　Comparison of calculated mass action concentrations N with measured activities (a), and comparison of mixing thermodynamic parameters with measured values (b) for Fe-Al melts at 1873K

3 Mn-Al Melt

According to Ref. [14], the compounds in Mn-Al melt are peritectic MnAl, Mn_4Al_{11}, $MnAl_4$ and $MnAl_6$ and there is a highest melting point 1588K located at a composition corresponding to Mn_4Al. Comparison with different models shows that three compounds Mn_4Al, MnAl and $MnAl_4$ give the best agreement with the practical result. So the structural units of these melts are Mn, Al atoms as well as Mn_4Al, MnAl and $MnAl_4$ compounds. Assuming the composition as $a = \sum x_{Al}$, $b = \sum x_{Mn}$; the mass action concentration of every structural unit after normalization as $N_1 = N_{Mn}$, $N_2 = N_{Al}$, $N_3 = N_{Mn_4Al}$, $N_4 = N_{MnAl}$, $N_5 = N_{MnAl_4}$; $\sum x$ equals to sum of equilibrium mole fractions.

Using the measured activities and the mixing thermodynamic parameters of Mn-Al melts at 1600K[14] and substituting them into similar equations, the calculated K, $\Delta G^{\ominus}$, $\Delta H^{\ominus}$ and $\Delta S^{\ominus}$ of the Mn-Al melts are shown in Table 2.

The comparison of calculated mass action concentrations for Mn-Al melts at 1600K with the measured activities is shown in Fig. 2 (a), and the calculated mixing thermodynamic parameters compared with measured values is shown in Fig. 2 (b). Similarly, it can be seen that the calculated mass action concentrations and measured activities agree well and all evaluated mixing thermodynamic parameters also conform well with the measured values. Moreover, the thermodynamic properties strictly obey the mass action law, thus testifying that the model can reflect the structural reality and mixing thermodynamic characteristics of Mn-Al melts.

Table 2 K, $\Delta G^{\ominus}$, $\Delta H^{\ominus}$ and $\Delta S^{\ominus}$ of compounds in Mn-Al melts at 1600K

Compound	Mn_4Al	MnAl	$MnAl_4$	$F(R)$
K	253.0709	5.954652	4.962778	229.96
$\Delta G^{\ominus}$ /J · mol^{-1}	−73656.88	−23748.54	−21324.24	(0.9879)
$\Delta H^{\ominus}$ /J · mol^{-1}	−46331.42	−67269.84	−88456.88	6946.807
$\Delta S^{\ominus}$ /J · (mol · K)$^{-1}$	17.0784	−27.2008	−41.9579	(0.99959)

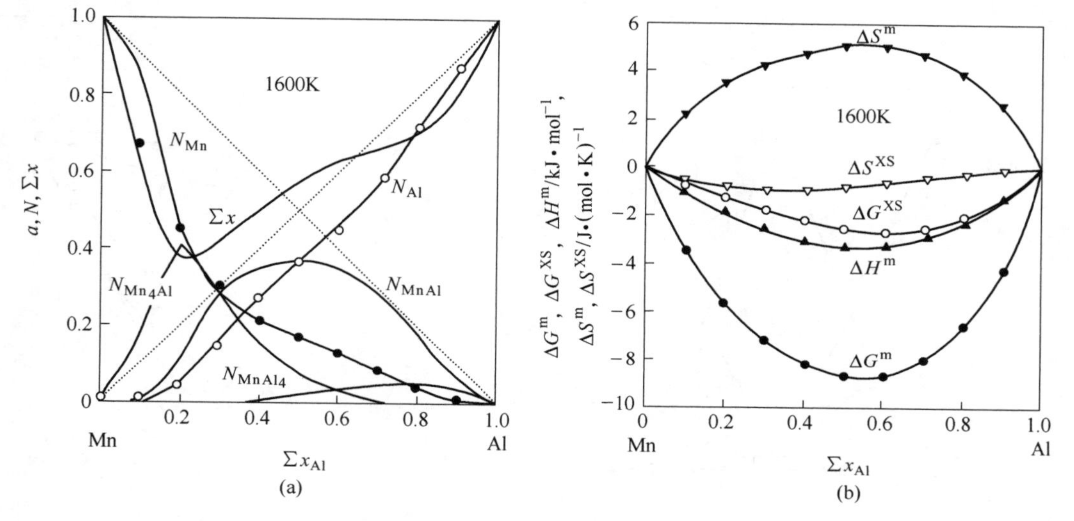

Fig. 2 Comparison of calculated mass action concentrations N with measured activities (a), and comparison of calculated mixing thermodynamic parameters with measured values (b) for Mn-Al melts at 1600K

4 Ni-Al Melt

According to phase diagram[14], there are five compounds formed in Ni-Al melts, and except NiAl with congruent melting point, the rest are all peritectics. Hence the structural units are nickel and aluminum atoms as well as Ni_3Al, Ni_5Al_3, NiAl, Ni_2Al_3 and $NiAl_3$ compounds. Putting the composition of melts as $b = \sum x_{Ni}$, $a = \sum x_{Al}$; the mass action concentration of every structural unit after normalization as $N_1 = N_{Ni}$, $N_2 = N_{Al}$, $N_3 = N_{Ni_3Al}$, $N_4 = N_{Ni_5Al_3}$, $N_5 = N_{NiAl}$, $N_6 = N_{Ni_2Al_3}$, $N_7 = N_{NiAl_3}$; $\sum x$ equals to sum of all equilibrium mole fractions.

Using measured activities and mixing thermodynamic parameters of Ni-Al melts at 1873K[14] and substituting them into equations, the calculated K, $\Delta G^{\ominus}$, $\Delta H^{\ominus}$ and $\Delta S^{\ominus}$ of the compounds in Ni-Al melts are shown in Table 3.

The comparison of calculated mass action concentrations of Ni-Al melts at 1873K with measured activities is shown in Fig. 3 (a). At the same time, the calculated mixing thermodynamic parameters are compared with experimental values, as shown in Fig. 3 (b). It could be seen that not only the calculated mass action concentrations agree excellently with the measured activities, but the calculated mixing thermodynamic parameters conform with experimental ones also. Hence

Table 3 K, $\Delta G^{\ominus}$, $\Delta H^{\ominus}$ and $\Delta S^{\ominus}$ of Ni-Al melt at 1873K

Compound	Ni_3Al	Ni_5Al_3	NiAl	Ni_2Al_3	$NiAl_3$	$F(R)$
K	607.62	5606723	199.2221	44206.13	409.32	10787.8
$\Delta G^{\ominus}$ /J · mol^{-1}	-99867.21	-242120.63	-82492.38	-166664.05	-93711.9	(0.99986)
$\Delta H^{\ominus}$ /J · mol^{-1}	-178495.5	-860810.4	-102964.5	-325642.3	-156853.9	2768.177
$\Delta S^{\ominus}$ /J · (mol · K)$^{-1}$	-41.9799	-330.3202	-10.9301	-84.8789	-33.7117	(0.99946)

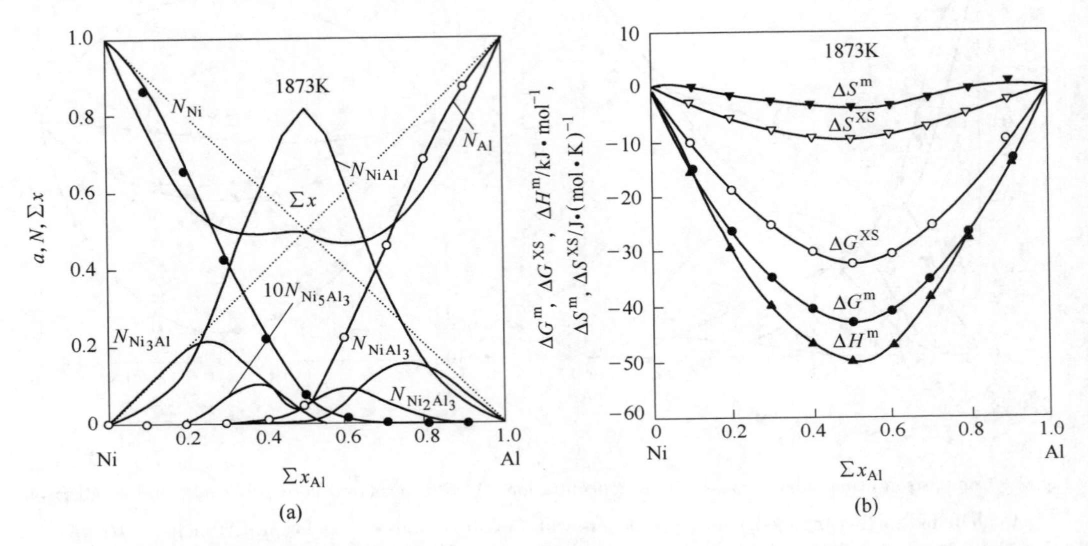

Fig. 3 Comparison of calculated mass action concentrations with measured activities (a), and comparison of calculated mixing thermodynamic parameters with measured values (b) for Ni-Al melts at 1873K

it testifies that the model formulated can authentically embody the structural reality and mixing thermodynamic characteristics of Ni-Al melts.

The general equations are:

mixing free energy $$\Delta G^{m} = \sum x\Big(\sum_{i=3}^{i} N_i \Delta G_i^{\ominus} + RT \sum_{j=3}^{j} N_j \ln N_j \Big)$$

excess free energy $$\Delta G^{xs} = \Delta G^{m} - RT(a\ln a + b\ln b)$$

mixing enthalpy $$\Delta H^{m} = \sum x \sum_{i=3}^{i} N_i \Delta H_i^{\ominus}$$

mixing entropy $$\Delta S^{m} = \sum x\Big(\sum_{i=3}^{i} N_i \Delta S_i^{\ominus} - RT \sum_{j=1}^{j} N_j \ln N_j \Big)$$

excess entropy $$\Delta S^{xs} = \Delta S^{m} - RT(a\ln a + b\ln b)$$

The reason why abandoning the empirical parameters in equations of associated solution model gives such a good effect is that the coexistence theory of metallic melts accepts concept of mass action concentration which obeys the mass action law, so activity coefficient is not used, and there is no necessity to use empirical parameters of associated solution model.

5 Conclusions

(1) Based on the coexistence theory of metallic melts involving compound formation, the equations of mixing thermodynamic parameters for metallic melts have been formulated by giving up some empirical parameters in the associated solution model. Calculated results agree well with experimental values, confirming that these equations can reflect the mixing thermodynamic characteristics of metallic melts involving compound formation.

(2) The mixing free energy is composed of standard free energies of formation of all compounds and chemical potentials of all structural units at equilibrium. The mixing enthalpy consists of standard enthalpies of formation of all compounds. The mixing entropy is composed of standard entropies of all compounds and configuration entropies of all structural units at equilibrium.

(3) The equations of mixing thermodynamic parameters for metallic melts offer two practical criteria (activity and mixing thermodynamic parameters) and one theoretical criterion (the mass action law) to thermodynamic models of metallic melts to assure that the coexistence theory of metallic melts authentically reflects the structural reality and mixing thermodynamic characteristics of metallic melts.

References

[1] Huang Z. Physical Chemistry [M]. Beijing: Higher Education Press, 1956 (in Chinese).

[2] Progogine I, Defay R. Chemical Thermodynamics [R]. London, New York and Toronto: Longmans Green and Co. Ltd., 1954: 83, 90, 106.

[3] Rossini F D. Chemical Thermodynamic Equilibria among Hydrocarbons in "Physical Chemistry of the Hydrocarbons" [M]. New York: Academic Press Inc, 1950, V. 1: 368-370.

[4] Zhang Jian. Applicability of Mass Action Law in Combination with the Coexistence Theory of Metallic Melts Involving Compound to Binary Metallic Melts [J]. Acta Metallurgica Sinica, 2002, 15 (4): 353-362.

[5] Zhang Jian. The Applicability of the Law of Mass Action in Combination with the Coexistence Theory of Slag Structure to the Multicomponent Slag Systems [J]. Acta Metallurgica Sinica, 2001, 14 (3): 177-190.

[6] Zhang Jian. Coexistence Theory of Slag Structure and Its Application to Calculation of Oxidizing Capability of Slag Melts [J]. J. Iron and Steel Research International, 2003, 10 (1): 19.

[7] Zhang Jian. Calculating Models of Mass Action Concentrations for Several Molten Binary Salts [J]. Acta Metallurgica Sinica, 1997, 33 (5): 515-523.

[8] Zhang Jian. Calculating Models of Mass Action Concentrations for Several Molten Binary Mattes [J]. The Chinese Journal of Nonferrous Metals, 1997, 7 (3): 38-42 (in Chinese).

[9] Zhang Jian. Calculating Thermodynamics of Metallurgical Melts [M]. Beijing: Metallurgical Industry Press, 1998 (in Chinese).

[10] Zhang Jian, Wang Ping. The Widespread Applicability of the Mass Action Law to Metallurgical Melts and Organic Solutions [J]. Calphad, 2001, 25(3): 343-354.

[11] Sommer F. Association Model for the Description of the Thermodynamic Functions of Liquid Alloys [J]. Z Metallkde, 1982, 73 (2): 72-76.

[12] Zaitsev A I, Dobrokhotova Zh V, Litvina A D, et al. Thermodynamic Properties and Phase Equilibria in the

Fe-P System [J]. J. Chem. Soc. Faraday Trans., 1995, 91 (4): 703-712.

[13] Wasai K, Mukai K. Application of the Ideal Associated Solution Model on Description of Thermodynamic Properties of Several Binary Liquid Alloys [J]. J. Japan. Inst. Metals, 1981, 45 (6): 593-602.

[14] Desai P D. Thermodynamic Properties of Selected Binary Aluminium Alloy Systems [J]. J. Phys. Chem. Ref. Data, 1987, 16 (1): 109-124.

[15] Gaskell D R. Introduction to Metallurgical Thermodynamics [J]. Second Edition. New York: McGraw-Hill Book Company, 1981.

二元金属熔体的混合热力学参数*

摘 要：以金属熔体共存理论为基础，通过舍弃缔合溶液模型中某些经验参数系统地制定了金属熔体混合热力学参数计算公式。计算结果与实测值极为符合，证明这些公式可以确切地反映本熔体的混合热力学特性。与此同时，以含共晶体金属熔体热力学模型为基础，参考均相溶液的混合热力学参数公式制定了两相金属熔体的混合热力学参数计算公式。计算结果也与实测值极为符合，证明这些公式可以确切地反映两相金属熔体的混合热力学特性。混合热力学参数计算公式的制定就使金属熔体的热力学模型获得了两个实践检验标准（活度和混合热力学参数）及一个理论检验标准（质量作用定律），从而可严防模型制定中发生偶然错误。

关键词：金属熔体；活度；作用浓度；混合热力学参数

1 均相金属熔体

众所周知，质量作用定律是进行化学平衡计算的根本规律，它为研究溶液结构提供了广阔的前景和可能性。有关内容详见物理化学专著[1~3]。通过将质量作用定律与不同溶液的具体实际相结合已经形成了金属熔体的原子和分子共存理论[4]，炉渣熔体的分子和离子共存理论[5]，熔盐和熔锍的正负离子未分开模型[6, 7]以及某些有机溶液的全分子模型[8]，从而成功地解决了多种冶金熔体和溶液中形成化合物时的作用浓度（或活度）、平衡常数和的 $\Delta G^{\ominus}$ 计算问题。但如何将质量作用定律与以上的实际相结合来准确地解决多种混合热力学参数 ΔG^{m}、ΔG^{XS}、ΔH^{m}、ΔS^{m} 和 ΔS^{XS} 的计算还有大量复杂的问题亟待解决。可巧一些学者如萨穆尔（Sommer F）、扎依采夫（Zaitsev A I）及和才和向井（Wasai K 和 Mukai K）已经用缔合溶液模型[9~11]在这方面做了可贵的工作可供本研究借鉴。缔合溶液模型与金属熔体共存理论的共同点是两者均认为金属熔体中存在有原子和短程有序原子团或分子；其不同点在于：（1）缔合溶液模型多假定少数化合物以处理问题为共同特点；而共存理论则以相图和其他物理参数为依据来确定熔体的结构单元为出发点，因而所确定的化合物可以反映熔体的实际结构；（2）缔合溶液模型仍用活度系数，而共存理论由于采用符合质量作用定律的作用浓度，计算结果能很好地符合实际，所以不用活度系数。这样，将质量作用定律和金属熔体的共存理论与缔合溶液模型中的合理部分相结合，并去除其经验参数后即可得出均相熔体的混合热力学参数计算公式。本文的目的即在介绍这方面的结果。

1.1 含化合物金属熔体

1.1.1 Fe-Al 熔体

根据相图[12]，本二元系中有可能生成 Fe_3Al、$FeAl$、$FeAl_2$、Fe_2Al_5、$FeAl_3$ 和 $FeAl_6$ 6

* 国家科学技术著作出版基金资助。
原文发表于《中国稀土学报》，2006，24（专辑）：40~51。

个化合物。但经制定不同模型检验后，发现只有考虑Fe_3Al、FeAl、$FeAl_2$、Fe_2Al_5 和 $FeAl_6$5 个化合物的方案最符合实际。所以本熔体的结构单元为 Fe、Al 原子及Fe_3Al、FeAl、$FeAl_2$、Fe_2Al_5 和$FeAl_6$ 化合物。设溶体成分为 $a=\sum x_{Al}$，$b=\sum x_{Fe}$；归一后的作用浓度为 $N_1=N_{Fe}$，$N_2=N_{Al}$，$N_3=N_{Fe_3Al}$，$N_4=N_{FeAl}$，$N_5=N_{FeAl_2}$，$N_6=N_{Fe_2Al_5}$，$N_7=N_{FeAl_6}$；$\sum x$=平衡总摩尔分数，按照多次公布的推导方法，依据质量作用定律，则有化学平衡：

$$3Fe_{(l)}+Al_{(l)}=\!=\!=Fe_3Al_{(l)} \qquad K_1=\frac{N_3}{N_1^3N_2} \qquad N_3=K_1N_1^3N_2 \tag{1}$$

$$Fe_{(l)}+Al_{(l)}=\!=\!=FeAl_{(l)} \qquad K_2=\frac{N_4}{N_1N_2} \qquad N_4=K_2N_1N_2 \tag{2}$$

$$Fe_{(l)}+2Al_{(l)}=\!=\!=FeAl_{2(l)} \qquad K_3=\frac{N_5}{N_1N_2^2} \qquad N_5=K_3N_1N_2^2 \tag{3}$$

$$2Fe_{(l)}+5Al_{(l)}=\!=\!=Fe_2Al_{5(l)} \qquad K_4=\frac{N_6}{N_1^2N_2^5} \qquad N_6=K_4N_1^2N_2^5 \tag{4}$$

$$Fe_{(l)}+6Al_{(l)}=\!=\!=FeAl_{6(l)} \qquad K_5=\frac{N_7}{N_1N_2^6} \qquad N_7=K_5N_1N_2^6 \tag{5}$$

经过作质量平衡后得：

$$N_1+N_2+K_1N_1^3N_2+K_2N_1N_2+K_3N_1N_2^2+K_4N_1^2N_2^5+K_5N_1N_2^6-1=0 \tag{6}$$

$$aN_1-bN_2+(3a-b)K_1N_1^3N_2+(a-b)K_2N_1N_2+(a-2b)K_3N_1N_2^2+ \\ (2a-5b)K_4N_1^2N_2^5+(a-6b)K_5N_1N_2^6=0 \tag{7}$$

$$1-(a+1)N_1-(1-b)N_2=K_1(3a-b+1)N_1^3N_2+K_2(a-b+1)N_1N_2+ \\ K_3(a-2b+1)N_1N_2^2+K_4(2a-5b+1)N_1^2N_2^5+K_5(a-6b+1)N_1N_2^6 \tag{8}$$

式（6）~式（8）即为本熔体的作用浓度计算模型，其中式（6）和式（7）用以计算作用浓度，式（8）用以在已知活度（$N_1=a_{Fe}$，$N_2=a_{Al}$）的条件下回归不同化合物的平衡常数 K_i 和计算 $\Delta G^{\ominus}$。

舍弃文献［9，10］中混合自由能公式 ΔG^m 内含活度系数的 $n_v\ln\gamma_V$ 或 $\Delta_f G^{ex}$ 项后得 1mol Fe-Al 熔体混合自由能的表达式为：

$$\Delta G^m=\sum x[N_3\Delta G^{\ominus}_{Fe_3Al}+N_4\Delta G^{\ominus}_{FeAl}+N_5\Delta G^{\ominus}_{FeAl_3}+N_6\Delta G^{\ominus}_{Fe_2Al_5}+N_7G^{\ominus}_{FeAl_6}+ \\ RT(N_1\ln N_1+N_2\ln N_2+N_3\ln N_3+N_4\ln N_4+N_5\ln N_5+N_6\ln N_6+N_7\ln N_7)] \tag{9}$$

从混合自由能中减去理想混合自由能后得过剩自由能为[13]：

$$\Delta G^{XS}=\Delta G^m-RT(a\ln a+b\ln b) \tag{10}$$

根据文献［11］关于混合热焓 ΔH^m 全部来源于缔合分子的生成反应的论断，得 1mol 本熔体混合热焓的表达式为：

$$\Delta H^m=\sum x(N_3\Delta H^{\ominus}_{Fe_3Al}+N_4\Delta H^{\ominus}_{FeAl}+N_5\Delta H^{\ominus}_{FeAl_2}+N_6\Delta H^{\ominus}_{Fe_2Al_5}+N_7\Delta H^{\ominus}_{FeAl_6}) \tag{11}$$

由此得：

$$\Delta S^{\ominus}=\frac{\Delta H^{\ominus}-\Delta G^{\ominus}}{T} \tag{12}$$

进一步，参照文献［10］，得 1mol 本熔体混合熵的表达式为：

$$\Delta S^{m} = \sum x[N_3\Delta S^{\ominus}_{Fe_3Al} + N_4\Delta S^{\ominus}_{FeAl} + N_5\Delta S^{\ominus}_{FeAl_2} + N_6\Delta S^{\ominus}_{Fe_2Al_5} + N_7\Delta S^{\ominus}_{FeAl_6} - R(N_1\ln N_1 + N_2\ln N_2 + N_3\ln N_3 + N_4\ln N_4 + N_5\ln N_5 + N_6\ln N_6 + N_7\ln N_7)] \quad (13)$$

从混合熵中减去理想混合熵后得过剩熵为：

$$\Delta S^{XS} = \Delta S^{m} - R(a\ln a + b\ln b) \quad (14)$$

以上式（9）~式（14）即为本熔体的混合热力学参数计算公式。有了式（6）~式（14），就可以全面地研究一个熔体的热力学性质和混合热力学参数。

利用文献［12］中 1873K 下 Fe-Al 熔体的实测活度和混合热力学参数代入式（6）~式（14）计算得生成各化合物的 K，$\Delta G^{\ominus}$，$\Delta H^{\ominus}$ 和 $\Delta S^{\ominus}$ 如表 1 所列。用式（9）~式（14）计算得各混合热力学参数与实测值对比如图 1 所示。从图中看出，计算的全部混合热力学参数与相应的实测值非常一致；与此同时，计算过程和所得混合热力学参数还严格地服从质量作用定律。这样就使本熔体的热力学模型获得两个实践检验标准（活度和混合热力学参数）及一个理论检验标准（质量作用定律），从而可使本熔体的两个模型建立在精确和牢靠的基础上，并有力地保证金属熔体的共存理论能更严格和真实地反映金属熔体的结构实际和混合热力学特性。

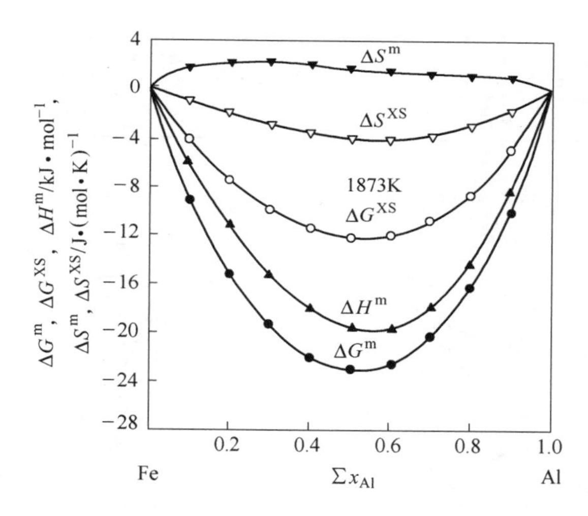

图 1　1873K 下 Fe-Al 熔体计算的混合热力学参数（—）与实测值（●○▲▼▽）的对比

表 1　1873K 下 Fe-Al 熔体生成各化合物的 K，$\Delta G^{\ominus}$，$\Delta H^{\ominus}$ 和 $\Delta S^{\ominus}$

化合物	Fe_3Al	FeAl	$FeAl_2$	Fe_2Al_5	$FeAl_6$	$F(R)$
K	6. 65879	8. 43055	6. 1239	230. 1633	24. 373	7968. 484
$\Delta G^{\ominus}$ /J · mol^{-1}	− 29540. 61	− 33216. 55	− 28235. 88	− 84741. 79	− 49757. 36	(0. 99996)
$\Delta H^{\ominus}$ /J · mol^{-1}	− 76730. 52	− 56713. 69	− 74924. 01	− 194981. 4	− 118433. 7	6902. 465
$\Delta S^{\ominus}$ /J · (mol · K)$^{-1}$	− 25. 195	− 12. 545	− 24. 927	− 58. 857	− 36. 666	(0. 99996)

1. 1. 2　Mn-Al 熔体

根据文献［12］，本二元系中的化合物有 MnAl、Mn_4Al_{11}、$MnAl_4$ 和 $MnAl_6$，均系包晶体；另外还有全成分范围内熔点最高（1588K）的一点相当于 Mn_4Al。经用多种方案比较后，发现考虑 Mn_4Al、MnAl 和 $MnAl_4$ 三种化合物的方案最符合实际。所以本熔体的结构单元为 Mn、Al 原子及 Mn_4Al、MnAl 和 $MnAl_4$ 化合物。设熔体成分为 $a=\sum x_{Al}$，$b=\sum x_{Mn}$；归一后的作用浓度为 $N_1=N_{Mn}$，$N_2=N_{Al}$，$N_3=N_{Mn_4Al}$，$N_4=N_{MnAl}$，$N_5=N_{MnAl_4}$；$\sum x$ = 平衡总摩尔分数。

利用文献［12］中 1600K 下 Mn-Al 熔体的实测活度和混合热力学参数按照与前节同样的方法计算得生成各化合物的 K、$\Delta G^{\ominus}$、$\Delta H^{\ominus}$ 和 $\Delta S^{\ominus}$ 如表 2 所示。经计算得 1600K 下 Mn-Al 熔体的作用浓度与实测活度对比如图 2 所示。同时计算得混合热力学参数与实测值对比如图 3 所示。同样的可以看出，不仅计算的作用浓度与实测活度符合甚好，而且计算的全部混合热力学参数与相应的实测值也极为一致，与此同时，本熔体的热力学性质也严格地服从质量作用定律，从而证明本模型可以确切地反映 Mn-Al 熔体的结构实际和混合热力学特性。

表 2 1600K 下 Mn-Al 熔体生成各化合物的 K，$\Delta G^{\ominus}$、$\Delta H^{\ominus}$ 和 $\Delta S^{\ominus}$

化合物	Mn_4Al	MnAl	$MnAl_4$	$F(R)$
K	253.0709	5.954652	4.962778	229.96
$\Delta G^{\ominus}$ /J · mol^{-1}	−73656.88	−23748.54	−21324.24	(0.9879)
$\Delta H^{\ominus}$ /J · mol^{-1}	−46331.42	−67269.84	−88456.88	6946.807
$\Delta S^{\ominus}$ /J · (mol · K)$^{-1}$	17.0784	−27.2008	−41.9579	(0.99959)

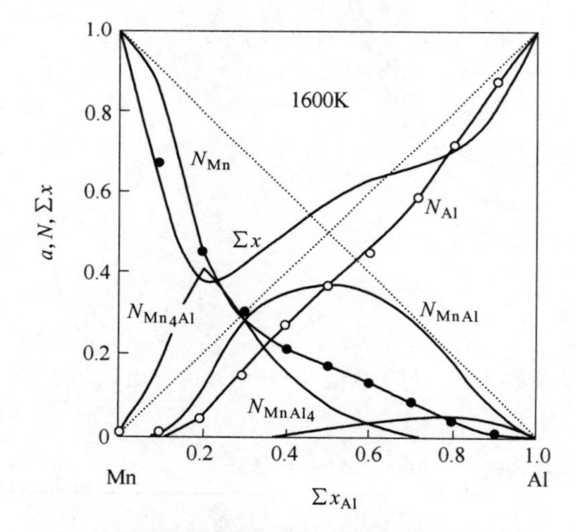

图 2 1600K 下 Mn-Al 熔体计算的作用浓度 N（—）与实测活度 a（●○）的对比

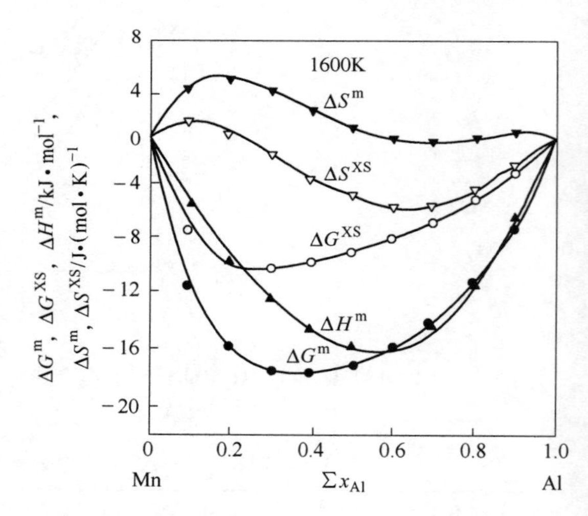

图 3 1600K 下 Mn-Al 熔体计算的混合热力学参数（—）与实测值（●○▲▼▽）的对比

从以上两例看出，将缔合溶液模型中计算混合热力学参数的公式加以改造，是可以适应金属熔体共存理论的应用条件的，而且改造后的公式，由于舍弃了经验参数，更为明晰、科学和具有规律性，有利于加深对金属熔体结构的认识：如混合自由能 ΔG^m 由各化合物标准生成自由能和平衡时各结构单元的化学势构成；混合热焓 ΔH^m 由各化合物标准生成热焓组成；混合熵 ΔS^m 由各化合物标准熵和平衡时各结构单元的组态熵构成；其所以舍弃经验参数后取得如此优异的效果，是由于金属熔体的共存理论中采用了符合质量作用定律的作用浓度的概念，因而，可以不用活度系数，从而就使缔合溶液模型中某些经验参数丧失了存在的必要性。所以，利用金属熔体的共存理论计算混合热力学参数有利于将其建立在可靠的理论基地服从质量作用定律，因而证明上述模型可以基础上。

1.2 含包晶体金属熔体

含包晶体金属熔体计算混合热力学参数所用的公式与含化合物金属熔体完全相同，即式（9）~式（14）。所以下面直接应用即可。

1.2.1 Ag-Sb 熔体

Ag-Sb 熔体的热力学性质已在另文中[14]进行了讨论，且已确定本二元系中生成的化合物为 Ag_3Sb、Ag_2Sb 和 AgSb。本节利用文献［15］中 1250K 下 Ag-Sb 熔体的实测活度和混合热力学参数并按照式（14）~式（19）计算得生成各化合物的 K，$\Delta G^{\ominus}$，$\Delta H^{\ominus}$ 和 $\Delta S^{\ominus}$ 如表 3 所示，同时计算得混合热力学参数与实测值对比如图 4 所示。从图中看出，计算与实测值是完全符合的，而且计算过程严格地服从质量作用定律，因而证明上述模型可以真实地反映本熔体的结构实际和混合热力学性质。

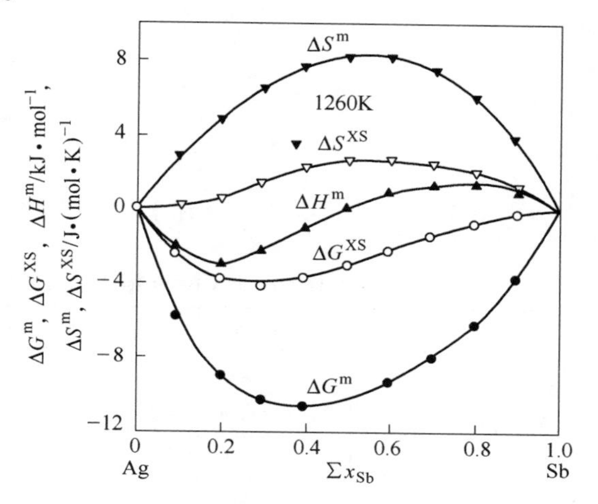

图 4 1250K 下 Ag-Sb 熔体计算的混合热力学参数（—）与实测值（●○▲▼▽）的对比

表 3 1250K 下 Ag-Sb 熔体生成各化合物的 K、$\Delta G^{\ominus}$、$\Delta H^{\ominus}$ 和 $\Delta S^{\ominus}$

化合物	Ag_3Sb	Ag_2Sb	AgSb	$F(R)$
K	8.286652	2.752306	0.3034172	235.2844
$\Delta G^{\ominus}$ /J · mol^{-1}	− 219889	− 10527.774	12401.648	(0.996477)
$\Delta H^{\ominus}$ /J · mol^{-1}	− 39732.34	6949.258	58510.37	365.9747
$\Delta S^{\ominus}$ /J · (mol · K)$^{-1}$	− 12.7547	13.982	36.887	(0.99773)

1.2.2 Cu-Sn 熔体

有关 Cu-Sn 熔体的热力学性质已在文献［14］进行了讨论，该文确定本熔体中存在的化合物有 Cu_4Sn、Cu_3Sn、Cu_6Sn_5 和 CuSn 。本节利用文献［15］中 1400K 下的实测活度和混合热力学参数按照式（9）~式（14）计算得生成各化合物的 K，$\Delta G^{\ominus}$，$\Delta H^{\ominus}$ 和 $\Delta S^{\ominus}$ 如表 4 所列，同时计算得混合热力学参数与实测值对比如图 5 所示。从图中看出，计算的混合热力学参数与实测值极为一致，而且此种一致是在严格地服从质量作用定律的条件下达到的，由此证明所推导的公式可以确切地反映本熔体的结构特点和混合热力学特性。

从以上两例看出，在含化合物二元金属熔体条件下制定的混合热力学参数公式对含包晶体二元金属熔体也是适用的。

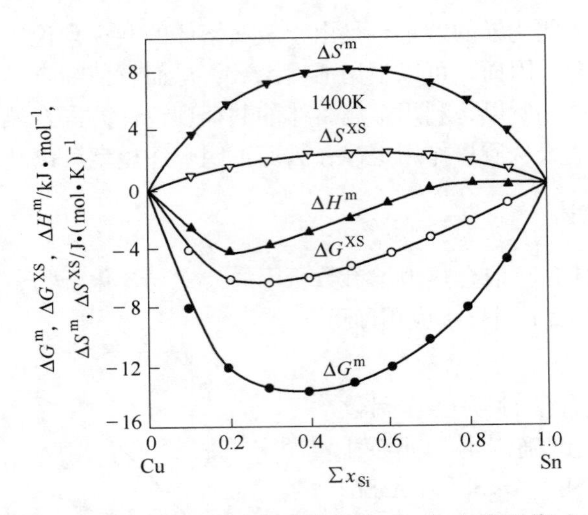

图 5　1400K 下 Cu-Sn 熔体计算的混合热力学参数（—）与实测值（●○▲▼▽）的对比

表 4　1400K 下 Cu-Su 熔体生成各化合物的 K、$\Delta G^{\ominus}$、$\Delta H^{\ominus}$和 $\Delta S^{\ominus}$

化合物	Cu_4Sn	Cu_3Sn	Cu_6Sn_5	CuSn	$F(R)$
K	39.33211	7.878154	13124.29	1.932505	736.865
$\Delta G^{\ominus}$ /J · mol^{-1}	− 42765.47	− 24038.93	− 110432.2	− 7672.74	(0.9973)
$\Delta H^{\ominus}$ /J · mol^{-1}	− 28289.09	− 39466.59	− 49102.8	2978.624	2062.24
$\Delta S^{\ominus}$ /J · (mol · K)$^{-1}$	10.34	− 11.0198	43.807	7.608	(0.99903)

1.3　含固溶体金属熔体

对于活度表现负偏差的含固溶体二元金属熔体，其混合热力学参数也可用上述均相模型（9）~式（14）来计算。下面以 Au-Cu 和 Cd-Mg 两个熔体为例加以说明。

1.3.1　Au-Cu 熔体

根据相图[17]，本二元系在固相线以下会生成 Au_3Cu、AuCu 和 $AuCu_3$ 三个化合物。因此，本熔体的结构单元为 Au、Cu 原子及 Au_3Cu、AuCu 和 $AuCu_3$ 化合物。采用与前述各节同样的方法利用文献[15]中 1550K 的实测活度和混合热力学参数计算得生成个化合物的 K，$\Delta G^{\ominus}$，$\Delta H^{\ominus}$ 和 $\Delta S^{\ominus}$ 如表 5 所示。计算的作用浓度和混合热力学参数各与实测值对比如图 6 和图 7 所示。从两图看出，计算值与实测值极为符合，而且严格地服从质量作用定律，证明用均相模型计算混合热力学参数对活度表现负偏差的含固溶体二元金属熔体是完全适用的。

表 5　1550K 下 Au-Cu 熔体生成各化合物的 K、$\Delta G^{\ominus}$、$\Delta H^{\ominus}$和 $\Delta S^{\ominus}$

化合物	Au_3Cu	AuCu	$AuCu_3$	$F(R)$
K	1.428518	3.447234	1.429565	11520.91
$\Delta G^{\ominus}$ / J · mol^{-1}	− 4598.5	− 15957.32	− 4607.95	(0.999928)
$\Delta H^{\ominus}$ / J · mol^{-1}	− 17922.98	− 15646.84	− 30977.03	17799.96
$\Delta S^{\ominus}$ /J · (mol · K)$^{-1}$	− 8.5964	0.20031	− 17.0123	(0.999953)

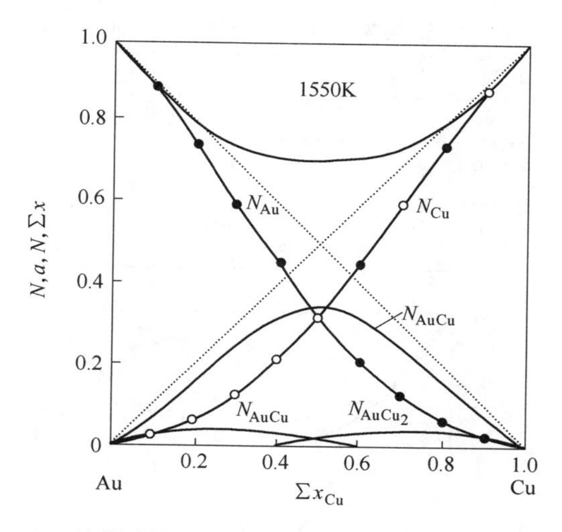

图 6 1550K 下 Au-Cu 熔体计算的作用浓度 N（—）与实测活度 a（●○）的对比图

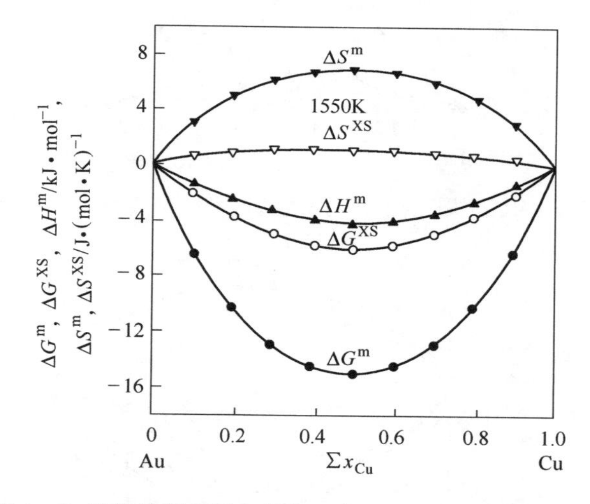

图 7 1550K 下 Au-Cu 熔体计算的混合热力学参数（—）与实测值（●○▲▼▽）的对比

1.3.2 Cd-Mg 熔体

根据文献［17］，本二元系在固相线以下会生成 Cd_3Mg、CdMg 和 $CdMg_3$ 三个化合物，所以，本熔体的结构单元为 Cd、Mg 原子及 Cd_3Mg、CdMg 和 $CdMg_3$ 化合物。采用与以前各节同样的办法，利用文献［15］上 923K 下 Cd-Mg 熔体实测活度和混合热力学参数计算得生成不同化合物的 K，$\Delta G^{\ominus}$、$\Delta H^{\ominus}$和 $\Delta S^{\ominus}$如表 6 所示。计算的作用浓度和混合热力学参数与实测值的对比分别如图 8 和图 9 所示。从两图看出，计算值与实测值是极为符合的，同时它们也是严格地遵守质量作用定律的。因此，认为上述均相模型是能够准确地反映本熔体的结构特点和混合热力学特性的。

从以上两方面的例子看出，均相混合热力学参数模型对含化合物，含包晶体和表现负偏差的二元金属固熔体都是适用的。

表 6　923K 下 Cd-Mg 熔体生成各化合物的 K，$\Delta G^{\ominus}$，$\Delta H^{\ominus}$ 和 $\Delta S^{\ominus}$

化合物	Cd_3Mg	CdMg	$CdMg_3$	$F(R)$
K	2.776835	5.856318	1.167485	9585.063
$\Delta G^{\ominus}$ /J · mol^{-1}	−7841.834	−13571.38	−1188.983	(0.999913)
$\Delta H^{\ominus}$ /J · mol^{-1}	−33702.2	−17154.14	−51665.33	697.0923
$\Delta S^{\ominus}$ /J · (mol · K)$^{-1}$	−28.018	−3.8816	−54.687	(0.9988067)

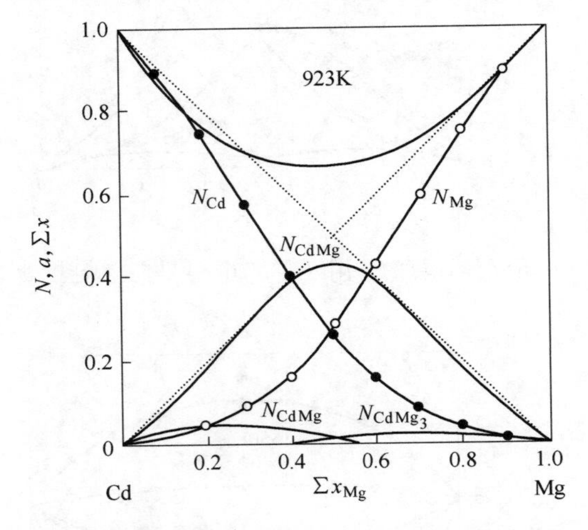

图 8　923K 下 Cd-Mg 熔体计算的作用浓度 N（—）与实测活度 a（●○）的对比

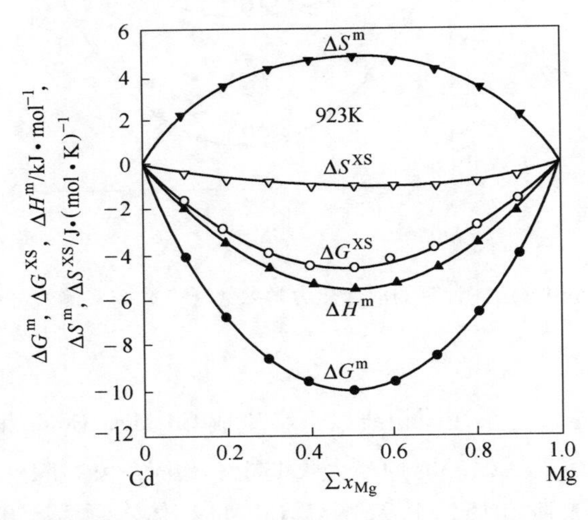

图 9　923K 下 Cd-Mg 熔体计算的混合热力学参数（—）与实测值（●○▲▼▽）的对比

2　两相金属熔体

通过借鉴缔合溶液模型[9~11]在混合热力学参数方面所作的可贵研究成果，舍弃其不适合金属熔体共存理论的经验参数从理论上系统地制定了均相二元金属熔体混合热力学参数计算公式，并将其应用于含化合物金属熔体[18~20]，取得了既符合实测活度和热力学参数，又严格地遵守质量作用定律的优异成绩。除了均相溶液而外，在冶金和化工领域还大量存在着的两相溶液（和多相溶液），如不解决这方面的问题，则有关混合热力学参数方面的理论还不能说是完整的。但有关此类研究结果还未见报道，所以只有我们自己摸索着前进，因此，在质量作用定律和含共晶体金属熔体热力学模型的基础上参考均相溶液的混合热力学参数公式制定两相金属熔体的混合热力学参数计算公式就是迫在眉睫的问题。本节的目的即在汇报我们在这方面的探索结果[21]。

2.1 对拉乌尔定律显负偏差的熔体

2.1.1 Al-Si 熔体

根据相图[16]，本二元系含共晶体。按照二元金属熔体的分类[22]，含共晶体者属两相熔体，原来对其作用浓度计算，按活度对拉乌尔定律显对称性负偏差处理。这样做，就活度而言，误差不大；但对混合热力学参数而言，却造成了不可忽视的误差，由此可见混合热力学参数作为另一实践检验标准的重要作用。经过用不同方案进行反复检验，证明只有采用 Al_2Si 和 AlSi 两个亚稳态化合物的方案才能满足本熔体热力学性质和混合热力学参数双方均符合实际的要求。因此重新确定 Al-Si 熔体的结构单元为 Al、Si 原子与 Al_2Si 和 AlSi 亚稳态化合物，并形成 Al + Al_2Si + AlSi 和 Si + Al_2Si + AlSi 两个溶液。令熔体成分为 $b = \sum x_{Al}$，$a = \sum x_{Si}$；以熔体成分表示的各结构单元平衡摩尔分数为 $x = x_{Al}$，$y = x_{Si}$，$z_1 = x_{Al_2Si}$，$z_2 = x_{AlSi}$；每个结构单元的作用浓度为 $N_1 = N_{Al}$，$N_2 = N_{Si}$，$N_3 = N_{Al_2Si}$，$N_4 = N_{AlSi}$，则有化学平衡：

$$2Al_{(l)} + Si_{(l)} = Al_2Si_{(l)} \qquad K_1 = \frac{N_3}{N_1^2 N_2} \qquad N_3 = K_1 N_1^2 N_2 \tag{15}$$

$$Al_{(l)} + Si_{(l)} = AlSi_{(l)} \qquad K_2 = \frac{N_4}{N_1 N_4} \qquad N_4 = K_2 N_1 N_2 \tag{16}$$

质量平衡：

$$b = x + 2z_1 + z_2 \tag{17}$$

$$a = y + z_1 + z_2 \tag{18}$$

$$N_1 = x/b\ ,\ N_2 = y/a\ ,\ z_1 = K_1 N_1^2 N_2\ ,\ z_2 = K_2 N_1 N_2 \tag{19}$$

将式（19）代入式（17）和式（18）中得：

$$N_1 + (2K_1 N_1^2 N_2 + K_2 N_1 N_2)/b = 1$$

$$N_2 + (K_1 N_1^2 N_2 + K_2 N_1 N_2)/a = 1 \tag{20}$$

从加和式（20）得：

$$ab(2 - N_1 - N_2) = K_1(2a + b)N_1^2 N_2 + K_2(a + b)N_1 N_2 \tag{21}$$

式（20）和式（21）即为本二元熔体的两相作用浓度计算模型，式（20）用以计算作用浓度，式（21）用以从已知实测活度值（$N_1 = a_{Al}$，$N_2 = a_{Si}$）求平衡常数。

由于本熔体为两个溶液所构成，其混合热力学参数也应由两部分组成。以混合自由能 ΔG^m 为例，第一个溶液的混合自由能为：

$$\Delta G_1^m = b[N_3 \Delta G_{Al_2Si}^\ominus + N_4 \Delta G_{AlSi}^\ominus + RT(N_1 \ln N_1 + N_3 \ln N_3 + N_4 \ln N_4)] \tag{22a}$$

第二个溶液的混合自由能为：

$$\Delta G_2^m = a[N_3 \Delta G_{Al_2Si}^\ominus + N_4 \Delta G_{AlSi}^\ominus + RT(N_2 \ln N_2 + N_3 \ln N_3 + N_4 \ln N_4)] \tag{22b}$$

式（22a)+式（22b）得：

$$\Delta G^{m} = N_3\Delta G^{\ominus}_{Al_2Si} + N_4\Delta G^{\ominus}_{AlSi} + RT(bN_1\ln N_1 + aN_2\ln N_2 + N_3\ln N_3 + N_4\ln N_4) \tag{22}$$

从混合自由能中减去理想混合自由能后得过剩自由能[13]：

$$\Delta G^{XS} = \Delta G^{m} - RT(a\ln a + b\ln b) \tag{23}$$

根据文献［11，20］关于混合热焓 ΔH^{m} 全部来源于缔合分子的生成反应的论断，得 1mol 本熔体混合热焓的表达式为：

$$\Delta H^{m} = N_3\Delta H^{\ominus}_{Al_2Si} + N_4\Delta H^{\ominus}_{AlSi} \tag{24}$$

由此得：

$$\Delta S^{\ominus}_i = \frac{\Delta H^{\ominus}_i - \Delta G^{\ominus}_i}{T}$$

进一步，参照式（22)，得 1mol 本熔体混合熵的表达式为：

$$\Delta S^{m} = N_3\Delta S^{\ominus}_{Al_2Si} + N_4\Delta S^{\ominus}_{AlSi} - R(bN_1\ln N_1 + aN_2\ln N_2 + N_3\ln N_3 + N_4\ln N_4) \tag{25}$$

从混合熵中减去理想混合熵后得过剩熵为：

$$\Delta S^{XS} = \Delta S^{m} - R(a\ln a + b\ln b) \tag{26}$$

以上式（22)~式（26）即为本熔体的混合热力学参数计算公式。有了式（20)~式(26)，就可以全面地研究一个两相熔体的热力学性质和混合热力学参数。

利用文献［12］中 1700K 下 Al-Si 熔体的实测活度和混合热力学参数代入式（22)~式（26）计算得生成各化合物的 K、$\Delta G^{\ominus}$、$\Delta H^{\ominus}$ 和 $\Delta S^{\ominus}$ 如表 7 所示。

表 7　1700K 下 Al-Si 熔体生成各亚稳态化合物的 K、$\Delta G^{\ominus}$、$\Delta H^{\ominus}$ 和 $\Delta S^{\ominus}$

化合物	Al_2Si	AlSi	$F(R)$
K	0.3423785	1.234759	835.4803
$\Delta G^{\ominus}$ /J · mol^{-1}	15157.789	-2982.176	(0.998209)
$\Delta H^{\ominus}$ /J · mol^{-1}	-39395.31	-7493.094	790.7289
$\Delta S^{\ominus}$ /J · (mol · K)$^{-1}$	-32.09	-2.6535	(0.998108)

用式（20）计算得作用浓度与实测活度对比如图 10 所示。用式（22)~式（26）计算得各混合热力学参数与实测值对比如图 11 所示。从两图看出，不仅计算的作用浓度与实测活度符合甚好，而且计算的全部混合热力学参数与相应的实测值也非常一致；与此同时，计算过程和所得热力学性质还严格地服从质量作用定律。从而证明以上两套模型可以确切地反映 Al-Si 熔体的结构实际和混合热力学特性。

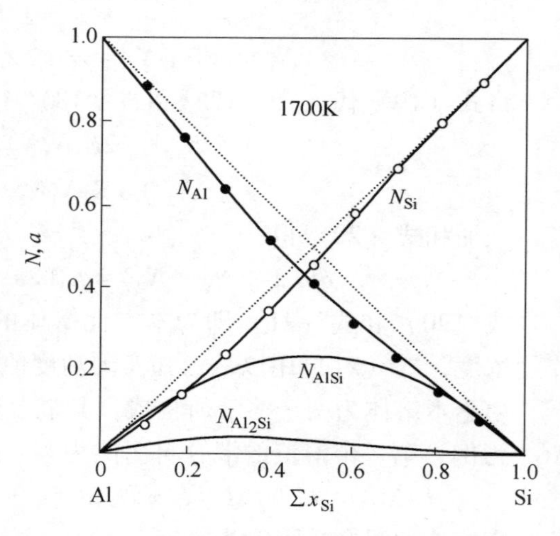

图 10　1700K 下 Al-Si 熔体计算的作用浓度 N（—）与实测活度 a（•○）的对比

2.1.2　Ge-Al 熔体

根据相图［15］，本二元系含共晶体。其活度对拉乌尔定律显对称性负偏差，按照含共晶体金属熔体的热力学性质[23]，本熔体

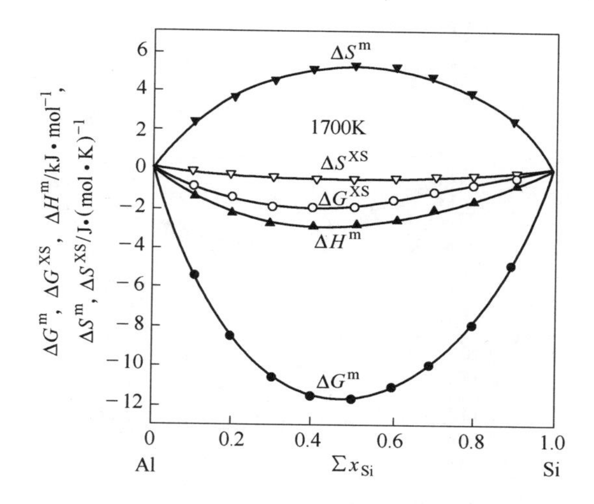

图 11　1700K 下 Al-Si 熔体计算的混合热力学参数（—）与实测值（●○▲▼▽）的对比

内会生成 AB 型亚稳态化合物，因此，本熔体的结构单元为 Ge、Al 原子和 GeAl 亚稳态化合物。并形成 Ge+GeAl 和 Al+GeAl 两个溶液。令熔体成分为 $b=\sum x_{Ge}$，$a=\sum x_{Al}$；每个结构单元的作用浓度为 $N_1=N_{Ge}$，$N_2=N_{Al}$，$N_3=N_{GeAl}$。

利用文献［15］中 1200K 下 Ge-Al 熔体的实测活度和混合热力学参数按照与前节同样的方法计算得生成亚稳态化合物的热力学参数为：$K=3.75153$，$\Delta G^{\ominus}=-13198\text{J/mol}$，$\Delta H^{\ominus}=-12003.185\text{J/mol}$ 和 $\Delta S^{\ominus}=0.9957\text{J/(mol·K)}$。进一步计算得 1200K 下 Ge-Al 熔体的作用浓度与实测活度对比如图 12 所示。同时计算得混合热力学参数与实测值对比如图 13 所示。从图中可以看出，不仅计算的作用浓度与实测活度符合甚好，而且计算的全部混合热力学参数与相应的实测值也极为一致，与此同时，本熔体的热力学性质严格地服从质量作用定律，从而证明制定的模型可以确切地反映 Ge-Al 熔体的结构实际和混合热力学特性。

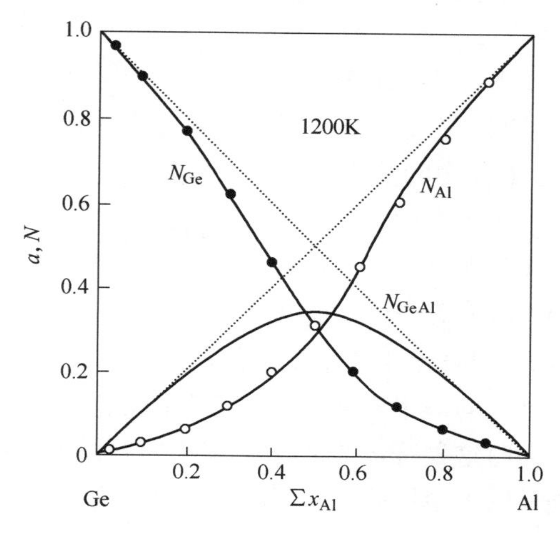

图 12　1200K 下 Ge-Al 熔体计算的作用浓度 N（—）与实测活度 a（●○）的对比

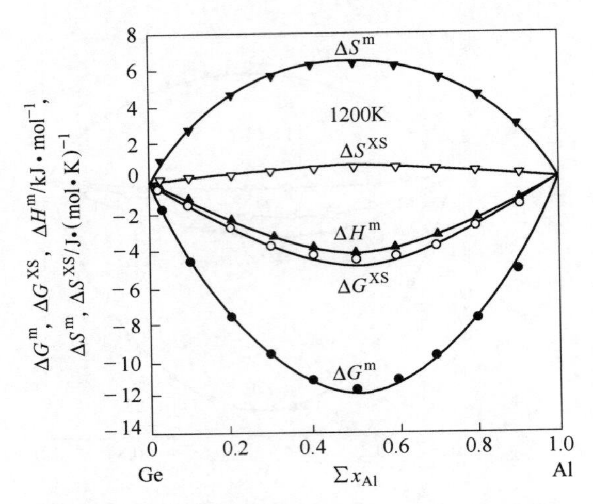

图 13 1200K 下 Ge-Al 熔体计算的混合热力学参数（—）与实测值（●○▲▼▽）的对比

2.2 对拉乌尔定律显正偏差的熔体

2.2.1 活度显对称性正偏差的熔体

2.2.1.1 Fe-Cr 熔体

根据相图[15]，本二元系含固溶体。其活度对拉乌尔定律显对称性正偏差，且于低温（1103K）下发现有金属间化合物 σ 相（FeCr）生成。因此，本熔体的结构单元为 Fe、Cr 原子和 FeCr 亚稳态化合物。并形成 Fe+FeCr 和 Cr+FeCr 两个溶液。令熔体成分为 $b=\sum x_{Fe}$，$a=\sum x_C$；每个结构单元的作用浓度为 $N_1=N_{Fe}$，$N_2=N_{Cr}$，$N_3=N_{FeCr}$。

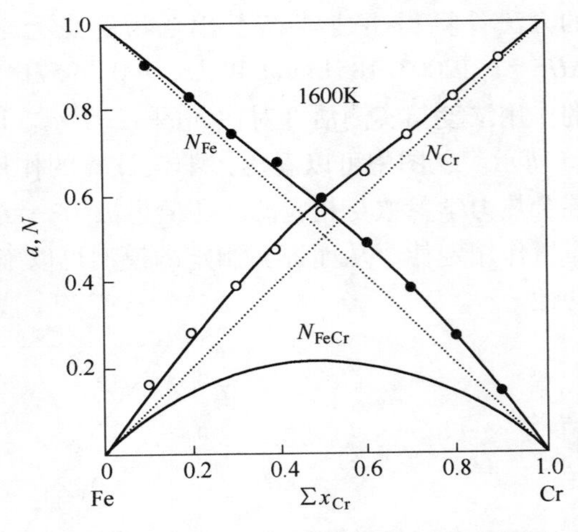

图 14 1600K 下 Fe-Cr 熔体计算的作用浓度 N（—）与实测活度 a（●○）的对比

利用文献［15］中 1600K 下 Fe-Cr 熔体的实测活度和混合热力学参数按照与前节同样的方法计算得生成亚稳态化合物的热力学参数为 $K=0.657329$，$\Delta G^{\ominus}=5585$J/mol，$\Delta H^{\ominus}=26074.3$J/mol 和 $\Delta S^{\ominus}=12.806$J/(mol · K)。进而计算得 1600K 下 Fe-Cr 熔体的作用浓度与实测活度对比如图 14 所示。同时计算得混合热力学参数与实测值对比如图 15 所示。从两图再次看到，不但本熔体计算的作用浓度与实测活度非常符合，而且计算的混合热力学参数与实测值也十分吻合，同时这种符合是在严格遵守质量作用定律的条件下取得的，因而证明上述模型可以真实地反映本熔体的结构实际和混合热力学特性。

2.2.1.2 Ga-Al 熔体

根据相图［15］，本二元系含共晶体。其活度对拉乌尔定律显对称性正偏差，按照含

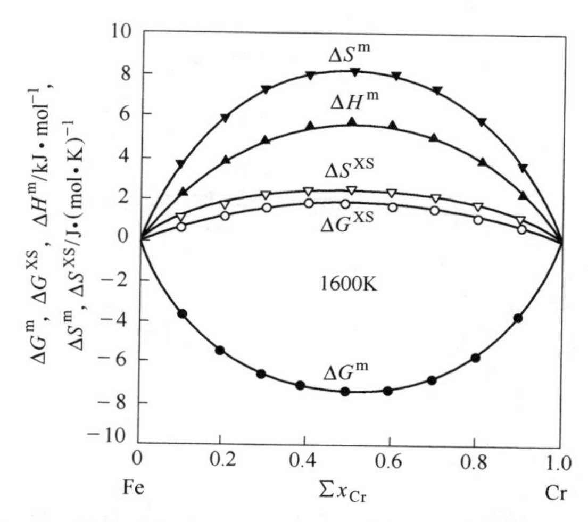

图 15 1600K 下 Fe-Cr 熔体计算的混合热力学参数（—）与实测值（●○▲▼▽）的对比

共晶体金属熔体的热力学性质[23]，本熔体内会生成 AB 型亚稳态化合物，因此，本熔体的结构单元为 Ga、Al 原子和 GaAl 亚稳态化合物。并形成 Ga+GaAl 和 Al+GaAl 两个溶液。令熔体成分为 $b=\sum x_{Ca}$，$a=\sum x_{Al}$；每个结构单元的作用浓度为 $N_1=N_{Ga}$，$N_2=N_{Al}$，$N_3=N_{GaAl}$。

利用文献［15］中 1023K 下 Ga-Al 熔体的实测活度和混合热力学参数按照与前节同样的方法计算得生成亚稳态化合物的热力学参数为 $K=0.884059$，$\Delta G^{\ominus}=1048.7$J/mol，$\Delta H^{\ominus}=2774.816$J/mol 和 $\Delta S^{\ominus}=1.6873$J/(mol·K)。

经计算得 1023K 下 Ga-Al 熔体的作用浓度与实测活度对比如图 16 所示。同时计算得混合热力学参数与实测值对比如图 17 所示。从两图再次看到，不但本熔体计算的作用浓度与实测活度非常符合，而且计算的混合热力学参数与实测值也十分吻合，与此同时，这种符合是在严格遵守质量作用定律的条件下取得的，因而证明上述模型可以真实地反映本熔体的结构实际和混合热力学特性。

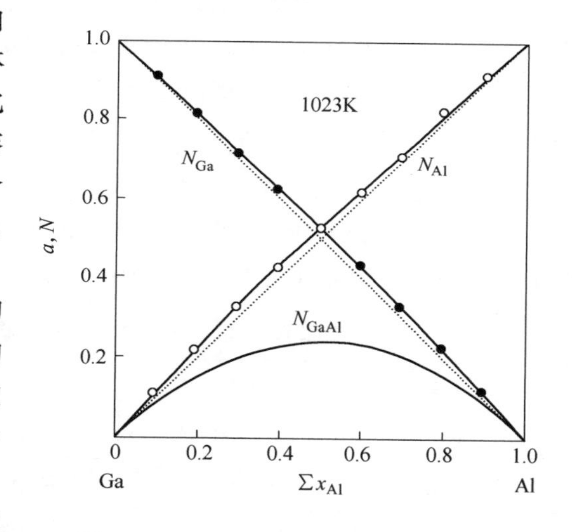

图 16 1023K 下 Ga-Al 熔体计算的作用浓度 N（—）与实测活度 a（●○）的对比

2.2.2 活度显非对称性正偏差的熔体

2.2.2.1 Fe-Cu 熔体

根据相图[15]，本二元系含固溶体。其活度对拉乌尔定律显非对称性正偏差。原来以为其活度显对称性正偏差[24]，选取了 Fe、Cu 及 FeCu 作为结构单元。这样，虽然计算的作浓度与实测活度符合，但却计算不出符合实际的混合热力学参数。经反复制定模型试验，发现只有采用 Fe、Cu 原子及 Fe_5Cu_3、FeCu 和 Fe_3Cu_5 作为结构单元时，才能达到作

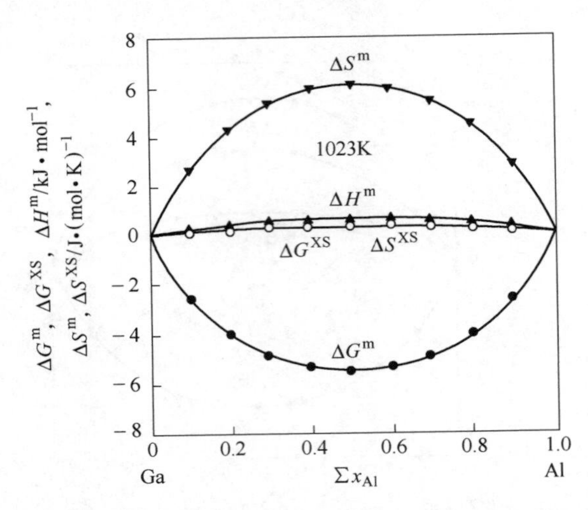

图 17 1023K 下 Ga-Al 熔体计算的混合热力学参数（—）与实测值（●○▲▼▽）的对比

用浓度和混合热力学参数双方均符合实际的目的。在这里，再一次看到混合热力学参数对模型优劣的检验和判断作用。由此重新确定本熔体的结构单元为 Fe、Cu 原子及 Fe_5Cu_3、FeCu 和 Fe_3Cu_5 亚稳态化合物，并形成 $Fe + Fe_5Cu_3 + Fe_3Cu_5$ 和 $Cu + Fe_5Cu_3 + Fe_3Cu_5$ 两个溶液。令熔体成分为 $b = \sum x_{Fe}$，$a = \sum x_{Cu}$；每个结构单元的作用浓度为 $N_1 = N_{Fe}$，$N_2 = N_{Cu}$，$N_3 = N_{Fe_5Cu_3}$，$N_4 = N_{FeCu}$，$N_5 = N_{Fe_3Cu_5}$。

利用文献［15］中 1823K 下 Fe-Cu 熔体的实测活度和混合热力学参数按照与前节同样的方法计算得生成各化合物的 K、$\Delta G^{\ominus}$、$\Delta H^{\ominus}$ 和 $\Delta S^{\ominus}$ 如表 8 所示。

表 8 1823K 下 Fe-Cu 熔体生成各亚稳态化合物的 K、$\Delta G^{\ominus}$、$\Delta H^{\ominus}$和 $\Delta S^{\ominus}$

化合物	Fe_5Cu_3	FeCu	Fe_3Cu_5	$F(R)$
K	0. 03421364	0. 05405407	0. 01438939	1216488
$\Delta G^{\ominus}$ /J · mol^{-1}	51186. 728	44250. 468	64322. 375	(0. 99722)
$\Delta H^{\ominus}$ /J · mol^{-1}	657352. 9	17150. 86	875878. 4	1485. 047
$\Delta S^{\ominus}$ /J · (mol · K)$^{-1}$	332. 5102	− 14. 8654	445. 1761	(0. 99810)

经计算得 1823K 下 Fe-Cu 熔体的作用浓度与实测活度对比如图 18 所示。同时计算得混合热力学参数与实测值对比如图 19 所示。从图中可以看出，不仅计算的作用浓度与实测活度符合甚好，而且计算的全部混合热力学参数与相应的实测值也极为一致，与此同时本熔体的热力学性质严格地服从质量作用定律，从而证明本模型可以确切地反映 Fe-Cu 熔体的结构实际和混合热力学特性。

2.2.2.2 Pb-Sn 熔体

根据相图[15]，本二元系含共晶体。其活度对拉乌尔定律显非对称性正偏差。按照含共晶体金属熔体的热力学性质[23]，本熔体内会生成 A_2B_3 型亚稳态化合物，因此，本熔体的结构单元为 Pb、Sn 原子和 Pb_2Sn_3 亚稳态化合物。并形成 $Pb+Pb_2Sn_3$ 和 $Sn+Pb_2Sn_3$ 两个溶液。令溶体成分为 $b=\sum x_{Pb}$，$a=\sum x_{Sn}$；每个结构单元的作用浓度为 $N_1=N_{Pb}$，$N_2=N_{Sn}$，$N_3=N_{Pb_2Sn_3}$。

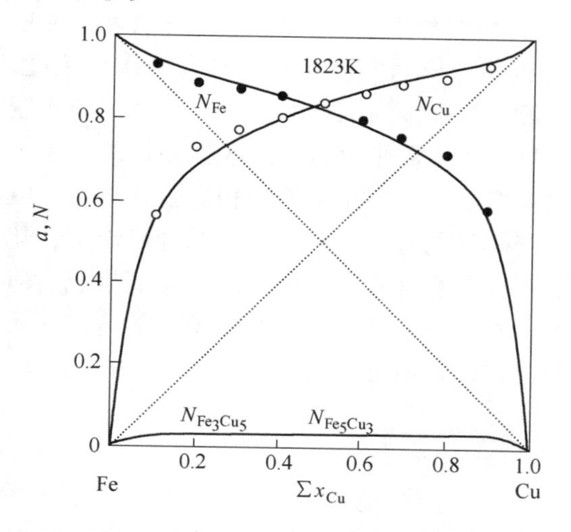

图 18　1823K 下 Fe-Cu 熔体计算的作用浓度 N（—）与实测活度 a（●○）的对比

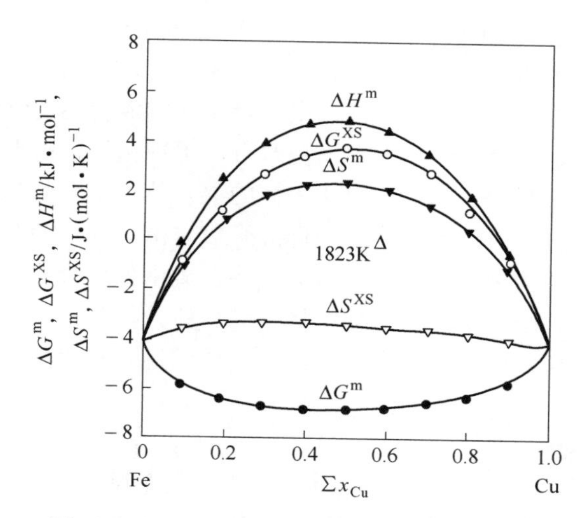

图 19　1823K 下 Fe-Cu 熔体计算的混合热力学参数（—）与实测值（●○▲▼▽）的对比

利用文献［15］中 1050K 下 Pb-Sn 熔体的实测活度和混合热力学参数按照与前节同样的方法计算得生成亚稳态化合物的热力学参数为：$K=0.633281$，$\Delta G^{\ominus}=3990\text{ J/mol}$，$\Delta H^{\ominus}=21141.92\text{J/mol}$ 和 $\Delta S^{\ominus}=16.3352\text{J/(mol·K)}$。

经计算得 1050K 下 Pb-Sn 熔体的作用浓度与实测活度对比如图 20 所示。同时计算得混合热力学参数与实测值对比如图 21 所示。从图中可以看出，不仅计算的作用浓度与实测活度符合，而且计算的全部混合热力学参数与相应的实测值的符合也是满意的，与此同时本熔体的热力学性质严格地服从质量作用定律，从而证明本模型可以确切地反映 Pb-Sn 熔体的结构实际和混合热力学特性。

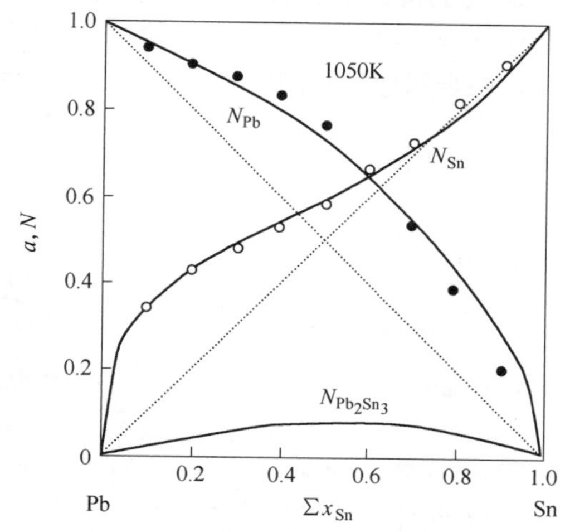

图 20　1050K 下 Pb-Sn 熔体计算的作用浓度 N（—）与实测活度 a（●○）的对比

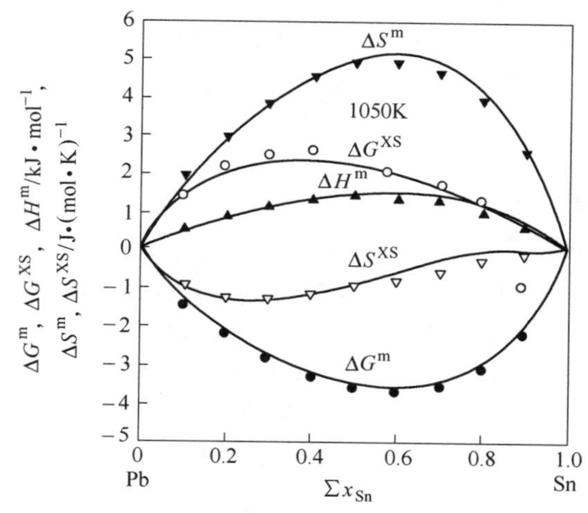

图 21　1050K 下 Pb-Sn 熔体计算的混合热力学参数（—）与实测值（●○▲▼▽）的对比

从以上讨论可以看出，对热力学模型的正确与否，实测活度从实践角度和质量作用定律从理论角度的确起了极为重要的检验和判断作用。在多数情况下，不合格的模型很难逃过两者的检验。但如前述 Al-Si 和 Fe-Cu 熔体所示，虽然按生成 AB 型亚稳态化合物，在质量作用定律和两相熔体模型相结合的条件下，可以计算出与实测活度相符合的作用浓度，然而，要想同时计算出符合实际的混合热力学参数，却是极为困难的。因此，为了防止制定冶金熔体热力学模型时万一出现错误，将混合热力学参数作为另一实践检验标准是十分必要的。其次，两相熔体的混合热力学参数公式在本质上与均相溶液的相应公式类似：混合自由能由各化合物标准生成自由能和平衡时各结构单元的化学势构成；混合热焓由各化合物标准生成热焓组成；混合熵由各化合物标准熵和平衡时各结构单元的组态熵构成。但是由于两类溶液的结构不同，使计算公式出现了一些差别，如不考虑两相模型的特点，要想制定出符合实际的两相熔体的混合热力学参数公式也是不可能的。

3 结论

（1）在金属熔体共存理论的基础上通过舍弃缔合溶液模型中某些经验参数从理论上系统地制定了金属熔体混合热力学参数计算公式。计算结果与实测值极为符合，证明这些公式可以确切地反映本熔体的混合热力学特性。

（2）在含共晶体金属熔体热力学模型的基础上参考均相溶液的混合热力学参数公式制定了两相金属熔体的混合热力学参数计算公式。计算结果既与实测值极为符合，也严格服从质量作用定律，证明这些公式可以确切地反映两相金属熔体的结构实际和混合热力学特性，因此，采用经验参数是没有必要的。

（3）均相和两相溶液的混合自由能由各化合物标准生成自由能和平衡时各结构单元的化学势构成；混合热焓由各化合物标准生成热焓组成；混合熵由各化合物标准熵和平衡时各结构单元的组态熵构成。但是由于两类溶液的结构不同，使计算公式出现了一些差别，如不考虑两相模型的特点，要想制定出符合实际的计算公式也是不可能的。

（4）金属熔体混合热力学参数计算公式的制定就使金属熔体的热力学模型获得了两个实践检验标准（活度和混合热力学参数）及一个理论检验标准（质量作用定律），从而可以有力地保证金属熔体的共存理论更严格和真实地反映金属熔体的结构实际和混合热力学特性。

参考文献

[1] 黄子卿．物理化学 [M]．北京：高等教育出版社，1956：215.

[2] Prigogine I, Defay R. Chemical Thermodynamics [M]. London, New York and Toronto: Longmans Green and Co. Ltd., 1954: 83, 90, 106.

[3] Rossini F D. Chemical Thermodynamic Equilibria among Hydrocarbons in "Physical Chemistry of the Hydrocarbons" [M]. NY: Academic Press Inc., 1950: 368.

[4] Zhang Jian. Applicability of Mass Action Law in Combination with the Coexistence Theory of Metallic Melts Involving Compound to Binary Metallic Melts [J]. Acta Metallurgica Sinica (English Letters), 2002, 15 (4): 353~362.

[5] Zhang Jian. The Applicability of the Law of Mass Action in Combination with the Coexistence Theory of slag Structure to the Multicomponent Slag Systems [J]. Acta Metallurgica Sinica (English Letters), 2001, 14

(3): 177~190.
[6] 张鉴. 几种二元熔盐作用浓度计算模型初探 [J]. 金属学报, 1997, 33 (5): 515~523.
[7] 张鉴. 熔锍作用浓度计算模型的初探 [J]. 中国有色金属学报, 1997, 7 (3): 38~42.
[8] Zhang Jian, Wang Ping. The Widespread Applicability of the Mass Action Law to Metallurgical Melts and Organic Solutions [J]. Calphad, 2001, 25 (3): 343~354.
[9] Sommer F. Association Model for the Description of the Thermodynamic Functions of Liquid Alloys [J]. Z. Metallkde., 1982, 73 (2): 72.
[10] Zaitsev A. I, Dobrokhotova Zh. V, Litvina A. D, Mogutnov B. M. Thermodynamic Properties and Phase Equilibria in the Fe-P System [J]. J. Chem. Soc. Faraday Trans., 1995, 91 (4): 703.
[11] Wasai K, Mukai K. Application of the Ideal Associated solution Model on Description of Thermodynamic Properties of Several Binary Liquid Alloys [J]. J. Japan Inst. Metals., 1981, 45 (6): 593.
[12] Desai P. D. Thermodynamic Properties of Selected Binary Aluminium Alloy Systems [J], J. Phys. Chem. Ref. Data., 1987, 16 (1): 109.
[13] Gaskell D. R. Introduction to Metallurgical Thermodynamics (Second Edition) [M]. New York: McGraw-Hill Book Company, 1981: 362.
[14] Zhang Jian. Thermodynamic Properties and Mixing Thermodynamic Parameters of Binary Homogeneous Metallic Melts [J]. Rare Metals, 2003, 22 (1): 25~32.
[15] Hultgren R, Desai P D, Hawkins D T, Gleiser M, Kelley K K. Selected Values of the Ther-modynamic Properties of Binary Alloys [M]. American Society for Metals, Metals Park, Ohio 44073, 1973: 89, 170, 267, 798.
[16] Massalski T B, Murry T L, Bennet L N, Baker H. Binary Alloy Phase Diagrams, American Society of Metals [J]. Metals Park, Ohio 44073, 1986, (1): 1; (2): 1101.
[17] 长崎诚三. 实用二元合金状态图集 [J]. 金属 (日文), 1992, 62 (11): 1.
[18] Zhang Jian. Thermodynamic Properties and Mixing Thermodynamic Parameters of Binary Homogeneous Metallic Melts [J]. Rare Metals, 2003, 22 (1): 25~32.
[19] Zhang Jian. Thermodynamic Properties and Mixing Thermodynamic Parameters of Binary Metallic Melts Involving Compound Formation [J]. J. Iron and Steel Research International, 2005, 12 (2): 11.
[20] Zhang Jian. Thermodynamic Properties and Mixing Thermodynamic Parameters of Ba-Al, Mg-Al, Sr-Al and Cu-Al Melts [J]. Transaction of Nonferrous Metals Society of China, 2004, 14 (2): 345~350.
[21] Zhang Jian. Thermodynamic Properties and Mixing Thermodynamic Parameters of Two Phase Metallic Melts [J]. Journal of University of Science and Technology Beijing, 2005, 12 (4): 213~220.
[22] 张鉴. 二元金属熔体热力学性质按相图的分类 [J]. 金属学报, 1998, 34 (1): 75~85.
[23] Zhang Jian. Calculating Models of Mass Action Concentratioas of Binary Metallic Melts Involving Eutectic [J]. Journal of University of Science and Technology Beijing, 1994, (1): 22~30.
[24] Zhang Jian. Calculating Models of Mass Action Concentrations for Binary Metallic Melts Involving Solid Solution [J]. Transaction of Nonferrous Metals Society of China, 1995, 5 (2): 16~22.

Mixing Thermodynamic Parameters of Binary Metallic Melts

Zhang Jian

(University of Science and Technology Beijing)

Abstract: Based on the coexistence theory of metallic melts involving compound formation, the computational equations of mixing thermodynamic parameters were established by giving up some empirical parameters in the associated solution model. The calculated results agree excellently with practice, testifying that these equations can exactly embody the mixing thermodynamic characteristics of corresponding melts. At the same time, on the basis of the calculating model of mass action concentrations of binary metallic melts involving eutectic and referring to those equations of homogeneous solution, the calculating equations of mixing thermodynamic parameters for two phase metallic melts have also been formulated. The evaluated results agree also quite well with measured values. This in turn confirms that these equations can authentically reflect the mixing thermodynamic characteristics of two-phase metallic melts. Formulation of calculating equations of mixing thermodynamic parameters for metallic melts offer two practical criteria (activity and mixing thermodynamic parameters) and one theoretical criterion (the mass action law), so as to strictly prevent thermodynamic model from erroneous formulation for any eventuality.

Keywords: metallic melts; activity; mass action concentrations; mixing thermodynamic parameters

关于溶液理论在质量作用定律指导下的统一*

摘　要：以质量作用定律为准绳、以实测活度为实践基础和判断标准、以相图及金属熔体的原子和分子共存理论、熔渣和水溶液的分子和离子共存理论、氧化物固溶体、熔盐和熔锍的正负离子未分开模型与一些有机溶液全分子模型为确定结构单元的科学依据和原则，分别制定了均相和两相溶液的通用作用浓度计算模型。在未用活度系数的条件下，计算的上述六类溶液作用浓度在全成分范围内，与实测活度符合甚好，从而证明根据质量作用定律直接计算活度对金属熔体、熔渣、熔盐、熔锍、水溶液和有机溶液是普遍适用的，由此证明六种溶液理论是可以在质量作用定律指导下实现统一的。

关键词：活度；质量作用定律；作用浓度；溶液

1　引言

在计算机普遍应用、相图研究取得巨大进展以及冶金熔体的结构和热力学性质与相图的一致性已经确证的条件下，针对党的十七大“提高自主创新能力，建设创新型国家”的号召，对溶液理论的统一问题进行讨论是非常有意义的。

1.1　常用 Wagner 相互作用系数使用效果

目前在溶液理论上，学派林立，各派自成体系，使用本派特有的经验参数，无普遍适用性，与质量作用定律相矛盾，在多元非均相反应的应用中遇到极难克服的困难。就脱氧反应而言，K. Suito 利用冶金和化工上熟知的 Wagner 相互作用系数处理钙脱氧中，在 1873K 下，当［%Al］≤0.3 和［%Si］≤3 时，虽然将其成分范围｛［%Ca］+2.51［%O］｝分成如表 1 所示的三段，但 K_{CaO} 仍然并不守常，而且相互作用系数 e_O^{Ca} 也变动甚大，其绝对值大得惊人[1]。稍后在 1873K 下，固定 $\log K=110.22$，将［%Ca］+2.5［%O］分为<0.005 和>0.005 两段后，得一级和二级相互作用系数如表 2 所示[2]。可以看出，虽然固定了 $\log K_{CaO}$，但不同成分段的一级和二级相互作用系数的变化仍然是极为剧烈的。

表 1　1873K 下不同［%Ca］+2.51［%O］值下的 K_{CaO} 和 e_O^{Ca}

［%Ca］+2.51［%O］	<0.0008	0.0008~0.0030	>0.0030
$\log K_{CaO}$	−10.34	−7.6±0.3	−5.8±0.3
e_O^{Ca}	−5000±400	−600±80	60±4

* 部分内容收录于《冶金熔体和溶液的计算热力学》（国家科学技术学术著作出版基金资助，“三个一百”原创图书）。原文发表于《中国稀土学报》，2008，26（专辑）：226~242。

表 2　1873K 下［%Ca］+2.51［%O］<0.005 和>0.005 时，一级和二级相互作用系数的变化

［%Ca］+2.5［%O］	i	j	e_i^j	r_i^j	$r_i^{i,j}$
<0.005	O	Ca	−3600	5.7×10^5	2.9×10^6
	Ca	O	−9000	3.6×10^6	2.9×10^6
>0.005	O	Ca	−900	4.2×10^4	2.1×10^5
	Ca	O	−2500	2.6×10^5	2.1×10^5

铁水用镁脱氧的反应按 Wagner 相互作用系数处理后，结果也极不理想，在［%Mg］<0.003 和<0.004 两个成分下 $\log K_{MgO}$，一级和二级相互作用系数如表 3 所示[3]。由表中看出，在温度不变的条件下，随着铁水成分的变化，不仅平衡常数变化，而且一级和二级相互作用系数也剧烈发生变化。说明 Wagner 相互作用系数在钙，镁和钡对铁水脱氧反应的热力学性质模拟上是无能为力的。

表 3　1873K 下［%Mg］和［%O］反应平衡的 $\log K_{MgO}$ 一级和二级相互作用系数

e_O^{Mg}	e_{Mg}^O	r_O^{Mg}	r_{Mg}^O	r_O^{MgO}	r_{Mg}^{MgO}	$\log K_{MgO}$	［%Mg］
−280	−430	−20000	350000	462000	−61000	−6.80	<0.003[4]
−370	−560	5900	145000	191400	17940	−7.21	<0.04[3]

就 1873K 下 Fe-Ca-Al-O 系统生成的夹杂而言，俄国学者 G. G. Mihailov[5] 采用 Wagner 一级相互作用系数计算的结果如图 1 所示。日本学者 H. Suito 利用一级和二级相互作用系数计算得图 2 的结果[6]。仅仅由于相互作用系数的不同，针对同样的热力学条件，竟然得出截然不同的结果，Wagner 相互作用系数的科学价值究竟有多高，的确是值得研究和讨论的。

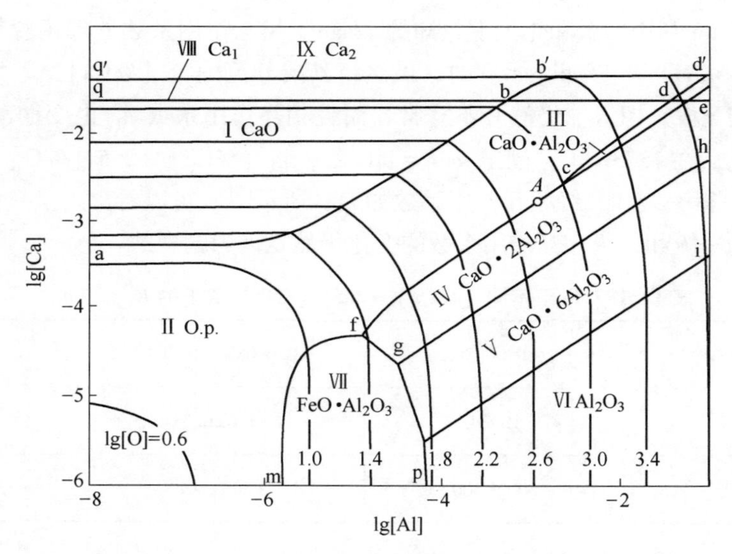

图 1　1873K 下 Fe-Ca-Al-O 系等温夹杂剖面图[5]

经典 Wagner 相互作用系数的致命弱点在于其假设溶解于铁水中的脱氧元素和氧原子

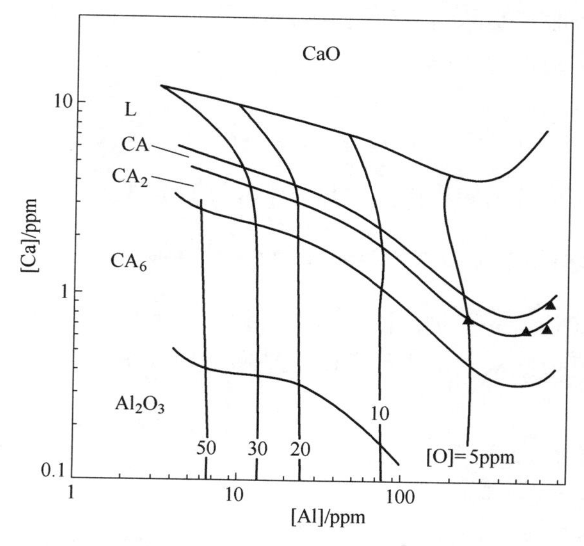

图 2 1873K 下 Fe-Ca-Al-O 系等温夹杂剖面图[6]

是独立和随机分布的质点。上述极为巨大一级和二级相互作用系数证明脱氧元素和氧原子间的化学亲和力是非常可观的，是无法用独立和随机分布的质点来解释的，正确的出路就在于客观地承认脱氧过程中会产生不同结构脱氧产物（化合物）的事实。

1.2 缔合模型的使用效果

E. H. Shahpazov，A. I. Zaitsev 等俄国学者[7]根据 I. H. Jung，S. A. Decterev and A. D. Pelton 的缔合模型计算同样系统后，所得结果如图 3 所示。从图中看出，计算结果大体

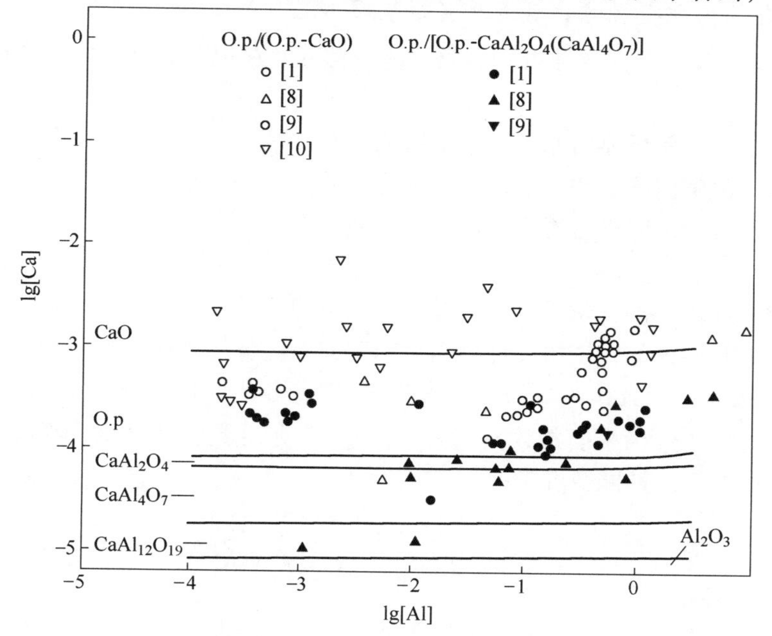

图 3 1873K 下 Fe-Ca-Al-O 系等温夹杂剖面图[7]

符合实际。但后者却以脱离实际的下列假设的准化学反应式为基础进行了计算，因而不利于人们对客观物质真实结构的认识。

$$\underline{Al}+\underline{O}=\!=\!=\underline{AlO}$$

$$\underline{2Al}+\underline{O}=\!=\!=\underline{Al_2O}$$

所以使用缔合模型还不能算为解决溶液的热力学性质研究找到了没有障碍的通途。

1.3 在质量作用定律指导下统一六种溶液理论的初步结果

经过用质量作用定律统一六种溶液理论后得初步结果为[8]：

（1）191个化学反应服从质量作用定律，平衡常数守恒。守常初步看来可以模拟Ca、Ba、Mg脱氧。

金属熔体（2~4元）	91例
熔锍（2~3元）	5例
炉渣熔体（2~8元）	49例
水溶液（2~3元）	10例
熔盐（2~3元）	17例
有机溶液（2~3元）	13例

（2）计算的作用浓度等热力学参数与实测值符合甚好。

2 在质量作用定律指导下溶液理论的统一

2.1 金属熔体

2.1.1 含化合物均相金属熔体共存理论的主要观点

在拙著[8]第1章中已对含化合物金属熔体结构的共存理论进行了详尽论证，其主要观点为：

（1）含化合物金属熔体由原子和分子组成。

（2）全成分范围内原子和分子的共存是连续的。

（3）原子和分子之间进行着动平衡反应，如：

$$xA+yB=\!=\!=A_xB_y$$

（4）金属熔体内部的化学反应服从质量作用定律。

这样可将A-B熔体的作用浓度计算模型制定如下。设熔体两组元1和2的摩尔分数各为$b=\sum x_1$，$a=\sum x_2$；组元1和2的作用浓度各为N_1和N_2，化合物或亚稳态化合物的作用浓度为$N_i=K_iN_1^xN_2^y$（K_i为平衡常数），$\sum x=$平衡总摩尔分数。则含化合物或含包晶体的二元金属熔体作用浓度计算模型可表示为：

$$xA_{(1)}+yB_{(1)}=\!=\!=A_xB_{y(1)}$$

$$K_i=N_i/N_1^xN_2^y \qquad N_i=K_iN_1^xN_2^y \tag{1}$$

$$N_1+N_2+\sum_1^i K_iN_1^xN_2^y-1=0 \tag{2}$$

$$b = \sum x(N_1 + x\sum_1^i K_i N_1^x N_2^y), a = \sum x(N_2 y \sum_1^i K_i N_1^x N_2^y) \tag{3}$$

$$aN_1 - bN_2 + \sum_1^i K_i(xa - yb) N_1^x N_2^y = 0 \tag{4}$$

$$1 - (a+1)N_1 - (1-b)N_2 = \sum_1^i K_i(xa - yb + 1)N_1^x N_2^y \tag{5}$$

式（2）、式（4）和式（5）即为含化合物金属熔体的作用浓度计算模型。其中式（2）和式（4）用以计算作用浓度，式（5）用以在 N_1（$=a_A$）和 N_2（$=a_B$）已知的条件下回归平衡常数。由于$\sum N_i = 1$，计算的作用浓度不仅服从质量作用定律，而且遵守拉乌尔定律。相应的金属熔体为均相或单相结构，因此上述模型为单相模型。虽然上述模型系针对金属熔体而制定，但稍后可以看到，它对含化合物的熔渣、熔盐、熔锍、有机溶液和水溶液也是适用的。

下面以 Fe-Cr-P 熔体为例来阐明均相模型的应用。

Fe-Cr-P 三元系是关系不锈钢脱磷的重要熔体，但冶金工作者以前对本熔体所作的研究工作却极为有限。且多限于铬和磷在铁中的稀溶液方面[11~13]，有关 Fe-Cr-P 三元相图方面的信息，同样未见任何报道。可幸的是，近几年来俄国扎伊采夫（Zaitsev A. I.）等学者取得了一些开拓性的研究成果[14~17]，不仅以纯物质为标准态用质谱仪测定了不同温度和成分下本熔体三个元素的活度，并且对本熔体的结构单元和热力学参数进行了富有成效的研究。这些成果无疑可以作为严格理论模型的可靠实践基础。本节的目的即在以此为基础制定本熔体的作用浓度计算模型，以为不锈钢脱磷提供理论依据。

在文献［8］中已经确定 Fe-P 熔体的结构单元为 Fe、P 原子及 FeP、Fe_2P 和 Fe_3P 分子。根据文献［24，25］，Cr-P 熔体中生成的磷化物有 CrP、Cr_2P、Cr_3P 和 Cr_3P_2。文献［17］经过反复研究证明 Fe-Cr-P 熔体中会生成 FeCrP 化合物。在文献［18，19］中，作者已经证明 Fe-Cr 熔体中有 FeCr 生成，且按均相溶液模型确定了它的热力学参数。最后根据二元相图 Cr-P[20, 21]，本熔体中还应有 CrP_2 存在。由此可将本熔体的结构单元确定为 Fe、Cr 和 P 原子及 FeCr、FeP、Fe_2P、Fe_3P、CrP、Cr_2P、Cr_3P、Cr_3P_2、CrP_2 和 FeCrP 分子。令熔体成分$b_1 = \sum x_{Fe}$，$b_2 = \sum x_{Cr}$，$a = \sum x_P$；由熔体成分计算的各组元平衡摩尔分数为 $x_1 = x_{Fe}$，$x_2 = x_{Cr}$，$y = x_P$，$z_1 = x_{FeCr}$，$z_2 = x_{FeP}$，$z_3 = x_{Fe_2P}$，$z_4 = x_{Fe_3P}$，$z_5 = x_{CrP}$，$z_6 = x_{Cr_2P}$，$z_7 = x_{Cr_3P}$，$z_8 = x_{Cr_3P_2}$，$z_9 = x_{CrP_2}$，$z_{10} = x_{FeCrP}$；各组元的作用浓度为 $N_1 = N_{Fe}$，$N_2 = N_{Cr}$，$N_3 = N_P$，$N_4 = N_{FeCr}$，$N_5 = N_{FeP}$，$N_6 = N_{Fe_2P}$，$N_7 = N_{Fe_3P}$，$N_8 = N_{CrP}$，$N_9 = N_{Cr_2P}$，$N_{10} = N_{Cr_3P}$，$N_{11} = N_{Cr_3P_2}$，$N_{12} = N_{CrP_2}$，$N_{13} = N_{FeCrP}$；$\sum x$ = 平衡总摩尔分数，则有可得本熔体得计算模型为：

$$N_1 + N_2 + N_3 + N_4 + N_5 + N_6 + N_7 + N_8 + N_9 + N_{10} + N_{11} + N_{12} + N_{13} - 1 = 0 \tag{6}$$

$$a(N_1 + N_4) - b_1 N_3 + (a - b_1)N_5 + (2a - b_1)N_6 + (3a - b_1)N_7 - b_1(N_8 + N_9 + N_{10} + 2N_{11} + 2N_{12}) + (a - b_1)N_{13} = 0 \tag{7}$$

$$a(N_2 + N_4) - b_2(N_3 + N_5 + N_6 + N_7) + (a - b_2)(N_8 + N_{13}) + (2a - b_2) + N_9 + (3a - b_2)N_{10} + (3a - 2b_2)N_{11} + (a - 2b_2)N_{12} = 0 \tag{8}$$

$$1 - (a+1)(N_2 + N_4) - aN_3 = K_1(2a+1)N_1N_2 + 2K_2aN_1N_3 + 3K_3aN_1^2N_3 + 4K_4aN_1^3N_3 + 2K_5aN_2N_3 + 3K_6aN_2^2N_3 + 4K_7aN_2^3N_3 + K_8(5a-1)N_2^3N_3^2 + K_9(3a-1)N_2N_3^2 + 3K_{10}aN_1N_2N_3 \tag{9}$$

经用式（6）～式（9）的均相模型计算后得 N_{Fe} 和 N_{Cr} 各与实测 a_{Fe}、a_{Cr} 和 a_P 对比见图4～图6。同时对式（7）和式（8）进行优化后得优化的热力学数据各为：

$$\Delta G^{\ominus}_{CrP_2} = -479274.51 + 165.778T, \quad J/mol\ (1469 \sim 1821K)$$

$$\Delta G^{\ominus}_{FeCrP} = -163371.33 + 10.9987T, \quad J/mol\ (1403 \sim 1826K)$$

三个图中的事实证明上列模型及所优化的热力学参数符合本熔体的结构实际，可以满足不同温度和成分下作用浓度的预测要求。同时也证明 Fe-Cr-P 熔体中各种化学反应都严格的服从质量作用定律，不存在 P 在本熔体中溶解度的饱和现象。

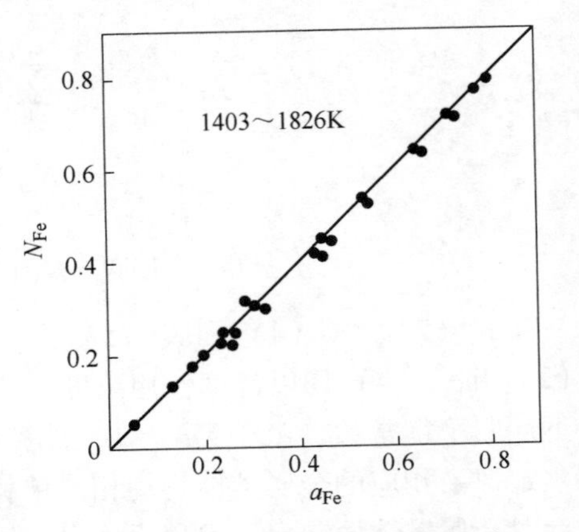

图4　不同温度和成分下计算 N_{Fe} 与实测 a_{Fe}[17] 的对比

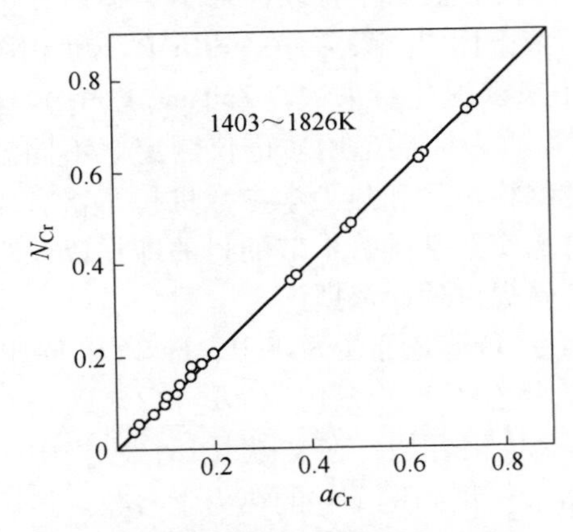

图5　不同温度和成分下计算的 N_{Cr} 与实测 a_{Cr}[17] 的对比

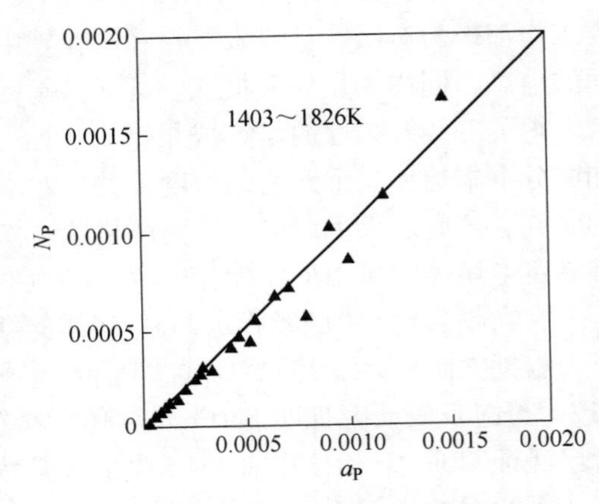

图6　不同温度和成分下计算的 N_P 与实测 a_P[17] 的对比

2.1.2　含共晶体非均相金属熔体

在拙著[8]第1章1.9.6节中已对二元含共晶体非均相金属熔体的结构进行了详尽论证，其主要观点为：

（1）金属熔体内部仍不同程度地保留着共晶体结构，因而熔体实际上由两个溶液构成。

（2）熔体中有亚稳态金属间化合物（化学短程有序原子团）形成，其作用在降低两金属溶液的作用浓度，并可溶解于两金属溶液中。

（3）两金属溶液间的化学反应服从质量作用定律。

采用与2.1.1节同样的符号，则可将作用浓度计算模型表示为：

$$xA_{(1)} + yB_{(1)} = A_xB_{y(1)} \qquad K_i = N_i/N_1^xN_2^y \qquad N_i = K_iN_1^xN_2^y$$

$$N_1 + x\sum_1^i K_iN_1^xN_2^y/b = 1\ ,\ N_2 + y\sum_1^i K_iN_1^xN_2^y/a = 1 \tag{10}$$

$$ab(2 - N_1 - N_2) = \sum_{1}^{i} K_i(xa + yb)N_1^x N_2^y \tag{11}$$

其特点是：(1) 其结构单元可用该熔体的热力学参数和活度的表现来确定：当其混合自由能 ΔG^{m} 有最小值，过剩自由能 ΔG^{XS} 有最大值或最小值，而且绝大部分位于 $\sum X_a = 0.5$ 的地方，或者其活度对拉乌尔定律显示对称性偏差时，则熔体中会产 AB（$x=y=1$）型亚稳态化合物，否则，会产生 A_xB_y（$x \neq y$）型，或 AB+A_xB_y 型非对称亚稳态化合物；(2) 计算的作用浓度遵守质量作用定律，但不服从拉乌尔定律。熔体中会形成两个溶液 A+AB 和 B+AB 或 A+A_xB_y 和 B+A_xB_y 或 A+AB+A_xB_y 和 B+AB+A_xB_y，因此熔体为两相结构，相应的计算模型为两相模型。所以，此种模型既可用于活度对拉乌尔定律产生负偏差（$\sum N_i = 1$）的条件，又可用于活度表现正偏差（$\sum N_i > 1$）的场合。(3) 两相熔体内的亚稳态化合物极不稳定，极易引起溶液的相分离。

同样，虽然上述模型系针对金属熔体而制定，但后面可以看到，它对含化合物的熔渣、熔盐、熔锍、有机溶液和水溶液也是适用的。

下面分别以 Cd-Bi-Pb 和 Cd-Pb-Sn 熔体为例来说明这个问题。

2.1.2.1 对称型（熔体内形成三个相同类型的化合物）

以 Cd-Bi-Pb 三元熔体为例，熔体内形成三个 AB 型金属间化合物 CdBi、CdPb 和 BiPb，并构成三个溶液 Cd+CdBi+CdPb、Bi+CdBi+BiPb 和 Pb+CdPb+BiPb 化学平衡[8, 25]和平衡常数为：

$$Cd_{(l)} + Bi_{(l)} = CdBi_{(l)} \qquad K_1 = 1.176647 \tag{12}$$

$$Cd_{(l)} + Pb_{(l)} = CdPb_{(l)} \qquad K_2 = 0.293204 \tag{13}$$

$$Bi_{(l)} + Pb_{(l)} = BiPb_{(l)} \qquad K_3 = 10^{153.364/T + 0.06256} \tag{14}$$

图 7（a）为利用类似式（10）~式（11）的模型计算的 Cd-Bi-Pb 三元系三个作用浓度 N_{Cd}、N_{Bi} 和 N_{Pb} 随成分而改变的情况；图 7（b）为文献［23］的实测结果。可以看出两者是符合得相当好的，证明本三元熔体作用浓度计算模型可以反映相应熔体的结构本质。

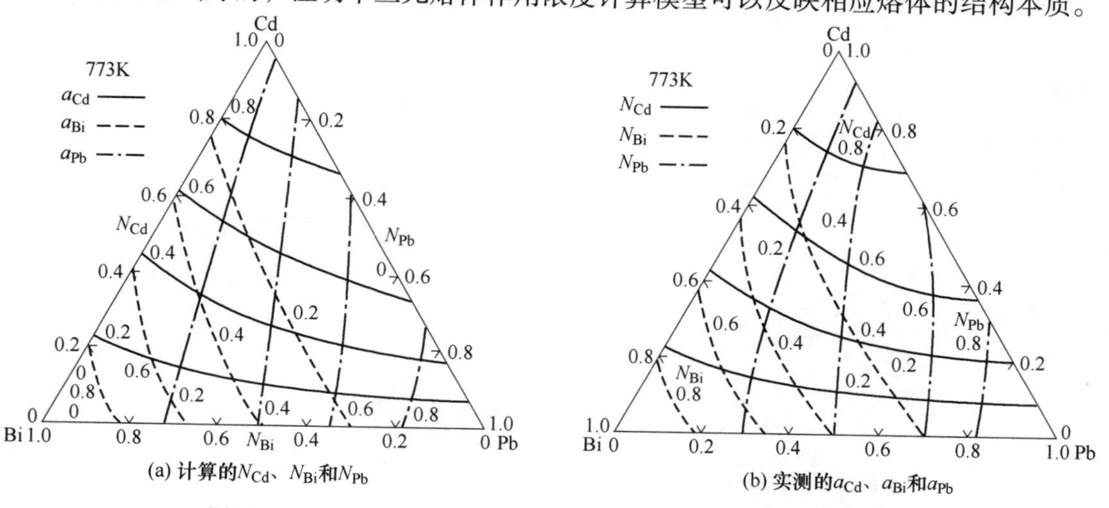

图 7 773K 下 Cd-Bi-Pb 三元熔体计算作用浓度与实测活度的对比

2.1.2.2　非对称型（熔体内形成 2、3 个不同类型的化合物）

以 Cd-Pb-Sn 熔体为例，溶体内形成 CdPb、CdSn 和 Pb_2Sn_3 三个金属间化合物，并构成三个溶液 Cd+CdPb+CdSn、Pb+CdPb+Pb_2Sn_3 和 Sn+CdSn+Pb_2Sn_3。化学平衡[8] 和平衡常数为：

$$Cd_{(l)} + Pb_{(l)} = CdPb_{(l)} \qquad K_1 = 0.293204 \tag{15}$$

$$Cd_{(l)} + Sn_{(l)} = CdSn_{(l)} \qquad K_2 = 0.615091 \tag{16}$$

$$2Pb_{(l)} + 3Sn_{(l)} = Pb_2Sn_{3(l)} \qquad K_3 = 0.942672 \tag{17}$$

本熔体的计算模型为：

$$N_1 + (K_1N_1N_2 + K_2N_1N_3)/a = 1 \tag{18}$$

$$N_2 + (K_1N_1N_2 + 2K_3N_2^2N_3^3)/b = 1 \tag{19}$$

$$N_3 + (K_2N_1N_3 + 3K_3N_2^2N_3^3)/c = 1 \tag{20}$$

$$abc(3 - N_1 - N_2 - N_3) = c(a + b)K_1N_1N_2 + b(a + c)K_2N_1N_3 + a(3b + 2c)K_3N_2^2N_3^3 \tag{21}$$

根据式（18）~式（20）的模型计算得 Cd-Pb-Sn 三元系的作用浓度 N_{Cd}、N_{Pb}和 N_{Sn}如图 8（a）所示；图 8（b）所示则为文献的实测结果。从两图对比可以看出，N_{Cd}和 a_{Cd}符合较好，N_{Sn}和 a_{Sn}的符合程度也是不错的。但 N_{Pb}和 a_{Pb}则相差较大，原因是不同作者所测 Cd-Pb-Sn 三元熔体的活度 a_{Pb}和 a_{Sn}[23, 25, 26]，彼此间还不一致，致使根据它们计算的平衡常数 $K_{Pb_2Sn_3}$间产生较大的差别，如表 4 所示。所以对本三元熔体的热力学性质还应作进一步的研究。

表 4　从不同文献所得活度 a_{Pb}和 a_{Sn}计算的 $K_{Pb_2Sn_3}$的比较

文献	[23]	[24, 25]	[26]	
温度/K	773	1050	900	1050
$K_{Pb_2Sn_3}$	0.942672	0.633281	3.40438	3.23573

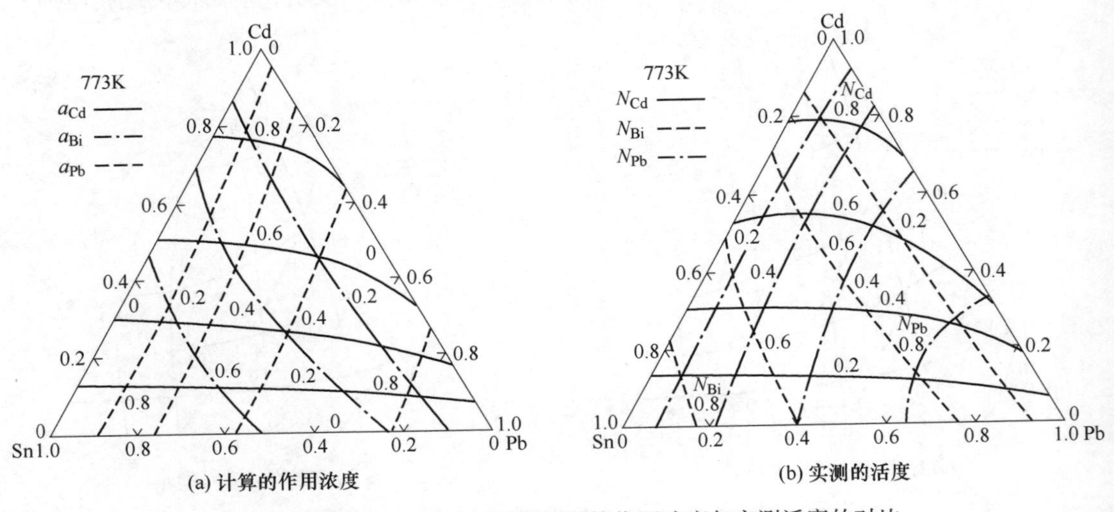

图 8　773K 下 Cd-Pb-Sn 三元熔体计算作用浓度与实测活度的对比

2.1.3 均相与非均相金属熔体间的兼并规律

前两节已分别对均相和非均相的金属熔体热力学性质进行了讨论，总体而言，含化合物和含包晶体的金属熔体为均相溶液；含偏晶体和含共晶体的金属熔体为非均相溶液。如前所述，两类溶液的计算模型截然不同，互不兼容，最后只允许采用其中一种模型。因此，两类溶液相遇进行反应时，必然会产生兼并现象，其热力学性质需要用什么样的模型来计算，遵循什么规律，就是一个需要研究的问题。下面以 Ag-Au-Cu 三元系为例进行讨论。

Ag-Au-Cu 熔体的热力学性质已有盖洛埃斯（Gallois B）、卢皮斯（Lupis C. H. P）[27]及海拉（Hajra J. P）、李义（Lee H）、福若博格（Frohberg M. G）[28]进行过研究。两文都采用经验模型，研究结果大体符合实际。但前文所用三元系经验参数中有关 Au-Cu 部分与二元系不一致，因而在严谨性上有缺陷；后者虽然消除了前者的缺点，但为模拟本熔体的热力学性质，竟然采用了 15 个经验参数。而且由于两者均为经验模型，其计算更谈不上服从质量作用定律。因此对本三元系而言，制定既符合实际，又服从质量作用定律，同时简单明了的热力学计算模型就是刻不容缓的事情。对于本三元系的相图已经取得了肯定的结论，即 Ag-Au 和 Au-Cu 两二元系为固溶体，Ag-Cu 二元系为共晶体[9, 10]。对其活度的测量也取得了比较一致的结果[25, 28, 30]。本节的目的就在以这些研究结果为实践基础，以质量作用定律为指导，制定本三元系的作用浓度计算模型。由于 Ag-Au-Cu 熔体由三个二元溶体组成，其模型的制定也由研究二元系开始。

2.1.3.1 Ag-Au 熔体

本二元系为固溶体[9, 10]，其活度显对称性负偏差[25]，因此，根据文献［29］，其结构单元应为 Ag、Au 原子和 AgAu 亚稳态化合物，并形成 Ag+AgAu 和 Au+AgAu 两个溶液。

$$Ag_{(l)} + Au_{(l)} \xlongequal{\quad} AgAu_{(l)} \tag{22}$$

用文献［25, 28］中 1350K 下实测的活度 a_{Ag} 和 a_{Au} 代入式（21）求得 $K_{AgAu} = 2.00736$（$\Delta G^{\ominus} = -7856 J/mol$）。利用所求平衡常数代入式（20）计算得作用浓度与实测活度对比如图 9 所示。由图看出，计算和实测值是极为符合的，这证明以上模型可以反映本熔体的结构实际。

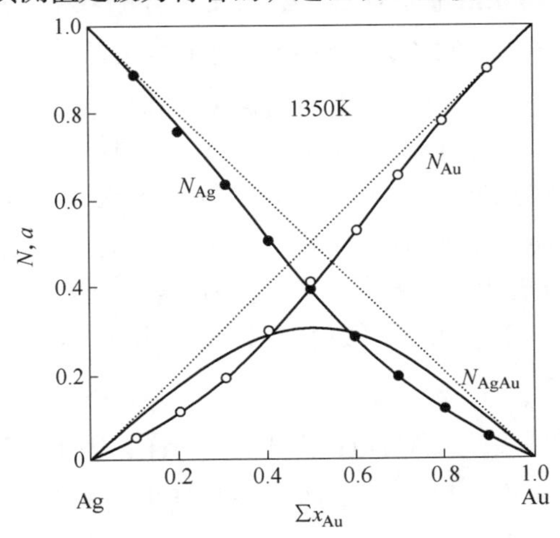

图 9 计算作用浓度 N（—）与实活度（•○）的对比

2.1.3.2　Ag-Cu 熔体

本二元系为共晶体[9, 10]，其活度表现对称性正偏差[34]，同理，根据文献［29］，其结构单元应为 Ag、Cu 原子和 AgCu 亚稳态化合物，且形成 Ag+AgCu 和 Cu+AgCu 两个溶液。利用文献［25，28］的实测活度和式（21）进行计算后得：1350K 下 $K_{AgCu}=0.305020$；1400K 下 $K_{AgCu}=0.337559$，由此得 $\Delta G^{\ominus}_{AgCu}=31687.91-13.6T$ J/mol。将此热力学数据代入式（20）计算得作用浓度与实测活度对比如图 10 所示。从图中看出，计算与实测值是符合得相当好的，同时计算结果也符合质量作用定律，证明模型式（20）和式（21）可以反映 Ag-Cu 熔体的结构实际。

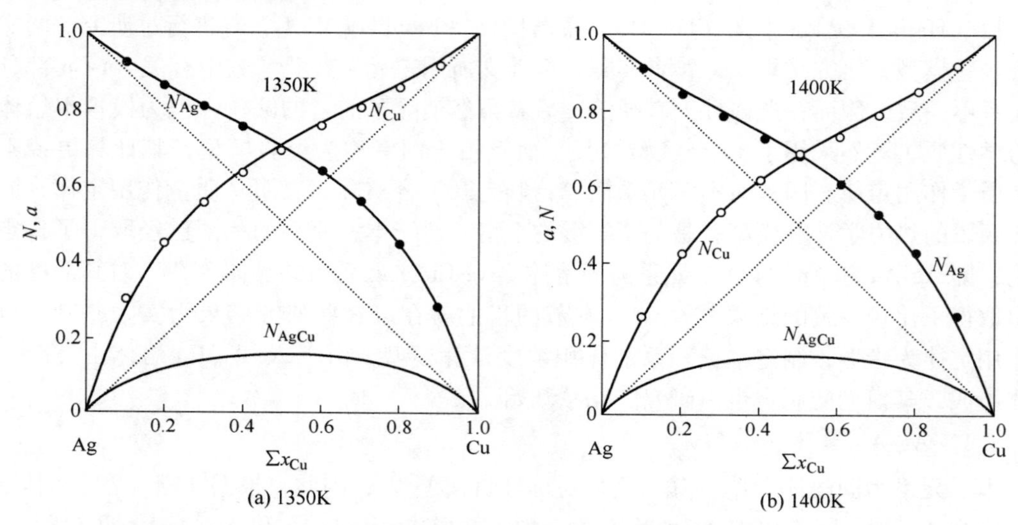

图 10　Ag-Cu 熔体的计算作用浓度 N（—）与实测活度 a（●○）的对比

2.1.3.3　Au-Cu 熔体

Au-Cu 二元系为固溶体[9, 10]，其活度大体显对称性负偏差[34]。在拙著第一章 1.8 节[8]曾将本二元熔体当作均相溶液来处理，获得了良好的效果。此处由于 Ag-Cu 熔体活度显对称性正偏差，受 $\sum N_i=1$ 的约束，均相模型不能表示活度的正偏差，因此，本熔体在 Ag-Cu 熔体的兼并作用下，不得不采用两相模型。由此，其结构单元应为 Au、Cu 原子和 AuCu 亚稳态化合物，并形成 Au+AuCu 和 Cu+AuCu 两个溶液。根据文献[25,28]的活度值利用式（11）分别计算得 1350K 下 $K_{AuCu}=4.77825$；1550K 下 $K_{AuCu}=4.094$，由此得 $\Delta G^{\ominus}=-13451.397-3.047T$，J/mol。将此值代入式（20）后得计算得作用浓度与实测活度的对比如图 11 所示。同样可以看出，计算与实测值是符合相当好的，同时计算结果也服从质量作用定律，证明模型式（20）和式（21）可以反映本熔体的结构特点。

2.1.3.4　Ag-Au-Cu 熔体

由于 Ag-Cu 二元系的活度表现对称性正偏差，同样，因单相模型受 $\sum N_i=1$ 的约束，不能表达活度的正偏差，只有非均相模型能够表示活度的正偏差，所以 Ag-Au-Cu 熔体的热力学性质只能用非均相模型来表示。从以上讨论可知本熔体的结构单元为 Ag、Au 和 Cu 原子及 AgAu、AgCu 和 AuCu 亚稳态化合物，并形成 Ag+AgAu+AgCu、Au+AgAu+AuCu 和

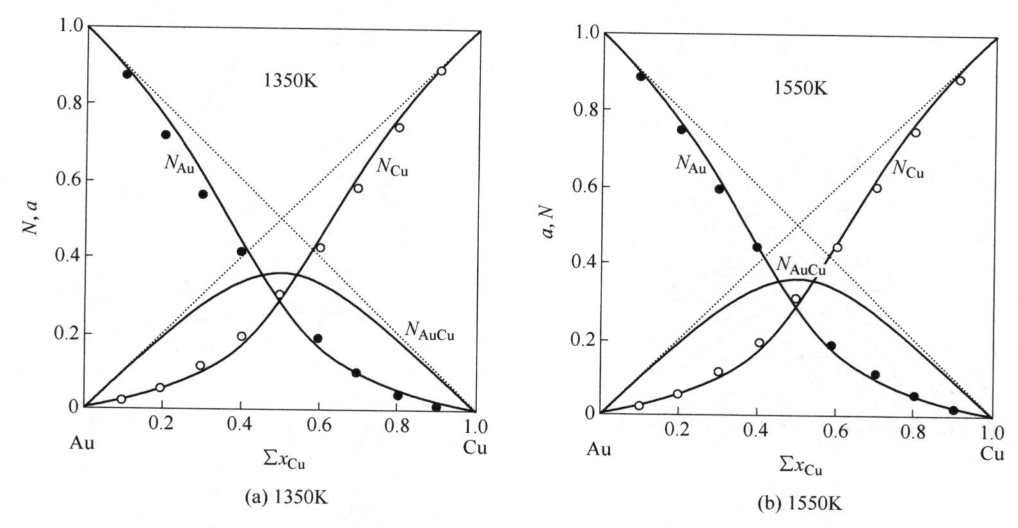

图 11　Au-Cu 熔体的计算作用浓度 N（—）与实测活度 a（●○）的对比

Cu+AgCu+AuCu 三个溶液。化学平衡和 $\Delta G^{\ominus}$ 为：

$$Ag_{(l)} + Au_{(l)} = AgAu_{(l)} \qquad \Delta G^{\ominus} = -7856 \text{J/mol} \tag{23}$$

$$Ag_{(l)} + Cu_{(l)} = AgCu_{(l)} \qquad \Delta G^{\ominus} = 31687.91 - 13.6T, \text{J/mol} \tag{24}$$

$$Au_{(l)} + Cu_{(l)} = AuCu_{(l)} \qquad \Delta G^{\ominus} = -13451.397 - 3.047T, \text{J/mol} \tag{25}$$

利用式（23）~式（25）的热力学数据和类似式（20）的模型计算得 1350K 下本熔体的作用浓度与文献［28］的研究结果对比如图 12 所示。从图中看出，两者是符合得相当好的，证明虽然模型甚为简单，但却能确切地反映本熔体的结构实际和化学反应本质。

利用式（23）~式（25）的热力学数据和类似式（20）的模型计算得 1350K 下本熔体的作用浓度与文献［28］的研究结果对比如图 12 所示。从图中看出，两者是符合得相当好的，证明虽然模型甚为简单，但却能确切地反映本熔体的结构实际和化学反应本质。

从以上讨论可以看出，前述作用浓度计算模型中，除过三个平衡常数外，未用任何经验参数，与文献［28］的计算模型中采用 15 个经验参数相比，的确是简化了许多。其所以能够使模型简化，其一是制定模型中坚持了熔体的化学本质，即将确定熔体的结构单元作为首要问题来抓。在恒定的温度下，生成各亚稳态化合物的平衡常数保持不变，就是本熔体化学本质的具体体现；其二是在质量作用定律指导下制定模型，而不是回避它，既然熔体服从质量作用定律，当然就不需要再用经验参数了。这些就是本熔体作用浓度计算模型其所以能够简化的根本原因。因此要检验冶金熔体热力学模型正确与否，除过用“实践是检验真理的唯一标准”外，最好还辅助以公认的质量作用定律。

最后还应指出，由于本三元金属熔体中不含化合物或包晶体，而且有 Ag-Cu 二元系的活度对拉乌尔定律表现正偏差的兼并作用，这些条件决定本熔体为非均相结构，其热力学性质只能采用非均相模型来计算。

2.2　炉渣熔体

在拙著[8]第 3 章中对炉渣结构的分子和离子共存理论也进行了详尽地论证，此处列举

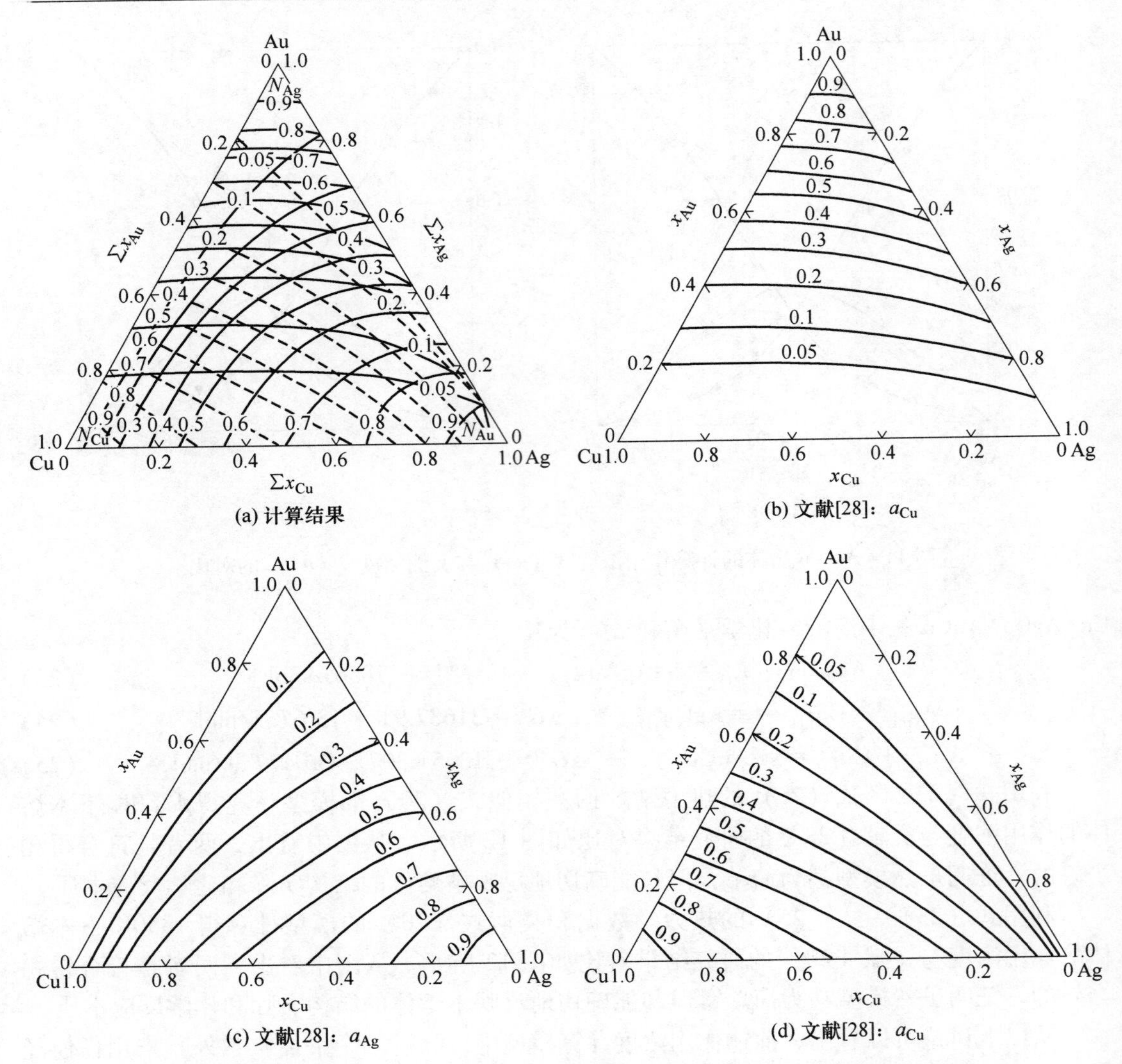

(a) 计算结果　(b) 文献[28]：a_{Cu}　(c) 文献[28]：a_{Ag}　(d) 文献[28]：a_{Cu}

图12　1350K下Ag-Au-Cu熔体的计算作用浓度与文献［28］研究结果的对比

其主要观点：

（1）熔渣由简单离子（Na^+、Ca^{2+}、Mg^{2+}、Mn^{2+}、Fe^{2+}、O^{2-}、S^{2-}、F^-等）和SiO_2、硅酸盐、磷酸盐、铝酸盐等分子组成。

（2）在全成分范围内分子和离子的共存是连续的。

（3）简单离子和分子间进行着动平衡反应：

$$2(Me^{2+}+O^{2-})+(SiO_2) = (Me_2SiO_4)$$

（4）熔渣内部的化学反应服从质量作用定律。

下面以CaO-MgO-FeO-Fe_2O_3-Al_2O_3-SiO_2和CaO-MgO-MnO-FeO-Fe_2O_3-P_2O_5-SiO_2分别与铁水间的氧和磷平衡为例来进行讨论。

2.2.1　计算模型

按照相图和炉渣结构的共存理论[8, 31]，本渣系的简单离子为Ca^{2+}、Mg^{2+}、Fe^{2+}和O^{2-}，简单化合物为Fe_2O_3、Al_2O_3和SiO_2，复杂化合物有$CaFe_2O_4$、$Ca_2Fe_2O_5$、$MgFe_2O_4$、

Fe_3O_4、$3CaO\cdot Al_2O_3$、$12CaO\cdot 7Al_2O_3$、$CaO\cdot Al_2O_3$、$CaO\cdot 2Al_2O_3$、$CaO\cdot 6Al_2O_3$、$MgO\cdot Al_2O_3$、$FeO\cdot Al_2O_3$、$CaSiO_3$、Ca_2SiO_4、$MgSiO_3$、Mg_2SiO_4、$CaO\cdot MgO\cdot SiO_2$、Ca_3SiO_5、$CaO\cdot MgO\cdot 2SiO_2$、$2CaO\cdot MgO\cdot 2SiO_2$、$Fe_2SiO_4$、$3CaO\cdot MgO\cdot 2SiO_2$、$CaO\cdot Al_2O_3\cdot 2SiO_2$、$2CaO\cdot Al_2O_3\cdot SiO_2$ 和 $3Al_2O_3\cdot 2SiO_2$。

设熔渣成分为 $a_1=\sum n_{Fe_2O_3}$，$a_2=\sum b_{Al_2O_3}$，$a_3=\sum n_{SiO_2}$，$b_1=\sum n_{CaO}$，$b_2=\sum n_{MgO}$，$b_3=\sum n_{FeO}$；归一后每个结构单元的作用浓度为 $N_1=N_{CaO}$，$N_2=N_{MgO}$，$N_3=N_{FeO}$，$N_4=N_{Fe_2O_3}$，$N_5=N_{Al_2O_3}$，$N_6=N_{SiO_2}$，$N_7=N_{CaFe_2O_4}$，$N_8=N_{Ca_2Fe_2O_5}$，$N_9=N_{MgFe_2O_4}$，$N_{10}=N_{Fe_3O_4}$，$N_{11}=N_{3CaO\cdot Al_2O_3}$，$N_{12}=N_{12CaO\cdot 7Al_2O_3}$，$N_{13}=N_{CaO\cdot Al_2O_3}$，$N_{14}=N_{CaO\cdot 2Al_2O_3}$，$N_{15}=N_{CaO\cdot 6Al_2O_3}$，$N_{16}=N_{MgO\cdot Al_2O_3}$，$N_{17}=N_{FeO\cdot Al_2O_3}$，$N_{18}=N_{CaSiO_3}$，$N_{19}=N_{Ca_2SiO_4}$，$N_{20}=N_{Ca_3SiO_5}$，$N_{21}=N_{MgSiO_3}$，$N_{22}=N_{Mg_2SiO_4}$，$N_{23}=N_{Fe_2SiO_4}$，$N_{24}=N_{CaO\cdot MgO\cdot SiO_2}$，$N_{25}=N_{CaO\cdot MgO\cdot 2SiO_2}$，$N_{26}=N_{2CaO\cdot MgO\cdot 2SiO_2}$，$N_{27}=N_{3CaO\cdot MgO\cdot 2SiO_2}$，$N_{28}=N_{CaO\cdot Al_2O_3\cdot 2SiO_2}$，$N_{29}=N_{2CaO\cdot Al_2O_3\cdot SiO_2}$，$N_{30}=N_{3Al_2O_3\cdot 2SiO_2}$；$\sum n$=平衡后分子和离子的总摩尔数。

根据质量作用定律和炉渣结构的共存理论[8]，以上各化合物的化学平衡和 $\Delta G^{\ominus}$ 为[32]可得本溶体是作用浓度计算模型为：

$$N_1+N_2+N_3+N_4+N_5+N_6+N_7+N_8+N_9+N_{10}+N_{11}+N_{12}+N_{13}+N_{14}+N_{15}+N_{16}+N_{17}+N_{18}+N_{19}+N_{20}+N_{21}+N_{22}+N_{23}+N_{24}+N_{25}+N_{26}+N_{27}+N_{28}+N_{29}+N_{30}-1=0 \tag{26}$$

$$b_1=\sum n\,(0.5N_1+N_7+2N_8+3N_{11}+12N_{12}+N_{13}+N_{14}+N_{15}+N_{18}+2N_{19}+3N_{20}+N_{24}+N_{25}+2N_{26}+3N_{27}+N_{28}+2N_{29} \tag{27}$$

$$b_2=\sum n\,(0.5N_2+N_9+N_{16}+N_{21}+2N_{22}+N_{25}+N_{25}+N_{26}+N_{27}) \tag{28}$$

$$b_3=\sum n\,(0.5N_3+N_{10}+N_{17}+2N_{23}) \tag{29}$$

$$a_1=\sum n\,(N_4+N_7+N_8+N_9+N_{10}) \tag{30}$$

$$a_2=\sum n\,(N_5+N_{11}+7N_{12}+N_{13}+2N_{14}+6N_{15}+N_{16}+N_{17}+N_{28}+N_{29}+3N_{30}) \tag{31}$$

$$a_3=\sum n\,(N_6+N_{18}+N_{19}+N_{20}+N_{21}+N_{22}+N_{23}+N_{24}+2N_{25}+2N_{26}+2N_{27}+N_{28}+N_{29}+2N_{30}) \tag{32}$$

实际氧化能力可用下式表示[33]，当然也可实际测量：

$$a_{Fe_tO}=[O]/[O]_{sat}=[O]/10^{-6320/T+2.734} \tag{33}$$

含 CaO 和 MgO 等的熔渣氧化能力可用下式计算：

$$N_{Fe_tO}=N_{FeO}+6N_{Fe_2O_3}+8N_{Fe_3O_4} \tag{34}$$

根据最新的文献数据[34]，利用式（26）~式（34）的模型计算得本渣系的氧化能力与实测氧化能力对比如图 13 所示。从图中看出，计算与实测值不仅相符，而且全部计算结果服从质量作用定律，证明上述计算模型能够确切地反映本溶体的结构实际。

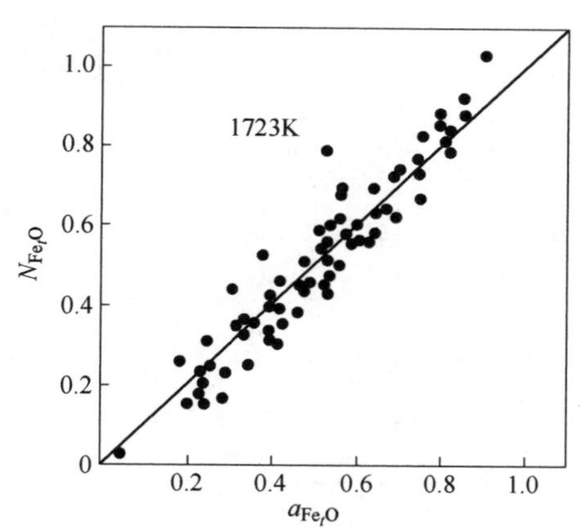

图 13 $CaO\text{-}MgO\text{-}FeO\text{-}Fe_2O_3\text{-}Al_2O_3\text{-}SiO_2$ 熔渣计算氧化能力 N_{Fe_tO}（—）与实测氧化能力 a_{Fe_tO}（●）的对比

2.2.2　结论

（1）根据炉渣结构的共存理论制定了本渣系氧化能力的计算模型，计算结果符合实际。

（2）计算模型既遵守质量作用定律，又服从拉乌尔定律，因此，本炉渣熔体属均相溶液。

2.3　熔盐

2.3.1　关于正负离子未分开的模型

为了对正负离子未分开的模型进行论证，我们选择 NaCl-KCl 二元系为例。如图 14 所示，本二元系为具有最低熔点的固溶体（类似共晶体）[35]，其活度在 1073~1223K 间有对称性负偏差，在 913K 附近有非对称性正偏差[36, 37]。对活度有对称性负偏差的固溶体，如文献［18］所指出的，只有采用两相溶液模型，才能取得符合实际的结果。

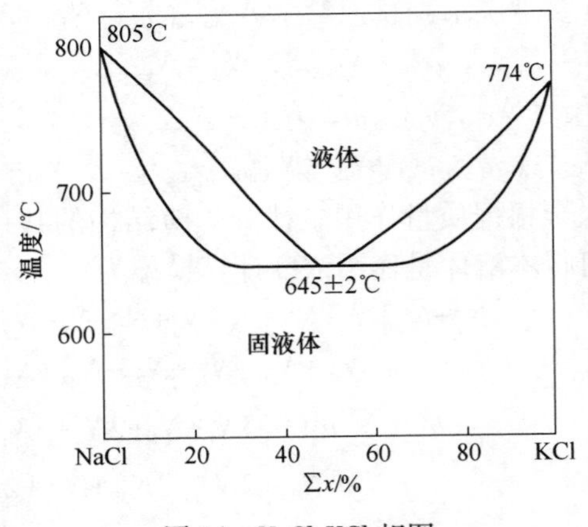

图 14　NaCl-KCl 相图

令熔体的成分为 $b=\sum x_{NaCl}$，$a=\sum x_{KCl}$；以熔体成分表示的各结构单元平衡摩尔分数为 $x=x_{NaCl}$，$y=x_{KCl}$，$z=x_{NaKCl_2}$；各结构单元的作用浓度为 $N_1=N_{NaCl}$，$N_2=N_{KCl}$，并认为形成了 $Na^++Cl^-+NaKCl_2$ 和 $K^++Cl^-+NaKCl_2$ 两种溶液，$\sum x_1$ 为 $Na^++Cl^-+NaKCl_2$ 溶液的平衡总摩尔分数，$K^++Cl^-+NaKCl_2$ 溶液的平衡总摩尔分数。经分别用正负离子分开的模型和正负离子未分开的模型进行计算后得表 5 的结果。

表 5　正负离子分开与未分开的 NaCl-KCl 熔体平衡常数对比

a	b	正负离子分开		正负离子未分开
		$K=\frac{2b(1-N_1)}{(2-N_1)N_1N_2}$	$K=\frac{2a(1-N_2)}{(2-N_2)N_1N_2}$	$K=\frac{ab(2-N_1-N_2)}{(a-b)N_1N_2}$
0.1	0.9	2.157329	1.236686	1.184027
0.2	0.8	1.944671	1.284930	1.171498
0.3	0.7	1.763280	1.367605	1.174683
0.4	0.6	1.639150	1.431670	1.164604
0.5	0.5	1.509263	1.509263	1.149304
0.6	0.4	1.435548	1.649454	1.169997
0.7	0.3	1.364921	1.799232	1.180818
0.8	0.2	1.323344	1.980077	1.206030
0.9	0.1	1.266167	2.186591	1.212061
			$K_{平均}=1.179225$	$\Delta G^{\ominus}=-1485J/mol$

从表中两种方案的对比看出，正负离子未分开的方案所得平衡常数是相当守常的，而正负离子分开的方案所得平衡常数因熔体成分不同是变动的。这种规律也适用于其余二元熔盐体系，为了节省篇幅，下面对其余熔盐仅列举正负离子未分开的作用浓度计算模型。

2.3.2 三元系 $CaCl_2$-$MgCl_2$-NaCl 熔盐

在研究二元熔盐热力学性质中，已经提出未分开的正负离子模型，此种模型能否适应三元熔盐的条件是需要研究的。同时涉及二元熔盐中两类溶液间的兼并规律，此原理可否应用于三元系熔盐热力学性质的研究，也是值得研究的。恰逢文献［40］中介绍了 $MgCl_2$-NaCl-$CaCl_2$ 及 $MgCl_2$-NaCl、$CaCl_2$-NaCl 和 $CaCl_2$-$MgCl_2$ 各系的活度测量结果。有了未分开的正负离子模型和两类溶液间的兼并规律，又有了二、三元系熔盐的实测活度和相图［35，39］作为实践基础，就有很大的可能解决这类问题。因此，本节的主要目的就是在质量作用定律的总体指导下，制定本三元系熔盐作用浓度计算模型。

在二元系熔盐讨论中已经确定 $CaCl_2$-$MgCl_2$ 二元系为共晶体。其活度显对称性正偏差，两组元间形成 AB 型亚稳态化合物 $CaMgCl_4$。$CaCl_2$-NaCl 二元系含包晶体，形成 $CaNaCl_3$ 和 $CaNa_4Cl_6$ 两种亚稳态化合物；$MgCl_2$-NaCl 二元系含两个包晶体 $MgNaCl_3$ 和 $MgNa_2Cl_4$。本三元系熔盐中，虽然 $CaCl_2$-NaCl 和 $MgCl_2$-NaCl 两二元系均为均相溶液，但由于 $CaCl_2$-$MgCl_2$ 二元系的活度显对称性正偏差和均相溶液受 $\sum N_i=1$ 的制约，不能表述活度对拉乌尔定律的正偏差，本三元熔盐只能被兼并成非均相溶液。综合前三部分的结果，可以看出，本熔体的结构单元为 $Ca^{2+}Cl_2^{2-}$、$Mg^{2+}Cl_2^{2-}$ 和 Na^+Cl^- 简单化合物及 $CaMgCl_4$、$CaNaCl_3$、$CaNa_4Cl_6$、$NgNaCl_3$ 和 $MgNa_2Cl_4$ 亚稳态复杂化合物，并形成 $Ca^{2+}Cl_2^{2-}+CaMgCl_4+CaNaCl_3+CaNa_4Cl_6$、$Mg^{2+}Cl_2^{2-}+CaMgCl_4+MgNaCl_3+MgNa_2Cl_4$ 和 $Na^+Cl^-+CaNaCl_3+CaNa_4Cl_6+MgNaCl_3+MgNa_2Cl_4$ 三个溶液。则按质量作用定律和未分开的正负离子模型，化学平衡为：

$$(Ca^{2+}Cl_2^{2-})+(Mg^{2+}Cl_2^{2-})=\!=\!=(CaMgCl_4)\qquad N_4=K_1N_2N_2 \tag{35}$$

$$(Ca^{2+}Cl_2^{2-})+(Na^+Cl^-)=\!=\!=(CaNaCl_3)\qquad N_5=K_2N_1N_3 \tag{36}$$

$$(Ca^{2+}Cl_2^{2-})+4(Na^+Cl^-)=\!=\!=(CaNa_4Cl_6)\qquad N_6=K_3N_{21}N_3^4 \tag{37}$$

$$(Mg^2Cl_2^{2-})+(Na^+Cl^-)=\!=\!=(MgNaCl_3)\qquad N_7=K_4N_2N_3 \tag{38}$$

$$(Mg^2Cl_2^{2-})+2(Na^+Cl^-)=\!=\!=(MgNa_2Cl_4)\qquad N_8=K_5N_2N_3^2 \tag{39}$$

将在 1073K 下利用式（5）和式（11）求得的平衡常数 $K_1=0.861694$，$K_2=2.135174$，$K_3=0.1352383$，$K_4=7.877072$，$K_5=6.1474636$ 代入类似式（28）~式（30）的模型得计算的作用浓度与实测活度之比如图 15 所示。从图中看出 N_{MgCl_2} 与 a_{MaCl_2}，不仅符合得相当好，而且服从质量作用定律。除此而外，图中还列出了 N_{CaCl_2} 和 N_{NaCl} 的计算结果。由于尚无同样条件下的实测活度与其对比，只能列出供同行们参考。

从以上讨论可以再一次看出，只要三元熔体中有一个二元熔体的活度对拉乌尔产生正偏差，则由于相分离和均相熔体受 $\sum N_i=1$ 的制约，不能表达活度对拉乌尔定律的正偏差，三元熔体就必然会被兼并成非均相熔体。本三元熔体虽然采用非均相模型计算其作用浓

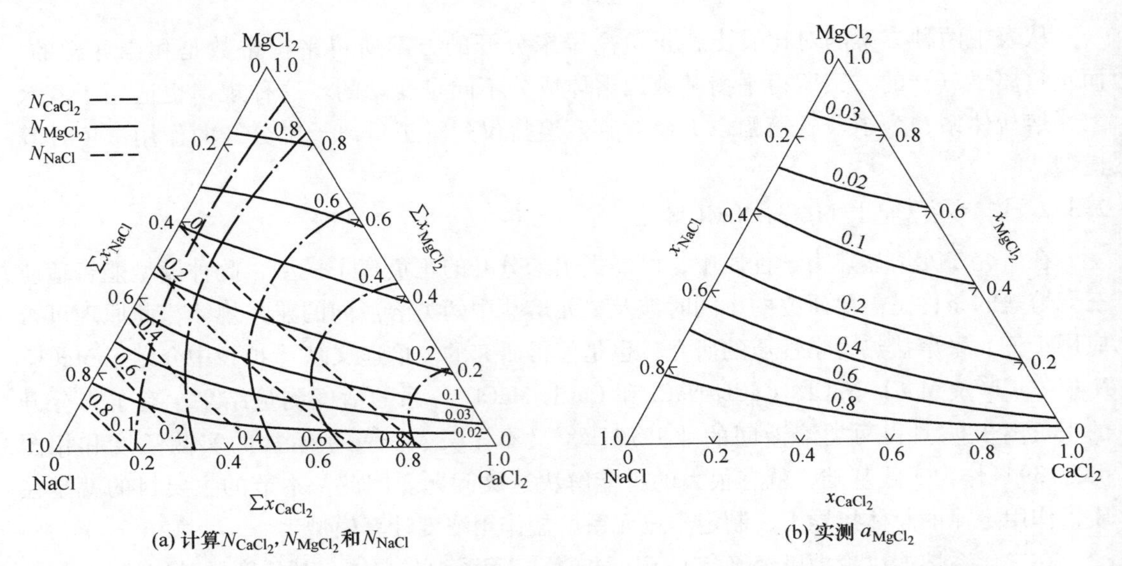

(a) 计算 N_{CaCl_2}, N_{MgCl_2} 和 N_{NaCl}　　(b) 实测 a_{MgCl_2}

图 15　1073K 下 $CaCl_2$-$MgCl_2$-NaCl 熔体的作用浓度 N（a）与实测活度 a（b）的对比

度，但在 $CaCl_2$-NaCl 和 $MgCl_2$-NaCl 两个二元熔体中采用均相模型回归的平衡常数后却获得了更符合实际的结果，如何解释？可能原因是，虽然 $CaCl_2$-$MgCl_2$ 熔体的活度对拉乌尔定律表现正偏差，但偏差不大，从而也使三元熔体偏离均相溶液不远，因而均相熔体的平衡常数反而对其更适合了。

从以上含复杂化合物、含包晶体、含共晶体二元熔盐和三元熔盐的例子看出，正负离子未分开的模型的确可以反映本类熔体的结构实际。为什么在典型的离子导电的熔盐中会出现正负离子未分开的现象呢？因为多数熔盐，即令在生成复杂化合物的条件下，还具有良好的导电性能（$2\sim20\Omega^{-1}\cdot cm^{-1}$），因而熔体中缺乏将正负离子分开的介电物质，其正负离子的分开只有靠电场的强制作用，在无电场作用的条件下，虽然熔盐属于电解质，正负离子还得在静电吸引力的作用下结合在一起。这就是本节一些二元和三元熔盐场合下正负离子未分开的模型取得好的结果的根本原因。

2.4　熔锍

以含共晶体 FeS-Cu_2S-SnS 三元熔锍为例，熔锍也服从正负离子未分开模型。由于 FeS-Cu_2S-SnS 熔锍为三个二元熔锍共晶体所组成[8]，因此，本熔体实际上由三个溶液构成，即 FeS+Cu_2FeS_2+$FeSnS_2$、Cu_2S+Cu_2FeS_2+Cu_2SnS_2 和 SnS+Cu_2SnS_2+$FeSnS_2$。其化学反应平衡和 $\Delta G^{\ominus}$ 为：

$$(Fe^{2+}S^{2-}) + (Cu_2^{2+}S^{2-}) = (Cu_2FeS_2) \quad \Delta G^{\ominus}_{1473K} = -11630 J/mol \tag{40}$$

$$(Fe^{2+}S^{2-}) + (Sn^{2+}S^{2-}) = (FeSnS_2) \quad \Delta G^{\ominus}_{1073\sim1273K} = 5991.56 - 1.4295T J/mol \tag{41}$$

$$(Cu_2^{2+}S^{2-}) + (Sn^{2+}S^{2-}) = (Cu_2SnS_2) \quad \Delta G^{\ominus}_{1323\sim1473K} = -24873.4 + 10.5657T J/mol \tag{42}$$

用类似式（18）~式（20）的模型计算得 1473K 和不同 $\sum x_{FeS}/\sum x_{Cu_2S}$ 比下的作用浓度

N_{SnS}和实测活度 a_{SnS}的对照如图 16 所示。两者间良好的符合程度证明上述模型是能够反映本三元系熔锍结构实际的。与此同时还在同样条件下计算了作用浓度 N_{FeS}和 N_{Cu_2S}。作为参考也将其列于表 6 中。

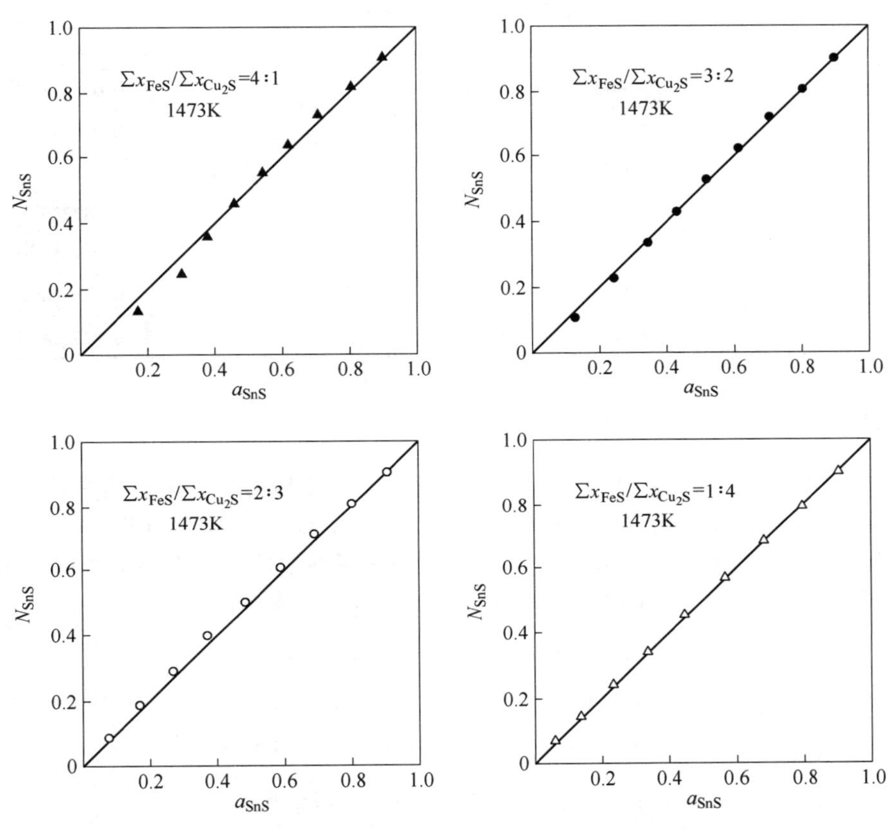

图 16　1473K 和不同$\sum x_{FeS}/\sum x_{Cu_2S}$比下计算 N_{SnS}与实测 a_{SnS}的对比

表 6　1473K 和不同 $\sum x_{FeS}/\sum x_{Cu_2S}$比下计算得 FeS-Cu₂S-SnS 熔锍的 N_{FeS}和 N_{Cu_2S}

$\sum x_{SnS}$	$\sum x_{FeS}/\sum x_{Cu_2S}$	N_{FeS}	N_{Cu_2S}	$\sum x_{SnS}$	$\sum x_{FeS}/\sum x_{Cu_2S}$	N_{FeS}	N_{Cu_2S}
0. 1	4 : 1	0. 708245	0. 0788679	0. 1	3 : 2	0. 478385	0. 195359
0. 2		0. 643199	0. 0681760	0. 2		0. 450445	0. 162235
0. 3		0. 577552	0. 0585683	0. 3		0. 413844	0. 135315
0. 4		0. 510518	0. 0497356	0. 4		0. 371137	0. 112238
0. 5		0. 440859	0. 0414233	0. 5		0. 323408	0. 091608
0. 6		0. 367072	0. 0334065	0. 6		0. 270826	0. 072506
0. 7		0. 287531	0. 0254729	0. 7		0. 212986	0. 054268
0. 8		0. 200642	0. 0174094	0. 8		0. 149140	0. 036377
0. 9		0. 105062	0. 0089940	0. 9		0. 078401	0. 018404

续表 6

$\sum x_{SnS}$	$\sum x_{FeS}/\sum x_{Cu_2S}$	N_{FeS}	N_{Cu_2S}	$\sum x_{SnS}$	$\sum x_{FeS}/\sum x_{Cu_2S}$	N_{FeS}	N_{Cu_2S}
0.1		0.250428	0.391925	0.1		0.093758	0.655483
0.2		0.253355	0.311343	0.2		0.096980	0.536925
0.3		0.246014	0.248468	0.3		0.099378	0.425098
0.4		0.229398	0J98283	0.4		0.098744	0.327799
0.5	2 : 3	0.205252	0.156542	0.5	1 : 4	0.093316	0.247660
0.6		0.174938	0.120320	0.6		0.082720	0.182298
0.7		0.139205	0.087674	0.7		0.067511	0.127782
0.8		0.098268	0.057296	0.8		0.048390	0.080726
0.9		0.051976	0.028281	0.9		0.025828	0.038687

2.5 水溶液

有关水溶液的结构已在拙著中由郭汉杰教授做了初步探讨[8]，以下列举其主要观点：

（1）电解质水溶液由电离得到的简单离子（Na^+、Ca^{2+}、Mg^{2+}、Cl^-、Br^-、F^-等）和H_2O、水合盐等分子组成。其中电离得到的正、负离子在溶液中各占一个结构单元。

（2）简单离子和水分子生成水合盐分子时进行着动平衡反应：

$$(E^+ + Cl^-) + H_2O = ECl \cdot H_2O$$

$$(E^+ + Cl^-) + 2H_2O = ECl \cdot 2H_2O$$

$$(E^+ + Cl^-) + nH_2O = ECl \cdot nH_2O$$

（3）水溶液的结构单元在研究的成分范围内具有连续性。

（4）水溶液内部各组元间的化学反应服从质量作用定律。

下面以 $LiNO_3$-H_2O 为例进行讨论。

文献［41］给出了 $LiNO_3$ 水溶液中溶质 $LiNO_3$ 的活度系数。在文献［42］中给出 $LiNO_3$、H_2O 和水合盐 $LiNO_3 \cdot 3H_2O$ 的有关热力学数据。本节将利用这些文献和水溶液的共存理论研究 $LiNO_3$ 水溶液的热力学性质，目的在利用前人所得到的热力学数据和质量作用定律制定 $LiNO_3$ 溶液的作用浓度计算模型，计算 $LiNO_3$ 水溶液中组元的作用浓度，和实测活度进行对比，以检验共存理论的适应性。

从文献［42］得知 $LiNO_3$ 和 $3H_2O$ 能生成稳定水合盐 $LiNO_3 \cdot 3H_2O$。因此，该水溶液的结构单元为 Li^+、NO_3^- 离子、H_2O 和 $LiNO_3 \cdot 3H_2O$ 分子。

化学平衡为：

$$(Li^+ + NO_3^-) + 3H_2O = LiNO_3 \cdot 3H_2O,\ K = \frac{N_3}{N_1 N_2^3},\ N_3 = KN_1N_2^3 \tag{43}$$

本文从文献［42］查找的下列标准生成自由能：

$$LiNO_3 \cdot 3H_2O:\ \Delta_f G^\ominus = -1103.5\text{kJ/mol}$$

$$LiNO_3:\ \Delta_f G^\ominus = -381.1\text{kJ/mol}$$

$$H_2O: \Delta_f G^{\ominus} = -237.129 kJ/mol$$

由此计算得：

$$\Delta G^{\ominus} = (-1103.5 + 3 \times 237.129 + 381.1) \times 10^3 = -RT\ln K = -8.314 \times 298.15\ln K$$

因此，$K = 85.01616$，将 K 值代入类似式（2）、式（4）和式（5）的模型，并联立求解就可以得出各组元的作用浓度。将纯物质为标准态的作用浓度 N_{LiNO_3} 与以无限稀为标准态的活度 a_{LiNO_3} 比较后，发现两者间存在一个转换系数 $L_{LiNO_3} = a_{LiNO_3}/N_{LiNO_3} = 59.46$，而且相当守常。令 $N'_{LiNO_3} = L_{LiNO_3}N_{LiNO_3}$，并与 a_{LiNO_3} 对照如图 17 所示。可以看出两者的符合是相当好的，证明 $LiNO_3$ 水溶液也是服从质量作用定律的。除 N'_{LiNO_3} 外，用上述模型也可以计算出水的活度 a_{H_2O}，但是由于没有实测水活度相对照，只能将计算的水活度列于图 18 中，以便参考。

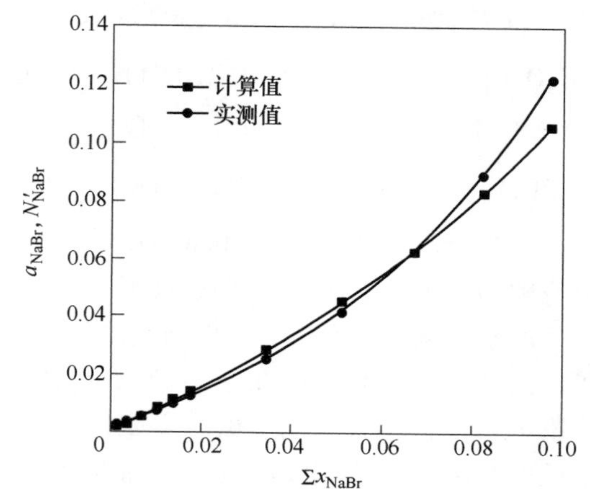

图 17 计算的作用浓度 N'_{LiNO_3} 和实测活度值 a_{LiNO_3} 的比较

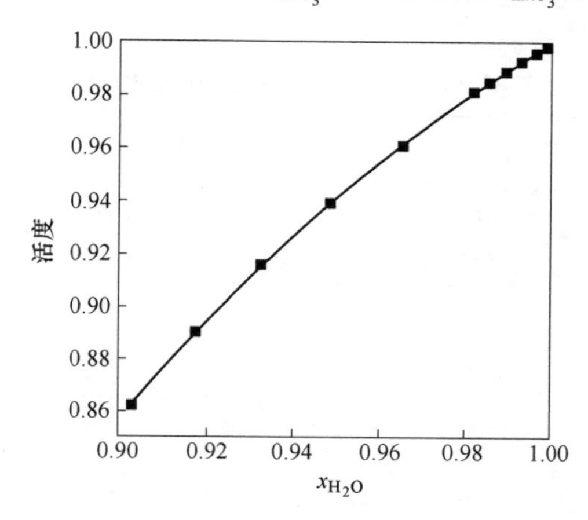

图 18 N_{H_2O} 随 x_{H_2O} 的变化情况

2.6 有机溶液

与金属熔体类似，在二元有机溶液中，有彼此间形成化合物的，也有形成共晶体的；所构成的溶液有均相的，也有两相的。下面以三元非均相乙醇-二丁酮-苯溶液为例进行讨论。

2.6.1 三元非均相乙醇-二丁酮-苯溶液

乙醇-二丁酮-苯溶液中、乙醇-二丁酮和二丁酮-苯两溶液已经在拙著中[8]讨论过了，二者均属于对拉乌尔定律表现对称性正偏差的溶液。只有乙醇-苯溶液还未接触到。根据文献[43]，本溶液的活度对拉乌尔定律表现非对称性正偏差，经用多种方案进行比较后发现认为生成 $2C_2H_5OH·C_6H_6$ 亚稳态化合物的方案最符合实际。因此，总体而言，本三元系应为非均相溶液，并形成 $C_2H_5OH+C_2H_5OH·C_4H_8O+2C_2H_5OH·C_6H_6+C_4H_8O·C_6H_6$，$C_4H_8O+C_2H_5OH·C_4H_8O+2C_2H_5OH·C_6H_6+C_4H_8O·C_6H_6$ 和 $C_6H_6+C_2H_5OH·C_4H_8O+2C_2H_5OH·C_6H_6+C_4H_8O·C_6H_6$ 三种溶液。根据质量作用定律，有化学平衡：

$$C_2H_5OH_{(l)} + C_2H_5COCH_{3(l)} \Longleftrightarrow (C_2H_5)_2COOHCH_{3(l)}$$

$$(T = 298.15\text{K}, K_1 = 0.450735) \tag{44}$$

$$2C_2H_5OH_{(l)} + C_6H_{6(l)} \Longleftrightarrow (C_2H_5OH)_2 \cdot C_6H_{6(l)}$$

$$(T = 298.15\text{K}, K_2 = 0.16448) \tag{45}$$

$$C_2H_5COCH_{3(l)} + C_6H_{6(l)} \Longleftrightarrow C_2H_5COCH_3 \cdot C_6H_{6(l)}$$

$$(T = 298.15\text{K}, K_3 = 0.83092) \tag{46}$$

采用以上三个化学反应中的平衡常数代入类似式（28）~式（30）的模型计算得作用浓度与实测活度对比如表 7 所示。从表中看出，计算与实测值是符合得相当好的，从而证明所制定的非均相模型可以满意地反映本溶液的结构特点，也说明在本溶液中由三个组元生成更复杂的亚稳态化合物的可能性不大，或者虽能生成，但其量对计算结果影响不大。有鉴于此，也将本三元溶液的全部作用浓度随溶液成分而改变的情况呈现于图 19 中以供参考，并展示用类似模型解决三元或更复杂的有机溶液热力学性质问题的可能性和前景是非常巨大的。

表 7 乙醇（A）-二丁酮（B）-苯（C）溶液的计算作用浓度与实测活度的对比

序号	Σx_A	Σx_B	Σx_C	a_A	N_A	a_B	N_B	a_C	N_C
1	0.397	0.092	0.511	0.6491	0.6559	0.0915	0.0889	0.7706	0.7794
2	0.212	0.201	0.587	0.5126	0.5027	0.1968	0.1921	0.7332	0.7448
3	0.703	0.194	0.103	0.7761	0.7964	0.2898	0.2564	0.2671	0.2450
4	0.310	0.302	0.388	0.5481	0.5658	0.3174	0.2938	0.5498	0.5666
5	0.178	0.474	0.348	0.3977	0.4003	0.4768	0.4566	0.4381	0.4617
6	0.095	0.807	0.098	0.2099	0.2040	0.8151	0.8035	0.1181	0.1269
7	0.150	0.101	0.749	0.4998	0.4609	0.1012	0.0983	0.8591	0.8653
8	0.223	0.493	0.284	0.4328	0.4475	0.5038	0.4815	0.3683	0.3961
9	0.109	0.695	0.196	0.2467	0.2491	0.7006	0.6828	0.2358	0.2534
10	0.121	0.415	0.465	0.3262	0.3329	0.4138	0.3996	0.5406	0.5698
11	0.816	0.108	0.076	0.8535	0.8569	0.1887	0.1572	0.2401	0.2322
12	0.502	0.195	0.303	0.6827	0.6980	0.2248	0.2017	0.5557	0.5502

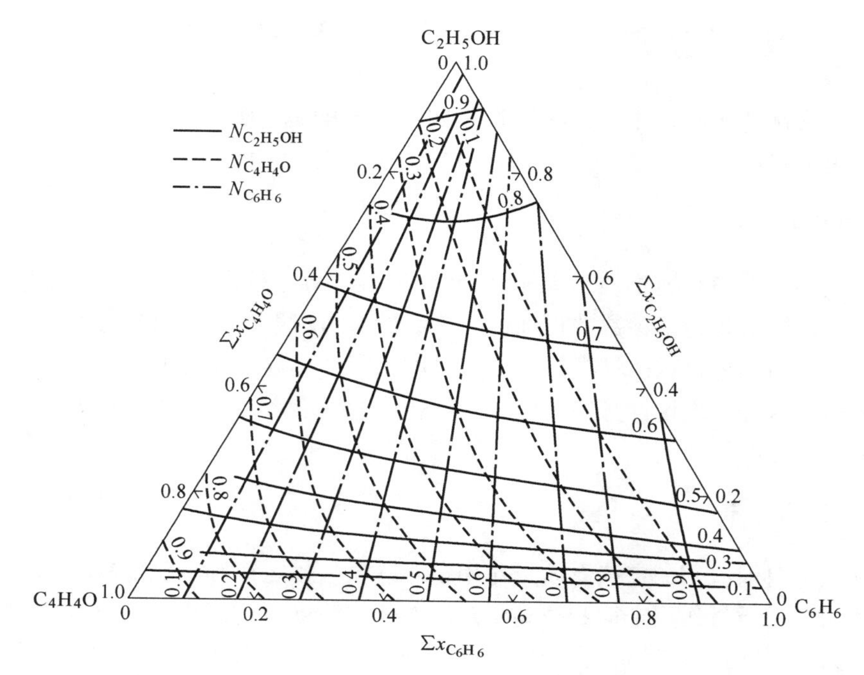

图 19　298.15K 下乙醇-二丁酮-苯溶液的作用浓度计算结果

2.6.2　结论

（1）将质量作用定律与一些有机溶液结构单元全部为分子的实际相结合，针对非均相有机溶液制定了作用浓度计算模型。计算结果符合实际，证明模型能够确切地反映相应溶液的结构实际。

（2）就作用浓度计算模型而言，有机溶液和金属熔体本质上没有什么差别，两者都严格地服从质量作用定律。均相溶液除服从质量作用定律外，还遵守拉乌尔定律。唯一的不同点在于金属熔体中生成的化合物较多，二元均相金属熔体中仅生成一个 AB 型化合物的实例极为罕见；而在有机溶液中，生成的化合物则较少，生成 1~2 个化合物是常见的事情。

（3）对大多数二元两相有机溶液而言，由于其活度对拉乌尔定律显示正偏差，受 $\sum N_i = 1$ 的约束，其活度虽然严格地服从质量作用定律，但不遵守拉乌尔定律。二元两相有机溶液热力学性质的非对称性是由于生成的亚稳态化合物中二组元间的比例不等于 1 而引起；热力学性质对拉乌尔定律显示正偏差是由于溶液分成了两相，每相的结构单元都会表现尽可能大的化学势所致。

3　统一溶液理论的进一步工作

3.1　统一浓度单位

虽然已有国际标准摩尔数（物质的量 n）、摩尔分数（N）、J/mol 等，但目前在理论研究上，人们仍然采用着各式各样的浓度单位。统一的必要性：（1）有利于认识化学反应的规律；（2）有利于确定标准态；（3）有利于统一检验标准；（4）有利于采用统一的热力学数据。

正确的办法就是在理论计算中普遍采用国际统一单位，为了适应实际需要，进一步可以换算成实用单位。

3.2 统一标准态

目前采用的标准态有纯物质、无限稀、1%稀溶液等。标准态的不统一造成热力学数据的不统一，同样对热力学参数的正确选用造成极大的困难，并招致各种活度相互作用系数的交错应用，给工艺过程的计算机模拟和自动化带来日益增大的艰巨性。

正确的做法就是在理论计算中严格采用纯物质为标准态，进一步可以换算成其他的标准态，以适应实际的需要。

3.3 统一公认的定律

溶液理论上目前应用的定律有质量作用定律、拉乌尔定律和亨利定律。由于在统一的溶液理论体系下，质量作用定律和拉乌尔定律在任何浓度下均适用，而亨利定律只能应用于稀溶液，为了消除这种矛盾，在统一的溶液理论体系下仅采用质量作用定律和拉乌尔定律。而在实际条件下，视情况需要，再采用亨利定律。

3.4 统一检验标准

实践是检验真理的唯一标准，所以以纯物质为标准态，在平衡条件下测定的活度、分配常数、硫、磷、氮容量等和混合热力学参数均可作为理论计算值正确与否的判断标准；而公认的质量作用定律则应作为计算模型正确与否的理论判断标准。

3.5 统一热力学状态函数

全部热力学状态函数必须以摩尔数（或分数）为浓度单位，以纯物质为标准态。由于溶液有均相与非均相之别，均相溶液既遵守质量作用定律，又服从拉乌尔定律；而非均相溶液仅遵守质量作用定律，但不服从守拉乌尔定律，所以热力学状态函数自然应随溶液类别不同而改变。

3.6 热力学数据的整理和测定

就全面统一六类溶液理论而言，目前不少热力学数据极不符合使用要求，需要加以整理；还有大量热力学数据亟待测定和研究，如金属熔体、熔盐、熔锍、水溶液和有机溶液；炉渣熔体的情况稍好一些，但也需要作补充研究，如含氟渣的热力学数据缺少较多就是例证。

3.7 动力学和溶液物理性质的研究

在以上各项研究的基础上，开展动力学和溶液物理性质的研究也是需要考虑的问题。

总之，为了全面地统一六类溶液理论，进一步做好浓度单位、标准态、公认的定律、检验标准和热力学状态函数的统一是必不可少的；整理不合要求的热力学数据，并测定和研究亟待开发的热力学数据是迫在眉睫的任务；开展动力学和溶液物理性质的研究则是统一六类溶液理论的重要环节。

4 结论

（1）在计算机的广泛应用、相图研究方面取得巨大进展以及冶金熔体的结构和热力学性质与相图的一致性已经确证的条件下，根据质量作用定律直接（不用活度系数）计算平衡时反应物和生成物的活度（或作用浓度）不仅切实可行，而且已经成为现实。

（2）在以质量作用定律为准绳、以实测活度为实践基础和判断标准、以相图及金属熔体的原子和分子共存理论、熔渣和水溶液的分子和离子共存理论、氧化物固溶体、熔盐和熔锍的正负离子未分开模型与一些有机溶液全分子模型为确定结构单元的科学依据和原则，分别制定了均相和两相溶液的通用作用浓度计算模型。在未用活度系数的条件下，计算的上述六类溶液作用浓度在全成分范围内，与实测活度符合甚好，从而证明根据质量作用定律直接计算活度对金属熔体、熔渣、熔盐、熔锍、水溶液和有机溶液是普遍适用的，由此证明六种溶液理论是可以在质量作用定律指导下统一的。

（3）金属熔体、熔渣、熔盐、熔锍、水溶液和有机溶液的作用浓度计算模型不仅具有很强的规律性，而且同样可以按相图对其进行分类：含化合物的溶液采用均相模型计算作用浓度；而含偏晶体和含共晶体的溶液采用两相模型等。与此相反，将冶金熔体和溶液分成溶剂和溶质是弊大于利的；因为它会导致无限稀概念的提出，为溶液的热力学计算计算造成许多困难。

（4）含化合物溶液的共同特点是组元活度的巨大负偏差；而含偏晶体和含共晶体溶液的特点，在于广阔的成分范围内，大部分溶液的活度对拉乌尔定律显示可观的正偏差。

（5）为了全面地统一六类溶液理论，进一步做好浓度单位、标准态、公认的定律、检验标准和热力学状态函数的统一是必不可少的。整理不合要求的热力学数据，并测定和研究亟待开发的热力学数据是迫在眉睫的任务；开展动力学和溶液物理性质的研究则是统一六类溶液理论的重要环节。

参考文献

[1] Kimura T, Suito H. Calcium Deoxidation Equilibrium in Liquid Iron. Metall. & Mater. Trans. 1994, 25B (1): 33~42.

[2] Cho Sung-Wook, Suito K. Assessment of Calcium -Oxygen Equilibrium in Liquid Iron. ISIJ International, 1994, 34 (3): 265~269.

[3] Seo Jeong-Do, Kim Seou-Hyo. Thermodynamic assessment of Mg deoxidation reaction of liquid iron and equilibria of [Mg]-[Al]-[O] and [Mg]-[S]-[O], Steel Research, 2000, 71 (4): 101~106.

[4] Ito H, Hino M, Ban-ya S. Deoxidation EquilibriumH of Magnesium in Liquid Iron. Tetsu-to-Hagane, 1997, 83: 623.

[5] Mihailov G G. Thermodynamic Principles for making Equilibrium Phase Diagram between liquid Metals and nonmetals, XV International Conference of Chemical Thermodynamics in Russia. Otline of Lecture. T. I. M., 2005: 194.

[6] Ohta H, Suito H. Deoxidation equilibria of Calcium and Magnesium in Liquid Iron. Metall. Mater. Trans., 1997, 28B (6): 1131~1139.

[7] Shahpazov E H, Zaitsev A I, Shaposhnikov N G, Pogionova I G, Reibkin N A. On The Problem of Physico-chemical Prognosis about the types of Nonmetallic Inclusions during Commplex Deoxidation of Steel with Aluminium and Calcium. Metallei (in Russia), 2006 (2): 3~13.

[8] 张鉴．冶金熔体和溶液的计算热力学．北京：冶金工业出版社，2007：3~7，223~226，325，382~385，429~463，464~474.

[9] Massalski T B, et al. Binary Alloy Phase Diagrams, American Society for Metals, Metals Park, Ohio, 1, 1986.

[10] Baker H, Okamoto H, Henry S D, Davidson G M, Fleming M A, Kacprzak L, Lampman H F, Scott W W, Jr, Uhr R C. ASM Handbook Vol. 3, Alloy Phase Diagrams, Materials Park, Ohio 44073-0002, The Materials Information Socety, 1992.

[11] Yamada K, Kato E. Mass Spectrometric Determination of Activities of Phosphorus in Liquid Fe-P-Si, Al, Ti, V, Cr, Co, Ni, Nb and Mo Alloys. Tetsu-to-Hagane, 1979, 65: 273~280.

[12] Frohberg M G. Elliott J F, Hadrys H G. Contribution to the Study of the Thermodynamics of Complex Solutions Shown by the Example of Homogeneous Fe-P-C Melts. Arch. Eisenhuttenwes. 1968, 39: 587~593.

[13] Hadrys H G, Frohberg M G, Elliott J F, Lupis C H P. Activities in the Liquid Fe-Cr-C (sat), Fe-P-C (sat), and Fe-Cr-P systems at 1600℃, Metail. Trans., 1970, 1: 1867~1874.

[14] Zaitsev A I, Dobrokhotova Zh V, Litvina A D, Mogutnova B M. Thermodynamic Properties and Phase Equilibria in the Fe-P system. J. Chem. Soc. Faraday Trans., 1995, 91 (4): 703~712.

[15] Zaitsev A I, Dobrokhotova Zh V, Litvina A D, Shelkova N E, Mogutnova B M. Thermo-dynamic Properties of Molten Cr-P System. Inorganic Materials, 1996, 32 (5): 534~541 (in Russian).

[16] Zaitsev A I, Litvina A D, Shelkova N E, Dobrokhotova Zh V, Mogutnova B M. Thermodynamic Properties of Phosphorus with Calcium, Barium, Chromium, Manganese and Iron. Z. Metallkd, 1997, 88 (1): 76~86.

[17] Zaitsev A I, Shelkova N E, Mogutnova B M. Thermodynamic Properties of the Fe-Cr-P Liquid Solution. Metallurgical and Materials Trans., 1998, 29B (1): 155~161.

[18] Zhang Jian. Calculating Models of Mass Action Concentrations for Binary Metallic Melts Involving Solid Solution. Transaction of Nonferrous Metals Society of China, 1995, 5 (2): 16~22.

[19] 张鉴．关于 Fe-Ni-O，Ni-Co-O 和 FeCr-O 熔体的氧溶解度．钢铁研究，1999，(1)：34~39.

[20] Massalski T B, Murray J L, Bennett L N, Baker H. Binary Alloy Phase Diagrams, V. 1. American Society for Metals, Metals Park, Ohio 44073, 1986: 848.

[21] Venkatararnan M, Neumann J P. The Cr-P (Chromium-Phosphorus) System. Bulletin of Alloy Phase Diagrams, 1990, 11 (5): 430~434.

[22] Zhang Jian. Calculating Models of Mass Action Concentrations for Fe-P and Cr-P Melts and Optimization of Their Thermodynamic Parameters. J. University of Science and Technology Beijing, 1999, 6 (3): 174~177.

[23] Elliott J F, Chipman J. The Thermodynamic Properties of Liquid Ternary Cadmium Solutions. J. Am. Chem. Soc., 1951, 73: 2682~2693.

[24] Mellgren S. Thermodynamic Properties of the Liquid ternary System Bismuth-Cadmium-Tin. J. Am. Chem. Soc., 1952, 74 (20): 5037~5040.

[25] Hultgren R, Desai P D, Hawkins DT, Gleiser M, Kelley K K. Selected Values of the Thermodynamic Properties of Binary Alloys. American Society for Metals, Metals Park, Ohio 44073, 1973: 900.

[26] Das S K, Ghosh A. Met. Thermodynamic Measurements in Molten Pb-Sn Alloys. Met. Trans., 1972, 3 (4): 803~806.

[27] Gallois B, Lupis C H P. Surface Tensions of Liquid Ag-Au-Cu Alloys. Metall. Trans. B., 1981, 12B (4): 679~689.

[28] Hajra J P, Lee Hong-Kee, Frohberg M G. Repreentation of Thermodynamic Properties of Ternary Systems and Its Application to system Ag-Au-Cu at 1350K. Met. Trans. B., 1992, 23B (6): 747~752.

[29] 张鉴. 二元金属熔体热力学性质按相图的分类. 金属学报, 1998, 34 (1): 75~85.

[30] Subramanian P R, Perepezko J H. The Ag-Cu System. Journal of Phase Equilibria, 1993, 14 (1): 62-75.

[31] Nürdberg G. Schlackenatlas. Düsseldorf, Verlag Stahleisen, M. B. H., 1981: 28~79.

[32] Zhang Jian. Coexistence Theory of Slag Structure and Its Application to Calculation of Oxidizing Capability of Slag melts. J. Iron and Steel Research International, 2003, 10 (1): 1~9.

[33] Taylor C R, Chipman J. Eqilibria of Liquid Iron and simple Basic and Acid Slqgs in a Rotating Induction fumace. Trans. AIME, 1943, 154: 228~247.

[34] Kishimoto T, Hasegawa M, Ohnuki K, Sawai T, Iwase M. The Activities of Fe_XO in (CaO-SiO_2-Al_2O_3-MgO-Fe_xO) Slags at 1723 K. Steel Research Int., 2005, 76 (5): 341~347.

[35] Ernest M Levin, Carl R Robbins, Howard F McMurdie. Phase Diagrams for Ceramists, 1975, Supplement: 299, 334, 357.

[36] Ito Mitsuru, Sasamoto Tadashi, Sta Toshiyuid. Bull. Chem. Sc. Jpn., 1981, 54 (11): 3391~3395.

[37] Pelton A D, Gebriel A. J. Chem. Soc. Faraday Trans., 1985, 18 (1): 1167~1172.

[38] Ernest M Levin, Carl R Robbins, Howard F McMurdie. Phase Diagrams for Ceramists, 1964.

[39] Levin E M, Robbins. C R, McMurdie H F. Phase Diagrams for Ceramists, 1969: 299, 517.

[40] Karakaya I, Thompson W T A. Thermodynamic Study of the System $MgCl_2$-$NaCl$-$CaCl_2$. Canadian Metallurgical Quarterly, 1986, 25 (4): 307~317.

[41] 尹承烈, 等译. 简明化学手册. 北京: 化学工业出版社, 1983: 651~656.

[42] 刘天和, 赵梦月. NBS 化学热力学性质表. 北京: 中国标准出版社, 1998.

[43] William E, Acree. JR. Thermodynamic Properties of Nonelectrolyte Solutions. Orlando, New York, London etc.: Academic Press, 1984.

Uniflcation of Computational Theory of Solutions under Guidance of Mass Action Law

Zhang Jian

(University of Science and Technology Beijing)

Abstract: With the mass action law as the dominate formulated. Calculated mass action concentrations principle, phase diagrams and measured activities as practical basis and criteria, the coexistence theory of metallic melts (atoms and molecules), the coexistence theory of slag melts and aqueous solutions (molecules and ions), the model of inseparable cations and anions of molten salts, mattes and oxide solid solutions, and all molecule model of some organic solutions as the scientific basis for determination of the structural units of each solution were studied. General models of mass fraction concentrations for homogeneous as well as heterogeneous solutions have been respectively for the above mentioned six solutions (over the whole composition range without any application of the activity coefficient) agree well with measured activities of corresponding solutions. This in turn shows that according to the mass action law, the activities of metallic melts, molten slags, molten salts and mattes, aqueous solutions and organic solutions can be determined directly, in other words, unification of computational theories for six solutions under the guidance of mass action law is practically realizable.

Keywords: activity; mass action concentrations; mass action law; solutions

Thermodynamic Fundamentals of Deoxidation Equilibria*

Abstract: With the mass action law as the dominant principle, the coexistence theory of metallic melts involving compound formation (atoms and molecules), the coexistence theory of slag melts (molecules and ions) and the model of inseparable cations and anions of molten salts and mattes as well as the basic oxides solid solutions as the scientific basis for determination of the structural units of each solution, calculating models for a series of deoxiation equilibria have been formulated. without the use of classical Wagner interaction parameter formalism. Calculated results agree well with measured activities of corresponding deoxidation equilibria. At the same time using these models we can evaluate the content as well as the composition of inclusions in steel without the necessity for any assumption of associates MO, M_2O etc.

Keywords: calculating models; thermodynamics; deoxidation equilibria

1 Introduction

The steel production of our country has reached a great amount, but the quality level of steel is still not high enouph, the assortment of steel is not great, the energy consumption is too high and the task of CO_2 reduction is arduous etc. One of the crucial moments of steel quality is deoxidation and reduction as well as modification of inclusions. So the thermodynamics of deoxidation equilibria recently has become research hot spot for metallurgical workers. There are two measurements to solve it: One of them uses interaction parameter formalism of Wagner, the other uses associate model; the former brings little effect, the latter is effective, but still has something different with practice. In condition of publication"Computational thermodynamics of metallurgical melts and solutions"as original creative work by the government publication office as well as activities of metallic melts, slag melts, molten salts , mattes, aqueous solutions and organic solutions can be evaluated under the guidance of mass action law, without any help from classi-cal interaction parameter formalism of Wagner, and again the results of evaluation are frequently in good agreement with measured values. Consequently at present, in the field of steelmaking careful solution of deoxidation and modification of inclusions are the most urgent task left.

1.1 Effect of using interaction parameter formalism of Wagner

At present, in the field of solution theory, there is a forest of schools of thought, every school presents itself a system, and uses special emperical parameters, without any popular suitability, and in contradiction with the law of mass action. In case of application to multicomponent hetero-

* 原文发表于 "Proceedings of the Ninth International Conference on Molten Slags, Fluxes and Salts", 2012: 1952~1968.

geneous reactions, there are difficulties very hard to overcome. Taking deoxidation reaction as an example, H. Suito[1] using interaction parameters of Wagner during investigation on deoxidation by calcium, at 1873K, with [%Al] ≤ 0.3 and [%Si] ≤ 3, though he divided metal compositions into three regions as shown in Table 1, K_{CaO} still does not keep constant, the interaction coef ficient e_O^{Ca} also varies violently, and the absolute value of which is astonishingly big. A little later, at 1873K, let log K = − 10.22, and [%Ca] + 2.51[%O] has been divided into < 0.005 and > 0.005 two regions, as shown in Table 2[2], It can be seen that though keep log K = 10.22, variations of 1st order and 2nd order interaction coefficient in two different regions are still terribly great.

Table 1 K_{CaO} and e_O^{Ca} at 1873K and different regions of [%Ca] +2.51 [%O]

[%Ca] +2.51 [%O]	< 0.0008	0.0008 − 0.0030	> 0.0030
log K_{CaO}	− 10.34	− 7.6 ± 0.3	− 5.8 ± 0.3
e_O^{Ca}	− 5000 ± 400	− 600 ± 80	60 ± 4

Table 2 Variation of first order and 2nd order interaction coefficients at 1873K as well as at [%Ca] +2.51 [%O] <0.005 and >0.005

[%Ca] +2.51 [%O]	i	j	e_i^j	r_i^j	$r_i^{i,j}$
< 0.005	O	Ca	− 3600	5.7×10^5	2.9×10^6
	Ca	O	− 9000	3.6×10^6	2.9×10^6
> 0.005	O	Ca	− 990	4.2×10^4	2.1×10^5
	Ca	O	− 2500	2.6×10^5	2.1×10^5

Application of interaction parameters of Wagner todeoxidation by magnesium in liquid iron gave unsatisfactory result too at two compositions [%Mg] <0.003 and <0.04, variations of 1st order and 2nd order interaction coefficients are shown in Table 3[3]. It can be seen in the table, that at constant temperature, in case of variations of Mg in liquid iron, not only equilibrium constant changes, but 1st order and 2nd order interaction coefficients also alternate astonishingly great. This shows that the classical interaction parameter formalism of Wagner is incapable for treating deoxidation equilibria with Ca, Mg, Ba etc.

Table 3 log K_{MgO}, as well as 1st order and 2nd order interaction coefficients of equilibrium reaction between [%Mg] and [%O] at 1873K

e_O^{Mg}	e_{Mg}^O	r_O^{Mg}	r_{Mg}^O	$r_O^{Mg,O}$	$r_{Mg}^{Mg,O}$	log K_{MgO}	[%Mg]
− 280	− 430	− 20000	350000	462000	− 61000	− 6.80	<0.003[4]
− 370	− 560	5900	145000	191400	17940	− 7.21	<0.04[3]

As for inclusions in Fe-Ca-Al-O system at 1873K, Russian scholar G. G. Mixailov using 1st order interaction parameters of Wagner evaluated variation of inclusions as shown in Fig. 1[5];

While Japanese scholar H. Suito with help of 1st order and 2nd order interaction coefficients gave resulting inclusions for the same system as in Fig. 2[6]. Only using different interaction parameters and in the equal thermodynamic condition leads to completely different results, how much usefulness the classical interaction parameter formalism of Wagner should have? It is necessary to study and discuss such a problem.

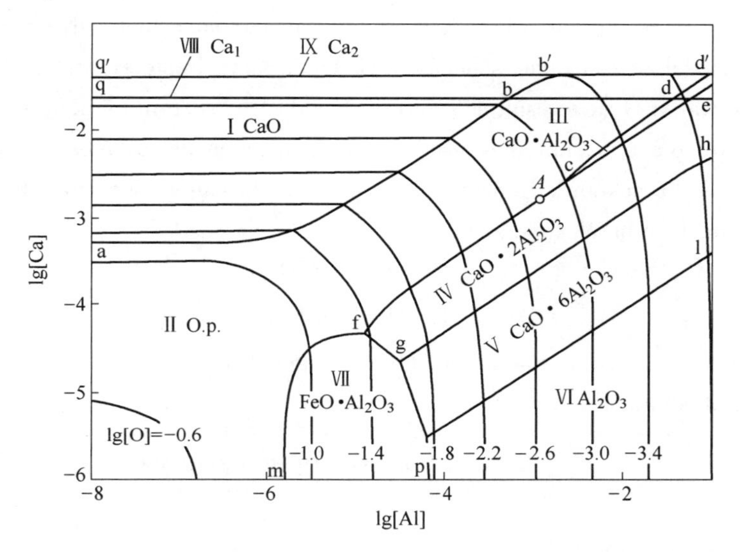

Fig. 1 Isothermal section of inclusions for Fe-Ca-Al-O system at 1873K (by data[5])

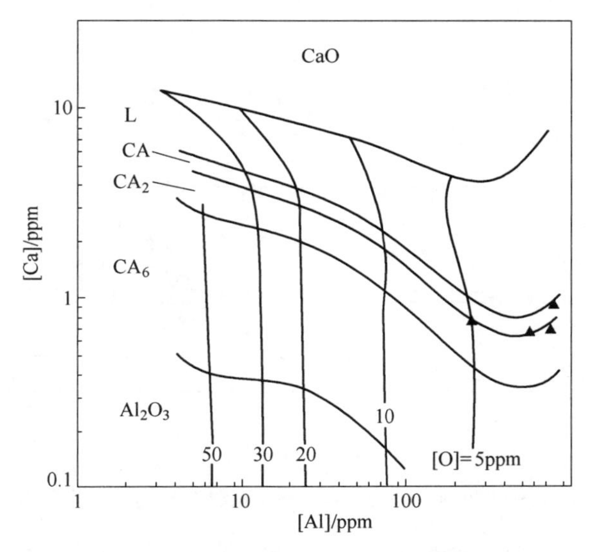

Fig. 2 Isothermal section of inclusions for Fe-Ca-Al-O system at 1873K (by data[6])

The weakness of classical interaction parameter formalism of Wagner is its supposition that the dissolved in liquid iron deoxidant and oxygen are independently and randomly distributed particles. The above mentioned extremely great 1st order and 2nd order interaction coefficients testify that the affinity between deoxidant and oxygen is too great for explaining it by behavior of independently and randomly distributed particles. The proper way out lies in objective recognization of the fact about the formation in steelmaking process deoxidation products (chemical compounds) with different structure.

1.2 Effect of using associate model

Russian scholars E. H. Shahpazov, A. I. Zaitsev etc[7]. in the same thermodynamic condition, applying associate model of Canadian scholars I. H. Jung, S. A. Decterev and A. D. Pelton[8, 9] to metallic melts Fe-Ca-Al-O gave result as shown in Fig. 3. It is seen in the figure, that the result is basically agree with practice, but they used quasi-chemical model as basis to carry evaluation, which is unfavorable for acknowledgement of real structure of matter, secondly, they apply interaction parameter formalism of Wagner.

$$\underline{Al} + \underline{O} = \underline{AlO}$$

$$2\,\underline{Al} + \underline{O} = \underline{Al_2O}$$

Hence, associate model is not the highroad without any obstruction to investigation on thermodynamic properties of solutions.

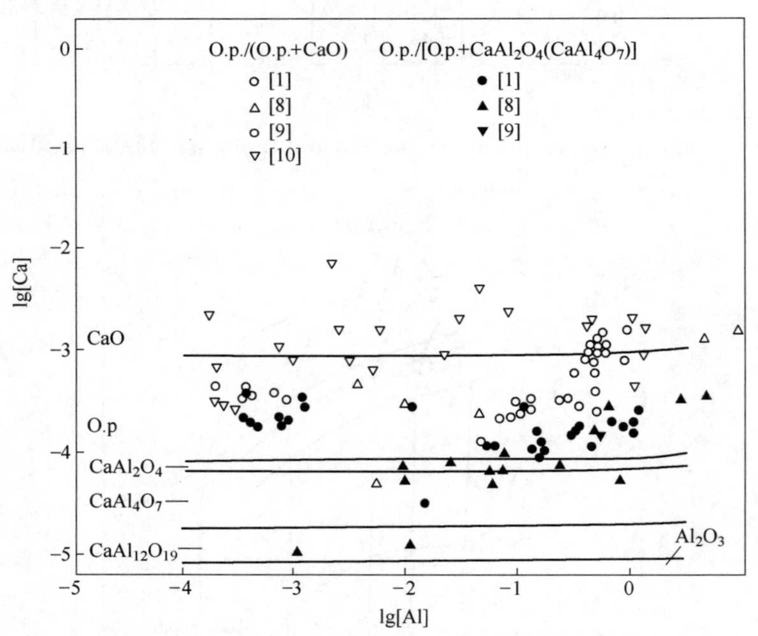

Fig. 3 Isothermal section of inclusions for Fe-Ca-Al-O system at 1873K (by data[7])

1.3 First result about unification of computational theories for six solutions under the guidance of mass action law

First result about unification of computational theories for six solutions under the guidance of mass action law[8] are:

(1) 191 chemical reactions obey the mass action law, their equilibrium constant keep unchangeable:

metallic melts (2-4components)	9	slag melts (2-8 components)	49
molten salts (2-3 components)	17	mattes (2-3 components)	5
aqueous solutions (2-3 components)	10	organic solutions (2-3 components)	13

(2) The calculated mass action concentrations agree well with measured activities.

2 Calculating models for Deoxidation and Inclusion Formation

2.1 The coexistence theory of metallic melts involving compound formation and the present state of deoxidation products

The carrier of deoxidation reactions is molten steel, i. e metallic melt, in Chapter 1 of our book[8], the coexistence theory of metallic melt' s structure had been testified in detail, the chief points of which are:

(1) Metallic melts involving compound formation consist of atoms and molecules.

(2) The coexistence of atoms and molecule is continuous in the whole composition range.

(3) There are mobile dynimic equilibrium reactions between atom and molecule, for example:

$$xA + yB \Longrightarrow A_xB_y$$

(4) Chemical reactions in metallic melts obey the law of mass action.

In order to study deoxidation and inclusion formation in metallic melts, it is necessary to add fifth point, i. e.

(5) The deoxidation products in metallic melts (molten steel), are all present as molecules.

For the sake of explanation of why the deoxidation products in molten steel are present in molecule state, first of all we talk about cations and anions in solid solution $CaO \cdot MgO$ and molten salts behaving themselves in what state. Both have face centered crystal structure of NaCl in solid state, hence they present as ions Ca^{2+}, Mg^{2+}, O^2, Na^+, K^+, Cl^- already in solid state, the former is solid solution, its activities haven' t any deviation with respect to Raoult' s law; the latter is solid solution with low melting point, the activities of which at 1073-1223K have symmetrical negative deviations relative to Raoultian behavior, in case of these two kinds of solid solutions, as pointed in literature[9]. Applying only two phase calculating model can give result having good agreement with practice.

Firstly, take solid solution $CaO \cdot MgO$ as an example putting it' s composition as $b = \sum x_{CaO}$, $a = \sum x_{MgO}$; the equilibrium mole fraction of every structural unit as $x = x_{CaO}$, $y = x_{MgO}$, $z = x_{CaO \cdot MgO}$; mass action concentrations of every structural unit. $N_1 = N_{CaO}$, $N_2 = N_{MgO}$, $N_3 = N_{CaO \cdot MgO}$, and formed two solutions $Ca^{2+} + O^{2-} + CaO \cdot MgO$ and $Mg^{2+} + O^{2-} + CaO \cdot MgO$. $\sum x_1$ represents total mole fraction of solution $Ca^{2+} + O^{2-} + CaO \cdot MgO$. $\sum x_2$, represents total mole fraction of solution $Mg^{2+} + O^{2-} + CaO \cdot MgO$. Then the real deoxidation condition is testified by the model of separable cations and anions as well as the model of inseparable cations and anions respectively as follows:

In case of model for separable cations and anions, the chemical equilibrium is:

$$(Ca^{2+} + O^{2-}) + (Mg^{2+} + O^{2-}) \Longrightarrow CaO \cdot MgO \qquad K = \frac{N_3}{N_1 N_2}, \ N_3 = KN_1N_2 \tag{1}$$

The equilibrium constant is

$$K = 2b(1 - N_1)/(2 - N_1)N_1N_2 \text{ or } K = 2a(1 - N_2)/(2 - N_2)N_1N_2 \tag{2}$$

Applying the same symbols of preceding binary melts, and considering that there have been two solutions. $Ca^{2+} + O^{2-} + CaO \cdot MgO$ and $Mg^{2+} + O^{2-} + CaO \cdot MgO$ formed, $\sum x_1$ represents the equilibrium mole fraction of solution $Ca^{2+} + O^{2-} + CaO \cdot MgO$, while $\sum x_2$ represents the equilibrium mole fraction of solution $Mg^{2+} + O^{2-} + CaO \cdot MgO$. In condition of inseparable cations and anions, both ions behave together without any difference as single atom or molecule, hence we have Chemicale qilibrium:

$$(Ca^{2+} + O^{2-}) + (Mg^{2+} + O^{2-}) \Longrightarrow CaO \cdot MgO \qquad K = \frac{N_3}{N_1 N_2}, \ N_3 = KN_1N_2 \tag{3}$$

The equilibrium constant is:

$$K = ab(2 - N_1 - N_2)/(a + b)N_1N_2 \tag{4}$$

Eqs. (14), (15) and (16) are the model of inseparable anions and cations of binary melts involving solid solution. Similarly, for binary molten salt NaCl · KCl, using the same symbols of preceding example. In case of separable cations and anions as well as inseparable cations and anions we could also obtain equilibrium constant respectively as Eqs. (2) and (4).

Comparison of equilibrium constants from two models about the behaviors of cations and anions in the solution is shown in Table. 4.

Table 4 Comparison of equilibrium constants from two models about the behaviors of cations and anions in the solution

State of ions		The cations and anions are separable				The cations and anions are inseparable	
Calculating equations		$K = 2b(1 - N_1)/(2 - N_1)N_1N_2$		$K = 2a(1 - N_2)/(2 - N_2)N_1N_2$		$K = ab(2 - N_1 - N_2)/(a + b)N_1N_2$	
Calculated K		$K_{CaO \cdot MgO}$	$K_{NaCl \cdot KCl}$	$K_{CaO \cdot MgO}$	$K_{NaCl \cdot KCl}$	$K_{CaO \cdot MgO}$	$K_{NaCl \cdot KCl}$
b	a	1200℃	950℃	1200℃	950℃	1200℃	950℃
0.1	0.9	1.818181	2.157329	1.052632	1.236686	1	1.184027
0.2	0.8	1.666667	1.944671	1.111111	1.284930	1	1.171498
0.3	0.7	1.538462	1.763280	1.176471	1.367605	1	1.174683
0.4	0.6	1.428571	1.639150	1.250000	1.431670	1	1.164604
0.5	0.5	1.333333	1.509263	1.333333	1.509263	1	1.149304
0.6	0.4	1.250000	1.435548	1.428571	1.649454	1	1.169997
0.7	0.3	1.176471	1.364921	1.538462	1.799232	1	1.180818
0.8	0.2	1.111111	1.323344	1.666667	1.980077	1	1.206030
0.9	0.1	1.052632	1.266167	1.818181	2.186591	1	1.212061

From the comparison of two models, it can be seen, that the equilibrium constants from the model of inseparable anions and cations are considerably unchangeable, While the equilibrium constants from the model of separable cations and anions are changeable with varying melt compositions. Why in solid solution CaO · MgO of tppical face centered crystal structure of NaCl and in salts with typical electric conductivity appeared phenomenon about solutions of inseparable cations and anions? One of the reasons is, that there should be certain condition to separate cations and anions, presence of outside electric field, may lead to electrolysis of the solution is one of such important conditions; In the absence of outside electric field, as we had pointed in reference[10], there should be somethings present with high dielectric constant: silicates, phosphates, aluminates etc are just such things; Why in melts CaF_2-$CaSiO_3$, CaF_2 appears as three ions Ca^{2+} + $2F^-$? because $CaSiO_3$ with high dielectric constant is present; Why the calculating models of slag melts can evaluate the mass action concentrations in good agreement with measured activities? Because in slag melts, both cations and anions as well as silicates、phosphates etc. with high dielectric constant are present.

2.2 Ternary Metallic Melts

2.2.1 Fe-Ca-O

Calcium is the extremly powerful deoxidatiuon agent, In addition to use it as deoxidation agent, it can be used to modify configuration of inclusions so as to reduce nozzle blockage in continuous casting, therefore, study on deoxidation equilibrium with calcium is very important.

2.2.1.1 Calculating Model

As this paper uses pure element as standard state, and mole fraction as concentration unit, when met with the 1 wt pct standard state, their standard free energy of formation $\Delta G^\ominus$ should be transformed into $\Delta G^\ominus$ with pure element as standard state, and with mole fraction as concentration unit.

Taking two equilibrium constants as examples; $K_{FeO(l)} = K_{(1\%)} \times M_{Fe} \times M_O / M_{FeO}$; $K_{CaO(s)} = K_{(1\%)} \times M_{Ca} \times M_O$, then two equilibrium constants obtained should be transformed into corresponding free energy of formation respectively by $\Delta G^\ominus = -RT\ln K$. Where M represents atomic or molecular weight, the bracketed (l) and (s) represent liquid and solid respectively.

Now, giving the compositions of ternary melt as $b_1 = \sum x_{Fe}$, $b_2 = \sum x_{Ca}$, $a = \sum x_O$; the equilibrium mole fractions of every component evaluated from compositions of the melt as $x_1 = x_{Fe}$, $x_2 = x_{Ca}$, $y = x_O$, $z_1 = x_{FeO}$, $z_2 = x_{CaO}$; the normalized mass action concentrations of every structural unit as $N_1 = N_{Fe}$, $N_2 = N_{Ca}$, $N_3 = N_O$, $N_4 = N_{FeO}$, $N_4 = N_{CaO}$; $\sum x$ = sum of equilibrium mole fractions. then we have Chemical equilibria[11] :

$$Fe_{(l)} + [O] = FeO_{(l)} \qquad \Delta G^\ominus = -109467 + 24.46T \text{ J/mol} \qquad (5)$$

$$K_1 = N_4/N_1N_3 , \quad N_4 = K_1N_1N_3 , \quad z_1 = K_1x_1y/\sum x$$

$$Ca_{(l)} + [O] = CaO_{(s)} \qquad \Delta G^\ominus = -630930 + 91.222T \text{ J/mol} \qquad (6)$$

$$K_2 = N_5/N_2N_3 , \quad N_5 = K_2N_2N_3 , \quad z_2 = K_2x_2y/\sum x$$

Mass balance:

$$N_1 + N_2 + N_3 + K_1N_1N_3 + K_2N_2N_3 = 1 \tag{7}$$

$$b_1 = x_1 + z_1 = \sum x(N_1 + K_1N_1N_3) \tag{8}$$

$$b_2 = x_2 + z_2 = \sum x(N_2 + K_2N_2N_3) \tag{9}$$

$$a = y + z_1 + z_2 = \sum x(N_3 + K_1N_1N_3 + K_2N_2N_3) \tag{10}$$

$$[1 + (a - 1)(N_1 + N_2) - (1 + b_1 + b)N_3]/(1 + b_1 + b_2 - a) = K_1N_1N_3 + K_2N_2N_3 \tag{11}$$

Above mentioned Eqs. (5) ~ (11) are the universal calculating model for deoxidation equilibria pertaining to this kind of ternary metallic melt Fe-Ca-O, Fe-Mg-O and Fe-Mn-O. In which, after using Eqs. (5) and (6) in combination with Eqs. (8), (9) and (10) to evaluate the initial results, which should be transformed in the following way into mass action concentrations: $N_1 = x_1/\sum x$, $N_2 = x_2/\sum x$, $N_3 = y/\sum x$, $N_4 = z_1/\sum x$, $N_5 = z_2/\sum x$. Eqs. (7) and (11) are used to regress equilibrium constants K_1 and K_2 in condition of known measured activities N_1, N_2 and N_3.

2. 2. 1. 2 Calculated Result

The evaluated curves of deoxidation by calcium are shown in Fig. 4. As can be seen in the figures, the extremely difficult problem of deoxidation equilibrium Ca-O annoying many metallurgical scholars has been easily acomplished as regular curves (the upper part of hyperbola $xy=K$) by the calculating model formulated on the basis of mass action law and the coexistence theory of metallic melt's structure without the use of interaction parameters formalism of Wagner.

There are regular functional relationships for [%TO] and [%TCa], [$\%a_O$] and [%TCa], (%FeO) and [%TCa] as well as [%O] and [$\%a_{Ca}$], as they are all under equilibrium state, the regularities between them are controlled by equilibrium constants, so there isn' t any necessity to modify them by interaction parameter formalism of Wagner.

At the same time, what the measured oxygen represents? dissolved oxygen, oxygen activity or sum of oxygen content in inclusions is also problem to talk about. It can be seen from Fig. 4 (a) that [%TO] represents sum of oxygen content in inclusions, the evaluated curve is comparatively nearer to the measured oxygen contents of Han Qiyong[12] as well as T. Kimura & H. Suito[13], Which confirms that the transformed thermodynamic parameters are apllicable. The oxygen activity [$\%a_O$] in Fig. 4 (b) is considerably less than [%TO], hence, it represents dissolved oxygen, The (%FeO) in Fig. 4 (c) is less than [%TO], but greater than [%O], so it is a_{Fe_tO}. The distribution coefficitnt $L_1 = a_{Fe_tO}/[\%O] \approx 2$; $L_0 = (N_{[O]} + N_{FeO} + N_{CaO})/[\%O] > 0$ may reach very big value, as calcium is a very strong deoxidation.

It is seen from Fig. 5 that contents of [%O] and (%FeO) decrease gradually, while that of (%CaO) and sum of total Inclusions are basically invariable with increasing the calcium content.

Fig. 6 shows that compositions of [%O] and (%FeO) decrease gradually, while that of (%CaO) and sum of total Inclusions are basically invariable with increasing the calcium content.

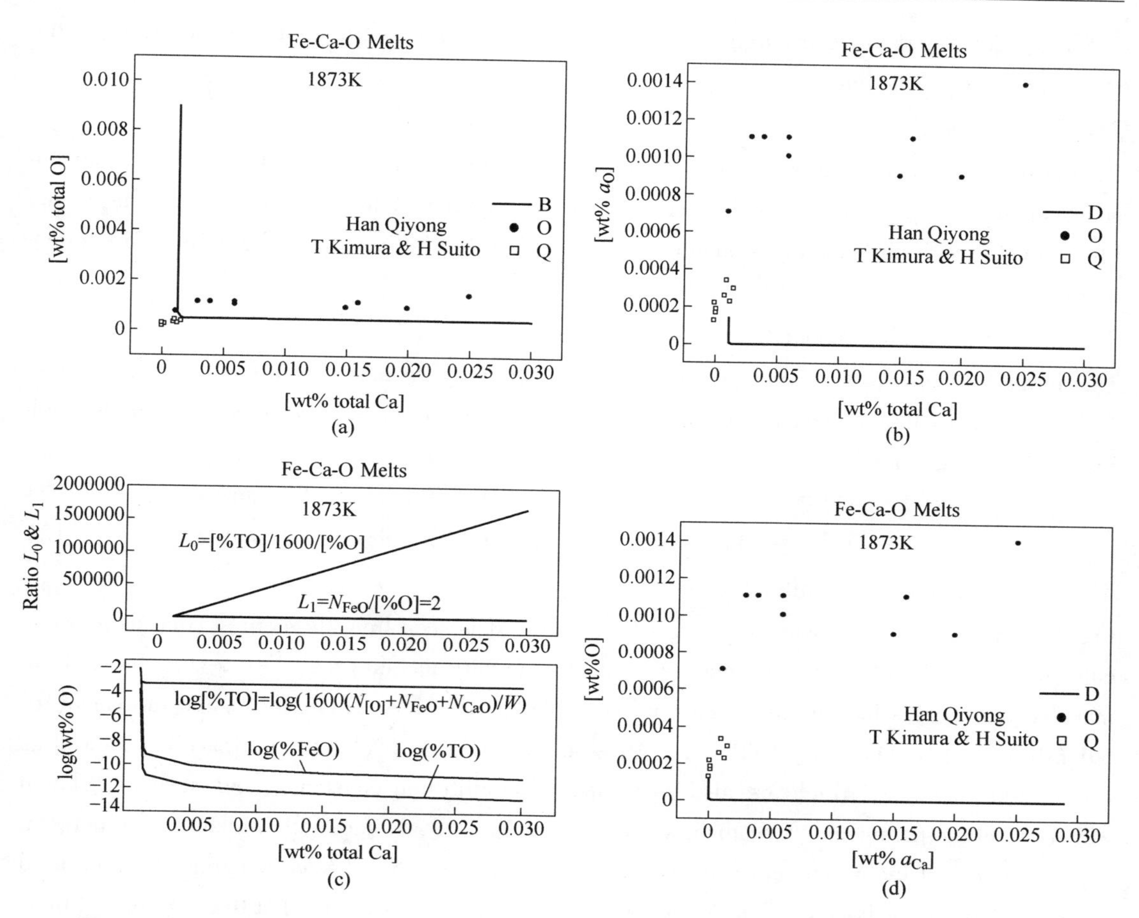

Fig 4 The relationship between different oxygen content and concentration of calcium in liquid iron.

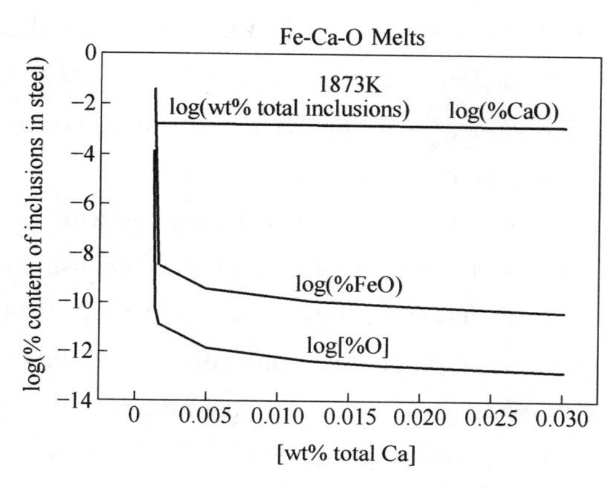

Fig. 5 The relationship between content of inclusions and sum of total inclusions with respect to calcium content of liquid iron

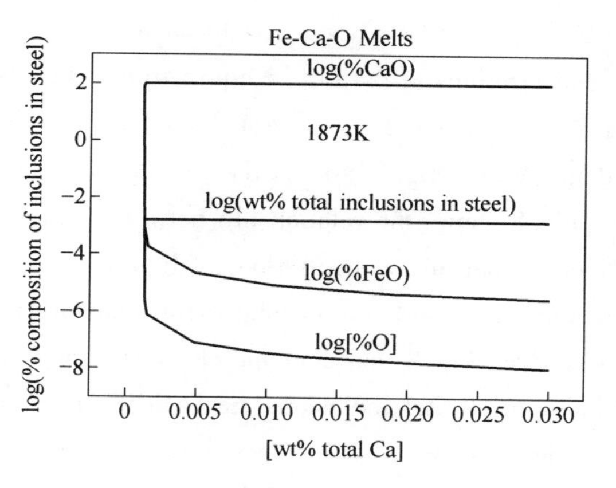

Fig. 6 The relationship between composition of and sum of total inclusions with respect to calcium content of liquid iron

Having Fig. 5 and Fig. 6 in mind, we are able to reduce and modify inclusions according to the requirement of production.

2. 2. 2 Fe-Ba-O

Barium is also an extremely strong deoxidation agent, which is used to reduce oxygen content of steel, change the properties of inclusions, reduce the globular inclusions and increase the fatigue life of steel. Hence it encourages metallurgical workers to study deoxidation by barium with strong interest.

2. 2. 2. 1 Calculating model

This ternary system applies same calculaing model as ternary system. Fe-Ca-O i. e. Eqs. (5) ~ (11), and uses thermodynamic parameter a little different from the preceding paragraph, with Eq. (12) being added.

$$Fe_{(l)} + [O] = FeO_{(l)} \quad \Delta G^{\ominus} = -109467 + 24.46T \text{ J/mol}^{[11]} \tag{5}$$

$$Ba_{(l)} + [O] = BaO_{(s)} \quad \Delta G^{\ominus} = -191000 - 98.91T \text{ J/mol}^{[14]} \tag{12}$$

2. 2. 2. 2 Calculated Results

Fig. 7 is the calculated deoxidation curves by barium. It is seen from the figures, that using same calculating model and thermodynamic parameters of ternary metallic melt Fe-Ba-O is also able to make regular curves like the upper part of hyperbola $xy = K$, i. e. There are regular functional relationships for [%TO] and [%TBa], [$\%a_O$] and [%TBa], (%FeO) and [%TBa] as well as [%O] and [$\%a_{Ba}$], which are also controlled by equilibrium constants, and have no relation with interaction parameters formalism of Wagner. Fig. 7 (a) shows the relationship between oxygen content of inclusions and concentration of barium, which is basically agree with measured results of Japanese scholars S Kato Y Iguchi and S. Ban-ya[14], testifying that the transformed thermodynamic parameters are reasonable for application. Fig. 7 (b) is the relationship between oxygen activities and concentrations of barium; Fig. 7 (c) represents the relationship between [%TO], (%FeO) and [%O] as well as distribution coefficients L_0 and L_1 with increasing the concentrations of barium in liquid Iron; The distribution coefficient $L_1 = a_{Fe_tO}/[\%O] \approx 2$; $L_0 = (N_{[O]} + N_{FeO} + N_{BaO})/[\%O] > 0$, may reach very big value, as barium is a very strong deoxidant. While Fig. 7 (d) is the relationship between oxygen activities and barium activities.

Fig. 8 shows the relationship between content of inclusions and sum of total inclusions with respect to barium concentrations of liquid iron, while Fig. 9 is the relationship between composition of inclusions and sum of total inclusions with respect to barium concentrations of liquid iron. It is seen from Fig. 8 that contents of [%O] and (%FeO) decrease gradually, while that of (%BaO) and sum of total Inclusions are basically invariable with increasing barium concentrations.

Fig. 9 shows that compositions of [%O] and (%FeO) decrease gradually, while that of (%BaO) and sum of total Inclusions are basically invariable with increasing barium concentrations.

Having Figs. 8 and 9 in hand, we can reduce and modify inclusions as required from the steelmaking production.

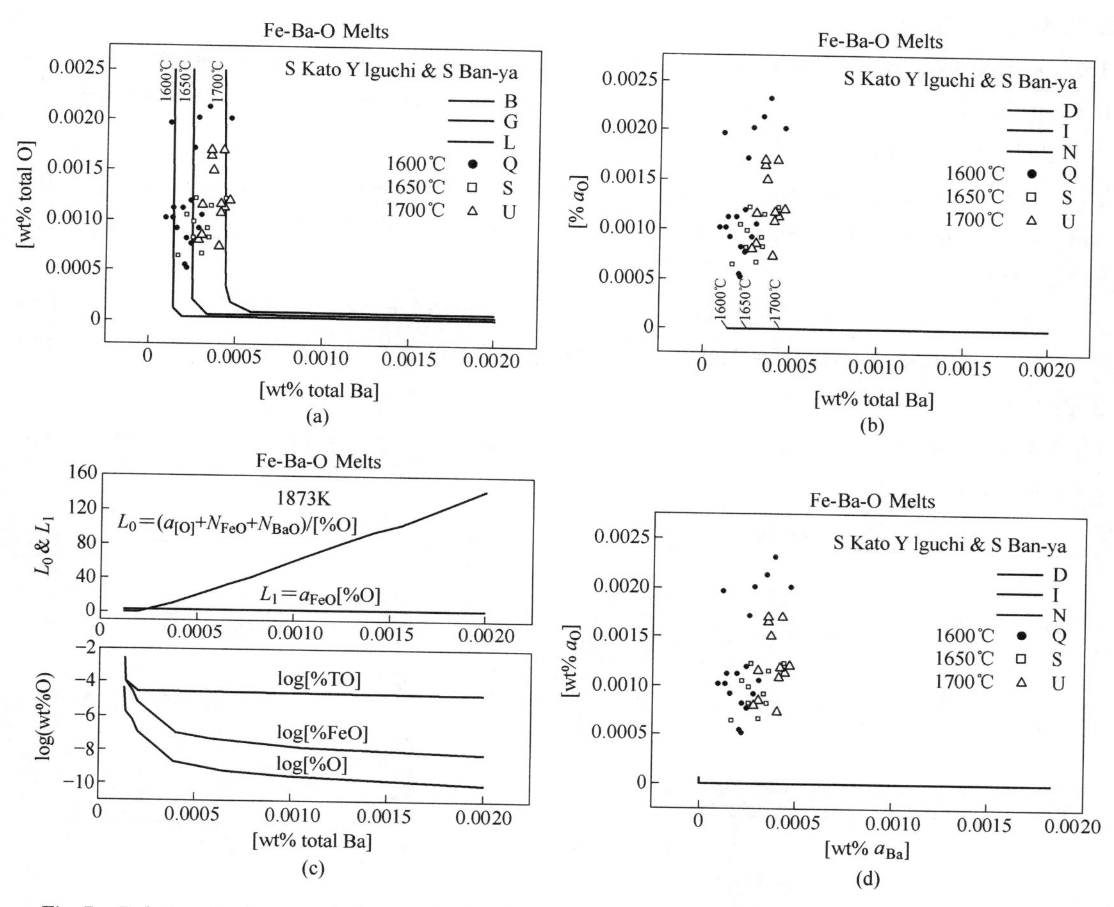

Fig. 7 Relationship between different calculated oxygen content and concentration of barium in liquid iron

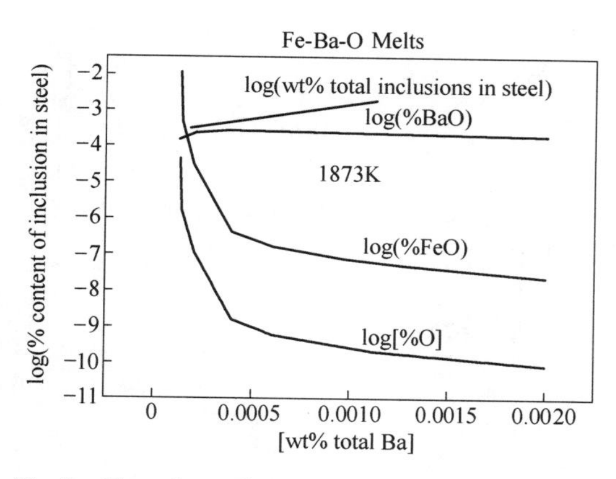

Fig. 8 The relationship between content of inclusions and sum of total inclusions with respect to barium concentration of liquid iron

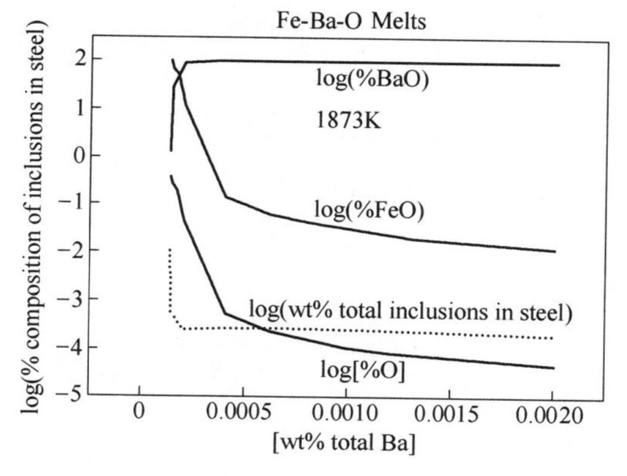

Fig. 9 The relationship between composition of inclusions with respect to the barium concentration of liquid iron

2. 2. 3　Fe-Mg-O

The research work on deoxidation and modification by magnesium is very little, nevertheless, the reaction equilibrium of Mg-O, annoying many steelmaking scholars still should be answered.

2. 2. 3. 1　Calculating Model

This ternary system applies same calculating model as ternary system Fe-Ca-O i. e. Eqs. (5)-(11), and uses thermodynamic parameter a little different from the preceding paragraph with Eq. (13) being added.

$$Fe_{(l)} + [O] = FeO_{(l)} \qquad \Delta G^{\ominus} = -109467 + 24.46T \text{ J/mol}^{[11]} \qquad (5)$$

$$Mg_{(l)} + [O] = MgO_{(s)} \qquad \Delta G^{\ominus} = -728600 + 188.79T \text{ J/mol}^{[14]} \qquad (13)$$

2. 2. 3. 2　Calculated Results

Fig. 10 Shows the relationship between different calculated oxygen content and concentration of magnesium in liquid iron.

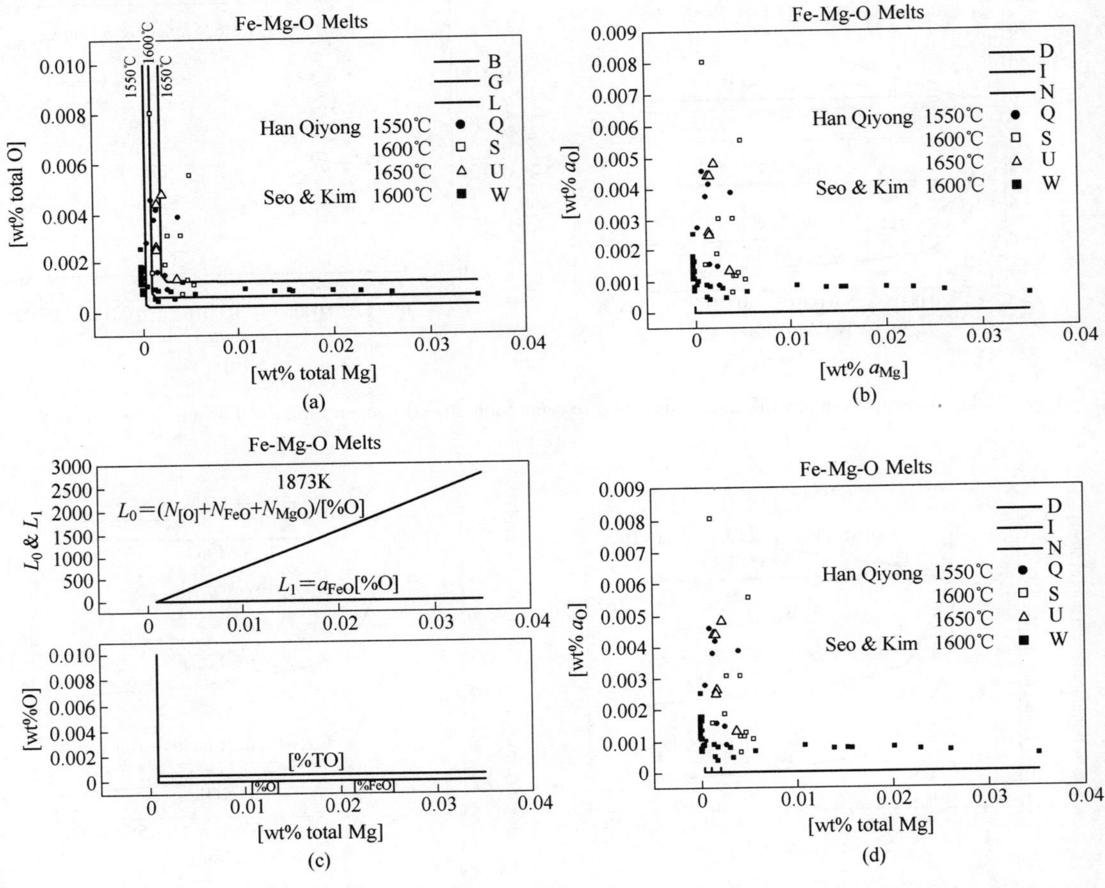

Fig. 10　Relationship between different calculated oxygen content and concentration of magnesium in liquid iron

As it has been shown in the preceding example, that using transformed thermodynamic parameters of ternary metallic melt is able for reproduce the measured data regularly as the upper part of hyperbola $xy = K$, Fig. 10 (a) for [%TO] and [%TMg], Fig. 10 (b) for [$\%a_O$] and [%TMg], Fig. 10 (c) for (%FeO) and [%TMg] as well as Fig. 10 (d) for [%O] and [$\%a_{Mg}$]. The calculated curve of Fig. 10 (a) is basically agree with the experimental results of scholars Han Qiyong[16] and Seo & Kim[17], testifying that the transformed thermodynamic parameters are suitable for application. Measured [%TO] represents the oxygen content of total inclusions, (%FeO) represents a_{Fe_tO}, while [%O] represents $a_{[\%O]}$. $L_O > 0$, it may increase to very big value with increasing the concentration of magnesium in liquid iron. L_1 is generally a little greater than 2.

Fig. 11 shows the relationship between content of inclusions and sum of total inclusions with respect to magnesium concentrations of liquid iron It can be seen from Fig. 11, that the content of [%O] and (%FeO) decreases gradually with increasing the concentrations of magnesium, while the content of (%MgO) and the sum of total inclusions are basically maintain unchangeably. It is also seen from Fig. 12, that the composition of [%O] and (%FeO) drops gradually with increasing the concentration of magnesium, while the compositions of (%MgO) and the sum of total inclusions are basically maintain unchangeably.

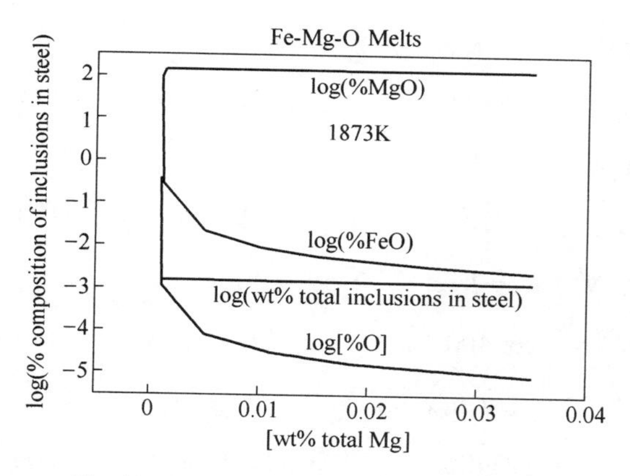

Fig. 11 The relationship between content of inclusions and sum of total inclusions with respect to magnesium concentrations of liquid iron

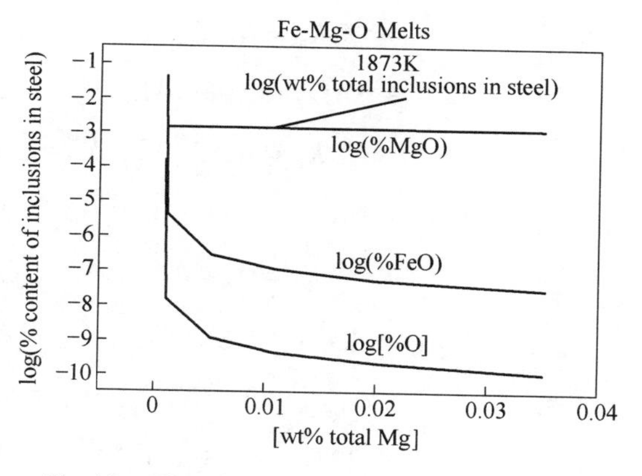

Fig. 12 The relationship between composition of inclusions and sum of total inclusions with respect to magnesium concentrations of liquid iron

Of course, having Fig. 11 and Fig. 12 in mind, it is helpful for reducing and modification of inclusion.

2.3 Quarternary metallic melt Fe-Ca-Al-O

Thi squarternary metallic melt is very important for globular inclusions control and prevention of nozzle blockage during continuous casting. In this melt, in addition to deoxidation equilibria[11], there are also intermetallic chemical reactions between Fe and Al as well as Ca and Al [8], hence the calculating model is considerably complex.

2.3.1 Calculating Model

Assuming the composition of the melt as $b_1 = \sum x_{Fe}$, $b_2 = \sum x_{Ca}$, $b_3 = \sum x_{Al}$, $a = \sum x_O$; the equilibrium mole fraction evaluated from the composition of the melt as $x_1 = x_{Fe}$, $x_2 = x_{Ca}$, $x_3 = x_{Al}$, $x_4 = x_O$, $z_1 = x_{Fe_3Al}$, $z_2 = x_{FeAl}$, $z_3 = x_{FeAl_2}$, $z_4 = x_{Fe_2Al_5}$, $z_5 = x_{FeAl_6}$, $z_6 = x_{CaAl_4}$, $z_7 = x_{CaAl_2}$, $z_8 = x_{CaAl}$, $z_9 = x_{FeO}$, $z_{10} = x_{Al_2O_3}$, $z_{11} = x_{CaO}$, $z_{12} = x_{FeAl_2O_4}$, $z_{13} = x_{3CaO\cdot Al_2O_3}$, $z_{14} = x_{12CaO\cdot 7Al_2O_3}$, $z_{15} = x_{CaO\cdot Al_2O_3}$, $z_{16} = x_{CaO\cdot 2Al_2O_3}$, $z_{17} = x_{CaO\cdot 6Al_2O_3}$; the normalized mass action concentrations as $N_1 = N_{Fe}$ ($= x_1/\sum x$), $N_2 = N_{Ca}$, $N_3 = N_{Al}$, $N_4 = N_O$, $N_5 = N_{Fe_3Al}$, $N_6 = N_{FeAl}$, $N_7 = N_{FeAl_2}$, $N_8 = N_{Fe_2Al_5}$, $N_9 = N_{FeAl_6}$, $N_{10} = N_{CaAl_4}$, $N_{11} = N_{CaAl_2}$, $N_{12} = N_{CaAl}$, $N_{13} = N_{FeO}$, $N_{14} = N_{Al_2O_3}$, $N_{15} = N_{FeAl_2O_4}$, $N_{16} = N_{CaO}$, $N_{17} = N_{3CaO\cdot Al_2O_3}$, $N_{18} = N_{12CaO\cdot 7Al_2O_3}$, $N_{19} = N_{CaO\cdot Al_2O_3}$, $N_{20} = N_{CaO\cdot 2Al_2O_3}$, $N_{21} = N_{CaO\cdot 6Al_2O_3}$; $\sum x$ = sum of equilibrium mole fractions, then we have Chemical Equilibria[8]:

$$3Fe_{(l)} + Al_{(l)} = Fe_3Al_{(l)} \qquad \Delta G^{\ominus} = -120586.85 + 48.61T \text{ J/mol} \tag{14}$$

$$K_1 = N_5/N_1^3N_3,\ N_5 = K_1N_1^3N_3,\ z_1 = K_1x_1^3x_3/\sum x$$

$$Fe_{(l)} + Al_{(l)} = FeAl_{(l)} \qquad \Delta G^{\ominus} = -47813.287 + 7.893T \text{ J/mol} \tag{15}$$

$$K_2 = N_6/N_1N_3,\ N_6 = K_2N_1N_3,\ z_2 = K_2x_1x_3/\sum x$$

$$Fe_{(l)} + 2Al_{(l)} = FeAl_{2(l)} \qquad \Delta G^{\ominus} = 130186.64 - 84.582T \text{ J/mol} \tag{16}$$

$$K_3 = N_7/N_1N_3^2,\ N_7 = K_3N_1N_3^2,\ z_3 = K_3x_1x_3^2/\sum x$$

$$2Fe_{(l)} + 5Al_{(l)} = Fe_2Al_{5(l)} \qquad \Delta G^{\ominus} = -165372.213 + 43.05T \text{ J/mol} \tag{17}$$

$$K_4 = N_8/N_1^2N_3^5,\ N_8 = K_4N_1^2N_3^5,\ z_4 = K_4x_1^2x_3^5/\sum x$$

$$Fe_{(l)} + 6Al_{(l)} = FeAl_{6(l)} \qquad \Delta G^{\ominus} = -14710.17 - 18.712T \text{ J/mol} \tag{18}$$

$$K_5 = N_9/N_1N_3^6,\ N_9 = K_5N_1N_3^6,\ z_5 = K_5x_1x_3^6/\sum x$$

$$Ca_{(l)} + 4Al_{(l)} = CaAl_{4(l)} \qquad \Delta G^{\ominus} = -260400.72 + 143.31T \text{ J/mol} \tag{19}$$

$$K_6 = N_{10}/N_2N_3^4,\ N_{10} = K_6N_2N_3^4,\ z_6 = K_6x_2x_3^4/\sum x$$

$$Ca_{(l)} + 2Al_{(l)} = CaAl_{2(l)} \qquad \Delta G^{\ominus} = -193406.58 + 103.71T \text{ J/mol} \tag{20}$$

$$K_7 = N_{11}/N_2N_3^2,\ N_{11} = K_7N_2N_3^2,\ z_7 = K_7x_2x_3^2/\sum x$$

$$Ca_{(l)} + Al_{(l)} = CaAl_{(l)} \qquad \Delta G^{\ominus} = -94082.19 + 42.87T \text{ J/mol} \tag{21}$$

$$K_8 = N_{12}/N_2N_3,\ N_{12} = K_8N_2N_3,\ z_8 = K_8x_2x_3/\sum x$$

$$Fe_{(l)} + [O] = FeO_{(l)} \qquad K_9 = N_{13}/N_1N_4,\ N_{13} = K_9N_1N_4,\ z_9 = K_9x_1y/\sum x \tag{5}$$

[11]

$$2Al_{(l)} + 3[O] = Al_2O_{3(s)} \qquad \Delta G^{\ominus} = -1225000 + 269.772T \text{ J/mol} \tag{22}$$

$$K_{10} = N_{14}/N_3^2N_4^3,\ N_{14} = K_{10}N_3^2N_4^3,\ z_{10} = K_{10}x_3^2y^3/\sum x$$

$$Ca_{(l)} + [O] = CaO_{(s)} \qquad \Delta G^{\ominus} = -630930 + 91.222T \text{ J/mol} \tag{6}$$

$$K_{11} = N_{15}/N_2N_4,\ N_{15} = K_{11}N_2N_4,\ z_{11} = K_{11}x_2y/\sum x$$

$$FeO_{(l)} + Al_2O_{3(s)} = FeAl_2O_{4(l)} \qquad \Delta G^{\ominus} = -33272.8 + 6.1028T \text{ J/mol}$$

$$K_{12} = N_{16}/N_{13}N_{14},\ N_{16} = K_{12}N_{13}N_{14},\ z_{12} = K_{12}z_9z_{10}/\sum x \tag{23}$$

$$3CaO_{(s)} + Al_2O_{3(s)} = 3CaO \cdot Al_2O_3 \qquad \Delta G^{\ominus} = -17000 - 32.0T\ \text{J/mol}$$

$$K_{13} = N_{17}/N_{15}^3N_{14},\ N_{17} = K_{13}N_{15}^3N_{14},\ z_{13} = K_{13}z_{11}^3z_{10}/\sum x \tag{24}$$

$$12CaO_{(s)} + 7Al_2O_{3(s)} = 12CaO \cdot 7Al_2O_3 \qquad \Delta G^{\ominus} = -86100 - 205.1T\ \text{J/mol}$$

$$K_{14} = N_{18}/N_{15}^{12}N_{14}^7,\ N_{18} = K_{14}N_{15}^{12}N_{14}^7,\ z_{14} = K_{14}z_{11}^{12}z_{10}^7/\sum x \tag{25}$$

$$CaO_{(s)} + Al_2O_{3(s)} = CaAl_2O_4 \qquad \Delta G^{\ominus} = -18120 - 18.62T\ \text{J/mol}$$

$$K_{15} = N_{19}/N_{15}N_{14},\ N_{19} = K_{15}N_{15}N_{14},\ z_{15} = K_{15}z_{11}z_{10}/\sum x \tag{26}$$

$$CaO_{(s)} + 2Al_2O_{3(s)} = CaAl_4O_7 \qquad \Delta G^{\ominus} = -16400 - 26.8T\ \text{J/mol}$$

$$K_{16} = N_{20}/N_{15}N_{14}^2,\ N_{20} = K_{16}N_{15}N_{14}^2,\ z_{16} = K_{16}z_{11}z_{10}^2/\sum x \tag{27}$$

$$CaO_{(s)} + 6Al_2O_{3(s)} = CaAl_{12}O_{19} \qquad \Delta G^{\ominus} = -17430 - 37.2T\ \text{J/mol}$$

$$K_{17} = N_{21}/N_{15}N_{14}^6,\ N_{21} = K_{17}N_{15}N_{14}^6,\ z_{17} = K_{17}z_{11}z_{10}^6/\sum x \tag{28}$$

Mass balance:

$$N_1 + N_2 + N_3 + N_4 + K_1N_1^3N_3 + K_2N_1N_3 + K_3N_1N_3^2 + K_4N_1^2N_3^5 + K_5N_1N_3^6 + K_6N_2N_3^4 + K_7N_2N_3^2 + K_8N_2N_3 + K_9N_1N_4 + K_{10}N_3^2N_4^3 + K_{11}N_2N_4 + K_{12}N_{13}N_{14} + K_{13}N_{15}^3N_{14} + K_{14}N_{15}^{12}N_{14}^7 + K_{15}N_{15}N_{14} + K_{16}N_{15}N_{14}^2 + K_{17}N_{15}N_{14}^6 = 1 \tag{29}$$

$$b_1 = x_1 + 3z_1 + z_2 + z_3 + 2z_4 + z_5 + z_9 + z_{12} = \sum x(N_1 + 3K_1N_1^3N_3 + K_2N_1N_3 + K_3N_1N_3^2 + 2K_4N_1^2N_3^5 + K_5N_1N_3^6 + K_9N_1N_4 + K_{12}N_{13}N_{14}) \tag{30}$$

$$b_2 = x_2 + z_6 + z_7 + z_8 + z_{11} + 3z_{13} + 12z_{14} + z_{15} + z_{16} + z_{17} = \sum x(N_2 + K_6N_2N_3^4 + K_7N_2N_3^2 + K_8N_2N_3 + K_{11}N_2N_4 + 3K_{13}N_{15}^3N_{14} + 2K_{14}N_{15}^{12}N_{14}^7 + K_{15}N_{15}N_{14} + K_{16}N_{15}N_{14}^2 + K_{17}N_{15}N_{14}^6) \tag{31}$$

$$b_3 = x_3 + z_1 + z_2 + 2z_3 + 5z_4 + 6z_5 + 4z_6 + 2z_7 + z_8 + 2z_7 + z_8 + 2z_{10} + 2z_{12} + 3z_{13} + 14z_{14} + 2z_{15} + 4z_{16} + 12z_{17} = \sum x(N_3 + K_1N_1^3N_3 + K_2N_1N_3 + 2K_3N_1N_3^2 + 5K_4N_1^2N_3^5 + 6K_5N_1N_3^6 + 4K_6N_2N_3^4 + 2K_7N_2N_3^2 + K_8N_2N_3 + 2K_{10}N_3^2N_4^3 + 2K_{12}N_{13}N_{14} + 2K_{13}N_{15}^3N_{14} + 14K_{14}N_{15}^{12}N_{14}^7 + 2K_{15}N_{15}N_{14} + 4K_{16}N_{15}N_{14}^2 + 12K_{17}N_{15}N_{14}^6) \tag{32}$$

$$a = x_4 + z_9 + 3z_{10} + z_{11} + 4z_{12} + 6z_{13} + 33z_{14} + 4z_{15} + 7z_{16} + 19z_{17} = \sum x(N_4 + K_9N_1N_4 + 3K_{10}N_3^2N_4^3 + K_{11}N_2N_4 + 4K_{12}N_{13}N_{14} + 6K_{13}N_{15}N_{14} + 33K_{14}N_{15}^{12}N_{14}^7 + 4K_{15}N_{15}N_{14} + 7K_{16}N_{15}N_{14}^2 + 19K_{17}N_{15}N_{14}^6) \tag{33}$$

$$1 + (a-1)(N_1 + N_2 + N_3) - (1 + N_1 + N_2 + N_3)N_4 - [(1-4a)K_1N_1^3N_3 + (1-2a)(K_2N_1N_3 + K_8N_2N_3) + (1-3a)(K_3N_1N_3^2 + K_7N_2N_3^2) + (1-7a)(K_4N_1^2N_3^5 + K_5N_1N_3^6) + (1-5a)K_6N_2N_3^4] = (1 + b_1 + b_2 + b_3 - a)(K_9N_1N_4 + K_{11}N_2N_4)(1 + 3b_1 + 3b_2 + 3b_3 - 2a) K_{10}N_3^2N_4^3 + (1 + 4b_1 + 4b_2 + 4b_3 - 3a)(K_{12}N_{13}N_{14} + K_{15}N_{15}N_{14}) + (1 + 6b_1 + 6b_2 + 6b_3 - 5a) K_{13}N_{15}^3N_{14} + (1 + 7b_1 + 7b_2 + 7b_3 - 5a)K_{15}N_{15}N_{14} + (1 + 33b_1 + 33b_2 + 33b_3 - 26a) K_{14}N_{15}^{12}N_{14}^7 + (1 + 19b_1 + 19b_2 + 19b_3 - 13a)K_{17}N_{15}N_{14}^6 \tag{34}$$

The above mentioned Eqs. (5), (6) and Eqs. (14)-(34) are the calculating model of inclusion content for this quarternary metallic melt, which can be resolved by simultaneous Eqs. (5), (6) and Eqs. (14)-(28) as well as Eqs. (30), (31), (32) and (33). While Eqs. (29)

and (34) are used to regress equilibrium constants by measured activities N_1, N_2, N_3 and N_4.

2.3.2 Calculated results

Fig. 13 Shows the variation of inclusions content in case of considering two components of metallic melt (%FeO and % $FeAl_2O_4$)。 It is seen from the figure, that there isn' t any calculated inclusion curve behaved parallelly with increasing the concentration of aluminium. At the same time, there aren' t any region of Iso-oxygen content lines with respect to log[wt% total Al] appeared in the figure, as pointed by the reference[34,35], so it should be studied farther. It is seen from Fig. 13 (a) and (b) that, applying the above calculating model without any help of the interaction parameters of Wagner. It is completely capable to evaluate the relationship between the content variation of inclusions and concentration increment of aluminum.

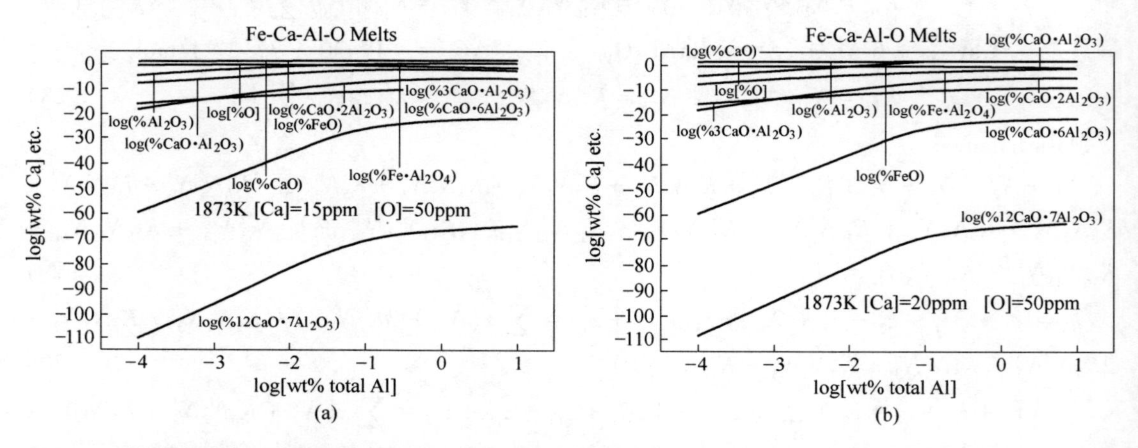

Fig. 13 The relationship between Composition of inclusions and Concentration of Aluminum (including %FeO and % $FeAl_2O_4$)

Fig. 14 shows the relationship between composition of inclusions and concentration of aluminum (not including %FeO and % $FeAl_2O_4$) . It can be seen from the figure, that there are certainly a number of calculated inclusion curves behaved more or less parallelly with increasing the concentration of aluminum. But there aren' t any region of Iso-oxygen content lines with respect to log[wt% total Al] appeared in the figure, as pointed by the reference[18,19], aren' t there any quaternary Fe-Ca-Al-O metallic melt without %FeO and % $FeAl_2O_4$? so these should be studied farther.

It is shown in Fig. 15, that there are three kinds of oxygen contents in metallic melts:

(1) Oxygen activity $a_{[O]}$ or dissolved oxygen [%O];

(2) Oxygen of ferrous and ferric oxides, $a_{Fe_tO} = N_{FeO} + 3N_{Fe_2O_3}$;

(3) Oxygen content of inclusions. $[\%TO] = 1600(N_{[O]} + N_{FeO} + 3N_{Fe_2O_3} + N_{CaO} + 3N_{Al_2O_3} + 4N_{FeAl_2O_4}\cdots)/W$; $L_O > [\%TO]/1600[\%O] > 0$ and may reach a value greater than 4, where W is weight of metallic melt. L_1 generally is a little greater than 2.

Fig. 13 (b) Shows the variation of inclusion content in low carbon steel after LF refining and killed by aluminum finally. It' s $T =$ 1873K, $[\%O] = 0.0013$, $a_{[O]} = 0.0013/16 =$ 8.125exp − 0.5.

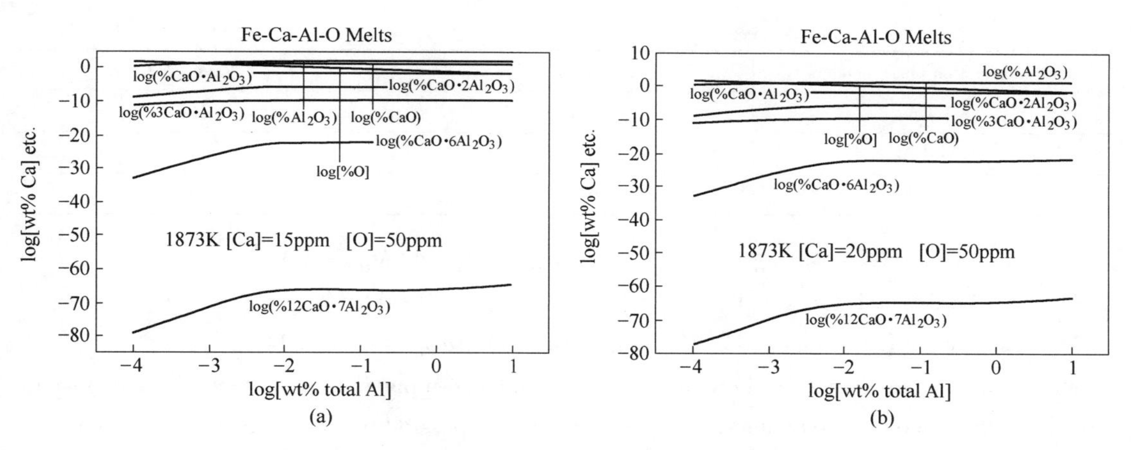

Fig. 14 The relationship between Composition of inclusions and concentration of Aluminum (Without %FeO and % $FeAl_2O_4$)

Consider that just after killing by aluminum, the Al_2O_3 formed is solid, hence $a_{Al_2O_3}=1$. In this case, the aluminum activity can be evaluated by the above mentioned Eq. (22) as follows:

$$2Al_{(l)}+3[O] = Al_2O_{3(s)}$$

$$\Delta G^{\ominus}=-1225000+269.772T \text{ J/mol or } \lg K_{CaO}=-32938.8/T+4.762 \quad (22)$$

$$K_{Al_2O_3(s)}=N_{Al_2O_3}/(N_{Al}^2N_O^3),\ N_{Al}=1/(K_{Al_2O_3}\times N_{[O]}^3)^{1/2}\ a_{Al}=N_{Al}\times 27=0.00344$$

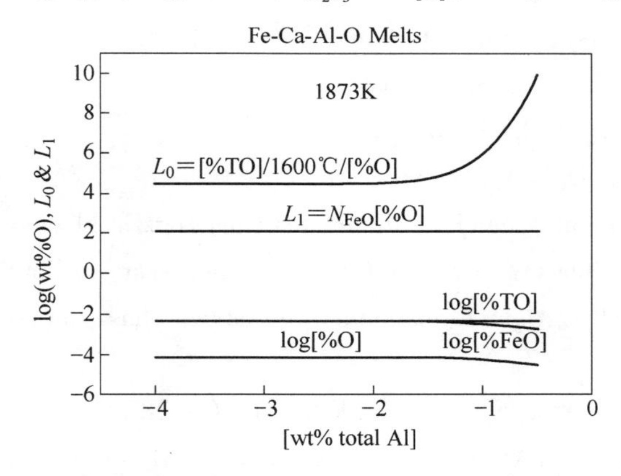

Fig. 15 Relationship between different oxygen contents L_0 & L_1 with increasing the concentration of aluminum in liquid iron

For suchaluminium contents, the lower and upper oxygen activity value can be evaluated by Eq. (22) according to C/L and L/C. A phase borders in Table 5[20] as follows:

Table 5 Activities of CaO-Al_2O_3 binary slag melt[20]

Equilibrium on phase bonders	a_{CaO}	$a_{Al_2O_3}$
C/L	1.000	0.017
$C_{12}A_7$	0.340	0.064
L/CA	0.150	0.275

Continued Table 5

Equilibrium on phase bonders	a_{CaO}	$a_{Al_2O_3}$
CA/CA_2	0. 100	0. 414
CA_2/CA_6	0. 043	0. 631
CA_6/A	0. 003	1. 000

$$N_{[O]}^3 = a_{Al_2O_3}/(K_{Al_2O_3}N_{Al}^2)\ ,\ N_{[O]} = a_{Al_2O_3}^{1/3}/\ (K_{Al_2O_3}N_{Al}^2)^{1/3}$$

At phase border C/L ($a_{CaO} = 1, a_{Al_2O_3} = 0.017$), $a_{\{O\}} = 0.000334$.

At phase border L/CA ($a_{CaO} = 0.15, a_{Al_2O_3} = 0.275$), $a_{\{O\}} = 0.000844$.

When the oxygen activity is between 3. 34ppm and 8. 44ppm in liquid steel, it' s inclusions would be liquid modified calcium-aluminates without any possibility of solid inclusions precipitation, hence occurrence possibility of nozzle blockage in continuous casting would be little. Further, in order to obtain ideal mayanite $12CaO \cdot 7Al_2O_3$($a_{CaO} = 0.340, a_{Al_2O_3} = 0.064$) composition, calcium necessary for evaluated aluminium after final killing of steel can be calculated by the above mentioned Eqs. (6) and (22) in the following way:

$$Ca_{(l)} + [O] = CaO_{(s)}$$

$$\Delta G^{\ominus} = -630930 + 91.222T\ \text{J/mol or } \lg K_{CaO} = -32938.8/T + 4.762 \quad (6)$$

$$N_{[O]}^3 = a_{Al_2O_3}/(K_{Al_2O_3}N_{Al}^2)\ ,\ N_{[O]} = a_{Al_2O_3}^{1/3}/\ (K_{Al_2O_3}N_{Al}^2)^{1/3}$$

$$K_{CaO(S)} = a_{CaO}/(N_{Ca}N_{[O]})\ ,\ N_{Ca} = a_{CaO}/(K_{CaO}N_{[O]})$$

Atmayanite composition $a_{Ca} = 6.3\exp - 08$.

At phase border C/L, $a_{Ca} = 2.91\exp - 07$.

At phase border L/CA, $a_{Ca} = 1.706\exp - 08$.

Not only inclusions containing calcium aluminates cause nozzle blockage, but CaS also does so. In order to prevent nozzle blockage by solid CaS , it is necessary to limit sulfur content according to the conditions of $12CaO \cdot 7Al_2O_3$ formation as well as two phase borders L/C and L/CA by Eq. (35):

$$[Ca] + [S] = CaS_{(s)} \qquad \log K_{CaS} = \log(-28300/T + 7)\ \text{J/mol}^{[20]} \quad (35)$$

At composition of $12CaO \cdot 7Al_2O_3$, $a_{[Ca]} = 6.3\exp - 08$, $a_{[S]} = 1/(K_{CaS}(a_{[Ca]}/40.08)) = 4.945 \times 32 = 158.9$.

At phase border C/L, $a_{[Ca]} = 2.91\exp - 07$, $a_{[S]} = 1/(K_{CaS}(a_{[Ca]}/40.08)) = 1.0705 \times 32 = 34.2$.

At phase border L/CA, $a_{[Ca]} = 1.706\exp - 08$, $a_{[S]} = 1/(K_{CaS}(a_{[Ca]}/40.08)) = 18.26 \times 32 = 584.2$.

Finally comparison of effects for modifying inclusions after aluminium killing of low carbon steel with different oxygen activities at 1873K is given in Table 6.

It can be seen from Table 6, that whether the thermodynamic parameters are accurate or not plays very important role for inclusions modification. Thermodynamic parameters from refference [20] are suitable to use, while those from reference [11] are not convenient to apply. Hence, uninterruptedly improve the accuracy of thermodynamic parameters pertaining metallurgical melts is one of urgent tasks of metallurgists.

Table 6 Comparison of effects for modifying inclusions after aluminium killing of low carbon steel with different oxygen activities at 1873K

$[Ca] + [O] = CaO_{(s)}$	$\lg K_{CaO} = 25655/T - 4.843$[20] $\Delta G^{\ominus} = 491411.52 + 92.765T$		$\Delta G^{\ominus} = -630930 + 91.222T$ J/mol[11] $\lg K_{CaO} = -32938.8/T + 4.762$	
$2[Al] + 3[O] = Al_2O_{3(s)}$	$\lg K_{Al_2O_3} = 61304/T - 13.895$ $\Delta G^{\ominus} = -1174254.211 + 266.152T$		$\Delta G^{\ominus} = -1225000 + 269.772T$ J/mol $\lg K_{Al_2O_3} = 63953.3/T - 14.08$	
$[Ca] + [S] = CaS_{(s)}$	$\lg K_{CaS} = 28300/T - 7$		$\lg K_{CaS} = 28300/T - 7$	
$a_{[1\%O]}$ after aluminium killing	0.0013	0.0009	0.0013	0.0009
$a_{[1\%Al]}$ after Al killing	0.01393	0.0242	0.000344	0.0059
$a_{[1\%O]}$ at phase border C/L	0.000337	0.000233	0.000332	0.000229
$a_{[1\%O]}$ at phase border L/C. A	0.000853	0.00059	0.00084	0.000581
$a_{[1\%Ca]}$ at composition $12CaO \cdot 7Al_2O_3$	0.000581	0.00084	6.3exp − 08	9.15exp − 08
$a_{[1\%Ca]}$ at phase border C/L	0.00286	0.00384	2.91exp − 07	4.19exp − 07
$a_{[1\%Ca]}$ at phase border L/C. A	0.00015	0.000228	1.725exp − 08	2.48exp − 08
$a_{[1\%S]}$ at composition $12CaO \cdot 7Al_2O_3$	0.0172	0.0119	158.9	109.4
$a_{[1\%S]}$ at phase border C/L	0.00376	0.00261	34.2	23.9
$a_{[1\%S]}$ at phase border L/C. A	0.0634	0.0439	577.9	402

The above mentioned calculation is only anpriliminary example for prevention of nozzle blockage during continuous casting. There are large amount of problems for modification of inclusions, This example is only serve to explain that the possibility of applying coexistence theory of metallic melt structure as well as of slag melt structure is considerably great.

3 Conclusions

(1) With the coexistence theory of metallic melts involving compound formation (atoms and molecules), the coexistence theory of slag melts (molecules and ions) and the model of inseparable cations and anions of molten salts and mattes as well as the basic oxides solid solutions as the scientific basis for determination of the structural units of each solution and with the mass action law as the dominant principle, calculating models for a series of deoxidation equilibria have been formulated without the use of classical interaction parameter formalism of Wagner.

(2) Calculating model can be used to evaluate the content, composition and sum of total inclusions.

(3) The problem of nozzle blockage in continuous casting were discussed initially.

(4) Uninterruptedly improve the accuracy of thermodynamic parameters pertaining metallurgical melts is one of urgent tasks of metallurgists.

(5) There are three kinds of oxygen content in metallic melt:

1) oxygen activity or dissolved oxygen $a_{[\%O]} = [\%O]$.

2) $a_{Fe_tO} = N_{FeO} + 3N_{Fe_2O_3}$; $L_1 = a_{Fe_tO}/[\%O] \approx 2$.

3) Oxygen content of inclusions $[\%TO] = 1600(N_{[O]} + N_{FeO} + 3N_{Fe_2O_3} + N_{CaO} + 3N_{Al_2O_3} + 4N_{FeAl_2O_4} + \cdots)/W$; $L_O = [\%TO]/1600/[\%O] > 0$ and may reach a value greater than 4, where W is weight of metallic melt.

References

[1] Kimura T , Suito H. Calcium Deoxidation Equilibrium in Liquid Iron, Metall. & Mater. Trans. 1994, 25B (1): 33-42.

[2] Cho Sung-Wook, Suito K. Assessment of Calcium -Oxygen Equilibrium in Liquid Iron, ISIJ International, 1994, 34 (3): 265-269.

[3] Seo J-D. Kim S-H. Thermodynamic assessment of Mg deoxidation reaction of liquid iron and equilibria of [Mg]-[Al]-[O] and [Mg]-[S]-[O] , Steel research, 2000, 71 (4): 101-106.

[4] Ito H. Hino M, Ban-ya. s. Deoxidation EquilibriumH of Magnesium in Liquid Iron, Tetsu-to-Hagane, 1997, 83 (10): 623-628.

[5] Mihailov G. G. Thermodynamic Principles for making Equilibrium Phase Diagram between liquid Metals and nonmetals, XVNational Conference of ChemicalThermodynamis in Russia. Otline of Lecture. T. I. M. , 2005: 194.

[6] Ohta H, Suito H. Deoxidation equilibria of Calcium and Magnesium in Liquid Iron, Metall, Mater. Trans. 1997, 28B (6): 1131-1139.

[7] Shahpazov E. H, Zaitsev A I, Shaposhnikov N. G, Pogionova I. G, Reibkin N. A. On The Problem of Physico-chemical Prognosis about the types of Nonmetallic Inclusions during Commplex Deoxidation of Steel with Aluminium and Calcium. Metallei (In Russia), 2006 (2) : 3-13.

[8] Zhang J. Computational Thermodynamics of Metallurgical Melts and Solutions, Beijing, Metallurgical Industry Press; 2007: 3-7, 15-17, 26-29, 35-38, 223-226, 325, 329-331, 382-385, 429-463, 446-474.

[9] Zhang J. Calculating Models of Mass Action Concentrations for Binary Metallic Melts Involving Solid Solution, Transaction of Nonferrous Metals Society of China, 1995, 5(2): 16-22.

[10] Zhang J. On Some Problems of the Structure of Slag Melts. . Proceedings of Metallurgical Institute. of Iron and Steel, 1962: 71-98.

[11] Yamado W, Matsumiya T. 6th Intern. Iron & Steel Congress proceedings, 1990, 1: 618-625.

[12] Han Q , Zhang X, Chen D , Wang. P. The Calcium-Phosphorus and the simultaneous Calcium-Oxygen and calcium-Sulfur Equilibria in Liquid Iron, Metall. Trans. , 1988, 19B (4): 617-622.

[13] Kimura T, Suito H. Calcium Deoxidation Equilibrium in Liquid Iron, Metall. & Mater. Trans. 1994, 25B (1): 33-42.

[14] Kato S , Iguchi Y. Ban-ya S. Deoxidation Equilibrium of Liquid Iron with Barium, Tetsu To Hagane, 1992, 78 (2): 253-259.

[15] Suito H. Inoue R. Thermodynamics on Control of Inclusions in ultra clean steels, ISIJ Intern. 1996, 36 (5): 528-536.

[16] Han Q, Zhou D. Xiang C. Steel Res. , 1997, 68: 9-14.

[17] Seo J-D. K Res. , 2000, 71: 101-106.
[18] Jung I, Decterov A. S. Pelton A. D Metallurgical and Materials Transactions, 2004, 35B(6): 493-507.
[19] Jung In-ho Decterov S. A, Arthur D. Pelton: ISIJ International, 2004, 44(3): 527-536.
[20] Presern V, Korousic B. Hastie J. W. Thermodynamic conditions for inclusions modification in calcium treated steel, Steel Research, 1991, 62(7): 289-295.

炉外精炼及特殊钢

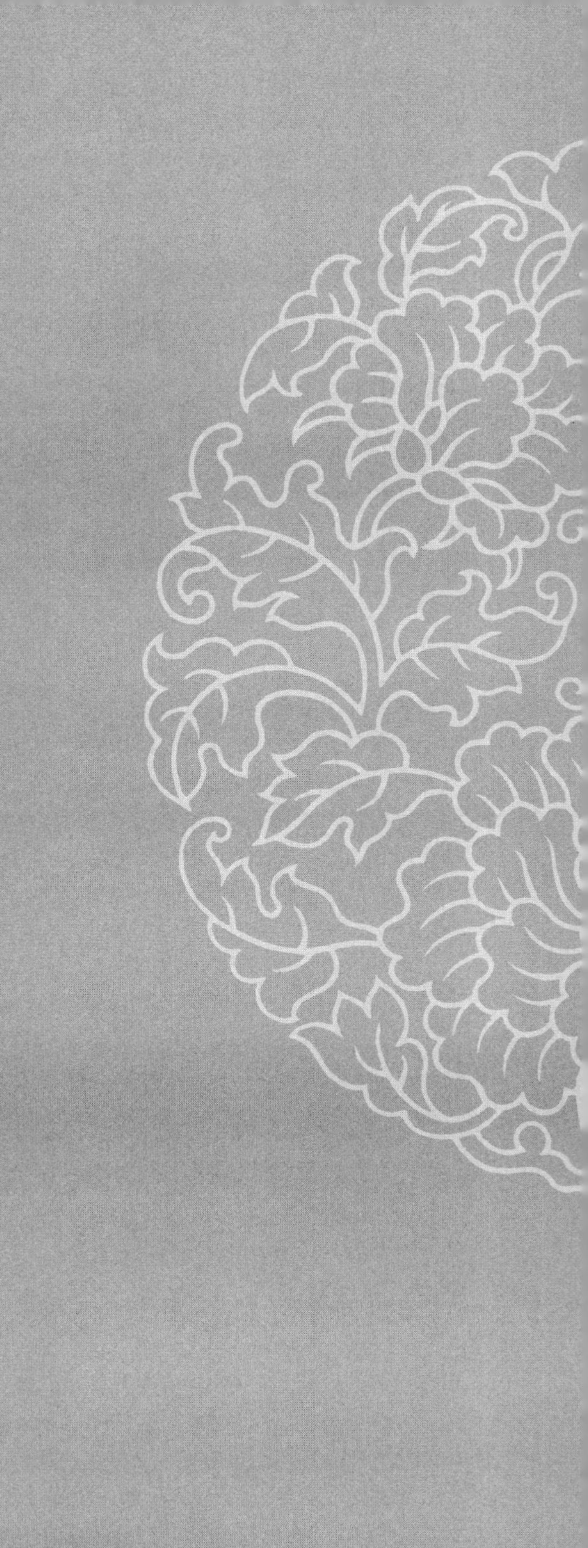

转炉气相定碳的热模拟*

摘　要：建立了转炉内钢液碳含量动态检测的数学模型，并在50kg感应炉上进行了热模拟试验结果表明：利用质谱仪连续分析炉气成分迅速而准确；计算出的炉气流量精度较高；利用数学模型定碳误差为0.03%产生误差的原因是炉子器量小，喷溅等对钢水损失影响大；在大生产条件下，因为炉最大，其他条件也较优越，预计气相定碳精度可大大提高。
关键词：质谱仪；滞后；气相定碳；转炉

国外进行气相定碳的研究较早，这方面的报道也较多[1~8]。别所永康[4]在230t底吹转炉上进行气相定碳误差为0.018%。高轮武志[1]等人对VOD精炼终点的控制进行了开发，其终点误差为0.02%。张鉴等人[9]在VOD终点控制方面进行了多批实验，取得了不亚于国外的水平。本文目的即进行转炉气相定碳的热模拟试验，以确定其应用于生产的可行性。

1　实验设备及方法

1.1　实验设备

试验用主要设备有50kg中频感应炉和排气泵、质谱仪和计算机、测温仪和水冷氧枪以及接口等。

1.2　实验方法

实验是在50kg中频感应炉上进行的。每炉加生铁35kg和废钢5kg。水冷氧枪吹氧流量为60~100L/min，吹氧时间为每炉20~35min。

铁液在吹氧过程中，碳含量不断下降每隔5min取钢样一次样品用作化学分析，其结果与所用模型计算值相比较。

为了测量炉气流量，从炉口或从烟道高温段向炉气中喷吹氩气示踪气体，为了使其与整个炉气均匀混合，氩气出口采用了气体分配器。

由取气杯经脱硫、脱水和除尘等环节后，取样泵将气体样送至质谱仪分析室。分析值经接送口至计算机。计算机将质谱仪送来的CO_2、CO、Ar和N_2及O_2等信息进行处理后，即可算出瞬时炉气流量，相应地得到了熔池内瞬时碳含量。当达到终点要求时计算机给出提枪信号，吹炼结束。

2　气相定碳的数学模型

气相定碳的方法是基于物料平衡原理。入炉料中碳含量是已知的，主要由炉气带走排

---

* 本文合作者：北京科技大学王存、潘公平、佟福生、李京社；原文发表于《北京科技大学学报》，1996，18(4)：311~315。

除。如果可以快速准确地计量入炉料及气体等排除物，便可由物料平衡获得炉内剩余碳量。

2.1 炉气量计算

炉气流量是以吹入的氩气流量及质谱仪分析提供的氩气含量为基础计算得到的。因为是常压下吹炼，还需考虑带入的空气所施加的影响。

根据氩气和氮气的物料平衡原理，可以推导出计算炉气流量的公式：

$$Q_1 = (Q_3\psi_{Ar3} + Q_4\psi_{Ar4})/(\psi_{Ar1} - k\varphi_{Ar2}) \quad (1)$$

式中，k 为与环境有关的常数；Q_1 为吹炼产生的炉气流量，m^3/min；Q_3 为示踪气体的氩气流量，m^3/min；Q_4 为氧气流量，m^3/min；ψ_{Ar1}为质谱仪分析炉气的氩气含量,%；ψ_{Ar2}为空气中的氩气含量,%；ψ_{Ar3}为瓶装氩气中氩气含量,%；ψ_{Ar4}为瓶装氧气中氩气含量,%。

2.2 脱碳量的计算

脱碳量是由炉气流量和炉气中的 CO 和 CO_2 含量而确定的。

CO 流量： $q_{CO} = Q_1\psi_{CO}$

CO_2 流量： $q_{CO_2} = Q_1\psi_{CO_2}$

平均 1min 脱掉的碳量： $W_C = (q_{CO} + q_{CO_2}) \times 12/22.4$，kg/min

吹炼 $t$min 后的脱碳量： $W_C = (q_{CO} + q_{CO_2}) \times (12/22.4)dt$

$$W_C = Q_1(\psi_{CO} + \psi_{CO_2}) \times (12/22.4)dt$$

则吹炼到 t 时刻熔池中的碳含量：

$$w_{[C]_t} = (W_0 \times w_{[C]_0} - W_C)/[W_0(1-\gamma)]$$

式中，ψ_{CO}为炉气中 CO 含量,%；ψ_{CO_2}为炉气中 CO_2 含量,%；γ 为钢水在吹炼 $t$min 后的损失率,%；W_0 为开吹时钢水质量，kg；$w_{[C]_0}$为开吹时钢水中碳含量,%。

质谱仪可连续分析炉气中的各种成分并传送给计算机，其他有关的参数也易于被计算机获得，因此可以利用计算机在线检测钢水中碳含量的变化并预测终点的到达。

3 结果与讨论

3.1 滞后时间（τ）的获得

试验的滞后时间是指炉气从炉口到达质谱仪被分析并由计算机显示出数据的时间间隔。确定滞后时间是采用向抽气管道吹入示踪气体氩气观察分析值突变的方法。

滞后时间由 3 部分组成：由炉内到取气点的时间、从取气点到质谱仪的时间和质谱仪响应时间。一般说来，质谱仪的响应时间是一定的。所以尽管影响滞后时间的因素很多，但分析认为，抽气和取气泵能力及取气管径是最重要的影响因素。利用正交设计，剔除一些方案，对余下的 10 种进行实验，确定具有最小 τ 值的方案。

由实验结果得知，抽气管径对 τ 的影响较大，管道细，样气到达质谱仪分析室的时间就短，因而 τ 值也就小就取气泵和抽气风机来讲，二者应匹配由于 τ 的影响，质谱仪起初分析出的氩气值不变或变化很小。当到达 τ 值后，其值陡增（图 1）。

分析结果认为，炉气风机及样气抽气泵能力匹配的方案最佳，故选为热试方案。该方

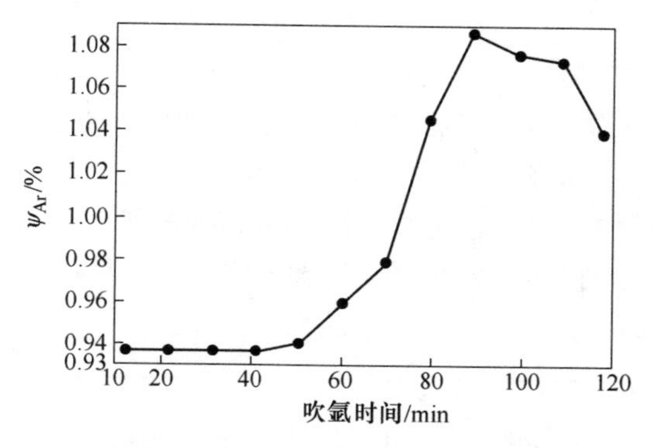

图 1　氩气含量随时间的变化

案系统滞后时间为 60s。

3.2　实验结果

实验获得了较为满意的结果（图 2 和图 3）由图可见，化学分析值在整个吹炼期间内一直较好地与模型预测值相符合，误差平均为 0.03%。所谓误差就是化学分析值与模型计算值之间的绝对差。

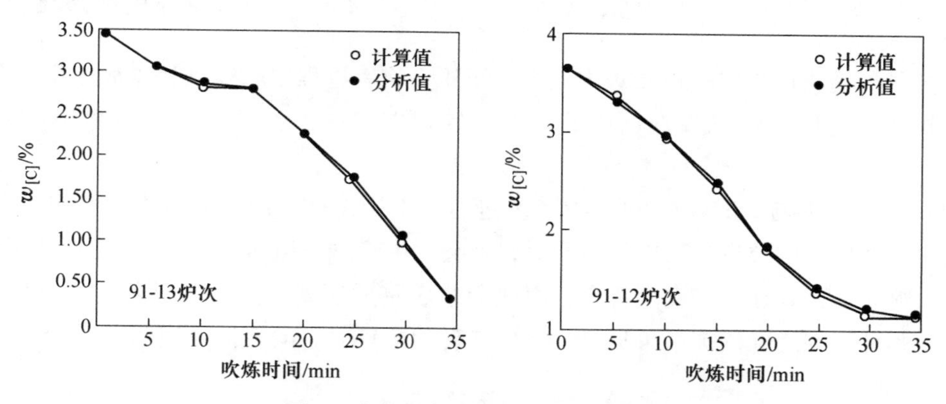

图 2　碳含量分析值与计算值的比较

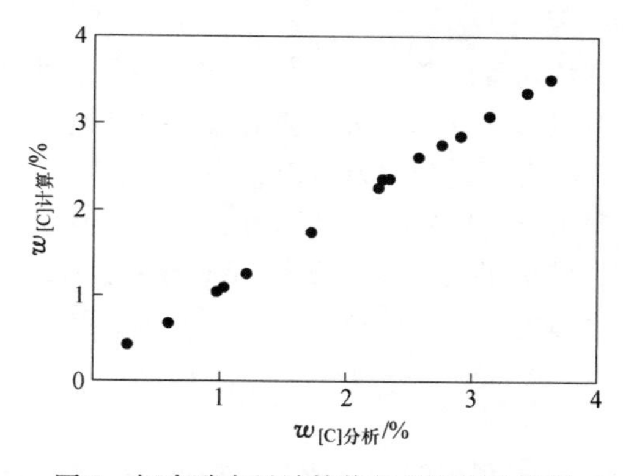

图 3　钢中碳含量计算值与分析值的关系

3.3　误差分析与讨论

如上所述，实验误差为 0.03%，高于文献［5］中报道的 0.018%，但低于住友金属工业公司得到的 0.05%。影响预测精度的因素很多，下面对其中主要因素进行分析讨论：

（1）滞后时间（τ）的影响。起初参考日本在 170t 转炉上的试验结果，将滞后时间人为定为 30s。由于取样时刻与计算机设定时刻间存在人为差异，故其误差较大（0～0.12%），如图 4 和图 5 所示。

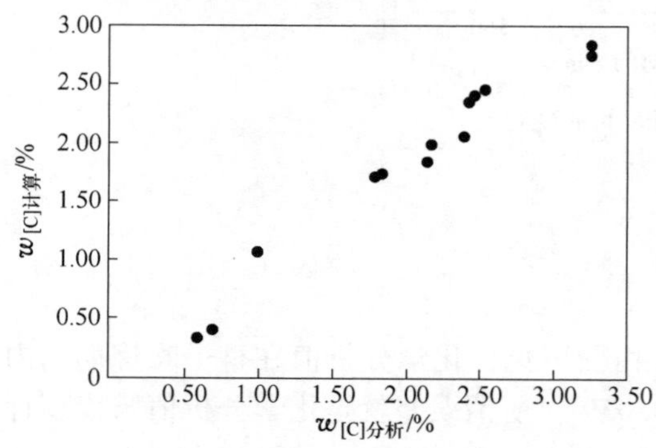

图 4　钢中碳含量的分析值与计算值的关系

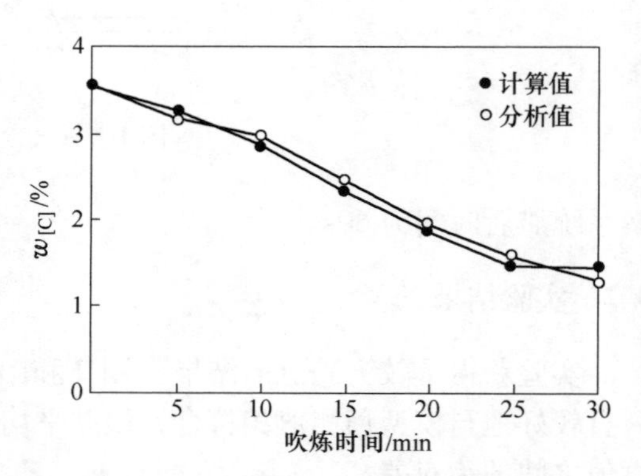

图 5　钢中碳含量随时间的变化

（2）炉气逸出的影响。由于炉内处于微正压，吹炼过程中取样口又经常打开，烟罩与炉口之间存在缝隙，炉气外逸，造成气相定碳误差。在大生产中，此项影响可以忽略不计。

（3）喷溅的影响。试验在 50kg 感炉上进行。由于条件所限，氧枪不能自由升降，只凭经验而定在恒定的位置。当操作不当时，就会发生喷溅，虽然在式（2）中引入了校正，但发生大喷时，公式还不能完全符合，因此会造成质量预测误差。由图 2 中 91-12 炉次实际碳含量和计算碳之间的关系可见，终点处二者相差较大。冶炼记录表明，该炉冶炼终点前发生了大喷。

$$w_{[C]t} = (W_0 w_{[C]_0} - t \times w_{[C]} \times \mathrm{d}r - W_{[C]})/(W_0 - t\mathrm{d}r) \tag{2}$$

式中，dr 为单位时间内的金属损失量，kg/min；$w_{[C]}$ 为（t−1）时刻前钢中碳平均含量。

此外，试验中代表炉气均匀程度的雷诺数仅为 400 左右，可见炉气的紊流程度较低，样气的代表性受到影响，在以后的计算中必然会引入误差。但在大生产中，由于炉气流速大而且温度高，处于强紊流状态，此项误差可以忽略。

综上分析，几种因素都可以造成碳含量计算值的误差。但是通过实验，证明滞后的影响可以减缓；在大生产中，喷溅的影响会因炉子大而变小；炉气流速大、温度高，*Re* 数值很大，取样位置及示踪气体的影响可以忽略，预计可达到更高的气相定碳精度。

4　结论

（1）利用质谱仪分析吹炼过程中的炉气成分，精度高、性能稳定。

（2）利用合适的气相定碳模型，可连续准确地检测钢水中的碳含量，并可预报终点。

（3）滞后时间和喷溅是气相定碳产生误差的主要原因。通过试验引入校正并尽可能地减小滞后，可以消除滞后的影响。在大生产中，炉容量大，可减缓喷溅的影响。

（4）试验气相定碳精度为0.03%，可满足生产的要求。实际生产中，因炉容量大，易于控制，各种条件都比较稳定，预计气相定碳精度会大大提高。

参考文献

[1] 高轮武志．VOD 精炼工艺终点控制的开发．铁と钢，1987，73（11）：1956~1963.

[2] 福味纯一．利用废气信息开发复合吹炼控制系统．铁と钢，1990，76（11）：1956~1963.

[3] 齐田雄三．利用质谱仪控制和改善 VOD 吹氧工艺．日新制铁技报，1984，51：49~59.

[4] 别所永康．将质谱仪用于转炉废气的分析的技术．铁と钢，1989，75（4）：610~617.

[5] 千寻．利用废气信息开发吹炼控制技术．NKK 技报，1989，129：1~8.

[6] Takawa T. Development of Danamic Control Model in a Converter. Transactions ISIJ，1988，28（8）：58~67.

[7] Fukumi J. Determining the Current Carbon Content in a Basic Oxygen Fumace. 3rd Inter Oxygen Steelmaking Congress. The Institute of Metals，1990：168~174.

[8] 副岛利行．转炉控制技术．首钢科技情报，1987（2）：12~17.

[9] 张鉴，佟福生．炉外精炼的气相定碳法的研究．沈阳国际喷射冶金和钢的精炼学术会议论文集，1988：6.1~6.10.

Hot Model Investigation on Endpoint Carbon Control in Converters by Exhaust Gas Information

Wang Cun　Zhang Jian　Pan Gongping　Tong Fusheng　Li Jingshe

(University of Science and Technology Beijing)

Abstract: A dynamic mathematical model for determining carbon contents in a converters has been established and the experiment was carried out in a induction furnace with a capacity of 50kg. Results are as follows: Contiuous analysis of exhaust gas content in a furnace by mass-spectrometer is accurate and quick. Flowrate of exhaust gas is calculated with high precision. Carbon contents in molten steel is calculated by the mathematicial model with a tolerance from 0 to 0.055%, and the average error of 0.03% during the whole blow process. Splashing is one of the factors which affect the accuracy of model estimation. In a practical production, with a larger furnace capacity and better condition, precision of the carbon content estimation will be improved to a large extent.

Keywords: mass-spectrometer; delay; exhaust gas; converter

煤氧火焰熔化废钢的基础研究*

摘　要：在实验基础上，通过建立数学模型，对煤氧火焰熔化棒体进行了研究。结果表明：采用一维非稳态有移动边界的熔化数学模型计算棒体的熔化速度与实验结果相符合。

关键词：数学模型；废钢熔化；煤氧枪

近年来，国外已开发出及正在开发的熔化废钢技术主要有：以氧—燃料燃烧产生的高温火焰为主要能源的废钢熔化炉，如：EOF[1]、KSS-EAF[2]、Z-BOP[3]、KS[4]等。国内也正在开发以煤氧熔化废钢的技术[5]。这类依靠氧—燃料燃烧产生的高温高速火焰进行加热熔化废钢的方法，熔化机理是[6]：火焰通过对流及辐射将热量传递给废钢表面，逐渐将废钢熔化。如何定量描述这一现象，尚无文献报道。本文通过在实验室内棒体（钢棒或铁棒）的熔化实验，建立数学模型；对单一棒体的熔化过程中，不同煤氧枪功率对熔化速度的影响进行了初步的研究。

1　实验装置及方法

将一直径为40mm，长度等于L的棒体，水平放置于实验炉内，煤氧枪正对棒体的端面，火焰完全覆盖端面。考虑到实际熔化炉内废钢之间是并肩排列的，因此在棒体与实验炉壁之间填充车屑。这样，棒体的端面将同时受到火焰对流及辐射传热的控制，而在棒体的侧面可不考虑对流及辐射的影响。实验前将炉温升至1000℃左右。

实验用新研制的高强度内燃式煤氧枪进行，煤氧枪功率40~150kV · A，火焰出口最高温度2400~2500℃，火焰焰心长度400~600mm，火焰中$CO_2/CO = 0.25 \sim 8.0$，火焰出口速度500~1000m/s。

煤氧枪功率等指标控制由图1的操作系统控制。通过调节氧气流量、载气流量、煤粉量可给定煤氧枪的功率，火焰的氧化性及火焰出口速度的大小。

在棒体轴向不同位置焊接有W-Re热电偶，测量棒体表面温度及棒体内轴向的温度分布。表面热流是通过表面温度、棒体内温度等测量数据计算以及表面热流计测量得到的。

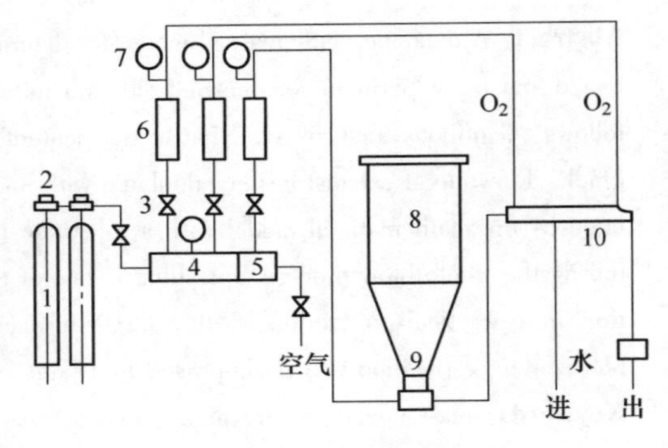

图1　煤氧枪控制图

1—氧气瓶；2—减压阀；3—阀门；
4，5—分配表；6—流量计；7—压力表；
8—煤粉罐；9—给料器；10—煤氧枪

* 本文合作者：北京科技大学朱荣、万天骥；原文发表于《北京科技大学学报》，1995，17（4）：341~344。

2 实验结果及分析

2.1 表面热流密度

根据文献［7］，内燃式煤氧枪出口后的高温高速火焰，沿轴向是一条衰减的温度曲线，高温段的火焰，温度衰减快，低温段火焰温度衰减慢。由传热学的基本概念可知，受对流及辐射传热控制的情况下，表面热流密度 $q = f(T_f)$ （T_f 为棒体端面火焰的温度）。实验测得不同煤氧枪输出功率下，轴向表面热流密度的变化，如图 2 所示。从图中可以看到，沿轴向表面热流密度的衰减与距煤氧枪出口的距离近似 KL^2 的关系。

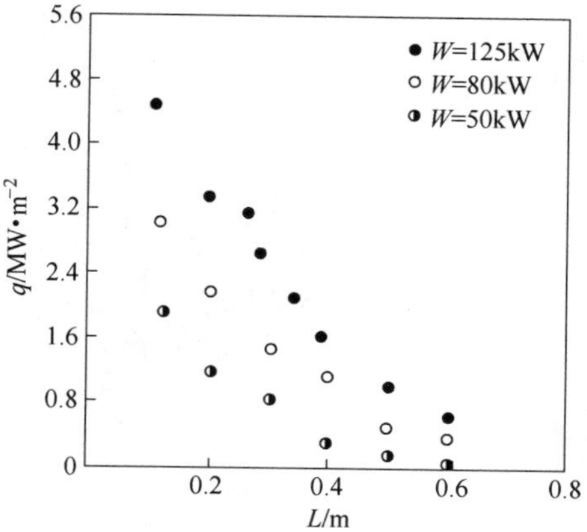

图 2 轴向热流密度的变化

2.2 棒体的熔化速度

实验对 20 号钢棒、45 号钢棒、生铁棒在不同煤氧枪输出功率下的熔化长度随时间的变化进行了测量（图 3、图 4）。由于 20 号钢棒与 45 号钢棒的物性参数相差不大，实验又难免存在误差，所以图 3 中的 3 种功率下的 20 号钢棒、45 号钢棒的测量值相近，没有分别标示。从图 4 看到，生铁棒熔化速度随着熔化时间的延长，熔化界面推进逐渐缓慢（20 号钢棒及 45 号钢棒也有类似的规律）。煤氧枪输出功率为 125kW 时，生铁棒平均熔化速度达到 40mm/min 左右，而钢棒的平均熔化速度为 14.5mm/min 左右。生铁棒的熔化速度是钢棒的熔化速度的 2 倍多。可见：实际炼钢炉废钢熔化过程中配入一定比例的生铁块，对加速度钢熔化是有作用的。

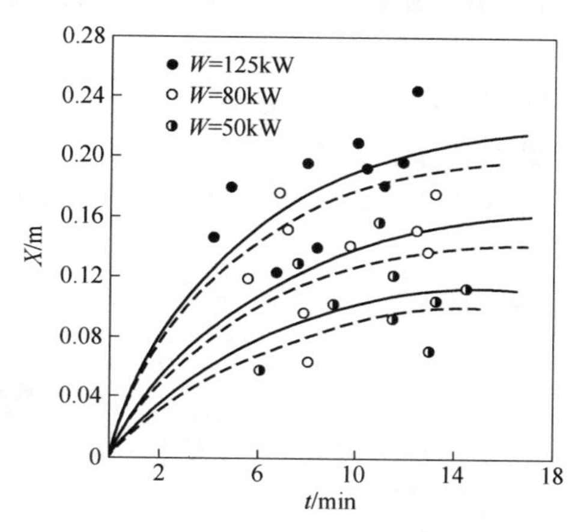

图 3 熔化长度随熔化时间的改变

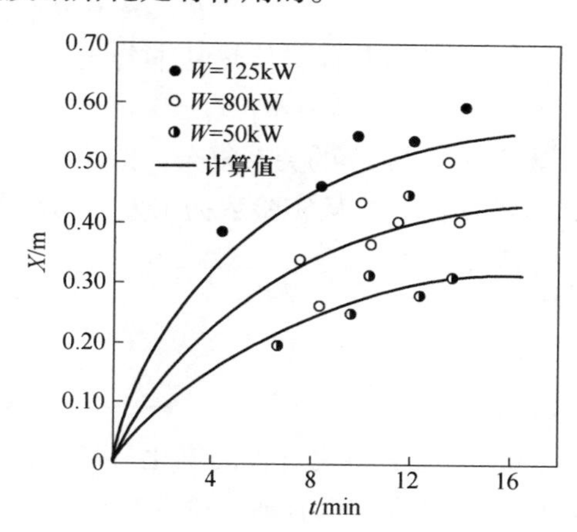

图 4 熔化长度随熔化时间的改变（$x_{[C]} = 3.73\%$）

3 熔化模型

以实验所测量的数据为基础，建立单一棒体的熔化数学模型，进一步假定：

（1）熔化液体在它形成时就完全被排除掉，表面随时间而向后均匀移动，表面温度保持为相变温度，未熔化的棒体中有一个轴向的温度分布，如图 5 所示。

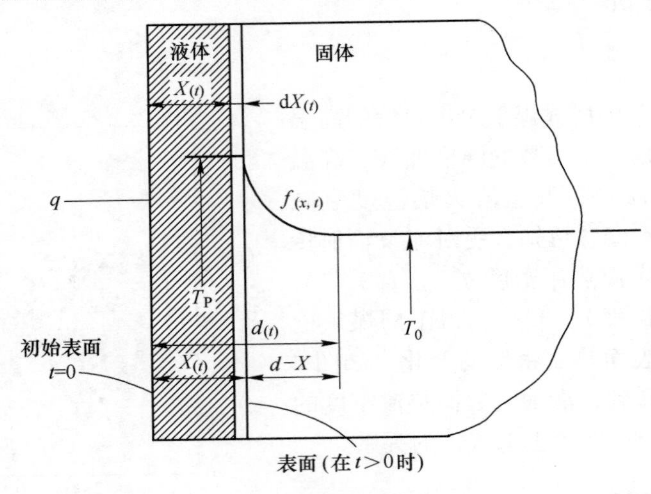

图 5　棒熔化的温度

（2）在 $t=0$ 瞬间，表面温度上升到熔化温度，接着发生相变，熔化物被排除了。此时刻 $x=X_{(t)}$，棒中的温度分布渗透到深度 $d_{(t)}$。对于 $x>d_{(t)}$，温度是常数，即 $T_0=1000℃$。假定：$\theta_{(x,\ t)}=T-T_0$，这样在熔化边界上：$\theta_{(x,\ t)}=T_P-T_0=\theta_P$ 是相变的过热温度。进一步假定固体中的温度分布可以用二次多项式来表示[8]。或者：

$$\frac{\theta_{(x,\ t)}}{\theta_P}=\left[1-2\left(\frac{x-X}{d-X}\right)+\left(\frac{x-X}{d-X}\right)^2\right] \tag{1}$$

可由已知条件得：

$$\theta_{(d,t)}=0,\theta_{(X,t)}=\theta_P,\partial\theta_{(d,t)}/\partial x=0$$

（3）从对流及辐射传热基本公式：

$$q=a_{对}(T_f-T_P)+a_{辐}[(T_f+273)^4+(T_P+273)^4]$$

表面热流与 T_f 的关系复杂，既不是对流换热的线性关系，也不是辐射换热的 T_f^4 的关系，为简化计算，从实验数据出发，假设轴向热流密度的变化为二次多项式：$q(X)=A+BX+CX^2$，

边界条件：　　$X=0\quad q_{(0)}=q_0$

$X=L\quad q_{(L)}=0\quad dq/dX=0$

可得：

$$q_{(X)}=q_0(1-X/L)^2 \tag{2}$$

（4）不考虑熔化过程的氧化放热和棒体径向温度的变化，棒体的物性参数为常数，则棒体的熔化过程可以看成一维非稳态具有移动界面的导热问题。

控制方程为：（以过热温度表示）

$$\partial\theta_{(x,t)}/\partial t=\partial^2\theta_{(x,t)}/\partial x^2 \tag{3}$$

初始及边界条件：　　$x=d$，$\theta_{(x,t)}=0$，$\partial\theta_{(X,t)}/\partial x=0$

对于 $x=X_{(t)}$ 和 $t>0$，在熔化表面处的热平衡是：

$$\frac{\partial\theta_{(X,t)}}{\partial x}=\frac{1}{k}\left[\rho\theta_L\frac{dX}{dt}+q_{(x)}\right] \tag{4}$$

将式（3），并从 X 到 d 对 x 积分：

$$\frac{\mathrm{d}}{\mathrm{d}t}\left[\int_X^d \theta_{(x,\ t)}\mathrm{d}x - \theta_{(d,\ t)}\mathrm{d}(t) + \theta_{(X,\ t)} \cdot X_{(t)}\right] = \alpha\left[\frac{\partial\theta}{\partial x}(d,\ x) - \frac{\partial\theta}{\partial x}(X,\ t)\right] \tag{5}$$

代入式（3）边界条件和式（4）、式（5）得：

$$\frac{\mathrm{d}}{\mathrm{d}t}\left[\int_X^d \theta_{(X,\ t)}\mathrm{d}x + \left(\theta_\mathrm{P} + \frac{Q_\mathrm{t}}{C}\right)X_{(t)}\right] = q_0\left(1 - \frac{X}{L}\right)^2/\rho C$$

应用式（1），可得微分方程：

$$\frac{\mathrm{d}}{\mathrm{d}x}\left[\frac{1}{3}(d - X) + \left(1 + \frac{\theta_\mathrm{L}}{C\theta_\mathrm{P}}\right)\frac{\mathrm{d}X}{\mathrm{d}t}\right] = \frac{q_0\ (1 - X/L)^2}{\rho C} \tag{6}$$

如果从式（1）计算 $\theta_{(X,t)}/\partial x$，由式（4）得：

$$\rho Q_\mathrm{L}\frac{\mathrm{d}X}{\mathrm{d}t} = q_0\left(1 - \frac{X}{L}\right)^2 - \frac{2kQ_\mathrm{P}}{(d - X)} \tag{7}$$

联立式（7）和式（8），采用数值积分，确定 $X_{(t)}$ 和（$d - X$）。

$X_{(t)}$ 的初始条件是：$X_0 = 0$；（$d - X$）的初始条件，即当表面首次达到表面熔化温度 T_P 时的（$d-X$），可由实验实测确定，或通过计算，公式为[9] $d - X_{(0)} = 2k\theta_\mathrm{P}/q_0$。

物性参数均来源于文献［10］，计算结果见图 3 和图 4。计算结果与实验结果相符合，能反映棒体熔化过程界面移动与熔化时间的关系。

4 结论

通过棒体的熔化实验，定量分析了不同条件下棒体的熔化速度。从一方面考查了新一代煤氧枪的熔化废钢能力。采用一维非稳态有移动边界的传热模型描述棒体的熔化是符合实验结果的。对进一步考查实际炼钢炉的废钢熔化过程及建立数学模型是一有益的尝试。

本文符号意义：

q—棒体端面表面热流密度，W/m²；q_0—棒体首次达到熔化时表面热流密度，W/m²；T_f—棒体初始火焰的温度，℃；T_0—棒体初始温度，℃；$X_{(t)}$—熔化长度，m；$d-X$—棒轴向温度梯度的轴向长度，m；$\theta_{(X,t)}$—熔化过程的过热温度，℃；T_P—熔点，℃；Q_P—相变过热温度，℃；t—熔化时间，s；k—导热系数，W/(m²·℃)；ρ—棒体的密度，kg/m³；Q_L—熔化潜热，J/kg；C—比热容，J/(kg·℃)。

参考文献

［1］Bonestell J B. Energy Optimizing Furnace Steelmaking. Iron and Steel Engineer，1985（5）：16~22.

［2］Hofer F. Scrap Melting with Cost-Effective Energies. Proceedings of the Sixth International Iron and Steel Congress. Nagoya：ISIJ，1990：1~10.

［3］昌生．转炉的高废钢比吹炼新技术．冶金参考，1994（44）：1~7.

［4］Bogdandy L V. Economics and Technology of K-OBM and KMS Compared to BOF with and without Bottom Stirring. Iron and Steel Engineer，1984（5）：21~27.

［5］朱荣．煤氧一直流电弧炉炼钢新工艺的研究．炼钢，1994（6）：32~35.

［6］徐安军．电炉煤氧助熔用氧燃烧嘴的实验研究．［硕士学位论文］．北京：北京科技大学，1986.

［7］朱荣．电炉内燃式煤氧枪的实验研究．［硕士学位论文］．北京：北京科技大学，1993.

[8] 林瑞泰．热传导理论与方法. 天津：天津大学出版社，1992.
[9] 埃克特 E R G. 传导与传质分析．北京：科学出版社，1983.
[10] 陈家祥．炼钢常用图表数据手册．北京：冶金工业出版社，1984.

Basic of Scrap Melting by Coal-Oxygen Burner

Zhu Rong　Zhang Jian　Wan Tianji

(University of Science and Technology Beijing)

Abstract: Based on the experimental data, a melting mathematical model for simulating the unsteady one-dimensional moving boundary has been set up. The calculated melting rate of scrap was consistent with experimental value.

Keywords: mathematical models; scrap melting; coal-oxygen burner

超高功率电炉渣发泡性能的研究*

摘　要： 本研究测定了42个不同成分炉渣的发泡高度，对影响炉渣发泡的主要因素进行了分析，指出吹气流量增加，表面活性剂活度增加，FeO含量降低明显地提高炉渣的发泡性能，碱度对发泡高度的影响呈单峰线，峰顶处碱度为2，渣中配入炭粉会增进炉渣的发泡性能。在结果分析的基础上，对如何促进高功率电炉熔氧期炉渣发泡提出了建议。

关键词： 泡沫渣；碱度；炉渣发泡性能；炉渣结构的共存理论

1　引言

超高功率电炉自20世纪60年代出现以来，迅速在世界范围内获得了广泛应用，使电炉冶炼时间大大缩短，生产率大大提高；电炉只作为熔化工具使用，初炼和精炼分开，形成了电炉—炉外精炼—连铸生产系统[1]。

超高功率电炉在使用中也出现了一系列技术问题。由于较高的工作电压造成的渣面上暴露电弧较长，对炉盖、炉壁热辐射严重便是其中之一。为此，在电炉熔炼（熔料80%）至出钢中，分期、分批定量加入发泡剂，大量吹氧使其剧烈反应，熔池内形成厚厚的泡沫渣层，将三相电极端部埋住，从而可改善电弧与熔池的热传递，减少暴露电弧长度，有效地保护炉盖和炉壁，减少电极消耗，使电炉热效率明显提高，从而也使长弧操作成为可能[2,3]。

很多冶金工作者对平炉、转炉、电炉过程和实验室熔渣的发泡进行了研究[4~10]，总结了炉渣成分、表面活性剂、物理性质等因素对炉渣发泡性能的影响。但是，这些都是在实验室条件下进行的，所用温度或碱度较低，对实际炼钢过程的研究则因条件限制，不够全面深入。因此研究实际炼钢温度下炉渣的发泡性能及其影响因素很有必要，对促进我国超高功率电炉的迅速推广应用，缩短我国电炉炼钢与世界先进水平的差距将有很大意义。

本文研究了FeO含量为11%~17%，碱度在1~3范围内变化时，$CaO\text{-}SiO_2\text{-}Al_2O_3\text{-}CaF_2$、渣系$CaO\text{-}SiO_2\text{-}FeO\text{-}CaF_2$渣系及在以上两个渣系配碳后吹入氮气时炉渣的发泡高度；研究了炉渣碱度FeO含量、吹气流量、表面活性剂等因素对炉渣发泡性能的影响。

2　实验方法

实验在图1所示的钼丝炉上进行，实验温度1500℃，炉温由DWT-702精密温度控制仪控制，单铂铑热电偶测温。炉丝用NH_3分解气保护，所用渣料均由化学纯试剂经研磨后混合而成。渣中配入了少量CaF_2以降低炉渣熔点，渣中FeO由纯铁粉和Fe_2O_3按比例混合而成。

实验采用内径38mm，高80mm的MgO+Mo金属陶瓷坩埚（北京耐火材料厂生产），上部又粘接了一段Al_2O_3管保护坩埚。吹气管采用钢铁研究总院九室研制的Al_2O_3+Mo陶瓷吹管，管径6mm，端部开1mm的细孔，将其与套有Al_2O_3保护管的钢管相接，用以吹入发泡气体。

---

* 本文合作者：北京科技大学袁伟霞、郭爱民、张炳成，大冶钢厂王实、田党、蔡恩礼；原文发表于《化工冶金》，1992，13（3）：204~210。

与文献［3］的研究方法相似，本研究采用电接通法测量炉渣发泡高度。其原理为：将插入渣中的吹气管作为一极，套有 Al_2O_3 保护管的钼棒作为另一极，构成回路。测定渣液发泡高度时，将钼棒缓缓下降，当其端部与渣液接触时，回路接通，回路上的小灯泡发亮，稍离开时则成断路。这样，仔细调节钼棒高度，直至灯泡亮度很弱，测得的渣液厚度与停止吹气时渣液厚度之差即为炉渣发泡高度。

3　实验结果与讨论

3.1　炉渣碱度对发泡高度的影响

实验测定了 $CaO-SiO_2-Al_2O_3-CaF_2$ 渣系、$CaO-SiO_2-FeO-CaF_2$ 渣系、$CaO-SiO_2-Al_2O_3-CaF_2-C$ 渣系发泡高度与炉渣碱度之间的关系，结果如图 2 所示。三个图所显示的规律基本相同，即炉渣发泡高度随碱度呈单峰线变化，发泡高度在碱度为 2 时出现峰值。

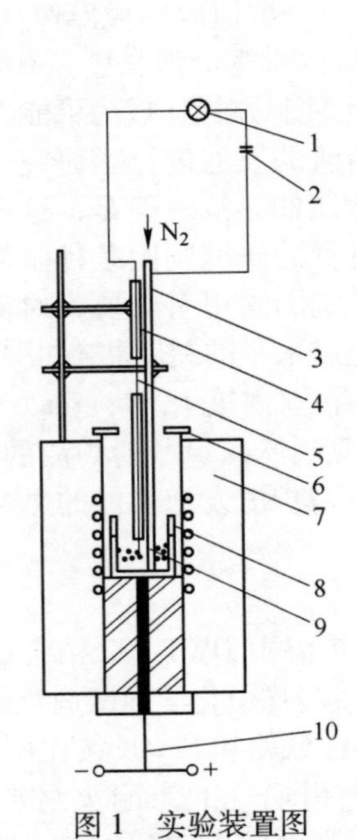

图 1　实验装置图

Fig. 1　Experimental apparatus

1—灯泡；2—电池；3—吹气管；4—游标卡尺；5—钼棒；6—标记；7—钼丝炉；8—MgO+Mo 陶瓷坩埚；9—Al_2O_3 管；10—热电偶

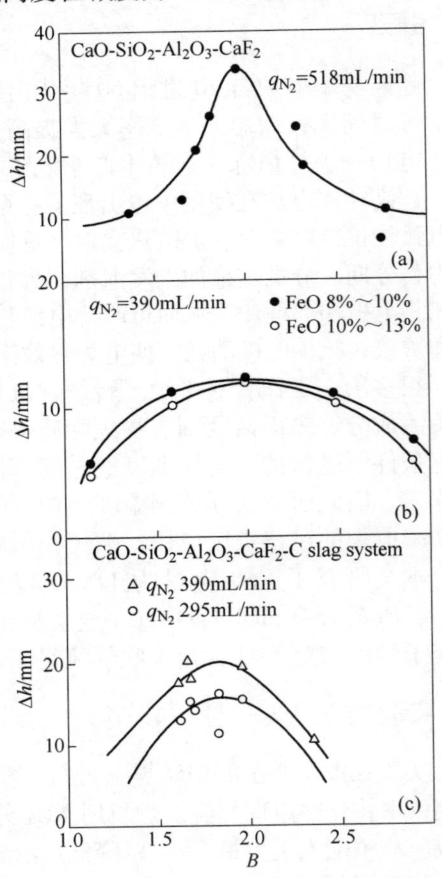

图 2　碱度对炉渣发泡性能的影响

Fig. 2　Effect of basicity on the foaminess of slags

（a）$CaO-SiO_2-Al_2O_3-CaF_2$；（b）$CaO-SiO_2-FeO-CaF_2$；（c）$CaO-SiO_2-Al_2O_3-CaF_2-C$

炉渣发泡高度是炉渣性质的综合表现。炉渣温度，化学成分等将通过影响炉渣的物理性质来影响炉渣的发泡性能。影响炉渣发泡的物理性质主要是炉渣表面张力和黏度。炉渣的发泡过程取决于炉渣起泡和泡沫合并、消泡这两个因素。发泡时炉渣表面积增大，要克服一定的表面张力，因而较小的表面张力有利于炉渣起泡。当相邻两个小气泡因合并而破裂成气泡壁不足以承受气泡内部压力而破裂时便实现了炉渣消泡[9]。泡沫状态是一个介稳状态，有趋于表面积最小的趋势。炉渣黏度是影响泡沫合并的主要因素。黏度增加使气泡合并时相邻气泡间的渣液排出困难，使气泡寿命延长。渣中固体质点的存在会大大增加炉渣的表面黏性，增加炉渣发泡高度。

由以上分析可以看出，炉渣成分是影响炉渣发泡性能的最基本因素。因此，有必要分析以上三个渣系在碱度变化时渣中各组元作用浓度的变化及由此而导致的炉渣物理性质的变化。

根据炉渣结构共存理论对 $CaO-SiO_2-Al_2O_3$ 渣系组元作用浓度的计算结果[13]，在本文所测炉渣成分范围内，碱度由 1 变化到 3 时，渣中 CaO、SiO_2、Al_2O_3 组元的作用浓度较小，变化也较小，渣中其他复杂组元作用浓度变化也不大，只有组元 $2CaO \cdot SiO_2$ 的作用浓度较大，而且在碱度为 2 时，作用浓度出现峰值（图 3）。$2CaO \cdot SiO_2$ 是高熔点组元，由该三元系相图可看出，$2CaO \cdot SiO_2$ 作用浓度大时，炉渣熔点明显升高，从而在同样温度 F，炉渣黏度将增大。此外，从相图固液两相线的变化可看出，在组元 $2CaO \cdot SiO_2$ 的作用浓度足够高时，部分 $2CaO \cdot SiO_2$ 可以以固体质点形式存在于渣中。因此，由于 $2CaO \cdot SiO_2$ 作用浓度较大使炉渣黏度增大，并有可能析出少量固体质点，这两方面均有利于增大炉渣发泡高度。因此，碱度为 2 时 $2CaO \cdot SiO_2$ 作用浓度出现峰值是 $CaO-SiO_2-Al_2O_3-CaF_2$ 渣系、$CaO-SiO_2-Al_2O_3-CaF_2-C$ 渣系发泡高度出现峰值的主要原因。

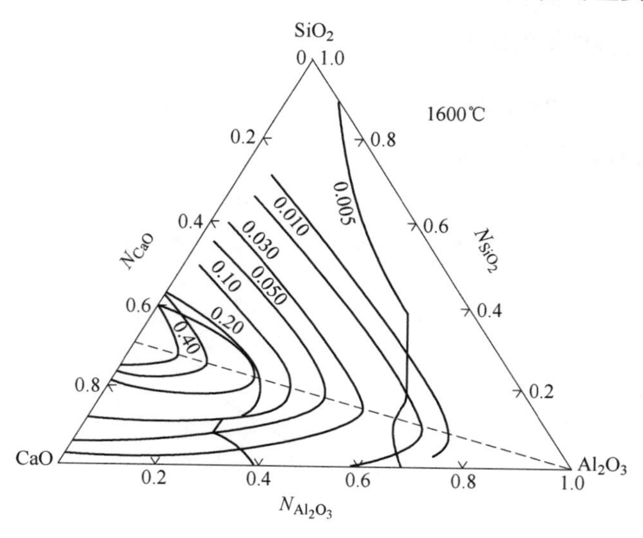

图 3　$CaO-SiO_2-Al_2O_3$ 渣系 $2CaO \cdot SiO_2$ 的等摩尔分数线

Fig. 3　Iso-$N_{2CaO \cdot SiO_2}$ contours of $CaO-SiO_2-Al_2O_3$ slag system

对 $CaO-SiO_2-Al_2O_3-CaF_2$ 渣系，同样地可分析 $CaO-SiO_2-FeO$ 渣系组元作用浓度的变化[12]。根据炉渣结构的共存理论，在所测炉渣成分范围内，影响炉渣性质的主要组元也是

$2CaO \cdot SiO_2$ 与 $CaO\text{-}SiO_2\text{-}Al_2O_3$ 渣系类似[13]，$2CaO \cdot SiO_2$ 作用浓度增大使炉渣黏度增大，气泡合并速度降低，结果使炉渣发泡高度增大。所以碱度为 2 时，炉渣的发泡高度最大。

3.2　渣中 FeO 量对炉渣发泡高度的影响

FeO 含量增加，炉渣发泡高度降低，如图 4 所示。渣中 FeO 含量的变化对炉渣黏度和表面张力有很大影响。根据 $CaO\text{-}SiO_2\text{-}FeO$ 渣系表面张力和黏度测定结果[14]，FeO 含量增加，炉渣表面张力升高，黏度降低，从而使炉渣起泡困难，消泡速度却有所增加，两者的综合影响，使炉渣发泡高度明显降低。

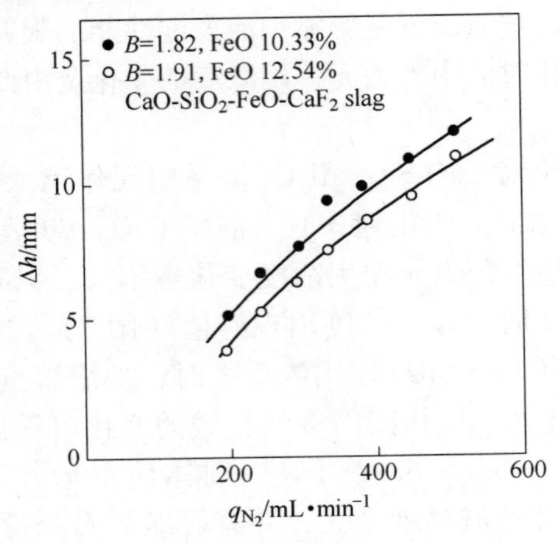

图 4　吹气流量对发泡性能的影响

Fig. 4　Effect of blown gas flow rate on the foaminess of slag

3.3　P_2O_5 对炉渣发泡性能的影响

实验测定了渣中配入少量 P_2O_5 时炉渣发泡高度的变化（图 5）。少量 P_2O_5 加入渣中会明显增大炉渣发泡高度。原因是 P_2O_5 可以明显地降低炉渣的表面张力，使炉渣起泡所要消耗的表面功大大减小。

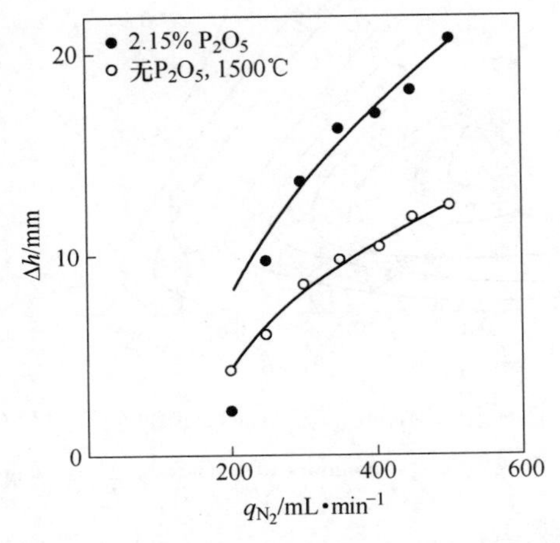

图 5　P_2O_5 对 $CaO\text{-}SiO_2\text{-}Al_2O_3\text{-}CaF_2$ 渣发泡高度的影响

Fig. 5　Effect of P_2O_5 on the foaminess of $CaO\text{-}SiO_2\text{-}Al_2O_3\text{-}CaF_2$ slag system

但进一步分析 P_2O_5 在炉渣发泡中的作用后发现在 P_2O_5 加入量基本相同的情况下，不同成分的炉渣发泡高度增加的程度不同。与作者结果相比，荻野和己[4]在 70%FeO-30%SiO_2 中配入 1.14%P_2O_5，炉渣发泡高度增加幅度更大。文献［5］研究结果表明，炉渣碱度升高，P_2O_5 促进发泡的能力降低。原因是碱度高时，P_2O_5 的活度小，从而使 P_2O_5 的表面活性降低所致。

3.4 固体碳化炉渣发泡中的作用

在不同渣系中配入少量电极粉，其发泡高度变化情况也不同。图 6（a）、（b）分别表示 $CaO-SiO_2-Al_2O_3-CaF_2$ 渣和 $CaO-SiO_2-FeO-CaF_2$ 渣中配入电极粉前后炉渣发泡高度的变化。从两图比较可以看出，含 FeO 渣系在配碳后炉渣发泡高度明显增加。

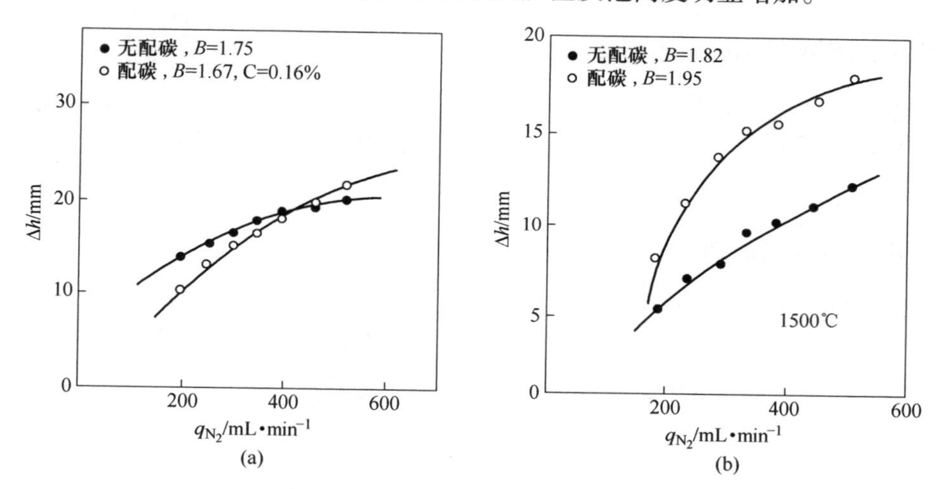

图 6 有无配碳情况下炉渣发泡高度比较

Fig. 6 Comparison of foaminess between slags with and without carbon

（a）$CaO-SiO_2-FeO-CaF_2$-slag system；（b）$CaO-SiO_2-FeO-CaF_2$ slag system

碳在渣中为固体颗粒，其对发泡性能的影响主要通过增大炉渣黏度促进发泡，固体颗粒在泡沫表面的吸附也很有效地阻止炉渣泡沫的合并。在含 FeO 渣中，由于渣中固体碳与 FeO 反应，生成细小的 CO 气泡，有效地促进炉渣发泡，是含 FeO 渣系发泡高度明显增加的主要原因。其次，从炉渣黏度变化来分析，由于 FeO 加入渣中使炉渣黏度降低，使配碳前 $CaO-SiO_2-Al_2O_3-CaF_2$ 渣之黏度较含 FeO 渣系为大，配入炭粉后，该渣系黏度的相对增加量较含 FeO 渣系为小，从而发泡高度相对增加量较小。

4 超高功率电弧炉用泡沫渣

通过对影响炉渣发泡的几个因素的分析讨论，可进而对实际 VHP 电弧炉用泡沫进行如下分析。

4.1 超高功率电弧炉泡沫渣冶炼过程分析

超高功率电弧炉熔氧期的主要任务是脱磷脱碳去气。在充分吹氧的情况下，脱碳去气的任务易于完成。而钢液的脱磷则要求炉渣温度较低，碱度较高，氧化性较高，且流动性好，即“三高一低”的造渣制度。获得最佳的炉渣发泡性能则希望控制炉渣碱度为2，渣中氧化铁含量低些，同时要求熔渣反应产生足够量的气体促使炉渣发泡。由此看出，脱磷与造泡沫渣在炉渣碱度和氧化性上存在一定的矛盾。为解决这一矛盾，在具体冶炼时需采取下述措施。

4.2 用较高磷原料炼钢的工艺制度

当原料磷含量较高时，采用前期低温脱磷随后造泡沫渣的工艺制度。在冶炼初期，熔池温度还较低时，造高碱度、高氧化性炉渣，尽快将磷含量降低。磷含量基本达到要求后，换新渣，按照炉渣最佳发泡条件造渣，辅之以吹氧和增碳，使炉渣迅速起泡。

4.3 用较低磷原料炼钢的工艺制度

脱磷和造泡沫渣分开进行必然要增大炉盖炉壁的热辐射，降低电炉热效率。因此，当原料中磷含量不太高时，通过造碱度适中且氧化性适中的炉渣，使脱磷和选泡沫渣得以同时进行，从而获得较好的冶炼效果。

4.4 向熔池中加入发泡剂

电炉炼钢仅靠原料中所含碳反应产生的气体不足以形成足够厚的泡沫渣层，必须向熔池中加入发泡剂，增碳吹氧，增大熔池中发泡气体产生速度，采用厚渣层操作。发泡剂的种类、粒度、吹入气体量等因素要通过进一步实验确定。

5 结论

（1）吹入炉渣的发泡气体流量增加，炉渣发泡高度明显增加。

（2）炉渣发泡高度随碱度呈单峰线变化，峰顶处炉渣碱度为2。

（3）渣中FeO含量升高，炉渣发泡高度降低。

（4）渣中含有少量P_2O_5时，炉渣发泡高度明显增加。

（5）在含FeO的渣中加入碳粉，炉渣发泡高度会增加。

参考文献

[1] Ralph M Smailler. Iron and steel Engineer, 1985, 11: 29.
[2] Edgar R Wunsche. Iron and steel Engineer, 1985, 4: 35.
[3] 冶金部超高功率电弧炉技术开发协调组．电弧炉炉外精炼技术，第1辑．北京，1986: 129, 23, 30.
[4] 荻野和己. 鉄と鋼，1977, 63 (3): 125.
[5] Cooper C F, Kitchener J A. JISI, 1985, 9: 48.
[6] 伊藤幸良，伊藤秀雄. 鉄と鋼，1981, 4: 35.
[7] 原茂太，荻野和己. 鉄と鋼，1985, 71 (10): 1304.
[8] 立川正彬，岛田道彦. 鉄と鋼，1974, 60: A19.
[9] 原茂太，荻野和己. 鉄と鋼，1984, 69: A171.
[10] Kozakevitch P. J. of Metals, 1969, 7: 57.
[11] 张鉴．全国特钢冶炼学术会议文集，1986: 7.

[12] 张鉴．关于炉渣结构的共存理论．北京钢铁学院学报，1984，(1)：21～29.
[13] 袁伟霞. $CaO\text{-}SiO_2\text{-}Al_2O_3$ 熔渣作用浓度的计算模型．[硕士学位论文]．北京：北京科技大学，1987：11.
[14] Verlag Stahleisen M B H. Slag atlas. Dusseldorff, Germany, 1981: 242, 206.

Research on Foaminess of Slags of UHP Electric Furnace

Yuan Weixia Zhang Jian Guo Aimin Zhang Bingcheng
(University of Science and Technology Beijing)

Wang Shi Tian Dang Cai Enli
(Daye Steel Works)

Abstract: Measurement of foam height was carried out on 42 kinds of slags with diverse compositions. Analysis and discussion were made to investigate the main factors having influence on the foaminess of slags. The results showed that improvement on the foaminess of slags can be obtained by:

(1) regulating the basicity of slags near 2;
(2) increasing the flowrate of blowing gas;
(3) decreasing the FeO content of slags at suitable intervals;
(4) using slags of higher P_2O_5 content; and
(5) addition of coal fines to the FeO containing slags.

On the basis of these results, suggestions are presented to obtain a perfectly steady foaming slag in the UHP process. For melting processes of high phosphorous charge materials, it is suitable to dephosphorize the metal to the necessary level at lower temperature with basic oxidizing slag at first, and then to make a foaming slag to heat the metal to higher temperature. In case of low phosphorous charge materials, it is better to dephosphorize the metal with foaming slags.

Keywords: foaming slag; basicity; foaminess of slags; coexistence theory of slag structure

电弧炉炼钢中的脱磷泡沫渣*

摘 要：工厂试验证明泡沫渣工艺可使15t电弧炉冶炼45号钢和60Si2Mn钢的电耗下降38.5kW·h/t，约下降了7%。经过对试验数据分析表明：合理的造渣工艺、吹氧工艺以及配碳量有助于实现泡沫渣埋弧，提高脱磷效果以及降低冶炼电耗。

关键词：电弧炉；炼钢；炉渣；泡沫

1 引言

在平炉、转炉、电弧炉冶炼以及熔融还原冶炼过程中都有泡沫渣存在[1~3]。始见于平炉炼钢中的泡沫渣是有害的，人们开始研究如何消除泡沫渣。在超高功率电弧炉出现以后，泡沫渣因能防止电弧炉辐射从而延长炉衬寿命而得到应用，并带来一系列好处[4~7]。随着我国电弧炉功率的提高，泡沫渣工艺的应用研究日显重要。北京科技大学与抚顺钢厂为此进行了联合攻关，在实验室进行了发泡剂研究，在工厂进行了工艺试验。

2 试验内容及其结果分析

2.1 发泡剂的实验室研究

实验室试验在钼丝炉上进行。试验用炉渣成分为：$CaO/SiO_2=1.87$，$CaF_2=5\%\sim10\%$，$FeO=20\%$，$MgO=5\%\sim8\%$，发泡剂的加入量为5%。试验中将不同种类的发泡剂加入到熔化的炉渣中，并用电接触法和钼丝挂渣法测量炉渣的发泡高度（最高炉渣高度减去平静炉渣高度）。相比之下挂渣法更方便更精确，文中数据取自挂渣法。泡沫维持时间是从发泡剂加入到炉渣消泡为止的时间。发泡剂的种类示于表1。试验结果见图1。由图可见

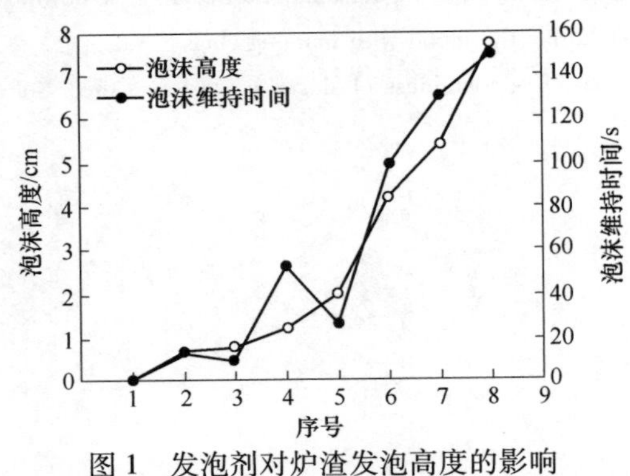

图1 发泡剂对炉渣发泡高度的影响

Fig. 1 The relationship between foam agents and foam height

---

* 本文合作者：北京科技大学王力军、牛四通、王平、佟福生，抚顺钢厂张建英、孙久红、马刚；原文发表于《化工冶金》，1994，15（4）：355~358。

$CaCO_3$+C、Fe_3O_4+C 是较好的发泡剂。其发泡高度和泡沫维持时间都较合适。

表 1 发泡剂的种类

Table 1 Species of foam agent

序号	1	2	3	4	5	6	7	8
发泡剂	无	$CaCl_2$	$BaCO_3$	$CaCO_3$	Na_2CO_3	Fe_3O_4+20%C	$CaCO_3$+20%C	Fe_3O_4+50%C

2.2 工厂试验方案

工厂试验条件为：电弧炉出钢量 14.6t，变压器容量 5000kV · A，钢种 60Si2Mn、45 号钢。炉渣成分：CaO/SiO_2 = 1.5~2.2，Fe_tO = 15%~25%，MgO = 3%~8%。

针对抚顺钢厂现行冶炼条件及工艺上的不足，采限取如下技术措施：

早造渣：原工艺在氧化期补加渣料较多，造成渣料熔化速度慢且初期渣量少，新工艺增多炉底渣料量，而减少或免除氧化期补加渣料。

少流渣：原工艺采用氧化期边加渣边流渣的操作，炉渣脱磷能力发挥不完全。现工艺采用氧化前、中期少流渣或不流渣的操作。

稳定配碳量：碳氧反应是维持泡沫渣存在的最关键因素，但原工艺在氧化的中、后期碳含量就达到指标而停止吹氧，难以保证泡沫渣的生成。现工艺比原工艺的配碳量提高 0.1%~0.2%，并力求配碳最稳定。

吹氧方法：原工艺氧化中期集中吹氧脱碳致使氧气消耗过多以及炉渣大量涌出；而氧化后期碳含量过低又不能吹氧，使后期难以造成泡沫渣；新工艺减少氧化中期的脱碳量，从而保证整个氧化期的吹氧脱碳，使泡沫渣维持较好。而且新工艺避免吹渣面的操作，而改为深吹与浅吹相结合的方法，从而保证泡沫渣稳定。以钢水温度和化学成分同步达到要求为目的。遇到碳高的炉次，氧化后期采用停电吹氧，也取得了降低电耗的效果。

加发泡剂：根据实验室研究的结果，采取了加发泡剂促进炉渣发泡的措施。

2.3 冶炼电耗及冶炼时间

工厂试验共进行了六批 70 炉。炉渣发泡高度用 L 形钢管挂渣测量，少数发泡过高者无法测量，而用估计值。测量发泡高度时温度控制在 1550°C 左右。测量结果表明炉渣发泡高度为 250~400mm。六批试验之冶炼电耗比同期正常工艺平均下降 21~62.8kW · h/t 不等，总平均下降 38.5kW · h/t，达到 550kW · h/t。由于试验是在新炉衬前期和旧炉衬后期进行的，使冶炼电耗绝对值较高。

对第 2、5、6 三批试验，冶炼时间比正常工艺平均每炉下降 8min、20.2min、17.8min。

2.4 熔清%［C］和熔清%［P］的关系

图 2 所示为试验工艺和正常工艺%[C] -%[P] 的关系。可见试验工艺磷含量随碳含量的变化率比正常工艺有所下降。证明新工艺格化期脱磷量提高。试验工艺中采用氧化期少流渣的方法，不但没有发现回磷。而且增强了泡沫渣的埋弧效果。

2.5 冶炼电耗与熔清碳的关系

氧化期的主要任务是脱碳、脱磷和升温。吹氧脱碳放出的 CO 气体起着搅拌钢水、促

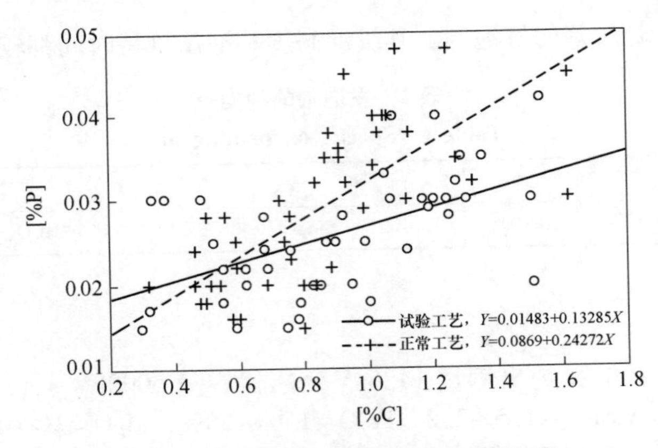

图 2　熔清碳含量和熔清磷含量的关系

Fig. 2　The relationship between % [C] and % [P] of the melting-down samples

进钢渣间反应的作用。因此如果熔清碳含量合适可充分吹氧，以促进脱磷[8]。碳高时，吹氧脱碳可促进炉渣起泡埋弧，降低热损失。C-O 反应放出的化学热也有利于降低电耗。

因此碳含量高有利于造泡沫渣、加速升温以及改善脱磷动力学条件。但碳含量过高又加重了脱碳任务，反而不利。通过对实验中冶炼电耗与熔清碳的回归发现，对于冶炼 45 号钢和 60Si2Mn 钢来说，钢水的配碳量满足熔清碳为 0. 7%～0. 9%最好，可使冶炼电耗平均达到 550kW · h/t 左右。

2. 6　埋弧时间与氧化期电耗的关系

图 3 所示为氧化期电耗与埋弧时间比（发泡时间/氧化期时间）的关系。由图可见埋弧时间每提高 10%可降低冶炼电耗 21kW · h/t。

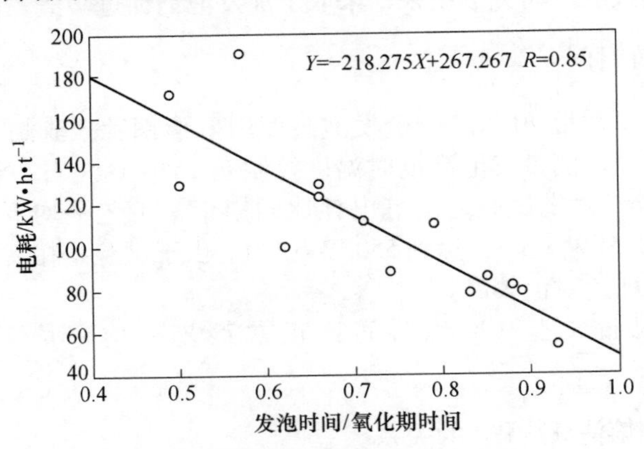

图 3　氧化期电耗与埋弧时间的关系

Fig. 3　The relationship between foaming time and electricity consumption in oxidizing period

2. 7　发泡剂的作用

为在氧化后期使炉渣更好地发泡。向炉中加入 C 粉、$CaCO_3$ 粉、C 粉+Fe_3O_4 粉做发泡剂，收到了较好的效果，可使泡沫维持时间分别达到 120s、30s、35s。

3 结论

在 15t 电弧炉冶炼 45 号钢和 60Si2Mn 钢的泡沫渣试验表明：

（1）泡沫渣工艺使冶炼电耗下降 38.5kW · h/t，约下降了 7%；

（2）泡沫渣增强了脱磷效果；

（3）钢水熔清碳控制在 0.7%～0.9%为好；

（4）发泡剂（C 粉、$CaCO_3$ 粉、Fe_3O_4 粉+C 粉）的加入是良好的补充措施。

参考文献

[1] Evans R W. Blast Furnace and Steel Plant, 1944, Aug.: 932～935.

[2] Daris H M. Open Hearth Proceedings, AIME, 1949, 32: 238～240.

[3] Cooper C F, Kitchener J A. Journal of the Iron and Steel Institute, 1959, Sep.: 48～55.

[4] Gaskell D R. Steel Research, 1989, 60（3+4）: 182～184.

[5] Fruehan R J. Met. Trans. B., 1989, Aug.: 515.

[6] 王力军，张鉴，洪彦若，李士琦．试论电弧炉炼钢中的泡沫渣技术．钢铁研究学报，1992，(增刊)：29～34.

[7] 王力军．电弧炉泡沫渣及其脱磷能力的研究［博士学位论文］．北京：北京科技大学，1993.

[8] Fruehan R J. I&SM, 1990, Feb.: 43～50.

The Dephosphorization Foamy Slags in Electric Arc Furnace

Wang Lijun Zhang Jian Niu Sitong Wang Ping Tong Fusheng

(University of Science and Technology Beijing)

Zhang Jianying Sun Jiuhong Ma Gang

(Fushun Steel Works)

Abstract: The new foamy slag practice in a 15t EAF for the steel-making of 45# and 60Si2Mn has reduced the specific power consumption by 38.5kW · h/t. The reasonable slag practice, oxygen blowing operation and carbon contents of the melting down metals are the key factors for making submerged arc foamy slag, improving the dephosphorization efficiency and reducing the power consumption.

Keywords: electric arc furnace; steelworking; foam; slag

RH循环真空除气法的新技术*

摘　要： 简介 RH 循环真空除气（RH）的工艺特点及在设备上的改进措施，对其喷粉、脱碳、脱氧、脱氮的多种工艺和冶金效果进行了评述，采用 RH 的新技术可以生产超低碳和超纯净钢。

关键词： 真空脱气；RH 法；精炼设备；炉外精炼

1　引言

自 1959 年德国研制成第一台 RH 用于脱氢起到现在，除脱氢外，它已发展成为能够脱除碳、硫、磷、氧和夹杂以及升温、调整成分等的多功能精炼设备，在超纯钢及超低碳深冲钢的生产方面发挥着日益重要的作用，目前全世界已有此种设备 130 余台，其容量为几十吨到 340t。

长期的实践证明 RH 具有以下特点：

（1）精炼路程长，精炼时间短（即用较长的精炼路程换取较短的精炼时间，日处理钢水 30 炉以上），因而有利于与初炼炉和连铸的协调配合。

（2）不要求钢包上面留有很高的自由空间，因而在钢铁企业改造中有利于原有设备的充分利用。

（3）占厂房面积小，只有处理和维修两个工位，不像其他精炼设备需要几个工位。

（4）处理过程中温降较小，有利于降低初炼炉的出钢温度。

（5）取样测温方便，为掌握精炼过程中钢水成分和温度变化提供了有利条件。

（6）钢包和真空室未被封闭起来，精炼过程中容易发现事故隐患，也便于及时处理。

由于以上特点，RH 在全世界备受欢迎，成为用途最广的精炼设备。

以下将从 RH 的设备改进、喷粉、脱碳、脱氧和防氮几方面进行讨论。

2　设备改进

2.1　提高真空室高度[1]

由图 1 看出，从 1959 年到 1987 年 RH 的高度已从 5m 左右增加到 10m 以上。其目的主要在为真空下的精炼反应提供充分的反应空间和改善真空室上部的工作条件。

2.2　扩大吸嘴，增大环流量

（1）采用的椭圆吸嘴[2]如表 1 和图 2 所示。采用椭圆吸嘴增大环流量后，可以获得较大脱碳速度和较低的碳含量。

---

* 原文发表于《炼钢》，1996（2）：32~48。

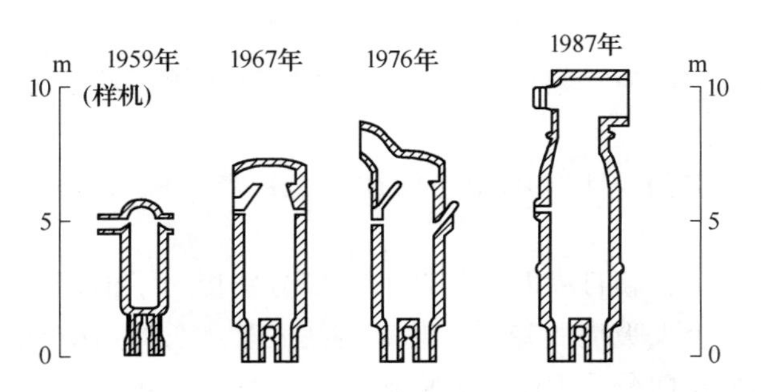

图 1　Thyssen 钢公司 RH 高度的演变

表 1　吸嘴形状的比较

吸嘴形状		椭圆	圆形
真空室下部顶图			
吸嘴	顶视	等效直径 ϕ410mm	ϕ300mm
	侧视	560　300	300
设备的差别		吸嘴断面积 1320cm^2	吸嘴断面积 707cm^2
		喷嘴数量 16（8×2 层）	喷嘴数量 8（4×2 层）

（2）采用椭圆形下真空室以增大吸嘴内径[3]。如图 3 所示，靠采用椭圆形下真空室使吸嘴内径增大 50%，也是提高脱碳速度的一种有效途径。

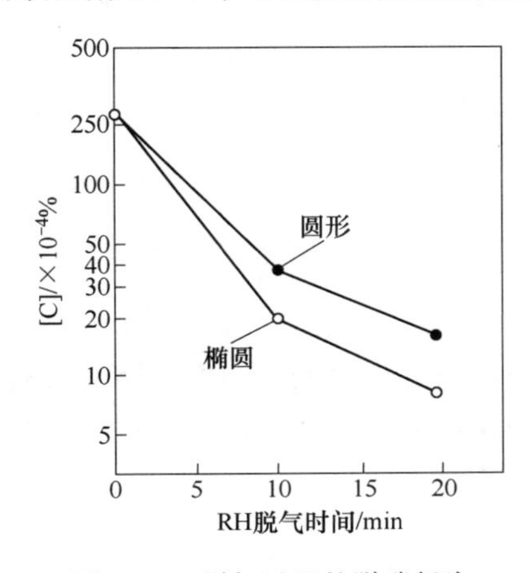

图 2　RH 脱气过程的脱碳行为

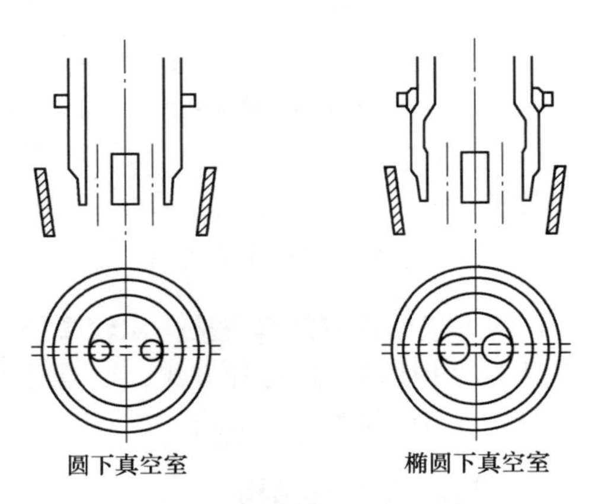

图 3　椭圆形下真空室和大吸嘴的优点

（3）合并两个吸嘴为一个大吸嘴[4]。众所周知，体现 RH 精炼能力关键指标是其环流量 W，它可用下式表示：

$$W = K(HQ^{5/6}D^2)^{4/2} \tag{1}$$

式中，W 为钢水环流量；H 为吹氩位置到真空室内钢水面的高度；Q 为驱动氩气流量；D 为吸嘴内径；K 为常数。

从以上公式看出，提高 RH 精炼能力的途径是：增大吸嘴内径；增长氩气泡上升路程；增大氩气流量。

在以上关系的指导下，新日铁君津厂和八幡厂分别提出了他们用以喷粉和吹氧炼不锈钢的合并两个吸嘴为一个大吸嘴的专利；北京科技大学、长城特殊钢公司和北京工业设计院在改造长城特殊钢公司四分厂 RH 为单嘴精炼炉过程中也申请了自己的专利。由图 4 看出，与日本专利相比，我国单嘴精炼炉在吹氩透气砖的位置选择和氩气泡的上升路程长度上都有显著的优越性。

（4）增大吹氩量，降低吹氩位置，采用不锈钢细管分散吹氩等[3, 5]，都可达到提高钢水环流量的目的。

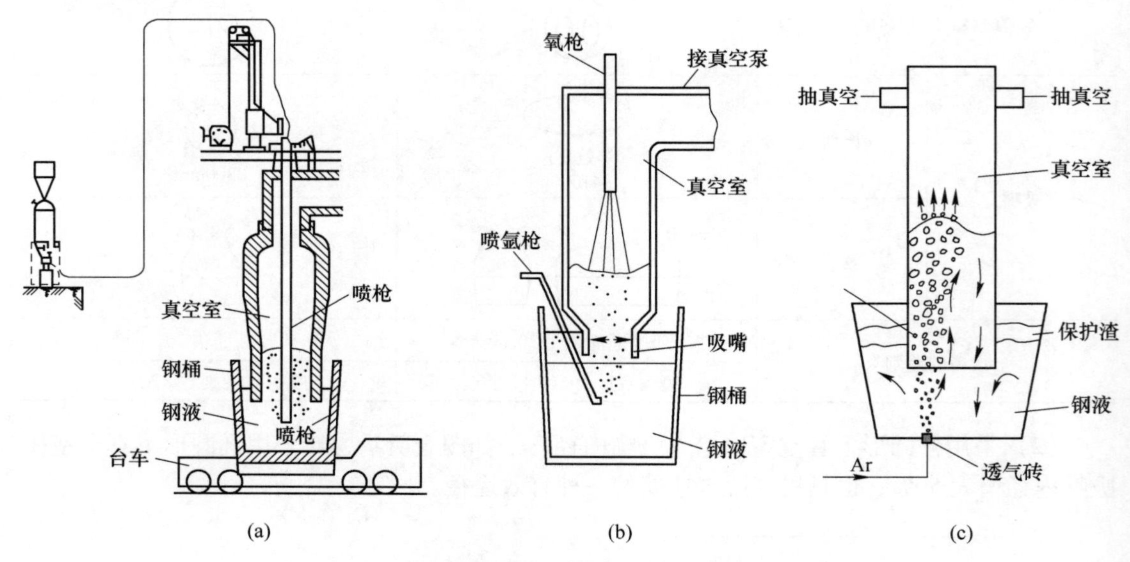

图 4　单嘴精炼炉与日本类似专利的对比

（a）新日铁君津厂昭 63-32845 专利；（b）新日铁八幡厂平 4-20967 专利；
（c）单嘴精炼炉 88220195. 6 专利

2. 3　改活动真空室为固定真空室

这种方式的优点是真空接头比较简单，容易获得高而且稳定的真空度，同时维修也方便。日本的 RH 多采用这种方式，德国现在也趋向于这种方式，我国武汉钢铁公司第二炼钢厂的 2 号 RH 即为此种形式。

2. 4　改进真空室顶部结构

美国 Cleveland 钢厂原 250tRH 采用斜顶，真空室顶部耐火材料寿命只有 169 炉，改为圆顶后，其寿命超过真空室上部，从而使月产量超过 70000t/月的水平，如图 5 所示[6]。

台湾中钢公司在改造其 1 号 160tRH 中采用 U 形顶部结构，并增设冷却器后，由于防止了顶部温度降低，扩大了顶部内径和使泵前废气温度降低，结果不仅减轻了真空室结瘤，使顶部寿命由两周必堵延长为 1300 炉，而且使处理真空度由 3×133.3Pa 提高到 66.7Pa。情况如图 6 所示[7]。

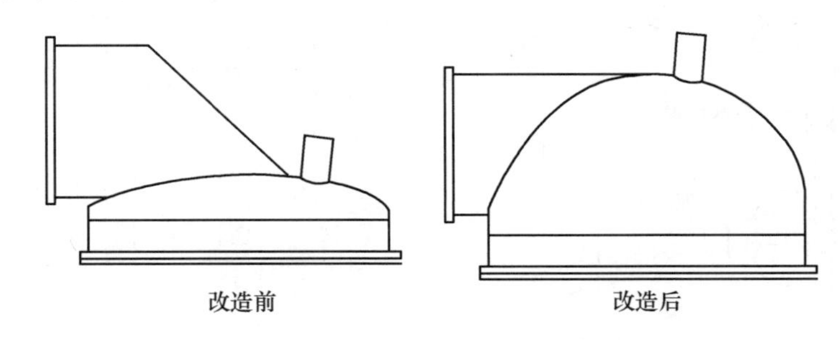

图 5 RH 真空室顶部改造前后的比较

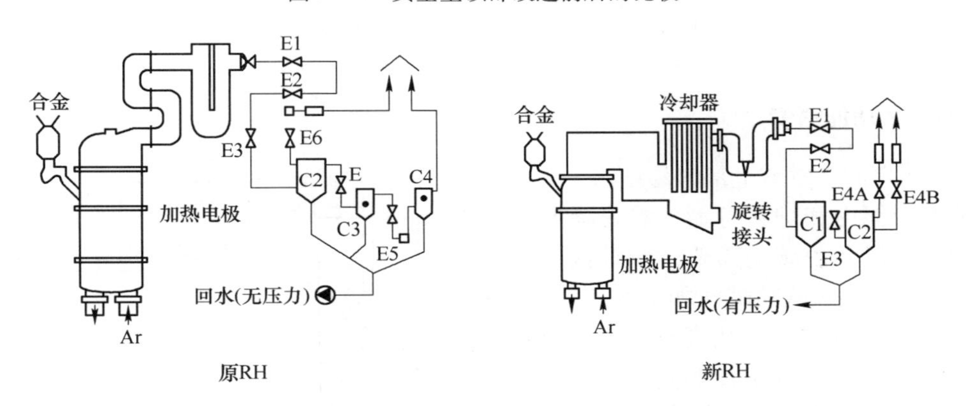

图 6 台湾中钢公司 160t 1 号 RH 改造前后的对比

2.5 改单一蒸汽喷射泵为水环泵和蒸汽喷射泵联用

美国 Inland 钢厂将 RH-OB 的六级蒸汽喷射泵改为五级蒸汽喷射泵/水环泵系统后，使冷却水消耗量由 21000kg/炉减少为 5000kg/炉，每炉能耗降低 73%。欧洲一些国家也都早已采取类似的做法，所以在真空精炼炉上追求 100%的蒸汽喷射泵的做法是不可取的[8]。

2.6 减少真空室本身的法兰数目

台湾中钢公司[7]发现 RH 吸嘴寿命降低的最重要原因是法兰漏气，所以在改造 RH 中将真空室焊成一个整体，不留法兰，结果使吸嘴寿命由 70 炉提高到 150 炉（最高 195 炉）；除此而外，减少法兰还有提高真空度，防止增氮的作用（参考图 6）。

2.7 采用轮修、交错砖型和喷补以提高吸嘴耐火材料寿命[9]

如图 7 所示，在吸嘴的砌砖层和打结层之间，最易产生缝隙，进入钢水，造成吸嘴寿命降低。美国国家钢公司 Great Lakes 分厂采用两个吸嘴轮流修补，交错砖型和对吸嘴内外损坏部分用 MgO 材料进行喷补三项技术后，使这个问题得到理想的解决，使吸嘴寿命超过 180 炉。所以仅靠提高耐火材料质量一个途径解决吸嘴寿命短的问题是不可取的。

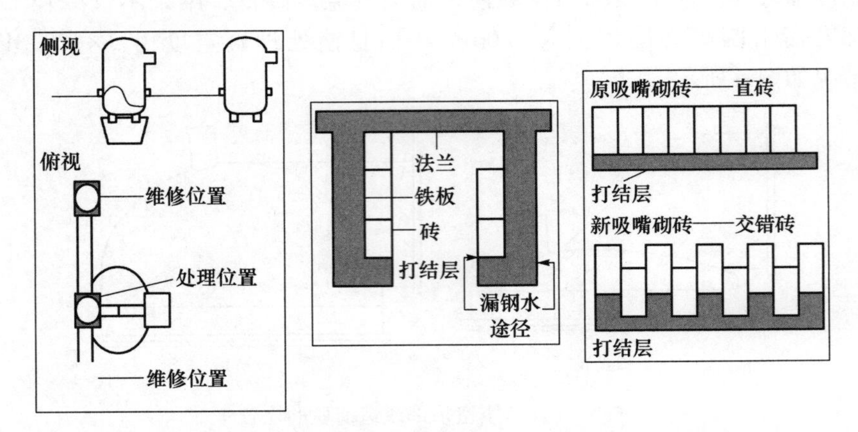

图7　美国国家钢公司 Great Lakes 分厂提高吸嘴寿命的做法

2.8　增设多功能喷嘴[10]

由于RH的真空室上部容易结瘤，为了提高初炼炉生产能力和炉衬寿命，需要降低初炼炉的出钢温度以及脱碳的需要，新日铁广畑制铁所研制了多功能顶吹喷嘴（如图8所示），它的功能是：（1）真空下加热真空室耐火材料防止钢渣结瘤；（2）大气下加热真空室防止钢渣结瘤；（3）吹氧燃铝以提高钢水温度；（4）顶吹氧进行脱碳。

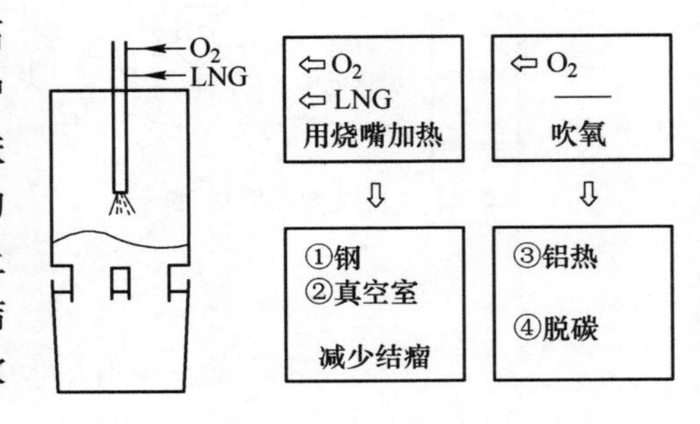

图8　多功能喷嘴的作用

3　RH喷粉

单一喷粉冶金所遇到的困难就是容易造成钢水温度降低，使钢水增氢、增氮，同时易受钢包内炉渣成分的干扰。利用真空下的RH进行喷粉则有与之相反的优点：（1）在脱硫、脱磷的同时可以降低钢水的氢气含量；（2）受钢包内炉渣的影响极小；（3）可以防止增氮。

目前在RH上采用的喷粉方法计有内蒙古第二机械制造厂和内蒙古金属研究所共同研制的VI法，新日铁名古屋厂的RH-PB法，新日铁大分厂的RH喷粉法和住友金属工业公司和歌山厂的RH-PTB法几种，下面分别介绍。

3.1　VI法[11]

图9为我国内蒙古第二机械制造厂和内蒙古金属研究所于1984年研制成的真空喷粉法（VI法），其效果是使35CrNi3MoV钢的氧含量降到19.8ppm（最低达9.8ppm），硫含量脱到15~40ppm，而且早于新日铁名古屋厂RH-PB法三年多。其特点是粉体在钢液中经过的路程较长，使其脱硫、脱氧的作用得以充分发挥。

3.2 RH-PB法[12, 13]

新日铁名古屋厂于1987年研制成的RH-PB法，不仅用来脱氧、脱硫（<10ppm），而且还可以用来冶炼超低磷钢，其主要设备如图10所示。设备主要技术参数如表2所列。它是利用原有RH-PB设备真空室下部的吹氧喷嘴，使其具有喷粉功能而成，依靠载气将粉剂通过OB喷嘴吹入钢液。RH真空室下部装有两个喷嘴，可以利用切换阀门改变成吹氧或喷粉：每个喷嘴的最大吹氧量为1500Nm³/h，通过加铝可使钢水升温速度达到8~10℃/min。

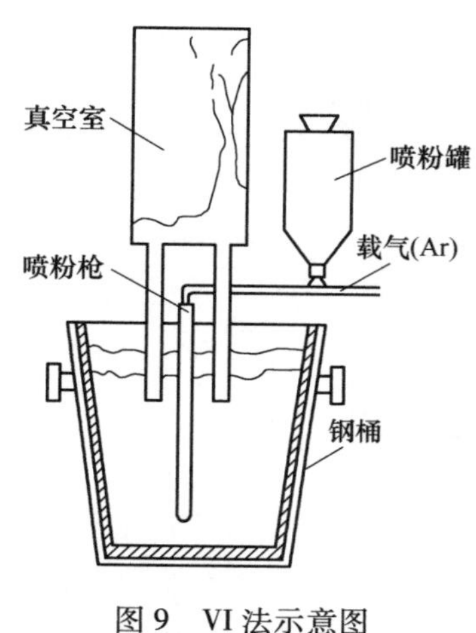

图9　VI法示意图

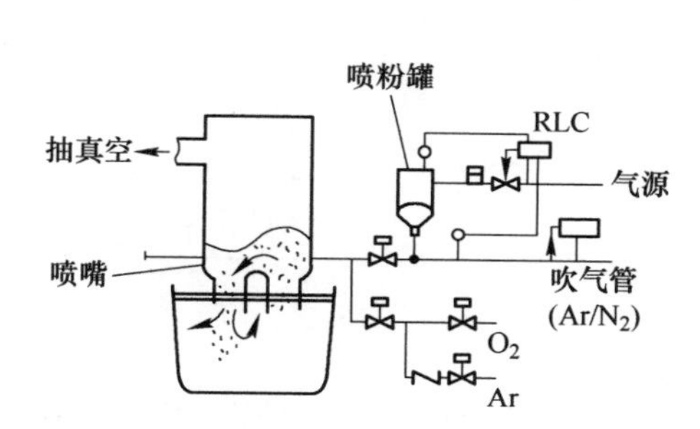

图10　RH-PB设备的原理图

表2　RH-PB设备的主要技术参数

项　　目	技 术 参 数
钢水量	250t
真空度	（1~100）×133.3Pa
吸嘴直径	ϕ730mm
喷嘴数	2
每个喷嘴供氧量	1500Nm³/h
每个喷嘴喷粉量	150kg/min（最大）
载气种类	Ar或N_2
每个喷嘴载气流量	100Nm³/h
载气压力	70N/cm²

3.2.1　超低硫钢的处理

超低硫中板钢的目标成分如表3所示。其处理过程如图11所示。

表3　超低硫钢的目标成分（ppm）

成分	P	S	H	N
Al-Si镇静钢	≤10	≤10	≤1.5	≤40

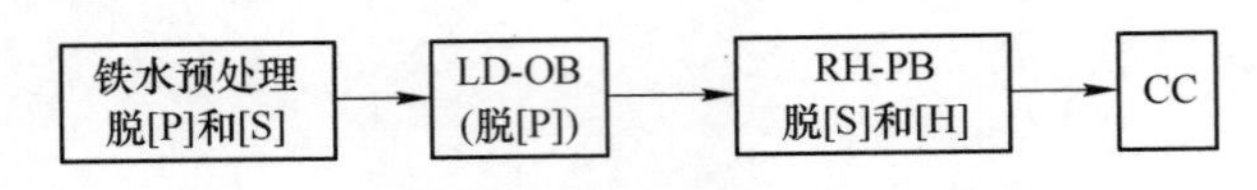

图 11 超低硫钢的生产过程

经过铁水预处理和 LD-OB 冶炼得到低磷钢水后，转运到 RH 进行真空脱气、脱氧和加铝，进而喷吹 $CaO : CaF_2 = 1 : 1$ 的粉剂以便同时脱硫和脱氢。然后吹氧升温并进行成分微调。用 RH-PB 法生产表 3 超低硫钢的时间为 20min。

3.2.2 超低碳和超低磷钢的处理

典型的超低碳和超低磷钢的目标成分如表 4 所示。其处理过程如图 12 所示。

表 4 超低碳和超低磷钢的目标成分（ppm）

成分	C	P	S
Al-镇静钢（用于薄板）	≤30	≤30	≤30

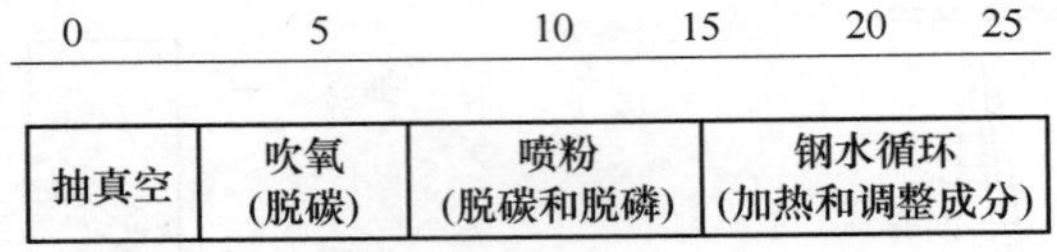

0	5	10	15	20	25

抽真空	吹氧（脱碳）	喷粉（脱碳和脱磷）	钢水循环（加热和调整成分）

图 12 超低碳和超低磷钢的处理过程

超低碳和超低磷钢的处理过程与超低硫钢类似，唯一差别是前者在吹氧脱碳之后，不脱氧就进行喷粉，以便同时脱碳和脱磷，结果如表 4 所示超低碳和超低磷钢经过 25min 处理，即可生产出来。

如图 13 所示，用 RH-PB 法不仅可以生产出超低硫、超低碳和超低磷钢来，而且在处理过程中，钢中氢含量也是降低的。由图 14 中看出，RH-PB 处理过程中也不发生增氮的现象。由此看出，RH-PB 法的确消除了单一喷粉法所有弊端。

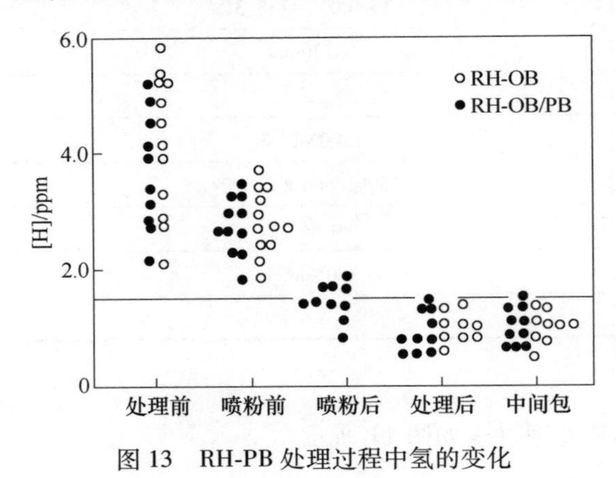

图 13 RH-PB 处理过程中氢的变化

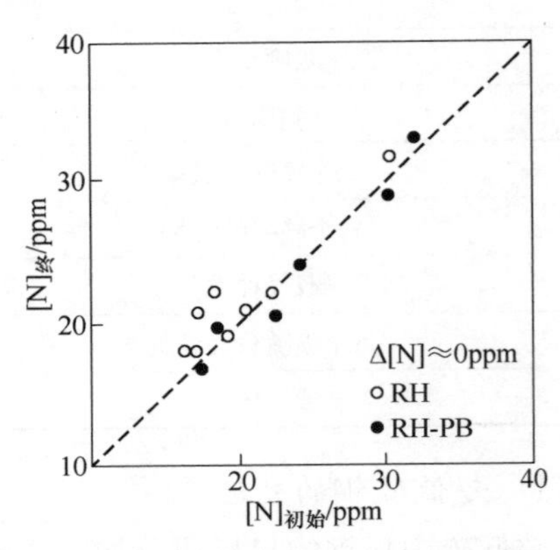

图 14 RH-PB 处理过程中的增氮

3.3 RH 喷粉法[14]

新日铁大分厂为了大量生产海洋结构和耐蚀管线用料等超低硫钢，于 1985 年开发了用一步工序同时完成脱硫、脱氢、脱碳、减少非金属夹杂和调整成分的 RH 喷粉法。其特征如图 15 所示。其主要设备参数如表 5 所示。所用喷枪既可氩与粉剂同时吹入，又可单独吹氩。本法的特点：

（1）可以将炉渣的不利影响限制在最小程度；

（2）粉体与钢水可以接触较长的时间；

（3）可以增强桶底和真空室内的钢水搅拌。

大分厂生产超低硫钢的目标成分如表 6 所示。

RH 喷粉前后超低硫钢生产工艺的对比如图 16 所示。超低硫钢的 RH 喷粉工艺如图 17 所示。可以看出采用 RH 喷粉的确保进了大分厂超低硫生产线的简化。

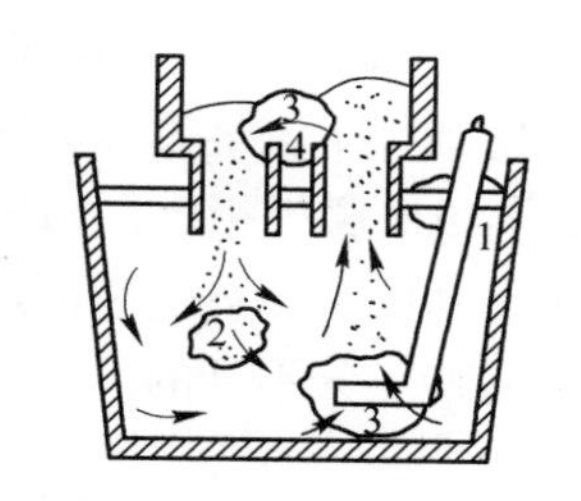

图 15 RH 喷粉法的特征

1—与钢包内炉渣的混合减弱；
2—粉剂在钢水中停留时间延长；
3—可加强真空室和钢包内钢水搅拌；
4—可增大环流量

表 5 RH 喷粉装置的主要参数

项目	主要参数
钢水量	340t
真空室	旋转台支撑式，双真空室
真空泵	3 级助推器+3 级喷射器（附 2 级启动喷射器）
载气流量	最大 3500L/min
喷粉装置	2 个喷粉罐（可装入 2 种粉剂），最大 100kg/min
喷枪	2 支，旋转台支撑式（可自转、升降倾动）

表 6 大分厂生产超低硫钢的目标成分（ppm）

项目	P	S	[H]	[O]	[N]	用途
Al-Si 镇静钢	≤10	≤10	—	≤30	≤41	耐蚀管线用钢
Al-Si 镇静钢	≤10	≤20	≤1.6	≤30	20~40	海洋结构用钢

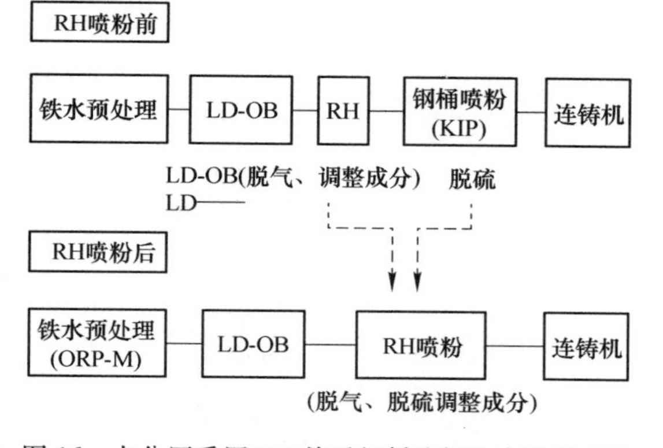

图 16 大分厂采用 RH 前后超低硫钢生产线的对比

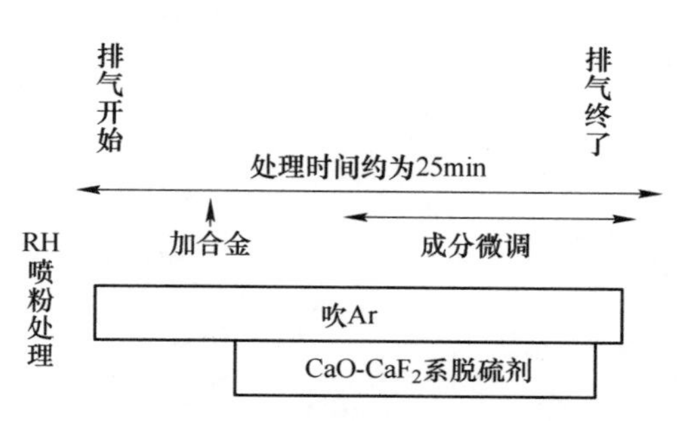

图 17 超低硫钢的 RH 喷粉工艺

如图 18 所示，CaO 与 CaF_2 的重量比为 6∶4 时，本渣系的脱硫能力最强，为了防止粉剂对耐火材料的侵蚀，实际生产中向其加入 10%~15%MgO 作为脱硫剂。

图 19 为喷粉后钢中实际硫含量水平，处理前硫含量为 20~57ppm，在粉剂单耗为 3~4.5k/t 的条件下，经过 25min 的处理，即可成批地生产［S］≈5ppm 的超低硫钢。从图 20 看出，与 RH 脱气相比，RH 喷粉后，超低硫钢中的氢含量也是降低的。不用说，碳含量也是大为降低了，只是后面还要讨论，这里不再多言。RH 喷粉法其所以有这些效果是前述本法的特点分不开的。

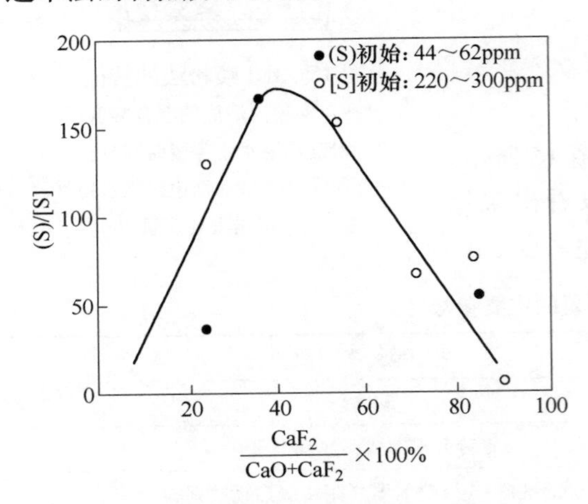

图 18 $CaO-CaF_2$ 系脱硫剂的最佳成分

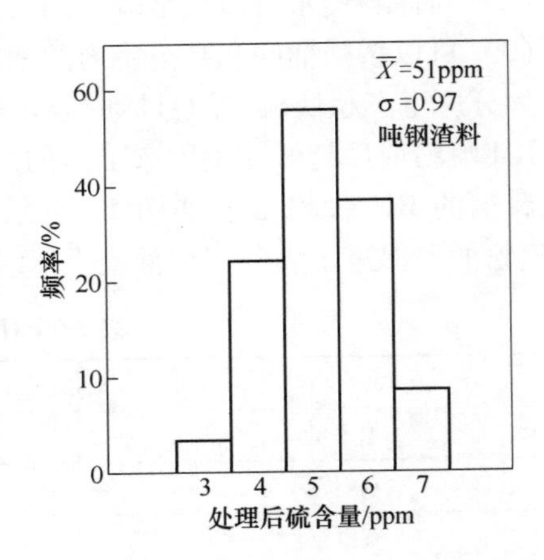

图 19 耐蚀管线用钢（$[S]_{规格}$≤10ppmRH）喷粉后［S］的分布

3.4 住友金属工业公司和歌山厂的 RH-PTB 法[15]

日本住友金属工业公司和歌山厂为了炼超低硫深冲钢采用了图 21 所示的水冷顶枪进行喷粉，即 RH-PTB 法。其设备参数如表 7 所示。该法的设备特点是：（1）无喷枪堵塞问题；（2）无耐火材料消耗；（3）载气消耗量小，因无钢水阻力。

该法炼超低硫钢用 $CaO-CaF_2$ 系粉剂，炼超低碳钢用铁矿石粉，其操作条件如表 8 所示，操作工艺如图 22 所示。

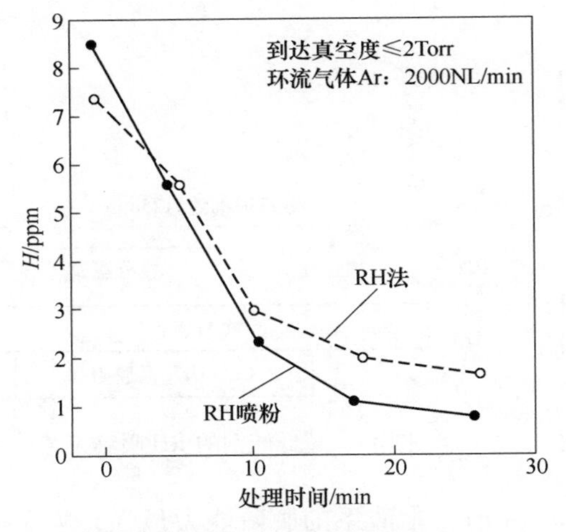

图 20 RH 喷粉法和 RH 法处理钢的氢含量对比

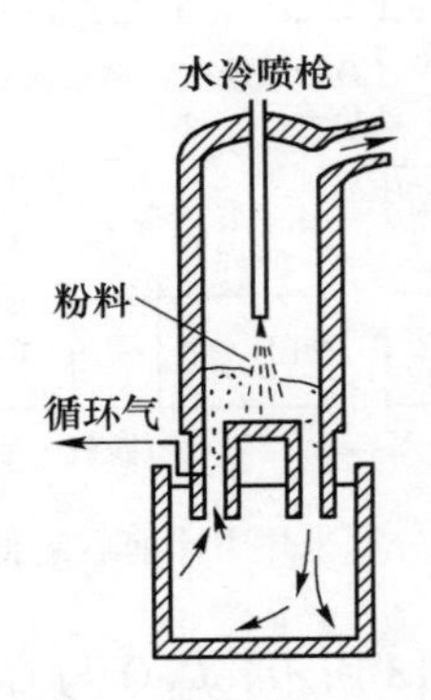

图 21 住友金属工业公司和歌山厂 RH-PTB 法

表 7　RH 的设备参数

炉子容量	160t
泵的抽力	1000kg/h（在 0.6×133.3Pa 下）
吸嘴内径	450mm
驱动气流量	1500L/min

表 8　喷粉的操作条件

项　　目	脱　　硫	脱　　碳
粉剂	$CaO\text{-}CaF_2$	Fe_2O_3
粒度	-100 目	-100 目
喷速	100~130kg/min	20~60kg/min
喷入时间	8~12min	8~13min
枪高	2m	3m
环境压力	（1~2）×133.3Pa	（1~2）×133.3Pa

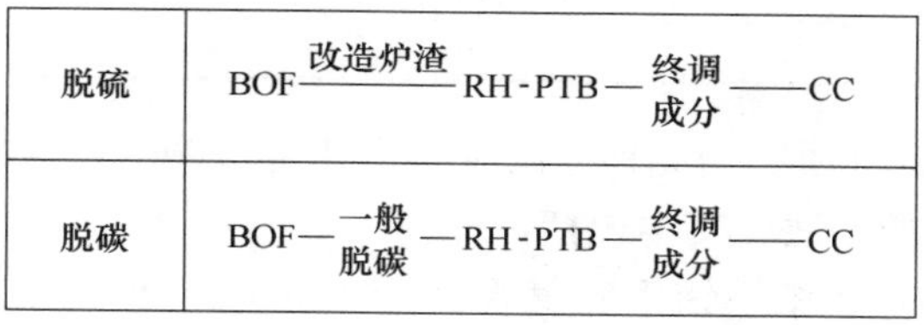

脱硫	BOF—改造炉渣—RH-PTB—终调成分—CC
脱碳	BOF—一般脱碳—RH-PTB—终调成分—CC

图 22　实验的工艺过程

用 RH-PTB 法喷粉的结果是，当 $CaO\text{-}CaF_2$ 粉剂用量为 5kg/t 时，可使钢中［S］降到 5ppm 以下；当用量为 8kg/t 时，可得［S］小于 1.3~2.9ppm 的超低硫钢，此时脱硫率大于 90%。与此同时，钢中氮含量也由 20ppm 降到 15ppm。

喷铁矿粉的结果，消除了一般 RH 在 20ppm 附近脱碳的停滞现象，处理后可使碳含量小于 5ppm，从而为炼超低碳深冲钢开辟了一条新的途径。

RH-PTB 法其所以取得以上的好效果，是与其高速将细粉粒喷入钢水深部，极大地增大反应面积分不开的。

提高脱硫率的条件是：（1）将喷粉后的炉渣（%MnO）+（%FeO）控制在 1%以下；（2）使枪高保持在 2m 左右；（3）保持真空室有较高的真空度。

以上介绍了 4 种 RH 喷粉方法，再加新日铁君津厂合并 RH 两个吸嘴为一个吸嘴以提升钢水进行喷粉的办法，共 5 种方法，都取得了好的效果，也各有其优缺点，我们的目的就是在学习国外先进经验的实践中，不断地取长补短，来创造具有中国特色的 RH 喷粉方法。

4　RH 脱碳

目前超低碳深冲钢的生产基本采用 3 种方法，即 RH 真空脱碳法、RH-OB 和 RH-KTB 法，下面分别加以介绍。

4.1　RH 真空脱碳法

此法是在转炉内将钢水中碳脱到 0.01%～0.06%，进而在 RH 中利用抽真空和大量吹氩气降低 P_{CO}以脱除碳含量到 20ppm 以下，然后脱氧进行连铸的方法。这是全世界炼超低碳深冲钢普遍采用的方法，德国人甚至认为[1] 用 RH 炼超低碳钢是不需要使用氧气的，因为使用氧气会引起耐火材料寿命的降低。

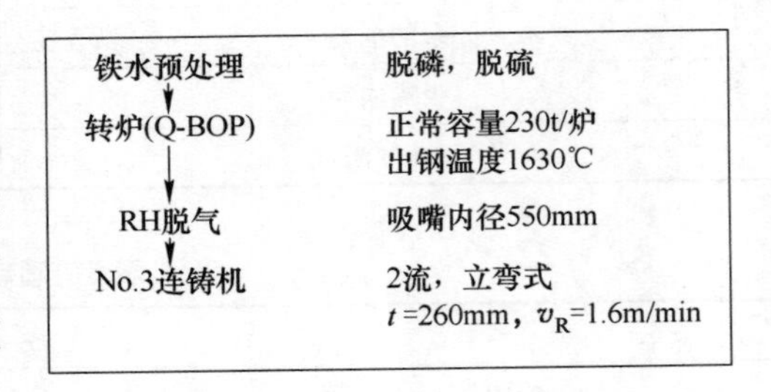

图 23　生产超低碳钢的工艺

以川崎钢铁公司为例[16]，其用此法生产超低碳钢的工艺见图 23，不同工序的［C］、［O］含量见表 9。

表 9　Q-BOP-RH 过程中［C］≤［O］的变化

工　序	［C］/ppm	［O］/ppm
Q-BOP	100～200	450～550
RH	20	40
CC	20	32

由于当［C］≤30ppm 时，用此种方法脱碳，速度极慢，所以冶金工作者多年来，一直在研究增大脱碳速度的办法，其中包括：

（1）将吹氩环改为多个细不锈钢吹氩管（8×ϕ2mm），布置于 RH 真空室底部最低处进行吹氩[17]，见图 24 和图 25，此种办法的确可以达到加速脱碳的目的。

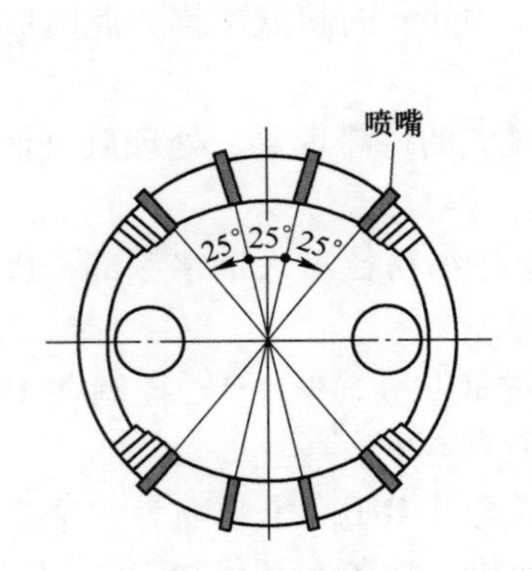

图 24　RH 底部细不锈钢吹氩管的布置

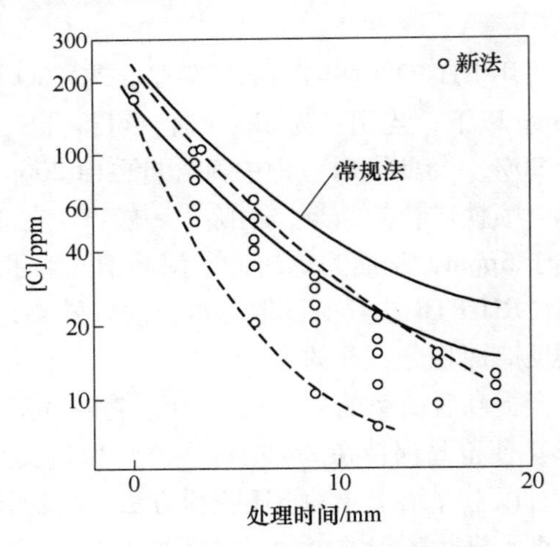

图 25　吹氩对脱碳的影响

（2）增大驱动氩气流量。如图 26 所示，用这种办法是可以有效地提高脱碳速度[13]。

（3）增大环流量。1）增大吸嘴内径。如图 27 所示，300t 的 RH，当吸嘴内径由 600mm 增大为 1000mm 时，由于其吸嘴断面积的增加，其脱碳速度也得到显著的提高[19]。2）改圆形吸嘴为椭圆形，其效果已如表 1 和图 2 所述。3）合并两个吸嘴为一个吸嘴，其效果如图 4 所示。

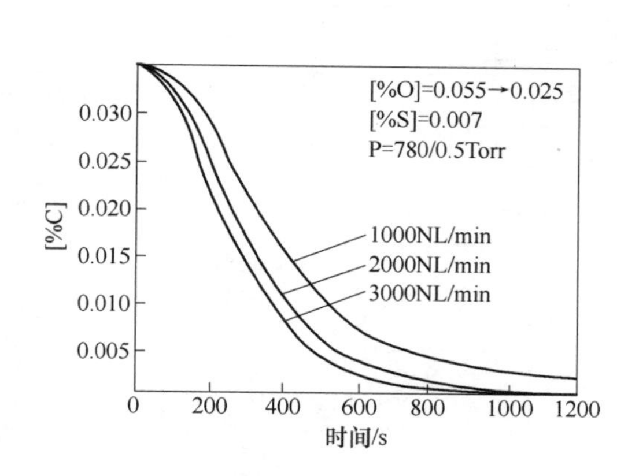

图 26　驱动氩气流量对脱碳速度的影响

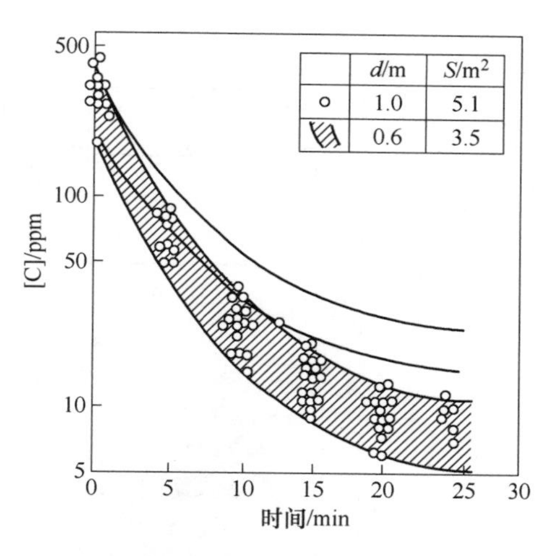

图 27　增大吸管内径对脱碳的影响

（4）提高真空室内壁温度，防止钢渣结瘤，引起增碳[10]。如图 28 所示，采用多功能喷嘴提高真空室内壁温度，的确是消除真空室壁钢渣结瘤的有效途径。

（5）增大泵的抽气能力，台湾中钢公司将 160tRH 的蒸汽喷射泵抽气能力由 300kg/h 增大为 400kg/h 后，其脱碳速度的提高如图 29 所示[7]。

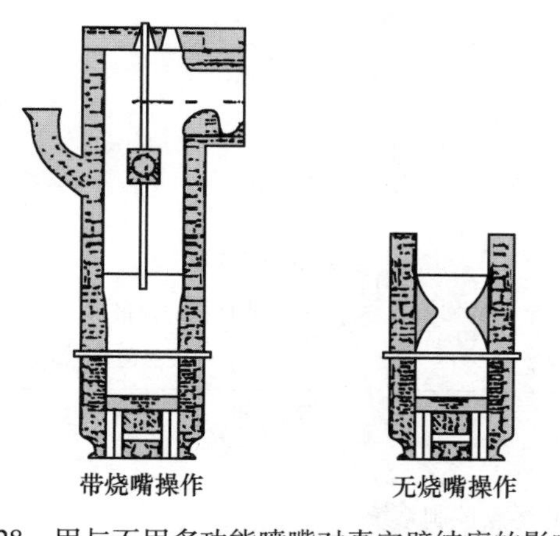

图 28　用与不用多功能喷嘴对真空壁结瘤的影响

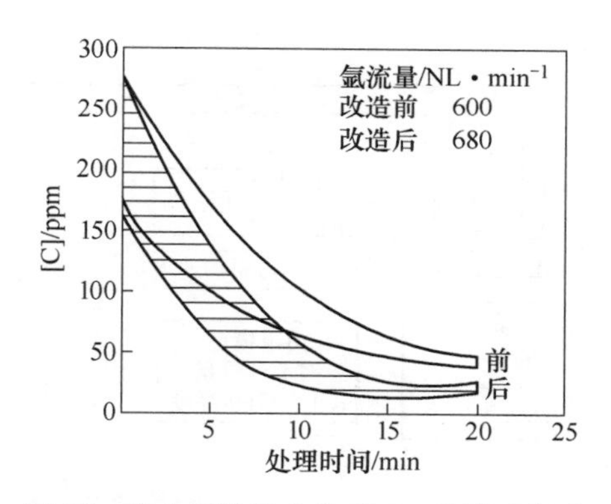

图 29　增大泵的抽力前后 RH 的脱碳行为

（6）向驱动氩气中掺入 H_2 气进行吹炼。如图 30 所示，用此法也可以将碳脱到 $10\times10^{-4}\%$以下[20]。

（7）脱碳过程采用计算机和质谱仪进行控制[21]。由于超低碳钢（ULC）在汽车制造工业上的大量需要，日本住友金属工业公司鹿岛钢厂在其 RH 上装设了质谱仪对终点碳进行控制，该系统如图 31 所示，包括：

制导系统：其作用在预测钢水［C］、［O］含量和温度及达到终点的时间。

炉气快速取样和分析系统（质谱仪）：其作用是计算脱碳速度以提供给制导系统。

在约 15min 的时间内，中间可以取钢样和测温一次，以便修正原来制导系统的导向，更精确地命中目标。用本系统控制超低碳终点的结果是：［C］≤30ppm，误差为±5ppm；

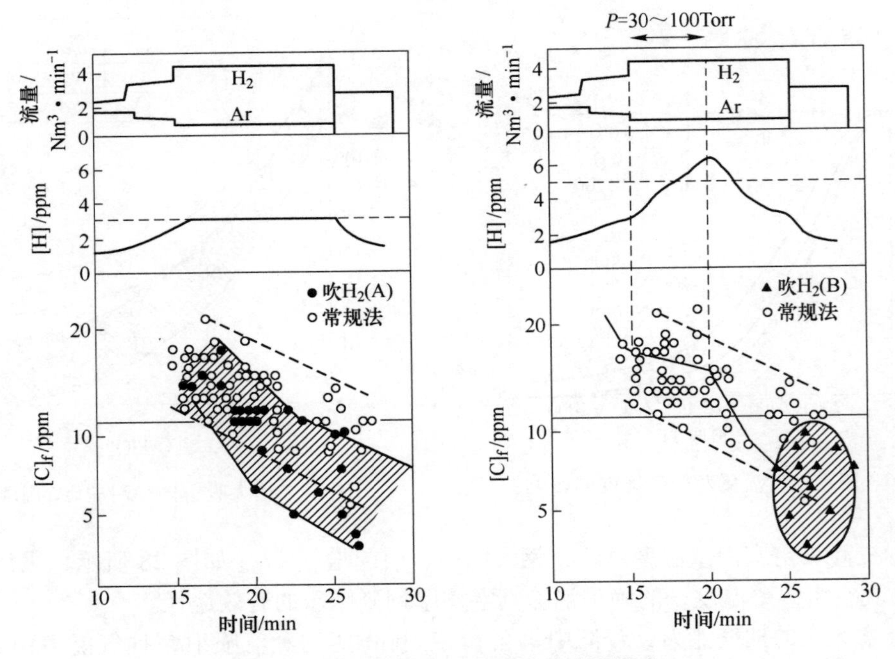

图 30 驱动氩气掺入氢气对脱碳的影响

而当 100ppm<[C]<300ppm，误差为±24ppm。

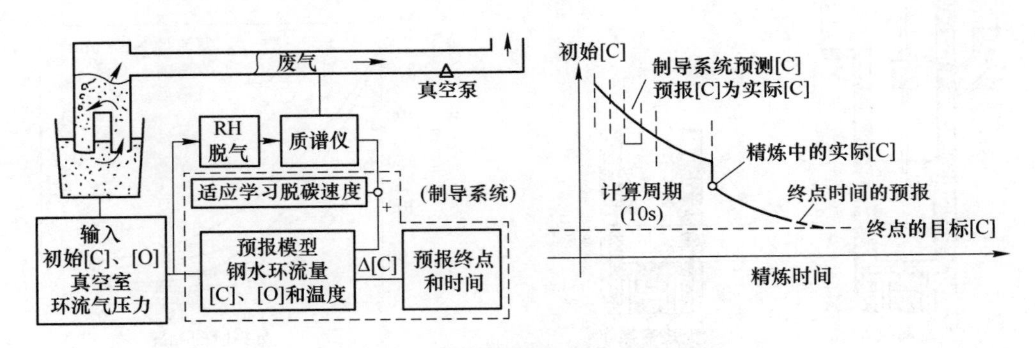

图 31 RH 炼超低碳钢的终点控制系统

4.2 RH-OB 脱碳法[13]

新日铁名古屋厂用于生产超低碳无间隙钢的 250tRH-OB 设备如图 10 所示，设备的主要参数如表 10 所示。其特点为：(1) 吸嘴内径大（730mm），因而环流量大；(2) 泵的抽气能力大，133.3Pa 时，抽速为 2000kg/h；60×133.3Pa 时，抽速为 4000kg/h；(3) RH-OB 的两个喷嘴可以提供 3000Nm³/h 的供氧能力，使其具有强制脱碳和加热升温的作用；(4) RH-OB 的喷粉能力，可以生产超低硫、磷钢。

其总的生产工艺为：LD-OB—RH-OB—CC（采用连浇）。RH-OB 的生产工艺如图 32 所示。

表 10 RH-OB 的主要参数

项　目	参　数
真空室	容量：250t；砖衬内径：2350mm；壳体内部高度：10713mm
泵的抽力	133.3Pa 下为 2000kg/h；60×133.3Pa 下为 4000kg/h
RH-OB 设备	喷嘴数：2 个（也用于喷粉）；供氧强度：$2\times1500\mathrm{Nm^3/h}$
RH-PB 设备	喷嘴数：2 个（也用于吹氧）；载气：Ar、N_2；流量：$100\mathrm{Nm^3/h}$；压力：0.7MPa；粉剂：CaO-CaF_2；喷入速度：2×150kg/min（最大）

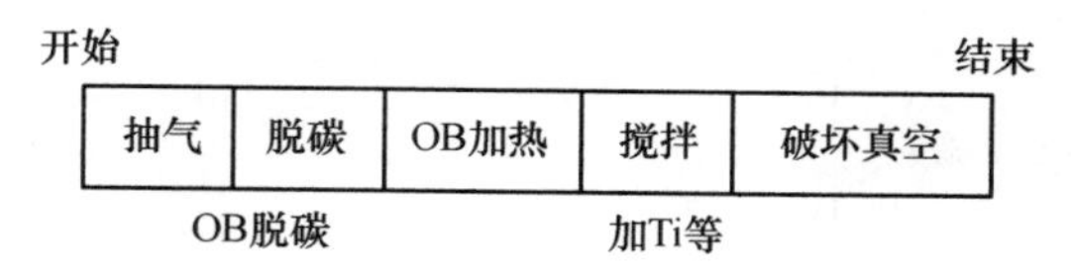

图 32 RH-OB 的典型处理工艺

RH-OB 强制脱碳的作用在于使钢水进 RH 前具有恒定的碳含量；其加热提温（用 Al）的作用在于使 RH-OB 有必要的脱碳时间，同时可减轻转炉的负担；这两方面的作用均有利于 RH-OB 与连铸机的衔接，从而可以保证连浇的顺利进行。

为了缩短脱碳时间，新日铁名古屋厂采取了以下措施：

（1）提高脱碳速度（靠增大吸嘴内径和增大吹氩量）

图 33 表明增大吸嘴内径对［C］>30ppm 的条件是有效的，因为这种条件下，脱碳速度与碳含量成正比关系；而当［C］<30ppm 时，则效果较差，因为这种条件下脱碳是停滞的；在后面的条件下，增大吹氩量，则效果较好，如图 34 所示。

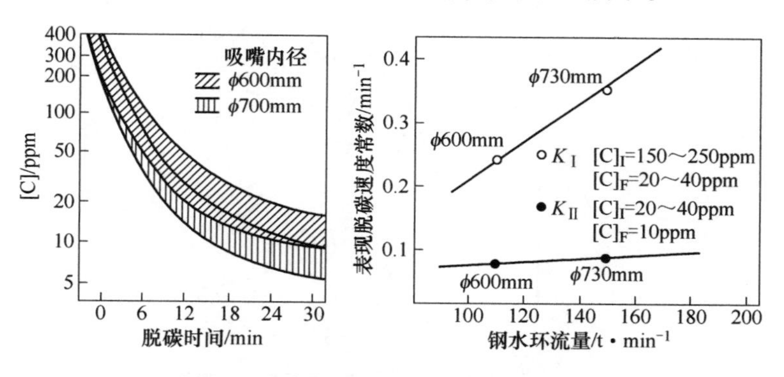

图 33 增大环流量（W）对脱碳的影响

之所以当［C］<30ppm 时，脱碳有停滞现象，是因为脱碳的动力学公式为：

$$C = C_0\exp(-Kt) \tag{2}$$

$$K = \frac{W}{V}\cdot\frac{ak}{W+ak} \tag{3}$$

式中，t 为时间，min；C 为 t 时间的碳含量；C_0 为处理前的碳含量；K 为反应速度常数，$\mathrm{min^{-1}}$；V 为钢水的体积，$\mathrm{m^3}$；W 为钢水环流量，$\mathrm{m^3/min}$；ak 为脱碳反应的容积常数，$\mathrm{m^3/min}$。

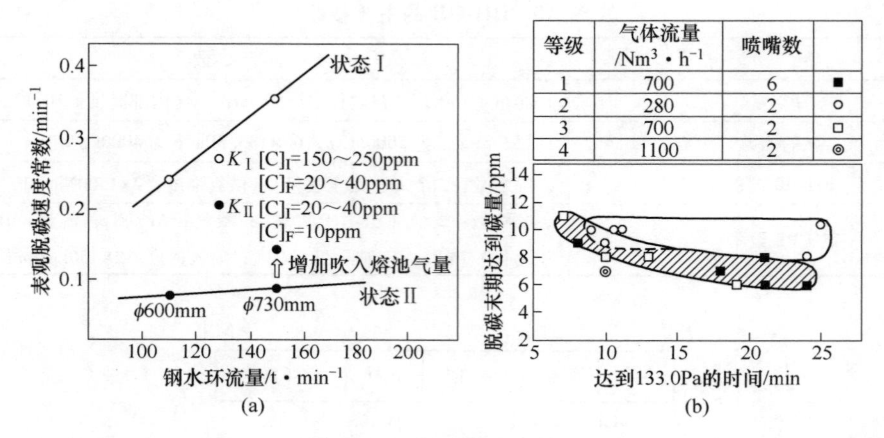

等级	气体流量 /Nm^3 · h^{-1}	喷嘴数	
1	700	6	■
2	280	2	○
3	700	2	□
4	1100	2	◎

图 34　增大吹氩量对脱碳的影响

（a）吹氩量对表观脱碳速度常数的影响；（b）吹氩量对［C］的影响

当 $W \gg ak$ 时，化学反应为限制性环节，脱碳的动力学公式可表示为：

$$C = C_0 \exp(-ak,\ t) \tag{4}$$

当 $W \ll ak$ 时，环流量为脱碳的限制性环节，脱碳的动力学公式可表示为：

$$C = C_0 \exp(-W,\ t) \tag{5}$$

图 35 表示了 W 和 ak 对脱碳速度常数的影响。由此可知［C］<30ppm 时，脱碳停活跃的原因是脱碳反应（即新相的成核、反应界面积等）限制反应速度，所以增大驱动气体流量后，使脱碳速度常数得以进一步增长，并使碳含量得以进一步降低。

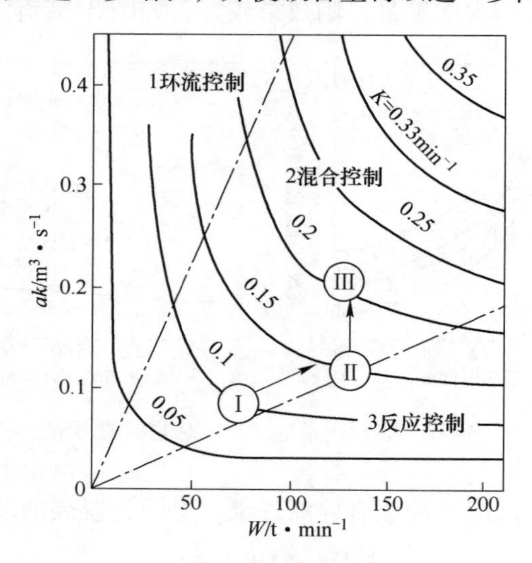

图 35　W 和 ak 对 k 的影响

（2）中间取样以确定精确的脱碳时间。

（3）采用如图 36 所示的去除真空室钢渣结瘤装置，以减少增碳。

用以上脱碳法在 20. 8min 内可炼得［C］为 18. 8ppm 的超低碳钢；在 27. 5min 内可炼得［C］为 11. 7ppm 的超低碳钢。

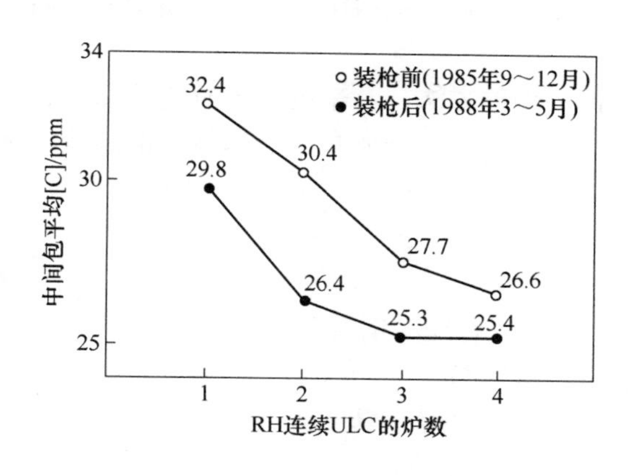

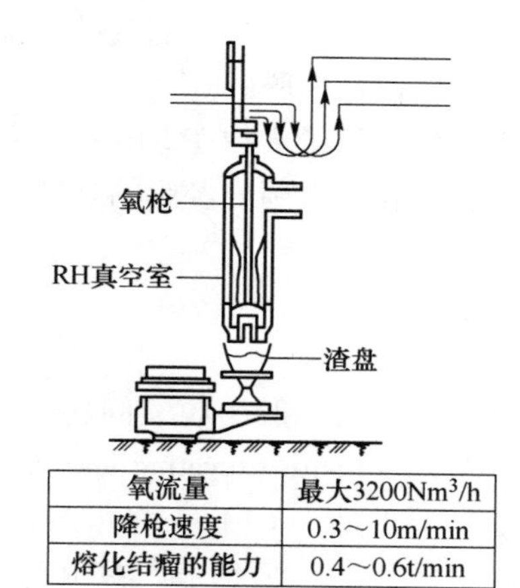

氧流量	最大3200Nm³/h
降枪速度	0.3～10m/min
熔化结瘤的能力	0.4～0.6t/min

图 36　去除钢渣结瘤的装置和其效果

4.3　RH-KTB 法[22]

为了生产含碳小于 20ppm 的超低碳钢，川崎钢铁公司千叶钢厂在第 3 号 RH 上用顶吹氧枪炼超低碳钢的方法，即所谓 RH-KTB 法。图 37 为其示意图，它用 KTB 顶枪向钢水面吹氧，以加速脱碳，同时使产生的 CO 气体二次燃烧成 CO_2 以其热量补偿脱碳过程的热损失。图 38 为使用 KTB 法前后炉气中 CO_2 含量的变化。可以看出，其二次燃烧率 $CO_2/(CO+CO_2)\times100\%$ 约为 60%，因而可使转炉出钢温度降低 26.3℃，并可消除真空室壁的钢渣结瘤。其脱碳速度常数已由常规工艺的 0.21min^{-1} 增大为 0.35min^{-1}，从而使脱碳时间可以缩短 3min，并使处理前的碳含量由 0.025% 提高到 0.05%，因而可使转炉的负担减轻。

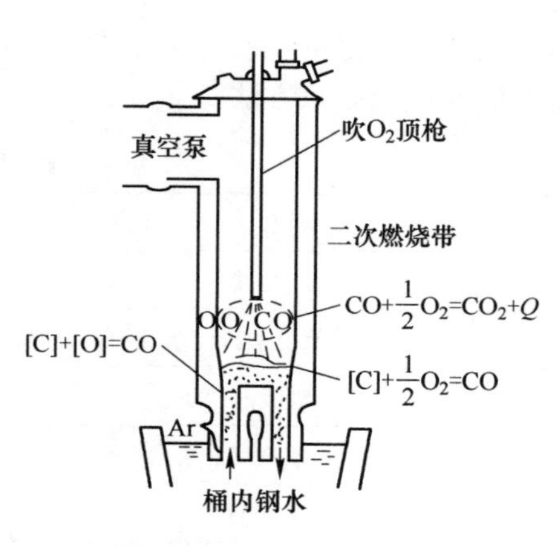

图 37　RH-KTB 的示意图

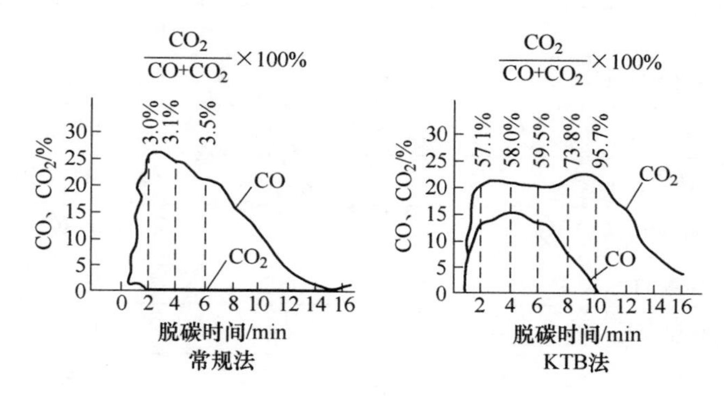

图 38　用 KTB 的前后炉气成分的变化

对 RH-KTB 的进一步可能改进，就是用如前面所述的 RH-PTB 法的顶吹氧枪向钢水中喷吹铁矿石粉以加速脱碳。

以上我们介绍了 3 种在 RH 中冶炼超低碳钢的方法，看来也是各有优缺点的，所以我们的任务就是在学习国外经验的基础上，取长补短，以开发具有我国特点的超低碳钢真空精炼方法。

5　RH 脱氧

本节不打算就一般的脱氧问题进行讨论，只就日本钢管公司新近开发的升压降压法（NK-PERM，Pressure Elevating and Reducing Method）作一介绍[23]。

该法的要点是：（1）先将可溶性气体强制地溶解于真空脱气设备内之钢水中。（2）进而突然降低压力，使饱和气体在悬浮夹杂上形成气泡，后者即作为产生气泡的核心。（3）夹杂与气泡一起浮到钢水面，从而会很快地从钢水中析出。

所用 RH 的设备参数如表 11 所示，试验条件如表 12 所示。

试验的工艺过程如图 39 所示。在试验中用 NK-AP 桶炉溶氮于中、高碳钢水中，当其含量达到 150~400ppm 时，就可以在 RH 中进行真空脱气，试验结果如图 40 所示。可以看出，用此法所得钢水氧含量比常规法要低，而且钢中氮含量也不会有大的提高，所以是很有发展前途的脱氧方法。

表 11　250tRH 的设备参数

项　目	参　数
容量/t	250
真空室直径/m	3.2
吸嘴内径/m	0.6
蒸汽喷射泵	6 级
真空度/Pa	0.2×133.3（最大）
驱动气体流量/NL · min^{-1}	最大 3000

表 12　试验条件

钢　种	中、高碳铝镇静钢
钢包耐火材料	高 Al_2O_3
脱氧方法	铝脱氧
炉渣成分	$CaO-CaF_2-Al_2O_3$
NK-PERM 法的初始［N］/ppm	150~400
常规法/ppm	≤60
驱动气体流量/NL · min^{-1}	3000
真空度/Pa	≤133.3
温度/℃	1500~1630

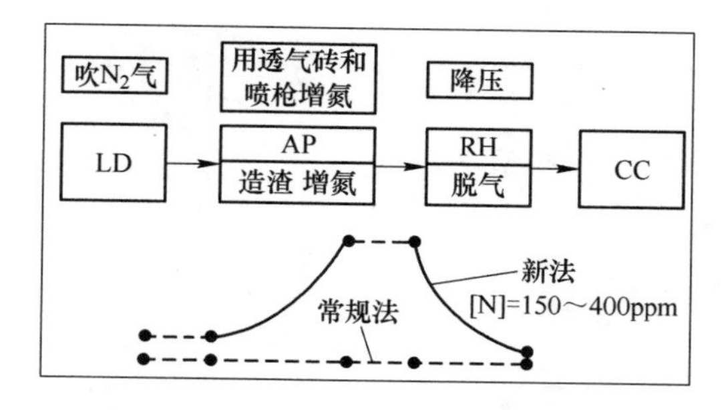

图 39　用 RH 进行试验的工艺过程

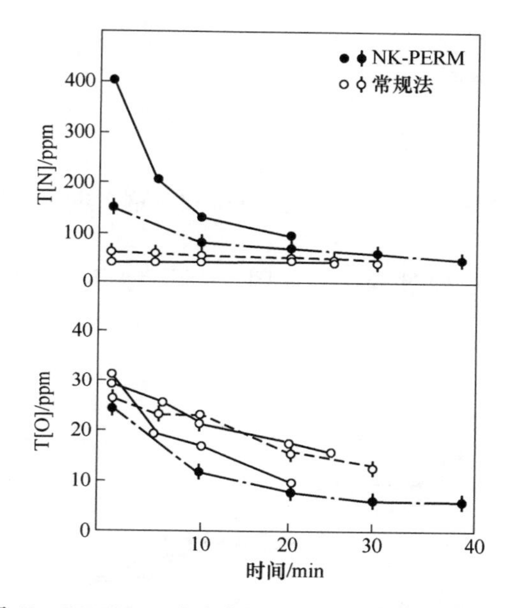

图 40　NK-PERM 法和常规法脱氧和脱氮行为的比较

6　超低氮钢的生产

脱氮速度可用下式表示:

$$-\mathrm{d}[\%N]/\mathrm{d}t = k'_N([\%N]^2 - [\%N]_e^2) \tag{6}$$

$$k'_N = (a + bvC)f_N^2/(1 + K_0a_0 + K_Sa_S)^2 \tag{7}$$

式中，k'_N为脱氮速度常数,%/min；$[\%N]_e$ 为氮的平衡含量；f 为活度系数；a 为活度；K 为吸附平衡常数。

由上式看出，脱氮主要靠增大脱碳速度和降低氧和硫的活度。在超低碳钢的生产中，大量的脱碳系在转炉中进行，所以新日铁生产超低碳钢的经验是:

（1）促进转炉脱氮是炼低氮钢的关键，进而在炉外精炼中尽可能防止增氮[24]：如转炉钢水不进行脱氧出钢，防止 RH 法兰漏气，采用保护浇注等。采取这些措施后，用 LD-OB-RH 双联法同样可以生产出超低氮钢来，如图 41 所示；图 42 为脱碳速度对脱氮速度常数的影响。

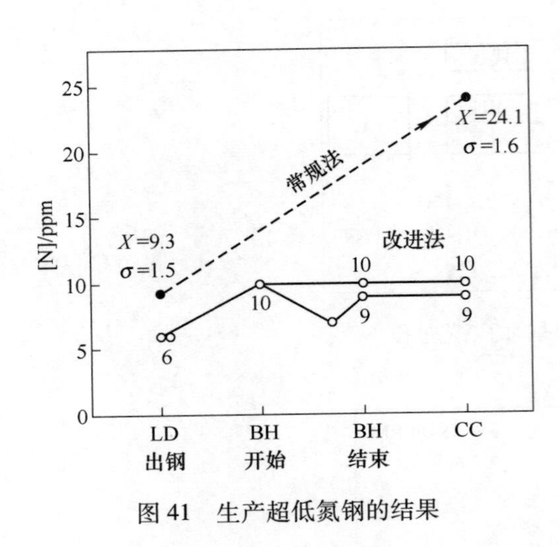

图 41　生产超低氮钢的结果

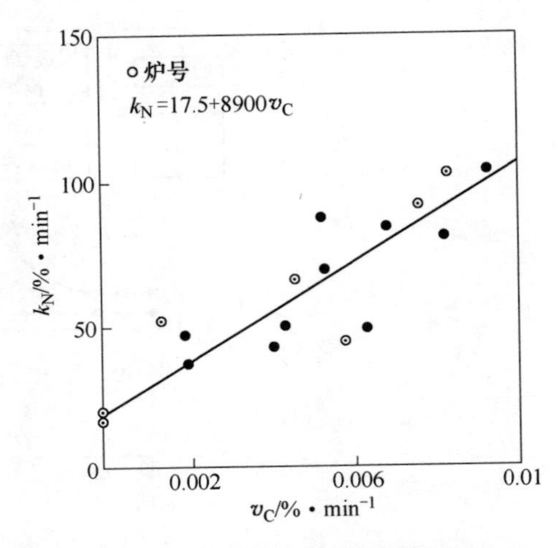

图 42　脱碳速度对脱氮速度常数的影响

（2）在 RH-PB 喷粉脱硫过程中，由于抽真空和对钢水进行脱氧，可以防止钢水增氮，如图 14 所示[12]。

（3）在 RH-PTB 顶喷脱硫过程中，如图 43 所示，钢水中氮含量也是降低的（从 20ppm 降为 15ppm[15]。

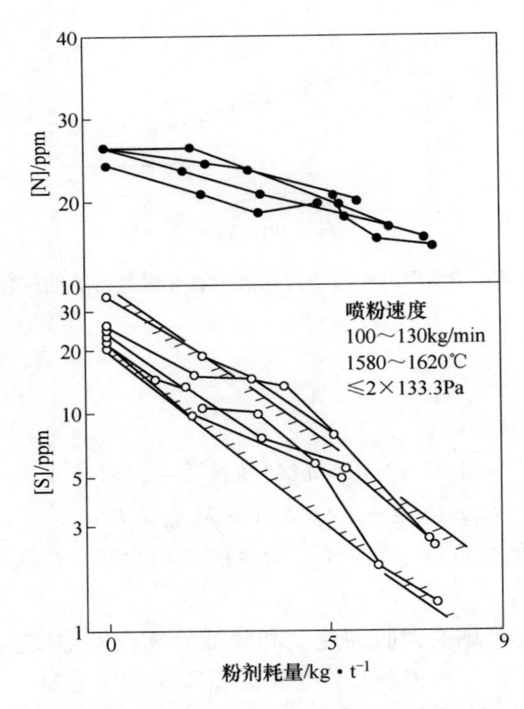

图 43　顶枪喷粉过程中［S］、［N］的变化

（4）目前也有关于用合成渣脱氮的研究[25, 26]，如用 45%BaO、45%TiO_2 和 10%Al_2O_3 渣料在 20kg 感应炉内处理 20min，可使加铝 0.06% 脱氧的钢水［N］由 100ppm 降到

33ppm；用 50%BaO 和 50%TiO_2 炉渣在等离子感应炉内可将加铝 1%的钢水［N］脱除 80%。有关 RH 应用此类渣系的情况还未见报道，因此关于此类渣系的技术经济合理性尚待进一步的实践来评价。

通过以上讨论，可以看出，用转炉—RH—连铸的工艺是能够生产出超低氮钢的。

7 几点结论

（1）从设备方面提高 RH 精炼能力的措施为：提高真空室高度，扩大吸嘴内径，合并两个吸嘴为一个，增大驱动气体流量等。

（2）水环泵和蒸汽喷射泵联用是提高泵的抽气能力、降低 RH 能耗和水耗的有力措施。

（3）减少真空室的法兰数是提高真空度、减少漏气、减少钢水污染的有前途的方法。

（4）改进砖型、采用轮修和喷补是提高吸嘴寿命方面不可缺少的措施。

（5）目前采用 RH 喷粉法炼超纯钢的方法多种多样，如何在学习国外经验的实践过程中取长补短，研制具有我国特色的喷粉方法，实在是迫在眉睫的事情。

（6）目前采用 RH 炼超低碳钢的方法也有多种，如何在学习国外先进经验的基础上，取长补短，创造具有我国特色的脱碳方法，也是刻不容缓的事情。

（7）采用 LD-OB—RH—CC 工艺可以生产超低氮钢；采用合成渣脱氮的方法需要经过实践来评价其技术经济的合理性。

（8）为了稳定产品质量、减轻劳动强度，在 RH 上采用计算机和质谱仪进行终点控制是非常必要的。

参考文献

[1] Hermann Peter Haastert, Erich Hoffken. Development and State of the Art of the RH Process in the Thyssen Stahl AG Steelworks. MPT, 1988, (6): 14~21.

[2] Kuwabara T et al. 8th ICVM, 1985: 764.

[3] Takashiba N, Okamoto H, Aizawa K. Development of High Speed, High Efficiency Vacuum Decarburization Technologies in RH degasser. Steelmaking Conference Proceedings, 1994: 127~133.

[4] 张鉴．炉外精炼的现状和发展方向．冶金工业与现代科学技术讲座专题三—2，1995.

[5] Shigeru Inoue, Tsutomu Usui, Yoshikazu Furuno, Jun-ichi Fukumi. Ar Gas Injection into the Vacuum Vessel of RH. Proc. 6th Intern. Iron and Steel Congress, Nagoya, ISIJ, 1990: 176~183.

[6] Thomas H Bieniosek. Steel Technology International, 1994: 139~142.

[7] Yang C M, Chou S J, Wang M S, Stolte G, Krpata K. Rebuilding of RH No. 1 at China Steel. Iron and Steelmaker, 1993, 19 (1): 17~19.

[8] Reed Heine, Bruce Sirota. Steel Conference Proceedings, 1991: 23.

[9] Marsh R, Donahue E. Iron and Steelmaker, 1994, 20 (7): 15~20.

[10] 星岛洋介，岛宏，福田和久，平冈照祥，永滨洋，梅泽一诚．RH 多机能ベ—ナ—设备の实机化．CAMP-ISIJ，1994，7：241.

[11] 孙钟尧，周爱琪等．沈阳喷射冶金和钢的精炼学术会议论文集，1984：13. 1~13. 6.

[12] Hatakeyama T, Mizukami Y, Iga K, Oita M. Development of a New Secondary Refining Process Using an RH Vacuum Degasser. Iron and Steelmaker 1989, 15 (7): 23~29.

[13] Murayama N, Mizukami Y, Azuma K, Onoyama S, Imai T. Secondary Refining Technology for Interstitial Free Steel at NSC. Proc. 6th Intern. Iron and Steel Congress, Nagoya, ISIJ, 1990: 151~158.
[14] 远藤公一等．多功能二次精炼技术 RH 喷粉法的开发．制铁研究，1989，335：20~25.
[15] 冈田泰和，真屋敬一ほか. RH 粉体上吹精炼法の开发．鉄と鋼，1994：80（1）：T9~T12.
[16] Kondo H, Kameyama K, Hishikawa H, Hamagami K, Fujii T. Comprehensive Refining Process by the Q-BOP—RH Route for Producing Ultra-low-Carbon Steel. Iron and Steelmaker, 1989, 15（10）: 34~38.
[17] Inoue S, Usui T, Furuno Y, Fukumi J I. Ar Gas Injection into the Vacuum Vessel of RH. Proc. Intern. Iron and Steel Congress, Nagoya, ISIJ, 1990: 176~183.
[18] Kita 等．加古川钢铁厂无间隙钢的精炼工艺．Proc. Intern. Iron and Steel Congress. Nagoya, ISIJ, 1990: 79~84.
[19] 加藤嘉英，藤井彻也，末次精一，大宫茂，相泽完二．RH 真空脱かス装置の装置条件と脱碳反应特性．鉄と鋼，1993；79（11）：1248~1253.
[20] 山门公治，竹内秀次，反街健一，北野嘉久，樱谷敏和．Hydrogen Gas Injection for Promoting Decarburization of Ultra Low Carbon Steel in RH Degasser. CAMP—ISIJ, 1993, 6: 177.
[21] Tachibana H, Yamamoto T, Narita K, Nishida K. Online End-Point Guidance System for the Refining of Ultra-Low-Carbon Steel in RH Process. Steelmaking Conference Proceedings, 1992: 217~222.
[22] Kawasaki Steel Corporation, Engineering and Construction Division. KTB System for Vacuum Degassers: 1~4.
[23] Matsuun H, Kikuchi Y, Komatsu M, Arai M, Watanabe K, Nakashima H. Development of a Now Deoxidation Technique for RH Degassers. Iron and Steelmaker, 1993: 19（7）: 35~38.
[24] Yano M, Kitamura S, Harashima K, Azuma K, Ishiwata N, Obana Y. Improvement of RH Refining Technology for the Production of Ultra Low Carbon and Low Nitrogen Steel. Steelmaking Conferencee Proceedings, 1994: 117~120.
[25] Sasagawa M, Ozturk B, Fruehan R J. Removal of Nitrogen by Bao-TiO_2 Based Slags. Iron and Steelmaker, 1990, 16（12）: 51~57.
[26] Mcfeaters L B, Moore J J, Welch B J. Studies of Nitrogen in Steel in a Plasma Induction Reactor with a BaO-TiO_2 Slag. Steelmaking Conference Proceedings, 1992: 593~599.

New Development in RH Degassing Process

Zhang Jian

(University of Science and Technology Beijing)

Abstract: This paper introduced the technological features of RH degassing process and the improving measures for the equipment, evaluated the metallurgical effects of powder injection decarbonization, deoxidation and denitrification in it. The new technologies of RH can be used to produce ultra-low and ultra-pure steel.

Keywords: vaccum degassing; RH process; refining equipment; secondary refining

单嘴精炼炉吹氧精炼的水模型研究*

摘　要：通过单嘴精炼炉水模拟试验，研究了吹氧精炼过程，得到了数学物理模型：

$$\frac{Ak_1}{DD_{CO_2}} = 1.336Ar_{CO_2}^{0.457}\left(1-\frac{r}{R}\right)^{-0.089}\left(\frac{h}{D}\right)^{0.361} \quad (双枪)$$

$$\frac{Ak_2}{DD_{CO_2}} = 0.307Ar_{CO_2}^{0.592}\left(1-\frac{r}{R}\right)^{-0.179}\left(\frac{h}{D}\right)^{0.387} \quad (单枪)$$

讨论了 CO_2 流量、透气砖位置、单嘴水柱高度、氧枪支数等对 Ak 值的影响。

关键词：水模型；单嘴精炼；吹氧

单嘴精炼炉是根据我国特点而发展起来的炉外精炼设备，是 RH 设备的改进。它克服了小型 RH 设备热损失大、耐火材料侵蚀严重等缺点，可使我国小型的 RH 设备经改造后重新发挥作用。本试验以相似理论为依据，通过水模拟冷态试验研究单嘴精炼炉的吹氧精炼过程，为用单嘴精炼炉炼低碳钢、超低碳钢创造条件。

1　试验设备和参数的选取

试验设备如图 1 所示，由钢包、单嘴、真空系统、供气系统及测量记录系统组成。其中，钢包直径 440mm，单嘴直径 180mm。

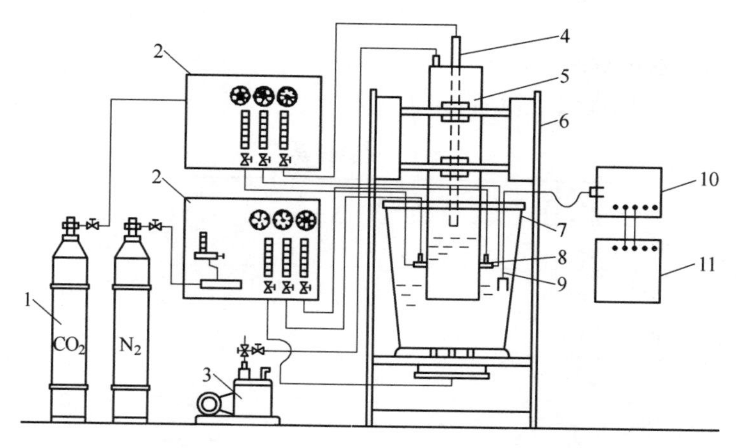

图 1　单嘴精炼炉吹氧精炼试验设备简图

1—气瓶；2—流量板；3—真空泵；4—单嘴的顶吹氧枪；5—单嘴；6—钢包架；7—钢包；8—氧枪；9—测量电极；10—pH 计；11—函数记录仪

影响传质系数的因素很多，本试验从课题原研究的某些结果[1]和这次研究的特点出

* 本文合作者：北京科技大学赵钧良、杨念祖、佟福生；原文发表于《特殊钢》，1994，15（2）：22~25。

发，选取的参数为：（1）CO_2 气体的流量（Q_{CO_2}）0.2～1.3m^3/h，表观流量 0.3～0.9m^3/h（不包括顶枪的 CO_2 气体流量）；（2）顶枪的 CO_2 流量（$Q_{顶}$）0～0.3m^3/h；（3）底吹气体流量（Q_{N_2}）0.075～0.135m^3/h；（4）底部透气砖位置（r），钢包中心 $r=0$ 及单嘴半径的二分之一处 $r=R/2$；（5）单嘴水柱高度（h）237～353mm；（6）氧枪支数（X）1～2 支。

2　试验结果和数据处理

2.1　试验方法和结果

试验采用的方法和许多冶金工作者[2~4]采用的一样：用 NaOH-CO_2 系统模拟钢液吹氧反应过程。

在试验中，NaOH 水溶液的温度控制在 25～26℃，初始 NaOH 的浓度为 0.01mol/L（pH=12）。用 pH 测量电极和函数记录仪，记录随着 CO_2 气体的不断吹入 NaOH 水溶液的 pH 值变化。当 pH 值降至 7.0 时，关闭 CO_2 气体和函数记录仪，同时计算出 pH 值从 12 降至 7.5 的时间（τ）。

文献［4］指出吸收 CO_2 的气体量与溶液的 pH 值关系为：

$$[CO_2] = (10^{pH_0-14} + 10^{-pH} - 10^{pH-14})\frac{1 + 10^{10.329-pH} + 10^{16.681-2pH}}{2 + 10^{10.329-pH}}$$

NaOH 溶液吸收 CO_2 又属于一级反应，采用类似稳定态处理时，可得：

$$\ln\frac{[CO_2]^* - [CO_2]}{[CO_2]^*} = -\frac{Ak}{V}\tau$$

在本试验条件下，pH_0 为 12，pH 为 7.5，$[CO_2]^*$ 为 0.049mol/L，V 为 70.7L，则：

$$Ak = 17418.4/\tau \tag{1}$$

式中，A 为气—液有效接触面积，cm^2；k 为传质系数，cm/s；τ 为时间，s。

把试验中测得的 τ 代入式（1）得表 1。

表 1　试验结果

序号	τ/s	$Ak/cm^3 \cdot s^{-1}$	序号	τ/s	$Ak/cm^3 \cdot s^{-1}$
1	1136	15.33	12	720	24.19
2	837	20.81	13	1072	16.25
3	836	20.84	14	378	46.14
4	409	42.59	15	361	48.32
5	599	29.08	16	930	18.73
6	621	28.07	17	1026	16.99
7	509	34.25	18	306	57.02
8	455	38.28	19	578	30.14
9	639	27.26	20	570	30.59
10	236	73.81	21	821	21.22
11	561	31.05	22	781	22.30

续表 1

序号	τ/s	$Ak/cm^3 \cdot s^{-1}$	序号	τ/s	$Ak/cm^3 \cdot s^{-1}$
23	196	88.87	38	422	41.28
24	1238	14.08	39	1493	11.67
25	807	21.58	40	829	21.01
26	1068	16.32	41	929	18.75
27	660	26.39	42	658	26.47
28	799	21.80	43	381	45.72
29	733	23.76	44	440	39.59
30	450	38.71	45	605	28.79
31	310	56.19	46	795	21.91
32	1307	13.33	47	1275	13.66
33	1188	14.66	48	462	37.70
34	1277	13.65	49	673	25.90
35	550	31.67	50	801	21.76
36	636	27.39	51	1165	14.95
37	307	56.74	52	322	54.09

2.2 数据处理

因为本试验的模型[1]和参数取值都是以相似理论为基础的，故可以把参数转化成相应的准数或无因次数，可得传质系数与它们的关系

$$\frac{Ak}{DD_{CO_2}} = a_0 Ar_{CO_2}^{a_1} Ar_{N_2}^{a_2} \left(\frac{Q_{顶}}{Q_{CO_2}}\right)^{a_3} \left(1 - \frac{r}{R}\right)^{a_4} \left(\frac{h}{D}\right)^{a_5} \tag{2}$$

式中，Ar_{CO_2}和 Ar_{N_2}分别表示 CO_2 和 N_2 的阿基米德准数；D_{CO_2}为 CO_2 的扩散系数；D 为钢包直径；R 是单嘴半径；a_0、a_1、…、a_5 是常系数。

在数据处理时，借助计算机先把参数转化为准数或无因次数，然后进行强迫多元回归，双枪吹氧时得：

$$\frac{Ak_1}{DD_{CO_2}} = 1.336 Ar_{CO_2}^{0.457} \left(1 - \frac{r}{R}\right)^{-0.089} \left(\frac{h}{D}\right)^{0.361} \tag{3}$$

相关系数为 0.97，$r_{01}=0.354$，$r_{05}=0.273$，$n=50$，相关性非常好。

把各种参数代入式（3）中得到：

$$Ak_1 = 5.323 Q_{CO_2}^{0.914} \left(1 - \frac{r}{R}\right)^{-0.0891} h^{0.361} \tag{4}$$

单枪吹氧时得：

$$\frac{Ak_2}{DD_{CO_2}} = 0.307 Ar_{CO_2}^{0.592} \left(1 - \frac{r}{R}\right)^{-0.179} \left(\frac{h}{D}\right)^{0.387} \tag{5}$$

相关性系数为 0.99，$r_{01}=0.354$，$r_{05}=0.273$，可见，相关性也是非常好的。把有关的参数代入式（5）得到：

$$Ak_2 = 6.787Q_{CO_2}^{1.183}\left(1 - \frac{r}{R}\right)^{-0.179} h^{0.387} \tag{6}$$

3 讨论

3.1 CO_2 气体流量对 *Ak* 值的影响

在上面的回归式中，取 $r/R = 0.5$；$h/D = 0.802$；$D = 440\text{mm}$；$D_{CO_2} = 1.5\times10^{-4}\ \text{cm}^2/\text{s}$[5]，则：

$$\begin{cases} Ak_1 = 46.97Q_{CO_2}^{0.914} \\ Ak_2 = 74.41Q_{CO_2}^{1.184} \end{cases} \tag{7}$$

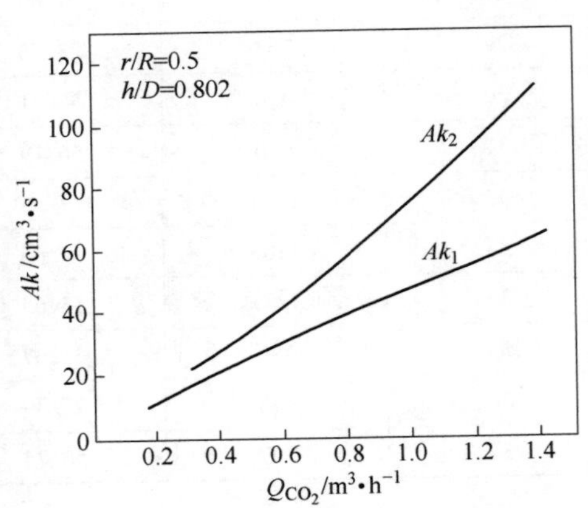

图 2　CO_2 流量对 *Ak* 值的影响

由式（7）作图 2，可知，随着 CO_2 流量的增加，*Ak* 值也增加。

Ak 值是气体-液体接触面积和 CO_2 传质系数的乘积，因而 *Ak* 值的增加必须从两方面综合考虑。

3.1.1　CO_2 气体流量对 *k* 值的作用

在一定的氧枪出口面积下，当 CO_2 气体流量增加时，它的出口速度加快，会加强对液体的搅拌作用，使气—液接触界面更新、加快，传质系数 *k*（$k=\sqrt{SD_{CO_2}}$）增大[6]。

3.1.2　CO_2 气体流量对 A 值的作用

文献［4］报道，吹气过程中，气泡直径与出口雷诺数（Re_0）有密切关系，其关系式为：

当 $Re_0<2100$ 时　　$d_B = 0.29d^{1/2}Re_0^{1/3}$

当 $Re_0>10^4$ 时　　$d_B = 0.713Re_0^{-0.005}$

而　　$$Re_0 = \frac{d\rho v}{\eta}$$

本试验中，$v_{min} = 3070\text{cm/s}$；$d = 0.12\text{cm}$；$\rho = 1\text{g/cm}^3$；$\eta = 0.0089\text{g/(cm·s)}$。

则　　$(Re_0)_{min} = 4.14\times10^4$，所以 $Re_0 > 10^4$。

故，试验中的气泡直径为：

$$d_B = 0.669(Q_{CO_0}/X)^{-0.005} \tag{8}$$

因而，当 CO_2 流量增加时，气泡直径变小，气—液间的接触面积（*A*）增大。另外，CO_2 流量增加时，气泡数量（*n*）大大增加，同样也增加了接触面积（*A*）。

由此可知，CO_2 气体流量的增加，将使 *Ak* 值明显增加，化学反应速度加快，从而可缩短反应时间。

3.2 单嘴内液柱高度对 *Ak* 值的影响

设 $Ar_{CO_2} = 2500$；$r/R = 0.5$。代入回归式中，整理后为：

$$\begin{cases} Ak_1 = 5.64h^{0.361} \\ Ak_2 = 3.37h^{0.387} \end{cases} \tag{9}$$

由式（9）作图3。

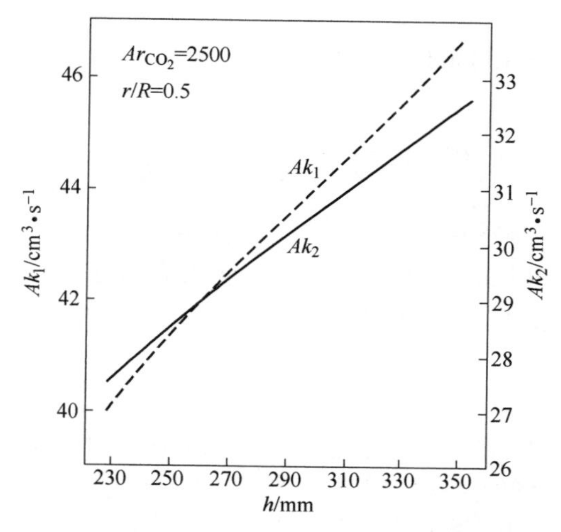

图3 单嘴内水柱高度对 *Ak* 值的影响

从图3中可以看出，随着单嘴内液柱的升高，*Ak* 值增加，即 CO_2 的传质速度加快。

单嘴内液柱升高，CO_2 气体停留在溶液内的时间增长，使得更多的 CO_2 被溶液吸收，从而使 *Ak* 值增加；另一方面，随着单嘴内液柱升高，CO_2 气体的搅拌作用增大，改善反应的动力学条件，也使 *Ak* 值增加。

3.3 透气砖位置对 *Ak* 值的影响

取 $Ar_{CO_2}=2300$，$h/D=0.802$，则得：

$$\begin{cases} Ak_1 = 42.34\left(1-\dfrac{r}{R}\right)^{-0.089} \\ Ak_2 = 27.14\left(1-\dfrac{r}{R}\right)^{-0.179} \end{cases} \tag{10}$$

从中可知，透气砖在钢包底部的位置偏离单嘴中心的 *Ak* 值比在中心处的 *Ak* 值大，这与许多研究者的结果一致。因为在钢包底部偏离单嘴中心处吹气搅拌有利于钢包内液体的流动[2]，从而有利于反应的进行和 *Ak* 值增大。

3.4 氧枪支数对 *Ak* 值的影响

从图2中可知，在相同 CO_2 气体流量下，单枪吹氧的 *Ak* 值明显高于双枪吹氧的 *Ak* 值。这是因为，当 CO_2 气体流量一定时，氧枪支数增加，导致 CO_2 气体的出口速度降低，使 CO_2 气泡直径变大和搅拌作用减弱，故 *Ak* 值降低。

在氧枪截面积随氧枪支数变化而变化的试验中，也得到了类似的结果：

$$Ak_3 = 40.24X^{-0.155} \tag{11}$$

因而，在实际生产中，氧枪数以少为佳。

4 结论

（1）单嘴吹氧精炼模型为：

$$\begin{cases} \dfrac{Ak_1}{DD_{CO_2}} = 1.336Ar_{CO_2}^{0.457}\left(1-\dfrac{r}{R}\right)^{-0.089}\left(\dfrac{h}{D}\right)^{0.361} & \text{（双枪）} \\ \dfrac{Ak_2}{DD_{CO_2}} = 0.307Ar_{CO_2}^{0.592}\left(1-\dfrac{r}{R}\right)^{-0.179}\left(\dfrac{h}{D}\right)^{0.387} & \text{（单枪）} \end{cases}$$

（2）在相同的 CO_2 气体流量下，*Ak* 值随氧枪数量增加而降低，氧枪数以少为佳。

（3）桶底透气砖位置以在偏离单嘴中心的合适地方为好。

（4）*Ak* 值随单嘴内液柱的升高而增大。

参考文献

[1] 王潮．单嘴精炼炉水模型研究［学位论文］．北京：北京钢铁学院，1984.

[2] 杨念祖等．真空氧氩精炼炉吹炼参数的研究．北京钢铁学院内部资料，1981.

[3] Sohichi Inada 等．Trans. ISIJ，1977，17（2）：69.

[4] Sohichi Inada 等．Trans. ISIJ，1977，17（1）：21.

[5] 樋口光明等．鉄と鋼，1973，（11）：402.

[6] 韩业涛．喷射冶金过程中颗粒穿透气-液界面数量的研究［学位论文］．北京：北京钢铁学院，1983.

Water Modelling Study of Oxygen Blowing for Refining Furnace with Single Snorkel

Zhao Junliang Zhang Jian Yang Nianzu Tong Fusheng

(University of Science and Technology Beijing)

Abstract: Based on absorption of CO_2 in NaOH aqueous solution, a mathematical and physical model for oxygen blowing in refining furnace with single snorkel has been developed as follows:

$$\frac{Ak_1}{DD_{CO_2}} = 1.336Ar_{CO_2}^{0.457}\left(1-\frac{r}{R}\right)^{-0.089}\left(\frac{h}{D}\right)^{0.361} \quad \cdots\cdots \text{(double lance)}$$

$$\frac{Ak_2}{DD_{CO_2}} = 0.307Ar_{CO_2}^{0.592}\left(1-\frac{r}{R}\right)^{-0.179}\left(\frac{h}{D}\right)^{0.387} \quad \cdots\cdots \text{(single lance)}$$

The effect of CO_2 flow rate, porous plug location, water column height of single snorkel and number of lances on *Ak* data are discussed in this paper.

Keywords: water modelling; single snorkel; oxygen blowing

单嘴精炼炉轴承钢脱氧的动力学模型*

摘　要：在单嘴精炼炉工业性试验基础上，进一步从理论上寻求轴承钢脱氧过程的一般规律，推导了单嘴精炼炉处理轴承钢脱氧模型，得出在现阶段工艺条件下，氧的传质速率常数为 $0.0938\mathrm{min}^{-1}$。

关键词：炉外精炼；轴承钢；脱氧

单嘴精炼炉作为一种新型的炉外精炼设备，已经在长城特殊钢公司进行了 100 多炉的工业性试验。试验结果表明：用单嘴精炼炉处理轴承钢，能使氧含量达到 10~20ppm[1]。为了进一步摸索轴承钢脱氧规律，有必要结合具体的试验结果，制定出单嘴精炼炉处理轴承钢脱氧模型。

1　模型的基本假设

单嘴精炼炉处理轴承钢的基本原理为：从钢包底部偏心吹入氩气，随着氩气泡的上升，在直筒型真空熔池中形成强烈的循环流股（如图 1 所示），达到真空脱气的目的。在现阶段处理轴承钢脱氧工艺为：充分的真空碳脱氧+硅、铝沉淀脱氧。对于轴承钢，碳含量为 0.95%~1.05%，而氧含量仅为几十 ppm，因此，影响脱氧速率的限制性环节为氧向真空室内气-液界面的传质。在推导脱氧模型以前，首先作如下假设：（1）真空室内的钢液由于盛钢包底部的偏心吹氩，分为上升流股和下降流股；（2）真空室内环流稳定并均匀混合；（3）钢包内钢液完全混合。

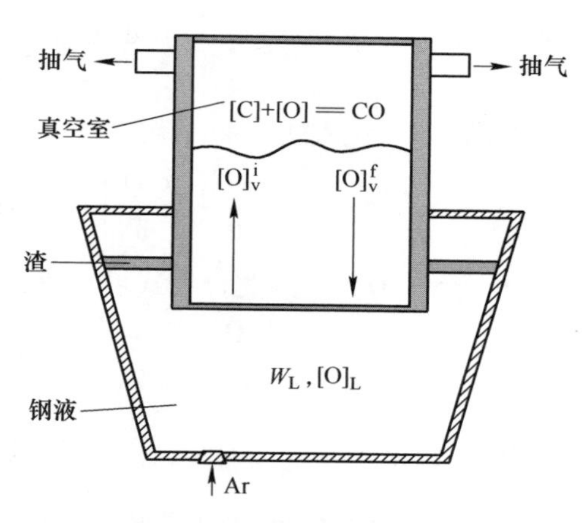

图 1　单嘴精炼炉真空碳脱氧模型示意图

2　模型推导和分析

主要符号说明：

$[O]_V$：真空室内氧浓度；$t=0$ 时为 $[O]_V^i$，$t=t$ 时为 $[O]_V^f$；

$[O]_E$：与真空室内 CO 平衡的氧浓度；

k_O：氧的传质系数，m/min；

$[O]_L$：钢包内的氧浓度；

* 本文合作者：北京科技大学成国光、杨念祖、佟福生；原文发表于《特殊钢》，1994，15（5）：22~25。

Q：环流量，t/min；

W_L：钢桶内的熔钢重量，t；

W_V：真空室内的熔钢重量，t；

A：气-液反应界面积，m^2；

ρ：钢液密度，t/m^3。

真空室内气-液界面氧的传质方程为：

$$\left.\begin{aligned} -\frac{d[O]}{dt} &= k_O \frac{\rho A}{W_V}([O]_V - [O]_E) \\ t=0\text{ 时}\quad [O] &= [O]_V^i \\ t=t\text{ 时}\quad [O] &= [O]_V^f \end{aligned}\right\} \tag{1}$$

对上式进行积分得：

$$\frac{[O]_V^f - [O]^E}{[O]_V^i - [O]^E} = \exp\left(-k_O\frac{\rho A}{Q}\right) \tag{2}$$

$$[O]_V^f = [O]^E + ([O]_V^i - [O]^E)\exp\left(-k_O\frac{\rho A}{Q}\right) \tag{3}$$

根据钢包内氧的质量平衡：

$$-\frac{d[O]_L}{dt} = \frac{Q}{W_L}([O]_V^i - [O]_V^f) \tag{4}$$

由式（3）代入式（4）得：

$$-\frac{d[O]_L}{dt} = \frac{Q}{W_L}\left[1 - \exp\left(-k_O\frac{\rho A}{Q}\right)\right]([O]_V^i - [O]_E) \tag{5}$$

$[O]_V^i = [O]_L$，因此，上式可写成：

$$-\frac{d[O]_L}{dt} = \frac{Q}{W_L}\left[1 - \exp\left(-k_O\frac{\rho A}{Q}\right)\right]([O]_L - [O]_E) \tag{6}$$

令

$$k_1 = \frac{Q}{W_L}\left[1 - \exp\left(-k_O\frac{\rho A}{Q}\right)\right]$$

根据详细的计算结果[1]，当 $P_{CO} \leqslant 133.4$Pa（1Torr）时，与气相中 CO 平衡的氧含量<0.1ppm，所以 $[O]_E$ 可以忽略，因此式（6）可以写成如下的简化形式：

$$-\frac{d[O]}{dt} = k_1[O]_L \tag{7}$$

要较为准确地描述单嘴精炼炉的脱氧模型，除了考虑真空碳脱氧的情况外，还必须分析真空处理过程中可能存在的供氧源。由于钢包和真空室的耐火材料主要为 Al_2O_3，即使在较高的真空度下也不易被碳所还原[2]，因此，唯一可能的供氧源就是炉渣。根据文献［1］对精炼渣的氧化能力的研究结果表明：即使渣中 FeO 含量降低到 0.5%，当炉渣碱度 B=2.0~2.5 时，与钢中平衡的氧含量仍可达 25ppm 以上，而实际操作过程中，渣中 FeO 含量一般在 0.5%~1.0%范围，因此炉渣一定会向钢液供氧（图 2）。

另外，在工业性试验过程中发现，真空处理前后，钢液中硅，锰含量都会有一定程度的下降，这同样说明是钢液中硅、锰元素使渣中的（FeO）还原，向钢液中供氧的缘故。

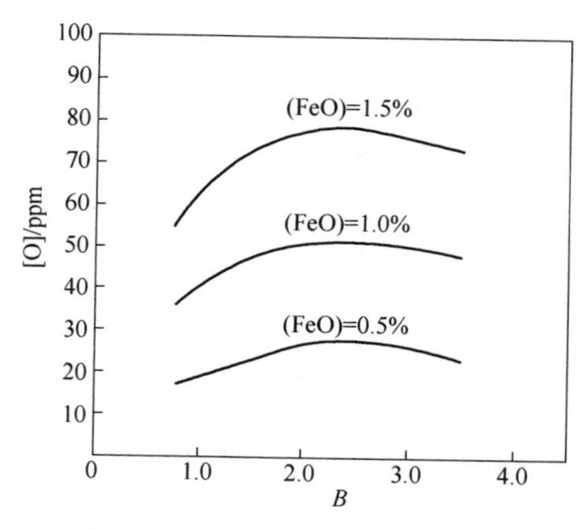

图 2　炉渣碱度和渣中（FeO）含量对钢中氧含量的影响

炉渣成分：（%MgO）= 12.0，（%Al_2O_3）= 12.0。$B=CaO/SiO_2$（重量百分数之比）

因此炉渣的供氧速率可以写成：

$$\frac{d[O]_{供}}{dt} = -2\frac{d[Si]}{dt} - \frac{d[Mn]}{dt} \tag{8}$$

式中：

$$-\frac{d[Si]}{dt} = k_{Si}[Si];\quad -\frac{d[Mn]}{dt} = k_{Mn}[Mn] \tag{9}$$

对式（9）中两式积分得到：

$$\left.\begin{aligned} k_{Si} &= -\frac{\ln[Si]_t - \ln[Si]_0}{t} \\ k_{Mn} &= -\frac{\ln[Mn]_t - \ln[Mn]_0}{t} \end{aligned}\right\} \tag{10}$$

下标“t”，“0”分别表示时间 t 时和初始的硅、锰含量，k_{Si}、k_{Mn}的计算值如表 1 所示。

表 1　单嘴精炼炉真空碳脱氧工艺 k_{Si}、k_{Mn}的计算

炉号	$[Si]_0$ /%	$[Si]_{处理后}$ /%	处理时间 /min	k_{Si} /min^{-1}	$[Mn]_0$ /%	$[Mn]_{处理后}$ /%	处理时间 /min	k_{Mn} /min^{-1}
415-R30	0.21	0.19	7	0.0143	0.38	0.36	7	0.0077
415-R35	0.19	0.16	10	0.0170	0.35	0.32	10	0.0090
415-R40	0.24	0.20	5	0.0360	0.39	0.36	5	0.0160
415-R41	0.24	0.22	5	0.0170	0.38	0.35	5	0.0164
415-R47	0.22	0.17	7	0.0368	0.35	0.32	7	0.0128
424-R1	0.27	0.20	10	0.0300	0.35	0.32	12	0.0075
平均				0.025				0.012

因此，$k_{Si}=0.025\text{min}^{-1}$；$k_{Mn}=0.012\text{min}^{-1}$。

将式（9）代入式（8）得：

$$\begin{aligned}\frac{d[O]_{供}}{dt} &= 2k_{Si}[Si] + k_{Mn}[Mn] \\ &= 1.75k_{Si}[O] + 3.44k_{Mn}[O]\end{aligned} \tag{11}$$

进一步将 k_{Si}、k_{Mn}代入上式：

$$\frac{d[O]_{供}}{dt} = 0.085[O] \tag{12}$$

因此，结合真空碳脱氧速率式（7）和炉渣供氧速率式（12），可以得到总的脱氧速率为：

$$-\left(\frac{d[O]}{dt}\right)_{总} = k_1[O]_L - 0.085[O] \tag{13}$$

$[O]_L=[O]$，上式变为：

$$-\left(\frac{d[O]}{dt}\right)_{总} = (k_1 - 0.085)[O] \tag{14}$$

对于真空碳脱氧后的钢液，还必须进行 Si、Al 沉淀脱氧，此时的脱氧速率为：

$$-\frac{d[O]_{沉}}{dt} = k_2[O] \tag{15}$$

那么，全过程（真空碳脱氧+Si、Al 沉淀脱氧）的脱氧速率则包含式（14）、式（15）：

$$-\left(\frac{d[O]}{dt}\right)_{全} = (k_1 + k_2 - 0.085)[O] \tag{16}$$

式（16）就是较为完整的单嘴精炼炉处理轴承钢脱氧速率表达式。式中，(k_1+k_2) 代表了全过程中真空碳脱氧和 Si、Al 沉淀脱氧的综合脱氧能力，0.085 则表示炉渣对钢液的供氧速率大小。

进一步令 $K=k_1+k_2-0.085$，式（16）可简化成：

$$-\left(\frac{d[O]}{dt}\right)_{全} = K[O] \tag{17}$$

K 表示了考虑炉渣供氧后的实际脱氧速率常数，其值需通过实际试验得到（见表 2）。

因此，全过程的脱氧动力学表达式为：

$$-\left(\frac{d[O]}{dt}\right)_{全} = 0.0938[O] \tag{18}$$

其理论值和实际结果的比较如图 3 所示。从图 3 中看出理论曲线和实际脱氧过程是一致的，同时，本文的研究结果与国外 250tPM 炉的研究结果也非常接近（$K=0.08 \sim 0.10\text{min}^{-1}$）[3]。这说明了单嘴炉有着与这些炉子相类似的脱氧能力。

表 2 单嘴精炼炉采用真空碳脱氧+Si、Al 沉淀脱氧工艺气的传质速率常数

炉号	真空处理前 [O]/ppm	处理时间/min	坯检氧含量/ppm	传质速率常数 K /min^{-1}
415-R30	45	7	14	0.1670
415-R33	54	14	18	0.0785
415-R37	47	21	12	0.0650
415-R39	43	6	20	0.1280
415-R42	35	13	13	0.0762
415-R43	46	14	18	0.0670
415-R44	39	8	16	0.1110
415-R46	43	10	14	0.1120
415-R48	45	8	18	0.1150
415-R49	30	11	15	0.0630
415-R50	33	16	15	0.0493
平均值				0.0938

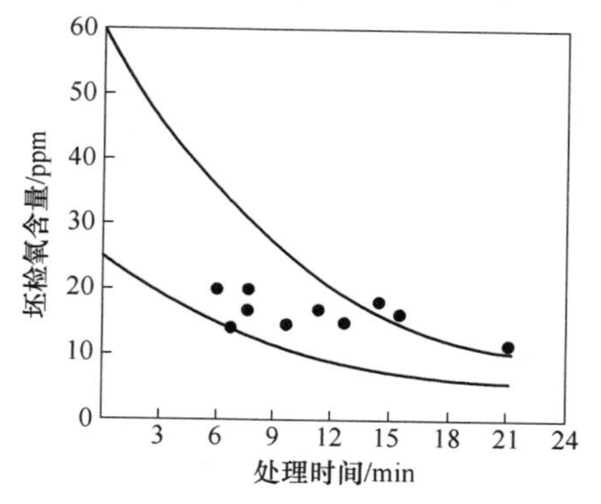

图 3 单嘴精炼炉采用 VCD+Si、Al 沉淀工艺坯检氧含量理论曲线与实测值的对比
（图中曲线为理论计算曲线，点为实测点，VCD 表示真空碳脱氧）

3 结论

（1）本文在单嘴精炼炉工业性试验结果基础上，对真空处理全过程脱氧速率进行了分析，并确定炉渣会向钢液供氧。

（2）研究得出了在现阶段工艺条件下，单嘴精炼炉处理轴承钢的脱氧传质速率常数为 0.0938min^{-1}。

致谢：工厂试验过程中，得到了长城特殊钢公司四分厂工人和技术人员的大力支持。本校傅杰教授对本文的工作提出了宝贵的意见，在此特表示感谢。

参考文献

[1] 成国光. 轴承钢精炼过程脱氧工艺理论的研究 [博士学位论文]. 北京：北京科技大学，1993.

[2] 马廷温．北京科技大学学报，1980，(4)：26.
[3] Norio Sumita，Yukio Oguchi，Tetsuya Fujii. Kawasaki Steel Report，1985，(13)：20~31.

Dynamic Model of Deoxidation for Bearing Steel Treated with Single-Snorkel Refining Furnace

Cheng Guoguang　Zhang Jian　Yang Nianzu　Tong Fusheng

(University of Science and Technology Beijing)

Abstract: Based on the experimental results of ball bearing steel treated with Single-snorkel refining furnace, a deoxidation model has been deduced to describe the general rule of deoxidation for the bearing steel. It is obtained that the mass transfer rate constant of deoxidation for the steel is 0.0938/min for the present experimental process.

Keywords: secondary refining; bearing steel; deoxidation

单嘴精炼炉处理轴承钢的脱氧工艺*

摘　要：长城特殊钢公司（30～35t）单嘴精炼炉冶炼轴承钢试验表明，合理的脱氧工艺为：电弧炉不加铝终脱氧出钢+单嘴炉真空碳脱氧+硅、铝沉淀脱氧。这种工艺可使轴承钢氧含量达到10～20ppm，其中≤15ppm的占50%，无点状夹杂。文中分析了各种工艺因素对轴承钢氧含量的影响，并提出了合理的工艺因素。

关键词：精炼炉；轴承钢；脱氧

北京科技大学、长城特殊钢公司和北京冶金设计研究院合作，将长钢的一台20世纪60年代建造、已准备报废的RH装置改造成一种新型的炉外精炼设备——单嘴精炼炉。主要在以下两方面作了改造：（1）将RH上升管和下降管改造成单嘴型，增加了环流量，方便了操作；（2）将RH吹氩环吹氩改为从钢包底部透气砖偏心吹氩，增大了氩气泡上升路径，大大加强了搅拌，促进了钢液循环。为了建立单嘴精炼炉合理的轴承钢脱氧工艺，进行了100多炉工业性试验。试验结果表明：采用充分地真空碳脱氧与硅、铝沉淀脱氧相结合的工艺，能获得较低的轴承钢氧含量。

1　单嘴精炼炉设备及工作原理

单嘴精炼炉的结构见图1，主要由真空室、吸嘴、料仓以及带有偏心底吹氩的钢包和传动机构组成。其工作程序为：当装满钢液的钢包放置于处理坑中后，吸嘴下插至钢液内一定深度，然后打开各级真空泵，随着抽真空过程的进行，吸嘴进一步下降，直至到达极限真空度所处的位置为止。由于钢包底部偏心吹氩，钢液在真空室内强烈循环（见图1），达到充分脱气和精炼。

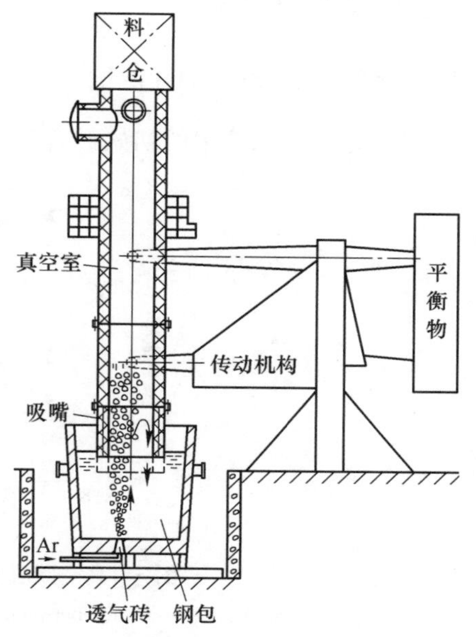

图1　单嘴精炼炉结构示意图

Fig. 1　Schematic diagram of the single-snorkel refining furnace

2　试验工艺

为了建立单嘴精炼炉处理轴承钢合理的脱氧工艺，分别以沉淀脱氧为主和以真空碳脱氧为主两种工艺进行对比试验，结果表明：合理的脱氧工艺应为：电弧炉不加铝终脱氧出钢+单嘴炉真空碳脱氧+硅、铝沉淀终脱氧工艺，试验工艺流程图如图2所

* 本文合作者：北京科技大学成国光、杨念祖、佟福生，长城特殊钢公司徐德华、汪志曦、夏德明、廖兴银、陈晋阳；原文发表于《钢铁》，1995，30（5）：19～21

示。采用初炼炉、精炼炉和喂线机（主要喂铝线）相结合的合理工艺制度可以得到较好的轴承钢质量。

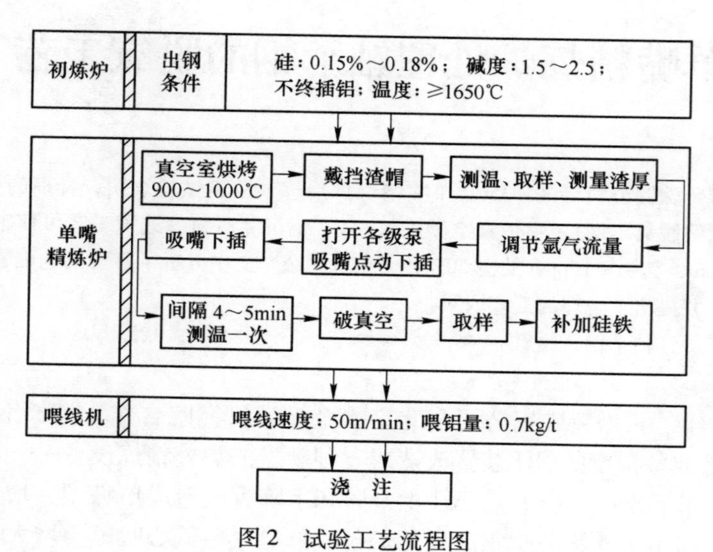

图 2 试验工艺流程图

Fig. 2 Trial process of deoxidization

3 试验结果及分析

3.1 真空处理前钢液中硅含量

真空处理前钢液中的初始硅含量越低，越有利于钢液的脱氧，见图 3。

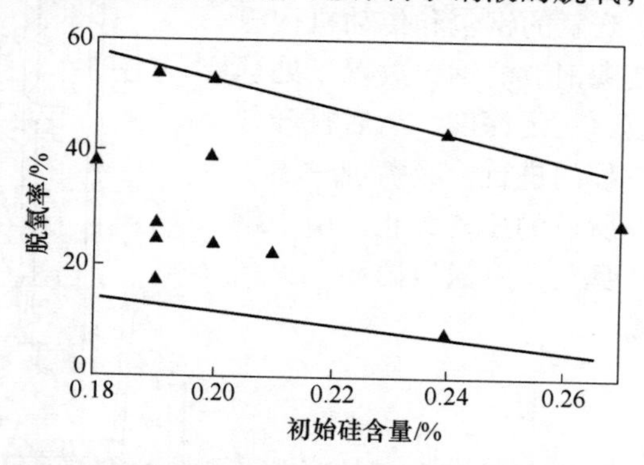

图 3 真空碳脱氧工艺脱氧率与初始硅含量的关系

Fig. 3 Relationship between deoxidization rate and initial silicon content with VCD (vacuum carbon deoxidization) process

3.2 真空处理时间

真空处理时间对坯检氧含量的测定表明，随着处理时间延长，氧含量逐渐降低，但当处理时间超过 15min 后，曲线逐趋平缓。根据试验结果得出的脱氧动力学表达式为：

$$-\frac{d[O]}{dt}=0.0938[O]$$

式中，[O]，t 分别表示钢中氧含量和处理时间。

3.3 真空度

对于长钢单嘴精炼炉设备，真空度能达到133.4~667.0Pa。图4描述了真空度对脱氧率的影响。从图中看出，真空度越高，对真空碳脱氧越有利。

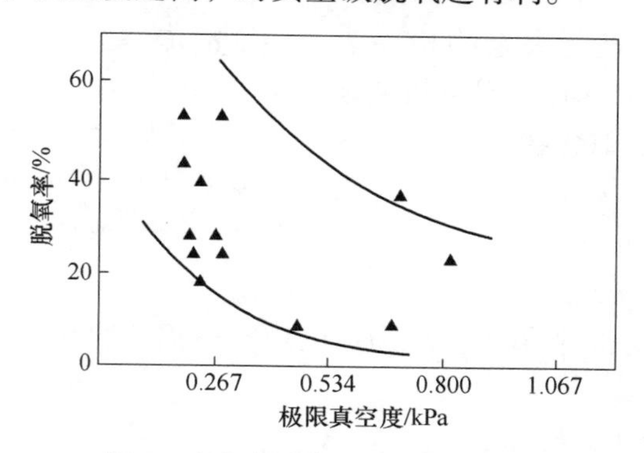

图4 真空度对真空碳脱氧的影响

Fig. 4 Effect of vacuum on the VCD process

3.4 钢包内炉渣厚度

钢包内炉渣厚度对脱氧率有明显影响，炉渣越厚，则脱氧率越低（见图5）。所以，严格控制钢包内渣量非常重要。

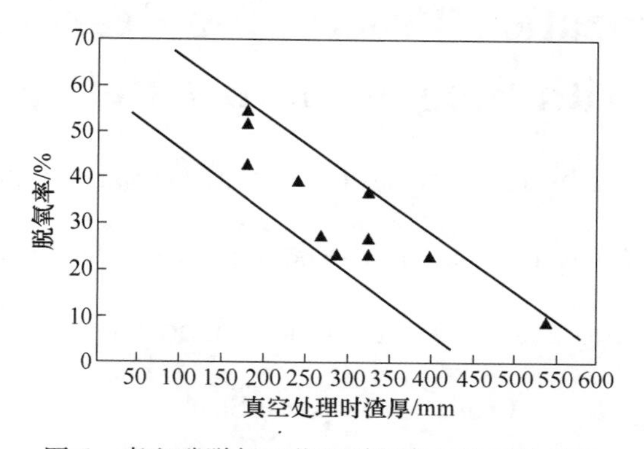

图5 真空碳脱氧工艺和脱氧率与渣厚的关系

Fig. 5 Relationship between deoxidization rate and slag thickness with VCD process

3.5 炉渣碱度

试验表明，炉渣碱度太低或太高对脱氧都不利，合理的炉渣碱度应为2.1左右。

3.6 吹氩量

在试验过程中，吹氩量控制在50~80L/min，其相应的搅拌功率为150W左右。

3.7　镇静时间

镇静时间对坯检氧含量有着较大的影响见图 6。因此，在实际生产过程中，将镇静时间控制在 10min 以上是很有必要的。

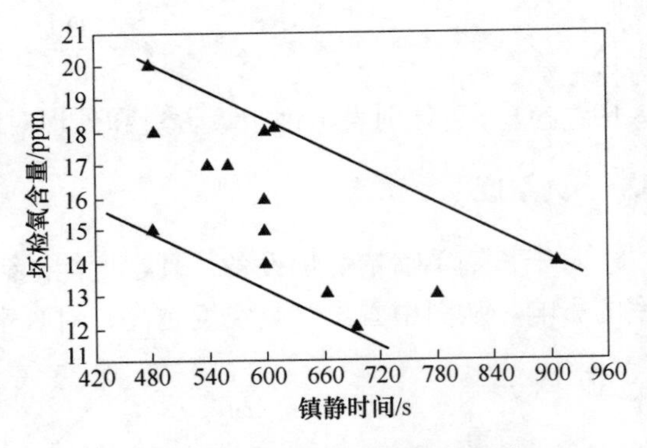

图 6　镇静时间对氧含量的影响

Fig. 6　Effect of the time from steel tapping to pouring on total oxygen content

3.8　夹杂物检验

对试验的轴承钢材进行夹杂物检验表明：全部正常试验驴数中没有发现点状夹杂和硅酸盐夹杂，硫化物和氧化物夹杂为 0.5～1.5 级。

4　结论

（1）单嘴精炼炉合理的脱氧工艺应为：电炉不加铝终脱氧出钢+真空碳脱氧+硅、铝沉淀脱氧。

（2）试验得到的合理工艺及参数：

1）电弧炉不插铝终脱氧；出钢硅含量：≤0.18%；2）处理前渣厚：≤100mm；3）高的真空度（≤133.4Pa）；4）真空处理时间：15min；5）炉渣碱度控制在 2.1 左右；6）吹氩量：50～80L/min；7）镇静时间：≥10min。

参加试验工作的还有：熊振邦、孙维礼、艾志远、黄祖昌、李作贤、王剑志等。

Deoxidization Process for Bearing Steel Treated with Single-Snorkel Refing Furnace

Zhang Jian　Cheng Guoguang　Yang Nianzu　Tong Fusheng

(University of Science and Technology Beijing)

Xu Dehua　Wang Zhixi　Xia Deming　Liao Xingyin　Chen Jinyang

(Changcheng Special Steel Co.)

Abstract: More than 100 heats experiments on bearing steel deoxidization were carried out by the 30-35 tons single-snorkel refining furnace at Changcheng Special Steel Co. The detailed results show that reasonable deoxidization process is as follow: steel tapping without final Al-killed + VCD treating + Si、Al deoxidizating. The content of the oxygen of bearing steel treated with the above process is in the range of 10-20ppm, less than 15ppm constituting 50%, and the globular inclusions was not found. On the basis of the the analysises of the factors affecting the oxygen content, the reasonable deoxidization parameters were suggested.

Keywords: refining furnace; bearing steel; deoxidization

单嘴精炼炉流场及环流速度的水模型研究*

摘　要：经用水模型实验证明，单嘴精炼炉内钢水循环流动良好，上升和下降流股之间的相互干扰不大。增大气体流量和单嘴内径可显著增大环流量，但单嘴内径对环流速度影响不大。单嘴出口处钢水下降速度约为0.4~0.5m/s，对35t的单嘴精炼炉而言，其钢水环流量约为47~53t/min。

关键词：RH；单嘴精炼炉；水模型；环流量

1　实验方法

实验中使用水模型装置如文献［1］所述，吹气位置均取1/2单嘴半径处。

1.1　流动状况的观察

流动状况的观察由在水中加入铝粉作为示踪剂，用片光源照明，对各截面进行观察、照相和录像来进行。

1.2　流动速度的测定

该测定使用比重约为1的塑料粒子作为示踪剂。由频闪照相方法确定粒子位置随时间的变化来计算流动速度，以作为水的流速[2, 3]。由于上升流股为卷流，不易测定，因此只对下降流股进行测定和计算。

2　试验结果

2.1　单嘴精炼过程的流动状况

从流场过程中和得到的照片来看，单嘴精炼过程的流动状况是相当理想的，它具有以下特点：

（1）单嘴内和单嘴下部的流动主要是上升流股和下降流股的循环流动。

（2）上升气泡群受环流影响，在单嘴入口和单嘴内部并不按原来的张角继续在径向扩展，而是在入口处呈现收缩趋势，在单嘴内则倾向一边的内壁，这样，气泡群不会均匀地分散于整个单嘴内妨碍环流运动，上升流股与下降流股之间的相互干扰较小。

（3）单嘴内液体的下降流股能直接达到包底，使整个钢包基本上无“死区”存在。在单嘴入口处存在着部分“涡流”，而流动较缓的地方是单嘴外离气泡卷流较远的渣面处，这个“缓流”部分随着单嘴内径的增大而减小。

（4）单嘴精炼过程中，液体的流动具有相对的不稳定性。根据实验观察及照相、录像

---

* 本文合作者：北京科技大学王潮、杨念祖、范光前，长城特殊钢公司汪志曦、朱克孝、寇文涛；原文发表于《特殊钢》，1998，19（2）：12~15。

的结果，这种不稳定主要是由于上升气泡卷流的周期性绕动。这种绕动对钢包内液体的搅拌应该是有益而无害的。

2.2　环流速度和环流量

用频闪照相方法测定和计算的环流（下降）速度和通过单嘴的循环流量（即环流量）见表 1。

由表可见，水模型实验的单嘴内径为 ϕ242mm 时，环流量达到 80~115kg/min，单嘴内径为 ϕ180mm 时达到 60~80kg/min，而 RH 法为 13~14kg/min。因此，即使考虑到实验中可能的误差及部分短流的存在，其有效环流量还是要比 RH 的大许多。

2.2.1　气体流量对环流量的影响

图 1 的结果表明，在一定范围内，增大吹入气体流量会增大环流速度和环流量。特别是在单嘴精炼炉的条件下，气体经透气砖从底部吹入，气泡卷流性质始终属于气泡制度类型。随着气体流量的增大，上升卷流中的气泡密度和体积都会增大，从而使所受的浮力增加，亦即使环流运动的推动力、能量增加；在容器范围一定时，就表现为流体运动速度的增大。

表 1　水模拟实验的环流速度和环流量

Table 1　Circulation volume and flow rate in water modelling testing

装置	气体流量 /$m^3 \cdot h^{-1}$	平均环流速度 /$mm \cdot s^{-1}$	方差	环流量 /$kg \cdot min^{-1}$
单嘴 ϕ180	0.1171*			80.4
	0.0991*			68.4
	0.0631*			58.2
	0.0635	100.0	28.6	59.5
	0.0820	103.6	32.6	61.8
	0.1045	126.0	35.6	75.0
	0.1264	138.0	39.9	82.2
单嘴 ϕ242	0.0991*			114.6
	0.0631*			82.2
	0.0623	97.4	27.4	88.1
	0.0770	110.2	31.6	99.8
	0.0820	109.5	34.4	99.0
	0.1000	128.1	36.6	115.7
RH	0.0991	225.4		13.7
	0.0631	211.1	21.6	12.9

注：带 * 号的速度测量中截面选择等不同，故未给出速度和方差。

2.2.2　单嘴内径的影响

从图 1（b）可见，单嘴内径为 ϕ242mm 时的环流量要比 ϕ180mm 时大得多。而从表 1 的数值看，在相同的气体流量下，它们的环流速度基本相等。因此，环流量的大小还取决于环流面积（与单嘴内径的平方成正比），即环流量正比于单嘴的截面积。

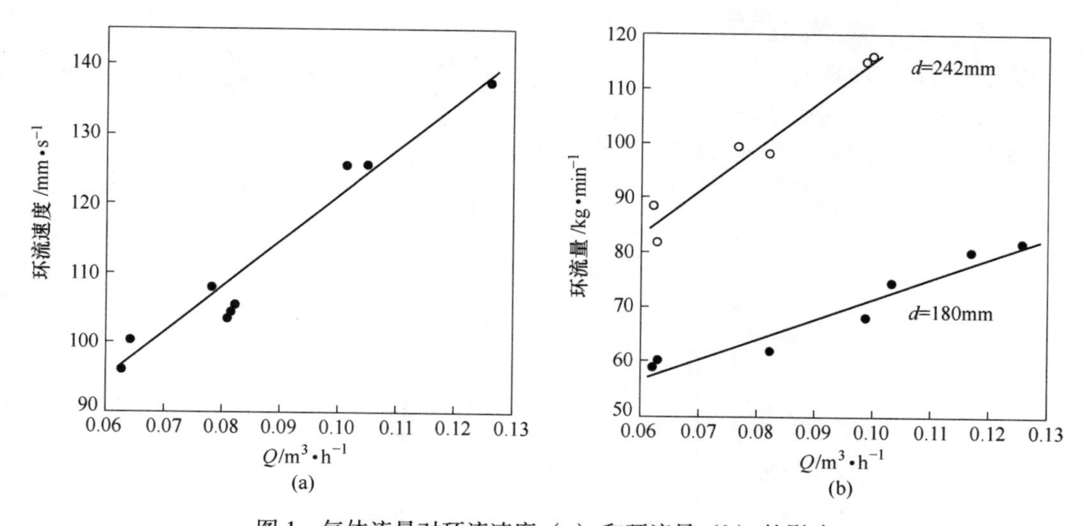

图 1 气体流量对环流速度（a）和环流量（b）的影响

Fig. 1 Effect of gas flow rate on velocity of circulation（a）and circulation flow rate（b）

在气泡抽引液体上升产生循环流动过程中，液体运动速度取决于气体流量、气泡的状况（大小、分布）和上升过程。对不同内径的单嘴，这些条件基本相同，原因是流动上升卷流的线速度相同。单嘴内径大时，一般来说，环流受到单嘴开关的影响减少，升降流股的相互影响及涡流的影响也较小，而且可以形成较长（较合理）的环流回路；另一原因是，在所用的流量范围内，当环流面积较大时，分散的气泡群有可能获得足够的抽引力，使更多的液体进入单嘴。归结起来，就是较大的单嘴内径能更充分发挥气泡的抽引作用，以提高效果。

3 数学模型的计算结果

3.1 基本假设

（1）取通过透气砖的单嘴直径（及钢包直径）的二维平面层，以对实际三维流场进行简化。

（2）单嘴壁只算到液体表面。

（3）不考虑自由表面的影响。

（4）流场处于稳定状态，流体为常物性。

（5）上升气泡群的扩散系数取 0.05[4]，气泡上升服从 Gauss 分布[5]。

（6）控制方程为以 k-ε 模型表示湍流黏度，壁面处采用壁面函数处理[5]。用有限差分法进行数值迭代求解。

（7）在对实际处理过程的计算中，取钢液量为 35t，单嘴内压力为 1333Pa，自由表面处的凸起和喷溅不予考虑。

3.2 计算结果（计算公式从略）

数值计算求得的水模型速度场分布的流动趋势与前面所述的实验观察结果基本一致

(图 2)。另外，单嘴出口处下降速度的计算值和测量值也是十分相近的，如图 3 所示。根据实际设备的参数计算所得到的单嘴精炼过程流场如图 4 所示。图中结果表明，实际精炼过程中，钢液能够良好地循环流动起来，吹入气体流量为 5. 4m³/h 时，钢液循环的速度可达 1. 2m/s 以上，单嘴出口处的速度分布如图 5 所示。

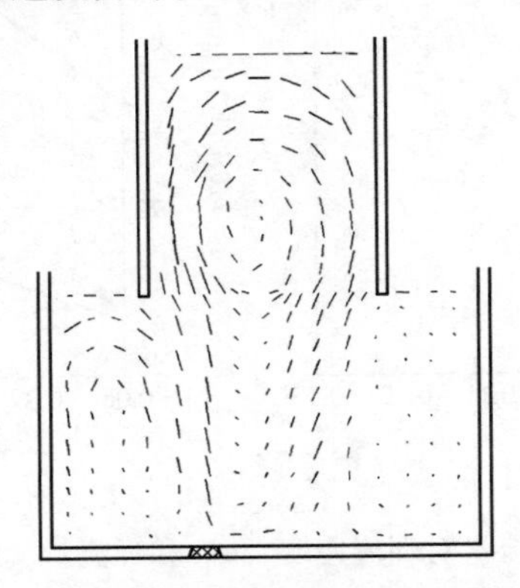

图 2 用 k-ε 模型计算的单嘴精炼炉水模型的速度场

(D=440mm，d=240mm，Q=0. 1m³/h)

Fig. 2 Flow field of water modelling of single snorkel refining furnace calculated by k-ε model，D=440mm，d=240mm，Q=0. 1m³/h

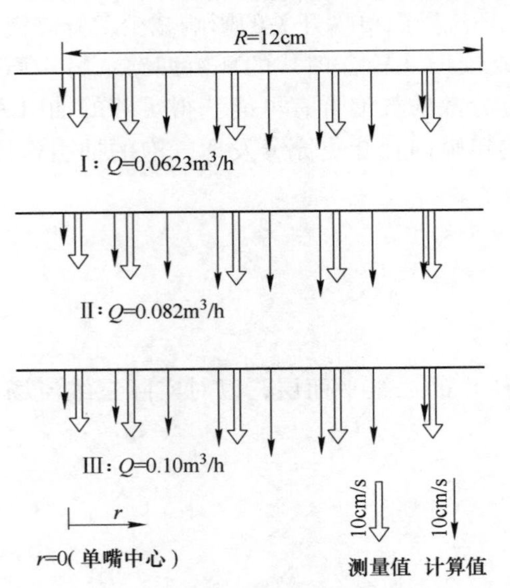

图 3 水模型单嘴出口处液体下降速度计算值和测量

Fig. 3 Comparison of calculated down flow velocities of water with measured ones near exit of single snorkel of water model

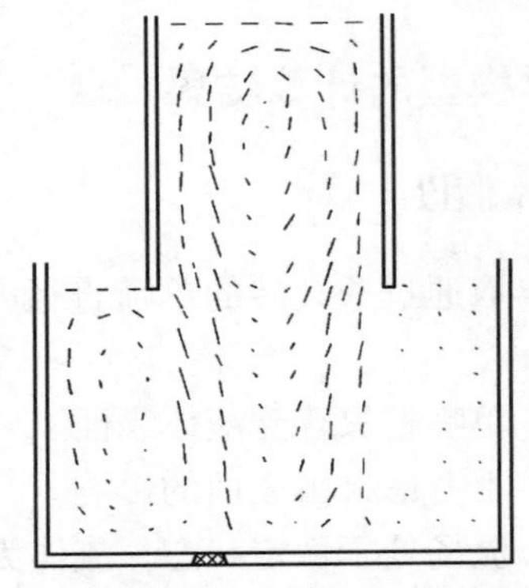

图 4 用 k-ε 模型计算的单嘴精炼炉（35t）的钢液流动的速度场

(D=1860mm，d=900mm，Q=5. 4m³/h)

Fig. 4 Calculated velocity field of liquid steel flow in single snorkel refining furnace（35t）by k-ε model，D=1860mm，d=900mm，Q=5. 4m³/h

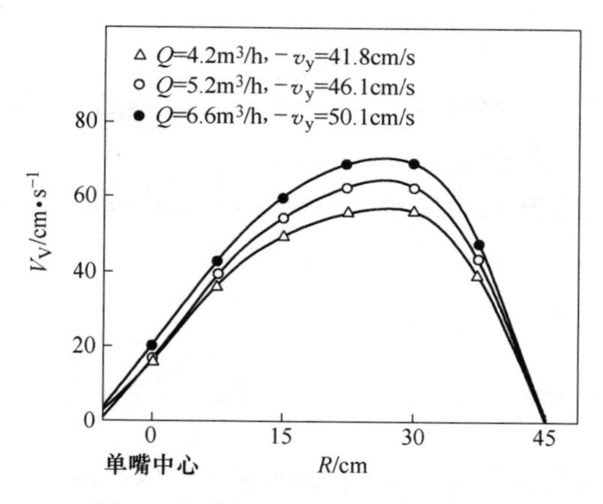

图 5 单嘴出口处下降流速度分布

Fig. 5 Distribution of down flow velocities near exit of single snorkel

3.3 钢液流动环流量的估算

由数值计算的平均下降速度乘以实测的下降流股面积估算得到的水的环流量与实测量的比较见图6。由图可见，二者是比较相近的。由计算的钢液流动速度估算的环流量，在气体流量为 0.07m^3/min、0.09m^3/min、0.11m^3/min 时分别为 47t/min、50t/min、53t/min。

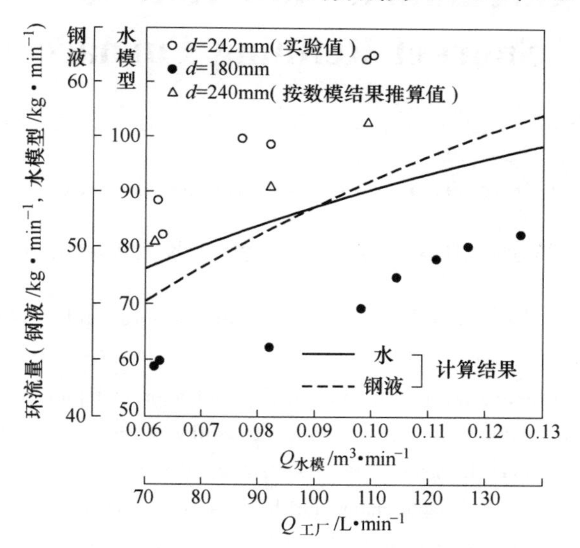

图 6 环流量和气体流位的关系

Fig. 6 Relation between circulation flow rate and gas flow rate

4 结论

（1）单嘴精炼过程中钢液循环流动状况良好，单嘴内钢液的上升流股和下降流股之间的相互干扰不大。

（2）增大气体流量和单嘴内径可使环流量显著地增大，但单嘴内径对环流速度影响不大。

（3）由数学模型计算的流场情况与实验吻合，实际精炼过程中单嘴内钢水最大流速1.4m/s；单嘴出口处钢水下降速度为0.4~0.5m/s。

（4）推算结果表明，在吹入气体量为0.07~0.11m^3/min的条件下，通过单嘴的钢水环流量为47~53t/min。

参考文献

[1] 王潮，张鉴，杨念祖，范光前，汪志曦，朱克孝，寇文涛．单嘴精炼炉的水模型研究（混合特性），待发表

[2] 加藤时夫等．水モデル实验たょるRH脱かス装置の锅内混合．电气制钢，1979，50（2）：128~137.

[3] 小野清雄等．水モデルたょるRH脱かス装置の环流量特性．电气制钢，1981，52（3）：149~157.

[4] Hsiao Tse-Chiang et al. Fluid Flow in Ladles-Experimental Results. Scand. J. Metall.，1980，(9)：105~110.

[5] 李有章，郭宏志．底吹气体搅拌下熔池内流场的研究．工程热物理学报，1984，5（1）：97~103.

Investigation on Water Modelling of Flow Field and Circulation Flow Rate for Single Snorkel Refining Furnace

Wang Chao Zhang Jian Yang Nianzu Fan Guangqian

(University of Science and Technology Beijing)

Wang Zhixi Zhu Kexiao Kou Wentao

(Changcheng Special Steel Corperation)

Abstract: The water modelling testing showed that the circulation of liquid in single snorkel refining furnace was fine, the interference between the up-and down-flow wasn't appreciable, and with increasing the gas flow rate and inner diameter of the single snorkel the circulation flow rate of steel increased obviously, but there was no appreciable change for the velocity of circulation. The down flow velocity of molten steel near the exit of snorkel is about 0.4-0.5m/s, so the circulation flow rate of a 35t single snorkel refining furnace is about 47-53t/min.

Keywords: RH; single snorkel refining furnace; water modelling; circulation flow rate

LF 埋弧渣技术的开发及其应用*

摘 要：通过对多种精炼渣系发泡性能的实验室研究，确定了 LF 埋弧精炼的基础渣组成；根据炉渣结构的共存理论所建立的数学模型，计算出了具有良好发泡性能的精炼渣黏度、界面张力和密度的范围；研制出了发泡剂专利产品；在 LF 上进行了几百炉次埋弧精炼工业试验，取得了良好的技术经济指标。

关键词：钢包炉；埋弧渣；发泡剂；物理性质；共存理论

1 引言

埋弧渣属于 LF（Ladle Furnace）的配套技术，可以显著改善 LF 精炼的技术经济指标，给企业带来较大的经济效益[1]。埋弧精炼可以有两种方法：（1）靠增大渣量、提高渣厚达到埋弧精炼的目的；（2）通过加入发泡剂，使基础渣体积膨胀、厚度增加，达到埋弧精炼的目的。后者是本文研究的主要内容[2]。

国外有关埋弧渣的报道很少，文献［1］简单介绍了在电炉还原期用乙酰胺石灰造埋弧渣，但详细资料作为专利未予透露。国内关于埋弧渣的深入系统的研究也很少。

通过对多种精炼渣系发泡性能进行实验室研究，确定了具有良好化学性质和发泡性能的精炼渣组成；根据炉渣结构的共存理论[3]，计算出了精炼渣的产要物理性质的合适量值范围；通过对多种发泡材料发泡能力的研究，开发研制出了发泡剂产品（该产品已申请国家专利）；结合实际生产，在 LF 上进行了几百炉次埋弧精炼工业试验，取得了良好的技术经济指标。目前，埋弧精炼技术正逐步推广应用于国内多个钢铁企业。

2 基础渣发泡性能的实验室研究

K. Ito 和 R. J. Fruehan 经过对渣系发泡性能长期研究和反复推导论证后得出[4]，炉渣的发泡性能和炉渣的其他物理性质一样，是炉渣组成和温度的函数；该函数值可以通过实验测得。当高温渣液底吹气体时渣液的高度 h 随气体流速 v_g 增加而呈线性升高；单位高度的增加量 Δh 与气体流速增加量 Δv_g 之比（$\Delta h/\Delta v_g$）始终保持一固定不变值；当渣系组成或温度改变时，该比值也随之相应改变。K. Ito 和 R. J. Fruehan 将该比值定义为炉渣的发泡指数 Σ，并以此作为检验炉渣发泡性能优劣的标准。其计算公式为：

$$\Sigma = \Delta h/\Delta v_g \tag{1}$$

从式（1）可见，Δv_g 一定时，Δh 越大，Σ 越高；反之，则相反。这为研究炉渣的发泡性能奠定了理论基础。

---

* 本文合作者：北京科技大学牛四通、成国光、佟福生，长城特殊钢公司杨德华、王剑志、梅洪生、杨建川，江油市宏达冶金辅助材料厂黎绪炳、李昌友；原文刊登在“1995 特钢学术年会论文集”，后正式发表于《钢铁》，1997，32（3）：21~24。

2.1 实验方案

国外 LF 精炼渣的特点是碱度高（有时渣中 CaO 含量高达 65%），并获得了较好的精炼效果[5]；而国内 LF 精炼渣的碱度大多数处于中（$B=2.2\sim3.0$）、低（$B=1.6\sim2.2$）碱度水平[6]，在这种碱度范围内，同样显著提高了钢液精炼的质量。根据以上情况，本文的实验室研究中将渣系的碱度研究范围确定在 1.6~4.2 之间，并参阅有关文献确定组成渣系的其他组元。

实验方案采用正交试验法，并依碱度高低分三组依次进行研究。实验中全部使用分析纯化学试剂；试样重量为 60g；试验温度为 1500℃；底吹气体为氮气。为方便起见，实验考察的发泡指标 Σ' 定义为精炼渣单位高度的增加量 Δh 与底吹氮气量的增加量 ΔQ_g 之比（$\Delta h/\Delta Q_g$）。Σ' 和 Σ 均表示精炼渣的发泡性能，二者在量值上存在下列关系：

$$\Sigma' = \Sigma / s \tag{2}$$

式中　s——吹气管截面积，m^2。

实验的主体设备是钼丝炉。

2.2 实验结果

通过正交试验的离差分析法和计算工程平均值法，可得三种碱度范围内具有最佳发泡指数的精炼渣组成，如表 1 所示。表中所列精炼渣最佳配方将作为开发 LF 埋弧精炼技术的基础渣成分的主要依据。

表 1　精炼渣的最佳配方

Table 1　Optimum compositions of refining slag　（%）

项目	碱度	CaO	SiO_2	MgO	Al_2O_3	CaF_2
低碱度	1.6	41.23	25.11	8	15	10
中碱度	2.6	47.67	18.33	9	10	15
高碱度	3.4	55.64	16.36	8	7	9

3　精炼渣物理性质的计算模型

决定炉渣发泡性能的主要物理性质是黏度和表面张力等。炉渣的物理性质与其本身的微观结构质点的类型和浓度密切相关。本文根据炉渣结构的共存理论[3]及有关的热力学数据[7]建立数学模型并求解，得出了精炼渣系的各种物理性质计算公式。依据得到的公式，通过对前述实验室研究的精炼渣系物理性质的计算，得出具有良好发泡性能的精炼渣系的黏度范围为 0.27~0.35Pa·s，界面张力为 0.492~0.569N/m，密度为（2.43~3.25）×10^3kg/m^3。

4　发泡剂的研制

4.1 发泡剂材料的分类

LF 精炼过程的主要任务是脱硫、脱氧、防止回磷、合金化和控温出钢等。为了保证精炼后获得合格的钢水，精炼过程对发泡剂产品有严格的质量要求。经过分析研究可知，适合作发泡剂的材料可分为三类，主要是碳酸盐、氯化物和氟化物。

4.2 发泡剂的实验室研究

发泡剂发泡效果的测量是将一定量（70g）的精炼渣样加热到1550℃的高温熔融状态，然后加入一定量（1g）的发泡剂，测量该条件下整个渣样的发泡高度并记录泡沫持续的时间，以此来确定发泡剂发泡效果的优劣。实验选定的精炼渣样组成是表1中的中碱度最佳配方。加热设备是钼丝炉。

实验中首先研究了纯物质发泡剂材料单独作发泡剂时的发泡效果，通过对三种碳酸盐（$CaCO_3$、Na_2CO_3和$BaCO_3$）的实验结果对比分析，得出$CaCO_3$发泡性能最好（见图1）。

从图1看出，$CaCO_3$最大相对发泡高度ε_M（ε=发泡时精炼渣样高度增加量Δh/发泡前熔融精炼渣样高度h）达到75%左右。在氯化物发泡剂的实验过程中得出，$CaCl_2$的发泡性能优于其他氯化物（NaCl和$BaCl_2$）。图2描述了$CaCl_2$的发泡实验结果。实验结果还表明[2]，CaF_2的发泡效果是有限的。

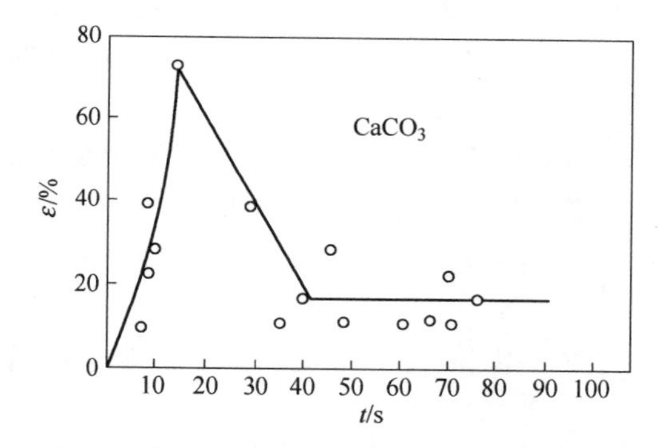

图1 碳酸钙相对发泡高度ε随时间的变化

Fig. 1 Relationship between ε and time for $CaCO_3$

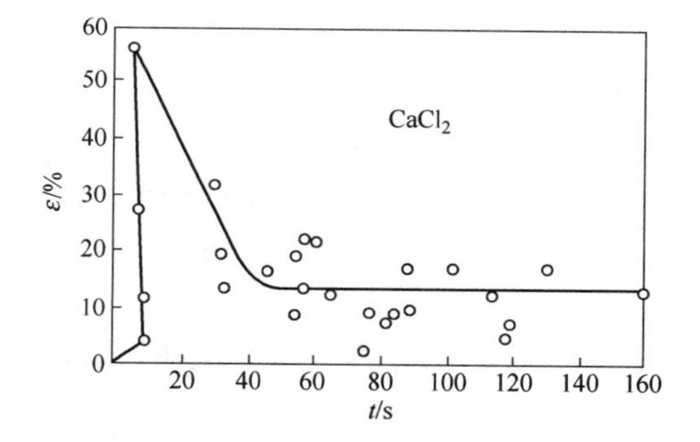

图2 氯化钙相对发泡高度ε随时间的变化

Fig. 2 Relationship between ε and time for $CaCl_2$

虽然$CaCO_3$和$CaCl_2$都有着较好的发泡效果，但当其大批量用于工业性生产时，$CaCl_2$会存在着以下不足：（1）吸水性强。如果储存时间较长，会使产品水分超标并影响其发泡效果。（2）$CaCl_2$高温分解后会产生Cl_2，对环境有害。（3）成本较高。与之相比，$CaCO_3$在在自然界储量丰富、成本低廉，而且纯度高，杂质少。因此，$CaCO_3$是较为理想的发泡剂产品的主要原材料。

在实验的基础上，将确定为发泡效果良好的两种纯物质发泡剂材料相混合，研究其综合发泡效果；结合LF精炼的生产实际，确定了适合LF精炼的由多种发泡材料组成的发泡剂配方，并申请国家专利（申请号93106599.2，公开号CN1096823A）。

4.3 发泡剂产品的加工制作

图3所示为发泡剂产品的加工制作过程。首先将原材料破碎到一定的粒度，接着进行筛分、混匀、造球和烘干，最后按照一定的标准包装并运往炼钢厂。

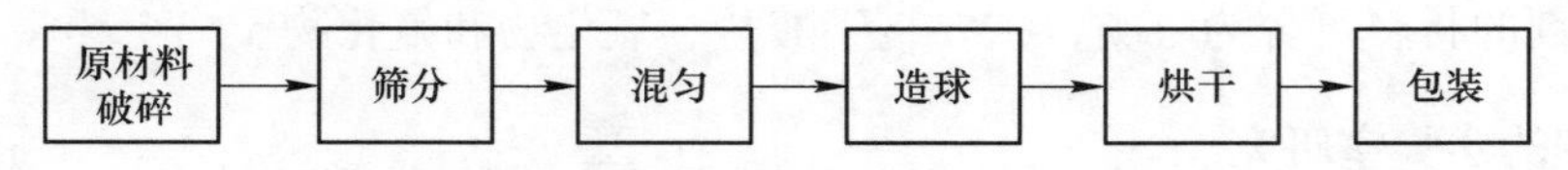

图 3　发泡剂产品的制作工艺流程

Fig. 3　The manufacturing process of foaming agent

5　埋弧渣工业试验

根据研究确定的有良好化学性质和发泡性能的精炼渣组成，以及研制的发泡剂产品，在长城特殊钢公司 101 炼钢分厂的 40t LF 上进行了总计 304 炉埋弧精炼对比试验。其中，加入发泡剂的试验炉数 133 炉，未加发泡剂的试验炉数 171 炉，全面对比考核了 LF 精炼的技术经济指标。

（1）埋弧渣厚度。对 20 炉具有代表性的 LF 稀薄渣厚和埋弧渣厚测量，稀薄渣厚平均为 221. 25mm，埋弧渣厚平均 593. 6mm，埋弧渣厚平均是稀薄渣厚的 2. 68 倍。这一渣厚足以埋弧。

（2）精炼时间。经过对 61 炉埋弧精炼与同条件下 65 炉普通精炼的时间的统计分析得出，埋弧精炼平均 84min，普通精炼平均 96min，埋弧精炼比普通精炼每炉缩短冶炼时间 12min。

（3）精炼电耗。统计分析 85 炉埋弧精炼的电耗平均为吨钢 101kW · h，而同条件下 105 炉普通精炼电耗平均为吨钢 104. 7kW · h，埋弧精炼吨钢节电 3. 7kW · h。

（4）包衬寿命。普通精炼时，包衬寿命平均 15 次左右，埋弧精炼后，提高到 24. 4 次，最好的达 35 次。

（5）脱硫率通过对 116 炉埋弧精炼的钢样分析统计得出，在电炉预还原的基础上，埋弧精炼可继续脱硫平均为 45%。

（6）泡沫持续时间和升温速度。通过调整精炼渣组成，结合合理的操作工艺，实现了 LF 的全程埋弧精炼；炉渣和钢水的升温速度由原来的平均 1 ~ 2℃/min，提高到 3 ~ 4℃/min，最好的达 6℃/min。

6　结论

（1）通过对各种精炼渣系发泡性能系统深入的实验室研究，得出了具有良好化学性质和发泡性能，并且适合我国 LF 冶炼的精炼渣组成是：$CaO/SiO_2 = 2.6$，$MgO = 9\%$，$Al_2O_3 = 9\%$，$SiO_2 = 15\%$。

（2）根据炉渣结构的共存理论所建立的数学模型，计算出具有良好发泡性能的精炼渣黏度范围为 0. 27 ~ 0. 35Pa · s，界面张力为 0. 492 ~ 0. 569N/m 和密度为（2. 43 ~ 3. 25）× 10^3kg/m^3。

（3）通过对发泡剂材料的研究，并结合 LF 精炼的生产实际，研制出了发泡剂产品。目前，该发泡剂产品已申请国家专利。

（4）依据研究确定的精炼渣组成和研制的发泡剂产品，结合实际生产工艺，在 LF 上进行了较大规模的工业试验，取得了良好的技术经济指标。目前，该埋弧精炼技术已推广和应用于国内多外钢铁企业。

参考文献

[1] Trostberg S K W. Slag Foaming with Diamide Lime. Steel Times, 1988, (November): 607.
[2] 牛四通. 埋弧渣工艺及其物理性质的研究[博士学位论文]. 北京：北京科技大学, 1994.
[3] 张鉴. 关于炉渣结构的共存理论. 北京钢铁学院学报, 1984, (1): 21~29.
[4] Ito Kimihisa, Fruehan R J. Study on the Foaming of (2.43~3.25) $\times 10^3 kg/m^3$ Slag. Metallurgical Transactions B., 1989, 20B: 515~521.
[5] 原茂太. 酸化鉄を含むスラベ融体の泡立ち现象. 鉄と鋼, 1983, (9): 1152~1159.
[6] 章修明. 碳化硅(SiC)在电弧炉炼钢上的应用. 炼钢, 1989, (4): 37~41.
[7] 成国光. 轴承钢精炼过程脱氧工艺理论的研究[博士学位论文]. 北京：北京科技大学, 1993.

Development and Application of the Arc-Covering Foaming Slag for Ladle Furnace

Niu Sitong Zhang Jian Cheng Guoguang Tong Fusheng

(University of Science and Technology Beijing)

Yang Dehua Wang Jianzhi Mei Hongsheng Yang Jianchuan

(Changcheng Special Steel Company)

Li Xubing Li Changyou

(Hongda Metallurgical Material Plant)

Abstract: On the basis of laboratory experiments on the foaminess of arc-covering slag and the coexistence theory of the slag structure, the optimum compositions of the arc-covering slag for ladle furnace are determined. A series of foaming reagent prescriptions have been developed and applied for the patent of P. R. China. The industrial experiment of the arc-covering refining slag has been made with several hundred heats, and good technico-economic indexes have been obtained.

Keywords: ladle furnace; arc-covering slag; foaming reagent; physical property; coexistence theory

日本轴承钢生产现状*

摘　要：近年来，日本各轴承钢生产厂家不断采用新技术、新工艺，使轴承钢氧含量和夹杂物含量不断降低，最低氧含量达 3ppm，疲劳寿命不断提高，L_{10} 达 4.7×10^7 以上，达到了电渣钢和真空电弧重熔钢的水平。

1　引言

轴承钢是重要的特钢品种，在各种机械设备中广泛使用。由于机械设备的运行在很大程度上依赖于轴承运行的可靠性，因此轴承的质量越来越受到各工业国家的重视。轴承的质量除设计和加工之外主要取决于轴承钢的夹杂物含量，其表现就是轴承钢的氧含量。

近年来，日本各轴承钢生产厂家由于积极采用新工艺和新技术，使轴承钢质量和产量不断提高。下面就日本主要轴承钢生产厂家的设备、工艺和质量情况做一个简介与比较。

2　日本主要轴承钢生产厂家概况

2.1　山阳钢厂的轴承钢生产[1~5]

（1）工艺流程：

废钢预热→90tEF→EBT（偏心炉底出钢）→LF→RH（66.7Pa）→ CC（连铸）/ IC（模铸）→ 热轧 / 冷轧

（2）各工艺过程操作时间：

EF：75min；LF：30~60min；RH：20~30min。

（3）LF 所用精炼渣系见表 1。

表 1　LF 炉精炼渣系　　（%）

CaO	SiO_2	Al_2O_3	MnO	MgO	TFe	Cr_2O_3	P_2O_5	CaF_2	S
57.8	13.3	15.8	<0.1	4.3	0.6	<0.1	<0.1	7.8	1.1

（4）LF 精炼炉用耐火材料：

渣线：MgO 77.6%；Fe_2O_3 0.4%；C 15.0%。

其余：Al_2O_3 83.0%；SiO_2 11.6%；Fe_2O_3 1.1%。

（5）LF 炉吹 N_2 搅拌功率和温度：

操作温度：1520~1570℃；搅拌功率：100W/t 钢。

---

* 本文合作者：北京科技大学王平、马廷温，大冶钢厂许树庄、王昌生、陈振南；原文发表于《特殊钢》，1991，12（2）：6~10。

（6）有害元素含量见表2。

表2 轴承钢材中有害元素含量

元 素	O/ppm			S/%	Al_{sol}/%	Ti/%
	分 布	连铸平均	模铸平均			
含 量	3~11	5.8	8.3	0.003~0.013	0.011~0.022	0.0014~0.0045

（7）随设备改进钢中氧含量的变化见表3。

表3 不同设备引起氧含量的变化

设 备	钢包脱气	RH	CC	EBT
装备年份	1965	1975	1982	1985
TO/ppm	28~15	15~10	8.5~5.8	5.4

（8）夹杂物评级现状见表4。

表4 ASTME45A 法夹杂物评级

夹杂类别	A		B		C		D		TO /ppm
	T	H	T	H	T	H	T	H	
TST	1.34	0.10	0.72	0	0	0	0.98	0.37	5.8
EBT	1.35	0.12	0.17	0	0	0	0.90	0.04	5.4

注：T—细系；H—粗系；TST—炉体倾转出钢。

2.2 神户钢厂的轴承钢生产[6~8]

（1）工艺流程：

高炉→转炉→除渣→VAD→EMS（电磁搅拌）→连铸

（2）对精炼渣的要求：

（FeO+MnO）<1.0%，$CaO/SiO_2>3$。

（3）精炼工艺和处理时间：

搅拌功率：121W/t；VD+EMS（电磁搅拌）：>15min。

（4）精炼用耐火材料：

渣线部分：MgO-C 砖；其余：Al_2O_3。

2.3 爱知厂的轴承钢生产[9~11]

（1）工艺流程：

80tEF→VSC（真空除渣）→LF→RH→CC

（2）精炼渣要求：

当 LF 和 RH 操作有效时要求：（TFe+MnO）≤0.8%；

对于脱硫有效要求：$CaO/SiO_2/Al_2O_3=0.3\sim0.4$；

对脱氧有效要求：$(CaO+MgO)/SiO_2=2.85$。

（3）精炼操作功率：

LF 吹氩：600~1000L/min；钢包脱气搅拌功率：100~200W/t 钢。

电炉采用喷粉脱磷工艺，所用粉剂为颗粒小于 1mm，85%CaO+15%CaF_2的粉剂，这样操作可使电炉磷达到 50ppm，但在 LF 炉中增磷达 100ppm。

2.4　神户、爱知、和歌山、高波厂轴承钢有害元素含量（见表 5）

表 5　4 个日本厂家轴承钢有害元素情况

厂　家	工　艺	P/%	S/%	Al/%	O/ppm	Ti/%
神户		0.0063	0.0026	0.016~0.024	6.3	<0.0015
爱知		≤0.010	0.002	0.030	7	≤0.0015
和歌山	转炉+连铸	0.015	0.008		10	0.0022
	转炉+RH+连铸	0.010	0.004		6	0.0012
高波	EF+ASEA-SKF	0.014	0.007	0.015	9	0.002
	EF+ASEA-SKF+Ar	0.008	0.014	0.014	5	0.0009

3　国内外先进厂家的轴承钢质量比较

国外主要的轴承钢生产国是瑞典、日本、联邦德国，过去瑞典的轴承钢由于氧含量低、碳化物颗粒细小均匀，氧化物少而分散，在轴承钢市场上享有很高的声誉，但近十年来由于日本各轴承钢生产厂家广泛采用了新工艺、新设备，并且在轴承钢的科研方面做了很多工作，从而使轴承钢的质量有了长足提高，使轴承钢的几个主要质量指标居于世界领先地位。以下给出国内外主要轴承钢生产厂家轴承钢氧含量和夹杂物评级一览表[11, 12]。

在表 6 中，大冶钢厂采用 ASTM E45D 法，其余三家厂家采用的是 ASTM E45A 法。经定量计算可知 D 法和 A 法的一级基本接近，但不管是夹杂物的平均长度、平均直径、夹杂物的体积、每张照片上夹杂物的个数，D 法的一级都略好于 A 法的一级。

表 6　不同轴承钢生产厂家氧含量和夹杂物评级

厂家	工艺	TO /ppm	夹杂物							
			A		B		C		D	
			细	粗	细	粗	细	粗	细	粗
大冶	50tEF+60tVD	11.8	1.42	0	0.99	0	0	0	0	0
山阳	TST	5.8	1.34	0.10	0.72	0	0	0	0.98	0.37
	EBT	5.4	1.35	0.12	0.17	0	0	0	0.90	0.04
SKF	MR—BQ	13	2.0	1.5	1.5	0.2	0	0	0.5	0
	MR—PBQ	10	1.0	0.5	1.0	0	0	0	0.5	0
蒂森公司	EF—IC	12			1.4	0			1.0	0
	TBM—IC	12			1.5	0.1			1.2	0.2
	TBM—CC	12			1.3	0			0.7	0.22
	TBM—CC+Ca				1	0.2			1.0	0.5

从表 6 可以看到：山阳钢厂在氧含量、B 类夹杂的去除方面处于领先地位。尤其是偏

心炉底出钢技术的采用使 B 类夹杂物评级大大降低，平均达 0.17 级，也就是大部分炉号 B 类夹杂评级为零级。但由于日本采用的是高碱度渣精炼轴承钢，因此，D 类夹杂物的含量较之大冶钢厂差。由于山阳厂采用高碱度渣精炼，使得钢中 S 含量很低。

4 日本轴承钢生产工艺的变迁（见表 7）

表 7 日本轴承钢生产工艺变迁

年份	电炉炼钢	真空脱气	铸造	轧制	热处理
	15tEF		底注		活底炉
1960	30tEF			热挤压管	连续式
					（700t/次）
	60tEF	钢包脱气	钢锭大型化		（1500t/次）
1970	UHP	RH		热轧管	（3000t/次）
1980	废钢预热			冷轧管	（10000t/次）
	LF		连铸		
	90tEF				
	EBT				

5 日本轴承钢工艺现状分析[13~17]

日本年产轴承钢材约 60 万吨，大体占西方国家产量的 40%左右，是当今最大的轴承钢生产国。1970 年，轴承钢氧含量达 10ppm，他们的研究发现当轴承钢的氧含量由 30ppm 降至 15ppm，可使其疲劳寿命提高五倍。最近 10 年来在有关文献中日本的工作是最多的。除了在耐火材料的选用、连铸技术的使用外，1964 年的真空脱气设备的引入是日本轴承钢产量和质量显著提高的重要因素。除冶炼工艺的改进之外，加工工艺的改进也使轴承钢的寿命大大提高。如氧含量为 10ppm 和 14ppm 的轴承钢经冷轧后疲劳寿命提高 4 倍。电炉→偏心炉底出钢→LF→RH→连铸工艺使轴承钢的额定疲劳寿命 $L_{10}>4.7\times10^7$ 可与电渣钢和电弧重熔钢匹敌。

总结日本轴承钢工艺，有以下认识：

（1）多种工艺并行，如电炉、转炉同时生产轴承钢。

（2）冶炼和精炼设备的大型化。这是减少钢液污染的重要手段。

（3）多重精炼。不同的精炼设备功能不同，取各设备之所长，达到减少有害元素的目的。

（4）以追求高的疲劳寿命为目的，降低氧含量为中心，降低各种有害元素的工作同时进行。

（5）不断改进轧制和热处理手段。

6 对我国轴承钢工艺几点看法

目前，我国轴承钢年产量约 60 万吨，一些厂家在工艺上的不断改进和完善，部分产品打入国际市场。但总的看来，由于经济上的原因，我国不可能在短时间内增加各种设备。为了不断提高产品的质量，应积极推广和应用现成的投资少而且行之有效的工艺，如低碱度渣真空吹氩工艺（大冶钢厂，平均氧含量12ppm以下），LFV（上钢五厂，平均氧含量11.8ppm），计算机控制真空吹氩系统（可使平均氧含量达9.13ppm），同时充分发挥国内精炼设备的全部功能，抓紧轴承钢连铸设备试运行和投产。

参考文献

[1] 上杉年一．鉄と鋼，1988，(10)：1.
[2] 上杉年一．鉄と鋼，1985，(14)：63.
[3] 杉山博昭．鉄と鋼，1986：S534.
[4] Toshikazu. Transactions ISIJ，1988，28：893.
[5] Toshikazu. Transactions ISIJ，1986，26：615.
[6] Kenji Doi. 25th Annual Conference of Metallurgists，1988：77.
[7] 大西稔泰．鉄と鋼，1987，(3)：111.
[8] 盐饱洁．鉄と鋼，1986：S1561.
[9] Kenji Doi. 25th Annual Conference of Metallurgists，1988：199.
[10] 外山和男．鉄と鋼，1987：S591.
[11] Cogne J Y. Clean Steel 3 Proceeding of Conference in Balatonfred，Hungary，1986.
[12] Rudolf Baum. Steel Research，1987，(9)：58.
[13] 森本纯正．鉄と鋼，1987：S1366.
[14] 小林一博．鉄と鋼，1985：S1556.
[15] 竹越晋一．鉄と鋼，1985：S1508.
[16] 杉山博昭．鉄と鋼，1986：S534.
[17] 坪田一．特殊鋼，1989，38（1）.

用硅热法冶炼轴承钢的工艺参数及理论分析*

摘　要：硅热法工艺是为了解决 VOD 炉扩大冶炼品种的问题。本研究主要包括以下内容：(1) 硅热法冶炼轴承钢的合理工艺参数和铬含量对脱硅控碳工艺规律的影响；(2) 吹氧过程中硅和碳的氧化规律和影响因素；(3) 各种控制方法的可行性讨论；(4) 真空碳脱氧的效果及其影响因素。

1　引言

近年来，炉外精炼技术在我国发展很快，其中 VOD 炉约占三分之一。VOD 炉在冶炼超低碳钢种方面有着明显的优势，但在扩大品种方面存在着两个急需解决的问题：一是如何控制成分，使 VOD 炉不仅可以冶炼超低碳钢种，而且也能够冶炼结构钢、工具钢和轴承钢等更多的品种；二是如何减少冶炼高、中碳钢种时钢液的温度降，延长精炼时间，提高钢的质量。我国精炼炉的容量较小，散热快，这个问题尤为突出。

硅热法无需复杂昂贵的加热设备。通过吹氧操作来氧化钢液中高出规格 0.30%～0.40%的硅，产生足够的热量，使钢液在吹氧操作之后有一定的温度过剩，以便进行真空碳脱氧操作，获得氧含量和夹杂物极低的钢液。

硅热法的可行性和升温效果，已在初步试验中得到证实[1]。本研究是探索硅热法冶炼合金钢（以轴承钢为典型钢种）的合理工艺参数，脱硅、脱碳的规律及影响因素；各种控制方法的可行性和真空碳脱氧的效果及其影响因素。

实验装置由 50kg 真空感应炉、真空泵和气体分析系统组成。共进行了 63 炉试炼。每炉试验工艺上分为两期：吹氧升温期和真空碳脱氧期。前者研究吹氧时硅、碳变化规律和吹氧终点的控制，后者研究不同坩埚中真空碳脱氧的效果及影响因素。

2　实验结果与讨论

2.1　吹氧实验

2.1.1　脱硅

在大致相同的工艺条件下，尽管开始吹氧时硅含量有较大波动（0.40%～0.68%），但吹氧 12～15 分钟后，终点硅含量变化不大，落在 0.02%～0.10%之间。硅热法吹氧后成分完全可以控制，解决了工厂所关心的硅含量波动的问题。

真空下吹氧时，每隔 3 分钟取样分析硅含量，发现硅含量的变化符合指数规律，如图 1 所示。

---

* 本文合作者：北京科技大学李仁超、杜恩功、赵沛，大连钢厂马春山、刘有玲；原文发表于《北京钢铁学院学报》（电冶金专集），1985：1～8。

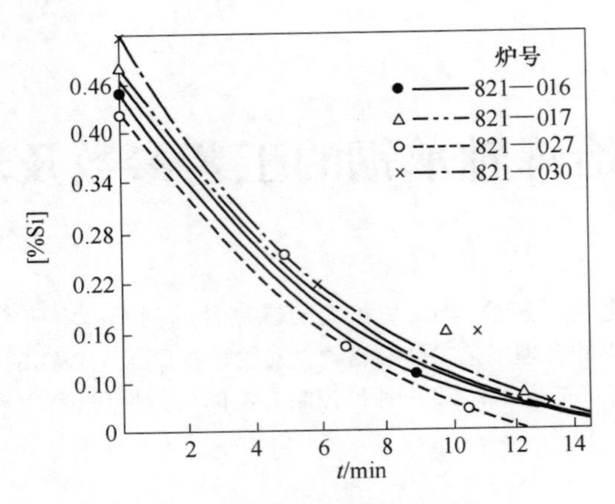

图 1　吹氧过程硅含量的变化

图中粗实线为成分变化相近的炉次回归出的指数曲线，数学表达式为 [%Si] = $0.4675e^{-0.1493t}$。用尝试法求出各炉的比速，发现脱硅反应为表观一级反应。用表观一级反应的速度式，可以控制吹氧过程的硅含量，与实际值相比，偏差较小，如表 1 所示。

表 1　表观一级反应式计算的硅含量与实际值的比较

炉号	821-016				821-017			
时间	0	4	9	16	0	5	10	13
$[\%Si]_{实际}$	0.46	0.36	0.11	0.06	0.47	0.25	0.16	0.07
$[\%Si]_{计算}$		0.257	0.122	0.058		0.222	0.11	0.067
炉号	821-027				821-030			
时间	0	7	10′27″	11′40″	0	6	11	13
$[\%Si]_{实际}$	0.42	0.14	0.06	0.04	0.52	0.21	0.16	0.06
$[\%Si]_{计算}$		0.16	0.098	0.08		0.191	0.091	0.079

本实验在氧压、氧流量和炉渣碱度恒定的操作条件下，发现脱硅量对脱硅速度的影响显著，脱硅量愈大，脱硅速度则愈大，如图 2 所示。这实际上反映了传质控制的脱硅速度式 $\frac{-d[\%Si]}{dt}=\frac{FD}{V\delta}([\%Si]-[\%Si]^*)$ 中 $([\%Si]-[\%Si]^*)$ 项的影响。对于大多数实验炉次来说，终点硅含量 $[\%Si]^*$ 均在 0.10%下，可视为常数。这样，传质速度式与表观一级反应速度式 $\frac{-d[\%Si]}{dt}=k[\%Si]$ 的形式就一致了。因此，无论用传质速度式还是表观一级反应速度式，都可以解释脱硅量对脱硅速度影响显著的原因。

用计算机对工艺条件较为一致的 26 炉数据进行逐步回归，得出回归方程式：

$$\log v_{Si}=1.746+64.02\Delta[\%Si]$$

（相关系数 $r=0.907$，1%显著性水平下 $\gamma^*=0.496$）

这种回归方程可用来控制吹氧时间，称为脱硅速度法。

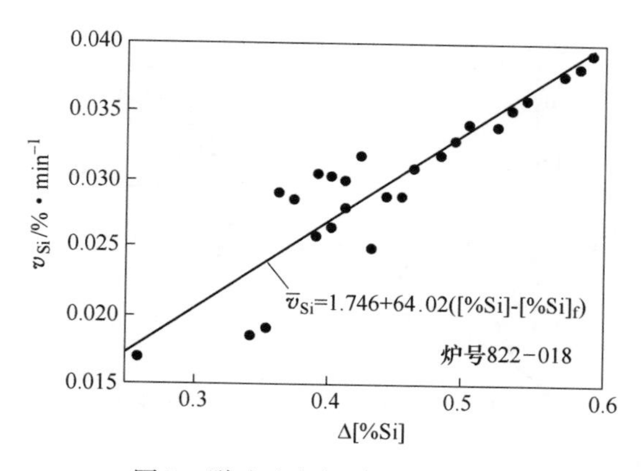

图 2　脱硅速度与脱硅量的关系

2.1.2　脱碳

吹氧 12~14 分钟，大多数炉次的脱碳量为 0.03%~0.09%，波动不大。

吹氧过程中硅、碳成分变化典型情况如图 3 所示。

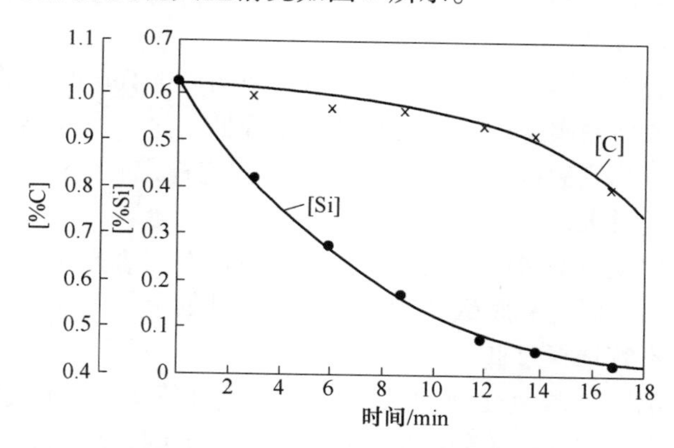

图 3　吹氧过程硅、碳成分的变化

当硅含量较高时，碳含量随时间的变化曲线比较平缓；而当硅含量降至 0.02%~0.05%以下时，脱碳速度会有较大幅度的提高，表现在图 3 中碳含量控制曲线变得陡峭。

实验表明吹氧后剩余硅含量对脱碳速度有显著影响，其回归关系式为：

$$\log v_C = -2.877 - 0.580\log[\%Si]_{终点}$$

（相关系数 $r=0.754$，1%显著性水平下 $\gamma^*=0.496$）

当剩余硅含量高时，脱碳受到抑制，这个结果，符合硅热法对脱硅控碳的工艺要求。从实验结果看，只要终点硅含量不低于 0.02%~0.05%，脱碳速度就不致过大，脱碳量便基本稳定在 0.03%~0.09%之间。对感应炉来说，吹氧时间定在 12~14 分钟，可以满足脱硅控碳的要求。

2.1.3　脱氮

吹氧前后钢液中氮含量有明显变化，平均脱氮率 36.78%，平均脱氮量 32ppm。脱氮率随脱碳量的增减而增减。大连钢厂生产性试验中脱氮率 η_{N_2} 与脱碳量也有此关系，如图 4 所示。

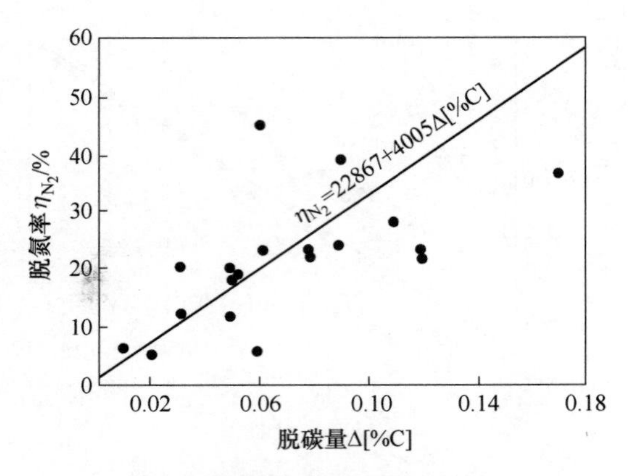

图 4　脱氮率与脱碳量的关系

大多数炉外精炼方法中，氮的去除是比较困难的，平均脱氮率约为 15%～30%[2]。硅热法有如此明显的脱氮效果，是由于真空下吹氧有利于脱碳的缘故。这对于提高精炼钢液的质量，无疑有着重要的意义。

2.1.4　工艺因素的影响

真空度对脱硅、脱碳的影响较大。真空室压力小于 200Torr 时，造成脱碳量过大，脱硅的氧气利用率低，致使脱碳速度增加而脱硅速度降低。这一实验结果对生产性实验有指导意义，它说明，为了达到脱硅控碳的效果，真空度应稳定在 250Torr 以上，盲目地提高真空度则会造成脱碳量过大，脱硅速度过小。

氧压对硅、碳氧化反应的影响甚大。在低氧压条件下吹氧操作，对钢渣界面的搅拌作用减弱，致使化渣不良，脱硅和脱碳速度均偏低，脱硅的氧气利用率也偏低。因此，采用硅热法工艺时，氧压不宜选择过低。

铬含量对轴承钢的硅—碳氧化还原关系没有实质性影响，不改变脱硅控碳的工艺规律。这一结果，符合根据轴承钢成分作出的硅—碳关系曲线，如图 5 所示。

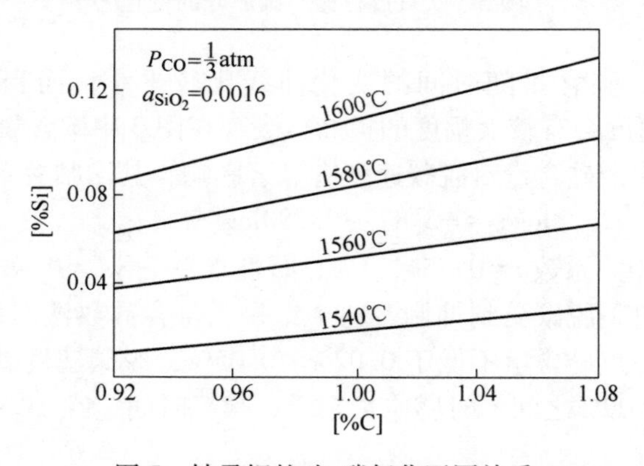

图 5　轴承钢的硅−碳氧化还原关系

2.1.5　控制方法

本实验采用氧浓差电池、热磁式氧分析仪和氧量法等多种方法来控制吹氧终点。

在46炉吹氧的炉次中，产生氧浓差电动势的有28炉，其中10炉碳含量在轴承钢规格之内（0.95%~1.05%）。氧电势一般应控制为1~15mV，不宜过高，实验中氧电势过高的4炉（350~650mV），终点碳含量过低（0.61%~0.81%）。

热磁式氧分析仪指示的O_2%含量的变化情况与氧电势的变化基本一致。由此看来，仪器控制的命中率还不够高，不如氧量法和脱硅速度法简便。在生产上要实现用氧浓差电池和热磁式氧分析仪稳定地控制吹氧终点，还需有一个探索阶段。

在此阶段应配置喷粉装置，以便对稍低于规格的炉次喷吹少量炭粉增碳。

氧量法可以方便地控制吹氧时间。耗氧量与脱硅量之间有明显的线性关系。对于真空感应炉：

$$Q_{O_2} = 0.1704 + 0.2235\Delta[\%Si]$$

对于VOD炉：

$$Q_{O_2} = 27.745 + 121.983\Delta[\%Si]$$

与实际值相比，误差很小，如表2所示。

表2　氧量法控制吹氧时间与实际值的比较

炉号 \ 数据	15-1098	15-1564	15-1577	16-1593	16-1604
$Q_{O_2实际}$	57.5	79	52	56.5	64.5
$Q_{O_2计算}$	53.36	77.7	58.24	60.68	59.46
$Q_{O_2差值}$	4.14	1.24	6.24	4.18	5.04
$t_{差值}$	49″	16″	1′30″	50″	59″

在工艺稳定时，氧量法有希望成为一种理想的简便控制方法。

用脱硅速度法来控制吹氧时间，既简便而又比较可靠。表3为用脱硅速度法求出的吹氧时间与实际值的比较，可以看出两者吻合得甚好。

表3　脱硅速度法求出的吹氧时间与实际值的比较

炉号	$t_{计算}$	$t_{实际}$	误差	炉号	$t_{计算}$	$t_{实际}$	误差
016	12′35″	14′	1′25″	024	12′32″	13′05″	33″
017	12′41″	13′	19″	025	11′40″	12′	20″
018	12′38″	13′	22″	027	12′28″	11′40″	48″
019	12′21″	12′20″	11″	028	12′50″	11′	1′50″
020	13′	14′	1′	029	12′38″	11′35″	1′03″
021	12′38″	14′30″	1′22″	030	12′50″	12′	50″
022	12′25″	12′40″	15″	031	12′41″	13′	19″
023	12′32″	12′40″	8″	032	12′32″	12′	32″

2.2 真空碳脱氧实验

2.2.1 不同坩埚的真空碳脱氧效果

实验中采用电熔镁砂和氧化铝两种材质的坩埚，真空碳脱氧的结果如表4所示。

表 4 真空碳脱氧的实验结果

材质	序号	炉号	极限真空度 /Torr	真空时间 /min	真空前 Σ[O] /ppm	真空后 Σ[O] /ppm	脱氧率 /%
氧化铝坩埚	1	822-021	19	20	152	70	53.9
	2	822-022	18	20	120	59	52.5
	3	822-023	21	20	65	37	43.1
	4	822-025	9	20	118	57	51.7
	5	822-026	20	15	57	46	19.3
	6	822-024	8	15	37	21	43.2
	7	823-002	2	14	82	53	54.7
	8	823-012	1	27	33	16	51.5
	9	823-014	1	15	25	21	16.0
	10	823-016	1.5	21	76	26	65.8
	11	823-020	1	30	28	14	50
电熔镁砂坩埚	1	823-004	1	25	30	36	增 20
	2	823-005	1	20	32	84	增 162.5
	3	823-006	1	17	17	16	5.9
	4	823-009	3.5	33	49.5	43.5	12.1
	5	823-022	1	23	31	22	29
	6	823-023	1	28	20	43	增 115

氧化铝坩埚中各炉次氧含量均未有回升现象。真空碳脱氧 14~30 分钟，钢液含氧量降低 16%~65.8%，平均脱氧率 45.6%，最低氧含量为 14~16ppm。对影响真空碳脱氧的诸因素进行逐步回归，得出如下关系式：

$$\log \sum [\mathrm{O}]_{\mathrm{f}} = 1.936 - 0.012t + 0.818\log \sum [\mathrm{O}]_0$$

$$\log\eta_{\mathrm{O_2}} = 1.397 + 0.016t + 0.370\log \sum [\mathrm{O}]_0$$

式中，$\sum [\mathrm{O}]_0$，$\sum [\mathrm{O}]_{\mathrm{f}}$ 分别为真空碳脱氧前后钢液氧含量，ppm；$\eta_{\mathrm{O_2}}$为脱氧率。回归结果表明，真空前钢液的含氧量和真空碳脱氧时间对终点氧含量有明显的影响。虽然在高氧浓度范围内真空碳脱氧的脱氧率高，但为了获得极低的终点氧含量，应适当降低真空碳脱氧前的氧含量并延长脱氧时间。

电熔镁砂坩埚中各炉间氧含量的变化趋势不尽相同，有降低的，也有回升的。为什么有些炉次会增氧呢？是坩埚供氧引起的吗？

镁砂坩埚向钢液供氧，其反应式为：

$$\mathrm{MgO_{(s)}} = \mathrm{Mg_{(g)}} + [\mathrm{O}] \qquad \Delta G^{\ominus}_{1600℃} = 54985\mathrm{cal}$$ [3]

实验所用真空度范围为 1~20Torr，若按 1Torr 计：

$$P_{\mathrm{Mg}} = \frac{k}{[\%\mathrm{O}]} = \frac{3.8 \times 10^{-7}}{[\%\mathrm{O}]} = 0.0013\mathrm{atm}$$

$$[\%O] = \frac{3.8 \times 10^{-7}}{0.0013} = 2.9\ \text{ppm}$$

计算表明，在硅热法的真空度条件下，MgO 坩埚向钢液供氧的限度是很小的（仅为2. 9ppm）。实验中氧化镁坩埚中某些炉次钢液含氧量回升，可能是由于这些炉次冶炼前曾用氧气切割，沾附在坩埚壁的残钢和残渣，在真空碳脱氧时这些含大量 FeO 的钢渣成为供氧源。

对 VOD 炉而言，没有切割钢渣的问题。因此，使用 MgO 或高铝桶衬时，真空碳脱氧的效果不会有大的差异。

2.2.2 真空碳脱氧过程的硅含量

轴承钢进行真空碳脱氧时硅含量应控制在什么范围，目前尚有争议[4]。从本实验结果看，硅含量在 0. 10%～0. 30%范围，真空碳脱氧仍然能进行，如表 5 所示。看来钢液中 0. 10%～0. 30%的硅含量未能显著地改变 CO 的生成条件，而影响真空碳脱氧的进行。

表 5 真空碳脱氧炉次的硅含量

炉号	坩埚材料	真空前硅含量 /%	真空后硅含量 /%	真空前氧含量 /ppm	真空后氧含量 /ppm	脱氧率 /%
822-021	Al_2O_3	0. 10	0. 13	152	70	53. 9
822-022	Al_2O_3	0. 095	0. 10	120	59	50. 8
822-023	Al_2O_3	0. 18	0. 20	65	37	43. 1
822-024	Al_2O_3	0. 20	0. 19	37	21	43. 2
822-025	Al_2O_3	0. 11	0. 14	118	57	51. 7
822-026	Al_2O_3	0. 14	0. 14	57	46	19. 3
823-002	Al_2O_3	0. 51	0. 42	82	53	54. 7
823-012	Al_2O_3	0. 22	0. 26	33	16	51. 5
823-014	Al_2O_3	0. 20	0. 24	25	21	16
823-016	Al_2O_3	0. 13	0. 10	76	26	65. 8
823-020	Al_2O_3	0. 22	0. 17	28	14	50
823-004	MgO	0. 21	0. 20	30	36	20（增氧）
823-005	MgO	0. 30	0. 31	32	84	162. 5（增氧）
823-006	MgO	0. 21	0. 19	17	16	5. 9
823-022	MgO	0. 18	0. 15	31	22	29. 0
823-023	MgO	0. 20	0. 15	20	43	115（增氧）

应该指出，真空碳脱氧时合适的硅含量应取决于产生 CO 和对钢洁净度的影响，而本实验仅讨论了硅含量对碳—氧反应的影响。因此，真空碳脱氧的合适硅含量问题，还有待于今后结合钢洁净度问题进一步研究。

3 结论

（1）按照硅热法的稳定工艺冶炼轴承钢，其化学成分是基本稳定的。1. 6%左右的铬含量对轴承钢的碳—硅氧化还原关系没有实质性影响，不改变脱硅控碳的工艺规律。

（2）硅热法工艺条件下的脱硅反应是表观一级反应。脱硅量对脱硅速度有显著影响，通过逐步回归得出的关系式可用来控制吹氧时间，结果与实际吻合。当硅含量降至0.02%~0.05%以下时，脱碳速度才会显著增加。

（3）真空度和氧压对硅热法工艺过程中脱碳反应和脱硅反应均有显著的影响。

（4）硅热法有良好的脱氮效果，平均脱氮率为36.78%，脱氮率随脱碳量的增加而增加。

（5）用氧量法和脱硅速度法控制吹氧终点简便易行，氧浓差电池和热磁式氧分析仪法还需要进一步稳定。

（6）依靠真空碳脱氧工艺，得到45.6%的平均脱氧率，有的炉次得到14~16ppm的低氧含量，可以认为真空碳脱氧是硅热法获得优良精炼效果的有力手段。

（7）在感应炉条件下，大约0.10%~0.30%的硅含量不影响轴承钢进行真空碳脱氧，但是真空碳脱氧时钢液含硅量多少为宜，须结合钢的洁净度进一步确定。

王林英、刘新发、陈伯平参加了全部实验，刘进文、李志耕、杜威、陈薇、杨济、赵保尔、费越参加了部分实验工作。

参考文献

[1] 张鉴等．炉外精炼的硅热法研究．北京钢铁学院，1980：9.

[2] Новак Л М, Лукутин А И, Самарин А М.—ВКМ: Физикохитическиеосновы лроизводства стали. М., Наука, 1968: 200~206.

[3] 曲英．炼钢学原理．冶金工业出版社，1980：240~256.

[4] Морозов А Н. Внелечиное вакуумирование стали, Металлургия, 1975: 203~209.

Technological Parameters and Their Theoretical Analysis in Ladle Refining of Ball Bearing Steel by Silicothermic Process

Zhang Jian　Li Renchao　Du Engong　Zhao Pei

(Beijing University of Iron and Steel Technology)

Ma Chunshan　Liu Youling

(Dalian Steel Works)

Abstract: The silicothermic process is studied for expending grades of steel for VOD units. This experiment includes the following problems:

(1) The suitable parameters of the silicothermic process for producing ball bearing steel and the effect of the chromium addition on both desiliconization and decarburization.

(2) The behavious of desiliconization and decarburization.

(3) On the availability of the control methods.

(4) The efficiency of oxygen removal in the vacuum carbon deoxidation and the factors affecting it.

低氧轴承钢的低真空与非真空精炼*

摘　要：本文介绍低氧轴承钢的精炼工艺及结果，其工艺过程是 EAF→低真空或非真空下吹氩搅拌→模铸。用此工艺得到了总氧量约为 10ppm 的轴承钢。该工艺的脱氧速度常数大于真空碳脱氧的速度常数。说明真空对脱氧来说并非必不可少。

关键词：脱氧；轴承钢；精炼

钢中氧含量对钢的力学性质有重要影响，因此，现代炉外精炼的一个重要任务是脱除钢中的氧。从冶金学评价一个精炼工艺的脱氧效果主要有两点：一是钢中最终氧含量；二是脱氧速度。而从经济学的角度则希望脱氧设备尽可能简单，成本低廉。

近年来，随着炉外精炼设备的不断改进和发展，包括低氧钢在内的纯净钢生产水平不断提高。尤其是日本，炉外精炼工艺流程一般由多台设备组成，各设备分工明确，所以可获得综合的清洁度指标[1~3]。但是，冶金工作者在设备多样化、功能单一化的今天，仍不断对原有设备或工艺进行改进开发，以更好地发挥其功能。本文将给出大冶钢厂四炼钢用原 60t VAD 设备在低真空或非真空无加热条件下生产轴承钢的结果，并与国外近年开发的几种相近工艺相比较。

1　国外新开发的几种简单的脱氧工艺

1.1　日本住友电力公司的阀簧钢钢包精炼工艺 SEI[4]

日本住友电力公司的阀簧钢钢包精炼工艺 SEI（Sumitomo Electric Industries）为日本的汽车工业提供弹簧钢。精炼设备是一个加密封盖的 30t 钢包；真空设备是一台机械真空泵；通过钢包底部的透气砖吹入氩气可对钢水进行搅拌；无钢水加热装置。钢包精炼工作压力为 0.1×10^{5}Pa，精炼时钢水面上覆盖低碱度精炼渣，搅拌功率控制在 95~195W/t。此工艺可在 10min 内将钢中的总氧量由 60ppm 降至 20ppm；降低精炼渣碱度有利于提高清洁度；搅拌功率由 95W/t 提高到 190W/t；表观脱氧速度常数由 0.25min^{-1}提高到 0.38min^{-1}；钢中最终氧含量在 20ppm 左右。

1.2　日本钢管京滨厂（神奈川）的 NK-PERM 工艺[5]

日本钢管京滨厂（神奈川）的 NK-PERM（Preasure Elevating and Reducing Method）工艺用于两种钢的脱氧：

（1）碳钢的脱氧过程：

减压下（0.5×10^{5}Pa）加入渣料→调整成分并加铝→大气压下向钢中加氮→抽真空

---

* 本文合作者：北京科技大学王平、马廷温，大冶特殊钢股份有限公司易继松、刘建新；原文发表于《钢铁》，1995，30（2）：19~22。

至 67Pa。

在上述过程，钢中氮含量最高达 150ppm，最终为 50ppm；钢中最终氧含量为 10ppm。

（2）不锈钢（SUS 316L）脱氧工艺：

低压下脱碳→还原→大气压下加氮→除渣→加渣料→加热造渣→脱气至 67Pa。

在上述过程中氮含量最高达 1500ppm，最终为 200ppm；钢中最终氧含量为 25ppm。

精炼过程的吹氩搅拌流量为 30~150L/min。实验证明该工艺脱氧速度常数是普通吹氩搅拌条件下表观脱氧速度常数的 2 倍。

1.3 VAJ（Shallow Vacuum Process）工艺的脱氧[6]

VAJ 是 VAD 的改型工艺。首先将原 VAD 真空罐内的真空度用空气喷射泵抽至（100~500）×133Pa，真空处理前钢中铝为 0.017%~0.058%，在抽真空的同时使用电弧加热，并用 340L/min 流量的氩气搅拌。其目的是利用电弧的高温与强烈的搅拌作用促进 Al_2O_3 的分解与 CO 的形成。即 $Al_2O_{3(s)}+3[C]=2[Al]+3CO_{(g)}$。

处理 15min 后中碳钢的脱氧率一般为 56%。钢中氧含量由 44~110ppm 降至 31~70ppm。

从上述结果看：SEI 工艺简单，脱氧速度较快，脱氧效果较好，设备投资较少；NK-PERM 工艺较复杂，反应速度快，脱氧效果相当好；VAJ 工艺不很复杂，但脱氧效果较差。

2 低真空与非真空条件下的脱氧

2.1 精炼设备

精炼设备使用大冶钢厂原 VAD/VOD 双联设备，但在试验中不使用其加热功能。原设备参数见表 1。精炼品种为轴承钢。

表 1 60t VAD/VOD 设备参数

Table 1 Specification of 60t VAD/VOD

项　目	VOD	VAD
类型	Witten 型	Finkl 型
容量/t	60	60
真空系统	6 级蒸汽喷射泵	6 级蒸汽喷射泵
工作真空度/Pa	67	67
搅拌方式	底吹氩，单透气砖	底吹氩，单透气砖
气体流量/$L \cdot min^{-1}$	30~100	30~100

2.2 试验精炼工艺流程

电炉粗还原→粗合金化→向钢包底加入铝块、脱硫合成渣→钢渣混出→吊入精炼工位→取样送分析→粗真空处理+吹氩搅拌（或吹氩搅拌）→合金成分精调→补加脱氧用铝 0.5kg/t→粗真空+吹氩搅拌（或吹氩搅拌）→至 1500℃停止精炼→铸锭。

2.3 炉渣控制

由于试验钢种为轴承钢，而对轴承钢疲劳寿命危害最大的是点状夹杂物。使用低碱度渣是消除钢中点状夹杂物的有效方法，因此试验用渣系与真空精炼用渣系完全相同，典型成分见表 2，一般要求 CaO/SiO_2 在 2 左右。

表 2 试验用精炼渣系

Table 2 Typical slag composition used in the test of ball bearing steel refining

成分	CaO	SiO_2	MgO	FeO	P_2O_5	Al_2O_3	S
精炼前/%	41.60	17.81	22.60	1.83	0.017	11.42	0.61
精炼后/%	41.15	18.02	22.70	0.73	0.016	12.60	0.75

2.4 精炼过程温度控制

对非加热条件下真空精炼的温度变化数据进行回归分析，得到：

$$T = 1596 - 1.68t \qquad (30\text{个样本}, R = 0.8) \tag{1}$$

式中，T 为钢水温度，℃；t 为精炼时间，min。

在真空精炼条件下精炼 40min 以上，一般可保证钢中总氧量小于 11ppm 左右。盖上真空盖在低真空和非真空条件下进行吹氩搅拌，不比真空下处理有更快的降温速度。因此可用式（1）预报精炼时的温度变化并确定精炼时间。

2.5 精炼过程的搅拌强度

非真空精炼时，氩气流量一般控制在 100L/min，由下式[7]计算并参照非真空搅拌时的流量，搅拌功应为 30W/t 左右。

$$E = \frac{6.18}{M_L}\left\{\frac{1}{2}T_R\left[3 - 5\left(\frac{p_b}{p_g}\right)^{2/5}\right] + T_t\left[1 + \ln\left(\frac{p_b}{p_t}\right)\right]\right\}Q$$

3 精炼结果

低真空及非真空条件下的精炼参数及脱氧结果见表 3 和表 4。

表 3 低真空精炼结果

Table 3 Refining results with shallow vacuum

序号	T[O] /ppm	真空度 /×1.33Pa	精炼起始温度 /℃	精炼结束温度 /℃	总精炼时间 /min
1	8.0	20.3	1571	1500	39
2	9.5	110	1592	1523	45
3	8.0	140	1578	1509	51
4	8.4	129	1632	1504	64
5	10.0	144	1582	1523	50
6	14	180	1600	1525	60

续表 3

序号	T[O] /ppm	真空度 /×1. 33Pa	精炼起始温度 /℃	精炼结束温度 ℃	总精炼时间 /min
7	12	210	1580	1505	52
8	13	220	1590	1510	53
9	11	120	1603	1517	50
10	8. 1	110	1629	1513	39

表 4　非真空精炼结果

Table 4　Refining results without vacuum

序号	氩耗 /L · t^{-1}	精炼时间 /min	初始温度 /℃	结束温度 /℃	T[O] /ppm	[H] /ppm
1		63	1592	1515	12. 6	1. 48
2	52	38	1600	1519	12. 4	1. 94
3	40	57	1610	1515	7. 1	2. 20
4	23	58	1595	1512	8. 7	2. 37
5	14	59	1617	1516	7. 9	1. 97
6	48	42	1622	1515	7. 7	1. 68
7	26	43	1578	1517	9. 6	1. 80
8	21	50	1602	1518	10. 2	2. 10
9		32	1580	1510	10. 9	2. 79
10		35	1552	1507	13. 3	1. 43
11	51	49	1602	1518	8. 2	1. 73
12	14	81	1629	1510	10. 4	2. 05
13	60	43	1611	1517	7. 0	1. 37
14	11	38	1559	1504	13. 0	1. 60

4　结果讨论

整理真空下铝脱氧钢数据，得到：

$$T[O] = (30 \sim 50)\exp(-0.02304t)$$ [8]

测定的精炼前钢中总氧量一般为 35 ~ 55ppm，可见，在真空处理铝脱氧轴承钢时，处理 50min，可保证钢中总氧量降至 12ppm 以下，即铝脱氧钢用 60t VAD 真空精炼的表观脱氧速度常数为 0. 026min^{-1}，根据钢包的几何条件得到脱氧的传质速度常数为 0. 0104m/min。将低真空与非真空精炼的最终氧含量与 60t VAD 精炼最终氧含量相比，其值几乎是相同的。由此可以断定，低真空与非真空精炼的脱氧速度与真空无关。

钢的脱氧方法有真空碳脱氧、沉淀脱氧和扩散脱氧。扩散脱氧速度较慢，工业生产中一般不使用。真空碳脱氧反应［C］+［O］$=CO_{(g)}$的产物为气体，且随着CO分压降低，钢中溶解氧可降至很低。但这种工艺需要投资巨大的设备，而且工业应用时脱氧速度太慢。因此，一般不采用单纯以真空碳脱氧为目的的真空精炼。

采用铝脱氧是目前使用最广泛的脱氧方法，通过合适的造渣，在1550℃左右的精炼温度下，当钢中铝超过0.010%时，可使钢中的溶解氧小于5ppm。但铝脱氧的产物是Al_2O_3，即使溶解氧很低，也并不意味钢中的总氧很低。而且Al_2O_3很容易聚集成团絮状大颗粒，经轧制后沿轧制方向延长，从而危害钢的力学性能。因此，对于铝脱氧钢，精炼的难点是如何去除钢中Al_2O_3夹杂物，从而降低钢中总氧量。

本工作通过简单的钢包吹氩处理，使钢中总氧量降至10ppm左右，达到了通常需要包括真空在内的精炼水平。这一结果说明：以获得低氧钢为目的的精炼，真空设备不是必需的。在非真空吹氩精炼过程中，［H］一般为5~7ppm，这对于大部分钢种是有害的。但对于无真空设备的精炼，钢中的氢可以通过后续的热加工过程扩散去除。本工作的钢材中氢含量见表4。

如前所述，非真空与低真空吹氩精炼处理轴承钢过程的脱氧速度不比在同一设备内的真空下精炼过程的脱氧速度慢。而60t VAD脱氧速度常数为0.0104m/min，表观速度常数为0.026min^{-1}。文献［9］介绍的几个真空碳脱氧时的脱氧速度常数在$1.2\times10^{-3}\sim2.274\times10^{-2}$m/min，而60t VAD处理铝脱氧钢的脱氧速度常数为5.76×10^{-2}m/min。可见对铝脱氧钢进行真空处理的脱氧速度比真空碳脱氧更快。又由于非真空处理铝脱氧钢不比真空处理铝脱氧钢的脱氧速度慢，而且最终钢中的总氧量也很低，因此可以说，使用非真空吹氩搅拌的方法对铝脱氧钢进行处理可以获得比真空碳脱氧更快的脱氧速度。

5 结论

（1）真空对脱氧及获得低氧钢来说不是必不可少的。

（2）低真空与非真空条件下对铝脱氧轴承钢进行处理可获得比真空碳脱氧更快的脱氧速率。

（3）低真空或非真空条件下处理铝脱氧轴承钢可获得最终总氧含量为10ppm的轴承钢。

参考文献

［1］Jun Eguchi et al. Proceedings of the Sixth International Iron and Steel Congress, Nagoya: ISIJ, 1990: 644.
［2］上杉年一．鉄と鋼，1988，74（10）：1.
［3］大西稔泰．鉄と鋼，1987，73（3）：11.
［4］Yamada K et al. Clean Steel3, Proceeding of Conference in Balatonfred, Hungary, 1986: 250.
［5］Yoshitera Kikuchi. Proceedings of the Sixth International Iron and Steel Congress, Nagoya: ISIJ, 1990: 528.
［6］Walter M Rebovoch. Iron and Steel Engineer, 1991, (April): 30.
［7］王平，马廷温，张鉴．钢包真空吹氩搅拌功率的估计．钢铁，1991，(5)：18~20.
［8］王平等．第一届全国炉外处理学术会议论文集，234.
［9］河合重德．鉄と鋼，1977，(13)：28.

Refining Process with Low Vacuum or without Vacuum for Ultra-Low-Oxygen Ball Bearing Steel

Wang Ping Ma Tingwen Zhang Jian

(University of Science and Technology Beijing)

Yi Jisong Liu Jianxin

(Daye Special Steel Co., Ltd.)

Abstract: This paper reports the refining process of ultra-low-oxygen ball bearing steel. The process is EAF→ argon stirring in a VAD ladle with low vacuum or without vacuum → ingot casting. Through these two processes, ball bearing steel with about 10 ppm total oxygen has been obtained. The deoxidation rate constant of the two processes is greater than that of vacuum deoxidation. The results show that the vacuum is not so necessary for the deoxidation.

Keywords: deoxidation; ball bearing; refining

超低碳钢种的真空氧氩炉外精炼*

摘　要：用旧有罐式真空脱气设备改造成的真空氧氩炉外精炼工业性试验装置，试炼了超低碳不锈钢、微碳电工纯铁和镍（钴）合金。通过试验证明：

（1）在氩气来源不足和生产钢种较多的特殊钢厂中，采用既能真空吹氧脱碳又能真空吹氩去气的真空氧氩炉外精炼设备是合理的；

（2）设备构成中采用水冷拉瓦尔喷枪吹氧，氧浓差电池控制吹炼终点，真空加料装置进行脱氧、造渣和调整成分，以及采用自动对中心的桶盖对保证精炼过程的顺利进行起了重要的作用；

（3）结合实际制定的精炼工艺可以保证有效地脱碳、去气，达到较高的铬回收率和得到优良的产品质量；

（4）此种精炼方法可以大幅度地降低成本、降低电耗和提高电炉的生产率；

（5）所得技术资料可以作为设计新的生产性设备的依据。

为了改变我国特殊钢厂超低碳钢种生产的落后状态，提高质量和产量，扩大品种及降低成本，本试验吸收国外先进经验，将工厂旧有罐式真空脱气设备改造成为真空氧氩炉外精炼工业性试验装置，并且克服了氧、氩和蒸气短缺的困难，成功地冶炼了超低碳不锈钢、微碳电工纯铁及镍（钴）膨胀合金等。现已基本掌握有关的工艺参数和控制检测手段。根据试验结果，所炼 34 炉钢中，按超低碳（≤0.03%C）要求冶炼的 31 炉钢中碳含量均已达到超低碳水平，超低碳成功率为 100%。所炼得的钢锭已轧制成材、丝、管等产品，提交用户使用，取得的技术经济效果显著[1]。本文将概括地介绍所用试验方法和试验结果。

1　试验方法和条件

1.1　设备

设备由抽气系统、精炼系统、检测系统及冷却系统所组成，其概观情况如图 1 所示。

本设备的主要特点是：

（1）包盖悬挂于罐盖下部，闭罐时它随罐盖下落，可自动对中盖于吹炼钢包上，因而有利于简化加盖操作。

（2）采用多仓式真空加料装置，可以在较高的真空度下依次加入多种材料。而且吹入氧气、排出废气及加入材料共用包盖顶部同一孔道，因而设备简单紧凑，有利于防溅、防热和延长包盖寿命。

---

* 本文合作者：北京钢铁学院杨念祖、赵凤林，大连钢厂庄亚昆、范金铭、任福林、肖永成；原文发表于《北京钢铁学院学报》，1981，（1）：28~39。

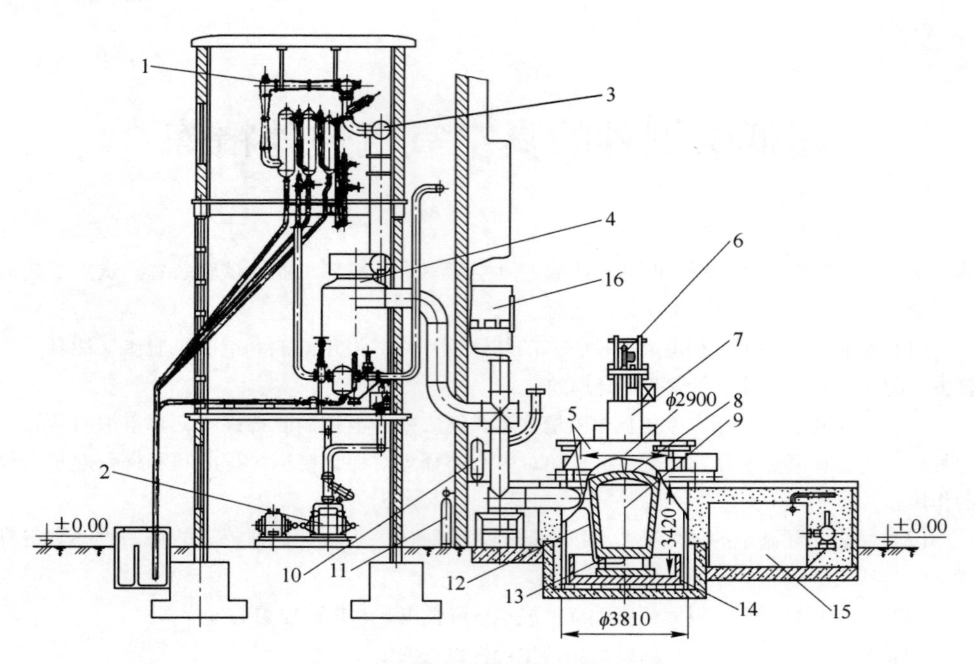

图 1　真空氧氩炉外精炼设备概观图

1—蒸汽泵；2—水环泵；3—真空管道；4—除尘器；5—真空罐体及盖；6—氧枪；7—真空加料装置；8—包盖；9—吹炼钢包；10—氧气气水分离器；11—氩气瓶；12—通氩管；13—透气砖；14—防漏盖；15—冷却水箱及水泵；16—仪表操作室

（3）采用水冷拉瓦尔喷枪吹氧[2]。氧枪的设计马赫数为 3。扩张半角为 5°，喉径为 ϕ10mm，出口径为 ϕ20. 5mm。氧枪距钢水面的高度为 1. 0m 左右。由于从这种氧枪喷出的氧气射流速度为超音速，在入口压强不高的条件下也可以获得较大的射流全压，因而允许在氧气压强较低和离钢水面较远的情况下吹氧，所以在不易获得高压氧气的特殊钢厂采用是极为适宜的。拉瓦尔氧枪采用水冷则可以大大地增长其使用寿命（日本不锈钢拉瓦尔氧枪使用寿命为 5 炉[3]，而水冷拉瓦尔氧枪使用 34 炉后，尚完好无缺）。

（4）为了控制吹炼过程，采用氧浓差电池为主，废气温度计和真空计为辅的废气检测系统[4]。

1. 2　工艺及过程控制

在高铬钢水的脱碳理论指导下，分析研究国外 VOD 法的操作经验，并考虑大连钢厂真空度较低和氧气压强不高的情况，经过多次实践制定了切合实际的真空氧氩精炼工艺流程，如图 2 所示。

正常进行精炼过程的关键是正确地控制初炼钢水的成分和开吹温度，采用合理的真空吹炼参数及准确地控制吹炼终点。

初炼钢水的碳含量主要取决于桶衬和透气砖材料的质量，耐火材料质量高时，可将碳含量控制高一些，这样有利于更多地使用高碳铬铁。在目前耐火材料质量不高的条件下，开吹碳含量以控制在 0. 3%~0. 4%为宜。铬含量控制在上限。硅含量不应太高，否则会使冶炼时间拖长，实际硅含量控制在 0. 4%以下。硫、磷含量应低于规格。电炉出钢时，利

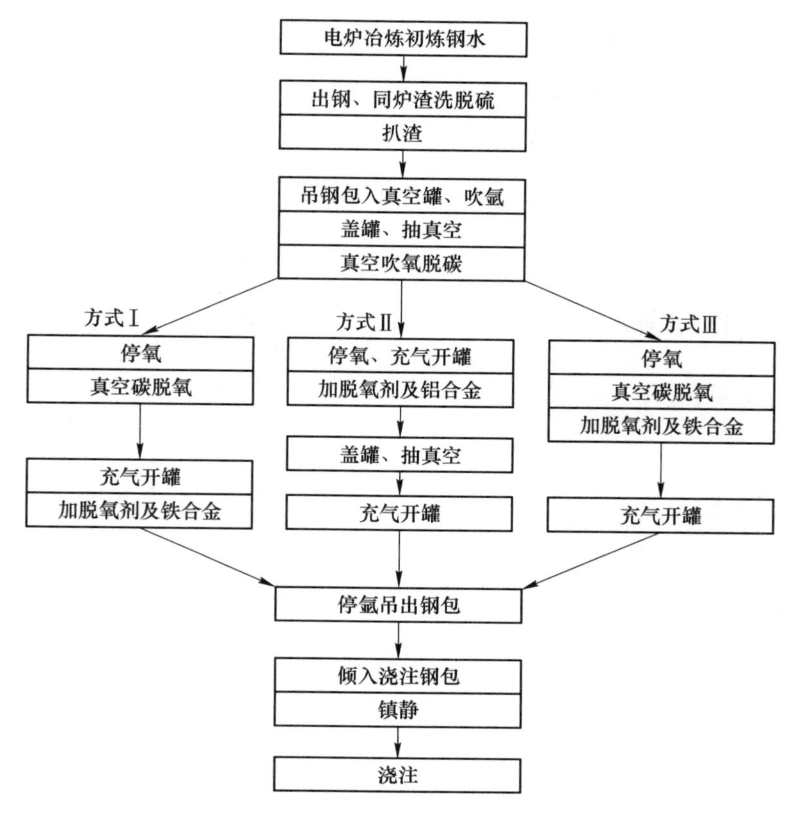

图 2 真空氧氩炉外精炼工艺流程

用同炉渣洗可进一步把硫降低（≤0.015%）。然后，从钢包扒除炉渣，以便吹炼时氧气流可以与钢液面直接反应。同时，扒渣还可以防止回硫。此后，将钢包吊入真空罐内，通氩气搅拌钢水，开始抽真空，当真空度达到 100～150Torr 时，开始吹氧，此时氧压为 5～6kgf/cm^2，氧枪距钢水面高度为 1.0m 以上，吹炼过程中固定不动。开始吹氧的温度随钢种和碳含量而异：吹炼超低碳不锈钢时取浇注温度的下限或稍低，而吹炼纯铁及不含铬的合金时，则应略高于浇注温度，实际开吹温度控制在以下范围：不锈钢是 1550～1580℃；纯铁是 1580～1620℃；镍（钴）合金是 1560～1570℃。

本实验用氧浓差电势 E、真空度 P 及废气温度 t 的变化控制精炼过程，其控制实例如图 3 所示。停氧后的操作有三种方式（见图 2），实践证明，方式Ⅲ的效果较好。

为了摸清钢液成分、钢中气体和炉渣成分的变化规律，于吹氧前、吹氧后、脱氧前、倒包前、后、浇注中和钢坯上各取钢样、气体样和渣样，并进行相应的分析检验。与此同时，还在不同时期用热电偶测量了钢水温度。气体用气相色谱法分析，碳含量用电导法分析，并用标准样核对。

2 试验结果及讨论

真空氧氩炉外精炼的特点是：在铬的氧化量极少的条件下，可以用碳素铬铁生产出超低碳不锈钢等钢种，在真空下吹氧脱碳和大量吹氩的结果可以大量降低钢中氢、氮等气

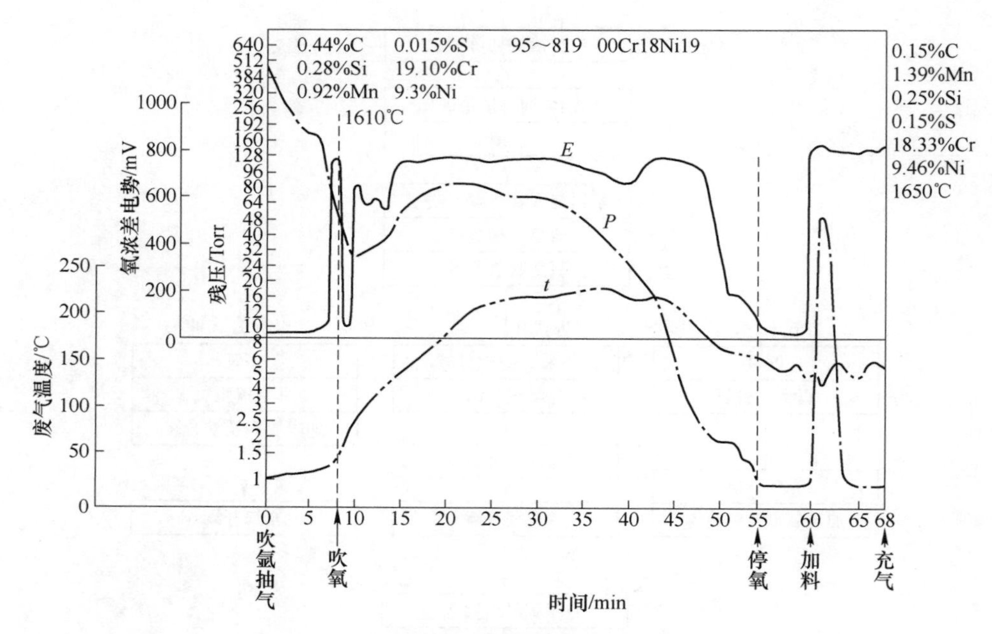

图 3 真空氧氩炉外精炼过程的控制实例

体，从而可以提高钢材的质量和产量，显著地降低成本。下面分别加以讨论。

2.1 极低的碳含量

所炼 34 炉钢中，31 炉按超低碳（C0.03%）钢种冶炼者均达到了规定要求，其碳含量波动范围如表 1 所示。

表 1 所炼钢种的碳含量范围

钢种	精炼后碳含量/%	成品碳含量/%
纯铁	0.002～0.012	0.004～0.016
不锈钢	0.009～0.024	0.014～0.030
镍（钴）合金	0.006～0.013	0.013～0.017

除此之外所得临界碳含量与有关的文献数据对照见表 2。

表 2 临界碳含量

精炼设备	日本 20kg 真空感应炉[5]	联邦德国 40t VOD[6]	日本 50t SSVOD[7]	本实验（13t VOD）
临界碳含量/%	0.05～0.15	0.04～0.06	0.01～0.03	0.012～0.030
氧枪形式和搅拌条件	直管氧枪，不吹氩	直管氧枪，吹氩	多透气砖，吹氩	拉瓦尔氧枪，吹氩
钢水温度/℃	1600～1800	1650～1700	1600～1760	1710～1800

所谓临界碳含量就是在一定温度下，脱碳速度与碳含量无关的高碳区和脱碳速度随碳含量而降低的低碳区之间的交界碳含量[8]。临界碳含量在一定程度上标志着精炼设备的脱碳能力：临界碳含量低，说明精炼设备的脱碳能力强，临界碳含量高，说明精炼设备的脱碳能力弱。从表 2 对照看出，在温度和真空度差别不大的条件下，20kg 真空感应炉的临界

碳含量最高，联邦德国 40t VOD 其次，本实验与强搅拌 VOD 所得临界碳含量最低。20kg 真空感应炉的临界碳含量其所以高的原因是没有采用吹氩搅拌，CO 气体缺少气相核心所造成；联邦德国 40t VOD 的临界碳含量较高的原因是采用了搅拌能力较弱的水冷直管氧枪所致；强搅拌 VOD 的临界碳含量其所以低是由于用多个透气砖加强吹氩搅拌所引起；本实验中所得临界碳含量之所以也较低，主要是由于采用了水冷拉瓦尔氧枪。水冷拉瓦尔氧枪有利于脱碳的原因是：

（1）从氧枪出来的氧气射流速度为超音速（马赫数为 3），具有较大的射流全压，造成的液坑较深，因而氧气射流与钢液的接触面积较大。

（2）超音速射流的搅拌能力较大，有利于加速碳、氧的扩散。

（3）超音速射流喷溅起大量钢珠，使其处于容易脱碳的状态。为了说明这个问题，可看图 4。以高铬钢水的脱碳为例，当进行下述反应时：

$$Cr_3O_{4(固)} + 4[C] \Longrightarrow 3[Cr] + 4CO \tag{1}$$

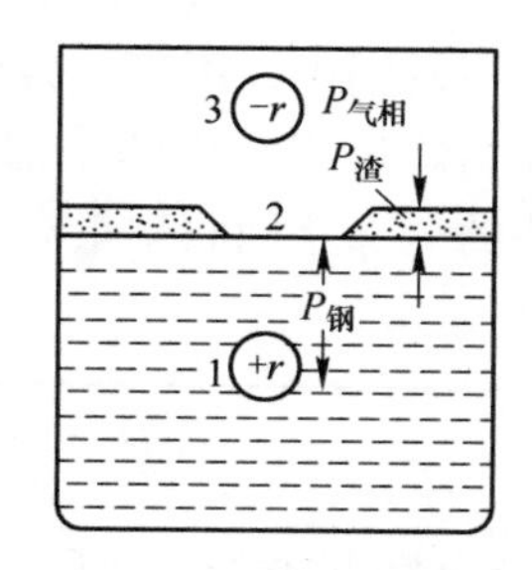

图 4　CO 气体所处的三个部位

在熔池内部，要产生 CO 气泡，必须克服气相压力 $P_{气相}$、炉渣压力 $P_{渣}$、钢液静压力 $P_{钢}$ 和表面张力 $\frac{2\sigma}{r}$，即：

$$P_{CO} \geqslant P_{外} = P_{气相} + P_{渣} + P_{钢} + \frac{2\sigma}{r} \tag{2}$$

因此，熔池内部的脱碳条件最为不利，真空的作用不能全部发挥出来。

在钢液表面进行脱碳时，情况就不一样，这时不仅无渣钢压力，而且 $r \to \infty$，$\frac{2\sigma}{r} \to 0$，脱碳反应主要取决于 $P_{气相}$，因而可将式（2）写为：

$$P_{CO} \geqslant P_{气相} \tag{3a}$$

真空度愈高（$P_{气相}$愈小），与气相接触的钢液表面越大，钢中碳含量应当愈低。因此，钢液表面的脱碳反应容易达到平衡，真空的作用可以充分地发挥出来。

当钢液被氧气射流喷溅成钢液珠处于悬空状态时，情况就更不一样。这时钢珠表面的脱碳反应不仅不受渣钢压力的限制，而且由于界面半径 r 由钢液包围气泡的正值（$+r$）变为悬空状态下气体包围钢珠的负值（$-r$），结果钢液表面张力所产生的压力也变为负值 $\left(-\frac{2\sigma}{r}\right)$，它不但不会妨碍脱碳，而且还会促进脱碳反应的进行，由此可将式（2）写为：

$$P_{CO} \geqslant P_{气相} - \frac{2\sigma}{r} \tag{3b}$$

这种条件下的脱碳反应不仅容易达到平衡，而且还有可能超过平衡，因而有可能在泵的极限真空度以上发挥真空的作用。

在钢珠内部，由于温度降低，碳和氧的溶解度降低，会产也 CO 气泡，产生的最小压力为：

$$P_{CO} \geqslant P_{气相} + \frac{2\sigma}{r} \tag{3c}$$

CO 气泡的作用在于使钢珠膨胀，而气相压力和表面张力的作用在于使钢珠收缩，当

P_{CO}超过钢珠外壁强度后，就会发生钢珠的爆炸[9]，而形成更多更小的钢珠，这反回来又会促进碳氧反应的快速进行。这种现象不仅在真空氧氩精炼中能够发生，在大气下进行炼钢中也是屡见不鲜的。

从以上分析看出，本实验超低碳成功率之所以为100%，成品碳含量和临界碳含量之所以较低，是与拉瓦尔喷枪将钢液较多地喷溅成钢珠，使其处于容易脱碳的状态分不开的。

2.2 较高的铬回收率

国外有关真空吹氧精炼不锈钢中铬回收率的数据如表3[10~12]所示。它说明真空吹氧精炼不锈钢中，因工艺条件不同，铬的回收率一般波动于97.5%~100%之间，而包括初炼炉和精炼过程在内的全部铬回收率波动于93%~96%之间，其中新日铁室兰炼钢厂 RH-OB 法的全部铬回收率最高（96%）。

表3 国外不锈钢真空精炼中的铬回收率

厂　别	铬的回收率/%	
	真空精炼	初炼+精炼
联邦德国南威斯特伐利厂（VOD）	97.5	
日本住友钢管厂（VOD）	100	93
日本川铁（VOD）	98	93
新日铁室兰（RH-OB）	99	96

但我们前期的试验结果是，真空吹氧精炼中铬的平均回收率为96.16%，包括电炉和精炼过程在内的全部铬回收率为90.52%。与一般电弧炉冶炼不锈钢的铬回收率85%~93%相比，铬的回收率是比较高的，但与空吹氧精炼的国际水平相比是低了一些。低的原因是：

（1）真空度较低。我们在实验中前期所用真空度与国外一些厂对比（见表4）是较低的，结果使铬的回收率受到很大的影响。吹氧时平均真空度对铬回收率的影响如表5所示。真空碳脱氧时的极限真空度对精炼后铬回收率的影响如表6所示。它表明真空度越高，精炼后铬的回收率愈高。所以，提高真空度是从工艺角度提高铬回收率的有力手段。

表4 本实验与国外一些厂真空吹氧精炼中所用真空度

厂　别	真空度/Torr	
	真空吹氧脱碳	真空碳脱氧
日本住友钢管厂 50t VOD	50~100	0.8~1.2
联邦德国 Witten 公司 40t VOD	20~60	5
本实验的 13t VOD	前期 150~280 后期 50~150	1~3—30~120

表5 吹氧时平均真空度对铬回收率的影响

时　间	1978年上半年	1978年下半年
平均真空度/Torr	64~212	27~160
平均铬回收率/%	94.75	97.1
炉数	4	6

表 6 极限真空度对精炼后铬回收率的影响

开吹碳含量（%C）	0.39~0.41		0.37		0.27~0.33		
极限真空度/Torr	14	6	38	2	3	1	0.5
精炼后铬回收率/%	95.1	97.5	91.5	97.5	94.5	96	100

（2）吹氧量过多。吹氧量过多时，除脱碳外，必然要氧化其他金属。不锈钢中铬含量较多，处于优先受害的位置。表 7 中的数据说明了每吨耗氧量对精炼后铬回收率的影响，吹氧量过多不仅消耗了氧气，而且还使铬的烧损增多，所以吹氧量应当适当，而不应过度。对开吹碳含量 0.3%~0.4%来说，根据本次实验结果，每吨耗氧量 8~10Nm^3/t 应该是能满足脱碳需要的。因此，在真空吹氧脱碳的后期，当钢水碳含量已经接近临界碳含量时，应该适当地减少供氧量，以免造成大量的铬损失。

表 7 每吨耗氧量对铬回收率的影响

每吨耗氧量/$Nm^3 \cdot t^{-1}$	8.2~11.6	12.1~17
精炼后平均铬回收率/%	96.83	95.14
炉数	6	4

（3）对电炉初炼渣和精炼渣还原不够充分。根据对一些渣样的分析结果，有些电炉初炼渣中还含有 4.4%~14.6%的 Cr_2O_3，精炼渣中含 Cr_2O_3 更多，大体为 5.4%~19.03%。精炼渣中（%Cr_2O_3）与精炼后铬回收率的关系见表 8。表中数据表明，做好电炉初炼渣和精炼渣的还原工作是提高铬回收率的有效工艺手段，而添设真空下加料的设备则是刻不容缓的。

表 8 精炼渣中（%Cr_2O_3）与精炼后铬回收率的关系

倒包后的（%Cr_2O_3）	5.40~7.10	10.6~19.03
精炼后平均铬回收率/%	96.75	92.2
炉数	2	3

（4）炉渣碱度低。如图 5 所示，随着炉渣碱度的增高，炉渣中（%Cr_2O_3）是降低的。但本实验中大多数炉渣的碱度小于 2，这就是铬回收率低的一个重要原因。所以，电炉出钢前和真空吹氧后造碱度大于 2 的还原渣，是提高铬回收率的另一重要工艺措施。

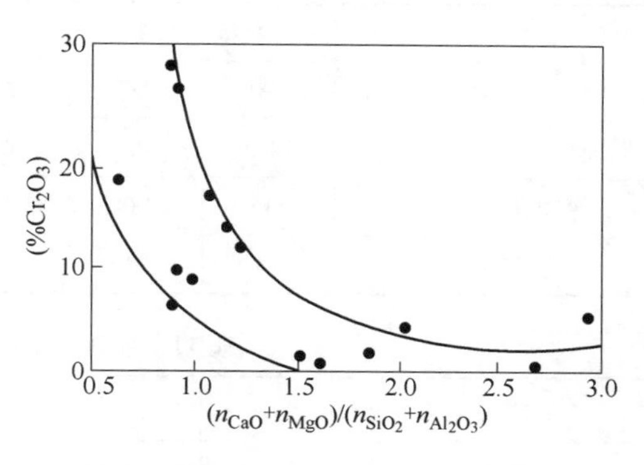

图 5 碱度对渣中（%Cr_2O_3）的影响

还应指出，不少研究结果[11, 12]证明，停氧时碳含量越低，铬的回收率越低。本实验结果正是停氧碳量低和超低碳比例高的类型，这也是本实验铬回收率低的重要原因。

综上所述，提高铬回收率的工艺措施是：提高真空度，适当控制供氧量，做好电炉初炼渣和精炼渣的还原工作，保证以上两种渣子的碱度大于 2，并尽可能在真空下进行精炼渣的还原。

采取以上措施，特别是后期设置真空加料装置，采取在真空下加脱氧剂、渣料和合金材料后，铬的回收率大有提高（见表 9）。

表 9 采取真空加料等措施后的铬回收率

炉号	95808	95819	95945	平均
铬的回收率/%	96.9	97.3	98.9	97.7

表中数据表明，采取上述措施后铬回收率接近国际水平。应该指出，表 3 所列日本一些厂家铬回收率之所以较高，是与他们的产品有很大比例不是超低碳钢分不开的。

2.3 显著的去气效果

真空精炼过程中去除气体的效果非常显著。对纯铁来说，平均去氢率为 78.9%，平均去氮率为 32%，对不锈钢来说，平均去氢率 66.65%，平均去氮率 19.36%。现将去气的条件分别叙述如下：

（1）影响去除氢气的因素是：设备的状态和工艺因素。试验证明，设备处于完好状态，则去氢效果好。设备出故障或长期不用，再使用时，去氢效果就差。所以，保持设备于完好干燥状态，是保证去除氢气的必要条件。

在工艺方面，试验证明，吹炼前钢水氢含量愈高，吹炼后钢水中残留氢量愈高，因此，不能因为真空吹氧精炼的去气效果非常显著就放松对原材料的管理干燥工作。另外，表 10~表 13 分别说明，在相近的原料和天气湿度条件下，真空精炼的平均真空度愈高，去氢的效果愈好；脱碳量愈大，有效脱碳速度愈大，则去氢率愈高；每吨钢耗氩量愈大，去除氢气的效果愈好。因此，为了保证去除氢气，要提高真空度，在包衬寿命允许的条件下，提高初炼钢水的碳含量，在有条件的地方，加大吹氩量。提高真空度、增大脱碳量和加大吹气量其所以对去氢有利，是因为这些因素均有助于降低氢气的分压力 P_{H_2}，根据平方根定律（ $[H]=K_H\sqrt{P_{H_2}}$），P_{H_2}的降低必然会引起钢中氢含量的降低。

表 10 平均真空度对去氢率的影响（不锈钢）

月．日	4.15，4.24		10.18		10.16		9.12，10.15	
炉号	190	237	1274	1273	1261	1262	1062	1256
吹前［H］/mL · 100g^{-1}	12.3	14.8	12.2	11.95	10.9	10.2	8.91	9.25
平均真空度/Torr	115	188	24	170	77	97	36	147
去氢率/%	73	71	72.2	70.7	64	59.5	67.6	63.5

表 11 脱碳量对去氢率的影响（不锈钢）

精炼平均真空度/Torr	115~188	77~170
脱碳量/%	0.341~0.50	0.297~0.318
平均去氢率/%	69.67	64.7
炉数	4	3

表 12　有效脱碳速度对去氢率的影响（不锈钢）

有效脱碳速度/$\% \cdot min^{-1}$	0.0148~0.0156	0.0122~0.0125	0.0110~0.0114	0.00975~0.0099
平均去氢率/%	72.1	70.56	65.93	63.75
炉数	2	3	3	2

表 13　每吨钢耗氩量对去氢率的影响（不锈钢）

每吨钢耗氩量/$Nm^3 \cdot t^{-1}$	0.523~0.77	0.45~0.51	0.28~0.42
平均去氢率/%	70.3	69.75	64.4
炉数	2	2	6

真空吹氧脱碳中虽能大量去氢，但在后期脱氧、造渣、调整成分、倒包和浇注操作中，由于钢水和大气接触及原材料带进部分水分，钢中氢含量又会增加起来。表 14 说明在精炼后的操作中，钢中的增氢是相当可观的。但从表中也可以看出不锈钢在真空中进行脱氧时，增氢较少，而在大气下进行脱氧时，则增氢相当严重。所以，为防止精炼后期增氢，在真空下进行后期的脱氧、造渣、调整成分等操作，并采取保护浇注措施是十分必要的。

表 14　真空精炼后钢水的增氢率

钢　种		纯铁	不　锈　钢	
			真空下脱氧	大气下脱氧
增氢率/%	脱氧后	89.63	7.6	21.6
	倒包后	155	16.03	87.3

（2）与影响去氢的因素一样，提高真空度，在条件许可的情况下加大脱碳量，在有条件的地方加大吹氩量，都可以提高脱氮效果。

和增氢一样，在精炼后期也会增氮。与精炼后氮含量相比，其增加情况见表 15。

表 15　脱氧和倒包过程的增氮

钢种		纯铁	不　锈　钢				
工艺特点		大气下脱氧	大气下脱氧未加 FeTi	大气下脱氧 FeTi 加于浇注钢包中（40~50kg）	大气下脱氧 FeTi 加于精炼钢包中（50~250kg）	大气下加 FeTi，并第二次抽真空（50~300kg）	大气下脱氧，并第二次抽真空后加 FeTi（250~300kg）
增氮率/%	脱氧后	28.96	6.35	9.63	4.97	2.16	-14.5
	倒包后	47.8	30.19	15.4	超过-15.5	4.75	-13.83

表 15 说明，在大气下脱氧且不加 FeTi，增氮比较严重，这与高温下纯铁和不锈钢中氮的溶解度较大（含铬不锈钢由于铬降低氮的活度，对氮的溶解度更大），在与大气接触时吸氮有关。当大气下脱氧并向浇注钢包中加 FeTi 后，增氮大为减弱，这可能因钢中溶

液的 N 和 Ti 形成 TiN，在倒包过程中，由于渣钢混冲，TiN 进入渣中，使增进的部分氮被去除所致。当 FeTi 加入精炼钢包时，由于 Ti 早已溶解于钢中与氮充分地进行了反应，当倒包时，TiN 的去除就更为显著，所以去除的氮量超过增进的氮量，结果还脱去了 15.5%的氮。二次抽真空前和二次抽真空后加 FeTi 的去氮效果也不一样，前者由于长时间作用，溶解于钢中的钛消耗较多，以 TiN 去除的氮量较少，所以在倒包时，钢中氮含量还存少量增加（4.75%），而后者由于加 FeTi 较晚，倒包过程中钢液的残钛较多，所以有相当数量的氮被去除。以上说明：加 FeTi 可以防止不锈钢增氮，在不同的加 FeTi 方案中，以二次抽真空后加 FeTi 的方案效果最好。但为防止后期增氮，对大多数不含 Ti 的不锈钢来说，应采取真空下加料和保护浇注措施。

（3）精炼过程的脱氧效果十分显著。真空吹氧脱碳后钢中碳含量很低，纯铁为 0.0020%~0.0070%，不锈钢为 0.009%~0.010%。与此相应，钢中氧含量则很高，纯铁为 0.1408%~0.212%，不锈钢为 0.1303%~0.1708%。但经脱氧、长时间吹搅拌、倒包和浇注前的镇静等操作，最后钢坯的氧含量纯铁为 0.0030%~0.0052%，脱氧率达 97.6%~98.2%，不锈钢为 0.0031%~0.0038%，脱氧率达 97.8%，这与扩散和沉淀脱氧、吹氩和倒包搅拌及镇静的综合作用是分不开的。

2.4 优良的产品质量及显著的经济效果

真空氧氩精炼后，钢的质量有很大的提高，表现在：（1）不锈钢的晶间腐蚀和机械性能都超过了相应技术标准的要求。（2）纯铁和不锈钢的低倍组织致密，一般疏松和偏析不超过 0.5 级，没有中心疏松。（3）消除了镍（钴）合金钢锭的上涨废品，并且明显地改善了镍（钴）合金的热锻性能，消除了热锻碎裂废品。（4）纯铁和镍（钴）合金的特殊物理性能很好[1]。电工纯铁的磁感应强度和最大磁导率很高，矫顽力很低，并且磁时效倾向很小，达到了超级、特级水平。

真空氧氩精炼的经济效果是[1]：超低碳不锈钢成本可降低 45%，镍（钴）膨胀合金成本可降低 54%。由于冶炼时间缩短 1~2 小时，超低碳不锈钢冶炼用电可降低 25%，镍（钴）膨胀合金用电可降低 65%。冶炼超低碳不锈钢可提高电炉生产率 45%。

3 结论

真空氧氩炉外精炼试验证明：

（1）在氩气来源不足和生产钢种较多的钢厂中，采用既能真空吹氧脱碳又能真空吹氩去气的真空氧氩炉外精炼设备是合理的。

（2）设备构成中采用水冷拉瓦尔氧枪吹氧，氧浓差电池控制吹炼终点，真空加料装置进行脱氧、造渣和调整成分，以及采用自动对中心的包盖，对保证精炼过程的顺利进行起了重要的作用。

（3）结合实际制定的精炼工艺可以保证有效地脱碳、去气、达到较高的铬回收率和得到优良的产品质量。

（4）水冷拉瓦尔氧枪造成的巨大液坑表面积、引起的强烈搅动和喷溅起的大量钢珠是冶炼超低碳钢的极好条件。

（5）保证铬回收率高的条件是：提高真空度，控制合适的供氧量，使初炼渣和精炼渣的碱度不小于2，以及在真空下进行脱氧造渣等操作。

（6）为了更好地去除气体，应使精炼设备处于干燥和完好状态，加强原材料的管理工作，提高真空度，适当增大脱碳量和供氩量，并采取真空加料和保护渣浇注措施。

（7）此种精炼方法可大幅度降低成本、电耗，并提高电炉的生产率。

全部的试验研究工作由北京钢铁学院及大连钢厂组成的炉外精炼小组完成。

参考文献

[1] 特殊钢的真空氧氩炉外精炼．大连特殊钢，1979，(2)．

[2] 真空氧氩炉外精炼中的气液反应．大连特殊钢，1979，(4)．

[3] 真空精炼中氧气射流的特性．大连特殊钢，1979，(1)．

[4] 真空氧氩炉外精炼终点的控制．大连特殊钢，1979，(3)．

[5] 中西恭二等．鉄と鋼，1973，12：1523~1539.

[6] Otto J 等．Stahl and Eisen，1976，(20)．

[7] 岩冈昭二等．鉄と鋼，1977，(2)：A1~A4.

[8] 关于真空氧氩炉外精炼过程中几个问题的讨论．大连特殊钢，1979，(2)．

[9] Richardson F D. Drops and Bubbles in Steel Making. Trans. ISIJ，1973，13 (6)．

[10] Baum R 等．Proceedings of the 5th International Symposium on Electroslag and Other Special melting Technologies，part2：608~613.

[11] 制钢技术の现状と今后の展开．第27，28回西山纪念技术讲座：5~43.

[12] 小谷良男等．鉄と鋼，1975，15：3149~3155.

The Deoxidation Process of GCr15 Steel*

Abstract: It is shown that the average [O] in the steel can be decreased to 12.86 ppm and there is an optimal [%Si] at the end of melting as 0.11%, at which [O] after vacuum carbon deoxidation (VCD) is minimum. A kinetical model has been deduced to simulate the VCD process. The results show that adding Si before Al is superior to the adding Al before Si with respect to the final [O] in the steel. It is suggested that the melting point of covering slag should be lower than 1550℃, and (FeO+MnO) should be less than 1%, so as to effectively refine GCr15 steel.
Keywords: deoxidation; optimal silicon content; covering slag; refining

In secondary refining of bearing steel, there are two kinds of deoxidation: vacuum carbon deoxidation and procipitation deoxidation with silicon and aluminimum. The former has the merit of leaving no nonmetallic inclusions in steel, yet it can not reduce the oxygen content in the steel to the required level. As regards precipitation deoxidation, there are different opinions about the removal of deoxidation products. The refining process with covering slag developed rapidly in recent years is very valid for removing the oxides in molten steel[1-3], so much attention should be paid to it.

On account of the above mentioned, a study on the deoxidation process of bearing steel has been carried out in 50kg vaccum induction furnace in order to search after the reasonable parameters for VCD process.

1 Experimental Method

1.1 Experimental Conditions

All experiments have been carried out in a 50kg vaccum induction furnace. The crops of GCr15 steel products are used for the charge, which is melted in an electroremelted magnesia crucible. The temperature of steel before refining is 1678±10℃. The flow rate of argon for stirring is 1NL/min. The pressure in the furnace is less than 0.133kPa.

1.2 Variants of Deoxidation

There are two variants of deoxidation as follows:

(a) VCD→ deoxidation with Al→ refining with covering slag under atmosphere →adding FeSi at the later stage of refining.

(b) VCD→ deoxidation with FeSi → deoxidation with Al→ refining with covering slag under

* 本文合作者：北京科技大学蔡怀德、佟福生、张炳成，西宁钢厂曲殿楼、时立永、张明义；原文发表于 "Journal of University of Science and Technology Beijing", 1989, 11 (6): 493~500。

atmosphere.

$CaO \rightarrow Al_2O_3 \rightarrow CaF_2$ system is used as covering slag, slag and alloys were dried at 400-500℃.

2 Experimental Results

2.1 Change of Oxygon in the Steel with Time during VCD

The change of oxygen in the steel with time during VCD is shown in Fig. 1. It is seen that the oxygen content in the steel can be reduced to less than 20ppm (mean [O] = 12.86ppm) after more than 10min, but when the treating time exceeds 15min, the oxygen content in the steel nearly remains unchanged. However, as observed in the experiments, molten steel boils all the time during VCD. This fact shows that there must be sources supplying oxygen to the molten steel at the later stage of VCD, otherwise, it is impossible to keep [O] constant.

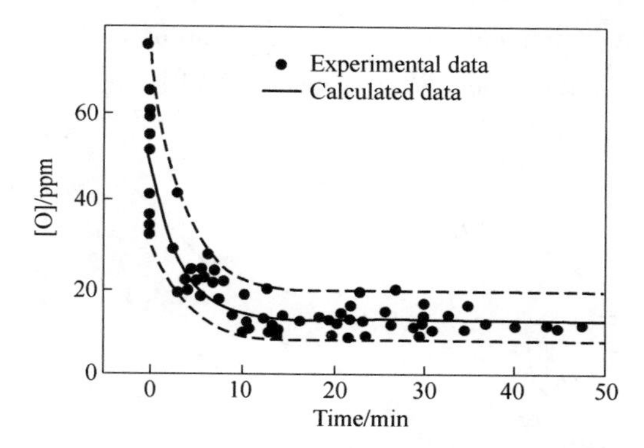

Fig. 1 Change of [O] with time during VCD

2.2 The Relation between Initial $[\%Si]_O$ and [O] after VCD

The relation between initial $[\%Si]_O$ and [O] after VCD is shown in Fig. 2.

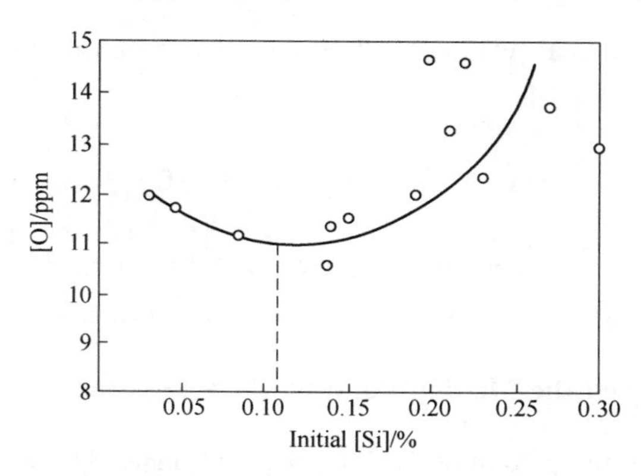

Fig. 2 Relation between initial $[\%Si]_O$ and [O] after VCD

Here [O] is the mean value of oxygen at the later stage of VCD. From this Figure, it is shown that there is an optimal initial $[\%Si]_0^{\cdot}$, at which [O] after VCD is minimum. When $[\%Si]_0$ is more or less than $[\%Si]_0^{\cdot}$, [O] after VCD would increase. By regression analysis of experimental data a relation of second order between [O] after VCD and initial $[\%Si]_0$ is obtained as follows:

$$[O]=12.44-23.03[\%Si]_0+106.1[\%Si]_0^2 \tag{1}$$

Differentiating the above relation with respect to $[\%Si]_0$ and putting $d[O]/d[\%Si]_0=0$, and given the optimal $[\%Si]_0=0.11\%$, which is in good agreement with that given by G. N. Oiks[8] ($[\%Si]_0=0.08\%$-0.12%).

2.3 The relation between deoxidation and decarburization

The relation between reduced content of oxygen and that of carbon during VCD is shown in Fig. 3. It is indicated that a certain amount of carbon should be burned out.

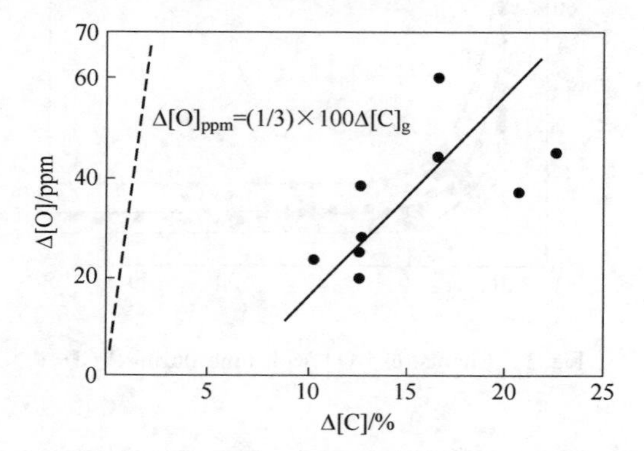

Fig. 3　Relation between Δ[O] and Δ[C] during VCD
(—experimental, ----calculated)

On the other hand, theoretical relation between deoxidation and decarburization can be derived as follows from the weight of steel:

$$\Delta[O]_{ppm}^{\cdot}=1/3(100)\Delta[C]_g \tag{2}$$

It is evident that the difference between the practical and theoretical value of deoxidation is very obvious. This also shows that there are some oxygen sources during VCD process.

2.4 The Relation between the Melting Point of Covering Slag and Final [O]

The relation between the melting point of covering slag and final [O] is shown in Fig. 4. It is indicated that the final [O] increases rapidly with the increasing the melting point of the covering slags above 1550℃. So good results can only be obtained by the rational prescription for the covering slag of CaO-Al_2O_3-CaF_2 system so as to keep its melting point under 1550℃.

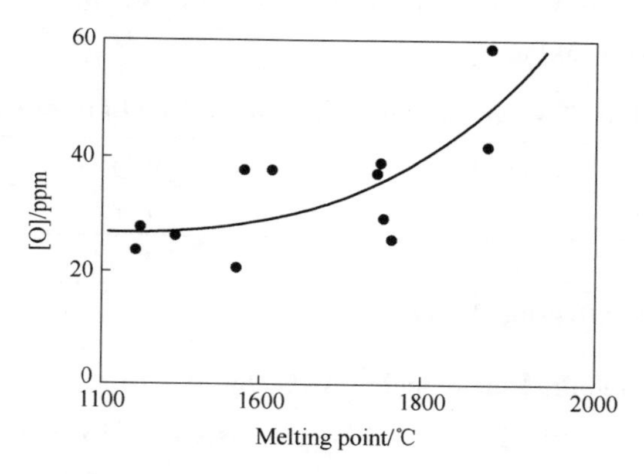

Fig. 4 The relation between the melting point of covering slag and final [O]

2.5 The Influence of Deoxidation Variants on the Final [O]

The influence of deoxidation variants on the final [O] is shown in Fig. 5. It is evident that variant 2 is better than a with respect to deoxidation. So, it is suggested that variant 2 should be used for refining ball bearing steel.

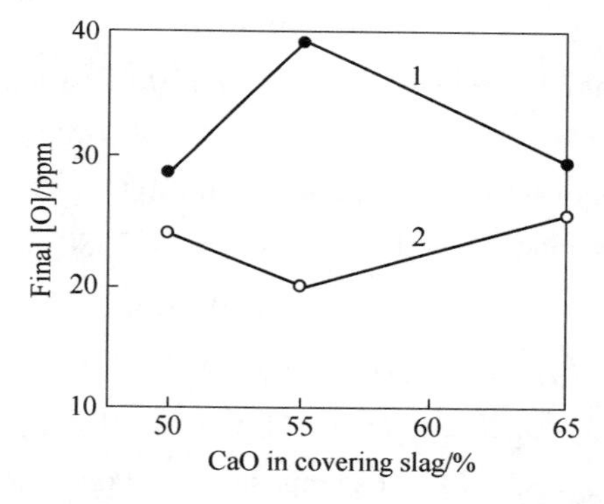

Fig. 5 The influence of deoxidation variants on the final [O]

1—deoxidation with Al before Si; 2—deoxidation with Si before Al

3 Discussion

3.1 The Deoxidizing Power of Carbon in Molten Steel

$$[C] + [O] =\!= CO_{(g)}, \quad \log K = 1160/T + 2.003$$

$$K_{1873} = p_{CO}/([\%C]f_C[\%O]f_O) = 419.1 \tag{3}$$

For GCr15 steel, f_C and f_O are 1.33 and 0.282 respectively, so

$$[\%O] = p_{CO}/(K_{1873}[\%C]f_C f_O) = 6.36 \times 10^{-3} p_{CO} \tag{4}$$

The equilibrium [O] under different pressure p_{CO} are shown in Table 1.

In the experiment, the mean [O] after VCD is 12. 86ppm, which is much higher than the value in Table 1 at p_{CO}<0. 133kPa.

Table 1 The equilibrium [O] under different pressure p_{CO}

p_{CO}/kPa	101. 32	10. 13	1. 01	0. 133	0. 066	0. 033
[O]/ppm	63. 62	6. 36	0. 64	0. 084	0. 042	0. 021

3. 2 The Main Factors Affecting VCD

(1) The Vacuum degree required for reducing Al_2O_3 by [C]

$$\left.\begin{aligned} &Al_2O_3 + 3[C] = 2[Al] + 3CO_{(g)},\ \log K = -61388/T + 26.86 \\ &K_{1873} = a_{Al}^2 p_{CO}^3 / a_C^3 = 1.1885 \times 10^{-6} \end{aligned}\right\} \tag{5}$$

$$p_{CO} = [\%C] f_C \times 10^{-2} \times (1.1885/[\%Al]^2 f_{Al}^2)^{1/5} \tag{6}$$

when [%Al] =0. 04, f_{Al}=1. 31, p_{CO}=10. 13kPa.

When the furnace pressure is dropped below 10. 13kPa, it means that Al_2O_3 may be reduced below by [C] at 1600℃.

(2) The vacuum degree required for reducing MgO by [C]

$$MgO_{(g)} + [C] = MgO_{(g)} + CO_{(g)},\ \log K = -31684/T + 13.09$$

$$K_{1843} = 1.479 \times 10^{-4} \tag{7}$$

p_{CO}=1. 42kPa, i. e. MgO may be reduced by [C] at 1600℃ when pressure (p_{Mg}+p_{CO}) is lower than 2. 84kPa.

(3) The cacuum degree required for decomposition of MgO

$$MgO_{(g)} = Mg_{(g)} + [O],\ \log K = -32580/T + 10.88$$

$$K_{1873} = a_O p_{Mg} = 3.09 \times 10^{-7} \tag{8}$$

For pure iron $$f_O = 1,\ [\%O] = 3.09 \times 10^{-7}/p_{Mg} \tag{9}$$

For GCr15 steel $$f_O = 0.282,\ [\%O] = 1.096 \times 10^{-6}/p_{Mg} \tag{10}$$

The relationship between p_{Mg} needed for decomposition of MgO and [O] is shown in Fig. 6. It is obvious that MgO may decompose when p_{Mg} is lower than 0. 0667kPa and [O] is less than 20ppm.

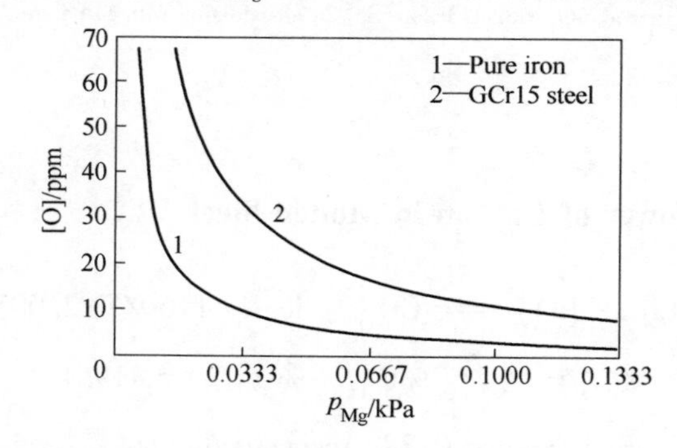

Fig. 6 The relation between p_{Mg} needed for deccmposition of MgO and [O] at 1600℃

From thermodynamic calculation mentioned above, it is evident that there are indeed some oxygen sources supplying oxygen to the molten steel during VCD, that is the experimental [O] is always higher than the theoretical (with exception of ferrostatic pressure).

3.3 The kinetic model of VCD

Generally, the rate of VCD is expressed by

$$\left(\frac{d[O]}{dt}\right)_1 = -\frac{F_1}{V}k_{[O]}[O] \tag{11}$$

If decomposition of MgO is regarded as zero order reaction[9], then at the rate, oxygen supplied by MgO to the molten steel can be given as

$$\left(\frac{d[O]}{dt}\right)_2 = k'\frac{F_2}{W_m} \tag{12}$$

Hence, the total rate of VCD may be expressed as follows:

$$d[O]/dt = (d[O]/dt)_1 + (d[O]/dt)_2$$
$$= -(F_1/V_m)k_{[O]}[O] + (F_2/W_m)k' \tag{13}$$

Putting $k_1=(F_1/V_m)k_{[O]}[O]$, $k_2=(F_2/W_m)k'$ gives

$$d[O]/dt = -k_1[O] + k_2 \tag{14}$$

Integrating equation (14), gives

$$[O] = 1/k_1[(k_1[O]_O - k_2)_e - k_1t + k_2] \tag{15}$$

From Fig. 1, it is shown that when t approaches infinite, the mean value of [O] will approach 12.86ppm as a limit i. e. $\lim_{t\to\infty}[O]=12.86$, thus from equation (15), $k_2=12.86k_1$.

In this experiment, $F_1=1600cm^2$, taking $k_{[O]}=0.02cm/s$, from references [10, 11], then

$$k_2 = F_1k_{[O]}/V_m = F_1k_{[O]}p_m/W_m = 5.6\times10^{-3}$$
$$k_2 = 12.86k_1 = 7.2\times10^{-2}$$

As the mean initial $[O]_O$ is 51.24ppm, substituting this into equation (15), the later becomes $[O]=12.86+38.4\exp(-5.6\times10^{-3}t)$.

The calculated results by the equation are shown on the solid line in Fig. 1, Comparing the solid curve with the experimental data, a conclusion can be drawn that the simulation of the kinetic model is satisfactory.

3.4 On the Optimal Initial $[\%Si]_O^{\bullet}$

In case $[\%Si]_O < [\%Si]_O^{\bullet}$, there will be a lot of manganese in steel to be oxidized as shown in Fig. 7. The product of MnO will be formed a quantity of $2MnO\cdot SiO_2$, $MnO\cdot Al_2O_3$ and so on with SiO_2 and Al_2O_3 in the melting process, which are difficult to reduce or decompose. Furthermore, a decrease in interfacial tension between molten slag and steel with the increase of MnO will hinder the separation of slag from metal, as a result of this, there will be an increase of [O].

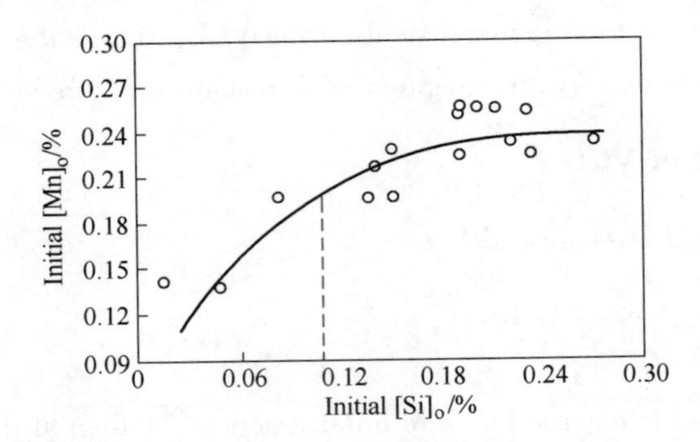

Fig. 7　The relation between initial [%Si]$_0$ and [%Mn]$_0$

On the other hand, in case [%Si]$_0$> [%Si]$_0^{\bullet}$, first of all, there will be not enough oxygen to react with carbon to perform VCD of necessary intensity. Secondly, a quantity of SiO_2 particles will be formed in the process of melting, these SiO_2 particles have high melting point and are wettable, therefore, it is difficult to get them together and float off the molten steel, as a result of these two points, there will be an increase in oxygen too.

3.5　Effectiveness of Refining with Covering Slag

Molten steel is often exposed to atmosphere in induction furnace due to:

(1) The covering slag is in a semi-molten state on account of low temperature;

(2) The convex meniscus of molten steel repeal the covering slag to the periphery of metal bath.

The exposed metal bath would be oxidized by the reactions below:

$$[\mathrm{Fe}] + [\mathrm{O}] = (\mathrm{FeO}),\ \log(a_{\mathrm{FeO}}/[\%\mathrm{O}]) = 6320/T - 2.734 \tag{16}$$

$$[\mathrm{Mn}] + [\mathrm{O}] = (\mathrm{MnO}),\ \log(\mathrm{MnO})/[\%\mathrm{O}] = 12760/T - 6.230 \tag{17}$$

From above equation, it is shown that the higher the temperature of steel and the higher the FeO and MnO in slag are, the more the [O] is. Therefore, it is suggested that during refining with covering slag, (FeO+MnO) must be less than 1% and the melting point of covering slag should be lower than 1550℃. Under these conditions, steel bath would be covered better, so [O] in the steel be lower.

4　Conclusions

(1) By the use of VCD, [O] in molten GCr15 steel can be reduced to a value lower than 20ppm, generally, a mean value of 12.86ppm is obtained provided that the treating time is longer than 10min, and the pressure in the furnace is lower than 0.133kPa.

(2) The optimal silicon content [%Si]$_0^{\bullet}$ at the end of melting is 0.11%. In case [%Si]$_0$ lower or higher [%Si]$_0^{\bullet}$, the [O] after VCD would be higher. Hance, it is reasonable to control the initial silicon content within the range of 0.08%-0.15%.

(3) Oxides, such as MgO, Al_2O_3 etc, are the major sources supplying oxygen to the metal bath

at higher vacuum degree. Hence, the time of VCD should be controlled within 10-15min.

(4) In order to refine GCr15 steel with covering slag effectively, the melting point of CaO-Al_2O_3-CaF_2 slag system should be lower than 1550℃, and (FeO+MnO) lower than 1%.

References

[1] Hammar O, et al. Tool and Alloy Steel, 1985, (1): 4.
[2] Zhang Jian. Dalian Special Steels, 1986, (2): 1.
[3] Shigern Inoue, et al. Tetsu to-Hagane, 1985, (12): S1081.
[4] Toshio Onoye, et al. Tetsu-to Hagane, 1984, (12): S883.
[5] Cai Huaide. Master Thesis, BUIST, 1988.
[6] Oiks G N, et al. Steel USSR, 1960, (4): 308.
[7] Yoshimoto Wanibe, et al. Trans. ISIJ, 1983, (7): 608.
[8] Shigenori Kawai. Tetsu-to-Hagane, 1977: 1975.
[9] Qu Ying. Principles of Steelmaking. Metallurgical Industry Press, 1980: 240.

钢包真空吹氩搅拌功率的估计*

摘　要：按热力学的基本理论将钢包真空吹氩搅拌过程分为三段：（1）氩气由透气砖进入钢液为绝热膨胀；（2）氩气在钢液中升温至与钢液同温的等压膨胀；（3）氩气泡在重力作用下上浮膨胀。以上三个过程向钢液提供的搅拌功率为：

$$E = \frac{6.18}{M_{\mathrm{L}}}\left\{\frac{1}{2}T_{\mathrm{g}}\left[3 - 5\left(\frac{p_{\mathrm{b}}}{p_{\mathrm{g}}}\right)^{2/5}\right] + T_{\mathrm{L}}\left(1 + \ln\frac{p_{\mathrm{b}}}{p_{\mathrm{t}}}\right)\right\}Q$$

1 问题的提出

钢包吹氩精炼过程对于均匀钢液成分和温度、去除钢中非金属夹杂物、脱氧和脱硫都具有重要意义，而真空度又是影响上述作用的重要因素。影响真空吹氩搅拌过程的关键是搅拌功率。若精炼搅拌功率太低则达不到精炼目的；若搅拌功率过大则会引起钢渣卷混，甚至喷溅。吹氩搅拌功率的推导，已有很多人研究[1~3]，但都不外乎以下考虑：

（1）气体的原动能；

（2）喷嘴附近温度突然提高而做的膨胀功；

（3）气泡上升过程中由于静压力变化所做的膨胀功；

（4）气体浮力做功；

（5）高压气体吹入熔池，在喷嘴附近膨胀功。

以上五点考虑及其结论，有如下两点，是明显错误的。

（1）气体浮力是由钢液与气泡的密度差提供的，作用结果是使气泡上浮，不向钢液提供动能，向钢液提供动能的只有气体的初动能和气体的膨胀功；

（2）所推导的公式不能表达出口气压值多大方可使气体进入钢液，从公式上看，任何出口压力都可以产生搅拌作用。

为了克服上述两个缺陷，使吹氩搅拌功率的估计更加合理，本文作者对吹氩搅拌功率进行了重新推导。

2 基本假设

（1）氩气由喷嘴（透气砖）进入金属熔体看作绝热过程。

氩气由喷嘴（透气砖）进入金属熔液后，迅速由较高压力变为与钢包底部溶液等压。由于气体的绝热系数较大，在气体冲出喷嘴（透气砖）时不可能吸收较多热量。而这一过程是在很短时间内完成的，不是一个平衡过程，而应属于多方过程。因此，可以认为这一过程满足下式：

---

* 本文合作者：北京科技大学王平、马延温；原文发表于《钢铁》，1991，26（5）：18~20。

$$p_g V_g^n = K$$

式中，p_g 为氩气出口时的压力；V_g 为氩气出口时的体积；K 为常数；n 为适于本过程的多方过程指数，$n>1$ 或 $n<\frac{3}{5}$。

考虑到短时间内传热较少而视为绝热过程，以及氩气分子为单原子，应取 $n=\frac{5}{3}$，则有 $p_g V_g^{5/3}=K$。

（2）氩气在喷嘴（透气砖）附近等压升温膨胀至与钢液同温。因为氩气出口时体积尚小，所以上升速度也较慢，升温过程也主要是在包底完成的。

（3）氩气在浮力作用下以与钢液相等的温度上浮，在上浮过程中与钢液静压相等，随上浮高度增加，气泡压力不断减小，体积不断增大，气泡膨胀做功。

（4）吹入气体携带的初动能。

基于以上假设，吹氩搅拌功 A 由绝热膨胀功 A_1、等压膨胀功 A_2、等温膨胀功 A_3、气体初动能 A_4 组成。所以：

$$A = A_1 + A_2 + A_3 + A_4 \tag{1}$$

3 各阶段搅拌功的推导

定义各状态量及其变化过程如表 1 所示。

表 1 吹氩搅拌过程参量的意义和变化

过程	绝热过程	等压过程	等温过程
状态参量的变化	始态 → 终态 p_g → p_b V_g → V_1 T_g → T_1	始态 → 终态 p_b → p_b V_1 → V_2 T_1 → T_L	始态 → 终态 p_b → p_t V_2 → V_3 T_L → T_L
状态参量的物理意义	p_g：进入钢包氩压 V_g：单位时间氩体积流量 T_g：氩气初始温度	p_b：钢包底部静压力 V_1：V_g 绝热膨胀后体积 T_1：绝热膨胀后温度	V_2：等压膨胀后的体积 T_L：钢液温度 p_t：钢液表面压力 V_3：等温膨胀后体积

3.1 绝热过程氩气向钢液做功

由绝热方程，得：

$$p_g V_g^{5/3} = p_b V_1^{5/3} \tag{2}$$

$$V_1 = \frac{p_g V_g}{p_b^{3/5} p_g^{2/5}} \tag{3}$$

由理想气体状态方程得：

$$\frac{p_g V_g}{T_g} = \frac{p_b V_1}{T_1} \tag{4}$$

由式（3）、式（4）得：

$$T_1 = \left(\frac{p_b}{p_g}\right)^{2/5} T_g \tag{5}$$

若在任一时刻，V_g、$p_g \to V$、p，则有：

$$V = \frac{p_g V_g}{p^{3/5} p_g^{2/5}} \tag{6}$$

若每秒钟吹入钢包氩气为 $n$mol，则有：

$$p_g V_g = nRT_g \tag{7}$$

对式（6）求导数，得：

$$\mathrm{d}V = \frac{p_g V_g}{p_g^{2/5}}\left(-\frac{3}{5}p^{-3/5}\right)\mathrm{d}p \tag{8}$$

将式（7）代入式（8），得：

$$\mathrm{d}V = \frac{nRT_g}{p_g^{2/5}}\left(-\frac{3}{5}p^{-3/5}\right)\mathrm{d}p$$

这一阶段所做的功为：

$$A_1 = \int_{V_g}^{V_1} p\mathrm{d}V \tag{9}$$

$$A_1 = \frac{3}{2}nRT_g\left[1 - \left(\frac{p_b}{p_g}\right)^{2/5}\right] \tag{10}$$

3.2 等压膨胀过程所做的功

在此阶段应满足：

$$\frac{V_2}{T_L} = \frac{V_1}{T_1} \tag{11}$$

$$V_2 = \frac{p_g T_L}{p_b T_g} \tag{12}$$

$$A_2 = \int_{V_1}^{V_2} p\mathrm{d}V = p_b(V_2 - V_1) \tag{13}$$

将式（3）、式（7）、式（12）代入式（13），得：

$$A_2 = nRT_g\left[\frac{T_L}{T_g} - \left(\frac{p_b}{p_g}\right)^{2/5}\right] \tag{14}$$

3.3 等温膨胀过程所做的功

在这一过程中：

$$pV = nRT_L \tag{15}$$

$$A_3 = \int_{V_2}^{V_3} p\mathrm{d}V = \int_{p_b}^{p_t} -\frac{nRT_L}{p}\mathrm{d}p = nRT_L \ln\frac{p_b}{p_t} \tag{16}$$

3.4 气体的初始动能

设气体喷入速度为 v，密度为 ρ，则气体带入钢液的初动能为：

$$A_4 = \frac{1}{2}\rho v^2 V_g = \frac{nRT_g}{p_g}\left(\frac{1}{2}\rho v^2\right) \tag{17}$$

4 推导结果的讨论

由式（10）看出，如要保证 $A_1>0$，必有 $p_g>p_b$，这就是说钢包吹氩搅拌的必要条件是喷入气体的压力必须大于钢包底部的静压力。而其他人推导的结论不能体现这一点，似乎任何压力都可以达到搅拌的目的。

推导过程中使用的是理想气体状态方程，而实际的吹氩搅拌过程偏离理想气体状态方程所要求的条件（理想气体和平衡态），是有很大差距的。如气泡在自由表面抽空的液体中上升时，迅速膨胀的气泡将使周围液体加速，这样，气泡内的压强将大于气泡所在平面上的静压。类似这样的问题都会造成推导结果的误差。

在广泛使用的搅拌功率式中，一般不考虑式（17）的结果。其原因是认为这一项只占总功中很小部分，是可以忽略的。本文作者认为除了这一项占总功率很小部分外、还应考虑到气体携带一部分动能进入钢液，同时也还携带一定动能逸出钢液。因此，在总功率中忽略这一项是合理的。

目前，人们尚无法对吹氩搅拌过程的功率进行精确的计算和测量。因此，寻求一种更合理的搅拌功率估计式是完全必要的。

忽略气体的初动能，则气体所做的功为：

$$\begin{aligned} A &= A_1 + A_2 + A_3 \\ &= \frac{3}{2}nRT_g\left[1 - \left(\frac{p_b}{p_g}\right)^{2/5}\right] + nRT_g\left[\frac{T_L}{T_g} - \left(\frac{p_b}{p_g}\right)^{2/5}\right] + nRT_L\ln\frac{p_t}{p_b} \end{aligned} \tag{18}$$

若每分钟吹氩量为 $Q(\mathrm{m^3/min})$，取 $R=8.31\mathrm{J/(mol \cdot K)}$，钢包中钢液质量为 $M(\mathrm{t})$，则吹氩过程吨钢搅拌功率（W/t）为：

$$E = \frac{6.18Q}{M_L}\left\{\frac{1}{2}T_g\left[3 - 5\left(\frac{p_b}{p_g}\right)^{2/5}\right] + T_L\left(1 + \ln\frac{p_b}{p_t}\right)\right\} \tag{19}$$

应注意到 p_b 应由三项组成：真空室压力，这里等于 p_t；渣层压力；钢液压力。由此可见，提高真空度、减小渣层厚度对于提高吹氩搅拌功率是很重要的。而钢包的几何形状如钢包高与直径之比也将影响搅拌功率。

5 结论

将真空钢包吹氩搅拌过程分解为绝热膨胀、等压膨胀和等温膨胀三个过程，导出搅拌能公式，该公式比以前推导的公式更具合理性。讨论了该公式推导过程的欠妥之处。

参考文献

［1］森一美．鉄と鋼，1981，67（66）：627.
［2］曲英．冶金反应工程概论．北京科技大学内部教材（第 2 版）：195.
［3］Sundberg Y. Proc. 7th ICVM，1982：1180.
［4］舍克里 J. 冶金中的流体流动现象．北京：冶金工业出版社，1985.

Power for Argon Stirring in Vacuum Degassing Ladle

Wang Ping Ma Tingwen Zhang Jian

(University of Science and Technology Beijing)

Abstract: According to the basic theory of thermodynamics. It is assumed that the argon-stirring in vacumm degassing ladle may be divided into three steps:

(1) Argon's adiabatic expansion;

(2) Argon's isobaric expansion;

(3) Argon's isothermal expansion.

Based on the above assumption, power for argon-stirring can be derived from the following equation:

$$E = \frac{6.18}{M_L}\left\{\frac{1}{2}T_g\left[3 - 5\left(\frac{p_b}{p_g}\right)^{2/5}\right] + T_L\left(1 + \ln\frac{p_b}{p_t}\right)\right\}Q$$

终点碳控制的现状和前景*

摘　要：综合介绍了国内外在 VOD、AOD、转炉和 RH 终点碳控制方面的现状。可以看出国内实验室终点碳控制水平与国外相当，唯一差距是尚未推广于生产实际。针对我国 VOD、AOD、RH、转炉和电炉的快速发展，终点碳控制必将起重要的作用。

关键词：终点碳控制；炉外精炼；BOF；EAF

气相定碳就是通过分析炉气成分来连续地预测炉中钢水碳含量的一种方法。由于精确控制钢水成分，提高钢材质量，降低成本以及冶炼过程优化和自动化的需要，这种方法日益为国内外同行所重视。经过十余年的研究，气相定碳已经日趋成熟，并逐步应用于炼钢和炉外精炼方面，为了尽快地推广，现在分作用、现状和前景逐一介绍。

1　作用

从目前的发展情况来看，气相定碳主要可以用于以下几方面：

（1）降低成本。就 VOD 而言，它是炼超低碳钢的成熟方法；当炼含碳有规格的钢种时，也可以采用先将钢水碳含量脱到超低碳的水平进而增碳的措施达到目的，但这样作的结果，不论前者或后者都不能避免过吹现象，就必然造成合金元素、脱氧剂、氧气、耐火材料和时间的大量浪费。所以，即令对 VOD 炉吹炼超低碳不锈钢的场合，不少工厂也要采用气相定碳对终点碳进行控制；对于 AOD 炉和转炉来说，如何降低过吹和重吹炉数，也是降低成本的首要手段。

（2）扩大品种。VOD、AOD 炉和转炉在炼低碳钢和超低碳钢方面是没有困难的，但炼中、高碳钢时，就存在着相当大的困难，所以扩大 VOD、AOD 炉和转炉钢的品种范围，就是气相定碳的重要目的。

（3）为解决 VOD 和 RH 的热源并为有效利用转炉的废气热能创造有利条件。VOD 和 RH 没有专门加热设备，使其精炼功能受到较大的限制，但从如下反应看出：

$$[C] + 0.5O_2 = CO \qquad \Delta G^{\ominus}_{298} = +136\text{kJ/mol}$$

$$[C] + O_2 = CO_2 \qquad \Delta G^{\ominus}_{298} = +419\text{kJ/mol}$$

$$CO + 0.5O_2 = CO_2 \qquad \Delta G^{\ominus}_{298} = +283\text{kJ/mol}$$

VOD 和 RH-KTB 过程中 CO 的二次燃烧就是廉价的热源，如何充分利用而又保证钢的碳含量合格是值得研究的问题；另外转炉吹炼过程中会产生大量有用炉气，如何合理地利用，也是进行气相定碳中需要研究的问题。

（4）解决 VOD、RH-KTB、转炉等冶炼过程的计算机控制问题。控制钢水成分和温度是保证连铸过程的前提条件，也是计算机控制的关键问题，而钢水碳含量又是以上两者的

* 本文合作者：北京科技大学佟福生、成国光；原文发表于《特殊钢》，1995，16（4）：1~6。

主要内容和决定性因素。所以，气相定碳就变成 VOD、RH-KTB、转炉等计算机控制的主要组成部分。

2　现状

2.1　质谱仪和红外线分析仪的比较

在气相定碳的发展过程中，曾使用过红外线分析仪和质谱仪两种仪器，但到目前为止质谱仪已经占据了优势，其原因为 VOD 炉的条件下用红外线分析仪时需要用以下的方法之一测定废气流量：（1）在蒸汽喷射泵的排气口用孔板流量计，这种方法由于 CO 和 CO_2 均能溶解于水和蒸汽中，不可避免地会带来误差；（2）用甲烷作示踪气体来确定，这种方法由于要使用有爆炸危险的气体，应用有困难。而在转炉的条件下由于采用文氏管流量计在废气管道上测流量过程中，灰尘日积月累，流量计的性能会随时改变，使所测流量受其影响；另外文氏管流量计只能测流过管道的总废气流量，而不能分别测出炉内废气量和从炉口混进的空气量。而且，不论对 VOD、RH-KTB 或转炉而言，使用红外线气体分析仪时还有以下的不利因素：（1）由于测定流量和分析气体成分的取样点位置不同，从而为制定控制模型造成困难；（2）所测气体流量需要对压力、温度、湿度等进行校正以使其变成标准状态干燥炉气；（3）为了分析炉气成分，需要使用多种分析仪器（红外线分析仪-CO 和 CO_2、热磁式定氧仪-O_2，热导式定氢仪-H_2 等），而用质谱仪一台可以同时分析炉气中各种成分，因而易于用电子计算机进行控制。

2.2　副枪与气相定碳的关系

在转炉的终点碳控制中，采用副枪也是一种有效的办法，其优点是可以直接测出钢水碳含量和温度；其缺点是：（1）不能连续地测出炉气成分，这样对有用炉气的及时回收和发热值极低的废气的适时排放不利；（2）没有炉气成分的分析，对造渣制度，钢水其他成分（如 P 等）的控制不方便；（3）据了解，副枪技术具有较大的难度，并未被我国大多数炼钢厂所掌握，其定碳精度不如质谱仪，而投资却高于质谱仪。而且，副枪技术在小炉子使用还有取样代表性和探头成本高的问题。

质谱仪的优点是可以连续预测钢水碳含量和炉气成分，因而有利于控制有用炉气的回收和废气的排放，而且其使用不受炉容量大小的限制。但仅采用质谱仪在控制转炉吹炼温度上还没有取得大的突破，是其重要缺陷。

所以，目前日本和德国的做法是在大型转炉上同时采用副枪和质谱仪，以便取长补短。

2.3　气相定碳的应用情况

目前气相定碳已在炉外精炼（VOD、AOD、RH-OB）和转炉冶炼上成功地得到了应用，下面分别加以说明。

2.3.1　VOD 炉

1986 年日新制钢周南制钢厂利用岛津制作所生产的 MASPEQ 四极质谱仪在 45t VOD 炉上进行气相定碳的结果是，当误差范围为±0.02%C 时，命中率为 95%以上[1]。

1987 年，日本住友钢管厂结合气相定碳制定了 VOD 炉精炼过程碳和温度控制模型，并用计算机控制系统，结果终点碳的控制精度为 0.013%，温度的控制精度为 12.2℃。

1988 年联邦德国 Alok Choudhury 在 30t VOD 炉上用控制系统依靠质谱仪定碳后所得结果如表 1 所示。从表中看出气相定碳的相对误差不超过±0.6%，预测精度相当高，还可以用此法计算出精炼过程中需要加的还原剂用量[2]。

表 1 几炉 VOD 炉精炼钢碳含量的物料平衡

Table 1 Carbon balance of several VOD heats

原始碳含量/%	计算脱碳量/kg	分析脱碳量/kg
0.24	81.8	81.6
0.30	95.2	96.4
0.41	128.0	128.1
0.46	142.0	142.6

1988 年联邦德国 B. Korousic 和 A. Rozman 借助于质谱仪分析炉气用计算机模拟了 15t、25t 和 70t VOD 炉的精炼过程，结果真空吹氧脱碳后预测的 C、Si、Cr 和［O］含量与化学分析吻合甚好，而且预测的真空碳脱氧时间与实际时间一致。

1980 年北京科技大学根据图 1 的原理，在 VOD 炉抽气管道的两个取样部位引出两股炉气对同一种气体（例如 CO 或 CO_2）进行分析，并于两取样部位之间的适当地方通入稀释气体（N_2），CO 和 CO_2 用红外线气体分析仪分析，O_2 用热磁式定氧仪分析，废气流量 $Q_{废}$(m^3/min) 可以由下式求得[3]：

$$Q_{废} = \frac{(q_{N_2} - q_1)\{\%CO_{Ⅱ}\} + q_1\{\%CO_{Ⅰ}\}}{\{\%CO_{Ⅰ} - \%CO_{Ⅱ}\}} \tag{1}$$

式中，$CO_{Ⅰ}$，$CO_{Ⅱ}$ 分别为一次样气和二次样气中 CO 的分析值；q_{N_2}，q_1 分别为稀释氮气和一次样气的标准流量，m^3/min。

由此可得吹炼过程中脱掉的碳量（kg）：

$$W_{C流} = \sum_{t=0}^{t}\left(Q_{废}\frac{\{\%CO + \%CO_2\} \times 12}{22.4}\right) \tag{2}$$

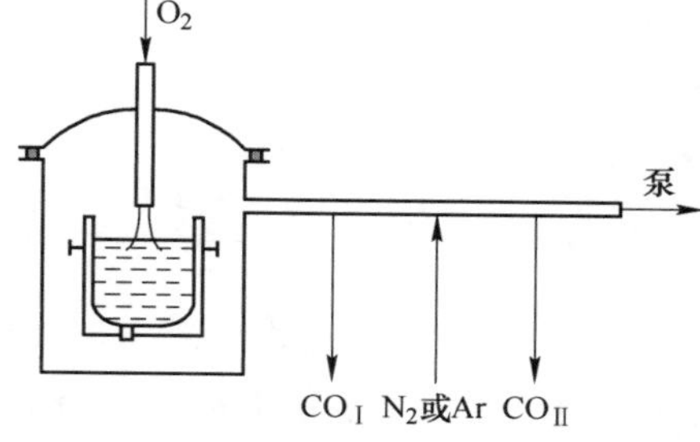

图 1 利用两次取样确定 $Q_{废}$ 的方法简图

Fig. 1 Determination of waste gas flow rate using dilution method

钢水的终点碳为：

$$[\%C]_{终} = \frac{W_{开}[\%C]_{开} - W_{C流} - W_{C储}}{W_{开} - L\tau/\sum\tau} \times 100\% \tag{3}$$

式中，$W_{开}$，$[\%C]_{开}$分别为开吹钢水重量和开吹钢水碳含量；$W_{C储}$为尚未流过分析仪表而滞留于真空管道内炉气中所含的碳量；$W_{C流}$则为流经分析仪表的炉气中所脱掉的碳量；$L=W_{开}-W_{锭}$，为吹炼过程中钢水损失的重量；τ，$\sum\tau$ 分别为取样间隔时间和吹氧总时间，min。

利用上述方法在 50kg 真空感应炉上实现了气相定碳，结果定碳的标准误差为±0.0106%，平均误差为±0.01486%，总体结果如图 2 所示。

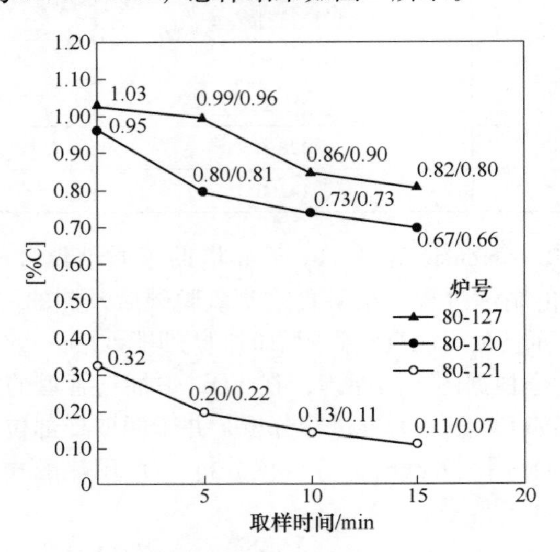

图 2　对数方程计算碳含量和分析值的比较

分子—分析值；分母—计算值

Fig. 2　Comparison of carbon content calculated bylogarithmic equation and analyzed

Numerator—Analyzing datum; Denominator—Calculated da-tum

由于推广此种方法于生产需要使用有爆炸危险的甲烷（CH_4）作示踪气体，工厂不愿使用。

1988 年北京科技大学和大连钢厂又利用从英国引进的 MM8-80 Ⅰ质谱仪在 50kg 真空感应炉上进行了气相定碳试验，试验装置如图 3 所示[4]。废气流量 $Q_{废}$（m^3/min）可用下式计算：

$$Q_{废} = \frac{q_A A_2 + q_{O_2} A_3 + L A_1}{A} \tag{4}$$

式中，q_A，q_{O_2}分别为底吹氩气和顶吹氧气的流量，m^3/min；A_1，A_2，A_3 分别为空气，氩气和氧气中的氩含量（体积%）；A 为废气的氩含量；L 为炉子的漏气率，m^3/min。

t 时刻熔池的终点碳含量为：

$$[\%C] = \frac{W_{开}[\%C]_{开} - W_C - W_S}{W_{开}(1-\gamma t)} \times 100\% \tag{5}$$

式中，W_C 为吹炼到 t 时刻所脱掉的碳量，kg；W_S 为喷溅后粘于坩埚壁的钢中碳量，kg；γ

为吹炼过程钢水的烧损率。

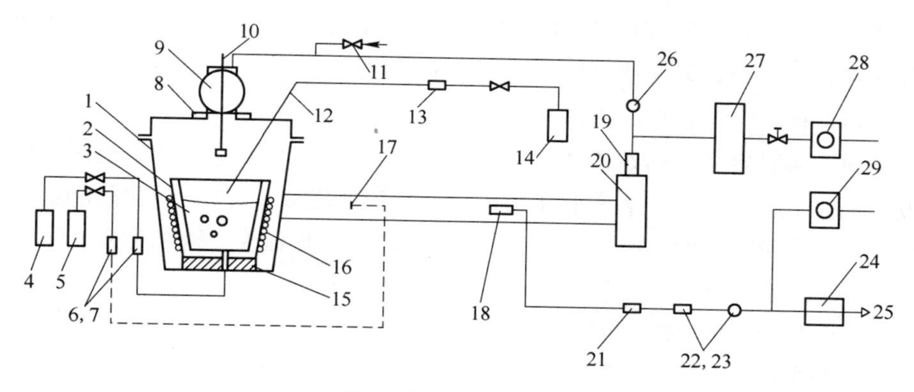

图 3 气相定碳示意图

1—真空室；2—坩埚；3—熔池；4，5—氩气瓶；6，7，13—流量计；8，11，19，26—阀门；9—取样孔；10—取样装置；12—氧枪；14—氧气瓶；15—透气砖；16—感应线圈；17—氩气分布器；18—透气杯；20，27—灰尘收集器；21—干燥器；22—脱硫器；23—灰尘过滤器；24—质谱仪；25—信号输出（到计算机）；28—水循环泵；29—废气取样真空泵

Fig. 3 Schematic representation of carhon control using analysis on exhaust gas

1—Vacuum chamber；2—Crucible；3—Bath；4，5—Argon gas bomb；6，7，13—Fluid meter；8，11，19，26—Valve；9—Sampling hole；10—Sampling device；12—Oxygen lance；14—Oxygen cylinder；15—Porous plug；16—Induction coil；17—Argon gas dis-tributor；18—Porous cup；20，27—Dust collector；21—Dryer；22—Desulphurizer；23—Dust filter；24—Mass spectrometer；25—Signal output（to computer）；28—Pump for water circulation；29—Vacuum pump for exhaust gas sampling

采用以上方法定碳的标准误差为±0.01%，相对误差为 1.4%，平均误差为 $2.2\times10^{-3}\%$，当误差范围为±0.02%时，命中率在 96%以上，总体结果如图 4 所示。

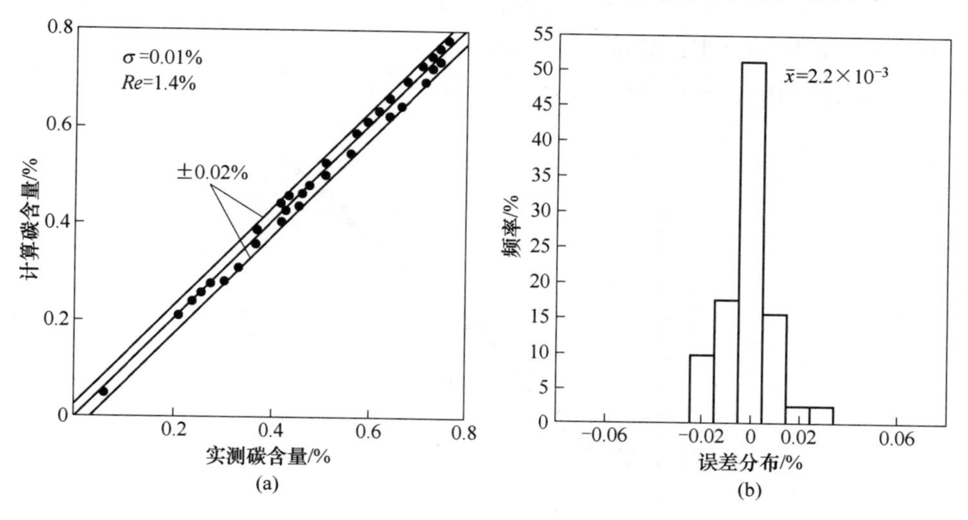

图 4 考虑滞后和喷溅计算的精确度

（a）实测的碳含量与计算值的比较；（b）误差分布

Fig. 4 Accuracy of estimation as delay and splashing being considered

（a）Comparison of carbon content calculated and analyzed；（b）Error distribution

从以上例子可以看出，质谱仪在 VOD 炉气相定碳中，起着关键性作用，同时可以看出国外气相定碳已经在不同容量的 VOD 炉上成功地得到了应用，我国实验室内的研究水平与国外是不相上下的，只是还有待于在生产上进行推广。

2.3.2　转炉

利用质谱仪和计算机对转炉冶炼过程进行控制的研究工作发展极为迅速，如 1988 年日本住友金属工业公司高轮武志等利用质谱仪分析炉气成分，文氏管测废气流量并用副枪进行中间校正，制定了 BOF 转炉的动态控制模型，结果对碳、磷和温度的控制精度为±0.05%，±0.01%和±20℃。

而 1989 年日本川崎钢铁公司别所永康等在千叶第三制钢厂 230t Q-BOP 转炉上用美国 Perkin-Elmer 公司制造的 MGA-1200 型质谱仪和副枪进行吹炼终点控制，结果不仅控制碳的标准偏差仅为±0.018%，温度可在命中范围之内，对炉气可以进行合理的回收和排放，而且为转炉冶炼中、高碳钢创造了良好的条件[6]。

1988 年北京科技大学在 50kg 真空感应炉上用 MM8-80 Ⅰ 质谱仪进行气相定碳中，也曾得到非真空下进行气相定碳的数学模型，模型实质上与川崎的模型一致，但表达形式比川崎模型更为简练。接着 1991 年上半年北京科技大学与唐山钢铁公司合作，利用上述实验设备进行转炉终点碳的热模拟试验，废气流量（m^3/min）用下式计算：

$$Q_{废} = \frac{q_A A_2 + q_{O_2} A_3}{A - KA_1} \tag{6}$$

公式中代表符号与式（4）相同。

t 时刻钢水的碳含量为：

$$[\%C] = \frac{W_{开}[\%C]_{开} - W_C - t\mathrm{d}r[\%C]}{W_{开} - t\mathrm{d}r} \times 100\% \tag{7}$$

式中，$\mathrm{d}r$ 为单位时间的钢水损失量，kg/min。

模拟实验的预测碳含量与分析值的对比如图 5 所示。误差平均为 0.03%，比住友的结

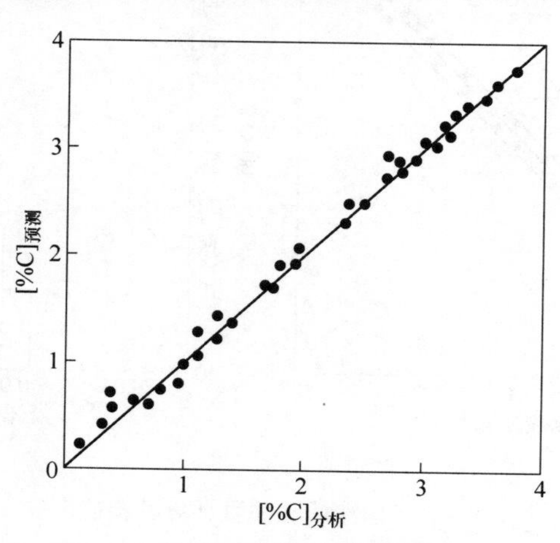

图 5　预测碳含量和分析值的对比

Fig. 5　Comparison of carbon contents estimated and analyzed

果稍好一些，但不如川崎的预测精度，主要原因是取样过程中要间断地打开炉罩门，使空气无规律地混入炉气所致。进一步改进取样和炉罩后，以上误差将会进一步减小。

我国由于小容量转炉较多，厂房高度不高，再加资金困难，在一座转炉上同时采用质谱仪和副枪进行终点控制确有很大困难，对此种情况，我们建议采用以下的办法进行解决：

（1）在转炉和炉外精炼（RH 或单嘴精炼炉）的吹炼工艺间进行合理分工，使转炉未吹炼到终点的钢水，出钢于钢包中，然后在炉外精炼设备中吹炼和控制终点。

（2）用间接法确定钢水温度，用质谱仪定碳。

（3）用斜枪代替副枪从炉帽一侧插入钢水测温和定碳，并与质谱仪结合控制转炉吹炼过程。

但不论采用何种办法，做好以下的基础工作都是不可缺少的先决条件：

（1）铁水成分、重量和带渣量必须准确和严加管理。

（2）对加入的废钢必须分类并有尽可能准确的成分。

（3）对石灰等造渣材料必须严加管理，对未烧透和粉末部分必须严加限制。

（4）采取措施使吹炼的钢水和熔渣均匀。

2.3.3 RH

由于汽车制造工业大量需要超低碳钢（ULC），日本住友金属工业公司鹿岛钢厂在其 RH 上装设了质谱仪对精炼终点进行控制，该系统[7]包括：

（1）制导系统，其作用是预测钢水［C］、［O］含量和温度及达到终点的时间。

（2）炉气快速取样和分析系统（质谱仪），其作用是计算脱碳速度以提供给制导系统。

在约 15min 的精炼时间内，中间可以取钢样和测温 1 次，以便修正原来制导系统的导向，更精确地命中目标。用本系统控制超低碳钢终点的结果是：当［C］≤30ppm 时，误差为±5ppm；而当 100ppm≤［C］≤300ppm 时，误差为±24ppm。

1993 年上半年，北京科技大学与武汉钢铁公司钢研所合作在 50kg 真空感应炉上利用质谱仪模拟 RH-KTB 终点碳控制的结果是：［C］≤30ppm，误差为±4ppm；［C］=30~50ppm 时，误差为±10.7ppm；［C］=50~100ppm 时，误差为±12.5ppm；［C］=100~300ppm 时，误差为±26.5ppm。

综上所述，可将通过炉气成分分析进行气相定碳的情况汇总见表 2。从表中可以看出，采用质谱仪定碳误差普遍较小。使用质谱仪的特点是：

（1）1 台仪器可以分析多种气体，如美国 Perkin-Elmer 公司生产的 MGA-1200 型磁偏转质谱仪可分析 H_2、He、N_2、H_2O、CO、O_2、Ar 和 CO_2 8 种气体。

（2）分析精度高，一般 24h 内不进行标定时分析相对误差均在±1%以内。

（3）由于质谱仪可以分析 He、Ar 等惰性气体，在精炼设备中可用 Ar、He 等作示踪气体。由此，质谱仪不仅可以分析炉气成分，而且还可以确定炉气流量大小。

（4）仪器紧凑，与计算机结合容易实现冶炼过程的计算机控制。

表 2　通过炉气分析进行气相定碳的总情况[8]

Table 2　Summary of end-point carbon control using analysis on exhaust gas

项目	炉气成分测量方法	炉气流量测量方法	相对误差 σ/%	绝对误差 σ	对 σ 的注解
转炉	各种方法	各种方法		0.014%	占终点碳含量波动范围
				0.010%	
KCB-S（AOD）	CO，CO_2	直接测	0.059	0.014%	自前面取样脱掉 0.2%C（σ=0.008%）
	质谱仪	直测（Ar）	0.038	0.011%	
		（He）	0.049	0.013%	
VOD	CO，CO_2	直接测	0.030	0.015%	脱 0.5%的碳
			校正	0.005%	任何脱碳量
	质谱仪	（Ar）	0.028	0.007%	脱 0.25%的碳
RH（VCP）	CO，CO_2	直接测	0.025	6ppm	脱掉 240ppm 的碳
	质谱仪	（Ar）		2ppm	脱掉 40ppm 的碳
	CO，CO_2	$C_R=f(\%CO+\%CO_2)$		3.5ppm	任何脱碳量

最后还应指出，除转炉、AOD、VOD 和 RH 外，国外还有人提出在电弧炉上进行气相定碳的设想，这点也是值得我们注意的。

3　前景

目前我国有 VOD 炉 10 余座，15~300t 的转炉 90 余座，大小不等的电弧炉在 1000 座以上，再加我国北京分析仪器厂等已经能制造国产的质谱仪，其售价远低于国外仪器。因此，如何进一步缩短冶炼时间，提高钢的质量，扩大品种，降低消耗，降低成本和提高经济效益，是炼钢工作者不可推卸的责任。在这样光荣而又艰巨的工作中，气相定碳的作用是无法代替的。

参考文献

[1] 齐田雄三等．日新制钢技报，1984，51：49~59.

[2] Alok Choudhury et al. MPT，1988，(5)：44~52.

[3] 张鉴等．沈阳喷射冶金和钢的精炼学术会议论文集，1984：6. 1~6. 10.

[4] Zhang Jian et al. Proceedings of 10th International Conference on Vacuum Metallurgy Vo1. 1，Special Melting，Beijing：Metallurgical Industry Press：1990：411~420.

[5] Takawa T et al. Trans. ISIJ，1988，28（1）：59~67.

[6] 别所永康等．鉄と鋼，1989，75（4）：610~617.

[7] Tachibana H et al. Steelmaking Conference Proceedings，1992：217~222.

[8] Kohle S et al. Stahl und Eisen，1993，113（6）：55~60.

Present Status and Future of End-Point Carbon Control

Zhang Jian Tong Fusheng Cheng Guoguang

(University of Science and Technology Beijing)

Abstract: The present status of end-point carbon control of VOD, AOD, RH and BOF at home and abroad has been evaluated and-presented in this article. Although the end-point control in domestic laboratories is more or less equivalent to that in the west countries, this technique hasn't been used in commercial production. In accor-dance with the rapid development of VOD, AOD, RH, BOF and EAF in China, the end-point carbon control would play an important role in steel melting in the near future.

Keywords: end-point carbon control; secondary refining; BOF; EAF

中间包钢水等离子体加热试验研究*

摘 要：对唐钢中间包等离子体加热效果进行了较为系统的评定，对加热电气参数之间的关系进行了优化，研究了中间包结构对加热效果的影响，为高效利用该技术打下了基础。

关键词：等离子体；中间包加热；连铸

1 引言

唐钢是冶金部确定的“八五”期间实现全连铸的厂家之一。在全连铸车间，其钢水的衔接和温度控制是非常重要的。唐钢二期连铸车间离炼钢炉较远，为保证连铸顺利生产并增加连浇炉次，减少温低回炉和粘死等事故，连铸一直奉行超高温出钢路线。实践证明，单纯靠高温出钢应付所有情况，造成生产成本提高、钢质量恶化、多炉连浇困难。

为解决以上存在的问题，降低生产成本和减少浇注事故、改善钢坯质量，经过调查研究，1993 年唐钢从英国引进了部分关键设备，从国内购置了直流供电系统和其他附属设备，安装了一套中间包钢水等离子体加热装置，并进行了生产试验。

国外从 20 世纪 80 年代末开始在大生产上使用此项技术。目前已经有多家公司在生产中成功地应用中间包等离子体加热，取得了良好的效果[1, 2]。

本文对唐钢中间包等离子体加热效果进行了较为系统的评定；对加热电气参数之间的关系进行了优化；研究了中间包结构对加热效果的影响，为高效利用该技术打下了必备的基础。

2 试验设备及方法

2.1 试验设备

等离子体加热装置安装在唐钢二钢的四号四机四流连铸机上（135mm×135mm），主要生产硬线钢。从英国 TRD 公司引进的为单枪阴极转移弧等离子体加热系统，工作气体为氩气，起弧为高频电火花方式，最大加热功率为 1000kW。中间包等离子体加热系统直流供电部分由国内制造。系统工程设计由英国 TRD 公司提供。等离子体加热系统的控制和故障及检测处理由 PLC 完成。当有一些因素与经验设定不符时，PLC 将报警，并做出相应的处理。

2.2 试验方法

试验初期，为了不影响连铸的正常生产，先在连铸小平台上砌筑简易的试验炉，进行

* 本文合作者：唐山钢铁（集团）公司王存、潘公平、杨春政，北京科技大学赵沛，英国 Tetronics 公司 Alan Page；原文发表于《钢铁》，1997，32（9）：21~24。

了长时间的冷态试验。解决了所有存在的问题后，转到中间包上进行热态试验。基于冷态试验结果，制订了热态试验的操作规程，用于指导生产。

3　试验结果

试验在唐钢二钢连铸车间进行，第一批中间包等离子体加热试验共计 25 炉。加热功率最大为 1000kW，弧电流为 400～5500A；弧电压为 100～250V，弧长波动在 80～350mm 之间。

3.1　加热升温速率

在进行试验的 25 炉中，中间包内钢水温度的上升幅度最大为 4℃/min，其值与使用的加热功率有着直接的关系（表 1）。

表 1　等离子体加热试验升温速率统计

Table 1　Results of temperature rising and heating power

样本号	升温速率 /℃ · min^{-1}	加热功率/kW	样本号	升温速率 /℃ · min^{-1}	加热功率/kW
1	3	665	16	1	333
2	2	586	17	1	334
3	1	285	18	2	777
4	4	800	19	2. 5	770
5	2. 5	600	20	2. 5	770
6	0. 5	220	21	3	800
7	1. 4	330	22	4	850
8	1	298	23	4	850
9	2	665	24	0	222
10	2	667	25	0	222
11	2	662	26	0	222
12	2	586	27	0	333
13	3	723	28	2	648
14	3	721	29	1	444
15	4	829	30	0	185

试验中多次遇到低温炉次，通过启动等离子体加热，并在短时间内将功率提高到 600kW 以上，避免了钢流粘死回炉的事故，也保证了连浇的正常进行。

3.2　加热恒温效果

统计试验数据表明，通过调整加热功率（依据钢水温度），中间包内每流钢水温度的变化始终保持在±3℃之内（图 1）。由图 1 可看出，钢包开浇后温度降至最低点时，其最大波动值也仅为 9℃。

图 2 表明加热时，中间包内中间流和边流钢水温度之间的关系。因对中间包的内型结

构作了优化[3]，中间包内各流之间的温度偏差很小，在 3℃以内。

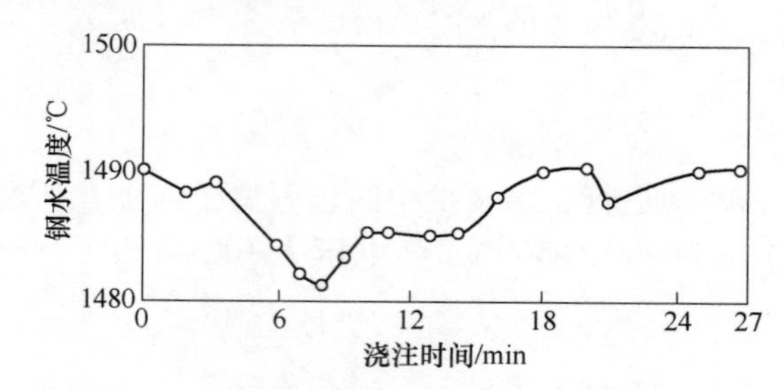

图 1　具有等离子体加热中间包内钢水温度变化

Fig. 1　Temperature changes of steel in tundish with plasma heating

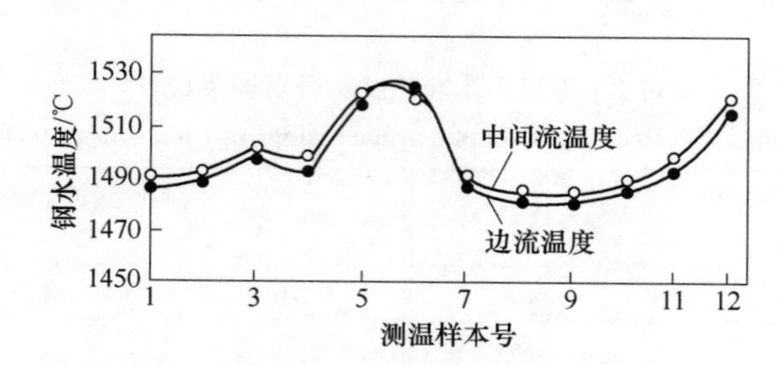

图 2　具有加热时边流和中间流钢水温度的变化曲线

Fig. 2　Temperature changes of steel of side flow and middle flow with heating

4　分析及讨论

4.1　有加热与无加热的中间包钢水温度变化比较

实测的无等离子体加热的中间包内钢水温度变化曲线，如图 3 所示。

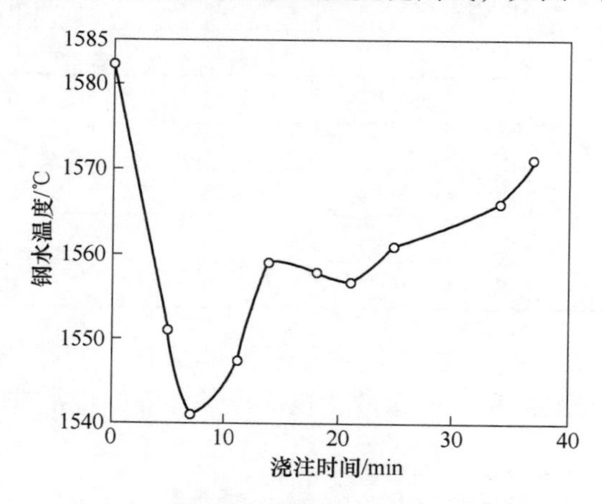

图 3　无等离子体加热钢水温度的变化

Fig. 3　Temperature changes of steel in the tundish without plasma heating

由图 3 可知，无加热的钢水温度在时间轴上波动很大。尤其是在钢包开浇初期，而且中间包又是初次使用时，温度波动可达 40℃。由图 2 可知，采用等离子体加热时，中间包内钢水温度变化明显趋缓。通常浇注 70 钢，在中间包首次使用、没有加热措施时，操作规程规定中间包钢水温度应为 1510℃左右。但在加热试验中，除了因为多种因素引起的钢水温度偏低外，还有意识地安排了一些低温炉次，中间包内钢水最高温度为 1490℃。通过调整加热功率，未曾出现与温度低有关的各种事故。可见，采用等离子体加热后，不但可实现均衡浇注，还可降低出钢温度 20℃左右，从而实现低温浇注，改善钢水铸坯质量。

4.2 中间包结构对加热效果的影响

由图 2 可见，试验中采用八字挡墙和坝方案[3]砌筑中间包时，加热过程中中间两流和边流钢水温度偏差很小。图 4 是设置流动控制装置的 T 型中间包的示意图。强制流体通过八字挡墙的狭缝并且在惯性力的作用下贴中间包侧壁向前流动一定距离，这就能使刚通过狭缝的流体避开靠近八字挡墙的中间两个水口，从而避免了流体与中间水口之间的短路，只要选择合适的流动控制装置，就可实现四流温度和流动非常均匀。

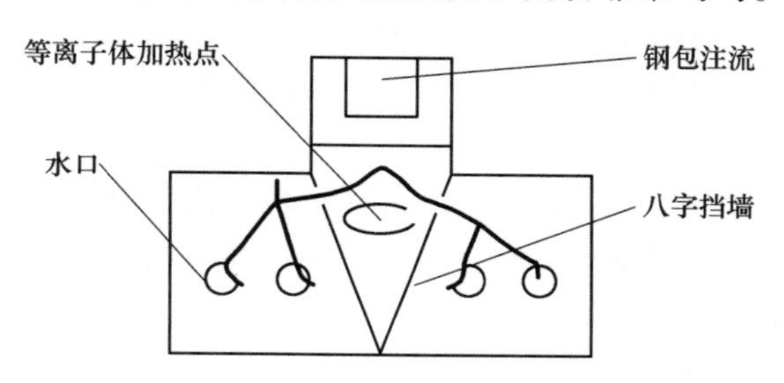

图 4　八字挡墙+坝+上挡墙中间包模型结构

Fig. 4　Structure of tundish with heating

中间包内无流动控制时，边流和中间流钢水之间温度偏差最高可达 10℃，平均 7℃。图 5 是实测的中间包内无流动控制、具有等离子体加热时中间流和边流之间温度差的情况。这说明在没有流控装置时，中间包内流体易直接流向中间两流造成短路，使中间流温度偏高；而边侧两流接收高温钢水有一滞后，造成四流温度不均匀。这种情况尤以高功率加热时为甚，严重影响等离子体加热的恒温效果。可见，就四流 T 型中间包来讲，合适的中间包内型结构是实现等离子体加热钢水温度趋于一致的关键。

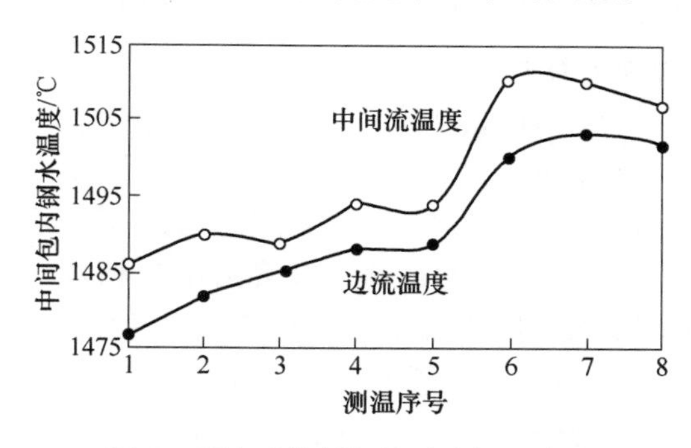

图 5　无流动控制加热时流间温度差

Fig. 5　Temperature difference between side flow and middle flow without flow control and with heating

4.3 等离子体加热电气参数之间关系的分析讨论

试验中初步得到了合理的电气参数。一般来说，弧电压在 80~250V 之间波动，主要取决于弧长。图 6 是加热弧压与弧长之间的关系图。弧越长，弧压也越高。二者之间有一较好的线性关系式：

$$L_{arc} = 2.41V - 72.33(r = 0.965) \quad (1)$$

式中，L_{arc} 为弧长，mm；V 为弧电压，V。

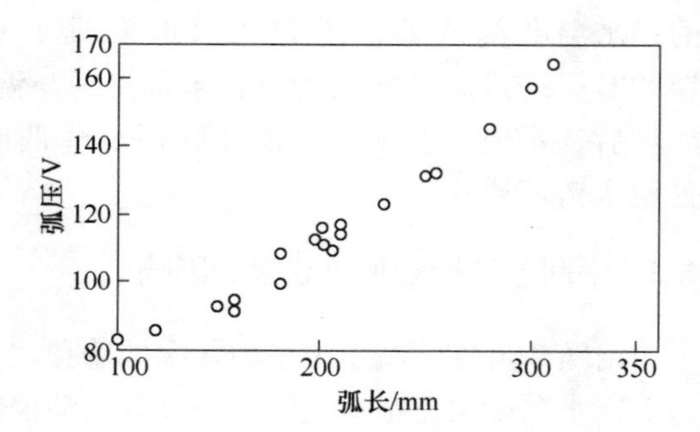

图 6　等离子体弧长与弧压之间的关系
Fig. 6　Relarion between arc length and arc voltage of plasma

由式（1）可知，弧压正比于弧长。但是，弧不能无限制地被拉长。如弧过长，将会出现熄弧。此外，虽然文献［4］认为拉长弧可以提高功率因数，但是过长的弧会增加热辐射损失，并且过长的弧因不稳定，对钢水的加热也是无力的。弧电流与弧长之间并没有直接的关系，但弧电流值不同，其最佳弧长也不同。

最佳弧长即在一定的弧电流下，能够最为稳定地使弧燃烧实现最大效率的加热，并且阴极和喷嘴寿命又不至于大幅度下降时，所采用的喷嘴与钢液面之间的距离。

关于弧电流与弧长之间对应方案，都是依据前一次试验的结果而依次建立确定的。试验中初步摸索的最佳弧长与弧电流之间的关系如图 7 所示。由图 7 可知，弧电流增加，其最佳弧长也要相应增大，否则会造成枪头寿命大大降低。试验获得最佳弧长 L_1 与电流 I 之间的关系为：

$$L_1 = 0.2141 \times I^{0.8887}(r = 0.9839) \quad (2)$$

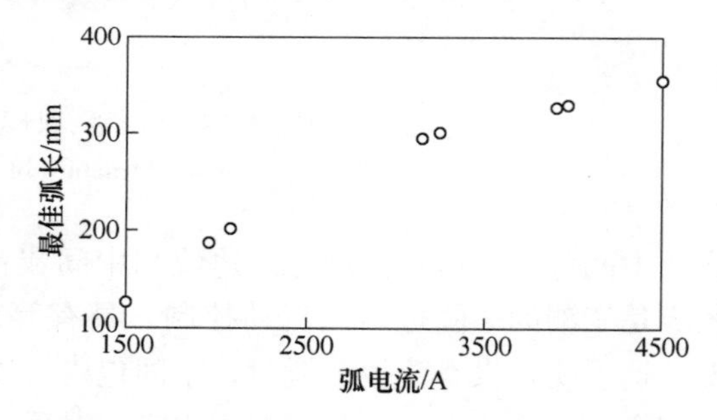

图 7　等离子体弧电流与最佳弧长之间的关系
Fig. 7　Relation between arc current and optimum arc length of plasma

此外，临界弧长也是一个非常重要的参数。所谓临界弧长，即弧再拉长或是钢液面略有变化就会熄弧时的弧长值。由试验数据得到的临界弧长 L_2 与弧电流 I 的关系为：

$$L_2 = 1.2578 \times I^{0.6920}(r = 0.9944) \quad (3)$$

最佳弧长和临界弧长与电流的关系是非常重要的。有了它，就可以正确地控制加热电气参数，从而获得最大的加热效率。如果不了解弧长与弧电流之间合适的对应关系，盲目地控制弧长，既不利于实现最大效率的加热，又容易出现粘枪及损坏阴极和铜喷嘴的情况。在唐钢的等离子体加热系统调试初期，因为国产的直流供电系统对电流的随动控制有问题，造成起弧后瞬间电流就达到最大值 5500A，不能形成稳定的转移弧。另外，这种在瞬间电流就升至最大值的起弧方式也大大加快了阴极和喷嘴的损坏。

关于最佳弧长和临界弧长与电流的关系的研究，没有其他人所做工作的借鉴，属于开发性的工作。因此，还需要进一步的研究。

5 结论

（1）获得了中间包等离子体加热电气参数之间的关系，为高效利用该技术打下必备基础。

（2）采用优化后的中间包结构进行加热，边流与中间流温度差仅为±3℃。

（3）利用中间包等离子体加热，可将中间包内钢水温度波动控制在±3℃以内，也可降低出钢温度20℃左右。

（4）等离子体加热起弧操作简便，易于控制和掌握。

参考文献

[1] Goodwill J E. Developing Plasma Applications in the USA. Ironmaking and Steelmaking, 1990, 17（5）: 350~354.
[2] Moore C. Plasma Tundish Heating as an Integral Part. Steel Times International, 1989, 13（5）: 44~46.
[3] 王存. 中间包等离子体加热及钢中氮含量变化研究［博士学位论文］. 北京：北京科技大学，1995.
[4] 牛四通. 埋弧渣工艺及理论研究［博士学位论文］. 北京：北京科技大学，1995.

Experimental Investigation on Plasma Tundish Heating

Wang Cun Pan Gongping Yang Chunzheng

(Tangshan Iron and Steel (Group) Co.)

Zhang Jian Zhao Pei

(University of Science and Technology Beijing)

Alan Page

(Tetronics Ltd., UK)

Abstract: This paper systematically evaluates the effectiveness of plasma rundish heating. The relationships between the electrical paramcters of plasma are are optimized. The influence of the tundish structure on heating efficiency is investigated, which serves as a necessary fundament for effective use of the technology.

Keywords: plasma; tundish heating; continuous casting

5 结论

[illegible]

参考文献

[illegible]

Experimental Investigation on Plasma Tundish Heating

[illegible]

附 录

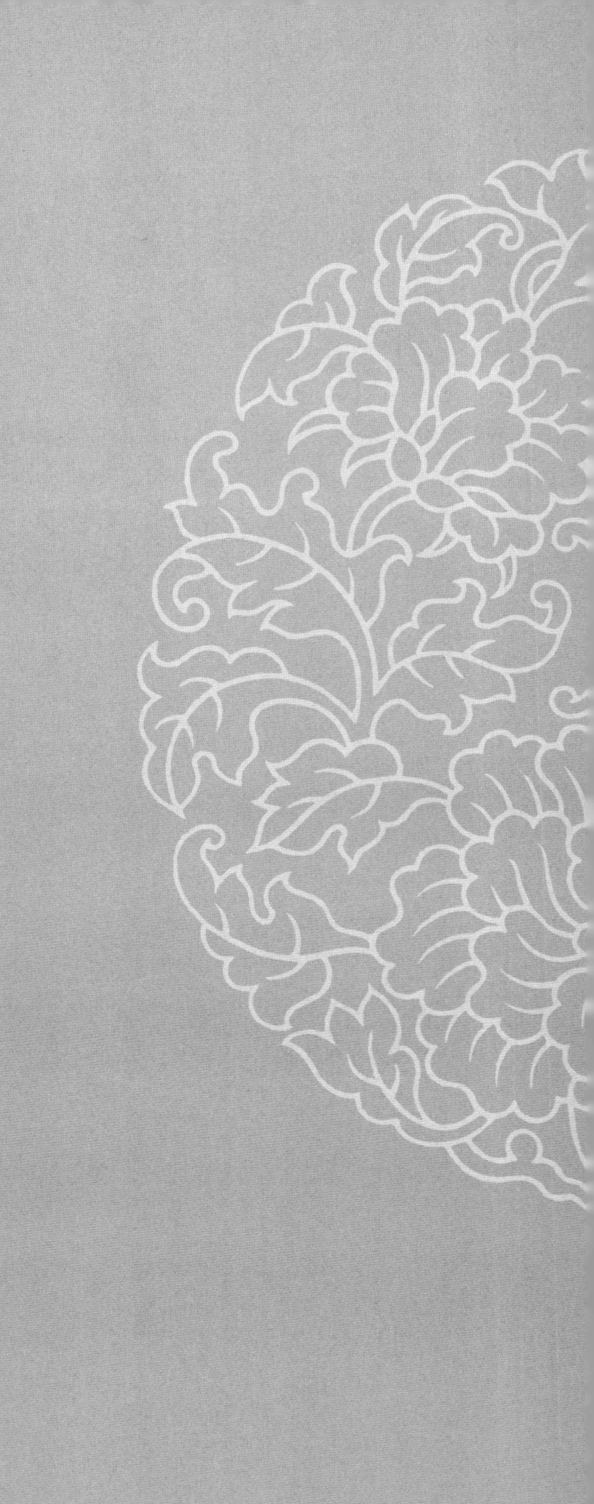

学术著作

1　炉外精炼的理论与实践

张鉴　主编

编写人员：张鉴，马廷温，杨念祖，李士琦，王潮，赵凤林，蔡永成

冶金工业出版社，1993 年

2　冶金熔体的计算热力学

张鉴　著

著作人员：张鉴，成国光，王力军，朱荣

冶金工业出版社，1998 年

冶金科学技术三等奖

3　冶金熔体和溶液的计算热力学

张鉴　著

著作人员：张鉴，成国光，王力军，朱荣，郭汉杰

冶金工业出版社，2007 年

“十一五”国家重点图书

国家科学技术学术著作出版基金资助出版

中华人民共和国新闻出版总署第一届“三个一面”原创图书

主要学术论文

1990 年前：

1　张鉴．热装快速脱磷的经验初步总结［J］．钢院学报，1960，(10)：103~113.

2　张鉴．关于炉渣结构方面某些问题的探讨［A］．北京钢铁学院论文集［C］，1962：71~98.

3　张鉴．炉渣脱硫的定量计算理论［A］．全国第一届冶金过程物理化学学术报告会论文集［C］，1963：390~403.

4　李世魁，张鉴．电渣重熔过程的脱硫机理［D］．1963 年研究生论文．

5　刘仁刚，张鉴．电极旋转式电渣炉及其对滚珠钢重熔工艺的影响［D］．1965 年研究生论文．

6　张鉴．钢桶真空吹氩法［A］．国外特殊钢生产技术［C］．1977：120~124.

7　张鉴．单嘴插入式真空吹氩的试验结果［J］．大连特殊钢，1978，(01)：5~26.

8　张鉴．不锈钢的炉外真空精炼［J］．大连特殊钢，1978，(01)：130.

9　张鉴．关于真空氧氩炉外精炼过程中几个问题的讨论［J］．大连特殊钢，1979，(02)：1~29.

10 关玉龙，张鉴，等．炉外精炼与特殊钢锭［A］. 1980 年金属学会特钢分会第一届学术交流会报告［C］，1980.

11 张鉴，杨念祖，赵凤林，庄亚昆，范金铭，任福林，肖永成．超低碳钢种的真空氧氩炉外精炼［J］. 北京钢铁学院学报，1981，（01）：28~39.

12 杨印东，张鉴，孙玉生，马春山，姜吏本，陈守先，张广基．高合金钢液喷粉脱磷的研究［J］. 特殊钢，1981，（01）：73~79.

13 张鉴．炉外精炼的发展动向和对今后工作的粗浅看法［A］. 1981 年特钢分会铁水预处理与炉外精炼会议报告［C］，1981：1~33.

14 张鉴，李仁超，杜恩功，刘仁刚．炉外精炼的硅热法研究［A］. 北京钢铁学院研究论文选集（庆祝建校三十周年）［C］，1982：93~100；Investigation on Silicothermic Process in Ladle Refining［A］. Proceedings of the 7th ICVM［C］，Tokyo，Japan，1982，24-2：1095~1101.

15 张鉴．关于炉渣结构的共存理论［J］. 北京钢铁学院学报，1984，（01）：21~29；全国第五届冶金过程物理化学年会论文集（上册）［C］，1984：311~319.

16 张鉴．炉渣脱硫的定量计算理论［J］. 北京钢铁学院学报，1984，（02）：24~38.

17 Zhang J，Li R C，Du E G，Liu R G，Wang L Y. Investigation on Carbon Content Control by Waste Gas Analysis in Ladle Refining［A］. Proceedings of Shenyang Symposiun on Injection Metallurgy and Secondary Refing of Steel［C］，1984：68~81.

18 张鉴，李仁超，杜恩功，赵沛，马春山，刘有玲．用硅热法冶炼轴承钢的工艺参数及理论分析［A］. 北京钢铁学院学报（电冶金专集）［C］，1985：1~8.

19 Zhang Jian. The Coexistence Theory of Slag Structure and its Applications［A］. International Ferrous Metallurgy Professor Seminar Proceedings［C］，1986：4-1~4-15.

20 张鉴．$MnO-SiO_2$渣系作用浓度的计算模型［J］. 北京钢铁学院学报，1986，（04）：1~6.

21 张鉴，蔡怀德．生产不锈钢的炉外精炼方法［A］. VOD&LF 炉外精炼译文集［C］，1986：1~32.

22 张鉴，王潮．$CaO-Al_2O_3$渣系各组元作用浓度的计算模型［A］. 全国特殊钢冶炼学术会议论文集［C］，1986：1~6.

23 李丽声，刘永长，白增玉，牛正刚，杨念祖，朱良，张鉴，王潮，佟福生．锭型对喷 Ca-Si 粉处理的轴承钢中点状夹杂分布的影响［J］. 钢铁，1988，（02）：37~43+19.

24 张鉴．$FeO-Fe_2O_3-SiO_2$渣系的作用浓度计算模型［J］. 北京钢铁学院学报，1988，（01）：1~6.

25 张鉴．$CaO-SiO_2$渣系作用浓度的计算模型［J］. 北京钢铁学院学报，1988，（04）：412~421.

26 张鉴．Na_2O-SiO_2渣系的作用浓度计算模型［J］. 北京科技大学学报，1989，（03）：208~212.

27 Cai Huaide，Zhang Jian，Tong Fusheng，Zhang Bingcheng，Qu Dianlow，Shi Liyong，Zhang Mingyi. The Deoxidation Process of GCr15 Steel，Journal of University of Science and Technology Beijing，1989，（06）：493~500.

28 李丽声，赵德华，刘永长，白增玉，张鉴，赵钧良，杨念祖，王潮．脱氧方法对钢中氧含量的影响［A］. 电弧炉—炉外精炼技术（第二辑）［C］，1989：115～121.

1990 年：

29 张鉴. 关于含化合物金属熔体结构的共存理论［J］. 北京科技大学学报，1990，(03)：201～211.

30 李丽声，赵德华，吕志山，李亮宏，张鉴，赵钧良，杨念祖，王潮. 脱氧方法对钢中氧含量的影响［J］. 特殊钢，1990，(02)：29～33+24.

31 张鉴，王潮，佟福生. 熔渣和铁液间硫的分配［J］. 化工冶金，1990，(02)：100～108.

32 张鉴. Pb-Bi 和 Tl-Bi 熔体的作用浓度计算模型［J］. 化工冶金，1990，(02)：185～188.

33 Zhang Jian, Zhang Bingcheng, Tong Fusheng, Cai Huaide; Zhuang Yakun, Ma Chunshan, Ren Fulin, Tan Heping. Carbon Control by Exhaust Gas Analysis and the Use of Post Combustion Gases During Secondary Metallurgy［A］. Proceedings of the 10th International Conference on Vacuum Metallurgy［C］, 1990：44～47.

34 Zhang Jian. Calculating Models of Mass Action Concentration for and Melts［A］. Selected Papers of Engineering Chemistry and Metallurgy［C］, 1990：44～47.

1991 年：

35 张鉴，王潮. CaO-FeO-SiO_2渣系的作用浓度计算模型［J］. 北京科技大学学报，1991，(03)：214～221.

36 张鉴，成国光. Fe-Al 系金属熔体作用浓度的计算模型［J］. 北京科技大学学报，1991，(06)：514～518.

37 王平，马廷温，张鉴. 钢包真空吹氩搅拌功率的估计［J］. 钢铁，1991，(05)：18～20+45.

38 张鉴. Fe-Si 熔体的作用浓度计算模型［J］. 钢铁研究学报，1991，(02)：7～12.

39 王平，马廷温，张鉴，许树庄，王昌生，陈振南. 日本轴承钢生产现状［J］. 特殊钢，1991，(02)：6～10.

40 张鉴. Fe-V 和 Fe-Ti 熔体的作用浓度计算模型［J］. 化工冶金，1991，(02)：173～179.

41 袁章福，任大宁，万天骥，张鉴. 碳还原氧化铬的固-固反应［J］. 化工冶金，1991，(03)：193～199.

42 张鉴. PbO-SiO_2渣系的作用浓度计算模型［J］. 化工冶金，1991，(03)：276～282.

1992 年：

43 张鉴. FeO-MnO-MgO-SiO_2渣系和铁液间锰的平衡［J］. 北京科技大学学报，1992，(05)：496～501；第二届全国冶金工艺理论学术会议论文集，1992：351.

44 张鉴，王潮，佟福生. 多元熔渣氧化能力的计算模型［J］. 钢铁研究学报，1992，(02)：23～31.

45 王力军，张鉴，洪彦若，李士琦. 试论电弧炉炼钢中的泡沫渣技术［J］. 钢铁研究学报，1992，(增刊)：29～34.

46 张鉴. 气相定碳的现状和前景［J］. 钢铁研究学报，1992，(增刊)：120～122.

47 成国光，张鉴．Bi-In 合金熔体作用浓度的计算模型［J］．化工冶金，1992，(01)：10~16.

48 袁伟霞，张鉴，郭爱民，张炳成，王实，田党，蔡恩礼．超高功率电炉渣发泡性能的研究［J］．化工冶金，1992，(03)：204~210.

49 Zhang Jian. Application of the Coexistence Theory of Slag Structure to Multicomponent Slag Systems［A］. Proceedings of the 4th International Conference on Molten Slags and Fluxes［C］, Sendai, Japan, 1992：244~249.

50 张鉴，王平．炉外精炼的发展动向和浅见［A］．第一届全国炉外处理学术会议论文集［C］，1992：87~104.

1993 年：

51 袁章福，万天骥，张鉴，马智明，王子亮．等离子体制取 ZrO_2 在连铸中间包的应用［J］．北京科技大学学报，1993，(05)：479~484.

52 张鉴．炉渣结构的共存理论在多元渣系上的应用［J］．有色金属（冶炼部分），1993，(01)：14~20.

53 边全胜，李士琦，许诚信，张鉴．连铸坯形状缺陷分析专家系统研究［J］．钢铁研究学报，1993，(01)：33~38.

54 王平，马廷温，张鉴．日本炉外精炼技术的现状［J］．钢铁，1993，(04)：68~72.

55 成国光，张鉴．Fe-N 熔体作用浓度计算模型［J］．特殊钢，1993，(03)：9~11.

56 成国光，张鉴，易兴俊．钢包底吹氩搅拌卷渣机理的研究［J］．炼钢，1993，(03)：23~25+37.

57 成国光，张鉴．Mn-Si 及 Cr-Si 合金熔体作用浓度计算模型［J］．铁合金，1993，(06)：1~5.

58 成国光，张鉴．Bi-Pb 合金熔体作用浓度计算模型［J］．上海金属．有色分册，1993，(04)：17~20.

59 成国光，张鉴．Fe-S 熔体作用浓度的计算模型［J］．上海金属，1993，(06)：22~25.

60 张鉴．真空吹氧脱碳（VOD）技术设备与工艺布置［A］．炼钢厂设计原理（下册）［M］，1993：21~29.

1994 年：

61 成国光，张鉴．熔渣中饱和相组元作用浓度的计算［J］．北京科技大学学报，1994，(01)：10~13.

62 边全胜，李士琦，林纲，许诚信，张鉴，连铸结晶器液位智能控制研究及其软件开发，北京科技大学学报，1994，(增刊)：55~61.

63 Zhang Jian. Calculating Models of Mass Action Concentration of Binary Metallic Melts Involving Eutectic［J］. Journal of University of Science and Technology Beijing, 1994，(Z1)：22~30.

64 成国光，张鉴．Al-Si，Ca-Al，Ca-Si，Ca-Al-Si 合金熔体作用浓度计算模型［J］．中国有色金属学报，1994，(01)：25~27+32.

65　成国光，张鉴，佟福生，易兴俊．钢包底吹氩搅拌卷渣机理的水模型研究［J］．钢铁研究，1994，(02)：3～7.

66　成国光，张鉴，佟福生，易兴俊．单嘴精炼装置真空室内卷渣水模型研究［J］．特殊钢，1994，(01)：27～30.

67　赵钧良，张鉴，杨念祖，佟福生．单嘴精炼炉吹氧精炼的水模型研究［J］．特殊钢，1994，(02)：22～25.

68　成国光，张鉴，杨念祖，佟福生．单嘴精炼炉轴承钢脱氧的动力学模型［J］．特殊钢，1994，(05)：22～25.

69　张鉴．含化合物金属熔体结构的共存理论及其应用［J］．特殊钢，1994，(06)：43～53.

70　王平，张鉴，马廷温．精炼脱氧技术中几个混淆的概念和模糊问题［J］．炼钢，1994，(06)：43～47.

71　成国光，张鉴．Fe-P 系合金熔体作用浓度的计算模型［J］．铁合金，1994，(04)：1～3+37.

72　王力军，张鉴，牛四通，王平，佟福生，张建英，孙久红，马刚．电弧炉炼钢中的脱磷泡沫渣［J］．化工冶金，1994，(04)：355～358.

73　成国光，张鉴．Fe_tO-TiO_2渣系作用浓度计算模型［J］．钢铁钒钛，1994，(02)：1～4.

74　成国光，张鉴．MnO-TiO_2渣系热力学计算模型［J］．钢铁钒钛，1994，(03)：1～3.

75　成国光，张鉴．Fe-C 系金属熔体作用浓度计算模型［A］．庆祝朱觉教授八十寿辰论文集［M］，1994：147～151.

76　张鉴．含固溶体二元金属熔体作用浓度的计算模型［A］．1994 年全国冶金物理化学学术会议论文集［C］，1994：122～133.

77　成国光，张鉴．Fe-Mn-Si 系合金熔体作用浓度计算模型［A］．1994 年全国冶金物理化学学术会议论文集，1994：604～606.

78　成国光，张鉴．Fe_tO-B_2O_3渣系氧化能力的计算［A］．1994 年全国冶金物理化学学术会议论文集，1994：607～609.

79　成国光，张鉴．炉外精炼过程中钢液脱氧最佳碱度的研究［A］．第八届全国炼钢会议论文集［C］，1994：345～348.

1995 年：

80　朱荣，张鉴，万天骥．煤氧火焰熔化废钢的基础研究［J］．北京科技大学学报，1995，(04)：341～344+370.

81　张鉴，袁伟霞．CaO-Al_2O_3-SiO_2熔渣的作用浓度计算模型［J］．北京科技大学学报，1995，(05)：418～423+438.

82　Cheng Guoguang, Zhang Jian. Calculating Models of Mass Action Concentration for Cd～Sb Alloy Melts, Journal of University of Science and Technology Beijing, 1995：(02)：92～96.

83　Zhang Jian. Calculating Models of Mass Action Concentration for Binary Metallic Melts Involving Peritectics［J］Transactions of Nonferrous Metals Society of China, 1995：(02)：16～22.

84 成国光，张鉴．$MgO-SiO_2$熔渣作用浓度计算模型［J］．有色金属（冶炼部分），1995，(02)：21～22+29.

85 王平，马廷温，张鉴，易继松，刘建新．低氧轴承钢的低真空与非真空精炼［J］．钢铁，1995，(02)：19～22.

86 张鉴，成国光，杨念祖，佟福生，徐德华，汪志曦，夏德明，廖兴银，陈晋阳．单嘴精炼炉处理轴承钢的脱氧工艺［J］．钢铁，1995，(05)：19～21.

87 张鉴，佟福生，成国光．终点碳控制的现状和前景［J］．特殊钢，1995，(04)：1～6.

88 牛四通，张鉴，成国光，王平，佟福生，杨德华，王剑志，梅洪生，杨建川．LF 炉埋弧渣技术的开发及其应用［A］．1995 特钢学术年会论文集［C］，1995：13～17.

1996 年：

89 王存，张鉴，潘公平，佟福生，李京社．转炉气相定碳的热模拟［J］．北京科技大学学报，1996，(04)：311～315.

90 朱荣，张鉴，仇永全．Fe-C-O 三元金属熔体作用浓度计算模型［J］．北京科技大学学报，1996，(05)：414～418.

91 张鉴．几种二元熔盐作用浓度计算模型初探［J］．'96 全国冶金物理化学学术会议论文集［C］，1996：287～295；金属学报，1997，(05)：515～523.

92 张鉴．熔锍作用浓度计算模型初探［J］．'96 全国冶金物理化学学术会议论文集，1996：281～286；中国有色金属学报，1997，(03)：38～42.

93 成国光，牛四通，张鉴，佟福生，刘军明．还原精炼条件下炉渣的泡沫化［J］．钢铁研究学报，1996，(05)：12～16.

94 王平，马廷温，张鉴．$CaO-SiO_2-Al_2O_3-MgO$ 渣系的作用浓度模型及其应用［J］．钢铁，1996，(06)：27～31.

95 张鉴．RH 循环真空除气法的新技术［J］．炼钢，1996，(02)：32～48+52.

96 朱荣，仇永全，万天骥，张鉴．煤氧竖炉熔化废钢的试验研究［J］．炼钢，1996，(03)：41～46.

97 牛四通，成国光，张鉴，佟福生，杨德华，王剑志，梅洪生，杨建川，黎绪炳．埋弧法精炼技术的应用［J］．特殊钢，1996，(02)：47～51.

98 朱荣，张鉴，万天骥，仇永全．煤氧炼钢工艺的试验研究［J］．特殊钢，1996，(05)：12～16.

99 王力军，张鉴．$FeO-Fe_2O_3-P_2O_5$渣系氧化能力的计算［J］．化工冶金，1996，(01)：14～18.

100 朱荣，张鉴．Fe-Mn-C 三元金属熔体作用浓度计算模型［J］．化工冶金，1996，(02)：101～106.

101 袁章福，曾加庆，万天骥，张鉴，罗胜昌，樊友三．碳还原锆英石的 Si-C-O 系中 C 和 CO 优势图［J］．化工冶金，1996，(03)：189～195.

102 张鉴．二元氧化物固溶体的作用尝试计算模型［A］．庆祝林宗彩教授八十寿辰论文集［M］，1996：110～117.

1997 年：

103　牛四通，成国光，张鉴，佟福生．精炼渣系的发泡性能［J］．北京科技大学学报，1997，(02)：138～142.

104　张鉴．二元冶金熔体热力学性质与其相图类型的一致性（或相似性）［J］．冶金物理化学论文集（庆祝魏寿昆教授九十寿辰华诞暨从事工程教育事业六十七周年）［M］，1997：170～178；金属学报，1998，(07)：742～752.

105　Cheng GG，Zhang J，Zhao P. Thermodynamic Calculating Models for TiO_2-based Slag Melts［J］. Acta Metallurgica Sinica，1997，(01)：17～21.

106　Zhang Jian. Calculating Models of Mass Action Concentration for Mattes（Cu_2S-FeS-SnS）Involving Eutectic［A］. 5th International Conference on Molten Slags，Fluxes and Salts，Sydney，Australia，1997；Acta Metallurgica Sinica，1997：(05)：392～397.

107　成国光，张鉴，赵沛．含 B_2O_3 渣系的热力学计算模型［J］．中国有色金属学报，1997，(02)：33～36.

108　张鉴．含包晶体二元金属熔体的作用浓度计算模型［J］．中国有色金属学报，1997，(04)：30～34.

109　张鉴．Fe-Si-C 熔体的作用浓度计算模型［J］．华东冶金学院学报，1997，(03)：185～189；第四届全国冶金工艺理论学术会议论文集（上），1997：185～189.

110　朱荣，张鉴．Fe-C-P、Fe-Mn-P、Fe-Si-P 三元金属熔体作用浓度计算模型［J］．钢铁研究学报，1997，(01)：13～16.

111　牛四通，张鉴，成国光，佟福生，杨德华，王剑志，梅洪生，杨建川，黎绪炳，李昌友．LF 埋弧渣技术的开发及其应用［J］．钢铁，1997，(03)：21～24.

112　王存，潘公平，杨春政，张鉴，赵沛．中间包钢水等离子体加热试验研究［J］．钢铁，1997，(09)：21～24.

113　张鉴，从 RH 的发展看单嘴精炼炉［J］特殊钢，1997，(增刊)：32～37.

114　王忠英，张鉴，王福刚，常国梁，刘慧民，刘哲，王平．硅铝钡合金对轴承钢脱氧实验研究［J］．钢铁研究，1997，(05)：7～10.

115　王力军，张鉴．多元渣系脱磷能力研究［J］．化工冶金，1997，(02)：85～88.

116　王忠英，张鉴，田辉．炼钢电弧炉新进展（1）［J］．工业加热，1997，(04)：1～3.

117　王忠英，张鉴，田辉．炼钢电弧炉新进展（2）［J］．工业加热，1997，(05)：3～4+14.

1998 年：

118　牛四通，张鉴，成国光．MnO-SiO_2 渣系物理性质计算模型［J］．北京科技大学学报，1998，(03)：238～242.

119　Zhang Jian. Calculating Model of Mass Action Concentrations for Mn～C Melts and Optimization of Thermodynamic Parameters［J］. Journal of University of Science and Technology Beijing 1998，(04)：208～211.

120　张鉴．二元金属熔体热力学性质按相图的分类［J］．金属学报，1998，(01)：75～85.

121　王忠英，张鉴，刘来君，李忠林．EAF—LF 冶炼轴承钢的理论与实践［J］．炼钢，

1998,(01):25~28.

122 朱荣,董履仁,张鉴.CaO-SiO_2-FeO-Fe_2O_3-MgO 渣系 MgO 饱和溶解度的研究[J].炼钢,1998,(05):24~26.

123 王潮,张鉴,杨念祖,范光前,汪志曦,朱克孝,寇文涛.单嘴精炼炉流场及环流速度的水模型研究[J].特殊钢,1998,(02):12~15.

1999 年:

124 李金锡,张鉴,Georges Urbain. MnO-SiO_2,MgO-SiO_2和 CaO-Al_2O_3-SiO_2熔渣粘度的计算模型[J].北京科技大学学报,1999,(03):237~240.

125 李金锡,张鉴,张建平.埋弧精炼渣发泡行为的研究[J].北京科技大学学报,1999,(04):321~323.

126 Zhang Jian. Calculating Model of Mass Action Concentrations for Fe-Cr-P Melts and Optimization of Thermodynamic Parameters [J]. Journal of University of Science and Technology Beijing 1999,(01):11~14.

127 Zhang Jian. Calculating Model of Mass Action Concentrations for Fe-P and Cr-P Melts and Optimization of Their Thermodynamic Parameters [J]. Journal of University of Science and Technology Beijing 1999,(03):174~177.

128 张鉴.含共晶体三、四元金属熔体作用浓度的计算模型[J].中国有色金属学报,1999,(02):177~182.

129 张建平,龚志翔,刘国平,蒋海涛,朱伦才,张鉴,马廷温.90t LF/VD(EMS)真空脱氢工艺[J].特殊钢,1999,(06):36~38.

130 张鉴.关于 Fe-Ni-O、Ni-Co-O 和 Fe-Cr-O 熔体的氧溶解度[J].钢铁研究,1999,(01):34~39;特殊钢,1999,(增刊):18~22;特种冶金和炉外精炼年会论文集,1998:463~468.

131 张建平,范鼎东,龚志翔,刘国平,张鉴,马廷温.90t LF/VD(EMS)真空脱氮工艺研究[J].江西冶金,1999,(06):8~12.

2000 年:

132 李金锡,张鉴.CaO-MgO-CaF_2-Al_2O_3-SiO_2五元渣系粘度的计算模型[J].北京科技大学学报,2000,(04):316~319.

133 李金锡,张鉴.CaO-MgO-MnO-FeO-CaF_2-Al_2O_3-SiO_2渣系粘度的计算模型[J].北京科技大学学报,2000,(05):438~441.

134 李金锡,张鉴.CaO-Al_2O_3-SiO_2熔渣表面张力的计算模型[J].北京科技大学学报,2000,(06):512~514.

135 Zhang Jian, Zhu Rong. Thermodynamic Properties of Mn-P and Fe-Mn-P Melts [J]. Journal of University of Science and Technology Beijing, 2000,(01):10~13.

136 Zhang Jian. Calculating Models of Mass Action Concentrations for Ni-Mn and Co-Mn Melts and Optimization of Their Thermodynamic Parameters [J]. Journal of University of Science and Technology Beijing, 2000,(04):246~250.

137　Zhang Jian. Carbon Solubility and Mass Action Concentrations of Fe-Cr-C Melts [J]. 8th International Ferroalloys Congress Proceedings, 1998: 195~200; Journal of University of Science and Technology Beijing, 2000, (07): 86~91.

138　张鉴, 王平. 质量作用定律对含化合物冶金熔体和有机溶液的普遍适用性 [J]. 中国稀土学报, 2000, (冶金过程物理化学专集): 80~85.

2001 年:

139　Zhang Jian. A Back Look on the Binary Phase Diagrams of Metals from the Mass Action Law and the Coexistence Theory of Metallic Melts [J]. Journal of University of Science and Technology Beijing, 2001, (01): 15~19.

140　Zhang Jian. Calculation Models of Mass Action Concentrations for Metallic Melts Involving Monotectic [J]. Journal of University of Science and Technology Beijing, 2001, (04): 248~253.

141　Zhang Jian. The Application of the Law of Mass Action in Combination with the Coexistence Theory of Slag Structure to the Multicomponent Slag Systems [J]. Acta Metallurgica Sinica, 2001, (03): 177~190.

142　Zhang Jian. Application of the Annexation Principle to the Study of Thermodynamic Properties of Ternary Metallic Melts Cd-Pb-Sb [J]. Acta Metallurgica Sinica, 2001, (05): 368~374.

143　Zhang Jian, Wang Ping. The Widespread Applicability of the Mass Action Law to Metallurgical Melts and Organic Sloutions [J]. CALPHAD, 2001, (03): 343~354.

144　Zhang Jian. Effect of Peritectics on Thermodynamic Properties of Homogeneous Binary Metallic Melts [J]. Transactions of Nonferrous Metals Society of China, 2001, (06): 927~930.

145　Zhang Jian. Applicability of Law of Mass Action to Distribution of Manganese between Slag Melts and Liquid Iron [J]. Transactions of Nonferrous Metals Society of China, 2001, (05): 778~783.

146　张鉴. Mg-Al, Sr-Al 和 Ba-Al 熔体的作用浓度计算模型和热力学参数确定 [J]. 包头钢铁学院学报, 2001, (03): 214~218+231.

147　于桂玲, 苗红生, 刘惠民, 李立, 王忠英, 张鉴. 轴承钢的脱氧工艺优化 [J]. 炼钢, 2001, (01): 27~30+42.

148　张建平, 龚志翔, 刘国平, 朱伦才, 蔺春涛, 张益平, 张梅梅, 马廷温, 张鉴. 马钢 90t LF 精炼炉电磁搅拌混合特性的水模型研究 [J]. 安徽冶金, 2001, (01): 1~8+15.

149　张鉴, 成国光. 让我国独创的单嘴精炼炉红花在祖国结果 [A]. 炉外精炼技术研讨会文集 [C], 2001.

2002 年:

150　Zhang Jian. Applicability of Mass Action Law to Sulphur Distribution between Slag Melts and Liquid Iron [J]. Journal of University of Science and Technology Beijing, 2002, (02):

90~98.

151 Zhang Jian. Application of the Annexation Principle to the Thermodynamic Property Study of Ternary Metallic Melts In-Bi-Cu and In-Sb-Cu [J]. Journal of University of Science and Technology Beijing, 2002, (03): 170~176.

152 Zhang Jian. Applicability of the Mass Action Law in Combination with the Coexistence Theory of Metallic Melts Involving Compound to Binary Metallic Melts [J]. Acta Metallurgica Sinica, 2002, (04): 353~362.

153 Zhang Jian. Application of the Annexation Principle to the Study of Thermodynamic Properties of In-Pb-Sb and In-Bi-Pb Melts [J]. Transactions of Nonferrous Metals Society of China, 2002, (01): 120~126.

154 Zhang Jian. Calculation Models of Mass Action Concentrations for Ag-Au-Cu Melts [J]. Rare Metals, 2002, (01): 43~47.

155 Zhang Jian. Application of the Annexation Principle to the Study of Thermodynamic Properties of Ternary Metallic Melts In-Pb-Ag and In-Bi-Sb [J]. Rare Metals, 2002, (02): 142~151.

156 Zhang Jian. Application of the Annexation Principlein Investigation of Thermodynamic Properties of Ternary Metallic Melts [J]. Journal of Iron and Steel Research, 2002, (01): 1~5.

157 张鉴. 以解放思想实事求是为指导反思冶金熔体的一些问题 [J]. 中国稀土学报, 2002, (专辑): 41~51.

2003 年:

158 Zhang Jian. Coexistence Theory of Slag Structure and Its Application to Calculation of Oxidizing Capability of Slag Melts [J]. Journal of University of Science and Technology Beijing, 2003, (01): 1~9.

159 Zhang Jian. Application of the Annexation Principle to the Study of Thermodynamic Property of Metallic Melts Ag-Bi-In [J]. Journal of University of Science and Technology Beijing, 2003, (01): 18~20.

160 Zhang Jian. Calculation Model of Mass Action Concentration for Metallic Melts Ag-In-Sn [J]. CALPHAD, 2003, (01): 9~17.

161 Zhang Jian. Thermodynamic Properties and Mixing Thermodynamic Parameters of Binary Homogeneous Metallic Melts [J]. Rare Metals, 2003, (01): 25~32.

162 Zhang Jian. Calculation Model of Mass Action Concentration for Mg-Al, Sr-Al and Ba-Al Melts and Determination of Their Thermodynamic Parameters [J]. Journal of Iron and Steel Research, 2003, (02): 5~9.

163 张鉴. 二元含化合物金属熔体的热力学性质和混合热力学参数 [J]. 安徽工业大学学报, 2003, (04): 1~6.

2004 年：

164 Zhang Jian. Annexation of Two Kinds of Solution in Binary Metallic Melts [J]. Acta Metallurgica Sinica, 2004, (02): 131~138.

165 Zhang Jian. Thermodynamic Properties and Mixing Thermodynamic Parameters of Ba-Al, Mg-Al, Sr-Al and Cu-Al Melts [J]. Transactions of Nonferrous Metals Society of China, 2004, (02): 345~350..

166 Zhang Jian. Application of Annexation Principle to the Study of Thermodynamic Properties of Ternary Molten Salts $CaCl_2$-$MgCl_2$-NaCl [J]. Rare Metals, 2004, (03): 209~213.

167 张鉴. 兼并规律在研究二三元金属熔体热力学性质上的应用 [A]. 2004 年全国冶金物理化学学术会议专辑 [C], 2004: 15~24.

2004 年以后：

168 Zhang Jian. Thermodynamic Properties and Mixing Thermodynamic Parameters of Two-phase Metallic Melts [J]. Journal of University of Science and Technology Beijing, 2005, (03): 213~220.

169 Zhang Jian. Thermodynamic Properties and Mixing Thermodynamic Parameters of Binary Metallic Melts Involving Compound Formation [J]. Journal of Iron and Steel Research International, 2005 (2): 11~15.

170 李修安，成国光，张鉴，高文芳，袁伟霞. 基于转炉炉气在线分析的钢液碳含量和温度预报模型 [A]. 冶金研究（2005 年）[M], 2005: 123~129.

171 赵建，王华，成国光，张鉴，范光前，余志祥，汪小川，区铁，袁伟霞. 单嘴精炼炉混匀特性水模型研究 [A]. 冶金研究（2005 年）[M], 2005: 169~173.

172 王华，赵建，成国光，张鉴，余志祥，汪晓川，区铁，袁伟霞. 单嘴精炼炉脱碳特性的水模型研究 [A]. 第八届全国冶金工艺理论学术会议论文专辑 [C], 2005: 205~208.

173 张鉴. 对冶金熔体中共同离子作用的质疑 [A]. 第八届全国冶金工艺理论学术会议论文专辑 [C], 2005: 317~321.

174 张鉴. 二元金属熔体的混合热力学参数 [A]. 2006 年全国冶金物理化学学术会议论文集 [C], 2006: 40~51.

175 张鉴. 分子和离子共存还是单一分子反映熔渣真实结构 [J]. 安徽工业大学学报, 2007, (04): 290~298.

176 张鉴. 关于溶液理论在质量作用定律指导下的统一 [A]. 2008 年全国冶金物理化学学术会议专辑（上册）[C], 2008: 226~242.

177 秦哲，朱梅婷，成国光，张鉴. 单嘴精炼炉合金料加入方式及混匀特性水模型研究 [J]. 特殊钢, 2010, (02): 5~7.

178 秦哲，朱梅婷，成国光，张鉴. 单嘴精炼炉真空处理过程气泡行为及冶金效果研究 [J]. 特殊钢, 2010, (05): 18~21.

179 秦哲，潘宏伟，朱梅婷，成国光，张鉴. 单嘴精炼炉真空处理过程钢液流动行为研究 [A]. 第十六届全国炼钢学术会议论文集 [C], 2010.

180 马小春，成国光，张鉴．$CaO-MnO-SiO_2$渣系作用浓度的计算模型［J］．北京科技大学学报，2011，(11)：1337~1340.

181 马小春，于春梅，成国光，张鉴．$MnO-FeO-SiO_2-Al_2O_3$渣系作用浓度的计算模型［J］．钢铁研究学报，2011，(05)：4~7.

182 秦哲，潘宏伟，朱梅婷，成国光，张鉴．单嘴精炼炉真空处理过程钢液流动行为模拟研究［J］．钢铁，2011，(03)：22~25.

183 段建平，张永亮，杨学民，成国光，张鉴，郭汉杰．80t 单嘴真空精炼装置脱碳工艺试验研究［J］．钢铁，2011，(07)：21~25.

184 段建平，张永亮，杨学民，成国光，张鉴．80t 多功能单嘴真空精炼炉脱硫冶金特性［J］．炼钢，2011，(06)：44~48.

185 段建平，张永亮，杨学民，成国光，张鉴．80t 单嘴真空精炼炉冶金功能的生产实验分析［J］．特殊钢，2012，(01)：26~29.

186 Zhang Jian. Thermodynamic Fundamentals of Deoxidation Equilibria [A]. Proceedings of the Ninth International Conference on Molten Slags, Fluxes and Salts (MOLTEN12) [C], 2012: 1952~1968.

187 李鹏程，李晋岩，张盟，张建良，张鉴，杨学民．基于离子和分子共存理论的炉渣氧化能力表征［J］．北京科技大学学报，2013，(12)：1569~1579.

188 成国光，芮其宣，秦哲，张鉴．单嘴精炼炉技术的开发与应用［J］．中国冶金，2013，(03)：1~10.

189 李晋岩，张盟，柴国明，张鉴，杨学民．$CaO-FeO-Fe_2O_3-Al_2O_3-P_2O_5$炉渣的磷酸盐容量预测模型［A］．第十七届（2013 年）全国冶金反应工程学学术会议论文集（下册）［C］，2013：804~828.

190 李鹏程，杨学民，张鉴．$CaO-MgO-FeO-Fe_2O_3-SiO_2$炼钢渣系磷分配比的热力学模型［J］．北京科技大学学报，2014，(12)：1608~1614.

注：主要学术论文通过中国知网检索。